世紀心理學叢書

東華書局

願爲兩岸心理科學發展盡點心力
——世紀心理學叢書總序——

五年前一個虛幻的夢想，五年後竟然成爲具體的事實；此一由海峽兩岸合作出版一套心理學叢書以促進兩岸心理科學發展的心願，如今竟然得以初步實現。當此叢書問世之際，除與參與其事的朋友們分享辛苦耕耘終獲成果的喜悅之外，在回憶五年來所思所歷的一切時，我個人更是多著一份感激心情。

本於一九八九年三月，應聯合國文教組織世界師範教育協會之邀，決定出席該年度七月十七至二十二日在北京舉行的世界年會，後因故年會延期並易地舉辦而未曾成行。迄於次年六月，復應北京師範大學之邀，我與內子周慧強教授，專程赴北京與上海濟南等地訪問。在此訪問期間，除會晤多位心理學界學者先進之外，也參觀了多所著名學術機構的心理學藏書及研究教學設備。綜合訪問期間所聞所見，有兩件事令我感觸深刻：其一，當時的心理學界，經過了撥亂反正，終於跨越了禁忌，衝出了谷底，但仍處於劫後餘生的局面。在各大學從事心理科學研究與教學的學者們，雖仍舊過著清苦的生活，然卻在摧殘殆盡的心理科學廢墟上，孜孜不息地奮力重建。他們在專業精神上所表現的學術衷誠與歷史使命感，令人感佩不已。其二，當時心理科學的書籍資料甚為貧乏，高水平學術性著作之取得尤為不易；因而教師缺乏新資訊，學生難以求得新知識。在學術困境中，一心為心理科學發展竭盡心力的學者先生們，無不深具無力感與無奈感。特別是有些畢生努力，研究有成的著名心理學家，他們多年來的心血結晶若無法得以著述保存，勢將大不利於學術文化的薪火相傳。

返台後，心中感觸久久不得或釋。反覆思考，終於萌生如下心願：何不結合兩岸人力物力資源，由兩岸學者執筆撰寫，兩岸出版家投資合作，出版一套包括心理科學領域中各科新知且具學術水平的叢書。如此一方面可使大陸著名心理學家的心血結晶得以流傳，促使中國心理科學在承先啟後的路上繼續發展，另方面經由繁簡兩種字體印刷，在海峽兩岸同步發行，以便雙邊心理學界人士閱讀，而利於學術文化之交流。

顯然，此一心願近似癡人說夢；僅在一岸本已推行不易，事關兩岸必將更形困難。在計畫尚未具體化之前，我曾假訪問之便與大陸出版社負責人提及兩岸合作出版的可能。當時得到的回應是，原則可行，但先決條件是台灣方面須先向大陸出版社投資。在此情形下，只得將大陸方面合作出版事宜暫且擱置，而全心思考如何解決兩個先決問題。問題之一是如何取得台灣方面出版社的信任與支持。按初步構想，整套叢書所涵蓋的範圍，計畫包括現代心理科學領域內理論、應用、方法等各種科目。在叢書的內容與形式上力求臻於學術水平，符合國際體例，不採普通教科用書形式。在市場取向的現實情況下，一般出版社往往對純學術性書籍素缺意願，全套叢書所需百萬美元以上的投資，誰人肯做不賺錢的生意？另一問題是如何邀請大陸學者參與撰寫。按我的構想，台灣出版事業發達，也較易引進新的資訊。將來本叢書的使用對象將以大陸為主，是以叢書的作者原則也以大陸學者為優先考慮。問題是大陸的著名心理學者分散各地，他們在不同的生活環境與工作條件之下，是否對此計畫具有共識而樂於參與？

　　對第一個問題的解決，我必須感謝多年好友台灣東華書局負責人卓鑫淼先生。卓先生對叢書細節及經濟效益並未深切考量，只就學術價值與朋友道義的角度，欣然同意全力支持。至於尋求大陸合作出版對象一事，迨至叢書撰寫工作開始後，始由北京師範大學教授林崇德先生與杭州大學教授朱祖祥先生介紹浙江教育出版社社長曹成章先生。經聯繫後，曹先生幾乎與卓先生持同樣態度，僅憑促進中國心理科學發展和加強兩岸學術交流之理念，迅即慨允合作。這兩位出版界先進所表現的重視文化事業而不計投資報酬的出版家風範，令人敬佩之至。

　　至於邀請大陸作者執筆撰寫一事，正式開始是我與內子一九九一年清明節第二次北京之行。提及此事之開始，我必須感謝北京師範大學教授章志光先生。章教授在四十多年前曾在台灣師範大學求學，是高我兩屆的學長。由章教授推荐北京師範大學教授張必隱先生負責聯繫，邀請了中國科學院、北京大學及北京師範大學多位心理學界知名教授晤談；初步研議兩岸合作出版叢書之事的應行性與可行性。令人鼓舞的是，與會學者咸認此事非僅為學術界創舉，對將來全中國心理科學的發展意義深遠，而且對我所提高水平學術著作的理念，皆表贊同。當時我所提的理念，係指高水平的心理學著作應具備五個條件：(1) 在撰寫體例上必須符合心理學國際通用規範；(2) 在組織架構上必須涵蓋所屬學科最新的理論和方法；(3) 在資料選取上必須注重其權威性和時近性，且須翔實註明其來源；(4) 在撰寫取向上必須兼顧學理和實用；(5) 在內容的廣度、深度、新度三方面必須超越到目前為止國內已出版的所有同科目專書。至於執筆撰寫工作，與會學者均表示願排除困難，全力以赴。此事開始後，復承張必隱教授、林崇德教授、吉林大學車文博教授暨西南師範大學黃希庭教授等諸位先生費心多方聯繫，我與內子九次往返大陸，分赴各地著名學府訪問講學之外特專誠拜訪知名學者，邀請參與為叢書撰稿。惟在此期間，一則因行程匆促，聯繫困難，二則因叢書學科所限，以致尚有多位傑出學者未能訪晤周遍，深有遺珠之憾。但願將來叢書範圍擴大時，能邀請更多學者參與。

　　心理科學是西方的產物，自十九世紀脫離哲學成為一門獨立科學以來，其目的在採用科學方法研究人性並發揚人性中的優良品質，俾為人類社會創造福祉。中國的傳統文化中，雖也蘊涵著豐富的哲學心理學思想，惟惜未能隨時代演變轉化為現代的科學心理學理念；而二十世紀初西方心理學傳入中國之後，卻又未能受到應有的重視。在西方，包括心理學在內的社會及行為科學是伴隨著自然科學一起發展的。從近代西方現代化發展過程的整體看，自然科學的亮麗花果，事實上是在社會及行為科學思想的土壤中成長茁壯的；先由社會及行為科學的發展提升了人的素質，使人的潛能與智慧得以發揮，而後才創造了現代的科學文明。回顧百餘年來中國現代化的過程，非但自始即狹隘地將"西學"之理念囿於自然科學；而且在科學教育之發展上也僅祇但求科學知識之"為用"，從未強調科學精神之培養。因此，對自然科學發展具有滋養作用的社會科學，始終未能受到應有的重視。從清末新學制以後的近百年間，雖然心理學中若干有關科目被列入師範院校課程，且在大學中成立系所，而心理學的知識既未在國民生活中產生積極影響，心理學的功能更未在社會建設及經濟發展中發揮催化作用。國家能否現代化，人口素質因素重於物質條件；中國徒有眾多人口而欠缺優越素質，未能形成現代化動力，卻已構成社會沈重負擔。近年來兩岸不斷喊出同一口號，謂廿一世紀是中國人的世紀。中國人能否做為未來世界文化的領導者，則端視中國人能否培養出具有優秀素質的下一代而定。

現代的心理科學已不再純屬虛玄學理的探討，而已發展到了理論、方法、實踐三者統合的地步。在國家現代化過程中，諸如教育建設中的培育優良師資與改進學校教學、社會建設中的改良社會風氣與建立社會秩序、經濟建設中的推行科學管理與增進生產效率、政治建設中的配合民意施政與提升行政績效、生活建設中的培養良好習慣與增進身心健康等，在在均與人口素質具有密切關係，而且也都是現代心理科學中各個不同專業學科研究的主題。基於此義，本叢書的出版除促進兩岸學術交流的近程目的之外，更希望達到兩個遠程目的：其一是促進中國心理科學教育的發展，從而提升心理科學研究的水平，並普及心理科學的知識。其二是推廣心理學的應用研究，期能在中國現代化的過程中，發揮其提升人口素質進而助益各方面建設的功能。

出版前幾經研議，最後決定以《世紀心理學叢書》作為本叢書之名稱，用以表示其跨世紀的特殊意義。值茲叢書發行問世之際，特此謹向兩位出版社負責人、全體作者、對叢書工作曾直接或間接提供協助的人士以及台灣東華書局編審部工作同仁等，敬表謝忱。叢書之編輯印製雖力求完美，然出版之後，疏漏缺失之處仍恐難以避免，至祈學者先進不吝賜教，以匡正之。

張春興 謹識
一九九六年五月於台灣師範大學

世紀心理學叢書目錄

主編 張春興
台灣師範大學教授

心理學原理
張春興
台灣師範大學教授

中國心理學史
燕國材
上海師範大學教授

西方心理學史
車文博
吉林大學教授

精神分析心理學
沈德燦
北京大學教授

行為主義心理學
張厚粲
北京師範大學教授

人本主義心理學
車文博
吉林大學教授

認知心理學
彭聃齡
北京師範大學教授
張必隱
北京師範大學教授

發展心理學
林崇德
北京師範大學教授

人格心理學
黃希庭
西南師範大學教授

社會心理學
時蓉華
華東師範大學教授

教育心理學
張春興
台灣師範大學教授

輔導與諮商心理學
鄔佩麗
台灣師範大學教授

體育運動心理學
馬啟偉
北京體育大學教授

張力為
北京體育大學教授

犯罪心理學
羅大華
中國政法大學教授

何為民
中央司法警官學院教授

工業心理學
朱祖祥
浙江大學教授

消費者心理學
徐達光
輔仁大學教授

實驗心理學
楊治良
華東師範大學教授

心理測量學
張厚粲
北京師範大學教授

龔耀先
湖南醫科大學教授

心理與教育研究法
董奇
北京師範大學教授

申繼亮
北京師範大學教授

消費者心理學

―消費者行爲的科學研究―

徐 達 光

輔 仁 大 學 副 教 授

東華書局

自　序

　　隨著經濟不斷的發展，以消費者為中心的思潮成了今日市場發展的必然趨勢。工商企業的一切活動成果，也只有被消費者所認可和接受，才能體現其價值與意義。而消費者心理學正是順應這一需要而產生的。

　　消費者心理學是一門新興、有趣、充滿著時代活力的學科。它吸取了許多社會科學和計量技術的相關知識而建立，成立的歷史雖然短暫但生命力卻極為旺盛。自 1960 年美國心理學會成立了消費心理學分會，至 1974 年《消費者研究期刊》創刊後，消費者心理學的研究已經深入社會生活的各個層面。近年來，隨著高科技經濟的興起和國際經濟全球化的趨勢，消費者心理學的研究更進入了快速發展的階段，其重要性自是不言可喻。

　　從消費者心理學的基本定義來看，消費者心理學指消費者在滿足需要及欲求的前提下，運用金錢、時間等可得資源，購買相關產品，所形成消費者決策過程。其研究所涵蓋範圍主要包括消費者為何買、何人買、何時買、在何處買、與選何種品牌等諸多問題。職是之故，本書以消費者心理與行為特徵為重點，以消費者決策過程及影響消費者決策的個人因素與環境因素三大範疇為主軸。在消費者決策過程中討論了購買前階段(問題認知，訊息收集，方案的評估與選擇)、購買時階段與購買後階段的內心處理機制與運作過程。

在個人因素方面分析了消費者的知覺、學習、人格、動機、態度等心理因素，及其在購買活動中的特殊意義及變化規律。而在環境因素方面，則充分探討主流文化、次文化、大眾文化、團體、家庭等外在因素對消費者行為的影響。而行銷活動中的各種要素對消費者心理的影響，也不時地穿插在本書內容之中。

台灣師範大學張春興教授籌劃由兩岸學者合作，撰寫出版《世紀心理學叢書》，承蒙張教授邀我擔任撰寫消費者心理學一書，感到非常榮幸也十分惶恐。因此在接下此書之後，除廣泛參閱國內外研究成果外，也不停思索如何寫就一本符合華人社會的消費者心理學專書。有鑑於目前坊間相關書籍，或是翻譯於國外著作，或是過於強調心理學及行銷與商業上的應用。為平衡上述的現象，本書以本土、理論與應用為撰寫三大主軸，書中除介紹心理學、社會學、文化人類學及符號學等相關理論外，也融合本土商業活動相關事例，以說明消費者心理學知識如何應用於行銷與商業領域中。希望藉由本書的出版，除強化讀者瞭解消費者理論與如何轉化理論於商業用途外，也希望能對本土心理學的知識貢獻一點心力。

在完稿之際，我深深的感謝主編張春興教授的提攜與鼓勵，也要感謝台灣東華書局負責人卓鑫淼先生暨編審部同仁對於本書所給予的建議與幫助。在撰寫過程中，要感謝內子李孟芬女士的大力支持，讓我專心工作沒有後顧之憂。也要感謝我的父母在我求學過程中，無怨無悔的付出，沒有他們的支持，本書是難以順利完成的。

本書雖經多次仔細地修改與校閱，仍難免有疏漏之處，尚祈學界先進不吝指正。

徐達光 謹識
二〇〇三年七月於輔仁大學

目　　次

世紀心理學叢書總序	iii
世紀心理學叢書目錄	viii
自　序	xiii
目　次	xv

第一章　消費者心理學概述

　　第一節　消費者心理學的定義與歷史演進 ……………… 3
　　第二節　消費者心理學研究範圍 …………………………… 12
　　第三節　消費者心理學的應用範圍 ………………………… 19
　　第四節　消費者心理學研究方法 …………………………… 27
　　本章摘要 ……………………………………………………… 40
　　建議參考資料 ………………………………………………… 42

第二章　市場區隔與產品定位以及行銷組合

　　第一節　目標行銷的相關概念 ……………………………… 45
　　第二節　地理區隔與人口統計區隔 ………………………… 51
　　第三節　心理統計、行為與多重化區隔 …………………… 60
　　第四節　產品定位與行銷組合 ……………………………… 76
　　本章摘要 ……………………………………………………… 83
　　建議參考資料 ………………………………………………… 85

第三章　消費者的學習與知覺以及記憶

　　第一節　行為主義學習理論 ………………………………… 89
　　第二節　消費者訊息處理模式 ……………………………… 98

第三節　消費者的知覺歷程 ………………………………… 109
　　第四節　消費者的記憶與知識的形成 ………………………… 116
　　本章摘要 …………………………………………………………… 127
　　建議參考資料 ……………………………………………………… 129

第四章　消費者人格與動機
　　第一節　隱藏性需求與消費者行為 …………………………… 133
　　第二節　人格特質論與消費者行為 …………………………… 141
　　第三節　人本心理學對消費者行為的影響 …………………… 146
　　第四節　消費者的動機與涉入 ………………………………… 156
　　本章摘要 …………………………………………………………… 169
　　建議參考資料 ……………………………………………………… 171

第五章　消費者態度的形成與改變
　　第一節　態度組成因素與態度階層效果 ……………………… 175
　　第二節　消費者態度的理論 …………………………………… 183
　　第三節　溝通模式與訊息源對消費者的影響 ………………… 190
　　第四節　訊息內容與回饋對消費者的影響 …………………… 199
　　本章摘要 …………………………………………………………… 212
　　建議參考資料 ……………………………………………………… 214

第六章　文化對消費者的影響
　　第一節　文化的意義 …………………………………………… 219
　　第二節　文化要素對消費者行為的影響 ……………………… 224
　　第三節　符號象徵意義與消費者行為 ………………………… 235
　　第四節　跨文化消費者研究 …………………………………… 241
　　本章摘要 …………………………………………………………… 251
　　建議參考資料 ……………………………………………………… 253

第七章　次文化對消費者行為的影響

第一節　性別次文化 ··· 257
第二節　銀髮族與嬰兒潮次文化 ·································· 267
第三節　新世代人類次文化 ·· 276
第四節　社會階層次文化 ·· 286
本章摘要 ··· 297
建議參考資料 ··· 299

第八章　大眾文化對消費者行為的影響

第一節　大眾文化 ··· 303
第二節　流行的特性與相關理論 ·································· 309
第三節　流行的起源與生產過程 ·································· 321
第四節　流行的採納過程 ·· 331
本章摘要 ··· 340
建議參考資料 ··· 342

第九章　參照團體對消費者行為的影響

第一節　參照團體的類型與從眾行為 ························ 345
第二節　參照團體的影響力 ·· 358
第三節　口碑傳播的基本意義 ······································ 365
第四節　意見領袖 ··· 376
本章摘要 ··· 384
建議參考資料 ··· 386

第十章　家庭決策對消費者行為的影響

第一節　家庭結構的變遷 ·· 391
第二節　家庭生命週期與消費要項 ······························ 399
第三節　夫妻對家庭決策的相對影響力 ···················· 408
第四節　子女對家庭消費決策的影響 ························ 417
本章摘要 ··· 428

建議參考資料 ………………………………………………… 430

第十一章　消費者購買前決策過程

第一節　問題認知 ………………………………………… 435
第二節　訊息收集 ………………………………………… 440
第三節　方案評估 ………………………………………… 451
第四節　方案選擇 ………………………………………… 462
本章摘要 …………………………………………………… 472
建議參考資料 ……………………………………………… 474

第十二章　消費者購買時決策過程

第一節　個人情境因素對購買時決策影響 ……………… 477
第二節　時間情境因素對購買時決策影響 ……………… 487
第三節　環境外場情境因素對購買時決策影響 ………… 494
第四節　環境內場情境因素對購買時決策影響 ………… 503
本章摘要 …………………………………………………… 513
建議參考資料 ……………………………………………… 516

第十三章　消費者購買後決策行為

第一節　顧客滿意的相關理論 …………………………… 519
第二節　消費者抱怨行為 ………………………………… 530
第三節　消費者處置產品與環保意向 …………………… 536
第四節　消費者權益保護運動 …………………………… 545
本章摘要 …………………………………………………… 553
建議參考資料 ……………………………………………… 556

第十四章　消費者決策類型

第一節　廣泛性決策與有限性決策 ……………………… 559
第二節　習慣性決策 ……………………………………… 569
第三節　體驗性決策 ……………………………………… 579

第四節　組織購買決策 ················· 585
本章摘要 ························· 593
建議參考資料 ······················· 595

參考文獻 ························· 597

索　引

(一)漢英對照 ······················· 625
(二)英漢對照 ······················· 641

第一章

消費者心理學概述

本章內容細目

第一節　消費者心理學的定義與歷史演進
一、消費者心理學的定義　3
　（一）消費者的意義
　（二）需求與欲求的滿足
　（三）購買的產品範圍
　（四）消費者決策過程
二、消費者心理學是跨學科的研究　6
三、消費者心理學的歷史演進　9
　（一）生產觀念
　（二）產品觀念
　（三）銷售觀念
　（四）行銷觀念
　（五）社會行銷觀念

第二節　消費者心理學研究範圍
一、個人因素　13
　（一）個人心理活動
　（二）個人特性
二、環境因素　15
　（一）文化相關因素
　（二）社會因素
　（三）購買情境因素
三、消費者決策過程　17

第三節　消費者心理學的應用範圍
一、營利組織　20

補充討論 1-1：消費者心理學研究的新取向

二、非營利組織　20
　（一）服務性組織
　（二）社會公益組織與共同利益組織
　（三）政府組織
　（四）人物行銷與地方行銷
三、黑暗面消費者行為　24
　（一）成癮性消費行為
　（二）販賣身體消費行為
　（三）不合法商業行為

第四節　消費者心理學研究方法
一、研究典範　27
二、消費者心理學研究流程　29
　（一）訂定研究目的
　（二）收集次級資料
　（三）質化研究

補充討論 1-2：以人種誌學分析哈雷機車騎士次文化消費行為

　（四）量化研究
　（五）資料收集的工具
　（六）資料分析與研究報告的撰寫

本章摘要

建議參考資料

消費者的採購決定了企業的銷售與利潤。20 世紀 50 年代之前，物資普遍缺乏，產品不敷所需，消費者無選擇機會，當新產品問世，往往供不應求，是屬於"顧客搜索商品"的時代。但隨著產業技術的革新及大量生產，物質日漸充裕，產品競爭劇烈，消費者選擇增多，轉為"商品尋找顧客"的時代，亦造成唯有符合消費者期望與需求的產品，才能獲得青睞。

消費者心理學是應用心理學的一個分支，主要研究消費者的心理現象。換句話說，也就是研究消費者在購買商品過程中的心理歷程及其行為規律。試想我們在日常生活中與他人溝通時，如果能夠善用對方的語言，設身處地的為對方著想，並站在對方利益點思考，必較容易了解問題的核心，找出解決的方案。同樣的，行銷一項產品，如果從消費者立場考量，貼心的設計他們所需要的產品，將增加消費者對產品的認同與支持。

消費者心理學的內涵在於探討影響消費者心理現象與行為趨勢的自然因素和社會因素，進而尋找出一些定則。雖然消費者的心理現象錯綜複雜，研究主題包羅萬象，但大抵可歸為三個類別，即消費者的個人因素（如個人特性、動機、人格、生活型態等），環境因素（如文化、次文化、家庭、賣場環境等）以及消費者決策過程。經由探討上述主題所累積的消費者心理學知識，已成為擬定行銷策略的基礎工作，並可直接當作廠商行銷管理的參考；消費者心理學應用範圍也逐漸由營利組織，擴展到非營利組織及黑暗面消費者行為，研究的角度含括了宏觀（如物欲價值觀）與微觀（如消費者的認知過程），衍生為跨學術領域的綜合學科。

由於消費者心理學跨學術領域的特性，在研究消費者行為方法上也趨於多元，除了傳統的量化方法外，也衍生出許多質化探究。一般而言，研究方法的選定常以研究者的理論架構、研究目的及研究問題的性質來設計，並沒有硬性規定。例如研究目的為了解消費者行為現狀者，與研究目的為預測消費者未來趨勢者，在問題的本質與設計的方法是有所差異的，值得進一步的做區分。基於上述的探討，本章目的在於了解下列幾個基本問題。

1. 消費者心理學的定義、歷史沿革及跨學科研究的性質。
2. 消費者心理學研究的主題。
3. 消費者心理學的應用範圍。
4. 消費者心理學不同的研究方法。

第一節　消費者心理學的定義與歷史演進

　　消費者心理學是一門新興的學科，它發展的歷史不到一百年，一直到 1960 年，**美國心理學會** (American Psychological Association，簡稱 APA) 正式成立消費者心理學分會後，才有第一本教科書出現。回顧發展的歷史，早在 1900 年初期，已有人開始探討心理學原理如何應用於廣告之製作。1950 年起，受弗洛伊德的影響，以潛意識的觀點探討消費者購買動機蔚為一股流行。而後三十年，隨著認知心理學的發展，開始研究消費者心理的微觀過程，如消費者的認知過程和決策過程，研究設計日益科學化和複雜化，消費者心理學研究範圍逐漸擴大，陸續加入了不同的主題，進而發展為涵蓋不同學門的跨領域研究。本節將先針對消費者心理學的定義，消費者心理學跨學科領域的研究性質，及消費者心理學發展的歷史作一說明，讓讀者對消費者心理學有一個概略的認識。

一、消費者心理學的定義

　　消費者心理學是以消費者在消費活動中的心理歷程及其行為規律為研究對象的一門學科。如果以比較嚴謹的定義來看，**消費者心理學** (consumer psychology) 是指"消費者在滿足需求及欲求的前提下，運用金錢、時間等可得資源，購買相關產品，所形成的消費者決策過程"的一門學問。在這個定義中，雖然只有短短的兩行，卻有幾個概念需要加以解釋：其一，消費者的意義；其二，需求與欲求的滿足；其三，購買的產品範圍；其四，消費者決策過程。以下就此四項概念詳細討論。

（一）　消費者的意義

　　消費者 (consumer) 狹義而言是指消耗商品使用價值的人。舉凡八歲以下的小孩、老人、家庭主婦、公司組織體，甚至吸毒者、嫖妓者或賭徒 (這些人均為黑暗面消費者,詳見第三節),只要進行消費的過程,都可稱為消費者。然而就廣義而言,消費者包括了商品的需求者、購買者與使用者,即實際參與消費活動的任何一個或全部過程的人。他們必須:參與需求過程,意識到個人或群體需求;參與購買過程,尋求和購買商品;參與使用過程,享用商品的使用價值。因此,在許多情形下,消費者分別或同時扮演許多不同的角色,例如擔任購買而非使用者的角色 (父母幫小孩買玩具);作為影響者卻不是購買者角色 (向別人推薦產品);或同時是購買者、使用者與影響者角色 (家人討論渡假去處)。由於消費者在不同狀況扮演不同的角色,行銷者在進行促銷的時候,必須考慮消費者當時的主要角色。例如在銷售老人公寓時,訴求的內容將因對象是銀髮族或是他們的子女,而有所不同。在推銷糖果及玩具時,被遊說者是孩童還是他們的父母,也需要斟酌考量。

(二) 需求與欲求的滿足

需求與欲求是不同的。**需求** (或**需要**) (need) 是人類的基本要求,包括生理需求如口渴、飢餓、性欲以及社會需求如被愛、親和感或自我實現。而**欲求** (want) 則是滿足需求的一種方式,深受個人文化與生活環境的影響。基本上需求是有限的,欲求卻是無窮的。例如飢餓是基本的需求,則滿足飢餓的欲求方式包羅萬象,例如吃豆子、吃漢堡、或喝白開水減肥,都是解決的方法。再如自尊感是一種基本的需求,但因特定文化背景的影響,消費者以不同欲求表達來滿足需求,例如有人以買賓士 (Benz) 轎車、住豪宅等來表達自尊,有人以曼妙的身材當作基本的自尊。綜合而言,需求是有限的,且是渾然自成不能被創造的,行銷者要滿足消費者基本的需求,是由創造不同欲求而來。

(三) 購買的產品範圍

產品 (或**商品**) (product) 是指消費者利用資源向賣方購買對等價值的事項。一般而言,消費者主要擁有的資源包括金錢、時間或勞務,當消費者提供這些資源後,通常可以從賣方獲得產品。在消費者心理學的領域中,產品可以視為在市場販售且能夠滿足人類需求及欲求的任何事物,因此並不只限於有形的產品,諸如服務、一項理念、一處地方、一個經驗、一種活動、一個人,只要被認定具有滿足需求及欲求的性質,也能夠加以行銷的,都可視為產品。產品的內容雖然繁雜，但可歸納為下列四項 (Bagozzi, 1975)：

1. 財貨 財貨 (goods) 是指具交換價值的有形產品或事物，例如電冰箱、肥皂等，通常由賣方提供以換取金錢。過去產品狹義的定義是局限在財貨的範圍。
2. 服務 服務 (service) 是指藉由人工力量所提供的表現利益，本質上是無形的，顧客消費完後也未擁有任何的實體所有權。例如餐飲業的泊車服務；幼稚園的托嬰照顧；銀行人員的貸款服務等，都可視為服務的類別。
3. 訊息 訊息 (或信息) (information) 指任何理念、意見或是指導。如香港影星成龍倡導捐血的好處、衛生署大力推廣拒抽二手煙、助選員推薦候選人的經驗給選民，所販賣的產品都屬於訊息的類別。當行銷者把訊息當作產品來促銷時，消費者如果願意購買，購買的資源不是金錢，而是誠心的接受訊息所提供的理念與建議，例如慷慨地捐血，堅定地拒抽二手煙，或投票給助選員推薦的候選人等。
4. 身份與感情 身份 (或地位) (status) 指從交換過程中，所獲得的自尊、價值感等象徵意義。消費者以昂貴的價錢購買名牌手錶，或穿著名設計師設計的服飾，所產生與眾不同的身份感覺，也等於是購買一項產品。**感情 (或感覺)** (feeling) 是一種情感關切，溫暖或舒服的表達方式。在強調顧客至上的行銷環境裏，感情的提供越來越受到重視，許多商店強調禮貌、溫馨、體貼的感覺，往往是獲得消費者青睞的原因。

因為產品所涵括的範圍太多，本書而後論及產品時，所代表的意義包括財貨、服務、訊息、身份與感情等廣義的範圍。再者，在交易過程中，若一方比另一方更積極尋求交換，我們稱前者為**行銷者** (marketer)，後者為消費者。行銷者通常為賣方，消費者則為買方，為了簡化起見，本書將以行銷者做為企業販售產品的代表人物，並做為消費者相對的名詞。

(四) 消費者決策過程

消費者決策過程 (consumer decision making process)，指消費者在可供選擇的範圍內決定行動的程序。換句話說，消費者是在需求的推動下，為達到滿足需求的目標，而從事消費活動的。但由於市場上的實際情況給實踐目標造成許多的障礙，如個人欲求的非現實性、資金短缺、訊息的不足、時間的匱乏、購物經驗不夠或供需之間的失衡等。所以消費者必須找到一些正確的依據，以便妥善的決定行動的方向與步驟。消費者的決策一般包括五個方向：決定買不買；決定買什麼；決定在何時購買；決定在何處購買；決定如何購買。在解決諸方面問題的過程中，必然反映出一個人的態度、價值觀、知覺、經驗、個人特徵等。整個消費者決策過程包括了三大階段五大步驟：購買前階段：包括問題認知，訊息收集，方案評估與選擇，將在第十一章詳細討論；購買時階段：指購買時決策受那些購買情境的影響，於第十二章詳述；購買後階段：指購買後行為，如對產品滿意或不滿意的認知，則見第十三章。

二、消費者心理學是跨學科的研究

在 20 世紀 60 年代之前，消費者心理學研究的重心偏重在如何把心理學原理應用在行銷和廣告的傳播，如廣告對消費者心理的影響、消費者的需求、動機與態度的關係、消費者個性特徵表現的消費特點等問題 (Dichter, 1960)。60 年代之後，在學科整合的趨勢下，消費者心理學的研究內容趨向多元。使得現今消費者心理學界說，雖然還是以消費者的行為與心理歷程為前提，但涵蓋範圍卻囊括了心理學、社會學、文化人類學、歷史學、經濟學、人類生態學等不同學科的研究，因此目前的消費者心理學可說是一門多學科的學術性研究。

讀者可能聽過盲人摸象的故事。故事的要旨在於不同的人，摸到大象不同的部位，所描述的大象形狀迥然不同，但如果把這些不同內容拼湊起來，乃能得到大象的雛形。這種現象也適用於消費者心理學的研究。換言之，同樣一種消費現象，在不同的研究角度下，取得片段的消費知識，皆可整合成完整的藍圖。

表 1-1 列出各學門在研究消費者心理學時所關心的要旨。在表的上半部包含心理學幾個學科的研究重點，這些學科研究著重微觀及個人面層面。但越往下看，學科的研究趨向 (如歷史學或文化人類學) 越偏重在宏觀及文化層面的探討。以耐吉 (Nike) 球鞋購買為例，在實驗心理學上的研究，可能偏重在青少年如何在記憶中歸類及儲存產品的名稱；社會心理學所強調的

是同儕團體如何影響消費者的購買態度；表徵學則傾向於探討耐吉球鞋的標誌對青少年所引發的聯想意義。多元的研究成果，能夠豐富消費者心理學，產生更深遠的影響。

各門學科在研究消費者心理現象時，雖然研究要旨及方式迥異，但是研究主題總是不離消費者行為模式範圍。消費者行為模式所含括的範圍，除了可以適度的反應消費者決策與各因素之間的交互結果外，也可以涵蓋各學門研究消費現象的重點。所以不同學門的研究學者在探討消費者研究的相關主題時，常以消費者行為模式所陳述的個人因素、環境因素及消費者決策過程

表 1-1　各學門在消費者心理學的研究重點

各門學科		研究重點
心理學	實驗心理學	在知覺、學習與記憶中，產品所扮演的角色 (消費者如何去歸類飲料品牌名稱？如何儲存？)
	臨床心理學	產品在消費者心理調適過程中所扮演的角色 (模特兒的身材讓消費者自覺過胖，用那些產品加以調適來滿足自尊？)
	社會心理學	個體在群體的環境中，產品購買所應考慮的因素 (同儕壓力如何影響消費者對耐吉球鞋的態度？)
社會學		產品在社會結構及群體關係中所扮演的角色 (高爾夫球如何擴展為上流社會階層所喜好的運動？)
經濟學	個體經濟學	個人或家庭資源如何在最大效益下購買產品 (家庭薪資與小孩就讀公私立小學關係探討)
	總體經濟學	產品在消費者與市場機制的供需關係中扮演的角色 (高失業率的情形下，消費者購買耐久財貨的價錢與變動情形)
表徵學		在語言或圖片溝通過程中，產品所代表的意義 (流線形狀酒瓶與消費者對性的看法是否有關聯？)
歷史學		在社會變遷的過程中，產品所扮演的角色 (在過去五十年中，雜誌廣告的訴求主題，是否更趨向物欲價值觀？)
文化人類學		產品在社會文化定位及信念所扮演的角色 (消費者如何依禮俗選擇結婚方式與地點；青少年圖騰與文化變遷的關係探討)

(根據 Solomon，1999 資料編製)

為主軸，以作為研究比照的模範。

坊間許多教科書咸以**消費者行為學** (consumer behavior) 當作書名，以求概括消費者研究領域 (Solomon, 1999；Assael, 1998；Schiffman & Kanuk, 1994)。雖然如此，作者認為書名的抉擇，應以是否具代表性與廣博性為考量，因此本書以消費者心理學而不以消費者行為學為書名，是因為消費者心理學比消費者行為學更具廣博性。主要理由如下：

1. 就定義而言，**行為** (behavior) 一詞所涵蓋的範圍比較著重在可觀察到的外顯活動，但**心理學** (psychology) 卻是對外顯行為與心理歷程的科學研究。兩者比較下，消費者心理學在概念上比消費者行為學更為宏觀。
2. 就研究範疇而言，一們學科之所以成為科學研究，大抵各有其自身的秩序與規律，而秩序與規律的背後存有某種的原理與原則。從事社會科學研究的目的，就是希望能夠尋獲這些原理與原則。所以消費者的外顯行為是我們容易觀察的，但是卻往往停駐在"知其然，不知其所以然"的層次。如果能以"知其然"為基礎，進而探究行為背後"所以然"的原理原則（心理歷程），才能達到研究者預測與控制的目的。因此如果只把研究刻意限定在外顯行為上，而不探討"心"的部分，將使整個消費者研究內容窄化，難免有削足適履的缺失。
3. 從消費者研究應用層次來說，早期的消費研究者，把消費者行為的研究資料，視為行銷管理策略擬定的基礎。新近，許多研究者建議消費者研究成果，不應該只淪為商業機構的促銷工具，而應該廣義的了解"消費"本身對人類所帶來的啟示意義 (Holbrook, 1985)。這個建議不但使學者擴張了研究的視野，也意識到並非所有的消費交換行為，對人類都是有助益的，尤其是一些黑暗面的消費行為，本質上是具破壞性（見第三節）。如能善用消費研究知識，對"防患未然"的效果將大有貢獻。因此要廣博及深入了解"消費"本身的內涵意義，及脫離大眾對過去消費者研究成果只適用於商業機構的錯誤印象，本書認為以消費者心理學為書名，對消費者研究成果的應用層次及認知空間，有煥然一新的詮釋效果。

由於上述的討論，本書在書籍名稱及研究的目的，以消費者心理學為主論，但在研究的對象上則以消費者行為模式為範疇，而討論的要點著重在心理歷程、社會環境與行為表現三者之間所產生的關連性。

三、消費者心理學的歷史演進

由於消費者心理學的發展萌芽於行銷學，所以消費者心理學的歷史演進與行銷學的經營理念的發展有密切關係。行銷學的經營理念是研究特定目標市場的需要，並提供消費者滿意的產品與服務，以提高行銷者的競爭優勢。現今此一理念已擴展為除了滿足消費者欲求，提高行銷者利潤外，更須顧及長期的社會福祉。

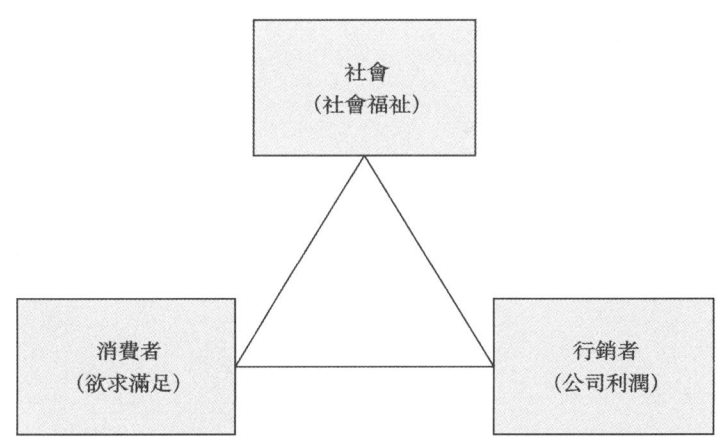

圖 1-1 公司利潤、欲求滿足與社會福祉之間的平衡關係
(採自 Kotler & Armstrong, 2001)

從 20 世紀初一直到 40、50 年代，物資普遍缺乏，當時只要有任何產品上市，幾乎都被搶購一空，所以行銷者並不需要了解消費者的想法與行為。到了 60 年代之後，持續性的經濟成長及技術的革新，產品被大量製造出來，在供過於求的情形下，消費者有著許多選擇的機會，廠商為爭取顧客，展開大規模的競爭，以消費者為重心的概念開始受到行銷者的重視。到了 80 年代中期，一些行銷學者開始正視，追求滿足消費者欲求與行銷者利潤的舊式行銷觀念所帶來的環保、消費者健康、資源浪費等潛在問題。因此社會行銷概念興起，將長期的社會福祉列入考量，消費者心理學的成果也開始應用於非營利組織與黑暗面的消費行為。

以下將依生產觀念、產品觀念、銷售觀念、行銷觀念、社會行銷觀念等行銷經營理念的演進，了解以消費者為重心的思潮流程中，如何由隱而顯，如何由公司利潤概念擴展到社會福祉觀念的應用。

(一) 生產觀念

生產觀念 (production concept) 基本上是假設消費者喜好購買價格低廉的產品。在這個概念上，行銷者常以高生產效率及廣泛的配銷範圍，來滿足消費者的需求 (Kotler & Armstrong, 2002)。生產觀念要成立通常必須符合兩個條件，第一，市場需求大於供給。求過於供時，消費者重視的是產品獲得的有無，而不重視產品品質的良窳，在此狀況下，供應商常以重量不重質的方式大量生產圖取利潤。第二，當產品成本過高。如此廠商才能以大量生產觀念的方式來降低成本，並且擴大市場。福特 (Ford) 汽車創始人亨利福特先生，就是秉持這種觀念當作組織經營的目標。生產觀念的行銷哲學容易遭人非議的地方，在於忽略顧客需求，無法滿足顧客。消費者購買的產品是組織所提供的，並不一定是他們想要的。

(二) 產品觀念

產品觀念 (product concept) 的管理理念基本上認為消費者喜好品質、性能及表現最佳的產品，所以管理階層要致力於製造優良產品，並不斷的加以改良，來吸引消費者。持產品觀念的廠商容易犯一廂情願的錯誤，往往自己閉門造車，而忽略外在環境的變化。他們基本的認知是品質好的產品一定有人購買。但問題的關鍵在於，行銷者認為好的，消費者未必如此認定。所以這樣的結果容易產生**行銷短視症** (marketing myopia)，即不注重滿足消費者需求，只重視產品的研究，使行銷者最後常有"為什麼市場不喜歡我們的產品？"曲高和寡、顧影自憐的現象產生。

(三) 銷售觀念

因產品觀念未得消費者青睞，組織即慢慢由產品導向的觀念轉向銷售觀念。**銷售觀念** (selling concept) 認為，消費者是被動的，必須對消費者採取激烈的促銷活動，消費者才會大量購買組織的產品。所以組織必須採取積極的銷售與促銷。銷售觀念著重的要點在於創造市場的需要量，把工廠生產的產品藉著強勢的促銷手段賣給消費者，而不顧消費者對產品的真正需求。這種行銷哲學的主要缺點在於被哄騙而買下產品的消費者，一旦對產品不滿意，其所產生的抱怨或投訴行為，將使廠商更蒙其害。另外，使用後對產品產生反感，常讓消費者放棄再次購買，產品延續及擴展因而受阻。

(四) 行銷觀念

上述的銷售觀念是以銷售者的業績為中心，努力的刺激市場需求量，把產品推銷出去，但卻不管產品是否能滿足消費者的需求。**行銷觀念** (marketing concept) 則強調行銷者必須了解顧客的需求與欲求，製造符合他們的產品，並在比競爭者更有效率的方式下滿足消費者期望。行銷觀念解釋的重點在於"做出可以賣的產品"而不是"賣出已經做好的產品"。所以在產品製造過程，已經把消費者需要視為主要考量。如果以床墊販賣來看，生產導向將強調"我們生產床墊"，但以行銷觀念的消費者導向，則會說成"我們販賣的是香甜的夢和美滿的愛情"。最佳女主角的廣告訴求把女性消費者潛意識中排斥的"減肥"字眼，轉化為優雅時髦的"塑身"，也是一種行銷觀念的應用。

自 50、60 年代，行銷觀念已逐漸成為世界的主流，尤其在供給大於需求，競爭日趨激烈的情況下，行銷者已經明瞭消費者才是企業的新老闆。如何接近消費者的想法也成了研究的新領域，消費者心理學發展到這個階段已蔚為顯學，行銷者常借重消費者心理學知識及研究方法，探知消費行為的成因及心理隱藏的需求，依此作為行銷策略管理擬定的重要參考因素。

(五) 社會行銷觀念

社會行銷觀念 (societal marketing concept) 認為企業在提供產品給消費大眾時，除了滿足目標市場消費者的欲求，賺取公司利潤外，也要兼顧其他消費者與社會福祉，甚至為了社會大眾長期的利益，有時犧牲目標消費者短期的欲求與公司短期的利潤也是必要的。例如塑膠袋無法被微生物分解，所以消費者隨意丟棄塑膠袋容易污染環境，如果行銷者以紙袋取代塑膠袋，雖然短期將增加公司的成本，但長期而言，由於公司對環境生態的努力，反而更能贏得消費者對公司形象的信賴，即是社會行銷觀念的應用。廣義的社會行銷概念可分兩個層次說明：

其一，就營利機構而言，企業的任務除了賺取利潤外，也要兼顧消費者權益，注意環境保護，與社區融為一體，增進社會福祉。做法包括企業倫理的提倡，社區活動的參與，文化活動的支援等。例如，美國標準油漆公司在不景氣之際，號召全國社區居民一起來粉刷因經費不足而油漆斑剝的公共設施，結果在全美甚獲好評，除了創造出業績高峰外，標準油漆公司也從油漆店變為"惡劣時機下的美化社區的好朋友"；統一便利商店和台灣世界展望會舉辦的"飢餓 30 全球救援行動"的活動也獲得許多的迴響，這些都是社會行銷的實例。

其二，從非營利機構來說，社會服務業者（如非營利組織、政府機構）應該善用行銷的哲理與技巧，倡導正確的消費教育觀念及思想，例如節約能源、垃圾分類、價值變革活動、政府政策規劃等，以增進人類對正確社會理念的認同，擴展消費者的知識與權益。例如董氏基金會禁煙活動，政府野生動物保育法的設立都屬於社會行銷具體案例。

綜合上述，消費者心理學在社會行銷觀念下，已經慢慢從營利面的考量擴展分化為社會服務面的應用，研究的重點也從著重消費者在"需求與欲求的滿足"過渡到"對社會大眾利益的考量"。

第二節　消費者心理學研究範圍

消費者心理學研究主題包羅萬象，早期以研究購買動機為主，一直到 60 年代後半期開始，以研究消費者決策過程為主，加上影響消費行為的幾個重要因素，使得比較完整有系統的消費者行為模式逐漸浮現。

本節綜合各家學說的相關理論 (Engel, Blackwell, & Miniard, 1986；Howard & Sheth, 1969)，將消費者心理學研究的範圍歸納為如圖 1-2 的消費者行為模式。**消費者行為模式** (consumer behavior model) 把探討消費者主題的架構，劃歸為個人、環境、決策三大要素。由於研究主題趨於簡化,消費者行為模式除了讓我們了解各個變項以及變項之間的相互關係外,該模式也可以幫助學者在進行研究時,產生整體性、規律性以及組織性的概念。本節將針對這三個要素所包含的內容,做粗略的介紹,使讀者對於本書而後所要介紹的章節,有一個梗概的了解與認識。

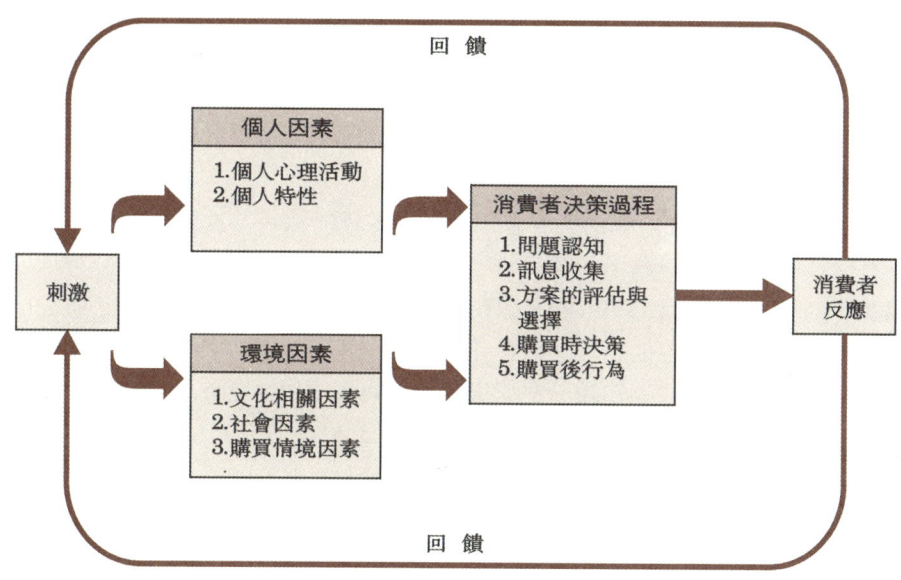

圖 1-2　消費者行為模式

一、個人因素

如圖 1-2 所示,個人因素包括了個人心理活動以及個人特性如何影響消費者的決策過程,說明如下。

(一)　個人心理活動

消費者個人的知覺、動機與涉入、學習與記憶、態度與溝通以及人格等心理活動,對消費者決策有舉足輕重的影響,說明如下:

1. 知覺 知覺指消費者藉由感官獲得訊息、統整訊息及評估訊息的心理活動歷程。詳言之，知覺形成的歷程是消費者對部份訊息（刺激）先產生注意，再經過過濾、分類、匯整評估後，做成決策。因此，若能了解消費者是以主動或是被動的方式形成知覺，採尋能夠引起消費者注意的相關因素，將對廣告的製作及賣場環境的設計，有著極大的助益。

2. 動機與涉入 **動機**是促動消費者引發行為，朝向適當的方向，藉以尋求心理滿足的內在因素。而**涉入**是指個人基於興趣、需求或價值，對產品或購買情境產生注意進而參與的相關程度。涉入程度的深淺會引發動機狀態的強弱，不同類型的涉入或是不同的動機狀態也是了解消費者用以滿足需求與欲求的重要概念。

3. 學習與記憶 對消費者**學習**與**記憶**主題的探討，主要是想了解消費者在行銷的情境裏學會了什麼？如何學習？及有哪些因素能增進學習、促進記憶等。了解消費者的學習與記憶過程，能夠進一步促使消費者記憶產品的名稱及屬性特徵，也能夠幫助消費者學習判斷產品好壞的標準，並將相關經驗儲存在記憶裏轉變為知識。當消費者再次面臨類似情境時，方便消費者產生直接反應。

4. 態度與溝通 **態度**影響我們對物、對人、對事以及對活動看法的一個基本方向，所以既成的態度會強烈的影響消費者對產品正負面的看法。但態度是學習而來的，所以行銷學家也嘗試著藉由**溝通** (communication) 的歷程來說服、改變消費者態度，使他們能夠購買公司所促銷的產品。

5. 人格 **人格**指可與他人區分的心理特徵，並使個人以一致且持久的方式來因應外在的環境。不同的人格理論對消費者心理學提供不同的觀點，並可直接應用在行銷管理的策略上。例如在廣告的訴求內容上，內在導向者重視產品功能利益的傳達，而他人導向者喜歡訊息呈現溫馨歡樂的場合。另外，在追求生活品質提升的 21 世紀裏，了解消費者對身體形象或性別角色所抱持的**自我概念** (self-concept)（即在個人現象場之內，個人對自己的看法），對刺激產品的創新與廣告新題材的產生，都具有重要的參考價值。

（二）個人特性

個人特性是指個人出生後所形成的生活背景等相關特性，包括人口統計資料、生活型態以及社會階層三大類。

1. 消費者個人人口統計資料包括性別、婚姻狀況、職業、教育程度等等，它是消費者最基本的特性，這些特性常常反映在其消費習慣上。例如教育程度的不同，對分配在消費活動的金額與時間，也必然有很大的差異。在應用上，行銷人員常把個人的人口統計資料當成基本的分類方式，以便找出相對的產品需求。

2. 生活型態是指消費者對自己的活動與興趣，在時間上安排的一個優先次序。例如有些人喜歡把時間花在登山健行，有些人則喜歡看電影。以生活型態作為消費者的歸類工具較其他方法精準，目前已成為消費研究者的新寵，詳見第二章第三節。

3. 社會階層則是消費者在社會裏，社經地位高低的位置。一般而言，在同一階層的消費者，傾向培育出相同的信念價值及消費行為，故可作為產品促銷上"門當户對"的參考依據。

以上三種個人特性，主要是用來描述消費者個人的背景以及行為資料，這些資訊也常被行銷人員當作區隔的工具，以做為公司選擇並滿足區隔內消費者的方法。

二、環境因素

環境因素指外在一些影響消費者決策的刺激因素，包括大環境較為抽象的層面如文化相關因素等；此外，也含括了小環境較為具體的社會因素，如參照團體、家庭等因素，而行銷者特意創造的賣場情境因素也常刺激消費者的購買欲求，分別說明之。

（一） 文化相關因素

人之所以與其他動物有別，乃是因為具有了文化，文化雖然是摸不著、嗅不到的抽象事物，但是卻讓我們能夠學習共享先人遺傳下來的經驗、知識與價值觀。這些複雜且重要的要素，不但隨時圍繞在我們身旁，也真實的影響我們在消費者決策上的思想與行為。對消費者而言，文化相關因素的影響力包括了文化與跨文化因素、次文化因素以及大衆文化和流行因素等，分別說明如下：

1. 文化與跨文化因素 **文化** (culture) 是指一群人共同享有的規範以及行為的模式等。消費者的消費傾向常受文化潛移默化的影響而發生變化，例如在集體主義下的消費者，為了與社會團體和平相處，不願突顯自己的喜好，常購買賣場中受到大眾喜愛的產品，在大家都有相似的行為下，造成名牌產品有著歷久不衰的銷售。

在資訊媒體發達的情況下，國家與國家間的界線已經越形模糊，不同國家的文化思想也隨時衝擊著本土消費者的購買決策，終而形成跨文化之間交互影響的現象。**跨文化研究** (cross-cultural study) 主要想了解不同的國家文化，消費者行為傾向上相似或不相似的程度。對一個跨國型的企業而言，了解他國消費者的心理、社會、文化的特質，對設計標準化或區域化行銷策略是非常重要的。

2. 次文化因素 **次文化** (或亞文化) (subculture) 是指從一個文化裏面區隔出來的小團體，他們所共享的價值、風俗、傳統和一些行為模式，形成了與其他次文化明顯不同的標記，這些共享事項也為次文化其他成員提供了明確的認同與社會化過程。次文化包括年齡、種族或宗教次文化，例如哈日族就是一種次文化，而了解哈日族消費者的特性，對販售哈日族產品的公司助益良多。

3. 大眾文化與流行因素 **大眾文化** (popular culture) 指社會總人口中，大部份成員經常參與襲用的文化體，如娛樂的電影、電視、金庸武俠小說、流行的服飾等。**流行** (fashion) 指在某特定時間內，消費者集體選擇接受某種風格或主題，並在消費者競相仿效下，廣為大眾接受與認同。大眾文化與流行風潮對消費者日常生活，有必然的傳染效果，故為消費者心理學重要的主題。

（二） 社會因素

在社會因素裏面，主要是指消費者生活周遭的人，對消費者決策所產生的影響，其中又以參照團體及家庭最為重要。

1. 參照團體 一個人的行為受到許多不同團體的影響。所謂**參照團體** **(或參照群體)** (reference group) 指對消費者態度有直接或間接影響的所有人。消費者常希望融入參照團體，所以個人消費態度、生活型態及自我觀念常受參照團體影響，行銷者如能找到目標消費者所屬的參照團體，對策略執行有極大助益。參照團體常藉著口耳相傳來影響彼此，也就是所謂的**口碑傳播** (word-of-mouth communication)。口碑傳播因為是公正客觀的報導，促銷效應證實比廣告效果佳，所以研究者致力抽取口碑傳播相關因素，希望能加以操弄控制。

2. 家庭 家庭是消費者第一個接觸到的團體，也是提供消費者社會化的初始機構，因此消費者的購物決策深受家庭環境潛移默化的影響。其次，家庭的生命週期也會改變家庭對產品與服務的需求。目前因為家庭結構的改變，如單親家庭的增多，適婚年齡的延後，以及雙薪家庭的增加，使家庭生命週期與消費者型態，與傳統多所不同，此種轉變提供行銷者新產品開發的機會點。

(三) 購買情境因素

購買情境 (purchase situation) 指在購買過程中，可能影響消費者改變決策的相關情境因素，包括個人、時間與環境等。個人情境因素是指個人心情、購物時機、人潮多寡等對購買時決策的影響。時間情境因素指時間的充裕或貧瘠所造成的影響。環境情境因素指商店地點、氣氛等對購買時的決策影響。研究證實越能掌控賣場情境行銷者，越能吸引非計畫性消費者的購買意願。

三、消費者決策過程

在早期的消費者行為領域中，消費者決策過程著重在購買當時的因素探討。但是目前則認為決策在消費者實際購買之前就已經產生，在購買後並未結束，而是把使用的結果回饋到下一次的購買。換言之，消費者決策過程應該以持續觀點來看待，行銷一個產品給消費者，不只是發生一種購買行為，行銷者還希望消費者去消費使用產品，體會產品所帶來的利益，才會有重復購買的機會。因此當今消費者心理學家常以消費者購買前 (選擇、購買)，購買時 (消費使用)，購買後 (處置) 的影響因素，來了解消費者決策的內心歷程。表 1-2 說明消費者與行銷者在交換歷程，前、中、後三個決策階段所面臨的一些議題。有關三大階段五大步驟的內容將分別於第十一、十二、

補充討論 1-1
消費者心理學研究的新取向

在科技精進、全球化影響的因素下,行銷市場產生前所未有的變動,這些變動也創造出新的消費行為研究傾向,提供行銷者新的思維與挑戰。以下將以三點來說明這種變動現象。

1. 大眾市場的不復存在 在豐衣足食與民主風潮的影響下,消費者逐漸意識到個人的存在、追求獨立自主與生活品味。因此行銷者所推出的商品能獲得社會大眾全體注意與喜歡的已經越來越少,反倒是少量符合特殊需求的商品逐漸興起,換句話說大眾市場的消費社會正逐漸式微,取而代之的是重視個別差異小型區隔的小眾市場。小眾市場的消費者強調價值感、喜歡、與眾不同,使得個別行銷將成為未來的主流概念。**個別行銷** (customized marketing) 指將產品透過一對一、互動式的訊息溝通,以滿足更精密的顧客群或個別購買者的需求。在個別行銷的趨勢下,消費者差異化的認知、需求、喜好將成為市場擴展的重要資訊,消費者心理學的知識與技巧,對於了解消費者價值觀點、心理層面與生活型態的貢獻不言自喻。

2. 供過於求的市場現況 科技的快速進步,使得產品的生命週期減短,市面上推出的同質產品也越來越多,廠商的競爭也相對的白熱化,造成各類產品促銷方式五花八門。然而在產品大同小異的前提下,消費者逐漸對廣告溝通呈現疲乏冷漠的情形,常以低涉入決策型態評估產品內涵。為了增進購買,建立品牌資產已成為行銷者當務之急。**品牌資產** (brand equity) 指建立品牌知名度、忠誠度、強勢性品質及相關的專利與商標等。就企業而言,建立品牌資產除了容易讓消費者辨識與競爭品牌之間的差異外,也能夠獲得價格的優勢增進通路的拓展等。消費者心理學的知識對於消費者如何建立品牌價值與認知,有著相當大的助益。

3. 重視顧客滿意程度 在企業經營上,留住一個顧客的成本遠低於開發一個新顧客,而保持高顧客滿意程度、產生購買忠誠已成為留住客戶的不二法門。目前在全面品質管理的概念中,已經從顧客滿意度的角度來定義品質,其中又以摩托羅拉 (Motorola) 公司所云"當顧客不喜歡公司的產品時,它便是一個不良品"最具代表性。換句話說,品質乃始於顧客的需要,終於顧客的滿意度。為了要達成這個目的,關係行銷已成為未來傳遞顧客價值觀與滿意程度的主要管道。**關係行銷** (relationship marketing) 指行銷者創造、維繫與強化消費者與公司間的緊密關係。實施關係行銷能夠直接為消費者提供服務,解決相關問題,提升顧客對公司的滿意度與忠誠性。關係行銷係以如何有效的與消費者溝通為主題,在消費者心理學上也是非常重要的部分。

雖然人類基本的需求是相同的,但是在以消費者為主軸的思考邏輯上,行銷者必須時時刻刻了解最新的消費心理趨勢,如此方能製作可被消費者接受的促銷方式,並能夠有效的接觸消費者,傳達銷售訊息。

表 1-2　決策過程中消費者與行銷者所關心的議題

決策階段	消費者關心的議題	行銷者關心的議題
購買前	是不是需要這個產品？ 從何處可以得到更多的訊息以供選擇？	消費者對產品的態度如何形成？如何改變？ 消費者使用何種線索推論某家廠牌比別家來得好？
購買時	購物的氣氛是愉悅或有壓力？ 購物的意義是什麼？	如何安排情境因素來影響消費者購買決策，例如店內裝飾、擺設、時間、壓力的排除等。
購買後	產品功能是否與廣告吻合？ 產品廢棄如何處理？ 產品的廢棄處置對環境所造成的影響？	消費者對產品的滿意程度為何？ 消費者會不會再度光臨？ 消費者會不會把自己的購物經驗轉告他人，進而影響他們的購買決策？

(採自 Solomon, 1999)

十三章討論，此處不再贅述。

第三節　消費者心理學的應用範圍

　　消費者心理學知識應用範圍非常廣泛，對個人而言，研讀消費者心理學能夠增進個人的消費知識及提升決策的品質。例如對於商場的謠言如何發生及防治，日漸增加的女性就業者對消費型態的影響，及如何辨別不道德的行銷販售、消費者權益的保護等問題，都能產生獨到的見解。

　　對營利組織而言，消費者心理學知識是牟取利潤的重要依據，尤其在競爭激烈、瞬息萬變的市場環境中，唯有抓住消費者的想法，企業才能夠永續經營。上頁補充討論 1-1 即以更接近消費者的觀點說明目前消費者心理學研究的新取向。

另外,近年來非營利組織蓬勃發展,使社會生活品質逐漸提升,然而非營利組織也遭遇許多難以突破的問題,例如大學募款不易、政府形象無法提升等。為了解決這些問題,如何解讀消費者的心理與想法,成為這些機構在策略實施上的重要部份。

再者,若干消費研究者指出,社會中一些消費者交易與消費的結果不一定有益於社會,一些黑暗面與非理性的消費行為,是社會行銷概念中所欲消弭的現象。研究消費者行為亦可提供黑暗面消費者在進行消費的心理歷程,以作為行為防止的依據。綜合上述要點,以下將以消費者心理學的應用範圍做一說明。

一、營利組織

在營利組織裏,因為各企業功能不同,所以將消費者心理學知識實際應用在企業的時間也有先後。在美國,一些大企業,如通用汽車、寶鹼公司、可口可樂等,是早期對消費者心理研究較為透徹的公司。接著,其他日常用品、家電用品、以及工業設備等公司,也慢慢採用消費者心理學的知識與方法。目前一些服務行業,如銀行與保險業,及一些專業性職業,如醫師、會計師、律師,也走向行銷的概念,開始重視消費者心理的探討。

二、非營利組織

由於經濟富裕,社會多元分殊,資訊媒體的豐富及複雜化,使得人們的欲求也趨向多樣性。企業生產的商品或政府公共服務已不敷民眾的期待,因此非營利組織的活動開始受到重視、發展也逐漸蓬勃。為了有效的推廣理念及服務,提高消費者滿意度,非營利組織也開始注入行銷觀念,使得消費者心理學的知識廣泛的融入新的領域。

非營利行銷 (non-profit marketing) 是指個人或組織為提升民眾生活品質及滿意程度所從事的行銷活動,其目並不以追求利潤為主。非營利行銷範圍相當的廣泛,在表 1-3 中,詳列了非營利組織的各個類別、組織、產品、消費者類型、交易形式以及行銷問題。以下我們將說明服務性組織、

表 1-3　非營利組織類別及相關行銷問題

類別	組織	產品	消費者類型	交易形式	行銷問題
服務性組織	大學	高等教育	學生	費用(金錢)	使用者減少
	醫院	醫療	病患		
	美術館	美學鑑賞	入場顧客		
	鐵路局	運輸	乘客		
社會公益組織	交通安全協會	安全駕駛	駕車者	理念	消費者對訴求理念漠不關心
	家庭計畫中心	人口品質提升	生育人口		
	自然環境保護協會	自然景觀的維護	一般民眾		
	慈善團體	金錢產品服務實質幫忙	貧困之人		捐款降低，奉獻精神不彰
共同利益組織	勞工組織	具休戚與共的關係、主張或經驗	組織內成員	理念	組織精神認知不足，共同主張理念及付出力量淡薄
	同業公會				
	政黨				
	俱樂部				
政府組織	警察機構	安全	一般民眾	稅金(金錢)	形象不佳、誤解，民眾滿意度低
	鄉鎮市公所	居民服務			
	公立學校	義務教育			
	軍隊	防衛			宣導正確消費理念成果不佳
	執政黨	統治			
人物行銷	政黨候選人	政見	選民	選票	政見定位與選民區隔方法的選擇
地方行銷	國家及城鎮	休閒娛樂	觀光客	費用	觀光客減少

(採自洪順慶等，1998)

社會公益組織、共同利益組織、政府組織、人物行銷與地方行銷等，如何應用消費者心理學的相關概念。

(一) 服務性組織

服務性組織 (service organization) 包括如醫院、學校、藝術工作等團體。這些機構的目的並非為了謀取利潤，而是希望提供最適當的服務，吸引消費者的青睞。因為服務業比重越來越大，消費者對服務性組織需求擴增，所以必須能掌握消費動脈，才能提升營運績效。舉例來說，由於新學校紛紛成立、多元入學方案實施及逐年上漲的學費等因素，台灣各私立大學已經採主動出擊策略，爭取優秀的學生，提升學校排名，他們的作法上包括明確的界定目標市場、重視學生的欲求與需求、改良促銷宣傳的管道與活動，例如以校友為主，有計畫的推動全省高中巡迴演講或座談；與各高中學生直接接觸，取得雙向溝通；舉辦校園參觀活動或鼓勵加入編採、化工等體驗營；參加全國大學博覽會，介紹學校並答覆考生的諮詢；提供優渥入學獎學金等。

另外，藝術工作產物也慢慢在應用消費者心理學的概念及行銷原理，企圖在作者與消費者間搭起橋樑尋求溝通。舉例來說，表演工作坊有一齣戲碼"紅色的天空"，是描寫死亡的灰色劇。這部戲在中南部一開賣即慘遭滑鐵盧。究其原因在於中南部的觀眾較喜歡喜感的表現方式，而對死亡的話題存著排斥及恐懼的心理。表演工作坊了解消費者想法後即刻改變包裝，將該劇的宣傳重點改在詼諧與歡樂上，並用不同的角度來詮釋死亡。此劇後來逐漸贏得南部票房。這就是一個透過包裝刺激觀眾欲求，扭轉劣勢的實際例子。

(二) 社會公益組織與共同利益組織

社會公益組織 (social benefit association) 即謀求社會公共利益的組織，包含慈善機構、環保團體、家庭計畫中心等。社會公益組織面臨最大的問題是消費者對組織訴求理念漠不關心，執行無法徹底。所以如何有效率的讓消費者接受組織理念、主張及活動的重要性，以獲得共鳴，甚至獲得民眾的參與與支持，成為社會公益組織主要的目標。而消費者心理學研究重點可集中在如何區分參與者的特徵，與一般人支持的動機理由，再從研究的結果，找出適合的行銷方式，來達成主要的目標。

共同利益組織 (mutual benefit association) 含括有公會、勞工組織、政黨、俱樂部等。這類組織常面臨的問題是成員對組織的宗旨和基本綱領置身事外，成員之間團結性及向心力不足，部分成員也不願意繳納會費等，使得組織創立的精神名存實亡。消費者心理學在這個領域的應用包括如何提升組織成員對基本的主張理念，由低涉入提升為高涉入，如何灌輸相對付出、奉獻組織的觀念，及對不願繳納會費的原因探討，並謀求改善之道等。

(三) 政府組織

政府組織包括如警察機構、鄉鎮市公所、軍隊、執政黨等組織。政府組織的決策後果對民眾有著深遠的影響，所以能夠滿足民眾需求與欲求才是好的決策。政府策略執行者對消費者心理的了解有助於決策品質提升。

1. 公共設施的建立 在一個民主時代，政府組織建立一些公共設施，都必須以民眾的依歸為主要考量。例如在捷運系統、高速公路、高速鐵路等設施的設計上，經過的路線、出入口的地點，都要能滿足大部份民眾需要。另外，在設置重大工程 (如核能廠、垃圾掩埋場) 時，執政者如能夠充分了解消費者思考邏輯，加強溝通，將降低執行上的困擾。其次，不同的時空，常孕育消費者不同的態度、觀念與行為模式。政府機構需謹慎的進行定期檢定，隨時掌握民眾最新的想法，作為決策的參考依據。

2. 消費保護措施 政府機構為了保護消費者，通常會從三個方向來維護消費者的權益。第一是立法。訂立保護消費者的法律，以遏止不法商人販賣不安全的產品，或刊登不實的廣告。此外，政府也需要求營利組織遵守相關規定來服務消費者，例如商品度、量、衡的標示，販賣時價格的合理性、包裝標示的誠信等等。第二是消費者教育。政府機構可透過消費者教育的方式，告訴消費者相關知識或權益。例如提供防癌手冊，或告之房屋買賣契約簽訂的注意事項等等；另外，透過消費教育，使消費者了解非理性消費行為的危險性及正確的消費類型，例如酒後駕車、吸食毒品的不良後果，及上車扣安全帶、節約能源、垃圾分類的好處等等。第三是獎勵措施。政府也對有益於消費者的行為給與獎勵，例如對慈善機構的捐款可減免稅額，或廠商防治污染的設備可得到補助等。

3. 形象惡化及誤解的化解 政府機構龐大，服務人員素質不一，常因不公平或決斷錯誤事件遭到民眾的不滿及詬病。所以如何包裝政府形象，化解不必要的誤會，提升民眾對政府政策的支持，已為政府組織當務之急。舉例來說，警察、檢調系統偶有害群之馬，影響機構清廉形象，而如何應用民氣作為政府改良的利器,實為消費者研究重要課題。其次,執政黨面臨傳統包袱,改革阻力的問題,亦可透過理念的溝通謀求解決,而溝通的方式亦是消費者心理學重要的議題。

(四) 人物行銷與地方行銷

人物行銷 (person marketing) 指用來引起人們對特定人物的注意、興趣及偏好的方法或系列活動。人物行銷包括向消費者推薦影歌視紅星,或推薦候選人於選民,其中又以後者是最典型的人物行銷活動。政治候選人必須了解選民所需要的政治改革,形成獨特的政治主張或風範來吸收選票,此外政見的包裝、候選人形象的包裝、文宣公關的造勢活動、新聞訪問等都可增加選民對候選人的認識。而為了增加親和力,候選人也需在不同場合拜會選民、寒暄交談,了解他們的想法,方能擬定獲得選票最佳策略。舉例來說,電視辯論或電視政見會常是讓選民認識候選人最直接的方法,但候選人是否參加辯論會,是有幾個準則可供參酌。例如,辯論賽較利於挑戰者不利於連任者;利於在野黨不利於執政黨;利於民間聲望低者不利於民間聲望高者,候選人當斟酌實際的情形善加思考,選擇有利的題材,必能乘勝出擊。

地方行銷 (place marketing) 指改變創造或維持消費者對特定地方的態度或行為所採用的策略或活動。地方行銷常作為觀光地點的促銷之用,例如利用名勝特產(屏東黑鮪魚季)、風土民情(花蓮豐年祭)活動招攬觀光客;或與旅遊業者聯合行銷吸引人潮等。台灣在週休二日制度的實施下,利用假日休閒旅遊已逐漸成為一股風潮,地方行銷也成為熱門話題。消費者心理學在地方行銷的貢獻,包括如何增長觀光客拜訪的時間與頻率,如何營造歡樂心情的方式及如何區隔觀光族群與創造主題遊樂等。例如花蓮兆豐休閒農場為了增加遊客人數,特地設計一個名人植樹區,請遊客前來植樹,在牌子上簽名,背後註明地址電話,並輸入電腦存檔。事後隔一段時間,將樹木成長的現況拍照寄給植樹人,一來有著問候之意,亦有歡迎再度光臨的邀請,此舉對觀光人數的增加,確有不錯的效益。

三、黑暗面消費者行為

消費者常被視為理性的決策者,傾向於以最有效率的方式購買產品,以增進本身的健康及社會的福祉。但從廣義的角度來看,消費者也有非理性如衝動性 (擋不住的誘惑) 的購買行為即為一例。但這種非理性的購買,只是使消費者體驗暫時的脫韁快感,對本身並沒有生理或心理的實質傷害。

相對的,一些消費者的行為,本身不但沒有啟發性或建設性,行為的後果更對自身健康或社會福祉帶來嚴重的不良影響,這些以金錢去換取殘害自身產品的交換行為,稱之為**黑暗面消費者行為** (dark-side consumer behavior),可分為成癮性消費行為、販賣身體消費行為、不合法商業行為等三項 (Solomon, 1999)。

(一) 成癮性消費行為

成癮性消費行為 (addictive consumer behavior) 指消費者對某個產品或服務在生理或心理上有著極度的依賴。嚴格說來,消費者或多或少都有一些不太能克制的消費傾向,例如對煙、酒、巧克力、可樂等產品的喜愛與依賴,然而這些仍屬於可控性的消費行為,一般要達到成癮性的消費程度,必須具備下列特徵: 第一、行為的本身並非經由選擇而來;第二、行為後所得到的樂趣是非常短暫的;第三、行為後消費者常有極大的情緒經驗或極度的懊悔 (Nataraajan & Goff, 1992)。符合上述特性的消費行為始稱為成癮性消費行為,例如賭博及強迫性消費即屬之。

1. 賭博 賭博的行為充斥在社會的每一階層,賭博的形式也是五花八門,舉凡麻將、撲克牌、運動比賽的賭博、動物競賽的賭博等等。賭博行為是深具毀滅性的。這些致命的後果包括自尊的降低、欠債、離婚、忽略小孩等。過度的賭博也會造成**賭博成癮循環** (gambling addictive cycle),即在賭博行為產生時,心境極度高漲,停止時極度沮喪,如此的週期,使賭徒又重回賭博行列。

2. 強迫性消費 強迫性消費 (compulsive consumption) 係指消費者必須藉著花錢購物來紓解心理上所產生的緊張、焦慮、沮喪或無聊,而且這種購物情形是重復的,不能自制,甚至違反自己意願的行為傾向。強迫性消費的購買目的在於購買過程的享受,而不在乎購買物品的內容是否適合。它是一種持續性的重復行為,本質上與消費者一時興起,衝動搶購的行為是不同的。

(二) 販賣身體消費行為

販賣身體消費行為(或**商品化消費行為**) (consumed consumer behavior) 是指消費者把自己或自己身體的一部分當作販賣的物品,不管是出於自願或被迫。這種消費品是由人體本身提供,包括下列幾個類別:(1) 妓女妓男的出賣肉體;(2) 賣血、賣眼角膜或腎臟等器官,或賣頭髮;(3) 販嬰給不孕的夫婦領養;(4) 以呈現人體特殊生理構造為賣點,並藉以牟利,例如馬戲團以侏儒表演取悅觀眾即為一例。

(三) 不合法商業行為

一些消費者不經由合法程序購物消費,而轉以犯罪的手段來交換自己所需要的產品,這類行為稱為**不合法商業行為** (illegal business activity)。不合法的商業行為偏重在商業範圍的犯罪,比較輕微的包括店內行竊、店員偷竊、毀損自動販賣機等,比較嚴重的則有產品下毒勒索商家等。不合法商業行為不但危害了公司行號,也間接造成一般消費者的權益損失,根據美國一份報導,一家四口的家庭每年平均必須額外負擔 300 美元的商品漲價費用,以作為行銷者打平商品失竊所造成的損失 (Solomon, 1999)。

上述不合法商業行為的動機,可能純粹是私慾的發洩或同儕壓力所致,但亦可能是對社會不滿的報復行為。不管原因為何,都會間接造成社會成本的增加,也使正常消費者無辜受害,的確有必要應用消費者心理學的知識加以探討,並找出防治之道。例如研究發現商店中順手牽羊者,一般不是為了生活所需所致,慣竊比率也很少,在商店行竊失風者約三分之二是中、高收入的人士,偷竊的理由只是為了追求刺激或以商品來填補情感上的不足。再者,店內偷竊者以青少年居多,他們偷竊理由大多是仿效同儕,或因無錢購買流行商品進而行竊,這些竊賊道德感薄弱,不認為偷竊是一種犯罪的行為 (Cox et al., 1993)。

消費者的消費結果不管是正面或負面的,都可藉由消費者心理學所提供的方法了解其心理決策歷程的源由,但在執行的方法上,營利組織常以正向行銷,黑暗面消費者行為以逆向行銷為主。**正向行銷** (marketing orientation) 即在確定行銷目標後,選擇達成目標的途徑,調配各項資源,發揮最大的行銷效果來吸引消費者的購買。相對地,**逆向行銷** (de-marketing orientation) 指在確定行銷目標後，調配資源選擇達成目標的途徑，並使用行動方案，促使消費者降低對某商品 (或服務) 使用的頻率。例如，衛生機構希望根絕青少年食用搖頭丸，可藉由消費者心理學知識找出最有可能戒除的族群，優先介入，並在行動方案中宣導藥物造成的傷害，根除這個族群的食用傾向，這就是一種逆向行銷。

第四節 消費者心理學研究方法

消費者心理學涵蓋許多不同學門，研究方法也錯綜多元。但基本上不離質化取向的研究與量化取向的研究。本節將先介紹研究的典範：導致研究方法不同的原因；之後再介紹消費者心理學的研究流程，包括質與量的研究種類及資料收集的工具和方法。

一、研究典範

消費者心理的研究方法非常多，在了解研究的本質上，必須從研究者對事實看法的基本假設來區分。一般基於某種哲學基本觀點所提出的假設或設計，來闡述事實現象的模式，稱之為**研究典範** (research paradigm)。在社會科學的研究中，實證論與詮釋論的觀點常被引用作為研究的基本前提。

實證論 (或**實證主義**) (positivism) 基本上認為知識或科學理論的獲得是以可觀察或可經驗到的事實為主。實證論所強調的觀點在於人是理性的，世界的現象也是理性的、有次序的，所以世間的真實體是單一、客觀的。此外因為時間可以很清楚的劃分為過去、現在及未來，故事實的因果性能夠客觀地以科學方法來操弄。實證論所用的研究方法主要是從自然科學衍生而來的，研究資料的結果有描述性、實證性及類化到大樣本的特點。資料的收集是以量化為主，並選用統計的分析結果來解釋事實現象。

詮釋論 (interpretivism) 對行為表象的解釋強調象徵性、主觀意義及個人過去經驗的重要。換言之,消費者依據獨有的文化及分享的經驗去建構對這個世界的看法,這個建構體並沒有所謂對或錯的標準。該學派並認為研究者與受訪者之間在真實體的組成上並沒有主從之分,而是藉著互動的結果而完成。所以真實體本身並不只一個,事實之間也沒有因果的關係,結果也不能類化到大的樣本上。詮釋學派的調查方法以人種誌學、表徵學及深度訪談為主,資料的收集以質化為重。表 1-4 是針對這兩種研究典範差異處所做的比較。

兩種典範所衍生的質與量的研究定義上是不同的,對事實的看法與解釋也有差異,所以容易產生爭執。例如量化研究常抨擊質化研究在方法上的樣

表 1-4 實證論與詮釋論在消費者心理學研究方法上之差異

前提假設	實證論	詮釋論
研究目的	著重客觀事實的測量,產生預測與控制的效果	以了解的方式呈現特定情境脈絡下的社會現實
對真理的看法	單一真實體存在,客觀的、細分的、有形的、操弄的	多重真實體存在,主觀的、多元的、整體的、分歧的
對價值的看法	強調價值免除	強調充滿價值
對知識收集的看法	時間是可以抽離的。收集資料的方法與其他事件是獨立的。消費事實可以被客觀的測量,研究結果可以被類化到大樣本上	時間是不可抽離的,是息息相關的。研究的資料內容是彼此互賴的,每一個消費者經驗都是獨特的,結論是不能類化到大樣本上的
對研究脈絡的看法	建立突破時空、文化、脈絡限制的通則	重視人類行為與社會環境深受所處脈絡的影響
對因果關係的看法	有因果關係的存在	因果關係不能被分離,是多重的關係,同時形成事件
研究設計的方式	研究設計先有預設立場	研究者以所有研究情境的互動來調整研究步驟
研究角色之間的關係	研究者與受試者之間的關係是保持距離的	研究者與受試者之間的關係是互動的、合作的

(採自 Hudson & Ozanne, 1988)

本太少，解釋過於主觀。而質化研究則質疑量化研究的變項操弄，是否真能抽離社會結構之外？但事實上，量化與質化研究各有不同的角度與貢獻，質化研究回答"是什麼"的問題，量化研究則回答"有多少"、"有多強"、"有多大"的問題，如能視為相輔相成的工具，對事實將有更深入的了解，也提供更豐富、更多元的解釋。

二、消費者心理學研究流程

消費者心理學研究流程多元分殊，我們可以參照圖 1-3 來加以說明。首先，在任何研究中，研究目的是研究設計主要的指導原則。研究設計方法的選擇及進行步驟，依研究目的的指引，而衍生許多不同取向。當研究目的確定後，接著的工作是收集次級資料。次級資料可以提供研究設計的補充訊息，及提供主要資料收集的範圍大小的參考。再來，研究設計的擬訂，則依據研究目的及次級資料可參考價值而定：如果研究的目的是要獲得一些新的想法或觀念，則將採用質化研究；若研究目的是要得到描述性或因果性的資料，則將採用量化研究。質化與量化的研究不管是在資料的收集、樣本的設計或工具的使用上，都會有所不同，所以在圖 1-3 中，我們將質化或量化的研究及資料收集方法，概分為左右兩個部分。質化研究主旨在發展概念，量化研究則操弄變項的預測力與驗證假設。然而在一些特殊情況下，質化研究成果可以當作量化研究設計之前的**探索性研究** (exploratory study)，即在量化的問題或變項尚未完全確定前，由質化的概念資料提供，當作量化研究預測性依據。研究的最後，當依質化或量化的研究發現撰寫研究報告。

（一）訂定研究目的

在進行消費者研究的一個過程中，第一個重要的步驟是要確定研究目的是什麼？是要為一個新產品命名，或是為一個產品重新定位；是為了了解目標市場的生活型態，或是想了解產品目前的使用率。行銷人員必須確定研究目的之後，才能擬定出適宜的研究設計，收集到真正想要的訊息。例如要為廣告設計一個新點子，可能要依賴質化研究，由受過專業訓練的人員進行面對面的訪談分析，了解完整的狀況，再提出有創意的重點。如果研究目的是要了解使用的頻率，或了解性別對不同產品的態度是否有所差異等問題時，

30 消費者心理學

```
                           ┌──────────┐
                           │ 訂定研究目的 │
                           └─────┬────┘
                                 ↓
                           ┌──────────┐
              ┌────────────┤ 收集次級資料 │
              │            └─────┬────┘
              │                  ↓
              │            ┌──────────┐
              │            │ 探索性研究 │
              │            └─────┬────┘
              ↓                  ↓
    ┌──────────────────┐   ┌──────────────────┐
    │   質化研究設計      │   │   量化研究設計      │
    │ 1.方法的選擇(見圖1-4)│   │ 1.方法的選擇(見圖1-5)│
    │ 2.過濾樣本問題的設定  │   │ 2.樣本的選擇與設計   │
    │ 3.討論題目的擬定     │   │ 3.收集資料器材準備   │
    └─────────┬────────┘   └─────────┬────────┘
              ↓                      ↓
    ┌──────────────────┐       ┌──────────┐
    │    研究的執行       │       │ 主要資料的收集│
    │(延請經驗豐富，受過   │       └─────┬────┘
    │ 訓練之訪員)         │             ↓
    └─────────┬────────┘       ┌──────────┐
              ↓                 │  資料分析  │
         ┌──────────┐          │  (客觀法)  │
         │  資料分析  │          └─────┬────┘
         │  (主觀法)  │                ↓
         └─────┬────┘          ┌──────────┐
               ↓                │  驗證假設  │
         ┌──────────┐          └─────┬────┘
         │  概念的發展 │                ↓
         └─────┬────┘          ┌──────────┐
               ↓                │  研究報告  │
         ┌──────────┐          └──────────┘
         │  研究報告  │
         └──────────┘
```

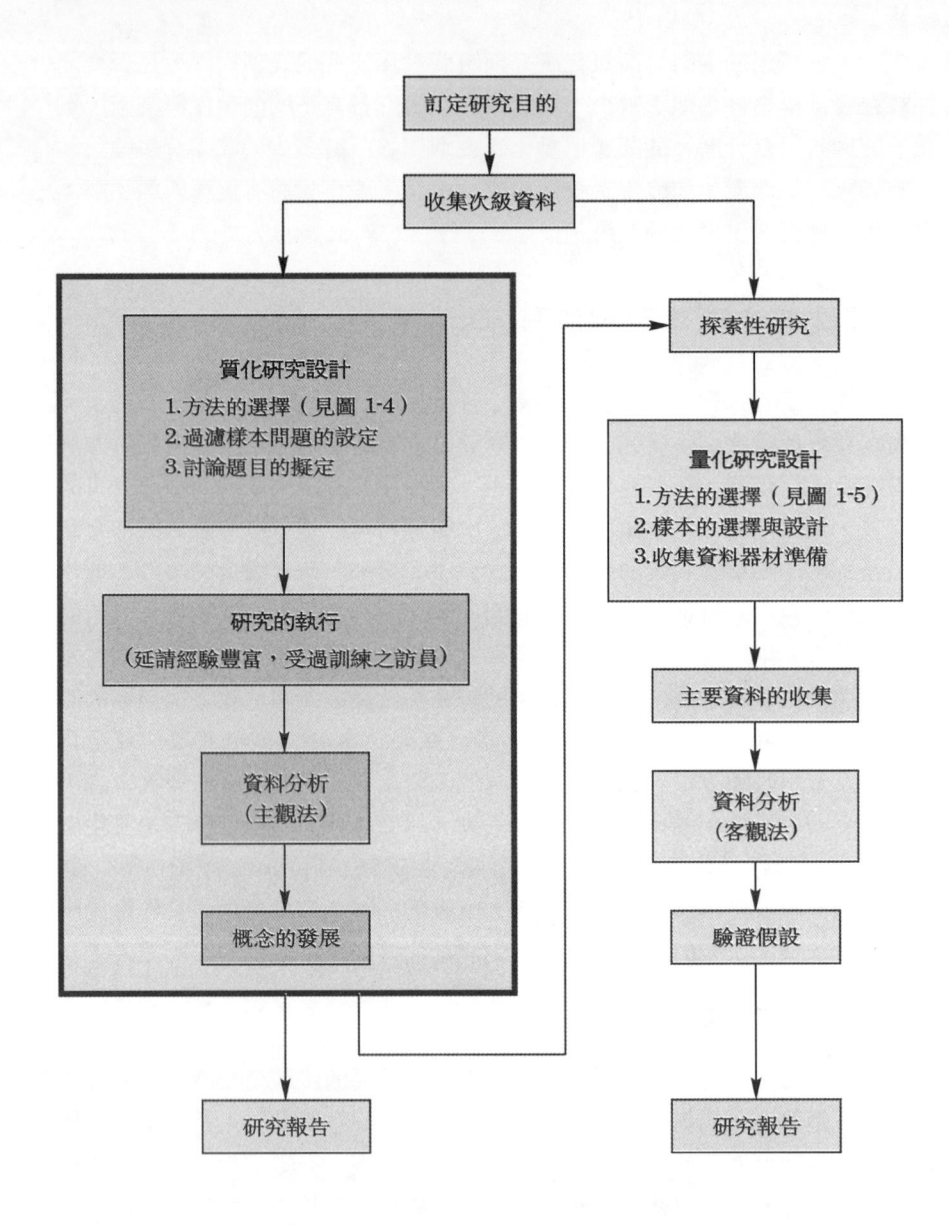

圖 1-3 消費者心理學研究的過程
(根據 Schiffman & Kanuk, 1994 資料繪製)

必須使用量化研究,並借重統計分析得到結果。

有時質化和量化的研究是並行共用的。例如要了解某產品的消費態度,在次級資料不充足的狀況下,那麼研究者就必須先做小樣本,即質化探索性研究,歸納出重要的向度後,再供後續量化研究擷取變項或充當問卷設計參考之用。

(二) 收集次級資料

所謂**次級資料** (secondary data) 乃指為了別的目的 (非正式進行的研究) 所設計的研究中收集到的資料。次級資料對質化研究或量化研究都很重要,因為次級資料可以提供一些線索和方向,以供主要研究設計之用,並可補充主要資料的不足。次級資料可由政府機構的定期刊物,一些私人公司的資料收集而得;還有行銷調查公司、廣告公司、甚至學術單位研究成果,都可以作為次級資料。

與次級資料相對的則為主要資料。**主要資料** (primary data) 是指個別研究者或是一個組織為了符合某一特殊目的,而進行原始資料的收集稱之。當研究目的需要更詳細的消費者心理、文化的訊息、購買型態、產品態度或產品使用率的問題時,則必須仰賴主要資料的調查。質化和量化的研究中,如依研究目的所收集到的資料都可視為主要資料。一般而言,主要資料的費用是比較昂貴,且比較耗費時間,但是它可以提供比次級資料更正確的訊息和內容。

(三) 質化研究

質化研究方法所得到的想法與結果常應用在態度研究的早期發展階段,來了解相關的產品信念以及產品屬性,也常被作為發展後續研究例如問卷設計的參考依據。質化的研究方法琳瑯滿目,在消費者心理學中,下列四種較為常見:深度訪談、焦點團體訪談、投射測驗及人種誌學 (見圖 1-4)。何種方法最適切,有賴於研究的目的。底下將分別討論之。

1. 深度訪談 所謂**深度訪談** (或深入面談) (depth interview) 是由受過專業訓練的訪員,對一個符合事先預設資格的消費者,針對研究主題,進行長時間的會談,以了解消費者內心真正的想法和信念。訪談的內容,除了

```
        質化研究方法
    ┌────┬────┬────┐
  深度訪談 焦點團體訪談 投射測驗 人種誌學
```

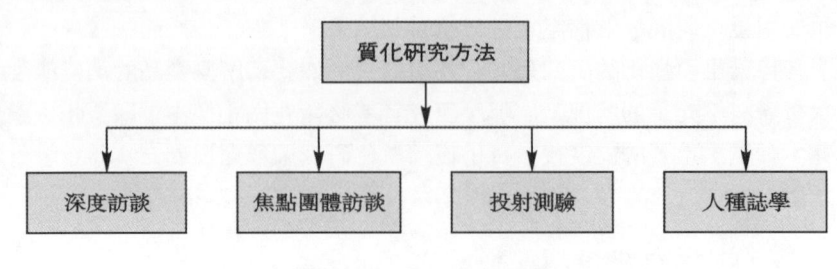

圖 1-4　質化研究方法

談論對產品的類別或品牌看法外，也可以鼓勵受訪者對他們本身的活動、興趣、態度、看法暢所欲言。訪員一般不參與討論的過程。深度訪談都會採用一些輔佐的工具，例如錄音機，使受訪者的口頭資料能更仔細的被研讀。再者，一般有經驗的訪員同時會記錄受訪者的心情、姿勢或肢體語言。這些記錄配合受訪者的談話內容，將更能了解受訪者內心深處的一些想法、態度及信念。另外，訪員在討論過程所扮演的角色是很重要的，尤其是訪員必須不斷的激發受訪者表達意見，避免枯燥乏味的冷場或答非所問偏離了主題。

2. 焦點團體訪談　焦點團體訪談 (focus group interview) 是指針對廠商所設定的討論大綱，由主持人帶領八至十位經過特別選定的受訪者，來參加有目的的討論會，以便更深入的了解受訪者的想法。在討論的過程中，主持人不對受訪者所提的意見做任何正負價值的判斷，也不會去批評受訪者所發表的意見，更不會作出結論。主持人只是營造一種氣氛，並鼓勵受訪者盡量去探討他們的興趣、態度、反應、動機、生活型態及對產品的感覺或使用經驗等等要素。

焦點團體訪談的主要優點在於它所花的時間比深度訪談少，但能得到更多的意見。通常受訪者對研究的問題所擁有的共同看法，可經由討論而突顯出來；另外透過自由交談的團體探討和團體動力，使得整個會議的過程，可以產生更多新的意見與創意。但是焦點團體訪談還是存有一些缺點。例如因為團體討論產生的壓力，迫使一些受訪者提供的意見是以社會所能接受的標準來回答，而不是內心真正的想法。

3. 投射測驗　投射測驗 (projective test) 強調個體所理解到的產品訊息，大部份是存在於潛意識，而無法憑意識來說明。因此必須藉著一些無組織、不確定意義的刺激情境做為引導，使得潛藏在深層的潛意識能夠被揭露投射出來。投射測驗常常由許多模稜兩可，曖昧不明的刺激所組成。因為沒有所謂的對或錯的答案，消費者可以很自由的去應答。實驗者也希望深藏在消費者對產品意義的動機、態度、欲求，經由這些圖案能夠投射出來。投射測驗早期常應用在市場上，藉以了解消費者的深層動機。在 1950 年代，一家公司發明保鮮膜並首度推銷到市場上。銷售之初，一般消費者排斥這個商品，並歸咎保鮮膜黏手且非常難處理。該公司經投射測驗的結果，才了解當時美國職業婦女比例逐日增加，潛意識裏並不喜歡處理廚房家務，但又不敢直接表白。所以藉由廚房相關產品保鮮膜出氣，以表達他們的不滿。這個發現促使公司重新設計產品特性及促銷策略，並將訴求重點改為不黏手，非廚房使用為主，以期爭取消費者認同。

4. 人種誌學 所謂**人種誌學** (ethnography)，是針對當地的居民或文化現象，利用參與式的方式來做深入觀察或深度訪談。換言之，對一個團體的特別行為、社會規範及信念，做立即的觀察或訪問，並記錄過程，即稱為人種誌學研究法。人種誌學是人類學的研究方法，它也可說是觀察訪問者與受訪者之間交互作用的一種研究。一般在自然的情境進行觀察，報告的形式也盡量求其詳盡。

雖然利用類似人種誌學的方法來研究消費者行為學是非常少，但是這一方面技巧的應用，已有不斷增加的趨勢，因為唯有藉由人種誌學的研究法，才能以更廣泛的角度來解釋消費者行為，掌握瞬息萬變的市場。此外，為了走出已經僵化的想像力與思考模式，行銷者需重回社會文化結構的研究，並注意一些被忽略非消費主流的邊緣人，因為從他們的的言談舉止中，能為未來趨勢找出蛛絲馬跡。補充討論 1-2 即以人種誌學的方式分析哈雷機車騎士次文化消費行為。

（四）量化研究

量化研究之目的並不是要測量一個個別的行為，而是要預測一群有相同特性的人在一般的問題上平均的反應情形。所以"客觀性"對量化研究是一個很重要的原則。

量化研究資料收集的方法一般可分為描述性以及因果性兩種研究方法。這兩種方法最大的不同處在於**描述性研究** (或**敘述性研究**) (descriptive research) 目的是描述一些現象，但是不必一定要解釋造成這些現象的理由；

補充討論 1-2
以人種誌學分析哈雷機車騎士次文化消費行為

在美國，哈雷機車騎士所組成的次文化團體，總是帶有一層神秘的面紗。而為了真實、完整的呈現哈雷機車騎士次文化消費行為，研究者採人種誌學的方法，一共花了三年時間，才慢慢由該團體邊緣人走入核心份子，完成這份調查 (Schouten, & Mcalexander, 1995)。根據其研究結果發現：

1. 哈雷機車的文化是承諾和可靠性的層級結構：在組織內表現層級的方式有許多種 (1) 騎士常利用紋身、個人化的機車、會員的制服、刺繡、參加的活動表現其經驗及資歷。(2) 在最前頭的領隊常是位階最高的人。(3) 騎士在路中也喜歡交叉而過打招呼，位階高的人則以酷臉不回應，表現自己角色。

2. 想加入者的進入障礙：哈雷機車族常設進入障礙以保障其獨特性，例如：(1) 誠意的表白加入俱樂部的決心，角色需被團體成員接受才行；(2) 購買哈雷機車是加入者最基本的條件，此外還需採購許多相關服飾、配件。裝備的昂貴常造成進入此次文化的障礙。

3. 哈雷機車族的共享文化：(1) 騎乘經驗。對許多騎士而言，選擇哈雷，代表選擇一種神聖無與倫比的經驗。於此中他們感覺到與自然的親近、強烈的感官意識、引擎的馬力、冒險的刺激、極度的專注及成為團體一分子的感覺。(2) 對其他愛好者投入程度表達敬意。騎士們不會隨便碰別人的機車，否則可能受攻擊。對於摩托車的精緻保養與裝飾，創造了一種非凡神聖性的專屬空間。(3) 騎士間的兄弟情誼：騎士們用"Brother"或"Bro"稱呼做為團體互信共溶的象徵，他們自擬為中世紀騎士，當成群哈雷機車族在路上奔馳之際，最能表達其男子氣概及不畏邪惡的精神。(4) 宗教般的凝聚力：騎士們有自己的聚會方式，領隊有宗教般權力。騎士以死為宗旨，將價值觀以骷髏頭、刺青、圖案及裝飾品表現。

4. 哈雷機車族的核心價值：(1) 個人化的自由。哈雷機車騎士追求釋放與放縱，常以展翅的老鷹或狂飆駿馬來象徵自由。(2) 愛國熱誠與美國傳統。哈雷機車被認為是美國機車工業唯一存活代表，騎哈雷象徵美國自由狂放的風格將不斷延續下去。(3) 男子氣魄。"真正的男人就穿黑色"是哈雷騎士傳出的意念，他們以腹肌、引擎、大聲狂吼、皮革裝飾的車體和身體、沉重的靴子與長手套代表去除恐懼、不會受傷與具有強大力量的男子氣魄。

5. 次文化的消費與行銷者角色：行銷者行銷次文化團體的目的，在於試圖維持一個長期、互動的關係，增加成員對次文化的承諾。哈雷機車騎士次文化的調查提供給行銷者許多資訊。(1) 以優點而言：雖然哈雷機車文化具有爭議性，但哈雷公司應善用此種反傳統獨特性並延伸出去，吸收新加入者，例如舉辦新人會或公路賽等活動。此外，公司也需提供哈雷機車族一個避風港，讓社會主流價值觀可接受，避免成為邊緣團體。(2) 以風險而言：哈雷機車次文化如果受到愈多的消費者認可及接受時，其獨特性會逐漸模糊而消失。其次，當哈雷機車公司推出一種較新且較昂貴的款式，會引起哈雷族群階層間的緊張關係。例如上流階層擔心可能與低階層處於同樣地位；藍領認為哈雷公司只牟利不顧傳統工人。所以哈雷公司要在哈雷騎士可能的反彈及公司的利潤之間取得平衡，才能延續發展。

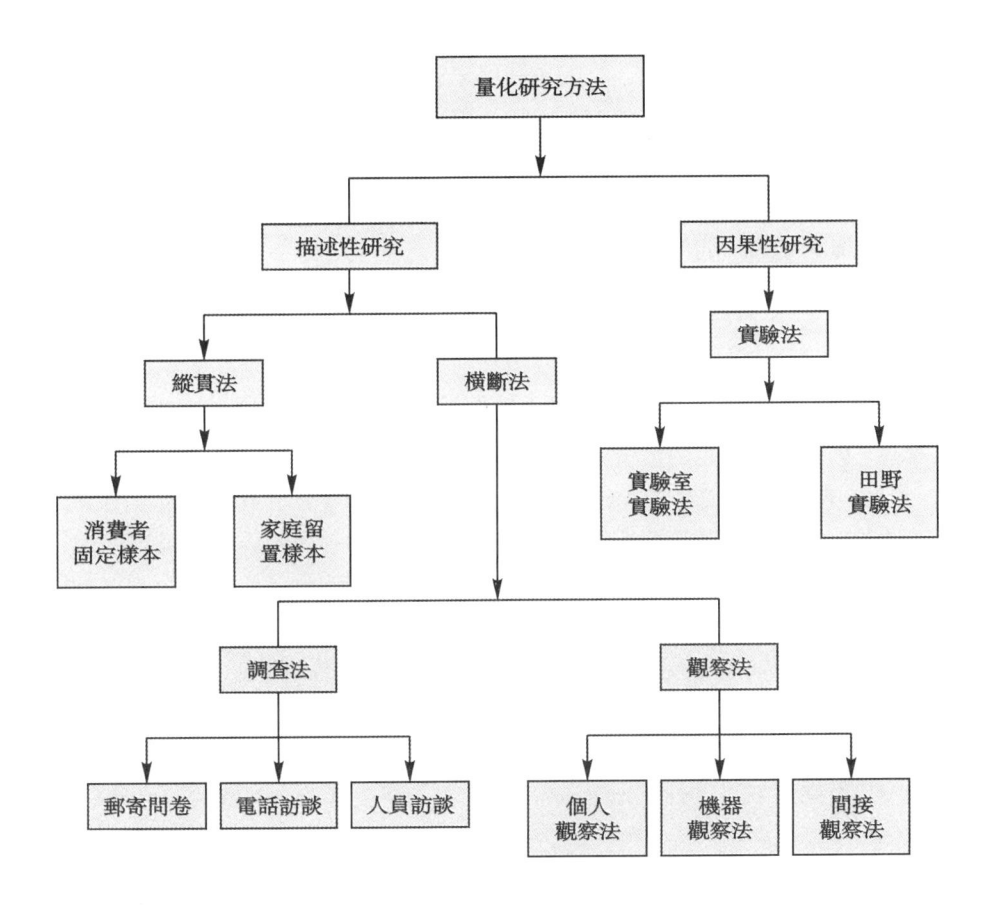

圖 1-5　量化研究方法

因果性研究 (causal research) 是希望得到原因跟結果之間關係的證明。下文將從描述性研究的縱貫法與橫斷法、及因果性研究的實驗法分別說明之。讀者可參閱圖 1-5 以茲對照。

1. 描述性研究　描述研究又可分為下列二種方法：

(1) **縱貫法**　縱貫法 (或縱向法) (longitudinal research) 是指針對同一個消費者或一群消費者的某種消費行為特徵，做追蹤式的研究。縱貫式的研究又可以分為兩種：

①消費者固定樣本 (consumer panel)：這是研究者以抽樣的方式選擇一些具有代表性的消費者，收編為一固定成員，研究者並發給每個成員一個購買日記簿，登記有關成員在支出、消費行為等活動的詳細記錄。這些記載包括購買產品的品牌、數量、價錢、口味、商店名稱等等。然後按期寄回給研究者，以便做深入的購買行為分析。研究者逐步累積消費者的訊息，就更能掌握有關市場方面的變化。

　　② **家庭留置樣本** (in-home placement sample)：這是研究者針對特定的研究對象，登門拜訪說明調查的情形，並希望調查對象能留下公司產品的樣本，接受測試。消費者在這段試用期間內，必須針對產品的偏好程度、產品的優缺點、購買傾向等，詳細登錄。而研究員在一段時間後，再回來收取樣本，觀察樣本使用的數量與情形，來推測消費者對產品實際喜好的程度。

　　(2) **橫斷法**　橫斷法 (cross-sectional research) 是指對不同族群的消費者的某種消費行為同時進行研究，以期短時間內可獲得各族群之間的資料。一般又可分為兩種：一種是調查法，另一種是觀察法。

　　①**調查法** (survey method)：是經過抽樣調查的方式，來了解消費者對購買產品的喜好程度。調查法的研究方式是可經由郵寄問卷、電話訪談或人員訪談來得到資料。這三種方式都有其優缺點，研究者必須針對研究的目的來選擇最適當的方法。請參考表 1-5 所列上述三種方法的優缺點比較。

　　②**觀察法** (observational research)：是研究者透過觀察消費者使用產

表 1-5　郵寄問卷、電話訪談以及人員訪談三種調查法的比較

比較項目	郵寄問卷	電話訪談	人員訪談
花費	低	中	高
速度	慢	快 (立即)	慢
回收率	低	中	高
地理上的方便	優	良	差
訪問者的偏誤	無	中	較有問題
訪問者的監控	無	容易	困難
回答的品質	有一定限度	有一定限度	優

(採自 Schiffman & Kanuk, 1994)

品的類別，以及購買產品的過程裏，了解消費者和產品之間的關係。觀察法又可分為三種：個人觀察法、機器觀察法、間接觀察法。**個人觀察法** (personal observation) 即研究者依據研究的目的，在一定的程序裏，使用結構的觀察工具 (如等級量表)，來觀察與研究目的有關的行為。**機器觀察法** (mechanical instruments observation) 是以電子儀器的輔助探知消費者心智歷程的消費傾向。舉例來說，研究者常以**瞬間顯影器** (tachistoscope) 來了解消費者與廣告記憶量的關係，瞬間顯影器是一種可以在不到百分之一秒至整數秒之間，呈現一則廣告的機器。在呈現廣告之後，可要求消費者描述廣告中的每一件事情，來了解消費者對廣告記憶的情形。**間接觀察法** (indirect observation) 是藉由消費者使用產品後的一些物理痕跡，來推測或收集消費者過去的行為表現。間接觀察法不需研究對象的直接參與，所以可以避免受訪者反應的扭曲 (如受訪者沒有辦法正確回憶起他們過去的行為，或受訪者投研究者所好而回答研究者期待的答案)。間接觀察法在消費者行為學的研究裏也屢見不鮮，例如**垃圾觀察法** (garbage observation)，就是用消費者丟棄的垃圾來分析產品的使用情形，這種方法在消費者不願回答一些敏感性產品的使用情形時，最為有效，例如酒類、保險套、衛生棉等等。

2. 因果性研究 實驗法是唯一能夠有效的考驗因果關係的假設方法。所謂**實驗法** (experimental method) 是研究者至少操控一個自變項，控制其他有關的變項，來觀察一個或多個依變項的結果。這裏所謂的**自變項** (或**自變量**) (independent variable) 是指在一個實驗控制的情境中，研究者可以主動並有系統操弄的變項。而**依變項** (或**因變量**) (dependent variable) 是指由自變項的變化所導致的後發反應事項。為了確切地使實驗法所得的結果精確與客觀，實驗的設計必須能夠使依變項的差異所產生的不同結果，是由於實驗者用不同的方法操弄自變項所致，而不是除了自變項外，一切可能影響依變項的其他變項所引發的，以求到真正因果關係。舉例來說，行銷學專家想利用實驗法了解不同口味的飲料銷售狀況時，他可以選擇三家超級市場，並把甲、乙、丙三種不同口味的飲料，個別的擺設在這三家超級市場。但是這三種飲料除了口味不同外 (口味是自變項)，其他的因素如擺設位置或是促銷活動等，都必須被保持恆定。在這種控制的情境之下，如果甲口味的飲料在固定時間的銷售量 (銷售量是依變項) 確實比其他兩種口味的飲料來得好，則研究者可結論為銷售量不同是因為口味不同，因為其他因素都被保持恆定。

實驗法一般有兩種，上述飲料的例子利用實際情境操弄自變項來得到依變項效果即是**田野實驗**(或**現場實驗**) (field experiment)。**實驗室實驗** (laboratory experiment) 通常是在控制嚴謹的實驗室中進行變項因果關係的探討。

(五) 資料收集的工具

有關質化資料收集工具，在上述質化研究方法裏已經提及(如深度訪談的錄音機、投射測驗的模糊圖片等)。在量化研究方面，主要資料收集的工具一般是問卷。問卷資料的收集可由受訪者自己作答，或由經過受過訓練的訪員，透過電話或人員訪談來取得。因為一般消費者不喜歡花時間回答問題，所以在問卷的設計上必須有趣、客觀、清晰、容易回答，才不會對消費者造成負擔。為了達到上述的目的，問卷的用詞，問題的順序是否適切，都要經過預測來檢定，以提高問卷的有效性。

1. 問卷設計的方法　問卷的問題可分為開放式問卷和封閉式問卷。**開放式問卷** (open-ended questionnaire) 由受訪者針對問卷的問題寫出自己的意見或答案，開放式問卷可以提供許多較深入的訊息，但是答案較難歸類、登錄以及分析。**封閉式問卷** (close-ended questionnaire) 則提供幾個選擇項，供受試來回答，受訪者只要圈選他們認為適合的選項即可。封閉式問卷容易畫記與分析，但是受訪者的答案僅限於所提供的選項。

2. 量表設計的方法　**量表** (scale) 指在問卷題目所呈現一系列的敘述句，然後詢問受訪者對這些敘述句讚許的程度大小的一種表達方式。在消費者行為研究上，量表如運用在測量消費者的意見或態度上，我們稱為**態度量表** (attitude scale)。常用的量表有下列三種：

(1) **李克特量表** (或**利克特量表**) (Likert scale) 是由消費者依據量表對某件事情正面或反面的陳述句，選出同意或不同意的程度，是目前最受歡迎的量表之一，因為對研究者來說，它的準備及解釋都較為容易；對應答者來說，回答方式簡單。就統計上來說，應答者的分數即為他所填答的答案數據總合，故操作極為方便。

(2) **語意區別量表** (semantic differential scale) 也是一種容易建構與

實施的量表,它通常用來測量概念的意義,應答者在多個相對的形容詞裏(美麗-醜陋,好-壞) 憑主觀感受,圈選出適當的位置,來反應他們對概念的情感與信念的內涵意義。語意區別的結果也可做成側面圖來分析。側面圖中,消費者對不同競爭品牌中喜好傾向,品牌屬性的優缺點,產品有待改進的地方都可被描繪出來。

(3) **序級量表** (rank order scale) 要求應答者對產品的一些標準、品質或產品價值感,進行喜好排列。序級量表可以提供重要的競爭訊息,並能使廠商改進產品的方向。

3. 樣本設計的方法 在樣本設計上有三個因素必須被考慮。第一個是樣本的單位,第二是樣本的大小,第三是抽樣的步驟。研究所抽取的樣本單位,通常依據研究目的而定。一般所選定的樣本單位,通常是行銷的目標市場,或潛在的目標市場。樣本的大小通常依賴預算的多寡,以及市場學家希望此研究被推廣的**信賴區間** (confidence interval) 而定。一般而言,越大的樣本越能反應受訪者的狀況,但適切的樣本數與受訪者背景變項的變異程度有關,故有時小樣本也可提供可信賴的結果。另外在抽樣的步驟上,研究者如希望研究的結果能夠反應到團體的情形上,則必須選擇**機率抽樣** (probability sampling) 即按機率原理抽取樣本,反之則可使用**非機率抽樣**

表 1-6 機率抽樣和非機率抽樣方法與步驟的比較

抽樣方法		步 驟 比 較
機率抽樣	簡單隨機抽樣	母群體中的每個成員皆有相同的機會被選中
	分層隨機抽樣	將母群體分成幾個互斥的子群體,再從每個子群體中隨機抽取隨機樣本
	集群(地區)抽樣	將母群體分成幾個互斥的子群體,研究者再抽出其中幾個子群體作為樣本進行訪談
非機率抽樣	便利抽樣	研究者以最接近的個人(例如親朋好友)選做研究對象,直到取足需要的樣本
	判斷抽樣	研究者依照自己的判斷,從母群體中選擇和研究目的相符合的樣本
	配額抽樣	研究者在各個不同類別中抽取預定數量的樣本(例如 25 個男性 50 個女性)

(採自 Kotler, 1997)

(nonprobability sampling) 指不按隨機抽樣原則的抽樣方法。機率抽樣與非機率抽樣的方法與步驟的比較,請參看表 1-6。

(六) 資料分析與研究報告的撰寫

資料分析(或**數據分析**) (data analysis) 的方法,依質化研究或量化研究有所不同。在質化研究裏,研究者通常就受訪者提供的反應,抽離出概念或提出命題;而在量化的研究裏,研究者根據受訪者所填的分數,進行統計的分析 (大多經由電腦輔助),依分析結果,來檢定是否支持先前的假設。

不管是質化研究或量化研究,**研究報告** (research report) 都針對研究的結果,做一個簡短的摘要敘述。報告的主體,一般都包括對研究方法的詳細敘述。在質化研究方面,常從研究方法中萃取出概念作為報告;在量化研究方面,除了敘述研究方法所產生的結果外,一般都包括圖表、問卷設計的過程、樣本的抽取等,來支持研究的結果,以增加研究的客觀性。行銷的建議,是否要併入研究報告,端視行銷的目的而定。

本 章 摘 要

1. **消費者心理學**是以消費者在消費活動中的心理現象及其行為規律為研究對象的一門學科。如果以定義來說,消費者心理學是研究消費者在滿足需求及欲求的前提下,運用金錢、時間等可得資源,購買相關產品,所形成的消費者決策過程。
2. **需求**是一種存在於人類的基本要求,如生理的口渴、飢餓、性欲,及社會上的愛、被愛、歸屬或自我實現。而**欲求**則是滿足需求的一種方式。
3. 消費者所購買產品範圍內容繁雜,廣義的包含**財貨**、**服務**、**訊息**、**身份**與**情感**等。
4. 直到 20 世紀 60 年代,以消費者為重心的概念才開始受到行銷學家的青睞。在此之前,行銷學的概念歷經**生產觀念**、**產品觀念**、**銷售觀念**,

才到消費者心理為重心的**行銷觀念**。目前**社會行銷觀念**盛行，消費者心理學應用層次擴大。

5. 消費者心理學研究主題以**消費者行爲模式**為主，共包括三個重要部份：第一個部份是個人因素，第二個部份是環境因素，第三個部份是消費者決策過程。
6. 個人因素包括了個人心理活動以及個人特性。個人心理活動包括**知覺**、**動機**與**涉入**、**學習**與**記憶**、**態度**與**溝通**、**人格**。而個人特性方面，則包括人口統計資料、生活型態以及社會階層三項。
7. 環境因素包括文化相關因素、社會因素、及購買情境因素等的影響。
8. 文化相關因素影響裏，**次文化**是指在一個文化裏所區隔出來的小團體。他們共享一些相同的價值、風俗及傳統，和一些行為模式，並與其他的次文化有著明顯的不同。
9. 社會因素影響中，**口碑傳播**是非常重要的，因為其公正客觀的報導，證實比大衆媒體傳播效果要佳。
10. **購買情境**因素指在購買過程中，可能影響消費者改變決策的相關因素，包括個人、時間與環境等情境因素。越能掌控賣場情境行銷者，越能吸引非計畫性消費者的購買意願。
11. 消費者的決策過程包括**問題認知**、**訊息收集**、**方案的評估與選擇**、**購買時決策**以及**購買後行爲**等五大步驟。
12. 消費者心理學的應用範圍包括營利組織、非營利組織以及黑暗面消費行為，在執行方法上又分為**正向行銷**與**逆向行銷**兩種。
13. 非營利組織應用消費者心理學知識行銷的範圍包括：**服務性組織**、**社會公益組織**、**共同利益組織**、**政府組織**、**人物行銷**與**地方行銷**等。
14. 如果消費者行為本身不但沒有啟發性或建設性，甚而行為的後果更是負面的，對本身健康或社會福祉帶來不良的影響，這類以金錢去換取殘害自身產品的交換行為，稱為**黑暗面消費者行爲**。
15. **逆向行銷**是指利用一些策略促使消費者降低對某個商品或服務的使用頻率。它可以應用在黑暗面消費者，也可應用在消費教育觀念的宣導。
16. **實證論**認為知識或科學理論的獲得是以可觀察，或個體可以經驗到的事實為主。它所強調的觀點在於人是理性的，世界的現象也是理性的、有次序的，所以真實體是單一、客觀的，資料的收集以量化為主。

17. **詮釋論**強調象徵性、主觀意義及個人過去經驗的重要，認為真實體本身並不只一個，事實之間也沒有因果的關係，資料的收集以質化為重。
18. **量化研究**是在一個明確的目標及清楚的變項下，將變項做一個明確的定義，並將各變項之間的關係進行大膽的假設。研究法收集資料的方法分為**描述性研究**及**因果性研究**兩個類別。
19. **質化研究**主要觀點在於強調以開放式自由回答問題的方式，刺激消費者揭露他們內心深處的想法與信念。方法包括**深度訪談**、**焦點團體訪談**、**投射測驗**及**人種誌學**四種。
20. 不管是質化研究或量化研究，都須做**研究報告**，即針對研究的結果，做一個簡短的摘要敘述。

建議參考資料

1. 林欽榮 (2002)：消費者行為。台北市：揚智文化事業股份有限公司。
2. 柯特樂 (方世榮譯，2000)：行銷管理學。台北市：東華書局。
3. 黃俊英 (1992)：行銷研究──管理與技術。台北市：華泰書局。
4. 路特 (陳琇玲譯，2002)：新消費者的心理學。台北市：臉譜文化。
5. 蕭富峰 (1989)：行銷實戰讀本。台北市：遠流圖書出版公司。
6. Beckmann, S. C., & Elliott, R. E. (2000). *Interpretive consumer research: Paradigms, methodologies, and application*. Denmark: Copenhagen Business School Press.
7. Churchill, G. A. (1995). *Marketing research: Methodological foundations* (6th ed.). London: Dryden Press.
8. Hudson, L. A., & Ozanine, J. L. (1988). Alternative ways of seeking knowledge in consumer research. *Journal of Consumer Research, 14*, 508~521.
9. Kotler, P., & Armstrong, G. (2002). *Principles of marketing* (9th ed.). New Jersey: Prentice Hall

第二章

市場區隔與產品定位
以及行銷組合

本章內容細目

第一節　目標行銷的相關概念
一、市場區隔的意義與層次　45
　(一) 市場區隔的意義
　(二) 市場區隔的層次
二、市場選擇的考量條件　48
　(一) 可衡量性
　(二) 足量性
　(三) 穩定性
　(四) 可接近性
　(五) 環境搭配性
三、市場定位的意義　50
　(一) 產品定位的概念
　(二) 產品定位的好處

第二節　地理區隔與人口統計區隔
一、地理區隔　53
　(一) 地理區隔變數
　(二) 地理區隔的好處
二、人口統計區隔　54
　(一) 年　齡
　(二) 性　別
　(三) 婚姻狀況
　(四) 收入、教育程度與職業
　(五) 社會階層
　(六) 家庭生命週期
　(七) 種族與宗教

第三節　心理統計、行為與多重化區隔
一、心理統計區隔　60
　(一) 動機與需求
　(二) 人　格
　(三) 知　覺

補充討論 2-1：消費者信心指數
　(四) 學習與涉入
　(五) 產品態度
　(六) 文化特性
　(七) 生活型態

補充討論 2-2：科技對消費者生活型態的影響

二、行為區隔　70
　(一) 使用頻率
　(二) 使用者狀態
　(三) 察覺程度
　(四) 品牌忠誠度
　(五) 使用情境
　(六) 使用利益
三、多重化區隔　72
　(一) 地理、心理與人口統計多重化區隔
　(二) 價值-生活型態區隔 II

第四節　產品定位與行銷組合
一、產品定位相關作法　76
　(一) 產品定位考慮事項
　(二) 產品定位相關法則
二、以消費者為中心的行銷組合概念　79
　(一) 產　品
　(二) 價　格
　(三) 促　銷
　(四) 通　路

本章摘要

建議參考資料

在資訊發達、傳媒與知識流通等因素下,市場呈現紛繁複雜,而在效率與利潤考量下,當今企業組織大多捨棄以單一的產品或以同一套方式滿足所有消費者的作法。相反的,他們採取**目標行銷** (target marketing) 的策略,即行銷者選擇一個或多個會購買公司產品的市場區隔,針對這個區隔,量身定做合宜的產品,發展行銷組合,以爭取競爭優勢。在目標行銷的施行下,行銷者可為每個市場區隔發展出合適的產品,利用最有效率的行銷計畫,將產品與這些目標消費者進行溝通,換句話說,這種作法可將公司的力量集中在那些對產品有興趣的消費者,而不會產生分散行銷力量的情形。

目標行銷為擬定任何行銷策略與管理的前導工作,主要包含三大步驟,第一個稱為**市場區隔**,是依照購買者對產品不同的需求與特性,以適宜的方法,分割為不同的幾個購買群。第二個稱為**市場選擇**,係評估這些購買族群特點,選擇一個或多個對公司最具吸引力的區隔,準備進入。第三是**市場定位**,即建立產品在市場上重要與獨特的競爭優勢,透過實際的行銷組合,與目標市場溝通。

目標行銷是行銷管理學的基礎,而消費者心理學對目標行銷的擬訂最具實質貢獻。例如,在市場區隔中,必須藉由消費者心理的分析及使用產品的行為傾向,才能夠找出最適合的區隔工具 (如心理統計區隔、行為區隔);市場選擇需要評估各區隔的吸引力 (例如市場規模、成長潛力及消費穩定性等),了解消費趨勢的演變,將可以作為挑選市場的參考原則;而市場定位的施行必須考慮消費者知覺歸類、學習和記憶的過程,也需要了解市場信念及價值觀對行銷活動的影響,這些都是消費者心理學的重要議題。因此僅懂得行銷策略,卻沒有深厚消費者心理學素養的行銷者,絕對無法產生細膩的思維與精緻的分析,唯有運用消費者心理學的知識,清楚消費者心理變化,方能找出市場機會點,增進實際銷售成果。

本章內容主要探討目標行銷三大步驟,並藉以回答下列問題:

1. 市場區隔基本內涵、選擇的標準及有效的市場區隔特徵。
2. 地理區隔與人口統計區隔的相關變數。
3. 心理統計區隔、行為區隔,與多重化區隔的意義與行銷應用。
4. 產品定位與行銷組合的意義及相關的內容。

第一節　目標行銷的相關概念

　　於浩瀚的行銷市場中，消費者人數眾多，在購買的需求與欲求上也各取所需，因此公司首先必須確認目標市場，行銷活動才能更有效率。**目標市場** (target market) 是指公司決定服務的一群對產品具有相同需求與特性的消費者。要如何尋找公司的目標市場，首先必須依照目標行銷的概念，逐步篩選並爭取之。**目標行銷**是一種行銷策略，告訴行銷者要怎麼做的步驟，但是要決定怎麼做 (how)，首先必須了解為什麼要這樣做 (why)，消費者心理學對於發現消費者需求與特徵，掌握消費者行為趨勢，評估市場的潛在能力及區隔差異化等，都提供許多豐富的資料。行銷者透過消費者心理的分析，將可了解消費者行為的變化，採行更有效率的應變措施。有鑑於此，本書特列一章，來說明目標行銷與消費者心理學之間的密切關係。

　　為了讓讀者對目標行銷有粗略的認識，本章第一節以深入淺出的方式說明市場區隔的意義與層次、市場選擇的考量條件以及市場定位的相關意義。

一、市場區隔的意義與層次

　　市場可視為一塊大餅，並由行銷者與其他競爭廠商分而食之，而如何切割市場的方法就是市場區隔。換句話說，**市場區隔 (或市場細分化)** (market segmentation) 是指行銷者依據消費者對產品不同的需求及特性，挑選區隔變數，把市場劃分為幾個有潛力的群組。例如郭元益食品以"具中國文化"特色從喜餅市場切出一塊餅，禮坊喜餅則以精緻的西餅及巧克力組合，也在喜餅市場切出一塊餅。以下我們將說明市場區隔的意義與市場區隔的切割方法。

(一)　市場區隔的意義

　　市場區隔的主要意義在於真正深入了解市場的結構以滿足消費者需求與拓展市場規模。

1. 滿足消費者需求 由於消費者之間彼此的特徵大不相同,透過市場區隔,可讓行銷者將一個大的異質市場分割成幾個較小的同質市場,並依同質市場的性質,量身製作相關的產品與行銷活動,滿足消費者需求和欲求。以洗髮精的例子來說,嬌生嬰兒洗髮精因配方溫和,所以以嬌嫩的嬰兒為主要目標市場;海倫仙度絲是針對為頭皮屑所惱的消費者為區隔;潘婷洗髮精是給頭髮受損的消費者使用;而落建洗髮精則以常掉頭髮的消費者為主。

2. 拓展市場規模 對行銷者而言,市場區隔能夠拓展市場規模,例如可口可樂公司將消費者對口味的喜好,熱量(卡洛里)的程度及咖啡因的添加與否,製造了數十種產品,來服務與滿足各類消費者的特殊需求。耐吉球鞋針對數十種運動項目,提供適合的運動鞋,如慢跑鞋、有氧運動鞋、棒球鞋、自由車鞋等等。通常藉由不同區隔所創造的銷售量,將遠比單一區隔要高,因此區隔的結果等於間接的擴展了市場。

綜合上述兩點,市場區隔的主要用意,在於將行銷力量集中在比較容易滿足的購買者身上,藉以達到拓展市場的目的,並取代漫無目標、大量配銷的作法。

(二) 市場區隔的層次

每一個消費者的需求與欲求不同,行銷者在切割市場的時候,要切的很大還是很小,是一個值得探討的問題。以茶飲料為例,行銷者可以把台灣的消費者視為一個同質體,製造一種口味的產品;或依照消費者的特徵,分為幾個區隔,製造數個符合區隔內消費者的飲料;也可以在區隔中再切割幾個次區隔,為一些特定人士進行特別服務;甚至可以依據每個消費者的需求,製造只符合該個體的特殊飲料,滿足每個人的個別差異。這四種方法呈現了由大到小區隔切割的層次,我們以圖2-1來表示,並分別說明如下。

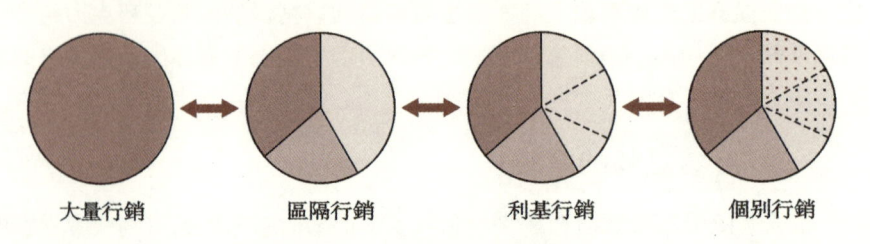

大量行銷　　區隔行銷　　利基行銷　　個別行銷

圖 2-1　市場區隔的選擇方法

1. **大量行銷** 大量行銷 (mass marketing) 基本上是指廠商決定只推出一種產品，以大量的生產，大量的促銷方式賣給所有的購買者。企業組織實施這種做法，注重的是區隔同質性，而不是差異性。例如福特公司提供的黑色T型汽車給所有的消費者，及 1960 年之前的可口可樂公司，只生產單一口味汽水給全部的飲料使用者的行銷觀念，都稱為大量行銷。大量行銷的論點認為當成本降至最低時，可以低廉售價吸引消費者青睞，進而創造出最大的市場，提升企業的利潤。然而對目前詭譎多變、競爭激烈的市場，及多樣化的消費傾向而言，大量行銷幾乎不可能實施。例如市場無法就女性衛生棉齊一規格，而以超薄、加長、單片巧撕或防漏側邊等不同的功能與特色來滿足消費者。所以大量行銷適用於過去"顧客搜索商品"的時代，而不適於現在的"商品尋找顧客"的階段。

2. **區隔行銷** 區隔行銷 (segment marketing)，基本上認為消費者的需求、欲望、購買態度與習慣都不相同，廠商應該設法將同質性較高的區隔加以區分出來，並以此組成市場，調整其所提供的產品，來符合一個或一個以上區隔的需要。例如，為了補充體力，精類飲式補品已成為一般人平日飲料，台灣白蘭氏、華陀、統一、桂格等精類大品牌，為了謀取利潤及服務不同需求消費者，以年齡、性別或口味來區隔消費者，因而發展出許多不同產品。例如白蘭氏雞精；華陀的靈芝、當歸、冬蟲夏草混合雞精；統一無腥味雞精、兒童與成人雞精、女性補氣的四物雞精、男性補身的十全雞精；桂格的漢補天地系列等。

3. **利基行銷** 區隔行銷的原則是切割市場較大且可確認的區隔，而**利基行銷** (niche marketing) 的範圍更小，通常將一個區隔切割成數個次區隔，再以次區隔當作行銷的對象，或瞄準具有特定特徵的少部分消費者，作為公司服務的對象藉以牟取利潤。例如左偏性者（左撇子）是社會中的少數族群，多數的工具如廚房用品、弦樂器、運動器材等一開始都是以右偏性觀點來製造，然而目前已經有許多廠商為左偏性者發展出專用商品，如左撇子專用椅子、左手手套、高爾夫球具等，都是一種利基行銷。

區隔行銷的市場規模通常較大，也相對吸引多數的競爭者，利基行銷的市場較小，通常是大公司忽略或視為不重要的區塊，所以只會吸引一家或少數的競爭者，再加上由於利基行銷比較能貼近消費者，對於一些有心經營的小型公司提供了許多有利的機會。

4. 個別行銷 當行銷者把市場每一個消費者視為一個區隔,並量身訂做符合消費者特殊需求的產品策略,稱為**個別行銷**(或**顧客化行銷**)(customized marketing) 或**一對一行銷** (one-to-one marketing)。實施這種策略的前提,是行銷者認為不會有兩個以上的消費者對組織的產品有相同的需要,所以需依個別差異的原則分別滿足之,就好比針對肥胖人士,衣服必須個別量身訂製,裝潢師需依住戶房間大小及不同需求,彈性設計空間。

李維牛仔褲鑑於許多消費者購買現成牛仔褲時常面臨不合身的困難,率先推出所謂量身訂做牛仔褲的服務,消費者只要將自己希望的尺寸透過傳真或網路告訴廠商,則一條不須修改的合身褲子,就會寄抵消費者家中。

過去認為以個別行銷的方式區隔,對消費者或廠商都不實惠。就消費者而言,必須付出較高的價格,訂製自己所需的產品。就廠商而言,增加許多研究發展、特殊工具成本與配送的困擾,但是今日新科技的突飛猛進,如完整的顧客資料、快速的電腦、機械人從事生產、立即式與交談式的媒體溝通(電子信函、網際網路),使得個別行銷逐漸變得可行。

二、市場選擇的考量條件

在市場區隔後,公司進入**市場選擇** (market targeting),即選擇一個或數個值得進入的市場,以進行市場定位的工作。由於市場區隔後所產生的區隔並非一定值得投資經營,在選擇將要進入哪一個區隔之際,需要考慮下列一些因素 (Kotler, & Armstrong, 2002)。

(一) 可衡量性

可衡量性 (identifiability) 是指市場區隔後所產生的區隔的大小及購買能力,能夠被行銷者衡量的一個程度。一些區隔明顯的變數,如人口密度、教育程度、收入、婚姻狀況,比較容易獲得測量的數據。但如果以心理上抽象的變數如人格、品牌忠誠度、使用利益等指標來區隔市場時,常因沒有客觀的評鑑標準而難以拿捏。所以,如嬰兒紙尿褲的衡量性高,因為它能夠用年齡來區分,如出生到三個月大 (屬小號紙尿褲)、四個月到六個月大 (屬中號紙尿褲)、七個月到一歲大 (屬大號紙尿褲) 等,自然形成一個明顯的區隔。而塑身美容中心因為需要用到心理變項 (如消費者的自信心),來衡量消費者的市場大小,所以在施測的精確性上,遠不如以年齡為基礎的嬰兒紙尿褲。

(二) 足量性

足量性(substantiality) 指所選擇的區隔裏,區隔市場容量大、預估的利潤夠高,達到廠商投注心力開發的程度。估算市場的足量性,一般以次級資料或人口統計資料處理。舉例來說,老人市場在十年前,不是一個值得開發的市場。但根據 2000 年的人口統計資料,台灣超過 65 歲的老人占總人口的 8.4%,已達到聯合國高齡化社會的標準,且加上銀髮族的可支配所得逐年增加,使得老人市場,如老人的保健醫療、觀光旅遊、老人公寓、老人服飾,已經深具足量的市場發展潛力。

(三) 穩定性

穩定性(stability) 是指市場規模的大小能夠維持一定的水平程度。行銷者莫不希望進入的區隔其需求量能維持衡定,因為擁有穩定的市場規模,在產品製造流程上才能循序漸進,業績的成長也能維持一定的水平。但如果穩定度不能預測,產品的設計與發展首當其衝。青少年消費能力強,發展潛力大,是一個具足量性的市場,也是行銷者覬覦的目標。但對許多青少年來說,商品的意義常是一時的流行時尚,喜好與厭惡的轉變迅速明顯,使得市場的穩定性起起伏伏,造成產品延續性受阻。舉例來說,蝙蝠俠電影在第一集播出時叫好賣座,使蝙蝠俠相關產品,如襯衫、玩具在青少年市場銷售創佳績。但在蝙蝠俠第二集放映時,青少年已經失去了新鮮感,連帶使已經製造上市的周邊產品滯銷。

(四) 可接近性

可接近性(accessibility) 是能夠有效且容易接觸的區隔市場,以實施行銷組合的程度。行銷者都希望在最有效率的情況下,把產品的優點及符合消費者需求的實況,輕易的傳送給消費者。但有些區隔可接近性高,容易與他們溝通,有些則否。例如青少年大多處於求學階段,所以在消費習慣上容易接觸與掌握。非上班族家庭主婦在家時間多,常閱報剪折價券,所以對零售店所提供的廣告或折價訊息,比上班族的家庭主婦更能接近。相對的,文盲、視聽障礙、銀髮族、或低收入戶等,他們或許無法透過文字了解內容,或者沒有機會接觸大衆媒體,而顯得難以接近,行銷者傳遞信息於上述區隔時,需審慎考量,擬定良策,避免事倍功半。

(五) 環境搭配性

選擇區隔除了考量上述的條件以外,亦需要了解市場環境能否長期與公司所具備的資源相互配合,這個因素稱為**環境搭配性** (environmental co-ordination),包含下列五個要點。

1. 競爭者 公司應該考量區隔內的競爭者或潛在競爭者,如果區隔內競爭者力量強大,宜降低進入的機率。

2. 替代品 替代品是否出現也需要慎重思考,如果區隔內已經出現可替代的產品,這個區隔的吸引力也相對降低。

3. 購買者談判能力 如果區隔內的購買者有很強的談判能力,迫使行銷者必須削價求售,或提供更好的品質與服務,將直接影響到公司的獲利空間,這個區隔也將不是這麼有吸引力。

4. 供應商 供應原料、設備、勞力或服務的供應商實力足以影響行銷者在該區隔的定價、通路與品質時,也需要慎重考慮。

5. 社會道德 公司在選擇區隔時,除了公司的資源外,也需考慮社會道德,例如香煙與啤酒的行銷者,將目標市場鎖定在青少年,就進入區隔條件來說,屬於一個極佳的選擇,因為從小對產品培養忠誠度,日後可逐步成為重度使用者,但這個選擇卻是不道德的,因為集合專家所精心設計的煙酒廣告,有著極高的說服性,這將使尚處於認同危機階段的青少年難以抗拒,埋下成癮的因子 (Kotler & Armstrong, 2001)。

三、市場定位的意義

一旦公司完成了市場選擇,行銷者接下去將進行**市場定位** (market positioning),即建立產品在市場上的獨特性,透過實際的行銷組合與目標市場溝通,其步驟有二,其一是針對目標市場發展產品定位策略,其二是針對目標市場擬定行銷組合,這兩個部分將於第四節詳細說明,此處僅就產品定位的概念與產品定位的好處提出探討。

(一) 產品定位的概念

產品定位 (product positioning) 是企業在目標消費者心目中，塑造一個屬於產品本身的獨特位置，也就是建立自己的產品特性。成功的產品定位可生動地傳達品牌的特性，讓消費者對公司的產品有很深刻的印象，也能夠區分與競爭產品的差異。所以我們只要想到"有點黏又不會太黏"指的是中興米；"晶瑩剔透"的感覺是指蜜斯佛陀 SKII 的特色；"萃取第一道麥汁"是麒麟啤酒的註冊商標。類似上述都是成功的產品定位。

良好的產品定位指消費者在購買產品滿足需求之際，首先想到的就是某特定公司的產品，並去除其他品牌的雜音。例如吃日本料理但不想付出高價的人，常常會想到"養老乃瀧"低價的日本餐廳，想要購買"平民化價格"的名牌服飾，第一個映入眼簾的是"佐丹奴"、"Hang Ten"等廠商，想到宜家家具 (IKEA) 就浮現符合年輕化的自組性家具。這些產品的成功，因為企業已經在顧客心目中建立起產品的獨特地位，塑造突出的品牌個性。

(二) 產品定位的好處

良好的產品定位除了讓消費者產生產品與其他廠商有所不同的清晰形象外，也能夠順勢獲得許多的利益，例如產品定位差異化的結果，能夠幫助行銷者製作出與競爭廠商明顯不同特點的廣告，銷售人員在促銷產品時，具有較好的著力點與消費者溝通。而成功的產品定位，可訂定較高的價格，獲得較好的利潤。再者，定位良好的產品除了容易爭取貨架的展示機會外，也因為其特殊差異性而容易獲得消費者的注意與青睞。

第二節　地理區隔與人口統計區隔

由上節的介紹可知，了解消費者的行為才能進行目標行銷的步驟，而

表 2-1　市場區隔基礎及選擇變項

市場區隔基礎	選擇變項
地理區隔	
地理區域	北區，南區，東區，西區
人口密度	高密度，低密度
氣　候	溫暖，酷熱，潮濕
城市大小	都會區，副都會區，鄉鎮區
人口統計區隔	
年　齡	6歲以下，7～12，13～18，19～25，26～35，36～45，46～55，56～65，65歲以上
性　別	男性，女性
婚姻狀況	未婚，已婚，離婚，同居，寡婦鰥夫
收　入	台幣20000以下，20001～30000，30001～40000，40001～50000，50001～60000，60001～70000，70000以上
教育程度	小學，國中，高中\職，專科學校，大學，研究所
職　業	農人，工人，軍公教人員，專業技術人員，家庭主婦
社會階層	上，中，下
家庭生命週期	單身漢，新婚但未有小孩，已婚且最小小孩小於六歲，空巢期
宗　教	佛教，天主教，基督教……及其他
種　族	白人，黑人，東方人
心理統計區隔	
動機與需求	避難，安全，保護，自尊，自我實現
人　格	內向，外向，積極，順從
知　覺	客觀性價值，主觀性價值
學習與涉入	低涉入，高涉入
產品態度	熱衷，喜歡，無差異，不喜歡，懷有敵意
文化特性	中國，美國，義大利，墨西哥
生活型態	趕時髦，率直，保守，探索者
行為區隔	
使用頻率	重度使用者，中度使用者，輕度使用者，不使用者
使用者狀態	非使用者，過去使用者，潛在使用者，經常使用者
察覺程度	未察覺，有察覺，有興趣，有意思，企圖購買
品牌忠誠度	絕對忠誠，中度忠誠，轉移忠誠，游離者
使用情境(時間)	休閒，工作，忙碌，早上，晚上
使用情境(目的)	個人使用，禮物，樂趣，成就
使用情境(地點)	家裏，工作，朋友的家，店裏
使用情境(使用人特性)	自己，朋友，老闆，同儕
使用利益	品質，價格，服務，方便性
多重化區隔	
地理、心理、人口統計多重化區隔	結合地理，人口統計及心理統計變數的特質
價值-生活型態區隔 II	自我實現者，實行者，保守者，成就者，努力者，體驗者，務實者，掙扎者

目標行銷的三個步驟中，消費者心理學知識對於市場區隔與市場定位所能提供的訊息最為豐富（註 2-1），因此接續的兩節中，我們將詳細說明行銷者常用的五種主要的區隔變數。第四節則說明產品定位的相關作法。

目前行銷者所普遍採用的區隔變數包括地理區隔、人口統計區隔、心理統計區隔、行為區隔、多重化區隔。表 2-1 呈現這五種區隔的例子，本節將先針對地理區隔與人口統計區隔兩部分做一說明。

一、地理區隔

地理區隔 (geographic segmentation) 是指以地理位置或區域的不同來劃分市場。採用地理區隔，基本上認為消費者住在相同的區域，應該會有相似的需求與欲求，並與住在不同區域的人有所差異。接著將以地理區隔變數與地理區隔好處說明之。

（一）地理區隔變數

地理區隔的變數可分為下列四項。第一是地理區域（如北、中、南），第二是人口密度（如高、低），第三是氣候（如溫暖、酷熱），第四為城市大小（如都會區、鄉鎮區）。茲綜合說明如下（請參考表 2-1）：

1. 地理區域與氣候 區域的不同會造成消費習慣的不同。台灣北部消費者（尤其是大台北區）對價格敏感度遠比南部消費者低。北部消費者購買上比較具有邏輯性與自主意識，南部消費者則重視人際關係的感性購買，因此麥當勞速食利用人員促銷策略，越往南邊效果越顯著（范碧珍，2001）。其次，因生活型態的差異，北部消費者對流行商品比南部敏感，北部女性身材明顯地比南部女性更為纖瘦，尤其是手臂、腰圍及臀圍的部分，因此服裝業者在分配貨品時都刻意把較小的尺寸留在北部，把較大的尺碼配銷到南部

註 2-1：在進行目標行銷第二步的市場選擇時，一般必須評估兩個因素，其一，一個潛在區隔是否具有整體吸引力的特徵，如規模大小、獲利力、成長性與風險性低等。其二，投資這個區隔能否與公司的目標與資源相互配合，及競爭者、供應商的狀況分析等。由於這個部分需要從策略競爭優勢分析切入，與消費者心理學的內容關連性相對較低，所以只在第一節作概念說明，不再深入的討論，有興趣的讀者可研讀後列之建議參考資料。

去 (這些或許與北部女性比較重視保養,南部女性家事繁忙有關) (稅素芃,1998)。

氣候也會影響產品與性能的偏好。在台灣,太陽能的熱水爐安裝在陽光普照的南部,會比陰冷多雨的北部來得適宜。台北市地處盆地夏天熱氣難以排散,加上各式車輛排放廢氣,使得台北夏日悶熱,冷氣機銷售也優於其他縣市。

2. 人口密度與城市大小　人口密度的不同也會影響消費者購買不同的產品。台北地稠人密,所以房價昂貴,房屋空間狹小。在這種情況下,沙發床或較短小輕薄的用具,因使用上便利,銷售情況比南部好。再者,在政治選舉的策略上,城市大小的差異,也會影響文宣的訴求方式。一般說來,由於選民結構的關係,都會型候選人 (大城市) 的文宣,以清晰理性的架構闡釋施政觀念最佳;而地方型候選人 (小城市) 的文宣較適合利用聳動的標題來吸引草根性格選民,以獲得他們的支持。

(二)　地理區隔的好處

行銷者實施地理區隔的方式,能得到下列幾項的好處。第一,由於市場的激烈競爭,使公司藉由地理區隔擴展新的區域,來增加銷售。第二,藉由零售業商品結帳時所使用的條碼檢測器,使行銷人員迅速得知產品在各個區域的銷售情形。第三,由地區銷售的業務回饋,可使行銷者更快速的提出策略,以與競爭對手抗衡 (Schiffman & Kanuk, 1994)。在這些狀況下,許多公司已經推出以消費者為主的地區行銷,來滿足消費者的需求。**地區行銷** (local marketing) 指針對特定的地區消費群 (縣、市、鄉、鎮),甚至是特定的商店,修改產品內容或行銷的活動,以符合當地消費者的需求。例如台灣南部消費者對於人員服務的需求比北部大,因此一些自助式餐廳沒有提供許多的人員服務,卻要加收服務費,常對南部消費者造成許多的困擾。因此因地制宜的策略調整是行銷者所需重視的,目前台灣社區服務性連鎖通路的逐步興起,也是反應這股趨勢。

二、人口統計區隔

人口統計區隔 (demographic segmentation) 是指以年齡、性別、婚姻狀況、收入、職業、教育程度等變數來區隔市場的方法。人口統計區隔是行銷人員最常使用的市場區隔工具，因為它具備了幾項的優點。其一：行銷研究者在花費不高的情形下，可輕易獲得相關資料。其二：變數所區分的目標市場在欲求或偏好的指標上明確、清楚，容易實施行銷策略。而其主要缺點是，資料本身的描述只知道哪些消費者在使用什麼產品，但是不知道為什麼使用這個產品。為了彌補此一缺點，人口統計資料不足的部份，一般都由心理統計資料來給予補充（見第三節）。又人口統計變數所區隔出來的族群都屬於特定的**次文化**族群，所以在探討人口統計區隔變數時也可從消費者次文化的觀點來加以分析。

(一) 年　齡

因為產品的需求常常是依照不同年齡來區分，所以年齡是很常被應用的區隔工具。例如電視台針對不同年齡群來製作特殊的節目：卡通是給兒童觀看的，而國劇、歌仔戲以 50 歲以上的消費者為主。奶粉依年齡分為初乳奶粉，較大嬰兒奶粉以及成人奶粉。兒童服飾店也分嬰兒期、學步期、托育期、幼稚期及小學期的衣服尺寸。

如果把整個消費者依照年齡大小實施市場區隔，則可分為：65 歲以上的銀髮族，低於 65 歲但已超過 50 歲的成熟族，二次大戰之後才出生的嬰兒潮 (1945 到 1965 年出生者)，新世代人類 (1966 年後出生者)，與兒童 (低於 12 歲者)。因各年齡層有不同的成長背景，故產生特殊的消費傾向，行銷者在策略的選定宜因勢利導。表 2-2 為台灣近四十年來的人口總數逐年增加的比較表。

表 2-2　台灣近四十年來人口總數的比較

(以千人為單位)

年代 性別	1960	1965	1970	1975	1980	1985	1990	1995	1999
男	5,525	6,491	7,733	8,464	9,288	9,994	10,516	10,962	11,282
女	5,267	6,137	6,943	7,686	8,517	9,264	9,837	10,342	10,752
總計	10,792	12,628	14,676	16,150	17,805	19,258	20,353	21,304	22,034

(採自內政部，2000)

值得一提的，行銷者單以生理年齡來當作區隔的標準，有時反而有誤導現象。例如銀髮族消費者常用心理年齡來評斷自己，而不是用生理年齡。**心理年齡** (psychological age) 指自己主觀認定的年齡。通常一位健康的老人在心理的年齡知覺比自己的生理年齡年輕 10 到 15 歲。依據這個事實，銀髮族廣告代言人的實際年齡，應比一般銀髮族年輕 10 歲以下較能贏得共鳴。

(二) 性　別

性別包括男性與女性。傳統上社會按照人的性別而分配不同的社會行為模式，如男耕女織、男主外女主內等，此即**性別角色** (sex role)。到現代許多行銷者還是以傳統性別角色內容來區隔產品，例如男性是工具、汽車的購買者；女性是化妝品、廚房用品與嬰兒食品的購買者。但目前在男女平權的觀念下，婦女就業比例增加，消費自主權加大，性別角色概念與市場區隔的做法因而產生了許多變化。

1. 角色界定日漸模糊　男女角色扮演已經不似傳統這麼固定，當今男性使用保養品的比例逐年上升，而女性擔任汽車購買、保險理財規劃比例也較過去普遍。其次，傳統家庭以男性為主的單一決策模式，已慢慢走向於夫妻共同決策的現象，例如家具、旅遊去處、汽車、電視機的購買，大多以共同商議達成決策。

2. 以女性為目標市場的產品增加　許多原來是以中性或是男性為目標的公司，常因女性消費者加入市場，而改變產品策略，例如體香劑原為男女通用，但有鑑於女性對自我形象與人際關係的重視度高，使得以女性為目標市場的體香劑品牌日漸增多。信用卡一般也屬於中性的商品，傳統促銷大多以使用方便或通路折扣優惠最為常見。台新銀行有鑑於工作女性持卡比例的上升，以及潛在的爆發力，率先推出以女性為訴求，為女性量身設計的玫瑰信用卡。

吉利公司生產的刮鬍刀素以男性為目標市場，後來卻發現許多女性也買刮鬍刀來處理腿毛，為了擷取這片市場，該公司研發出專為女性設計的除毛刀，除了握把防滑、刀面較寬、使用方便外，刀面上也加入特殊的保養液，以符合女性保養皮膚的需求。

(三) 婚姻狀況

婚姻狀況一般分為：未婚、已婚、離婚、鰥寡等幾個類別。在行銷策略上，行銷者著重於告知消費者處於哪種婚姻狀況下，應該購買哪些產品。

台灣目前男、女結婚年齡的延遲及離婚率的上升，使得單身者變成行銷策略的重要目標。尤其支配所得高，消費意願強的單身貴族，更是行銷學上的新寵。通常單身貴族的購物標準著重在精緻、有吸引力及包裝精美，價錢對他們來說並不是最重要的考量因素。目前市場常推出單人用的食物或器皿來吸引他們的購買，例如冬天吃火鍋，火鍋料理的購買往往是單身貴族的困擾，因為單買一盒，樣式不夠豐富，但各買一盒，消費者必須面對儲存 (連吃好幾天) 或者丟棄的選擇。頂好惠康超市推出單身貴族冬天火鍋吧台，就解決了這個困擾。消費者可在 10 到 12 項的火鍋料裏自由挑選，裝入約 300c.c. 的免洗杯裏 (300c.c. 約一份裝)。如此設計不但滿足單身貴族多樣化選擇的權力，也可避免吃不完丟棄的浪費。比較起來，雖然火鍋料組合的單價較高，但對注重省時方便、不計價錢的單身貴族，的確是物超所值。

(四) 收入、教育程度與職業

收入指工作所得的薪資。因為收入的高低直接影響消費者欲求與購買能力，很多產品常以收入來區隔，例如汽車、酒、旅遊業等。行銷者通常對高收入消費者興趣濃厚，因為他們的購買代表著豐厚的利潤。但是值得注意的是，收入高雖然表示有能力購買，但不表示一定會去買，消費者真正選擇何種產品或品牌，還需以生活型態、年齡及價值觀等變數配合，以增加市場區隔描述的明確性。例如高收入消費者如果加入年齡的變數做區隔，就產生富有的銀髮族。如果收入加上職業與生活型態做區隔，即產生收入優渥，享受人生的雅痞區隔。

教育程度指小學、國中、高中、大學等學歷。教育程度、收入及職業類別均關係密切，所以常常合併著討論。一般而言，高教育程度代表著高收入及專業性的職業，反之亦然。在消費傾向上，教育程度高者比一般消費者更注意產品及商店的選擇，常變換購買商品的商店以追求新鮮感。其次，在服飾、家庭裝飾品、個人娛樂、旅行等項目上，他們花費的額度比一般消費者多。除了購買產品內容不同外，品牌的選擇也受教育程度差異影響。另外，高學歷者常翻閱消費者報導等保護自身權益的期刊，購買產品後發現產品不良或服務不好，抱怨或是抵制的行為發生率較一般人高 (Loudon & Bitta, 1993)。表 2-3 為台灣近三十年來教育程度逐年增高的分布情形。

表 2-3 台灣近三十年來 15 歲以上人口教育程度的比較

(所列數字為百分比)

教育程度 年份	大專以上	初中與高中程度	小學程度	不識字	其他
1976	7.39	33.89	40.05	14.96	3.7
1980	9.06	39.53	35.98	12.20	3.16
1985	11.25	45.41	31.25	9.62	2.47
1990	13.41	50.02	27.48	7.59	1.51
1995	17.89	52.31	22.85	5.99	0.95
1998	23.01	53.48	17.68	5.08	0.76

(採自內政部，2000)

職業的類別可分為農人、工人、軍、公、教人員、專業技術人員 (建築師、醫師、會計師、律師)、企業管理人員、企業員工、學生、家庭主婦等等。職業是用來衡量個人或家庭的社會指標之一，不同職業的人雖然有相同的收入，其消費行為常有顯著的差異。所以職業種類常和收入合併使用，以求有效的區分消費型態。舉例來說，水泥師傅和教授所賺的薪水大略相同，但他們的消費習慣卻大為不同，教授喜歡打網球、攝影、欣賞歌劇，水泥師傅可能喜歡看布袋戲、打小鋼珠、到視聽伴唱中心 (KTV) 唱歌等。

(五) 社會階層

另一個和收入、職業、教育程度有關係的區隔工具，就是社會階層。社會階層指社會中具同質性且較為持久的團體，這些團體藉由某些標準，如收入、職業、教育程度、居住區域等變數，形成階級排列。原則上，同一階層的成員有相似的生活型態、態度與價值觀，他們在產品的喜好及購買的習慣上會趨向相同，且與其他階層顯著不同。

社會階層可區分為上、中、下等不同階級，一般呈現金字塔型的結構。

個體所屬的階層,同時也可代表個體在社會的相對地位。社會階層的區隔在行銷上,常應用在房屋、金融、銀行、休閒度假、汽車等行業。所以五星級的旅館是以高社會階層的消費者為目標市場,而一般旅館則針對中低社會階層者為訴求對象。

(六) 家庭生命週期

家庭生命週期 (family life cycle),是指個體從出生到老死,在家庭的環境中,所經歷的階段性變化,而這一系列階段性的變化,主要由個體的年齡、婚姻狀況及小孩的有無共同組合,產生所謂的年輕單身、滿巢一期 (結婚有小孩低於六歲)、鰥寡期等。行銷者認為不同家庭生命週期,需要不同類別的產品,所以是一個方便的區隔工具。例如單身者以追求娛樂或流行為導向,所以度假旅遊、汽車、時髦家具,都是這個階段重要的消費產品。婚後育兒時期,著重嬰兒床、嬰兒食品、洗衣機、果汁食物等產品的購買。老年鰥寡閒適期對藥品、護理服務照顧需求增加。

(七) 種族與宗教

種族指人類的族群。在美國有許多不同的種族次文化團體,如黑人、拉丁美洲裔、亞洲裔及白人。黑人是目前美國最大的少數民族。歷史上,黑人白人不屬於同一個文化,但目前的民族融合狀態,使黑人的能力受肯定,黑白的界限也因此漸形模糊,但收入不均 (黑人家庭收入只有白人的 63%) 使美國黑人與白人的消費的產品類別還是有所差異 (Edmonson, 1987)。拉丁美洲裔在產品的消費上有幾個特性:品牌忠誠度高,母語認同性強,及居住集中度密集。另外,拉丁美洲裔較重視地位自尊,強調自己主動解決問題 (Schwartz, 1987)。亞洲裔是美國成長最快速的少數民族,他們工作十分勤奮,注重小孩教育,同時也是最富有,消費潛力最高的次團體。亞洲裔購買的商品常以象徵身分地位為主 (如賓士車或豪華別墅),他們也喜歡接受複雜科技產品 (電腦、雷射唱盤)。另外在強調生活安全與安定的前提下,他們常把錢投資在保險行業裏 (Kern, 1988)。

雖然種族會影響消費者的認同進而影響購買方向,但在一些國家裏,文化與種族是不分的。例如在日本,語文、種族、文化、國家都是同義字。台灣的情形與日本相似。基本上台灣的民眾都是從大陸遷移過來的炎黃子孫,只有遷移時間的前後差別而已,故為同文同種的民族。而且台灣地理面積不大,所以在單一文化下所產生的消費行為的差異,並不是種族間的不同所引起的。

宗教指利用人類對宇宙人生的神秘感,所發生的恐怖敬畏或希望,而構成勸善懲惡的教義,並用來教化他人產生信仰。宗教包括佛教、回教、基督教等。以宗教當作市場區隔的工具,在消費者心理學的研究並不多,主要的原因可能是大多數宗教強調的是精神層面,而非物質欲望的滿足。但行銷者認為,信仰同一種宗教的信徒,在價值觀念,處事態度或是人格的修練應該相似,所以消費行為應該趨近相同,因此興起了以宗教為區隔的方法。台灣目前的宗教類別有佛教、道教、基督教、天主教及一些民間信仰。有關台灣宗教的重要活動,文物銷售等情形,將在後續章節有詳細說明。

第三節　心理統計、行為與多重化區隔

地理及人口統計等變數因收集容易、劃分清楚等特性,一直被視為區隔市場的主要工具。但隨著消費者異質性的增加,以上述工具所區隔出的消費者,雖有相同的背景資料,卻常呈現不同的消費傾向。為了要更深入了解消費者購買產品的原因,並把抱持相同理由的消費者匯聚在一起,行銷者慢慢朝向以消費者心理變數、生活方式、價值觀;或對產品的態度、使用頻率的差異來劃分市場。以下將介紹三種廣受注意的區隔方法,分別是心理統計區隔、行為區隔與多重化區隔。

一、心理統計區隔

心理統計區隔 (psychographic segmentation),是指行銷者運用統計學的理論與方法來探討消費者內在或本能的心理歷程特性 (如知覺、人格、動機等),或這些特性與社會環境互動下所形成的態度價值觀或生活型態等

心理變數作為區隔工具的方法。

地理與人口統計的變數在行銷上提供基本的描述，知悉哪些消費者購買什麼產品。心理統計的方法，則衡量消費者的心理想法或購買理由，並把購物具相同想法或抱持相同理由的消費者，做為同質區隔，這種區隔方式使行銷者進行行銷活動時，更能抓住目標消費者想法的重點，畫龍點睛的做出投其所好的訴求。所以我們可以說，人口統計變數提供了行銷研究的一個骨骼基礎，而心理統計變數填加了血肉，使行銷研究活躍起來。

在摩托羅拉 2188 手機的電視廣告中，父親帶著女兒去買手機，只要父親覺得不錯的手機，女兒統統都不要，直到店員拿出一隻手機，父親說怪怪的，女兒馬上說就是這一支，女店員遂以一副說教的口吻告訴父親"記住！你越看不順眼，你的孩子就越喜歡"。這個廣告看似叛逆，但是卻獲得許多年輕人的迴響，因為他反應了許多子女與父母溝通不良的情形，也提醒父母重新思考如何與子女相處的問題。類似上述的例子就是一種以心理統計為區隔產生的效果，因為當這個廣告出現之後，就像一塊強力磁鐵，把心理想法相似的消費者全部吸收過來，這些人在背景上不一定相似，但是在心理層面上卻有許多的共鳴，也會產生對產品認同的動力。接著將分別介紹各種區隔變數及區隔策略的應用。

(一) 動機與需求

在第一章裏，我們曾經說明消費者需求有限，但欲求無窮。一般而言，有限的**需求**被促發時，常引起消費者的動機，**動機**是一種緊張不舒服的焦慮情形，必須得到滿足才能回復到平衡的狀態。而滿足需求的各種方法叫做**欲求**。所以行銷者常以消費者不同的需求來區隔消費者，並針對目標市場，製造滿足需求的欲求產品，並進行行銷活動。舉例來說，對安全有強烈需求的消費者喜歡購買富豪汽車；而賓士 (Mecedes-Benz)、凱迪拉克 (Cadillac) 等豪華汽車，則以滿足身份地位的自尊需求為賣點。而購買房子的動機可分為居住型 (庇護的基本需求)、防震型 (安全需求)、置產型 (自尊需求)、度假 (自我實現需求) 等類型，抱持不同需求的人可各取所需。

(二) 人　格

人格(或**個性**) (personality) 是個體在生活歷程中，對環境適應下所產

補充討論 2-1
消費者信心指數

　　國家的景氣狀況直接影響消費者的消費意願，從另一個角度來說，如果把個別的消費者對國家經濟發展的主觀知覺匯聚在一起，將可作為預測國家經濟景氣或不景氣的一個指標。**消費者信心指數** (index of consumer confidence)就是調查消費者對目前國家經濟樂觀或不樂觀的期望數據。從這些數據可以了解，消費者對未來消費的因應態度與購買炫耀性物品的可能性 (Katona, 1974)。

　　消費者信心指數是由美國密西根大學調查研究中心於1946年所創，並逐漸成為一縱貫性的研究調查。該單位每個月以隨機抽樣的方式，在全美國進行家庭單位抽樣，並請抽中的家庭樣本回答下列的問題。

　　我們希望了解這一陣子您對家中財務狀況的一些看法：

　　1. 請問這些天來您認為家中的經濟狀況比一年前更好？或是更差？為什麼你會這樣認為？

　　2. 如果從現在往前看，您認為在一年之後您 (或與您住在一起的家人) 在財務狀況上，將比現在好？還是差？或是差不多？

　　3. 如果從企業整體的角度來看，您認為未來的十二個月，企業的景氣情形將更好？更差？或者您認為會如何？

　　4. 如果從企業整體的角度來看，您認為五年後的經濟狀況將呈現榮景？或者五年之後失業率將大幅度的增加，經濟呈現蕭條？

　　5. 一般而論，您認為目前是一個好 (或是不好) 時機，去購買一些家庭類用品，例如家具、電冰箱、電視、洗碗機等等？為什麼您這麼認為？

　　6. 未來的一年您是否計畫購買一部新的汽車？

　　當消費者對未來的國家經濟感到悲觀時，他們會縮減花費、減少債務，但是當消費者對國家經濟感到樂觀之際，他們傾向降低儲蓄、借錢花費、購買貴重物品。例如在 1990 到 1991 年之間，美國經濟呈現劇烈的衰退，依據當時的調查結果指出，對未來經濟情勢樂觀者，從原有的 69% 驟降至 52%。每四個消費者之中，就有三位表示，對 1980 年代消費的奢華浪費深感後悔，同時也認為從此之後，將要學習如何過苦日子。另外，四分之三的消費者表示，他們的消費情形比過去更為節制，浪費更少。相同的，消費者信心指數的結果，對企業界針對未來的經營方向產生指引，例如 1990 到 1991 年之間的不景氣，許多公司以縮減組織規模或企業再造作為因應。

　　消費者信心指數的高低受到一些因素的影響，包括個人因素 (擔不擔心被裁員、是否得到一筆意外之財)、世界政治事件 (總統選舉、世界石油危機)、文化的差異 (日本人比美國人更喜歡儲蓄)。再者，消費者信心指數的數據，除了影響廠商投資意願外，公告的數據也會影響到民眾消費意願，產生一連串的漣漪效應。

生的獨特特質。一般而言，人格可區分為內外向、獨立、權威、具野心或積極進取等。為了更積極吸引人格特質相符的消費者使用產品，行銷者常將產品塑造為一個明確的品牌個性 (品牌形象)，美國的屈立滋 (Schlitz) 啤酒被人格化為"魁梧權威"的男性啤酒，飲用者大多為懷憂喪志的年輕人，他們覺得"快樂"已經遺棄他們，藉由飲上述品牌啤酒才能擁有更多自信，也才能追尋快樂。萬寶路香菸則呈現獨立、冒險、喜歡自由、豪邁不拘的人格特質。

(三) 知　覺

知覺 (perception) 是個體以生理為基礎的感官獲得訊息，覺知環境中物體存在、特徵及彼此間關係，進而對其周圍世界的事物做出反應或解釋的心理歷程。消費者常透過知覺過程給予物體或事件主觀的評估，所以行銷者可利用消費者對產品的知覺，做為區隔的歸類。例如，消費者認為食品、金融、百貨業應以人文性強的暖色色系 (紅色、橙色) 為主；寒色系的藍紫色強調企業的冷靜與先進，與資訊、化工等行業最搭配；而重視自然、原始與環保形象者，則以綠色為佳。類似上述顏色知覺的區隔資料，都可靈活應用在企業標誌的顏色選用與設計上 (張百清，1995)。

另外，消費者對產品價值的知覺也常用於區隔。產品價值知覺可分成客觀價值與主觀價值兩種。前者指消費者對產品品質效能客觀性衡量，後者指消費者賦予產品主觀的價值。消費者對價值知覺與過去經驗的認知有關。例如早餐飲品市場，一般都是豆漿、米漿、果汁或牛奶，但許多父母知覺中認為羊乳的滋補營養功效，對子女的身心發展極有助益，所以願意多付比牛奶幾乎貴一半的價錢來訂購，這種情形可歸為主觀性價值知覺。行銷者如果能夠深究其義，在策略應用上將可得心應手。

有趣的是，一般用來判斷國家經濟未來前景的消費者信心指數也是一種知覺現象，請參考補充討論 2-1

(四) 學習與涉入

學習 (learning) 是指因經驗而使行為 (或行為潛勢) 產生較持久的改變。涉入 (involvement) 是指消費者在某情境下，對所接受的刺激，產生重要性與興趣度的一種知覺。消費者對產品知識的學習，從兩個途徑而來。

第一是直接經驗，即由實際使用產品，學習到產品的優缺點。第二是間接經驗，即由親朋好友處或大眾傳播媒體所給予的訊息，認識產品的功能。

不管是由直接或間接學習到產品經驗，行銷者必須了解不同的涉入情境有不同的學習模式。換言之，消費者對產品重要程度的心理知覺，所產生的關心程度，影響了學習的心態。在高涉入的學習情境中，消費者存有強烈動機去學習產品相關訊息。例如肌膚保養品對大學女同學而言是高涉入產品，故常見大學女同學主動由雜誌廣告、消費者報導、口碑相傳等途徑，廣泛搜集相關訊息，學習如何買到最好的產品。在低涉入的狀態，消費者對訊息幾乎沒有學習的動機。例如大部份電視所推薦的牙膏、洗衣粉等日常用品，屬於消費者所不關心的訊息，可預知他（她）對接觸或學習廣告內容的意願也是非常低弱的。

行銷者在利用學習與涉入作為區隔工具時，必須能夠測量目標消費者對產品的涉入程度，其次再了解在該涉入程度下，哪種學習方法最有效。通常在高涉入的情境下，消費者常以推論演繹的技巧來學習新事物，廣告"訴之以理"就能產生效果。產品如屬於低涉入，消費者學習意願被動，在這種狀況，降價或以名人代言促銷，學習效果較佳。

（五） 產品態度

產品態度 (attitude of product) 指消費者對產品屬性的認知、評價與反應的持續性歷程。當消費者對產品產生態度，意味著他（她）已經產生喜好或厭惡的感受。態度程度一般可分為狂熱、喜歡、無所謂、不喜歡、及敵對等情形。行銷者可依照消費者對上述產品態度的熱衷程度來加以區隔，並調整行銷的資源分配。例如對態度狂熱的忠誠者致謝，提醒他們繼續購買產品。對喜歡產品的潛力消費者集中行銷，增強他們產生購買行為。另外，利用折價券、免費樣品等獎勵方法，引導態度無所謂的消費者購買產品。宜避開有敵意的消費者，防止他們因接觸了行銷訊息，而散布負面的口碑傳播打擊產品。

再者，態度熱衷程度與購買行為的表現，應當呈現一致，但往往因為外在的因素，致使兩者之間發生的關連性降低。例如消費者在態度上喜歡宏碁所推出的電腦，但因為沒有足夠的金錢購買而放棄，行銷者如果了解這些情形，可善用零利率分期付款的方式吸引消費者購買。

(六) 文化特性

文化特性 (cultural characteristics) 是人類的消費欲望及行為表現方式最基本的影響因素。例如三餐的主食中,在不同文化特性下的人有些吃米飯,有些吃麵包,有些則吃玉米,這些都與文化習俗有關。相同的文化特性會孕育出相同的價值、信仰、及風俗,消費者在成長過程裏,也會學習到這些基本價值觀,產生認同與接受的行為,例如在美國長大的小孩,受到個人主義、崇尚自由、物質主義與人道主義等文化價值觀的薰陶,日後的行為舉止也反應這些傾向。

由於不同文化間消費價值的差異,行銷者常把跨國文化價值觀,當作消費行為區隔的標準。換言之,相同的產品,在不同的文化 (或次文化) 裏,代表了不同的意義。例如腳踏車在亞洲國家被視為運輸交通工具,在美國則被當作是健康維持及體能訓練的產品。在熱帶或亞熱帶的國家,電冰箱的功能是冷凍食物避免腐敗。但在南 (北) 極,電冰箱的功能是保持食物不被冰凍。所以跨文化的企業組織,在行銷產品時,需採因地制宜的不同策略。

麥當勞速食業行銷全世界 52 個不同文化的國家,發展出不同的套餐組合來適應當地民情,例如在德國,麥當勞餐點的飲料是啤酒;在法國,漢堡和葡萄酒一起賣;在馬來西亞提供甘蔗汁飲料;日本麥當勞有照燒堡配方;在台灣兼賣炸雞;在菲律賓推銷麥克義大利麵等,不拘泥於成規,而能靈活應用。

(七) 生活型態

生活型態 (或**生活方式**) (life style) 指消費者的生活格調,包括活動的類別、對特定事物的興趣、及對社會事件的看法等。舉例來說,一般在台灣房地產廣告作法,常強調產品本身價值優點的訊息 (如地段好、價位低、建材實在、空間充分利用等等),或強調房屋附近的生活機能 (學區優、交通便利、離市場近等等)。但有一則房地產廣告創意式的以生活型態來描述,畫面中出現一艘獨木船拖著一棟小木屋,徜徉在風和日麗的環境中。這個廣告所要傳達的,就是與世無爭,優游自得的一種生活方式。廣告訴求雖然簡單,但傳達的意念卻深深的與一些生活優渥、工作忙碌的上班族心靈契合,故深具吸引力而獲好評。

承前所述，人口統計資料具有搜集容易、清楚明瞭的特點，使行銷人員習慣以它來區隔消費者。但人口統計資料的缺點也在於資料難以深入剖析消費者內在特性。例如，從調查結果得知一群年齡層相仿的消費者，有相同的教育背景、職業和收入，但是我們卻不能推論他們一定購買相同產品。生活型態區隔則從另外一個角度切入問題。基本上，行銷者認為時間運用方式相同的人，也有著相似的消費需求與特性，所以會購買相同的產品滿足需求。雖然這一群人不一定有相同的年齡、性別及婚姻狀況，但因為他們參與的活動、興趣、對事物的看法相似，使得他們使用產品的理由趨於一致，所以從消費者生活型態來預測產品購買的趨勢，比人口統計資料更精準。

雅痞族是指住在大都市、高收入的專業性人士，他們的年齡不一、性別不一，但他們購買的產品卻具有同質性。例如他們是 BMW 敞篷跑車的主要消費者、喜歡打高爾夫球、穿著名牌亞曼尼 (Armani) 服飾、愛用當喜兒 (Downhill) 皮件、也喜歡賞玩音響。具有這些特性的人，不管年齡或教育程度為何，我們都可輕易抓住他們可能的消費傾向。所以經由生活型態的特徵，幫助了行銷者來描述這些成員，他們是如何的構思、感受這個世界，以及如何分配休閒時間。綜合來說，從人口統計資料所提供的訊息，我們能夠知道有多少百分比的人在使用某類產品，但生活型態的分析卻提供消費者為什麼使用特定的品牌。所以生活型態的訊息加上人口統計資料，使原有的購買容貌更生動，更具描述性。底下我們分別說明生活型態的測量方法，一般化及特殊化生活型態的劃分，及應用的限制。

1. 生活型態測量方法 生活型態的測量常詢問消費者在**活動** (activity)、**興趣** (interest) 及**意見** (opinion) 等相關問題的態度，要求表達同意或不同意的看法，這些問題統稱為 **AIO 問題** (activity, interest, opinion question，簡稱 AIO)，被詢問的受試者可以從消費者個人或是整個家庭的角度來作答。

在活動方面，詢問受試者在工作、假期、娛樂、旅遊方面的時間安排，例如對 "我經常參觀博物館"、"我經常下廚做菜" 等問題的同意程度。在興趣方面，則詢問受試者對特定事物喜好或注意的程度，例如 "只要新流行的服裝款式上市，我都去收集相關訊息"、"我喜歡到各地品嚐不同文化的美食" 等題目的同意程度。在意見方面，詢問受試者對社會議題、政治、教育、未來計畫的一些看法與評價,例如"不管社會如何變,學生上學應該穿著制服",或是"政治是男人的事"等題目同意程度。

表 2-4 列出生活型態問卷相關的構面,行銷者在可能的構面設計相關的題目,即可編製生活型態量表。而藉著統計分析消費者在活動、興趣、意見的答案,可將他們區分為不同生活型態的消費群。一般而論,生活型態相異的消費群在選擇產品傾向與消費特性將有明顯的不同。

表 2-4 生活型態構面與要素

生活型態構面	要　素
活　動	工作、嗜好、社交、度假、娛樂、社團、社區、購物、運動
興　趣	家庭、家事、政治、社區、娛樂、流行、食物、媒體、成就
意　見	自己本身、社會事件、工作、商業、經濟、教育、產品、未來、文化

(採自 Plummer,1974)

2. 特殊化與一般化生活型態　生活型態調查又可分為兩個類別,就是特殊化生活型態與一般化生活型態調查。這兩類問卷的功能並不相同,特別是在市場區隔與溝通策略的擬訂。行銷人員在應用上必須能夠注意其間的差別。

特殊化 AIO 的問卷是直接去測量消費者對某種特定產品相關的活動、興趣與意見。題目包括對產品或品牌正反面的態度,獲得產品資訊的方法,購買與使用產品的頻率,購買產品後所得到的利益等。從這些資料所得的結果,可以獲取對特定產品的消費者區隔,並從中找到最具潛力的目標市場。例如瘦身美容中心以特殊化生活型態進行測量時,可以衡量消費者對瘦身美容的興趣、活動與意見,分析這些消費者區隔,明瞭哪種生活型態的目標市場最具消費潛力,再配合自己產品的特性,製造出吸引他們的溝通訴求。

一般化生活型態調查則不是專為某種產品量身訂製題目,而是以一般化的問題去了解消費者生活動態與時間的運用。一般化生活型態調查的使用,通常在行銷者已經確定目標市場之後,希望能夠繼續對這群目標消費者之生活方式有全盤式的深入了解。題目的內容包括對生活的滿意程度、休閒活動時間的分配、對行銷活動的參與行為、宗教信仰、嗜好等。結果的剖析可以

補充討論 2-2
科技對消費者生活型態的影響

自 1970 年以後，科技快速發展（尤其是資訊科技），已經對人類社會與生活型態產生了深遠的影響。就消費者行為而言，科技縱然提昇了消費者的生活品質，讓行銷者在分配或促銷產品上更有效率，但是科技文明對消費者生活型態也帶來一些負面的影響，以下將分別討論之。

1. 正面影響 科技帶給消費者的好處主要有下列幾點：

(1) **豐富訊息**：傳統上，消費者獲得訊息的方式常侷限在社區看板或街坊鄰居的口耳相傳。而在報紙、收音機、電視等媒體出現後，消費者取得訊息無遠弗屆，尤其是資訊科技（如網際網路）的發展，使得文字影像與聲音結合而成的訊息，充斥於消費者的四周，增添了生活的色彩。

(2) **多重選擇**：科技的進步與創新，提供消費者多重選擇。例如看電影不一定要到電影院，一應俱全的家庭影院音響組合也具有同樣效果。微波爐的出現創造了不同於往昔的飲食方式。其他如網路銀行、電子圖書館、電腦訂位系統等都讓消費者能以更創新的方式，解決過去所面臨的老問題。

(3) **超越時空**：目前科技進步，消費者不再受時空的束縛，例如藉由視訊會議，可將世界各地的專家齊聚一堂共商大事，網路購物也能達到及時溝通的效果。

2. 負面影響 科技的進步也對消費者生活型態產生一些負面的衝擊：

(1) **過度的生產與消費**：科技進步造成大量生產大量消費的情形，在工業化的國家更是如此。生產消費的增加短期間雖然能夠刺激經濟成長，但過度的使用資源，已造成環境的破壞，並產生失控的廢棄物與污染，發生物極必反的反撲與怒吼。例如因濫墾濫伐而造成山坡地土石流現象即為一例。

(2) **物質價值觀念橫行**：科技進步讓廠商能夠利用更多元的方式促銷商品，但在強力促銷之際，容易引導消費者沈迷於流行風潮，把追求流行作為生活的內涵與意義，沈浸於物欲的享樂中，此舉將逐漸喪失消費者的主體性。

(3) **訊息過度負荷與資訊的浪費**：資訊科技或網際網路的發展，固然讓人們隨時隨地都可取得任何資訊，但是綿密細緻的網路社會，將訊息滲透於消費者日常生活中的任何細節，接收過多訊息已造成消費者的資訊過度負荷，另一方面，許多資訊無法找到適當的訊息接收者，也造成資訊運用的浪費。

(4) **科技化的孤獨與恐慌**：在網際網路有包羅萬象的訊息，讓網路及電腦使用者流連虛擬世界，毫不在乎周遭的其他事物甚或恐懼於面對現實中的他人。另一方面，科技新品日新月異，也容易讓消費者陷於科技恐慌症候群中，即消費者必須追隨科技新知，不斷更新科技或消費資訊產品，避免被時代淘汰，這種恐慌的心情對於生活型態的穩定性有著負面的衝擊。

(5) **科技恐懼症消費者**：雖然有人熱衷於追求新的科技性產品，但是仍有為數不少的消費者（如老人、低社經地位者）因不善於或沒有能力操控科技產品，而形成所謂的**科技恐慌症消費者**(techno-phobia consumer)。這群人討厭科技性產品，不知如何操作新穎的家電用品，讓他們感到憂心，對他們而言，科技的出現對生活型態已經造成一定程度的干擾。

幫助行銷者進一步了解目標消費者在心理傾向上，對人、事、物一般看法及好惡狀態，使行銷者在溝通或媒體訴求上能投其所好，爭取更深入的認同。例如前例中，瘦身美容業者如果確認自信心低落者為主要客層，則可採一般化的生活型態方式，了解這些人所偏好的生活方式與哲學，進而找出有效的溝通訊息。例如假設目標市場喜歡追逐流行，並認為漂亮是一種禮貌時，那麼強調流行與時尚，或強調自信外表如何給人好的印象，應該是這項產品與目標市場溝通必須加強的地方。

3. 生活型態產品應用的限制 以生活型態作為區隔工具，並非完全適用於任何產品。表 2-5 所列舉的情形是最適合使用生活型態區隔。所以從上述的特徵來說，象徵性及感性產品，如名牌服飾、珠寶鑽石、香水、鐘錶、豪華汽車、高爾夫球、運動鞋等等，適合以 AIO 來決定區隔；而一些著重功能屬性表現或實用的產品，如電視機、吸塵器、奶粉、維他命比較難激起消費者生活層面的想像空間，則較不適用。

表 2-5　適合使用生活型態來區隔的狀況及相關的產品

最適合使用生活型態區隔的狀況	相關產品列舉
當產品的優點較難以客觀標準來衡量者	服飾
產品價格較昂貴	汽車
產品具象徵意義者	鑽石
產品功能是以滿足消費者心理需求之用者	高爾夫球
消費者以感性層面來看待產品時	香水

(採自蘇哲仁，1996)

其次，AIO 的測量結果在全面了解消費者行為稍嫌不夠。所以現今的生活型態研究，除了測量 AIO 的傾向之外，也會加入一些輔助要素，如消費者價值觀、媒體使用型態，或是地理居住位置、人口統計變數等等。在執行上，運用統計分析先將消費者 AIO 的態度分類成不同族群，再將上述所提的輔助要素，當作檢定變數，來進一步的描述每一個族群特性。

值得一提的是，近半個世紀以來，消費者的生活型態因科技的快速發展而產生一定程度的衝擊，相關的說明請參考補充討論 2-2。

二、行爲區隔

行爲區隔 (behavioral segmentation) 是指以消費者實際的購買行爲，將市場區分成不同的群體。這些區隔的要素，包括使用頻率、使用者狀態、察覺程度、品牌忠誠度、使用情境及使用利益等，統稱爲**行爲變數** (或**行爲變量**) (behavioral variable) (參考表 2-1)。

(一) 使用頻率

使用頻率 (或運用率) (usage rate) 指依消費者對某一產品的購買或使用量爲區隔的方法。一般使用頻率的區隔可分爲重度使用者，中度使用者，輕度使用者及不使用者。行銷者銷售產品的主要對象是重度使用者，因爲他們的消費量占市場的主要部份。根據 **80/20 定律** (80/20 principle) 而言，80% 的銷售是來自 20% 的老顧客，這 20% 的顧客或許可稱爲**重度使用者** (heavy user)。例如，依據統計指出，25～30% 的重度啤酒飲用者大概消耗了 70% 的啤酒市場，80% 的問候卡片購買者是女性 (Schiffman & Kanuk, 1994)。而根據錄影帶出租公司的統計，台灣租片的決定權約 70% 是男性，使用紋身貼紙的族群 80% 年齡都集中在 25 歲以下，而且女性使用頻率約爲男性的三倍。所以公司只要找出重度使用者，集中全力於此目標市場，常能獲得較佳的成果。

當非營利機構宣導正確理念時，常面臨目標市場使用頻率選擇上的兩難問題，例如推行戒煙的機構想以重度使用者爲目標群，但這批老煙槍通常對戒煙的抗拒最爲激烈，所以執行機構是不是應當捨棄重度使用者，改以抗拒較弱的輕度使用者爲目標，是值得進一步探討的問題。

(二) 使用者狀態

使用者狀態 (user status) 一般可分爲非使用者、過去使用者、潛在使用者、經常使用者等不同區隔。行銷者在行銷產品時，多選擇經常使用者爲主要區隔，但事實上如何把潛在使用者轉變爲經常使用者，也是一個增加產品使用率的思考方向。例如一般銀行不看重大學生在信用卡的使用潛力，縱然他們使用頻率高卻同時也是低獲利者 (大學生沒有薪資，花費不高)。可是另外一些銀行則視大學生在未來深具潛力，是值得投資的市場。因為可預測的是大學生未來就業的薪水將比一般的平均所得要來得高（教育水準高意味著高收入的潛能），而且新世代消費潛力蓬勃，他們也將是一些汽車、家具、美食的主要消費者。基於上述理由，銀行認為以最好的服務來吸引這一群未來有潛力的消費者是值得嘗試的。

在宣導正確消費理念時，一些非營利機構也會以經常使用負面產品消費者，所具有的痛苦經驗進行逆向行銷，例如藉由曾經使用毒品（檳榔）而已戒除者的告白，來阻止潛在消費者的使用。

(三) 察覺程度

察覺程度 (或覺知狀態) (awareness status) 是指有關消費者對產品的知悉狀態，以及對產品的興趣和企圖購買的機率等等。行銷學家常常依照這個資料，來決定潛在消費者是不是知悉他們的產品？對他們產品的興趣有多高？是否需要對此產品做促銷。產品銷售要能成功，一定要能使消費者知道品牌名稱。美國愛威爾 (Avia) 公司在 1990 年的一項調查驚訝的發現，只有 4% 的消費者知道他們銷售球鞋及運動衣物。經過三年的猛力促銷，才使得約 90% 的消費者，知悉其產品品牌，銷售額也大幅上升。其他如愛迪達球鞋曾推出愛迪達古龍水，李施德林漱口水嘗試販賣牙膏，李維牛仔褲發展出李維鞋子，都因消費者覺察程度不高而慘遭失敗（洪良浩，1996）。

(四) 品牌忠誠度

品牌忠誠度 (brand loyalty) 是指消費者重復購買某品牌後，持續產生高滿意度，並對品牌擁有情緒性的認同與支持。在市場區隔的應用上，品牌忠誠度的熱衷程度大略分為四種。第一種是**絕對忠誠** (hard-core loyalty)，例如購買黑人牙膏忠心不二、始終如一。第二種稱為**中度忠誠** (medium loyalty)，例如只在黑人牙膏及白人牙膏之間相互的轉換購買。第三種稱為**轉移忠誠** (shifting loyalty) 指消費者的偏好，由一種品牌轉到另一品牌。例如由過去購買黑人牙膏，轉移到只購買白人牙膏。第四種叫**游離者** (switcher) 指消費者對任何品牌都不忠誠。

行銷者針對絕對忠誠者的策略上，應該了解消費者所擁有的特性，然後針對這些特性進行促銷的工作，以持續留住這些忠誠顧客。在中度忠誠者上則嘗試分析最具競爭力的品牌，找出比競爭者更具優勢的賣點，吸引消費者再度成為絕對忠誠者。而對於轉移忠誠者，則可經由他們的告白，發現公司行銷上的缺點，並謀求改善。至於游離者則可使用低價刺激，轉移他們由無忠誠顧客轉為忠誠者。有關培養忠誠度相關做法，請見第十四章。

(五) 使用情境

使用情境 (usage situation) 泛指消費者使用產品的時間、目的、地點及使用人特性。即指依照消費者需要的發展、使用或購買等時機，來區隔消費者。一般而言，情境大抵可區分為平時場合與特殊場合兩種。在特殊重要節慶時，某些特定產品常成為搶手貨，如颱風來臨，餅乾、泡麵、手電筒常被搶購一空，情人節晚上高級飯店座無虛席，玫瑰花、巧克力糖成為熱門產品。旅遊時，對小費的給予大方慷慨，但平常卻是克勤克儉、錙銖必較。行銷者可善用不同的情境狀況，擬定有效的行銷活動。

(六) 使用利益

消費者尋求產品的利益點，稱為**使用利益** (usage benefit)。通常不同動機消費者尋求不同的產品利益，例如旅客搭乘飛機所追尋的利益不同，有些注重服務品質、有些擔心價錢、有些則以時間的方便性為主。行銷者可利用不同的使用利益，當作區隔的工具。

行銷者在應用使用利益區隔時，必須要了解各類產品所能提供的主要利益及利益追求者的背景。例如冷氣機品牌中，日立冷氣強調安靜、東元冷氣強調省電，所以怕嬰兒被打擾的家庭選擇日立牌，擔心電費開銷者選東元，這就是一種使用利益區隔現象。

品牌競爭時，也常以使用利益點吸引消費者購買。以電子字典來說，萊思康電子字典強調的是功能多；無敵電子字典字彙多；快譯通電子字典著重整句式翻譯。牙膏則常以防蛀、潔牙、味佳、低價、清涼來當作顧客追求使用利益的促銷點。行銷者常由使用者使用利益認知當做產品定位的方式，詳見本章第四節。

三、多重化區隔

行銷者在進行市場區隔時，大部份都會逐步的利用兩種以上的區隔變數來區隔消費者，希望能夠找出更小且有明確描述的目標市場，我們稱之為**多重化區隔** (或**交叉區隔**) (hybrid segmentation)。舉例來說，一家電腦公司對不曾使用過個人電腦 (區隔變數：使用者狀態) 的銀髮族 (區隔變數：年齡) 為目標消費者。經調查，這些消費者不曾使用電腦的原因，有些對電腦感到恐懼，有些感到無所謂，也有些呈現興趣但不得其門而入 (區隔變數：態度)。在感到有興趣的銀髮族中，有些是收入較高的，能購買電腦 (區隔變數：收入)。基於此，這家電腦公司決定以具有較高所得，且對電腦有興趣，只是缺乏足夠刺激的銀髮族為目標，進行促銷攻勢。類似上述的例子，就是前面幾種區隔變數 (地理、人口統計、心理統計、行為) 的交叉使用。以下將介紹兩種混合變數區隔的例子。第一是地理、心理與人口統計多重化區隔，第二個是價值-生活型態區隔 II。

(一) 地理、心理與人口統計多重化區隔

承如前述，如果以人口統計區隔加上心理統計區隔來區隔消費者，能得到更多的訊息來了解消費者，也可以得到更深入更有意義的消費者概況。表 2-6 為 1994 年台灣區成年男子消費行為與生活型態研究的調查。從表中，可以明顯地看到人口統計 (教育程度、婚姻狀況、收入等)、心理統計 (生活型態)、行為統計 (媒體、雜誌、報紙資訊的使用頻率) 及地理分布等變數交叉使用的情形。表 2-6 中，依消費者的回答，把關連性高的變數集中一起，而形成自命雅痞族、草根勞力族、刻板規律族、孤芳自賞族、暴發聲色族。這些族群在人口統計資料、地理分布區域和生活型態等特徵都有明顯的不同，例如草根勞力族的男士，特徵是以家庭為堡壘、持養兒防老的傳統思想、生活缺乏變化、年齡偏高、學歷偏低、居住南部佔多數。所以如果行銷者的目標市場為這個族群，在知悉上述訊息後，可製作保守型廣告傳達訊息，並配合產品折扣的促銷來吸引這群消費者。總之，以多重化區隔方式所獲得的資料，對行銷人員在媒體及賣場設計上的應用極有參考價值。

(二) 價值-生活型態區隔 II

價值-生活型態區隔 II (value and life style II 簡稱 VALS 2) 是以消費者個人的價值觀及生活型態找出消費者心態和購買行為之間的特殊關係。VALS 2 是由美國史丹佛研究機構 (Stanford Research Institute，簡稱

表 2-6　地理分布、人口統計與心理統計多重化區隔示例

區隔變數		消費群 自命雅痞族	草根勞力族	刻板規律族	孤芳自賞族	暴發聲色族
地理分布	分佈地區	大台北地區居多數 大高雄地區佔少數	南部（高雄）地區居多數 中部地區佔少數	中部地區居多數 大台北地區佔少數	大台北地區居多數 大高雄地區佔少數	無集中現象
人口統計資料	最高學歷	大學以上居多數 國中以下佔少數	國中以下居多數 大學專科佔少數	高中職、專科居多數 小學、大學佔少數	大學以上居多數 國中以下佔少數	國中程度居多數 大學以上佔少數
	職業身分	提供勞務服務、買賣工作，勞力工作者佔少數	提供勞務服務者居多數 主管與專業人員佔少數	一般辦事員居多數	專業人員居多數 一般辦事員及體力工作者佔少數	決策者及主管居多數
	婚姻狀況	未婚者居多數	已婚者居多數	已婚者居多數	未婚者居少數	無集中現象
	年　齡	20～29 歲居多數	40～49 歲居多數 20～29 歲佔少數	無集中現象	20～29 歲居多數 30 歲以上佔少數	30～39 歲居多數
	個人平均月收入(1994 年)	4 萬元以上及無收入者居多數 4 萬元以下佔少數	1～2 萬元居多數 無收入者佔少數	2～3 萬元居多數	4 萬元以上居多數 1 萬元以下佔少數	4 萬元以上居多數 3 萬元以下佔少數
	一個月的零用錢	3,000～5,000 元居多數 1,000～2,000 元佔少數	2,000 元以下居多數 5,000 元以上佔少數	5,000 元以上佔少數	5,000 元以上居多數 1,000 元以下佔少數	5,000 元以上居多數 2,000 元以下佔少數
心理統計資料	生活型態	喜愛收聽深夜廣播節目 酷愛名牌及流行產品 眷戀咖啡館、夜總會 熱中交際應酬 愛好觀賞藝術表演 注重個性化格調 喜歡購買文化產品 偏愛舶來品、不信國產品	愛看連續劇與布袋戲 有兒女補償觀念 持傳統結婚觀念 贊成管制色情 個性害羞木訥 慣於早睡早起	贊成嚴刑峻法 反對麻將賭博 愛看藝術表演連續劇 有午睡習慣 反對女性抽煙 慣於早睡早起 習於晨間運動	喜愛收聽高品質廣播節目 偏愛名牌車 喜好觀賞藝術表演 採用男性保養品 拒絕飲酒 反對女性抽煙 無經濟計畫 聽從子女意見	喜愛名牌流線型車以示年輕 愛好交際應酬 偏愛舶來品 具有投資計畫 注重個人自由 持學歷無用論 反對養兒防老觀念
佔有比率		17.4%	20.8%	32.2%	16.7%	13%

註：本表是 1994 年根據台灣 20 至 49 歲男子人口變數、行為變數、地理分布與生活型態編製 (採自彭樹慧，1988)。

SRI) 所發展，其目的是希望藉由多重化區隔的方式，把美國消費者做系統化的分類。由於台灣的社會型態及消費模式與美國的狀況越來越相似，所以藉由 VALS 2 的分析也能勾勒出台灣各種不同階層的價值觀與消費模式。

VALS 2 以兩個構面來區分消費者。第一個構面依據消費者**自我取向** (self-orientation) 的差異程度，區分為三個次團體。第一種叫做**原則取向** (principle approach)，指消費者傾向藉由自己的信念選擇行為，而不是由別人的讚許或非理性欲望而來。第二種稱為**地位取向** (status approach)，指消費者行為標準是以能得到他人的肯定和讚許為主，所以他們特別注重地

原則取向	地位取向	活動取向
	自我實現者 喜愛品質較好的東西 對新事務、技術、捐獻等事務接受度高 對廣告懷疑 對各種流行刊物廣泛的閱讀 較少看電視	
實行者 對身分地位的追逐興趣缺缺 喜歡參予教育和公衆事務 常閱讀各類書籍雜誌	**成就者** 常為貴重產品所吸引 購買各式各樣的產品 看電視量居中（不多不少） 常閱讀財經報紙及如何自我提升類的出版物	**體驗者** 跟隨流行及一時熱潮 把許多錢花在社交生活上 衝動購買 注意廣告 聽搖滾音樂
保守者 買本國貨 對自我習慣改變較慢 遵循契約 較一般人常看電視 閱讀烹飪、家庭、花園及一般影星生活的雜誌	**努力者** 注重形象 收入有限但能維持收支平衡 錢常花在服飾及個人商品上 喜歡電視勝於閱讀	**務實者** 為舒適、耐久、價值感而購買產品 不奢華、購買生活必需品 收聽廣播 閱讀汽車、機械、釣魚、戶外雜誌
	掙扎者 品牌忠誠高 使用折價券且注意拍賣訊息 常看電視、相信廣告 閱讀小型報及女性雜誌	

（自我取向 ← → ；資源 豐富 ↑ 貧乏 ↓）

圖 2-2　價值-生活型態區隔 II 八種區隔與消費者特性
(採自 SRI International, 1990)

位的獲取與鞏固。第三種稱為**活動取向** (activity approach)，即消費者渴望能夠從事社會和生理的活動，並與環境產生互動。他們喜歡多樣性的活動，並喜歡冒險以獲取豐富經驗。

第二個構面是**資源**。**資源** (resource) 指能夠達到前述自我取向的程度，所擁有的能力，包括教育程度、財富、自我信心、健康情形、智力、活動量等。資源的能力由青少年開始增加，到中年時持平，到老年時則呈現下降的趨勢。

基於上述兩個構面，VALS 2 一共呈現了八個區隔。圖 2-2 為 VALS 2 所構成的模式及各個區隔消費行為的簡單描述。在圖中，最上層的自我實現者與最下層的掙扎者，屬於資源最豐富與最貧乏的兩個組群。原則取向包括實行者與保守者，地位取向包括成就者與努力者，而體驗者與務實者屬於活動取向。

VALS 2 的樣本以美國消費者為區隔，所以在國內的應用尚須考慮文化的差異性，但 VALS 2 對區隔的方式提供了開創性的做法，值得國內消費者心理學研究者做進一步的探討與開發。

第四節　產品定位與行銷組合

在選定公司的目標市場之後，行銷者接下來重要的工作就是如何把公司的產品，在目標消費者的腦海裏創造本身特定的位置，並在市場競爭的環境中脫穎而出，成為受歡迎的產品，這個過程屬於產品定位的概念。而要達成定位的目的，則有賴於行銷組合的執行。行銷組合是以相關策略，使行銷者與消費者之間的交換過程能有效的完成。以下將說明這兩個步驟。

一、產品定位相關作法

誠如第一節所述，產品定位是如何將產品重要屬性在消費者心目中產生鮮明地位，並與競爭廠商有所區別。接下去將就產品定位考慮事項及產品定位相關法則加以討論。

(一) 產品定位考慮事項

產品定位的主要用意是希望消費者能夠了解產品的利益點，且認為花費較高的價格購買產品的利益是合理的，換言之，產品定位可以讓行銷者產生競爭優勢，也能與競爭廠商產生差異化。

1. 產品差異化的作法 為求消費者對產品有更鮮明的記憶，行銷者為產品定位以尋求差異化的過程中，可從產品、服務、人員與形象等方向思考。**產品差異** (product differentiation) 指產品內涵與競爭產品具明顯不同之處，例如 M&M 巧克力"只溶於口、不溶於手"，尊龍客運提供"座位寬敞舒適，暢行台北台中"等都屬之。**服務差異** (service differentiation) 可利用產品附加價值來定位 (如快速、準確、完善)，創造競爭優勢。例如，聯邦快遞以隔夜送達聞名，新光醫院及台安醫院開發出特級 (VIP) 病房，提供美容、沙龍等完善設備，以提升病患住院舒適性。**人員差異** (people differentiation) 指訓練比競爭廠商素質更佳的人員，塑造與眾不同的賣點，例如因為擁有親切服務的航空團隊，新加坡航空公司成為消費者搭乘時最佳的選擇。**形象定位** (image differentiation) 指讓消費者察覺廠商的產品形象與其他廠商不同，例如摩托羅拉的產品以品質精湛的形象著稱，La new 鞋業堅持製造穿著舒服且休閒的健康鞋，UPS 快遞公司則以綠色圖案標記作為品質優良的象徵等 (Kotler & Armstrong, 2002)。

2. 錯誤的定位 錯誤的產品定位是目標市場對公司品牌或產品無法產生認知地位，通常包括三項：其一，**定位不足** (underpositioning) 指公司沒有真正的定位，例如市面上許多廠商都說自家產品價格便宜、品質優良，由於這種定位過於大眾化，消費者無法辨識廠商間的不同，產品等於沒有定位。**定位過度** (overpositioning) 指將公司的定位窄化，例如某蛋糕店定位自己生產高價位的蛋糕，事實上該公司也生產價廉物美的餅乾與麵包。**定位混淆** (confused positioning) 指讓消費者產生混淆的定位，例如為了迎合健康風潮，百事可樂推出了純白透明，類似礦泉水的水晶百事可樂，推出之後銷售慘遭失敗，因為在消費者的認知經驗裏，可樂的顏色應該是黑色的，純白透明的顏色讓消費者認為是汽水,但喝完後又是可樂的味道,兩種不同的認知感覺無法在消費者腦海裏歸類,遂產生認知混淆,產品因而無法長存 (Kotler & Armstrong, 2002)。

(二) 產品定位相關法則

行銷者希望消費者把產品或品牌放在適當的產品類別裏,同時又希望與其他競爭者有所不同。所以產品定位策略就是把產品地位建立"歸屬性"與"獨特性",使消費者有強烈的品牌形象記憶。以下我們將說明四種常用的產品定位策略。

1. 拔得頭籌法 拔得頭籌法 (prototypical method),就是搶先占據在目標消費者心目中的第一個位置,使得消費者心有所屬而無法容納其他品牌。通常第一個進入消費者腦海者,最容易被記住,例如世界第一高峰是喜馬拉雅山的聖母峰,但是世界第二高峰呢?相似的,市場第一品牌的品牌記憶最強。拔得頭籌法另一優點是消費者會把領先品牌的屬性標準來評估後進品牌,增加競爭廠商進入這個領域的障礙。

屬於拔得頭籌法的產品大多是一些長壽品牌,例如大同電鍋是第一個進入消費者腦海裏的電鍋品牌,且歷久不衰;咖啡飲料市場以伯朗咖啡首先發難;乾衣機首推台熱牌;有翅膀的衛生棉最先想到好自在衛生棉;"你方便的好鄰居"是指 7-11 統一便利商店而不是其他的商店;談到蛋捲先想到喜年來蛋捲。昔日在市場裏,所謂二黑一白產品 (黑松汽水、黑人牙膏、白蘭洗衣粉),都以率先引入市場而占領著消費者心目中第一個位置。

2. 找洞填補法 行銷者在開發市場時,不與競爭品牌重疊拼鬥,反而另找一塊擁有足夠的消費者且可獲利的區域,來實施定位的方法,叫**找洞填補法** (look-for-the-hole method)。清境綠茶飲料強調綠茶應該是綠的,嘗試與其他不是綠色的綠茶飲料區分差異,即屬於找洞填補法。

台灣傳統的蜜餞製造不太講究衛生,不僅在地上曝曬,包裝過程草率、標示不清,而且產品大多含過量的人工色素及糖精,使得喜歡吃蜜餞的消費者裹足不前。有廠商發現了這一塊空間,率先製造符合國家標準的優良蜜餞來爭取這一群人的購買。廠商強調在製造過程中,除了使用了日曬屋或乾燥屋控制產品衛生品質外,絕不添加人工色素或糖精以維護食用者健康。另外產品標示清楚,並使用"保鮮拉鍊袋"包裝,使消費者有方便的拉鍊袋能夠解決保存的問題。這種滿足消費者需求的做法贏得許多的嘉許。

3. 重新定位法 當產品銷售不佳或與其他競爭品牌有所重疊時,如果行銷者認為還有繼續經營的價值,則可採重新定位法。**重新定位法** (repositioning method) 是指產品以新面貌、新形象的方式出現,令消費者耳目一新,產生不同於昔的詮釋效果。例如十幾年前,櫻花軟片的低價位一直給消費者品質不良的印象,為了起死回生,公司以重新定位的方式來改變產品的形象。首先行銷者把櫻花軟片名稱改成柯尼卡,接著進行一系列的行銷活動,嘗試為產品注入一股新氣象。例如以郎靜山、陳文彬等名攝影家為產品代言人,建立起品牌形象的專業性,而後李立群以詼諧的口吻,畫龍點睛的道出了如"它抓得住我","誰拍誰,誰就像誰"等廣告標語,點出產品是以"拍人像"為定位點,適時的與拍風景的軟片區隔開來。這些做法終使柯尼卡脫離低劣形象,並重新獲得消費者的信賴。台灣的"仙桃牌通乳丸"原作為婦女產後補乳的補品,但因目前職業婦女哺乳意願的低落,使該品牌改弦易轍,重新以傲人堅挺的美容用品當作定位的基礎。

4. 擴大定位 **擴大定位** (extensive positioning),是指保持原來產品特徵與原有目標市場,然後把原定位的產品及用途往外擴展延伸,以創造更多的銷售機會,及服務更多的消費者需求。擴大定位並不是否認或丟棄原有的目標市場定位,而只是把它當作擴大定位後的一個基礎,並融合新吸引的消費者。例如:嬌生嬰兒洗髮精當初在台灣市場是以兒童為目標市場,強調產品的溫和。在定位穩定,銷售步入成熟期後,該公司又以產品溫和的訴求擴大定位到媽媽市場,接著又擴大到少女市場。把訴求重點延伸為"用嬌生嬰兒洗髮精適合各年齡層的需求,寶貝你的頭髮"。所以嬌生嬰兒洗髮精的目標市場雖然不斷的擴大,但它對於原來定位的兒童市場並沒有放棄,而以此為基礎擴大延伸,創造了更高的銷售 (蕭富峰,1989)。

開喜烏龍茶由平常飲用的一般性飲料,擴展到傳統婚宴喜慶酒席必備產品,加大了消費使用量。歐蕾化妝品在站穩少女市場後,很快的推出"小阿姨篇"的廣告,企圖攻佔成年女子市場,這些都屬於擴大定位的例子。

二、以消費者為中心的行銷組合概念

行銷組合 (marketing mix) 是指行銷者依據公司擬定的目標原則,進一步制訂公司具體的行銷方式稱之，包含產品、價格、促銷、通路等四個部分，簡稱 4P。行銷組合的理論是行銷者實施行銷活動的重要依據，可是儘管高唱顧客滿意的今天，仍有許多行銷者還是以賣方觀點為出發，進行行銷組合，例如以供給面的市場考量產品的設計；以生產成本決定產品價格；以現行市場結構擬定經銷通路；以廠商的能力及單向推廣來促銷產品。這些做法常因忽略消費者的想法，而顯得事倍功半。

以買方觀點而言，每一項行銷組合工具都必須傳達顧客的利益，因此目前已經有學者提出以 4 個 C (簡稱 4C) 的作法來輔助傳統行銷組合 (4P) 的作法 (Lauterborn, 1990)，這四個 C 分別是顧客問題解決、顧客成本、溝通及便利性，有關 4P 到 4C 的概念對應，請見表 2-7。

表 2-7　4P 到 4C 的概念對應

4P 概念	4C 概念	概念轉換
產　品	顧客問題解決：指消費者需求與欲望的滿足	由商品導向轉為消費者導向
價　格	顧客成本：指滿足消費者擁有該物品的成本分析	由廠商定價轉為消費者定價
促　銷	溝通：指引起消費者共鳴的雙向溝通	由單向溝通轉為與消費者進行雙向溝通
通　路	便利性：指順應消費者便利的採購點	由通路策略轉為消費者便利策略

(採自 Lauterborn, 1990)

本節將簡略介紹行銷組合中產品、價格、促銷及通路的概念，並在每個概念後說明整合行銷溝通的四個"C"如何搭配行銷組合，使消費者為中心的思潮能發揮到極致。

(一)　產　品

產品 (product) 在行銷組合的意義上是指消費者在使用過程裏，有形或無形的相關屬性，例如電視的遙控設備是一項有形的產品屬性，餐廳旅館的人員服務水準是一項無形的產品。所以以廣義的角度來看，產品內涵包括品質、外形、特徵、大小、包裝、服務、品牌名稱、附加價值、售後服務、保證期限等向度。

4C 的觀點認為在產品的設計中不能閉門造車，必需根據**顧客問題解決** (customer solution) 才能製造出消費者心目中理想的產品，以避免"你給的不是我要的"窘境。例如曾有廠商研發出堅固耐用的公文夾，保證從三十樓掉下來都不會摔壞，產品上市之後乏人問津，其原因十分簡單，當今消費者需要的是輕巧美觀的公文夾，而不是堅固耐用的公文夾，產品設計的錯誤就是忽略了對消費者應有的關懷，所以從消費者立場看產品設計，才能找到問題的源頭。

(二) 價　格

價格 (price) 是指用來與行銷者交換產品所付出的價值數額。從企業的角度而言，產品價格的訂定，對其盈餘有決定性的影響，所以必須依照市場大小、成本估計獲利目標及競爭者的產品價格，定出對公司最有利的價格。而為了吸引消費者購買產品，行銷者常從標價、折扣、折讓、付款期數、貸款條件找出消費者認同的價格以謀取利潤。

從 4C 的角度來說，廠商定價似乎忽略了市場需求，任何一件產品必須由消費者認知與需求強度做為**顧客成本** (customer cost) 的基礎，例如對流行訊息敏感的年輕人，他可能排幾個鐘頭的隊伍，花了六、七千元，為的只是購買全台只有六百隻配額的帥奇 (swatch) 百年紀念錶，上述行為看起來雖然匪夷所思，但對當事者而言卻是物超所值。因為炫麗流行的塑膠錶，足夠讓他在朋友面前表現與眾不同。此時炫耀成本已經大於時間及金錢成本的浪費。所以現代消費者活在"價值"裏，而非價格。換言之，從認知的無形價值觀決定了商品的有形價值，如何使產品物超所值是定價策略最重要的技巧。

(三) 促　銷

促銷 (或**推廣**) (promotion) 是指行銷者藉著溝通的方法傳遞訊息給消費者，以確保產品在消費者心目中地位。這些溝通方法包括廣告、人員行銷、拍賣、公共關係、直接郵寄等。促銷的功用主要是希望消費者能夠學習到產品的相關特性，如產品設計、價格、銷售地點以及產品對消費的利益等，進而形成正面態度並購買產品。

　　從 4C 的觀點而言，促銷的目的無非是要加速商品的銷售，但目前訊息如洪流般無孔不入的干擾消費者，其結果使消費者自動產生過濾廣告雜訊的方式，對不感興趣、單向式的廣告都歸為"垃圾"，有時甚至產生抗拒的心理，刻意不去購買產品，所以要增加銷售的速度一定要抓到消費者的喜好，製造足以引起心靈悸動的廣告，而且重視買方與賣方的充分**溝通** (communication)，才能有效的增加銷售。

　　例如，許多化妝品廣告以臉蛋美麗的模特兒或影星當做產品代言人，創造出漂亮但遙不可及的形象，這些高不可攀的遠景反而讓消費者信心不足，怯步不敢購買產品。而歐蕾乳液廣告"高中老師"的訴求重點，在於"消費者在使用歐蕾乳液之後，肌膚變為十年前一般的年輕"，消費者看完廣告後認為，變回如自己年輕的樣子是比較能夠做到的，信心也較為提升。這個廣告因為考慮了消費者怎麼想的問題，並採雙向的方式與他們進行對話，使得產品一炮而紅。

(四) 通　路

　　通路 (place) 是指行銷者把產品送到消費者可以購買或使用的地方。通路是一個過程，行銷者必須設計這個過程的系統，並選擇適當的參與人員來共同完成。所以通路的範圍包含了配銷通路所涵蓋的區域、物流控制、運輸路線、儲存地方以及參與的人員（包括零售商、中盤商、批發商等）。

　　通路的設計對消費者購買方便性有密切的影響。舉例來說，若一個地區的零售商沒有販賣某特定產品（缺乏通路），則消費者必須耗時費力到另一個區域購買，所以 4C 觀點強調通路應該是"順應顧客之便的採購點"，尤其在生活型態多樣化的狀況下，如何改善傳統通路讓消費者更覺得**便利性** (convenience) 更是當務之急。例如夜貓子人數越來越多，午夜電影院及二十四小時的服務商店便受到這些人的青睞，直銷或電腦網路的商品販售對不喜歡逛街的人是一大福音，快遞寄送加速了消費者拿到產品的喜悅。

　　過去消費者的公共費用帳單，如水電費、停車費、罰單等，都必須定點限期繳納，否則將有斷水斷電或加徵滯納金的情形發生。針對這項機會點，7-ELEVEN 便利商店率先與政府及廠商合作，提供了民眾繳納各種款項的附加服務，目前7-ELEVEN 代收項目已超過 10 種（水電、停車、電信、有線電視、瓦斯、學費、分期付款、會員費、罰單、信用卡)，這些方便的措施，深獲消費者好評，也象徵著便利性策略將成為通路經營的主要方向。

本章摘要

1. **目標市場**指公司決定服務的一群具有相同需求與特性的消費者。而要如何找到公司的目標市場，首先必須依照目標行銷的概念。
2. **目標行銷**包含下列三大步驟：**市場區隔**指依照購買者對產品不同的需求與特性，以適宜的方法，分割為不同的幾個購買群。**市場選擇**指評估區隔特點，選擇一個或多個對公司最具吸引力的區隔。**市場定位**即建立產品在市場上重要與獨特的競爭優勢，透過實際的行銷組合，與目標市場溝通。
3. 市場區隔方式中，**大量行銷**廠商只推出一種產品，以大量的生產方式賣給所有的購買者；**區隔行銷**認為廠商應該設法將同質性較高的區隔加以區分出來，並以此組成市場；**利基行銷**，廠商只服務具有獨特屬性的小區隔；**個別行銷**廠商就每個個體自成單一的區隔，滿足其獨特的需求。
4. 行銷者選擇進入哪一個區隔時，需要考量區隔的**可衡量性**、**足量性**、**穩定性**、**可接近性**與**環境搭配性**，區隔才有意義及有效率。
5. 目前市場學家所普遍採用的區隔變數有五種，包括地理區隔、人口統計區隔、心理統計區隔、行為區隔及多重化區隔。
6. **地理區隔**是指以地理位置或區域的不同來劃分市場。它的意義主要是認為消費者住在相同的區域應該會有相似的需求與欲求，而這些需求和欲求會和住在不同區域的人有所不同。
7. **人口統計區隔**是指以年齡、性別、婚姻狀況、收入、職業、教育程度等變數來區隔市場的方法。因為資料容易測量搜集，目標群明確清楚，是目前行銷人員實施市場策略最常使用的區隔工具。
8. **心理統計區隔**是指以消費者內在或本能的心理歷程特性，或這些特性與社會互動下所形成的態度、價值觀或生活型態等心理變數，作為區隔的工具。
9. **產品態度**按程度可分為狂熱、喜歡、無所謂、不喜歡以及敵對等情形。行銷者可依照消費者對產品的態度程度來加以區隔，並調整行銷的資源分配。
10. 從**生活型態**的分析可以了解區隔消費者共同的興趣、參與的活動以及對事、對物的看法，並透露出使用特定品牌的理由。所以，從消費者生活型態來預測產品購買的趨勢，比人口統計資料更精準，兩者也常搭配著使用。
11. **行為區隔**是指以購買者實際的購買行為，將市場區分成不同的群體。其區隔的要素：使用頻率、使用者狀態、察覺程度、品牌忠誠度、使用情境、使用利益。
12. 根據 **80/20 定律**而言，80% 的銷售是來自 20% 的老顧客，通常 20% 的顧客可稱為重度的使用者，是行銷者產品銷售的主要對象。
13. 以**使用者狀態**做區隔可分為非使用者，過去使用者，潛在使用者，經常使用者等狀態。在設定行銷策略時，現在使用者區隔固然重要，但對潛在使用者的投資，也不容忽視。
14. **品牌忠誠度**指消費者重復購買某品牌，產生高滿意程度後，對品牌擁有情緒性的認同與支持。依忠誠度熱衷情形分為**絕對忠誠、中度忠誠、轉移忠誠及游離者**。
15. 為了更精準預測市場，有越來越多的行銷者，利用兩種以上的區隔變數來區隔消費者，稱之為**多重化區隔**。
16. **價值-生活型態區隔** II 是以消費者個人的價值觀及生活型態來區隔消費者的方法，著重在活動與興趣方面調查，且企圖涵蓋更深遠的價值觀與態度。
17. **產品定位**是指塑造產品獨有的屬性，使組織的產品或品牌能在目標消費者心中建立起特殊的地位或鮮明的形象，並建立起歸屬性與獨特性。
18. 為求消費者對產品有更鮮明的地位，行銷者常從產品、服務、人員與形象等方向來思考，為產品尋求差異化的定位。而產品定位相關法則包括**拔得頭籌法、找洞填補法、重新定位法與擴大定位**。
19. 在企業體制下，行銷人員掌握的一些變數，可以協助消費者在市場上進行交換的行為,並滿足他們的需求,這些變數總稱為**行銷組合**。它包括了四個要素,簡稱為行銷 4P,即**產品、價格、通路、促銷**。
20. 為了要落實消費者為中心的理念,4 個 C (**顧客問題解決、顧客成本、溝通、便利性**) 常用來檢定行銷組合。例如把產品製作的概念由廠商導向轉變為消費者導向,實施消費者定價的顧客成本觀念,把促銷由單向溝通轉為雙向溝通,及以消費者的便利性設計通路。

建議參考資料

1. 王志剛、謝文雀 (1995):消費者行為學。台北市:華泰書局。
2. 方世榮 (1996):行銷學。台北市:三民書局。
3. 屈特 (劉慧清譯,2002):新差異化行銷。台北市:臉譜文化。
4. 許爾、瓊斯 (黃營杉 譯,1999):策略管理。台北市:華泰書局。
5. 舒茲 (吳怡國、錢大慧、林建宏譯,1994):整合行銷傳播:21 世紀企業決勝關鍵。台北市:滾石文化。
6. 蔡蕙如 (2001):顧客是永遠的戀人—品牌經營與行銷。台北市:天下雜誌社。
7. 蕭富峰 (1989):行銷實戰讀本。台北市:遠流圖書出版公司。
8. Lamb, C. W., Hair, J. F., & McDaniel, C. (1996). *Marketing*. Ohio: South-Western College Publishing.
9. Schiffman, L. G. & Kanuk, L. L. (1994). *Consumer behavior*. New Jersey: Prentice-Hall.
10. Solomon, M. R. (1999). *Consumer behavior*. Massachusetts: Allyn and Bacon.
11. Weiss M. J., & Weiss M. J. (2000). *The clustered world: How we live, what we buy, and what it all means about who we are*. New York: Brown and Company.

第 三 章

消費者的學習與知覺以及記憶

本章內容細目

第一節　行為主義學習理論
一、經典條件作用　90
　　(一) 重　復
　　(二) 刺激類化
　　(三) 刺激區辨
二、操作條件作用　94
　　(一) 行為塑造
　　(二) 刺激區辨與刺激類化
　　(三) 強化物的意義
　　(四) 正強化與負強化以及懲罰與消弱
　　(五) 操作條件作用的行銷應用

補充討論 3-1：社會學習論

第二節　消費者訊息處理模式
一、認知歷程　99
二、感覺與知覺的關係　100
　　(一) 感覺與知覺的定義
　　(二) 感覺與知覺的差異
三、感覺系統　101
　　(一) 顏色對視覺的影響
　　(二) 聲音對聽覺的影響
　　(三) 氣味對嗅覺的影響
　　(四) 口味對味覺的影響
　　(五) 觸覺對人際關係的影響
四、感覺閾限　106
　　(一) 絕對閾
　　(二) 差異閾

補充討論 3-2：閾下刺激的說服效果

第三節　消費者的知覺歷程
一、披　露　110
二、注　意　111
　　(一) 選擇性注意與感覺適應
　　(二) 引起注意的方法
三、知覺組織　114
　　(一) 封閉性
　　(二) 整合性
　　(三) 脈絡性

第四節　消費者的記憶與知識的形成
一、短期記憶與產品的命名　117
　　(一) 短期記憶
　　(二) 產品的命名
二、長期記憶與知識分類　120
　　(一) 語意記憶
　　(二) 知識分類

補充討論 3-3：產生遺忘的原因與避免遺忘的方法

本章摘要

建議參考資料

人類的行為大多由學習而來，綜觀人類一生中所要學習的行為多如繁星，舉凡讀書、唱歌、跳舞等技能的獲得，或內在如人格、偏好、知識等思考的形成與改變，都是經由學習，所以在消費者心理學探討中，消費者學習行為一直是研究的重要主題。為了有效擬定行銷策略，消費研究者對於個體學習知識的議題，例如消費者如何選擇刺激、組織刺激，及如何歸類組織訊息以形成決策等過程最感興趣，而在探討消費者學習與處理訊息的心理學理論中，又以行為主義心理學與認知心理學為主要代表。

在 20 世紀 60 年代以前，行為主義心理學一直是心理學界的顯學，他們認為個體一切行為的產生與改變，都是由於刺激與反應的聯結現象。行為主義心理學把消費者內在如何處理訊息的部份視為黑箱，重視個體受外在環境影響而使行為改變的歷程，屬於"因行動而學到行為"的觀點。

然而生活在一個傳播過度的時代，消費者經驗、偏好、需求、認知能力都有所不同，相同刺激對不同的人，常代表著不同的意義，表現出不同的反應，形成所謂的個別差異性。在這種情形下，借用認知心理學並演化而成的**消費者訊息處理模式**應運而生。消費者訊息處理模式認為人類學習、吸收、使用知識時，都是透過訊息處理的過程，這個處理過程的程序是雙向的，除了吸收訊息的輸入過程外，也包含了提取訊息的輸出過程，而整個心理活動過程包括了感覺、知覺、記憶與消費決策反應等機制。

由於消費者如何學習及處理訊息的歷程是無法實際觀察的，使得行為主義心理學與認知心理學對學習歷程的解釋有許多的爭論。事實上，兩個學派的理論對真相的了解都有實質貢獻，尤其將這些理論應用於行銷策略上，更有相得益彰之效。例如，行為主義心理學說明了消費者飢餓與麥當勞金色拱門字形聯結的過程與應用策略。而認知心理學就消費者購買電視機時，如何在新力、東芝及國際等品牌優缺點的分辨上提出解釋，兩者說法應為互補而非互斥。因此，本章重點著重於了解行為主義心理學與認知心理學的基本理論與行銷策略的應用。所討論的主題包括：

1. 行為主義學習理論及行銷策略的應用。
2. 消費者感覺系統與感覺基本特徵的介紹。
3. 知覺的歷程與知覺選擇性對消費者的影響。
4. 消費者記憶的歷程與知識結構的形成。

第一節　行爲主義學習理論

學習 (learning) 是指經過練習或經驗，而使個體在行為 (或行為潛勢) 上產生較為持久的改變 (張春興，1989)。若將這個定義配合消費的觀點，則消費者的學習是指"個體經過練習或經驗，獲得消費知識與決策方法，並使消費者行為上產生較為持久的改變"。

探討學習理論對行銷者的策略制訂是重要的，從理論中行銷者能夠了解消費者如何區辨出品牌間屬性差異，如何發展出獨特的產品偏好，如何進行購買決策，進而制訂讓消費者學習到分辨產品優點的行銷。

在學習理論的探討上，主要包括兩個迥然不同的理論。**行爲主義** (behaviorism) 認為學習是一種刺激與反應的聯結關係。**刺激** (stimulus) 是指個體所知覺的外在事件或物體，**反應** (response) 則為個體因應外在事件或物體所產生的行為。行為主義不關心個體內在認知歷程的運作，並視其為黑箱，他們認為從特定刺激的呈現以及觀察個體的反應，就可以決定學習是否發生。一旦個體學習到特定刺激與特定反應的聯結，則無論什麼時間只要刺激出現則會引導出相同的反應，例如學生舉手回答老師的發問且獲得老師的讚揚，則再次碰到老師發問將會更踴躍舉手回答問題。

認知心理學 (cognitive psychology) 認為，人類有獨特的語言能力及高度發展的大腦結構，因而產生複雜的思考歷程。而學習的過程及發生是個體在了解外在的環境刺激，並融入內在思考歷程終而發展成的新經驗。認知心理學著重在訊息處理概念的探討，如思考、記憶、問題解決、頓悟、概念形成，這些學習是經由內在的信念的綜合、組織所產生的新想法。換言之，認知心理學認為學習是主動的過程，個體控制外在刺激獲取，而非被動的吸收 (Bettman, 1979)。

本節將先探討行為主義學習理論的相關議題，之後的節次將說明認知心理學的部分。一般而言，行為主義學習理論包含經典條件作用、操作條件作用與社會學習論。這三個理論的相同處在於將學習視為刺激與反應之間新關係建立的途徑，但是對於刺激與反應如何建立、聯結及受哪些因素的影響，各理論持不同的觀點 (張春興，1996)。底下將分別說明經典條件作用與操作條件作用，有關社會學習論請參考補充討論 3-1。

一、經典條件作用

在觀看電視廣告時，如果廣告的背景音樂，剛好是你所喜歡的，是否因此增加你購買產品的機率？關於這些問題的解答都與經典條件作用的學習過程有關。

經典條件作用 (或**古典制約作用**) (classical conditioning) 是由蘇俄心理學家巴甫洛夫 (Ivan Petrovich Pavlov, 1849～1936) 所提出。根據該理論，呈現一個中性刺激與一個已經會引起某一個反應的刺激配對出現，重復數次以後，單獨使用這個中性刺激也會引起與原先反應相似的反應。巴甫洛夫用狗為實驗對象來證實他的理論。他將食物放在狗的嘴上，進而引發唾液的分泌，這是一種天生自然的反應，此時食物為**無條件刺激** (或**非制約刺激**) (unconditioned stimulus，簡稱 UCS)，而狗的唾液分泌反應為**無條件反應** (或**非制約反應**) (unconditioned response，簡稱 UCR)。接著實驗以鈴聲為中性刺激來探索學習歷程。實驗之初，狗聽到鈴聲雖豎起耳朵，但是唾液分泌並沒有增加。接著巴甫洛夫開始在發出鈴聲後數秒鐘，馬上端出食物來，在經過數次配對的結果下，狗聽到鈴聲也開始分泌唾液。此時鈴聲已經被學習到了。所以這時候它已經變成一種**條件刺激** (或**制約刺激**) (conditioned stimulus，簡稱 CS)，在鈴聲響起時增加的唾液分泌量也轉變成**條件反應** (或**制約反應**) (conditioned response，簡稱 CR)。有關巴甫洛夫經典條件作用原理請參考表 3-1。

所以如果你準時七點鐘吃晚餐，也準時在七點鐘收看晚間開播的台視新聞，若持續一段時間後，七點的台視新聞片頭音樂與飢餓將產生聯結。往後只要聽到台視新聞的片頭音樂，也許你當時一點都不餓，但你嘴裏就會流口水，這就是經典條件作用學習。這也能夠解釋許多人看到閃電未聞雷聲，就產生恐怖情緒的原因。

經典條件作用在消費者行為應用上，必須先找出引起消費者正面情緒的無條件刺激，搭配中性的條件刺激 (如產品或品牌)，再經過密集的促銷聯結活動後，使原本由無條件刺激所引發的正面情緒反應，改由產品 (條件刺

表 3-1　經典條件作用的實驗程序

時間與程序		刺激與反應的關係
條件作用前	1	UCS　　　　　　→　　UCR 無條件刺激　　　　　無條件反應 （食物）　　　　　　（唾液分泌）
	2	CS　　　　　　→　　引起注意，但無 條件刺激　　　　　唾液分泌反應 （鈴聲）
條件作用中（多次重復）	3	CS 條件刺激 （鈴聲） 　+　　　　　　→　　UCR UCS　　　　　　　　無條件反應 無條件刺激　　　　　（唾液分泌） （食物）
條件作用後	4	CS　　　　　　→　　CR 條件刺激　　　　　條件反應 （鈴聲）　　　　　（唾液分泌）

(採自張春興，1996)

激)來替代。通常屬於無條件刺激者包括：嬌柔美艷或英俊瀟灑的影、歌、視紅星，扣人心弦的音樂等；無條件反應指經由前述無條件刺激引發的正面情緒，如高興、興奮等；而條件刺激則為產品、品牌、商店或公司名稱等；條件反應則為正面的情緒與態度。研究指出，愉悅背景音樂搭配產品促銷，確實能夠提昇購買率，這也是經由經典條件作用學習而來 (Gorn, 1982)。

在經典條件作用裏，三種衍生的現象在行銷的應用最為廣泛，分別是：重復、刺激類化與刺激區辨。

(一) 重　復

重復 (repetition) 是指把條件刺激與無條件刺激多次配對出現，以穩固條件化效果。多次重復可增加聯結的強度降低遺忘 (Rescorla, 1988)。但是如果重復頻率太高，消費者因無趣而產生厭煩，也會降低對訊息的注意及記憶 (Unnava & Burnkrant, 1991)。

廣告重復數量到什麼程度才是適當的，目前並沒有一致的看法，有些學者認為廣告有效重復播出十一次到十二次，才是足夠的 (Schiffman & Kanuk, 1994)；有些則認為三次綽綽有餘 (Krugman, 1986)。從行銷者立場而言，高頻率重復廣告可挖掘更多的新顧客，並與之建立關係，但卻常引起高忠誠度顧客對廣告的嫌膩。低廣告重復量不利於挖掘新客戶，但對忠誠者有提醒效果 (Gullen & Johnson, 1987)。所以，適當的重復次數必須在維持舊顧客與挖掘新顧客中尋找均衡點。

(二) 刺激類化

刺激類化 (或刺激泛化) (stimulus generalization) 是指與原條件刺激相似的新刺激也會引起相同的條件作用。如果以巴甫洛夫的條件學習例子來說，狗對鈴聲已有條件反應，如果狗對與鈴聲相似的電話鈴聲、門鈴或是三角鐵的敲打聲音也會流口水，則表示牠對這些聲音刺激已產生刺激類化的情形。所以"一朝被蛇咬，十年怕井繩"井繩被視為蛇就是刺激類化的結果。

行銷者常以刺激類化的原理作為新品牌 (或產品) 推廣的策略，包括有：

1. 品牌延伸 品牌延伸 (brand extension) 指把公司現有成功的品牌名稱作為新開發產品的名稱，使消費者產生刺激類化的現象。例如本田公司 (Honda) 除了成功的開發了汽車與機車外，也順勢推出了動力刈草機、滑雪車、動力引擎汽船等產品。品牌延伸能夠節省促銷新產品費用，由老品牌衍生而來的新產品，也能降低消費者選購時的風險。

2. 產品線延伸 產品線延伸 (product line extensions) 即在相關的產品線上增加不同的產品，並藉消費者對原產品的喜歡，轉移到新產品上。產品線延伸主要目的希望能擴大市場追求成長，接觸更多的目標消費者。例如統一食品由早期一包一包便宜速食麵的銷售，往上延伸至利潤高的碗裝速食麵市場 (如高價位"滿漢系列"碗麵) 即為一例。

3. 授權品牌 零售商把想要上市的產品，租用一個消費者耳熟能詳的象徵、名稱或公衆人物 (如：符號、品牌、影歌視明星、卡通人物等)，使新產品在促銷時可以迅速成為衆所周知的品牌名稱，這種現象稱之為**授權品牌** (licensing)。服飾銷售業是授權品牌的最大使用者，例如凱文克萊、皮爾卡登等公司把品牌名稱授權給領帶、襯衫、皮箱、休閒服等行業產品。另外卡通人物的出租，也是常見的授權行為，譬如迪斯耐的米奇老鼠、唐老鴨及獅子王等標誌，常授權給兒童玩具、食品等產品。

實驗指出，以刺激類化實施品牌延伸時，如果新產品與原產品性質相似性越高，消費者對原產品（正、負）的評估轉換到新產品的速度也越快，相對的，如果新產品與原產品在性質上差異過大，縱使原產品享有盛譽，消費者容易產生刺激區辨（見下文）。例如西裝、襯衫聞名的企業驟然生產家電用品，專業能力容易受到消費者質疑。所以品牌延伸的策略在實施上需加以斟酌 (Boush, 1987)。

(三) 刺激區辨

刺激區辨與刺激類化的概念是相反的。承如上述，在條件作用中如果個體能夠選擇性的只對特定的條件刺激產生反應，而對其他刺激不呈現反應，我們稱這種現象為**刺激區辨**(或刺激辨別) (stimulus discrimination)。

一般來說，默默無聞的品牌，常希望透過刺激類化的策略，使消費者認為其品牌與市場領導品牌差異不大。另外一方面，市場領導者希望消費者區辨產品之間的不同，以免其他產品魚目混珠。為達成這個目的，作法上常以改變產品的設計（型態、顏色、包裝），或是訴諸廣告直接指出與別的品牌屬性的不同點，來達成品牌的區辨性。例如純潔面紙的廣告標語是"差一個字就不純喔！"就是應用刺激區辨的原則，使消費者辨別純潔面紙與舒潔面紙之間的差異。

消費者對歷史悠久的老品牌或獨大於市場領導品牌，有較高的區辨力，因為老品牌或領導品牌通常是第一個進入市場的，在長年累月的廣告下，早已在消費者心中建立根深蒂固的地位，故能輕易產生分辨的能力。舉例來說，講到電鍋，消費者第一個想到的就是大同電鍋。說到紙尿布，許多人認同"幫寶適"尿布都是這個道理。

值得一提的，行銷者必須使消費者能有效的區辨品牌與產品的不同。不然將因消費者的混淆而產生不利的影響。早期乳酸飲料是由養樂多品牌開發出來，但後來養樂多這個品牌，變成了乳酸飲料產品的代名詞，使消費者購買"養樂多"時所代表的意義不一定是專指養樂多品牌的"養樂多"，有可能指統一多多、夏娃等品牌，也使得養樂多在播出廣告時，往往替全部的乳酸飲料做免費的廣告。其他的例子包括消費者購買"蝦味先"泛指蝦餅類所有品牌的零食;"乖乖"為兒童零食同義字;"麥當勞"代表速食或漢堡;"舒跑"等於全部的運動飲料;"生力麵"相當於全體速食麵;"一匙靈"代表所有濃縮洗衣粉。這些都是消費者對品牌名稱與產品類別名稱無法產生刺激區辨的結果,也是行銷者必須防止的情形。

二、操作條件作用

在經典條件作用中,當條件刺激取代無條件刺激,引起個體反應時,新的學習關係終告建立。事實上,許多聯結以外的學習行為是無法用經典條件作用來解釋。例如我們會選擇甲品牌而不選擇乙品牌,也許是因為我們過去使用甲品牌有很好的經驗,而非被條件化的結果。像這樣有別於經典條件作用,是另一種學習型態,我們稱之為操作條件作用。

操作條件作用(或操作制約作用)(operant conditioning) 指個體自發性的行為反應,用來操弄環境以得到個體想要的或想避免的後果。詳言之,個體在情境活動時,會自發性的呈現某種反應,並帶來某種後果,這個後果會產生一種**後效強化**(或**相倚強化**)(contingent reinforcement),所以當同樣的情境再出現時,後效強化促使原先偶發性的反應頻率增高或降低(張春興,1989),亦即操作行為所帶出的後果會影響日後操作反應的頻率。例如,購買資生堂化妝品,在擦拭後使自己變得更美,或博得朋友讚賞,消費者再度購買的機會因而增加,但如果化妝品效果不佳,產生皮膚過敏或擦拭後遭受朋友的竊笑,將使再度購買的機率降低。操作條件作用的概念與應用分述如下:

(一) 行為塑造

行為塑造(behavioral shaping) 指有系統地、逐漸地增強個體表現出接近目標的行為,剛開始時個體行為的表現,如果與期待行為稍微相似,馬上給予增強,而隨後的行為表現,必須越來越符合目標方能給予獎賞,如此依序增強直到出現行銷者期待的行為。

汽車銷售員常利用行為塑造鼓勵消費者買車。一開始他們以熱切態度,詢問來店顧客買車的動機,解答相關問題,並提供免費的點心茶水。在消費者稍覺寬心後,銷售員隨即邀請顧客坐入展示車內,體驗豪華的感覺,極力鼓勵消費者試車,甚至給予試車獎金的酬賞。在試車階段,銷售員不時在口頭或肢體語言上讚賞顧客開車的豪氣。最後,在消費者自信提升之際,銷售員再動之以情或以特別折扣、低利貸款等方式,吸引消費者的購買。

(二) 刺激區辨與刺激類化

與經典條件作用相同,當個體建立操作條件作用後,也會產生**刺激區辨**的效果,即個體只對已學習到的刺激做反應,而忽視其他刺激。例如,當消費者認為高露潔牙膏對去除齒垢殘留物,比其他牙膏更為有效時,即產生了刺激區辨。**刺激類化**指當操作條件作用後,除對特定的刺激做反應外,與該刺激相似的其他刺激也可以引起個體反應的現象。舉例來說,購買剛出產的新品牌,通常代表較高的風險性。假設消費者在偶發狀況下購買了新推出的洗衣精,且使用後效果令人滿意(產生後效強化),如果消費者日後在購買其他產品時,更願意嘗試新品牌,就是一種刺激類化。

(三) 強化物的意義

強化物 (reinforcer) 是指在強化歷程中,使行為重復的任何人、事、物等的刺激。強化物分為兩類,一類是**正強化物** (positive reinforcer) 是指當個體反應之後,在情境中出現的任何刺激,能讓行為重復發生的事件或物品,如食物、金錢、輕撫的動作等等;另一類為**負強化物** (negative reinforcer) 是指當個體反應後,在情境中感到厭惡或痛苦的刺激消失,其消失有助於該反應頻率增加,例如觸及開關而停止電擊。電擊即為負強化物。

酬賞是行銷上常用的正強化物,例如試用產品並報告使用後的心得,即可獲得 100 元回饋,試用者樂此不疲,100 元即為正強化物。而負強化物在使用上常有道德上考量,所以應用實例較少。

(四) 正強化與負強化以及懲罰與消弱

有了正、負強化物的概念後,我們就可以定義強化作用。所謂**正強化** (positive reinforcement) 指個體表現操作行為後,因為提供了滿足需求的正強化物,使日後相同情境再度出現時,個體表現該反應的機率增加。**負強化** (negative reinforcement) 是指個體表現出某種反應後,恰巧能夠使負

補充討論 3-1
社會學習論

經典條件作用或操作條件作用常以觀察外在的行為表現來決定個體是否學習到行為，並認為刺激與反應的接近，或是行為(反應)結果的強化是構成學習的主要原因。事實上，人類許多的觀念與經驗的學習是經由觀察模仿他人間接形成的。**社會學習論** (social learning theory) 認為在社會情境中，個體藉由觀察、模仿他人的行為表現與行為後果，而間接學習到相關行為的歷程。社會學習是一種間接性的學習方式，故又稱為**替代學習** (vicarious learning) 或稱**觀察學習** (observational learning)。由於社會學習是由觀察別人的行為表現方式，與之後的行為結果 (獎勵或處罰的社會制約作用) 作為學習的基礎，所以屬於行為主義心理學的學習性質。其中間接習得的過程稱為**模仿** (modeling)，仿效的對象稱為**楷模** (model)。社會學習論在行銷的應用上大抵可分為三個方向。

1. 發展新的行為 就社會學習論來說，當個體觀察楷模表現新的行為而得到獎賞時，也往往間接促動了消費者學習新的行為。江湖郎中打拳耍劍販售藥品，觀眾可能從未聽聞過這些藥品，但因觀看了現場觀眾食用 (擦用) 藥品後不錯的療效，引起購買的決策，即為觀察學習所引發的新行為。為了展現產品特色，行銷者常以具吸引力的代言人示範新產品的使用，再經由使用後的正面結果，激發消費者購買的動力。

2. 抑制負面行為 因道德與倫理的考量，行銷者應用操作條件作用時，鮮少直接利用處罰抑制消費者行為。社會學習論是少數可以用間接的方式，呈現處罰嫌惡結果，促請消費者"見不賢而內自省"。社會學習論在抑制負面行為上，除了讓消費者觀看楷模導致令人不悅的結果，也學習到解決的方法。一些公益廣告，例如煙毒、酒後駕車、能源浪費、山坡地濫墾等常用此法進行宣導。

3. 引發潛在的行為出現 當消費者已經學習某些行為，但學習程度較低，未能表現於外的行為稱為**行為潛勢** (或**行為勢能**) (behavioral potential)。行銷者也常藉由廣告的社會學習，鼓勵消費者在適當的時機表現適宜的行為潛勢。德貝爾斯 (Debeers) 一則廣告中，男女情侶在碼頭上散步，男對女說"我們交往已經一段時間，再這樣下去也不是辦法。"女聽完後，略顯驚訝神色微慍，進而問曰"那你想要怎麼樣？"只見男友取出鑽戒套上女友手指，女友當場心生微笑、擁抱男友。場景同時呈現女友披著婚紗，洋溢著滿足的喜悅。劇情在情韻綿邈，鑽戒璀璨的光芒中結束。廣告主要目的在於嘗試引發消費者的行為潛勢。因為一般而言，中國男士在情感的表達上內斂羞澀，遇到婚姻大事，較難以浪漫或感性的方式表白款款情愫。但婚姻 (求婚) 的互贈鑽戒具有重要的象徵意義，廣告中把這兩者串連起來，鼓舞男士朋友在面臨相似情境下 (求婚)，能以鑽戒來流露自然溫馨的情感，方能贏得美人歸。

強化物消失，使個體在未來相似情境下，再次表現該行為的機率增加。**懲罰** (punishment) 是指對錯誤反應所加諸的痛苦刺激，所以個體必須把反應機率降低，以去除嫌惡的刺激，懲罰常與負強化混淆不清，事實上兩者是不同的概念。雖然，負強化與懲罰在性質上都是施予個體所厭惡的刺激，但兩者實施的方式不同，而效果互異；負強化是藉由刺激的消失而強化個體既有的適當行為；懲罰則是施予刺激以阻止個體再表現不當行為。**消弱** (或消退) (extinction) 則指操作條件作用建立以後，個體持續反應卻無法得到強化物，終使已成立的反應逐漸消退的情形，造成消弱現象的最主要原因是產品行銷活動或廣告太少，導致消費者對產品產生遺忘。

我們以一個例子來說明上述四種強化形式。假設有一家香水公司要製作引起消費者學習動機的香水廣告：其一，假設主題以正強化表達，可敘述女士擦拭廣告品牌的香水後，得到許多男同事的稱讚與追求。其二，設計主題為負強化，則以患有嚴重體臭的女士，因擦拭廣告品牌的香水去除了惱人體味，因而產生持續的擦拭行為。其三，如果以懲罰為設計重點，則必須搭配正強化來進行，題材上可藉由一位涉世未深的女孩，因為用了別家廠牌的香水，而導致男朋友的不喜歡 (懲罰)，但改用廣告香水品牌後，情形驟變，並得到許多的讚許。其四，如以消弱為題材，則以喚醒消費者對廣告品牌正面印象的回憶，例如質問消費者過去已經做對的事情 (擦拭品牌香水) 為甚麼要改變，再次界定正確行為的標準。總而言之，強化形式若能善加利用，則行銷者在擷取題材的空間將更為寬廣。

綜合上述，可做成下列結論。正強化與負強化因為產生愉悅的經驗，增加了行為與後果在未來的聯結現象；而懲處與消弱中，前者是因為不愉快的經驗，後者是因為遺忘的情形，降低了行為與結果在未來的聯結現象。

(五) 操作條件作用的行銷應用

操作條件作用在消費者行為上，以銷售員、促銷活動及產品本身表現三方面最能表達強化作用的效果。

1. 銷售人員的強化效果 銷售員是直接接觸消費者的第一線尖兵，所以能成功應用強化原理將能制約消費者的購買行為。一般有技巧的銷售員擅長利用強化物如微笑、傾聽、恭維、輕拍肩膀等動作來塑造行為。除此之外,銷售員可適度配合促銷的活動如折扣價、免費樣品或感謝卡片等增加消費者購買。

2. 促銷活動的強化效果 賣場情境的促銷活動往往是行為塑造的利器,例如折價券使用、摸彩、抽獎活動、免費試用品等都可以引起消費者參與的熱誠,鼓勵消費者的購買。

3. 產品本身的強化效果 產品本身的表現是操作條件作用中最具體也是最重要的原則,因為產品本身的表現就是強而有力的強化物。如果產品表現良好,增加消費者信心,再次購買不請自來,反之產品本身表現欠佳,成為負強化物,將使消費者避而遠之。一般而論,促銷降價活動或銷售員所使用的行為塑造原理,屬於外在強化效果,它對賣場當時的購買意願,是有力的推動。但消費者是否再次購買產品,卻是在產品使用後的滿意程度(或稱之為內在強化效果)。所以一味使用外在虛浮的強化效果,而忽視產品實際表現,將扼殺消費者再度購買的意願。

第二節 消費者訊息處理模式

在前面我們曾經提到,行為主義心理學視個體所學習到的行為是一種刺激-反應的聯結歷程,或是後效強化的結果,學習到的行為是一種可觀察到的反應,屬於外控的、被動的、漸進的習慣行為。但是,認知心理學卻認為無論個體進行學習、累積知識或判斷決策等過程,都是一種內在訊息處理的運作過程(張春興,1996)。**消費者訊息處理模式**(consumer information processing model,簡稱 CIPM)旨在探討消費者內在訊息知之歷程,解釋消費者在制訂購物決策中,如何經由感官來接收訊息、儲存訊息、處理訊息及應用訊息的心理歷程。此模式包含三個主要部分:第一個部分是**知覺**(perception),指消費者利用五種感覺,選擇性的過濾雜訊,並將刺激轉換成有意義的訊息,用來解釋外在環境的情形,通常是指知覺的心理歷程。第二個部分為**記憶**(memory),指消費者輸入訊息後如何轉至大腦儲存、分類及將訊息提取（檢索）應用的心理歷程，通常是指記憶的心理歷程。第三個部分是指**決策** (decision making)，探討消費者概念處理、評估、推論、作成購買的心理歷程，通常指決策的心理歷程。消費者的訊息處理歷程具有階段性質，各階段有前後之分（前段屬暫時性、後段屬永久性），但處理歷程不是單向的，而是前後交互影響的。此處拆成三個部分說明是為了解釋的方便，讓讀者有清楚的概念。

綜合言之，消費者訊息處理模式的重點在於強調消費者如何由外在刺激轉化為內在感受，再從感受做出行動的連續歷程，包括知覺、記憶與決策三種心理運作。由於消費者訊息處理模式涵蓋範圍較廣，限於篇幅只能概要介紹認知的歷程，接下來將依次討論知覺系統（包括感覺與知覺的部分）及記憶與知識的形成，有關決策過程則留至第十一章說明。

一、認知歷程

個體在生活環境中究竟如何接受訊息、貯存訊息，知覺之後在必要時又如何運用訊息？圖 3-1 即為消費者認知歷程，當外在環境刺激進入、感覺器官接收後，經過披露、注意等階段逐漸形成知覺，再經過知覺組織、知覺解釋後，形成記憶或產生消費者購買決策。說明如下：

1. 當消費者透過感覺器官接觸披露在外的刺激時，即形成了感覺，而披露在什麼環境的刺激，端視消費者的選擇。例如披露在看電影的環境，產生聲光效果的感覺。

2. 因刺激過於充斥，為了避免感覺器官接收刺激過於飽和，個體對許多感覺視而不見，只在消費者想要處理一些重要感覺時才會產生注意。例如兩個鐘頭的電影常讓我們忽略諸多情景，但緊張懸疑的鏡頭常引起注意。

3. 對個體注意的刺激賦予意義的過程即步入知覺的組織與解釋階段。進行知覺組織與解釋時，個體運用已有的認知結構，去辨認、理解刺激之間的關係，歸類在原有知識架構中。歸類是一種主觀認定，所以容易發生刺激扭曲，例如消費者常依自己的經驗解讀電影劇情，未必與編劇原意相符。

4. 經過知覺解釋過程後，消費者一則將解釋結果存於記憶中，或者進一步的採取消費者購買決策。

消費者心理學

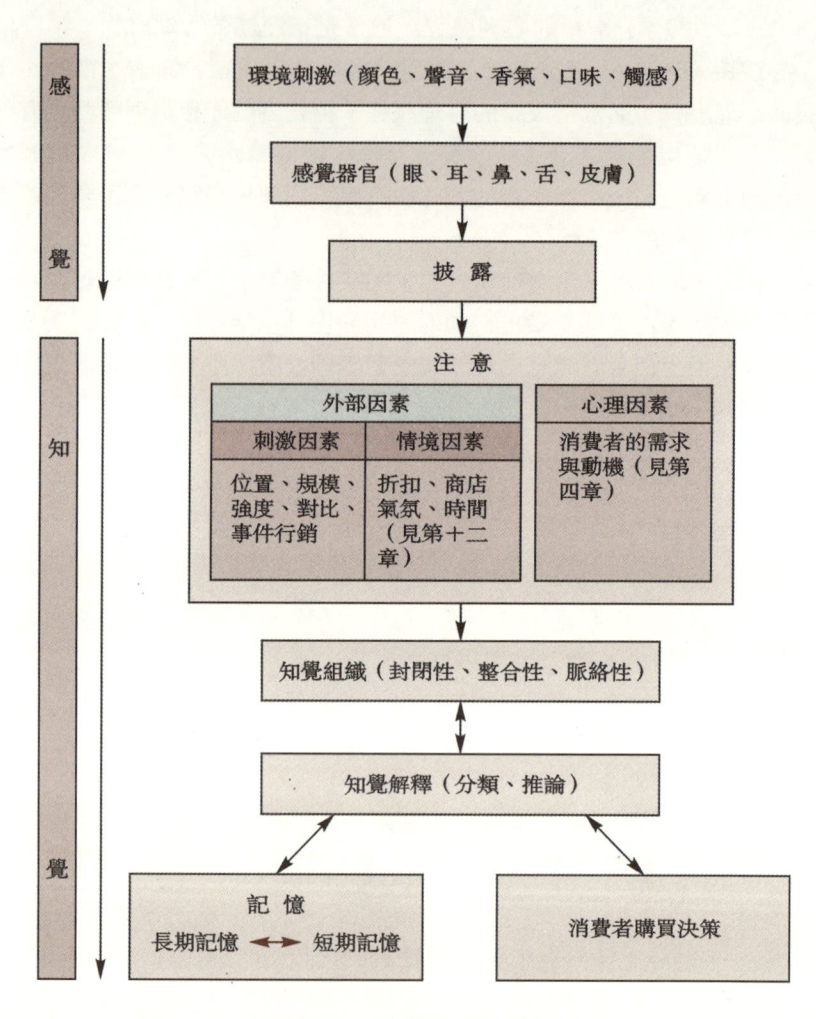

```
感覺
 ↓
        環境刺激（顏色、聲音、香氣、口味、觸感）
                        ↓
        感覺器官（眼、耳、鼻、舌、皮膚）
                        ↓
                      披　露
                        ↓
知覺
                      注　意
        ┌─────────────────────┬─────────────┐
        │      外部因素        │   心理因素   │
        │  刺激因素 │ 情境因素 │ 消費者的需求 │
        │ 位置、規模、│ 折扣、商店│ 與動機（見第 │
        │ 強度、對比、│ 氣氛、時間│     四章）   │
        │ 事件行銷   │（見第十二 │              │
        │            │   章）    │              │
        └─────────────────────┴─────────────┘
                        ↓
        知覺組織（封閉性、整合性、脈絡性）
                        ↕
            知覺解釋（分類、推論）
                    ↙       ↘
            記　憶              消費者購買決策
        長期記憶 ⟷ 短期記憶
```

圖 3-1　消費者的認知歷程
(採自 Hawkins, Best, & Coney 1995)

二、感覺與知覺的關係

　　知覺系統的第一階段是感覺，換言之，經過感覺階段的刺激才能形成知覺，然而知覺與感覺還是不同的，先介紹兩者的定義與差異，接下來則陸續探討與感覺相關的主題,包括感覺系統與感覺閾限。

(一) 感覺與知覺的定義

感覺 (sensation) 是指感覺系統接受到任何外來刺激時,所產生立即性與直接性的反應。它是一種此時此刻的真實資料,也是生理性、低層次的心理歷程 (Solomon, 1999)。感覺一詞是多種感覺的總名稱,後面將以心理學角度介紹五大感覺。

知覺 (perception) 指個體以生理為基礎的感覺器官,將刺激轉換為有意義的訊息,並用來解釋或反應周圍環境事物的一種心理歷程 (張春興,1989)。有關知覺歷程則在第三節加以討論。

(二) 感覺與知覺的差異

個體靠感覺及知覺了解外在的環境,但感覺與知覺之間是連續的,使得感覺與知覺的界限不容易劃分,但是性質上還是不同:

1. 並非所有的感覺都會產生知覺,即個體感覺到刺激,但刺激若未經過注意與組織則不會形成知覺。所謂"充耳不聞"或"視而不見"的情形,即屬於此種現象。

2. 感覺是立即性的,反應當下所接受的刺激事實。知覺則是把感覺所接收到的刺激,與原先儲存在記憶中的資料結合,產生不同的意義或解釋。

3. 感覺以生理為基礎接收外在刺激,具有較大普遍性。知覺是以感覺為基礎外,再加上過去經驗與知識形成統合判斷,呈現很大的個別差異。所以,相同的感覺經驗傳達,會因不同的個體接收,產生不同解釋的方式。

基於以上三點,我們可以了解為什麼同一則廣告,同一項商品推出後,會有各種不同的反應,就是知覺上的差異所至。

三、感覺系統

人的感覺系統由眼、耳、鼻、舌及皮膚這五種感覺器官所組成。環境的刺激 (顏色、聲音、香氣、口味及觸感) 接觸五種感官分別會產生視覺、聽覺、嗅覺、味覺及觸覺等感覺，這些感覺因個體各有不同的解釋，所以會產生不同的購買決策。

（一）顏色對視覺的影響

顏色在行銷學的利用非常廣泛，廣告、櫥窗陳列、產品包裝等是否具吸引力，與顏色的色彩、明度、彩度及個人對顏色的意義解釋有密切關係，故顏色的設計與預測也蔚為企業的重要工作。

1. 顏色象徵意義 在迥異的文化價值觀念中，不同顏色代表不同的象徵意義，例如美國人喜宴場合插白色蠟燭，中國人在喪禮儀式才用；大紅色是中國傳統婚禮的吉祥色，西方國家則以白色婚紗禮服象徵純潔。在同一文化內，不同顏色還代表不同的意義，中國向以黃色代表帝王尊貴的顏色，有著睿智、莊嚴、崇高的情感，紫色則為低微、卑賤的顏色，例如"惡紫之奪朱也"（論語‧陽貨），是把紫色視為雜色，朱為正色，比喻邪惡勝過正義。其次，中國人認為黑色食品營養高人一等，所以烏骨雞、黑糯米、香菇等價錢比較貴，一些消費者喜歡外國黑色啤酒，所持理由是黑色代表著進補，而喝黑麥啤酒更可壯陽補精。

在美國對於顏色象徵意義有不同的報導。顏色光譜波長較長的顏色如紅色、橘色與黃色能讓人感覺到"暖意"，因為這些顏色可提昇血壓、心跳率及流汗。有實驗發現把公用電話亭漆成黃色，可使人談話加快，減少後面排隊等候的時間。曾有牙醫診所把診療室漆成藍色藉以安撫病患的緊張情緒，監獄常漆成粉紅色來降低囚犯暴戾之氣（Solomon, 1999）。所以，一些速食餐廳的裝潢常塗上紅色，除了刺激飢餓程度外，也希望增進替換率，增加銷售業績。相反的，在高級餐廳裏常以藍色或綠色為主色，讓消費者因顏色而享受休閒寧靜的感覺。

在產品設計與包裝上，色彩也扮演著重要的角色。美國寶齡公司在喜爾（cheer）洗衣粉的白色粉末中加入藍色珠粒後，銷售量大增，消費者認為含藍色珠粒粉的去污力，比純白顏色洗衣粉強。類似的情形也發生在台灣，醫院許多病患在施打點滴時，常要求給予黃色或紅色的點滴，而不要無色的，因為他們認為有顏色的點滴比較"補"，對身體健康恢復迅速。

2. 顏色工業 色彩也呈現流行的趨勢，有些色彩在特定時間內受到特別的重視，這些趨勢常反應在衣服、汽車、家具、馬桶等產品上。廠商的產品設計或消費者的決策歷程也常受到這些趨勢的影響。例如香港九七回歸中國後，世界服飾設計吹起中國風，傳統中國常用的正紅、寶藍、金色及湖綠色每每出現在流行服飾設計中。

(二) 聲音對聽覺的影響

不同的聲音或不同的聲音速率會影響消費者的心情及行為。在美國賭馬場裏，喜歡用英國腔的英文來介紹馬匹及騎士，乃因英腔英文代表著身份與權威。賓士汽車 (Mecedes Benz) 關車門發出的"喀"聲，充滿著清脆與品質。行銷者以好聽的旋律作為廣告的背景音樂，也希望消費者因音樂產生愉快心情，進而購買產品。有關聲音對聽覺的影響，本小節擬以背景音樂與心情的關係，和說話速率與訊息理解兩個主題來進行討論。

1. 背景音樂與心情 不同的音樂導致不同的心情。研究指出，上班族在上午開始上班到午餐的中間時段，及午休後至下班的中間時刻 (俗稱的咖啡時間) 最容易產生倦怠感。但是如果在上述時段播放刺激性的進行曲，則工作士氣與績效會明顯提升。從廣告的背景音樂也能夠透露出使用產品者的年齡，當播放快節奏、喧鬧的旋律時，象徵著產品通常屬於年輕人的，而輕快、柔和的音樂通常搭配販售給年長者的產品。另外背景音樂也證實可以增加乳牛的乳獲量及蛋雞的生蛋率。

2. 說話速率與訊息理解 時間壓縮法 (time compression) 指廣告播音員在有限的時間內，把講話播報的聲音加速到平常的 120% 至 130%，使一定時間內，能播報更多的訊息，廣播界常利用此法來控制時間，或操弄消費者對聲音的知覺 (MacLachlan & Siegel, 1980)。

時間壓縮法的效果有許多爭論，支持者認為播音員的講話速度加快，表示對訊息內容清楚，自信心強，使消費者感同身受。反對者則認為時間壓縮法影響消費者訊息接收的理解與判斷 (Maclachlan, 1982)。綜合正反兩邊的意見，時間壓縮法確實可以增加消費者的注意，但注意的程度與訊息的類型，與觀眾的性質有密切的關係，在應用上尤需謹慎小心。

(三) 氣味對嗅覺的影響

人們對氣味的記憶是非常強烈，且氣味所產生的知覺也有極大的個別差異。例如兒時常用的爽身粉，媽媽所煮的飯菜香，或朋友擦拭的香水味，常引起我們酸甜苦辣的回憶。在工業或行銷上，因為香氣可以平息或挑動消費者的感覺，能夠引起回憶或舒解緊張情緒的作用，所以常應用在產品設計或行銷策略上。我們以下列三點來說明香氣的應用實例：

1. 行銷市場龐大 在美國，香水工業是一宗大企業。據統計，美國人每年大概花 30 億美元在購買女人香水上，所以香水工業在美國非常的競爭，產品也非常昂貴。在其他香氣產品上，例如空氣清香劑、除臭劑、香水蠟筆、信紙、香水蠟燭等等，也佔有相當的市場。

2. 提高工作效率 香氣可以明顯提升環境內的人際關係與工作士氣。例如日本辦公大樓大都以中央空調系統控制溫度，而為了節約能源，必須密閉門窗，在這種情況下容易產生所謂"辦公大樓封閉症候群現象"，即在工作中，員工因密閉空間而產生的工作倦怠與情緒低落等症狀。實驗者的目的即在研究香氣與工作效率的關係。結果發現如果中央空調系統的管道放送檸檬香氣，則可提升工作效能，效果可從打字員打錯字的比率下降了 50% 得知，如果散發紫羅藍香氣，則錯誤率更下降到 80%，這個實驗證實香氣對工作績效有正面影響 (Toth, 1989)。

3. 影響品質知覺 香氣如果添加在產品上，可扭曲消費者對品質的認定。在一個實驗裏，同一廠商出產完全相同的面紙，添加了先前被認定為高級與低俗兩種不同的香氣，然後以不告知的隨機方式抽取消費者，判斷面紙品質。結果指出添加高級香水面紙被消費者歸為高貴、典雅的，而另一張面紙則認為是粗糙的，只適用在廚房 (Copulsky & Marton, 1977)。賭城拉斯維加斯的吃角子老虎，噴灑香水機器比未噴灑者多出 33%～53% 的投擲金額。所以勞斯萊斯汽車常在雜誌廣告頁上，添加車內皮椅所散發的高貴香氣，來增進消費者對汽車品質的肯定。

(四) 口味對味覺的影響

消費者的味蕾隨時喜歡嘗試新口味，所以食物的需求在先進國家，除了果腹外，滋味可口的感覺也變得很重要。尤其注意健康的消費者，除了要求食物味道可口外，還希望兼顧低脂、低卡洛里。故如何開發新口味來滿足消費者的需求，就成為食物製造業及餐飲業重要的課題，以下介紹兩種與口味相關的論題：

1. 企業組織口味測試 口味測試 (taste test) 為一般食品公司在開發新產品新配方時，為了確切了解消費者對口味的接受度、喜愛度與價格接受度時所必須測試的步驟。舉例來說，美國諾必斯可 (Nabisco) 食品公司在進行新餅乾口味測試時，會先徵募一群所謂"餅乾測試員"，這些人具有敏銳異於常人的味蕾細胞。在接受六個月的訓練後，隨即開始試吃餅乾。餅乾測試的向度包括餅乾的溶解速度、脆度、濃度、黏牙度、鹹味、甜味、苦味等等，在同時也測試競爭廠商相似的餅乾，比較兩者之間差異，以找出潛在目標消費者與適當的產品定位來進行促銷，通常一片餅乾的測試評估約需 8 個小時來完成。

2. 消費者口味測試 為了了解食品公司研發的新產品是否為消費者所接受，通常在企業組織口味測試後，接著就進行市場的預試，即消費者口味測試。一般有兩種方法實施：一種為家庭留置樣本測試，即行銷訪員針對特定的調查對象加以拜訪，說明調查的內容，說服其留置樣本。並希望消費者能在測試的這一段時間，填寫相關的口味偏好、使用情形等。行銷訪員並於調查時間結束後，登門收回樣本。另一種為定點設站訪問，即在某個固定地點對沿途符合調查資格的消費者進行盲目的口味測試，並記錄對新口味產品的喜惡之點與購買傾向等等 (蕭富峰，1989)。

（五） 觸覺對人際關係的影響

觸覺在行銷上的意義也相當重要。一份田野實驗指出，在餐廳中被服務人員輕觸的顧客，比未觸及身體的顧客，付出更多的小費給服務人員。在超級市場試賣會場被輕觸的消費者，也大多願意試吃或購買所推銷的產品。一般認為輕觸能引發親切的感覺提升人際吸引，使顧客更有購買意願 (Hornic, 1992)。

就主動觸覺而言，許多產品需要去觸摸才能鑑別品質的好壞。如飾品、衣服、魚肉、蔬菜等。所以衛生棉、紙巾業常以製造柔軟舒適的感覺為主要訴求。表 3-2 中,男女對於織品纖維會因質料的不同而產生不同的知覺,男人覺得比較纖細、平滑、昂貴的高級品是毛料,而女人則認為絲綢的感覺才是高級品。

表 3-2　男女觸覺在織品纖維上喜好的差異

觸　覺	男性喜好的織品	女性喜好的織品
柔軟纖細	毛　料	絲　綢
粗糙厚實	牛仔布	棉　質

(根據 Solomon,1996 資料製作)

四、感覺閾限

人類五種感覺器官功用在於辨識外界環境的刺激,如果刺激低過一定的界限,則感覺器官便無法察覺或無法區辨,這個界限稱之為**感覺閾限** (sensory threshold) 或簡稱**閾** (threshold),例如人與動物對外界刺激的感覺閾限不盡相同,所以狗可以聽見的某些哨音,人卻無法區辨。

感覺閾限的研究是屬於心理物理學的範疇。所謂**心理物理學** (psychophysics) 是專門研究刺激的物理屬性 (如物之重量和光之強度等) 與感覺反應之間關係的一門學科。在心理物理學的研究上,常以各種不同的刺激強度當作自變項,把個體在視覺、聽覺、嗅覺、味覺、觸覺等不同刺激強度的反應情形視為依變項,依數據資料作為量化的處理,藉以求得受試者的感覺閾限。感覺閾限下又分絕對閾和差異閾二種概念。

(一) 絕對閾

任何一種感官刺激,能有效引起感覺反應的最低刺激強度稱之為**絕對閾** (absolute threshold) (張春興,1989)。每個人對物理刺激的絕對閾不同,一些刺激有些人可以察覺得到,有些人卻察覺不到。有鑑於此,行銷者在推出產品時必須進行測試,以避免太過或不及的缺點。例如香水業者,喜歡在流行雜誌內頁裏,安插具有香氣的廣告,一些低絕對閾消費者常抱怨,翻頁聞到強烈香水味常令人頭暈,而高絕對閾者卻沒有注意到廣告上的香氣。

其次,廣告或包裝呈現的訊息刺激,其絕對閾必須以一般消費大眾能夠察覺為最低標準,否則將徒勞無功。例如藥品盒裝上的警告標語不能太小、電視廣告的音量不能太低、高速公路或十字路口的道路指示標誌不能太小、電視廣告場景之間的轉變不能太快。此外,因為視覺與聽覺的退化,以銀髮族為目標市場的相關行銷刺激,所呈現的強度應高於一般人。

(二) 差異閾

差異閾 (differential threshold) 是指個體辨別兩種刺激的差異時,兩刺激間強度所需的刺激最低差異量。例如 200 公克與 201 公克物體,兩者間因為差異量太小,使受試者無法辨別兩物體重量的不同。如果把重量從 201 逐漸加大,如果到了 220,受試者剛好能辨試這兩者間的差異,則這兩個物體重量的差異 20 (220－200＝20) 公克即稱為差異閾,亦稱為**最小可察覺量** (just noticeable difference,簡稱 j.n.d.)。

行銷者為了增加銷售量或降低產品的成本,常使用差異閾的觀念達到目的。一些咖啡製造商,常面臨咖啡豆原料漲價情形,而為了避免直接反應在市面上的漲價,造成消費者反彈,許多廠商在製造的過程中,常滲入一些品質較低劣的咖啡豆進行研磨以平衡成本,但所加入次級咖啡豆的量,以不超過最小可察覺量為原則,藉此防止消費者察覺出與原品質的差異。

跟差異閾有關的感覺現象法則稱之為韋伯定律。**韋伯定律** (Weber's law) 指出差異的大小與原始刺激之間呈一種定比的關係,亦即越強的原始刺激,則需要越大的差異閾以察覺差異的不同 (張春興,1989)。

以公式表示如下:

$$\frac{\triangle I}{I} = K$$

$\triangle I$:代表差異閾,即二刺激強度的差值
I:代表原始刺激強度
K:代表韋伯常數,為一定值

如前例,原始刺激 (I) 為 200 公克,差異閾 ($\triangle I$) 為 20 公克,則韋伯常數為 20/200＝0.1,若將原始刺激改為 400 公克,則差異閾 $\triangle I$ 應為 40 公克 ($\triangle I$/400＝0.1,$\triangle I$＝400×0.1＝40 公克),即消費者在 440

補充討論 3-2
閾下刺激的說服效果

一般行銷者在製作廣告訊息時,刺激的強度必須高於絕對閾,如此消費者才能察覺刺激。但有些行銷者則認為高於閾限且程度較強的刺激,容易引起消費者選擇性的注意及抗拒,採閾下刺激的說服效果可能更佳。**閾下刺激說服 (subliminal persuasion)** 指行銷者製作一些低於閾限的微弱刺激廣告,在消費者知覺未能察覺下,日復一日逐漸滲透進入消費者潛意識,進而影響態度與行為的改變。

在 20 世紀 50 年代曾有研究人員以電影院進行閾下刺激說服效果的實驗。實驗者在影片裏,每隔五秒,以 1/300 秒的速度放映 "請喝可口可樂", "請吃爆玉米花" 的廣告訊息。由於速度太快,消費者無法察知每五秒鐘,他們都在接收這兩則廣告。連續六個月之後,研究者宣稱可樂的銷售量比實驗前增加了 58%,而爆米花的銷售量也增加了 18%。這個結果在美國引起一陣譁然,許多人擔心廣告用以控制人的自由意識,是不道德而且侵犯人權的行為。然而,閾下刺激說服廣告的神秘性仍然引起許多行銷者研究的興趣,也發展出許多的廣告技巧。

目前,閾下刺激的廣告技巧,除了以極快速的方式,把廣告插入正常影片播放外,還包括利用高速照相或空氣噴刷方式,把廣告訴求主題製成模糊圖片,或者把訴求的訊息以極快速或極低音量的模糊方式安插在錄音帶內。這些技巧是否有效,引起了許多學者的討論,並歸納為下列幾點的結論:

1. 閾下刺激的說服效果也許可以引發一些情感性的反應或是需求性的反應(飢渴、性愛等等),但是並沒有證據可以支持閾下刺激引發了消費者的行為。許多研究者認為,模糊的主題廣告(尤其是性廣告)如果產生效果,主要原因還是個人先前的期待心態所導出的想像空間。個體如果有著期待的動機,則想看到什麼,就會看到什麼(看山是山,看海是海的現象),而不管是何時、何地、何種圖片。

2. 當有成功閾下刺激說服的個案發表時,如把實驗過程再予適當的控制與複製,卻往往得不到相同的效果。對缺乏科學嚴謹性之結果,實無法登上學術討論的殿堂 (Moore, 1982)。

3. 閾限的大小是因人而異,例如對甜食甜度的接納程度、對水溫熱度的感覺程度都是因人而異,即使是同一個人,在不同的動機、需求及不同時空下,感官閾限也會有所不同。所以一般閾下刺激說服效果的研究者,常假設低於某個閾限的刺激,應該不為實驗的受試者所覺知。但事實上這種假設卻因過度樂觀,終而常常導致研究的錯誤。

4. 許多研究都指出披露閾下刺激廣告,對消費者行為的影響幾乎是微乎其微,其中更有研究證明採用刺激強度正常的廣告效果,比採閾下刺激廣告者高出許多 (Saegert, 1987)。

公克時才能區辨與 400 公克的不同。所以原始刺激如果從 200 公克增加至 400 公克,差異閾相對的也變大。

一些廠商在消費者反對漲價時,也常包裝稍微變小或維持原包裝但減少內含物,來達到漲價的目的,其中混淆消費者感覺的技巧就是使用韋伯定律。例如某鮪魚罐頭公司原本罐裝量一直維持 6.5 盎司,但為了反應成本,慢慢把量減少為 6.125 盎司。罐頭的售價雖然不變,但公司實際上卻已把價格上漲了 5.8% (Assael, 1998)。

值得說明的,縱然公司組織常技巧性的使用韋伯定律如減少內含物來混淆消費者的感覺,達到漲價的目的,但法律上規定廠商必須標示重量比例於包裝上,所以雖然消費者無法一眼辨識產品內裝是否減少,但他們可藉由數據的陳述來避免吃虧上當。

第三節 消費者的知覺歷程

在過度傳播的情形下,唯有突出的訊息才能夠引起個體的注意進而形成知覺,否則花費不貲的廣告費用將如同石沈大海。所以能夠了解消費者的知覺歷程,有助於行銷者將相關刺激有效的傳達給消費者。當刺激進入感覺器官,感覺就會產生。而消費者對於相同的感覺刺激會有不同的主觀知覺,主要是每個人對刺激重要度的解讀不同,造成選擇刺激的差異。**選擇性知覺** (selective perception) 指對於外在繁雜的刺激,消費者常依特有的需求及態度,加以過濾選擇,逐步構成獨特知覺經驗的過程。例如想買車的人比較注意賣車的廣告,追求時髦者則喜歡閱讀流行服飾的雜誌。

人們一天所接觸的刺激不計其數,但個體只會披露少量與己身相關的刺激,且僅有一部分披露的刺激會被注意。而被注意的刺激中,只有少量的比例會被送到腦中加以解釋或儲存起來。使得訊息通過關卡者越來越少,形成有如一倒三角形的圖形,請見圖 3-2。

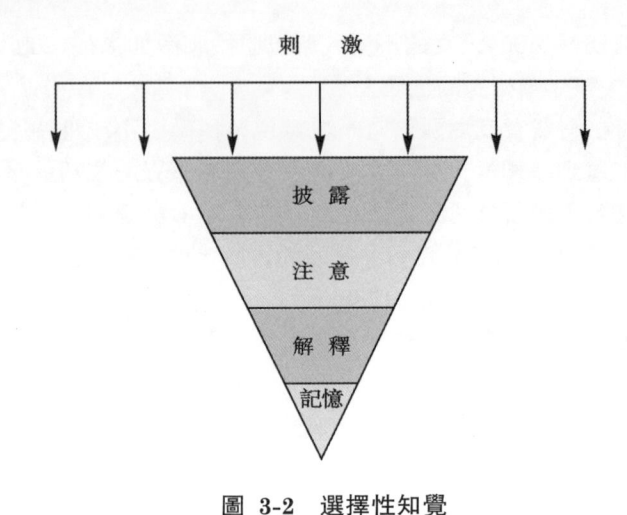

圖 3-2　選擇性知覺
(採自 Hawkins, Best, & Coney, 1995)

依圖 3-1 的流程，本節先說明刺激的披露與選擇性注意的意義。在知覺解釋的部分因為包括了知覺的組織、知覺的分類與知覺的推論三項。本節擬先探討知覺組織的部分。知覺分類與知識的產生於下一節消費者記憶系統說明，而知覺的推論則留到第十一章消費者決策時再加以討論。

一、披　露

當個體的感覺系統接受到外界的刺激時，就產生了**披露** (exposure)。消費者披露在哪些刺激環境裏，是一種自我選擇。例如有線電視提供四、五十個頻道，消費者一次只能選擇披露在一個頻道；書籍雜誌的種類琳瑯滿目，消費者一次也只能閱讀一本。披露在什麼頻道或是哪類書籍，主要與消費者所要達成的目的有關，所以想買汽車的人，常將自己披露在與新車發表的相關報導，或熟悉車訊的朋友群中。就行銷組合角度而言，地點與促銷影響選擇性披露，例如便利的商店位置將直接影響消費者前往的意願，信賴度高及吸引度強的廣告，常主動刺激消費者披露其中。

消費者也常避免將自己披露在不愉快、威脅性的情境，或避免一些不必要、沒興趣的主題。所以吸煙者最怕自己披露在尼古丁致癌的文宣中。電視機或是錄影機的遙控器使消費者有拒看廣告的選擇機會。據一項調查指出，在電視廣告時間的觀眾流失率約 59%（即每十人中，有六個人在廣告時間換台），顯示選擇性披露非常明顯。

消費者並非都可以控制披露在哪一個刺激範圍內。所以搭乘公車會無意的接觸看版，聽收音機時也會接收到未刻意搜尋的廣告。這些訊息是否影響消費者，全視消費者是否注意到這些廣告。

二、注　意

注意 (attention) 乃是消費者的認知容量正短暫的集中於一個特殊的刺激，並激發許多的感覺神經，把刺激傳入大腦處理的歷程。所以當消費者意識到某個電視廣告的內容，或聆聽銷售員娓娓道出產品優點時，都屬於注意的心理歷程。

披露於消費者面前的刺激比消費者能注意處理的多上千萬，例如披露在一家超級市場的商品項目就超過兩萬種，如果持續對每一種商品予以注意，將會花費數小時的時間，所以我們必須對與己身相關的訊息做選擇性注意，以降低知覺的負荷。以下將先對選擇性注意及感覺適應性作一說明，然後針對如何引發消費者注意的方法提出討論。

（一）　選擇性注意與感覺適應

刺激需要經過注意的階段才能形成知覺。一般而言，當消費者只注意與己相關的訊息，忽略其他部分，稱為**選擇性注意** (selective attention) 或叫**自願性注意** (voluntary attention)。當開始進行選擇性注意時，消費者把自己當前的需求狀態作為選擇刺激的標準，這種情形稱消費者產生了**知覺敏感** (perceptual sensitization)，譬如一個從不注意電腦廣告的業務員，因業務之需必須購買電腦時，則會產生知覺敏感，開始注意電腦廣告動態。知覺敏感的標準是優先處理符合個體需求的刺激，並淘汰不相關者。

相對於知覺敏感的心理現象叫作**感覺適應** (sensory adaptation)，指受到刺激時間的延長，使感官絕對閾升高，敏感度降低，不再對刺激引起特別注意的現象。例如到山區泡溫泉，剛下水時對燙熱溫度較難忍受，但持續數分鐘後，溫度並沒有下降，消費者卻感覺到適應，這就是知覺適應現象。一般視覺、味覺、嗅覺、聽覺都有明顯的適應情形（張春興，1989）。所以俗諺"入芝蘭之室，久而不聞其香；入鮑魚之肆，久而不聞其臭"，就是指感覺適應。

對某個事件或廣告太熟悉或太習慣，是引起感覺適應的主要原因。導致太熟悉或是太習慣的因素，可歸為下列幾點：第一、刺激強度不夠，被消費者忽視；第二、披露的時間太長，引起注意不集中而產生適應；第三、刺激過於簡單而被忽略及被過濾；第四、披露的次數太多，使消費者形成熟悉感而不予注意；第五、因為刺激與主題不相關或不重要，而引不起消費者興趣與注意 (Solomon, 1999)。所以產品的外觀包裝、風格或廣告的訊息，必須維持間斷性更新，以防止消費者產生適應生厭的態度。

(二) 引起注意的方法

在消費者心理學的範疇中，探討消費者產生注意的因素時，大抵歸納為個人因素、情境因素及刺激因素三方面來談。個人因素指個人背景特性包括了個人主觀的需求與動機，個人一般會注意與他們需求或動機相關的產品，例如寵愛年幼孫子的祖父母比一般人更常注意童裝或玩具的訊息。由於個人因素的個別差異性大，在行銷策略上較難掌握，故本節不欲深入探討。

情境因素指因賣場環境的刺激，而導引出個人暫時的特性，例如時間充裕消費者可以貨比三家，注意較多產品訊息，而賣場折扣特賣或氣氛的營造亦可吸引消費者的注意。有關這個部分我們將於第十二章有詳細說明。

刺激因素指刺激本身引發消費者注意的程度。由於刺激因素在如何引起消費者注意的維度上，屬於可操控因素，故引起許多的相關研究。以下將以刺激因素包含的位置、規模、強度、對比及公共報導的事件行銷，來說明如何引起消費者的注意。

1. 刺激位置 刺激位置 (stimulus placement) 指刺激本身在消費者視覺領域所擺放的地方，刺激愈接近視覺中心的位置比放在邊緣者更引人注意。據統計，擺在超級市場裏，消費者目光所及的產品，注意程度比其他位置的產品，高出約 35% (Marketing News, 1983)。其次，如果把廣告位置擺在非尋常的地點，如推車把手前、廁所或隧道進出口處等，也常引起側目。而廣告位置擺設的次序，以放在系列刺激的前面或後面，較容易得到注意，例如廣告刊登在雜誌的首頁及頁尾效果最好。研究指出，同樣的廣告片擺在電影開映前播放，或擺在電視廣告播出，兩者的廣告回憶效果不同，前者約比後者好上三倍，原因在於電影院的觀眾，放映前除了注意廣告外沒有別的選擇，所以對廣告注意程度相對的增加。

2. 刺激規模與強度 刺激規模 (stimulus size) 與刺激強度 (stimulus intensity) 為影響消費者注意的重要因素。較強及規模大的刺激效果較好，所以廣告版面比例加大，例如包下整頁或整版報章雜誌，或電視、收音機全時段的廣告，可明顯增加消費者注意範圍。再者，把相同的廣告，多次高頻率的插入同一期 (天) 的雜誌或報紙，亦可以增加衝擊力道引發注意。

3. 刺激對比 刺激對比 (stimulus contrast) 是指性質不同的刺激，在時間或空間上並列，使個體產生強烈明顯的差異現象 (張春興，1989)。對比產生的方式包括，利用強烈的顏色對比、聳動的廣告文案標題、高知名度藝人為產品代言人，或以新奇非預期的方法呈現。許榮助保肝丸廣告即用顏色對比來強調產品，其廣告詞為"肝若不好，人生是黑白的 (畫面亦為黑白)；肝若是好，人生是彩色的 (呈現彩色畫面)"以黑白彩色來間接強調產品優點。

對比效果可以降低**廣告腐朽** (advertising wear-out) 現象，即對一成不變、持續重復的廣告不再有新鮮感，進而感到無趣的情形。為了避免廣告腐朽，廣告設計在描述相同主題上，可利用不同的題材，來突顯差異性。金頂電池為了展現產品電力持續效果，拍攝一系列廣告，廣告內容只有一個主旨，金頂電池的玩具兔，因電力持久，所以在任何競賽中 (擊劍、賽跑、划船與女伴跳舞等) 都可戰勝對手。情節言簡意賅，但因每次情節都令人耳目一新，除了提升注意程度外，也會期待電池兔的下一次可能的遭遇。

4. 事件行銷 事件行銷 (event marketing) 指透過特殊事件的安排，及新聞媒體的報導，引起大眾對其新產品或其他活動的注意。美國聯合碳化鈣公司建築了一棟 52 層的總部大樓，正考慮如何向社會公眾展示公司形象，湊巧的是有人發現大樓一個大房間，飛進了一大群鴿子，公司善用了這一次的事件，來引起民眾注意。首先，他們關好了窗戶，調好適合鴿子的溫度，然後打電話到動物保護委員會，請他們來處理保護動物這件大事。此事驚動了媒體，派出大批記者採訪。其次，公司人員讓鴿子飛往大樓的各處角落，使得動物保護人員從第一天捕捉第一隻鴿子，到第三天最後一隻鴿子落網為止，記者所拍攝的圖片與特寫涵蓋了整棟大樓，公司名稱頻頻出現在媒體,負責人也藉機亮相,此事因而成為當時美國人生活中茶餘飯後的大事,公司的名聲因而響徹雲霄。

三、知覺組織

知覺組織 (perceptual organization) 指個體把不同來源、雜亂散漫的訊息刺激,經過個人主觀經驗的組合,形成有意義的整體,以幫助理解的過程。知覺組織的基本原則主要源於**完形心理學**(或**格式塔心理學**) (Gestalt psychology)。完形心理學強調人們在解釋刺激意義時,傾向於把刺激群組織為一個有意義的整體,而不把刺激視作單獨無意義的個體進行處理。完形心理學的名言為"整體大於個體的總合"(the whole is greater than the sum of its parts),即整體感是由個別刺激"組織"而成,而非經"堆砌"而成。個體所經驗到的刺激,是對整體刺激的反應,而非對部分刺激做的分解式反應 (張春興,1989)。例如當消費者步入商店後所看到的是完整的商店,而不是個別的玻璃窗、磚塊、燈光或銷售員,所以行銷者商店的規劃,從整體觀點出發,將比個別刺激的考量更重要。

個體在進行知覺組織時,以簡單、完整與意義性的原則為主,且大部分知覺組織的過程並非在意識狀態下完成。底下我們將介紹這些原則:

(一) 封閉性

當呈現不完整的刺激時,消費者傾向於依據過去的經驗,把不完整的部分填入,形成一個整體有意義的圖形,稱之**封閉性** (closure)。個體看到或是聽到不完整的刺激,往往產生緊張壓力,這種不舒服的感覺,逼迫個體應用方法或經驗把不完整的片段解讀為完整的全貌。所以一旦聽說街坊鄰居家庭發生爭吵,聽眾往往產生抱持追根究底的心態,一定要了解事件的來龍去脈方肯罷休 (偷窺文化)。

在行銷意義上,封閉性原則常被用來鼓勵消費者主動的參與。即由行銷者呈現不完整的廣告訊息,讓消費者嘗試去完成它,如此作法可以增加消費者對廣告涉入的程度,也增加消費者對廣告訊息注意。台灣的有線電視,曾經流行以扣應 (call in) 的方式與電視美女猜拳。如果美女輸拳,就褪去一件羅衫,姑且不論電視節目的適宜性,這個節目應用原則就是封閉性,因為消費者衝動的想要連續未完成事件，一窺究竟，因此欲罷不能。此外，封閉性也常運用在幽默廣告、歇後語、拼圖及藝術創作廣告裏，讓消費者能參與其未完成之軌跡，而達會心一笑之效果。例如媚登峰公司廣告標語"trust me, you can make it"，在第二年雖然改成"媚登峰，trust me"，但消費者還是可以迅速說出"you can make it"的下一句，延續了原有的記憶效果。

（二）整合性

消費者受主觀經驗的影響，傾向於把疏離的刺激看成集組，而不把他們視為單獨個體的現象，稱為**整合性** (grouping)。整合性是一種聚零為整，屬於聚集性的知覺組織，主要有下列三種形式：接近律、相似律及連續律。**接近律** (proximity) 意指一個人物或事件在時間或空間上與另一人物或事件，因為彼此接近，所以易被認為是有關係或是同類。**相似律** (similarity) 指彼此在時間、空間上屬性相似的人或事物，人們傾向把他們看成是同類的，即"物以類聚"的意思。廣告上常應用接近律或相似律來促銷產品，即把產品與有正面形象的人物或事件擺在一起，使消費者產生正面態度，或避免把產品與負面形象事物聯結一起，以維持既有形象。美國的百事可樂公司不願意把廣告擺在新聞的播放時段，在於避免觀眾把百事可樂與新聞節目的負面社會新聞（偷竊、殺人）接近。

連續律 (continuity) 指消費者傾向組合個別刺激為連續性質，而不是間斷零碎的。連續律可應用在產品訊息促銷的流程上，例如推銷員在介紹產品時，應從產品特性的認識、對消費者的利益及建議消費者購買的理由一氣呵成，如此方能建立消費者對產品連續的概念。

（三）脈絡性

消費者在理解行為或事件的時候，往往需要參考周遭伴隨的環境，才能了解刺激代表的真正意義，此時周遭環境內容稱為**脈絡** (context)。當刺激呈現模糊時，如果配合鄰近的刺激，可增加對刺激意義的了解，就如同單詞單句必須看上下文才能清楚。研究指出，同樣的一則廣告刊登在高低不同聲譽的雜誌，在未告知的情況下，請消費者評定，結果消費者認為高聲譽雜誌所刊登的廣告，其製作水準比在低聲譽雜誌的廣告要來的好。這個研究說明了不同型態的媒體脈絡,影響消費者對廣告的認知 (Fuchs, 1964)。

在脈絡中,重要的一個法則稱為**主題與背景** (figure-ground)。完形心理學指出,個體的知覺經驗常主動對知覺對象做區辨,以了解何者為主題,何者為背景。主題是突出的部分,界線分明、輪廓清楚,較有整體的感覺,反之背景則是除形象外的襯托部分,較不突出,且較不具特殊意義。所以消費者賞花的行為,與沈浸在花團錦簇中對酌的行為,在意義上是不相同的,前一種情形,花是主題;後一種情形,花是背景而對酌的個體才是主題。在行銷上,廣告商常把促銷的商品設計成主題,而其餘背景則為襯托部分,來引起消費者對主題的注意。

第四節　消費者的記憶與知識的形成

記憶 (memory) 指由經驗學得並能保留的行為,在需要時不必再加以練習即可重現的心理歷程 (張春興,1991)。在討論記憶時,心理學家傾向於從消費者訊息處理模式中切入。

從訊息處理角度研究記憶的學者一般都同意,記憶可依處理的先後順序分為三個階段:感官記憶、短期記憶及長期記憶,如圖 3-3 所示。這三類

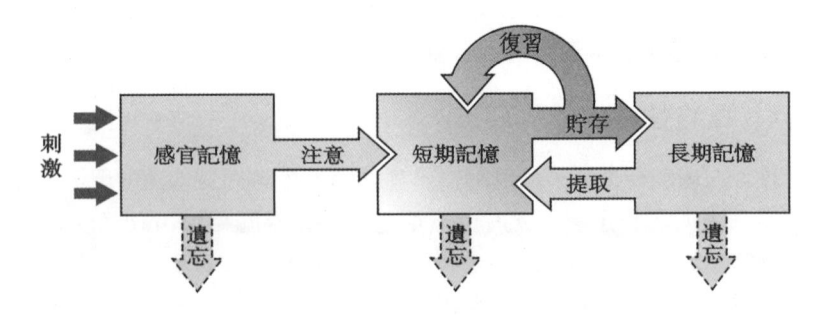

圖 3-3　訊息處理中的記憶與遺忘

記憶間的先後關係,代表著訊息處理的歷程。當外界刺激被個體的感覺器官(耳、鼻、眼、口)感應到,即引起短暫的感官記憶,感官記憶僅留在感官層面,如不加注意或處理,轉瞬就會消失,如逛街瀏覽,隨看隨忘;若加以注意則將訊息進一步處理,從而產生短期記憶,短期記憶是訊息處理的中間站,維持時間仍短,在短期記憶尚未消失之前,經多次復習,即可將訊息輸送進入長期記憶,長期記憶中貯存的訊息,在原則上是經過分類處理的,故維持時間較長,甚至可永久保存,日常生活中隨時表現出的技能、觀念以至有組織、有系統的知識均為長期記憶。

在記憶過程中,**感官記憶** (sensory memory) 指個體憑著感覺器官,感應到刺激後所引起的短暫記憶,通常不加以注意即消失無蹤,這個部分與認知歷程中感覺歷程相似,所以不再贅述。本節所要討論者偏重在記憶階段的短期記憶、長期記憶和學習經驗不復記憶的遺忘現象。

一、短期記憶與產品的命名

短期記憶 (short-term memory,簡稱 STM) 是一個假設機制,專門貯存感官記憶因注意而保存下的刺激。短期記憶保存時間極為短暫,約莫20 秒之內,如未被進一步處理,則會消失無蹤。此外短期記憶容量有限,所以瞬間呈現的數字號碼過多,個體無法馬上復誦練習,則容易造成遺忘的現象。底下將介紹短期記憶特性及與消費者心理的關聯性。

(一) 短期記憶

短期記憶是介於感官記憶與長期記憶的連接機制,其相關特徵如下:

1. 編碼以聲碼為主 編碼 (encoding) 是指將外在刺激(例如聲音、形狀)經心理運作轉換成另一種形式,以便利日後貯存與提取(檢索)的過程。感官記憶的編碼運作是將生理基礎的感覺轉變為心理基礎的知覺,並形成**形碼** (visual code) (刺激的形狀)、**聲碼** (acoustic code) (刺激的聲音)及**意碼** (semantic code) (刺激的意義)。短期記憶的編碼階段,則是進一步的處理所進入訊息。研究指出形碼、聲碼與意碼都可暫時貯存於短期記憶,但聲碼是最常被使用的編碼,消費者為了避免視覺所傳達的刺激消失,常以聲碼來記憶。所以電視廣告必勝客披薩所打出的服務電話 23939889，雖然同時出現視覺的形碼及聽覺的聲碼，但以聲碼做為暫時的記憶則是普遍的。

2. 儲存空間有上限 貯存 (storage) 指經編碼後的訊息暫時或永久留放記憶中，以備日後檢索之用的過程。心理學家米勒 (Miller, 1956) 指出一般人短期記憶廣度一次約為 7±2 意元，所謂**意元** (chunk) 是指可以處理並記憶的獨立單位，可以想像的，同樣的訊息，因為每個人的經驗背景差異，產生不同的解讀方法。例如前例必勝客披薩的電話號碼為 23939889，有些消費者視為個別的 8 個單位，有經驗的人則會以 2-39-39-889 四個意元的方式記憶。所以 7±2 廣度是以消費者主觀的意元計算，而非訊息本身客觀的特徵計算，就如必勝客披薩的電話號碼，將 8 個分離小意元組合成了 4 個大意元。而上述增加個人記憶的有效性的心理歷程稱為**意元集組 (或組塊)** (chunking)，廣告商必須妥善設計所要傳達的訊息，以幫助消費者將小意元擴展為大意元，避免因短期記憶容量的有限性而造成遺忘。

3. 訊息過載負荷的現象普遍 當短期記憶容量無法處理過多的訊息時，容易產生**訊息過載負荷** (information overloaded) 的情形。據研究指出，在經濟發展蓬勃的社會裏，廣告密集散播，容易造成消費者訊息過載負荷。據美國的統計指出 1971 年時，一個星期的廣告量大約是 2600 支，而到了 90 年代則超過 6000 支。過多廣告造成的紛擾也往往阻礙短期記憶的傳送，產生許多負面影響。由於目前並沒有明顯的法則可以得知消費者訊息負荷的極限，但為了避免這種現象，行銷者電視廣告的播出，宜先呈現產品重要訊息 (或重複播出以增加印象)，而一些產品內容細節或不重要的訊息，可經由郵寄目錄，產品錄影帶介紹及銷售員面對面溝通等方式，讓有興趣的消費者進一步查詢。

(二) 產品的命名

消費者對產品的認識往往透過產品 (或品牌) 的名稱開始，所以產品名稱是否引起注意產生短期記憶，對產品銷售影響甚鉅。消費者常以形碼、聲碼、意碼進行產品名的記憶，所以產品名稱如果能在瞬間讓消費者產生過目 (耳) 不忘，易念、易記、易懂的特徵，將能獨樹一格，產生鮮明印象。此外，產品的命名除了從行銷者主觀分析外，也可以從消費者的角度探討，以了解消費者對產品名與產品間的聯結是否為行銷者原先的想像，我們稱這個步驟為命名測驗。接著將先說明命名的原則，其次再討論命名測驗的步驟。

1. 命名的原則 產品名稱取不好，往往被消費者主動過濾，影響後續的銷售。舉例來說，70年代台灣開始推出加味汽水，以迎合年輕人求新求變的心態。當時"華年達"汽水首先推出相關產品，接著台灣汽水也相繼推出"萬達"汽水，由於"華年達"或"萬達"兩個名稱聽起來令人有老氣呆板之感，無法得到年輕人的認同，銷售量也一籌莫展。有鑑於此，黑松汽水不敢以原來的"黑松"字眼進入加味汽水市場（"黑松"聽起來更令人覺得古板、老成），而改以新鮮好玩的"吉利果"名稱與其他廠商競爭。由於形象新穎，一戰而霸，終於贏得盟主地位（蕭富峰，1991）。產品命名通常以下列原則為主：

(1) **以產品特性命名**：此法以明示或暗示的方法，表現產品特點，說明品牌利益與品質，使消費者一目了然。例如濃縮洗衣粉的最大特徵就是用量少，所以一匙靈是個好例子。北歐地區天寒地凍，所以北歐冷氣機令人望文生義，添加幾分涼意。再者，味王辛辣速食麵"強強滾"、"快譯通"電子字典、"有巢氏"房屋仲介、"多喝水"礦泉水等皆屬之。

(2) **以負面語命名**：此法即所謂語不驚人死不休的命名方法，希望消費者在初次接觸時，即能被誘導逆向思考，瞬間產生鮮明的記憶。例如名字為"黑店"的服飾店，店面裝潢色調不是黑色，販售衣服也不完全是黑的，名稱主要意義是藉著反調來挑戰消費者。某歌星將推出雷射唱片取名為"大爛片"，但並不見得唱得很差，而是以標新立異方式吸引消費者購買。再者，男性"鴉片香水"、"毒茶"茶藝館等命名。

(3) **以目標消費者喜好來命名**：此類命名法則以消費者偏好為依歸，以贏得認同與支持，例如針對女性市場秀髮飄逸的感覺而推出"絲逸歡"洗髮精，男性市場的"豪門"子彈型內褲顯示男士的豪氣，"伊莎貝爾"喜餅則針對喜歡異質、西方、浪漫的情侶而命名，"乖乖"令人聯想到屬於兒童的產品。

2. 命名測驗 行銷者為品牌（或產品）命名時必須小心翼翼，力求周延，使名稱能直接與消費者溝通，命名測驗即在了解消費者的意向與偏好，以免品牌名稱阻礙發展而不自知。舉例來說"洋洋"洗髮精推出市面並不受消費者青睞，失敗原因固然很多，但其中"洋洋"與"癢癢"太相近，使消費者深怕越洗越養，而裹足不前。尚朋堂的電器用品，如果用閩南語發音，品牌名稱成了低劣品，而挑剔 (tea) 茶飲料讓消費者有多重聯想的空間，也迅速進入記憶，所以是個不錯的名稱。

表 3-3 中列舉了命名測驗的四個步驟，這些步驟都是以消費者的意見為主，以充分了解品牌名稱在消費者心目中所代表的意義。

表 3-3 命名測驗步驟例示

命名測驗步驟	測 驗 目 的
1. 記憶測驗	提供品牌名稱進行記憶測驗，測驗被記住的強度，以了解消費者的看法
2. 學習測驗	了解品牌名稱是否容易發音，易懂、易學，有無不良的諧音
3. 聯想測驗	品牌名稱在消費者編碼過程分類的方式及聯想的範圍
4. 偏好測驗	消費者對品牌名稱整體的偏好及相關原因

(採自蕭富峰，1990)

二、長期記憶與知識分類

長期記憶 (long-term memory，簡稱 LTM) 指記憶中能夠長期被保存者。一般而言，短期記憶傳送長期記憶途徑中，如果經過重複或大聲朗讀的**復述** (或**復習**) (rehearsal) 過程，將能減少訊息遺漏的情形。而本小節則接續說明訊息進入長期記憶後的心理歷程，首先將探討語意記憶，其次將提出知識分類的方式及相關的行銷應用。

(一) 語意記憶

在長期記憶中，語意記憶的貯存訊息最常為學者所討論。**語意記憶** (semantic memory) 指個體對周遭事物的認識，特別是對代表事物的抽象符號意義的了解，所聚集形成的儲存系統 (張春興，1991)。本小節將以語意記憶來說明長期記憶的貯存現象，首先探討語意記憶的組織及擴散過程，其次再陳述基模的概念及知識的形成。

1. 語意記憶的組織與擴散過程 在長期記憶中,語意記憶的組織方式是把記憶中意義相似的元素聚集在一起。基本上,語意記憶結構類似於一個複雜的蜘蛛網,網中填滿了許多不同片段的訊息資料,如圖 3-4 所示。在圖中,圓圈代表結點,連接圓圈的線段叫做聯結線。所謂**結點** (node) 是一個中心,意義上為一個字,一個想法或是一個概念,而**聯結線** (linkage) 是聯結兩個結點的方式,不同的結點之間的聯結線,聯結強度不同,當兩個結點的關係越密切,結點與結點之間的聯結度也越強。所以圖中的飲料、茶與可樂的聯結線比較強,飲料與汽水或易開罐咖啡聯結強度則較弱。

當消費者需求產生時,將從組織結構裏提取訊息,通常比較重要,或先前學習程度較強的結點,會比其他的結點有更高的被觸動機率。一旦第一個結點被觸動,與這個結點關係緊密的其他結點,也有較高的機會被連續的牽動。舉一例子來說,假設圖 3-4 為王先生對飲料產品的語意記憶的組織結構,每當王先生口渴時,他會依據過去的經驗,以及當時的情況來決定所要喝的飲料。我們以紅色的圓圈來代表王先生喜好的產品 (或是過去解決口渴的慣用方法),由圖可知,茶類、可樂類及果汁類因為彼此聯結性強,所以被第一個觸動的可能性最高。假設茶類是第一個被激發的結點,則與茶類聯結密切者將被陸續觸動,但是往哪個方向走,端視王先生所關心的重點。假設此案中王先生關心他的體重,則他將從不含糖的飲料方向趨進,並捨棄其他。接著,在不含糖的茶品中,有著古道、開喜等不同品牌的選擇,如果王先生對古道烏龍茶情有獨鍾,則該品牌將成為王先生最後的決定。

當產品購買是屬於低涉入狀態時,決策的結果容易受到影響,觸動方向因而產生變化。假設回到第一層選擇飲料那時刻,如果可樂類飲料正進行折扣促銷,則王先生的選擇過程可能捨棄茶類而往可樂的方向進行,並產生截然不同的局面,這也是解釋為什麼賣場的布置、折扣、銷售員促銷等情境對消費者的抉擇有深遠影響。

2. 基模的概念與知識的形成 承上所述,單獨一個"結點"代表的是一個概念,但當"結點"跟"結點"之間,併合為一個較深入的語意組織時則稱之為**命題** (proposition)。命題是解釋意義比較複雜的訊息集組。在圖 3-4 裏,茶藝館屬於一個命題,因為它是文人雅士 (一個結點),聊天場所 (另一個結點) 及茶類 (較大的結點) 聯結而成的。

如果幾個命題群集在一起,將形成更複雜的單位,稱為基模。**基模**

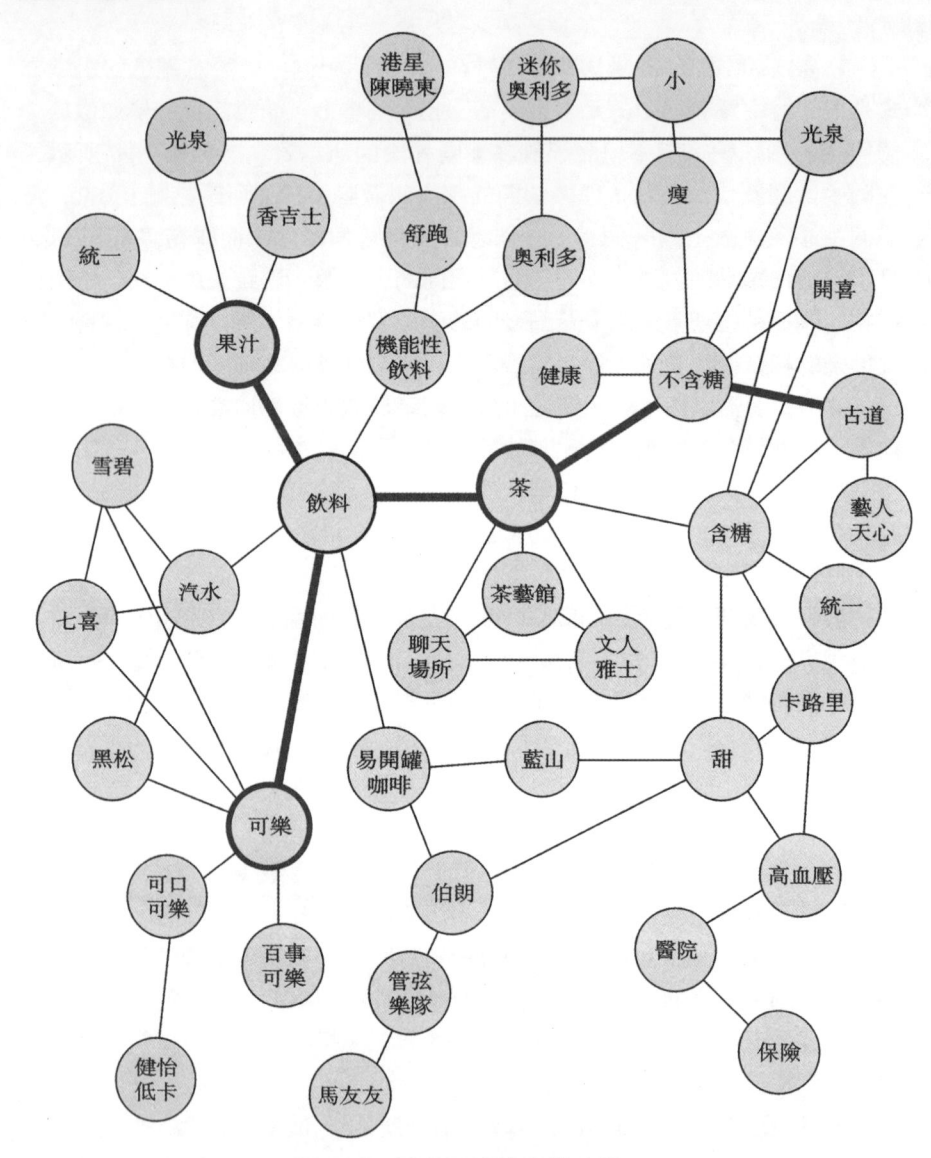

圖 3-4 語意記憶的組織結構

（schema）是個體用以認知周圍環境的基本架構，架構內貯存著個體所學習到的各種經驗、意識、概念等，例如圖 3-4 中，所呈現者為飲料的基模。基模是與外在現實世界相對應的抽象認知架構，每當個體遇到外界刺激情境時,就會使用類似的基模去核對、了解、認識環境。一般來說,新進入的訊息若能與既有基模相似一致程度高的話,個體會以本身的預期心態去理解訊息,這種現象稱為**同化** (assimilation)。但是當個體無法理解與基模不太一致的刺激訊息時,他會試著去解決這些差異的情形,其中一種方式為修改既有基模,或建立新的基模,來歸類新的刺激訊息,這種現象稱為**調適 (或順應)** (accommodation),但是如果差異過大,個體無法克服時,將排斥這些訊息,不再考慮或查核 (Mandler, 1982)。

經過年齡、心智的成長,基模同化與調適的移動幅度將形加大,所記憶的概念越多也越有彈性,也更能容納抽象的符號與事件而形成知識。**知識** (knowledge) 可視為一個龐大的基模,彙整了人、事、物情境的各種基模。消費者知識的增加,除了能夠增進己身的組織能力,也能使訊息處理效率增高,回憶能力增強,這也可以解釋孩童因為基模發展不完整,所以在購買訊息的認知能力較成人差的原因。

另一種基模型態稱之為腳本。**腳本** (script) 是消費者在認知上對事件進行所期待的步驟與程序。舉例來說,台灣石門水庫旁的活魚三吃,聞名遐邇。顧客對餐廳烹調也有一定期待步驟,例如:第一,到餐廳內水池旁選購活魚並決定烹調方法;第二,入座並等待活魚的烹調,通常消費者有預期時間的快慢,尤其烹調法選擇 (如煮、煎、炸、燉) 超過三種時,時間需要更長;第三,上菜用膳時間;第四,付帳。在上述步驟裏,餐廳的表現不能盡如人意,將有負面影響。例如烹調後出菜的時間,如果比消費者原先預期快過甚多,常使消費者懷疑餐廳把早就煮好的魚肉,掉包原先應該烹煮的魚,進而產生被欺騙的不滿情緒。這也說明為什麼自動提款機推出之際,常被銀髮族消費者所排斥,因為在他們的基模中無法安排這些新的預期事項。

(二) 知識分類

由基模的成長擴充所慢慢形成的知識,是一個層次分明的結構。**知識分類** (knowledge categorization) 指把長期記憶輸入的訊息,依所具備的特徵或屬性在心智系統中分門別類的過程。例如洗衣粉是產品類別,而白蘭、一匙靈則被歸類為品牌名稱。分類的過程極為快速,通常不在個體意識狀態下進行。以下我們將分為二個部分來介紹分類,第一個部分為知識分類的層級,第二個部分為分類在行銷上的應用。

1. 分類的層級 消費者分類產品的屬性、意義或信念時，會依抽象程度來做不同的界定。通常訊息的儲存可相對地分為上、中、下三個階層，每一個階層都隱含著不同的意義，而不同意義之間呈現上下連貫的階層關係。通常在上層所包含的特性是抽象、籠統的，而下層則為具體、精準的特徵。例如提及汽車的時候，消費者會開始思考上層較為抽象的要素及訊息，包括汽車可分為轎車、跑車或箱型車等，如果再請消費者回答各種汽車類型包含哪些品牌時，消費者會將由上往下移至中層，例如轎車以福特 (Ford) 廠、跑車以三菱 (Mitsubishi) 廠、休旅車以英國 (Rover) 廠為代表。接續如果又問各汽車廠生產的類型與特徵時，則分類層級移到最下層也是最具體的類別。例如福特生產蒙特兒 (Mondeo) 房車以動力安全引擎防護著稱。三菱汽車產 3000GT 跑車，雙渦輪 V6 引擎，全時四輪驅動、四輪轉向。英國 Rover 生產的 Discovery 休旅車底盤粗壯、越野功能強。表 3-4 列出消費者分類的型態與階層。在分類的層級中尚有幾點需要加以說明。

表 3-4 產品分類的層級

上 層 (分層標準抽象、籠統)	中 層		下 層 (分層標準具體、精準)
產品類別	產品形式	品 牌	特 徵
奶粉	嬰兒	雀巢成長奶粉	一公斤裝，含比菲德林抗菌素
	成人	豐力富奶粉	五公斤裝，高鈣高鐵，適合婦女營養補充
汽車	轎車	福特	Mondeo 動力安全引擎防護
	跑車	三菱	3000 GT，雙渦輪 V6 引擎，全時四輪驅動、四輪轉向
	休旅車	Rover, Discovery	底盤粗壯、越野功能強
飲料	果汁	香吉士	含果粒
	機能性飲料	老虎牙子	添加中藥調製而成

(1) **類別的相對性**：表 3-4 中階層上、中、下的概念是採相對性原則來說明，換言之在某些屬於上層的抽象概念，在其他例子中可能被歸為下層。舉例來說，汽車在表 3-4 屬於最上層，但汽車與火車構成路上交通工具，與海上交通工具的輪船，及空中交通工具的飛機，共同組合為運輸工具。而這個例子中，汽車變成了相對的下層，可見上、下層的界定是為便利於舉例的說明，性質是相對性而非絕對性。

(2) **分類方式的差異性**：表 3-4 所列舉的產品分類法是以產品的品牌為分類的基礎。事實上，分類的方式也可從不同的角度進行。例如，對網球拍的類別可以從抽象面著手，在最下層的具體特徵包括握把材料 (天然皮、合成皮)、球拍大小 (一般型、加大型) 等。而在中層的特徵，則以產品功能性表現來描述，如控制性、爆破性。而在上層則以產品提供的心理感覺來表達，如成就感、愉悅感等。所以分類的概念是一種假設的機制，人類常依個人經驗採不同角度進行分類。

(3) **類別的成長與衰退**：當革命性產品推出市面時，消費者因無法在原有的心智架構下歸類，只能把刺激暫時放入某個相似的類別。但如果新刺激的訊息日益膨脹，則新刺激可能獨立為新的類別或改變與寄存類別的關係。所以分類過程是暫時性，隨著消費者知識的擴展及科技的進步，修正原存的系統類別。例如，剛介紹電腦到市面時，消費者常把它歸為計算機或是算盤的類別，但隨著電腦資訊源源不斷的成長，使電腦獨立為一個重要且顯著的類別，但算盤、計算機的類別則呈現萎縮的情形。

2. 知識分類在行銷上的應用 行銷者實施產品定位能讓消費者產生明確分類位置 (見第二章)，為了達到這個目的，行銷者常使用下列技巧。

(1) **慎選分類線索**：消費者在接觸產品後，實施分類與記憶過程中，除了依賴以往的經驗外，產品本身所呈現的線索也提供了重要的訊息。舉例來說，某食品公司想要推出適合學齡兒童食用的餅乾。從調查結果得知兒童們喜歡巧克力口味，但父母們卻希望餅乾添加維他命，促進兒童身體健康。假設餅乾應大眾的期望，添加巧克力、維他命及纖維素等成份，則消費者如何分類餅乾的性質，與行銷者打出的訴求有關。例如公司廣告打出"巧克力脆餅"，則容易使大眾將其歸為"甜食類"。但如果廣告重點改為"添加維他命、纖維素脆餅"，則直覺認知常變成"健康餅乾"。兩者在知覺概念上明顯存有差異，所以行銷者需要慎選產品提供的線索，使消費者能依行銷者的

補充討論 3-3
產生遺忘的原因與避免遺忘的方法

對學得的經驗失去重現的能力，稱為**遺忘** (forgetting)。遺忘的形式很多，諸如對往事不能回憶，對學過的動作技能不能再表現等，均謂之遺忘。遺忘只是現象，產生遺忘的原因有許多，例如生理機能衰退，將直接影響記憶痕跡的活絡性，所以銀髮族記憶痕跡逐漸衰退，在檢索時常遭遇困難。其次，情緒的好壞也間接影響訊息的回憶與消費者對於電視廣告的記憶，研究顯示，觀看悲傷性節目要比觀賞快樂性節目較易遺忘其間的廣告。再者，在記憶檢索相類似的訊息時，產生交互抑制的**干擾** (interference) 現象，也容易造成遺忘。干擾又可分為兩種：順向干擾 (proactive interference) 指先前學習到的經驗（舊經驗）會抑制後來訊息（新經驗）的學習。例如使用一匙靈洗衣粉，一開始會因舊式洗衣習慣（多加幾瓢）的影響，因而多加一匙，以便洗淨衣服即屬之。**逆向干擾** (retroactive interference) 是指新學習到的經驗，抑制了舊經驗的回憶。新上市的蒂芭蕾絲襪廣告，讓消費者對原有伊蕾絲或昆蒂絲等絲襪廣告記憶混淆。

發生遺忘情形與記憶中缺乏檢索線索有關，鑑於此，行銷者只要能提供有利的檢索線索，將能成功引導消費者回想起訊息。

1. 音樂提升記憶度 音樂旋律的廣告訊息是一個強而有力的檢索線索，能有效提升消費者的回憶。在實驗中製作兩種廣告內涵：其一，訊息以音樂旋律的方式唱出；其二，訊息用旁白的方式唸出，實驗結果顯示前者的回憶效果明顯優於後者。

2. 提供情境關聯檢索的機會 情境關聯檢索 (state-dependent retrieval) 是指消費者檢索訊息的情境，如果與當時消費者學習訊息的情境相似，則回憶越容易產生。這是因為消費者在學習時所進行的編碼工作，不僅包括學習的訊息，也把當時情境記錄進去，因此在事後檢索時，相似的情境就會成為強而有力的檢索線索。

3. 產生孤立效果 孤立效果（或萊斯托夫效應）(Restorff effect) 係指在多個刺激組成的學習情境之中，比較突顯與眾不同的刺激，最能夠讓消費者產生貯存與檢索的效果。這裏所指與眾不同的是刺激的新奇性或顯著性。所以把物理刺激加大加重，如顏色突出，奇異主題或特別的聲音等，都可產生這種效果。例如，司迪麥口香糖廣告所介紹的內容，均與產品的屬性不相干，但卻在消費者的腦海裏留下深刻的印象，即為孤立效果現象。

4. 採用懷舊情節效果 懷舊情節 (nostalgia) 是指因人、事、物的線索指引喚起消費者回憶起過去點點滴滴生活經驗，並產生酸甜苦辣感覺稱之。即為"睹物思人"、"睹物傷情"的感覺。目前市面上販售的掛式壁鐘、復古彈珠汽水、池上便當、台鐵便當等都是標榜懷念傳統的復古產品，勾勒消費者思古之幽情。而應用過去曾播放的廣告或是音樂旋律,(例如小美冰淇淋、安賜百樂藥品、大同電器產品)，也能喚起消費者對產品美好的回憶。

期望分類。

　　值得注意的，消費者一旦將產品分類後往往根深蒂固，難以變更。所以上列中，如果行銷者已經決定消費者分類的方向，就必須貫徹始終，不可心猿意馬。所以首先推出的線索為"巧克力脆餅"，如果又更改為"添加維他命纖維素脆餅"，除了令消費者對後者所出現的訊息產生混淆外，對"巧克力及添加維他命纖維素脆餅"意義的衝突性（"甜食"與"健康"概念不相符合）亦無所適從。

　　(2) 舉例法則：消費者對新刺激的分類，最快速的方法就是把新刺激擺放在有相似刺激的類目裏，有鑑於此，行銷者可把新刺激與在市面眾所週知的好產品聯結在一起。例如在上例中，廣告商可以打出"如果你喜歡歐斯麥餅乾，嚐我們的巧克力脆餅餅乾，你一定會愛上它"。此舉可幫助消費者輕易且快速的把產品與歐斯麥餅乾歸類在一起。由於產品或品牌一旦歸入某類別，消費者在制訂決策時，往往從類別裏相似品牌中，挑選其一。換言之，產品歸類成功後，便會與其他相似品牌比肩而立，造成競爭。

本　章　摘　要

1. **學習**是指經過練習或經驗，而使個體在行為（或行為潛勢）上產生較為持久的改變。目前解釋學習歷程的主要理論為**行為主義**與**認知心理學**。前者視學習是一種刺激與反應的聯結關係，後者則較重視刺激與反應間的思考決策歷程。
2. **經典條件作用**指呈現一個中性刺激與一個已經會引起某一個反應的刺激配對在一塊，經過重復的出現，再單獨使用中性刺激則會引起與原先相同的反應。
3. 經典條件學習最常見的三種衍生現象為**重復**、**刺激類化**與**刺激區辨**。其中刺激類化的策略分別為**品牌延伸**、**產品線延伸**以及**授權品牌**。
4. 個體自發性的行為反應，用來操弄環境以得到個體想要的或想避免的反應或結果稱之為**操作條件作用**。原則包括**行爲塑造**、**刺激區辨**與**刺激類化**。
5. **正強化**與**負強化**因為會產生愉悅的經驗，而增加了行為與結果在未來的聯結現象。而**懲罰**與**消弱**，因為有不愉快的經驗或遺忘的情形，使得行為與結果在未來的聯結現象降低了。
6. **社會學習論**認為在社會情境中，個體藉由觀察或模仿他人的行為表現與行為後果，而間接學習到相關行為的歷程。在行銷的應用範圍包括：發展新行為；抑制負面行為；引發潛在的行為出現。
7. **消費者訊息處理模式**在於探討消費者"知之歷程"。該模式指出消費者在購物決策中，如何經感官接收訊息、儲存訊息、處理訊息及應用訊息的心理歷程。包含了知覺、記憶及決策三個部分。
8. **感覺**即經由感覺系統接受到的刺激，所產生立即性與直接性的反應。**知覺**則是把感覺所接收到的刺激與儲存在記憶中的資料做結合，因不同的個體接收，常產生不同的組織意義，所以具有個別差異性。
9. 外在的刺激主要由人類的感覺器官來接受，接受不同外在刺激會產生視覺、聽覺、嗅覺、味覺與觸覺等五種不同的反應。要掌握顧客心理，必須好好運用這五種感官，使顧客對產品的感覺印象深刻。
10. 任何一種感官刺激，能有效引起感覺反應的最低刺激強度稱為**絕對閾**，每個人的絕對閾不同。廣告刺激強度必須高於消費者感覺絕對閾，消費者才能察覺刺激。
11. **差異閾**是指辨別兩種刺激的差異時，兩刺激間強度所需的刺激最低差異量。**韋伯定律**指出差異的大小與原始刺激之間呈一種定比的關係，越強的原始刺激，則需要越大的差異閾以察覺其間的不同。
12. 當個體的感覺系統接受到外界的刺激時，產生了**披露**現象。披露在哪些刺激環境裏，是有自我選擇性。**注意**乃指消費者的認知容量正短暫的集中於一個特殊的刺激，並激發感覺神經把刺激傳入大腦處理的歷程。
13. 當消費者傾向於把自己當前的需求狀態當作選擇環境刺激的標準時，會有**知覺敏感**的情形發生。當對某個事件或廣告太熟悉或太習慣而不再予以注意時，就產生**感覺適應**。
14. **知覺組織**主要源於**完形心理學**，是指消費者把不同來源，散漫無組織的訊息刺激，經個人主觀經驗的影響，組合成有意義的整體，以幫助理解的過程。主要有**封閉性**、**整合性**、**脈絡性**三種。

15. **記憶**是指因經驗所學得並保留之行為，在需要時不必再加以練習即可重現的心理歷程。目前探討記憶以消費者處理訊息模式為主，包括**感官記憶**、**短期記憶**與**長期記憶**三種。
16. **短期記憶**專門貯存感官記憶因注意而保留下來的刺激，儲存的時間約為20秒。短期記憶特徵包括以**聲碼**為主要記憶，儲存空間有上限，故而**訊息過載負荷**的現象普遍。
17. **長期記憶**則能將記憶材料永久保留儲存，並只要有適當的線索就能檢索記憶，通常藉由**復述**即可將短期記憶輸至長期記憶。
18. 長期記憶的**語意記憶**指個體對周遭事物產品或抽象象徵符號意義了解，以語意記憶組織的**結點**、**聯結線**與彼此之間的擴散過程形成組織。
19. 語意組織的"結點"跟"結點"併合為一個較深入的語意組織時稱為**命題**，如果幾個命題群集在一起，將形成基模並形成知識。**基模**為個體在了解周圍環境，用來核對、了解、認識環境抽象認知架構。
20. 將刺激經過整理組織後，分別放在既有意義類別的一個過程，叫做**知識分類**。消費者傾向於以過去的經驗、期待的心態、動機或興趣，來解釋新進入的訊息。

建議參考資料

1. 連凱茜 (2003)：增強記憶為學習加分。台北市：風雲館。
2. 游恆山 (1996)：消費者行為心理學。台北市：五南圖書出版公司。
3. 熊祥林 (1990)：消費者的知覺。台北市：理明叢書。
4. 鄭麗玉 (1993) ：認知心理學。台北市：五南圖書出版公司。
5. Goldstein, E. B. (1989). *Sensation and perception.* California: Wadsworth Publishing Company.
6. Robertson, T. S., & Kassarjian, H. H. (1991). *Handbook of consumer be-*

havior. New Jersey: Prentice-Hall.

7. Sedlmeier, P., & Betsch, T. (2002). *ETC.: Frequency processing and cognition*. New York: Oxford University Press.

8. Wilkie, L. W. (1994). *Consumer behavior*. New York: John Wiley & Sons.

9. Zaltman, G. (2003). *How customers think: Essential insights into the mind of the market*. New York: Harvard Business School Press.

第四章

消費者人格與動機

本章內容細目

第一節　隱藏性需求與消費者行為
一、消費者的隱藏性需求　133
　(一) 消費者購買產品的需求類別
　(二) 弗洛伊德理論的人格結構
二、隱藏性需求的研究方法　136
　(一) 圖片投射法
　(二) 語文投射法
三、動機研究在行銷上的應用　138
　(一) 早期的動機研究
　(二) 近期的動機研究

第二節　人格特質論與消費者行為
一、消費者人格特質與消費特徵　141
　(一) 支配性
　(二) 人際敏感度
　(三) 認知性
二、人格特質論的效果評估　145

第三節　人本心理學對消費者行為的影響
一、馬斯洛的需求層次論　147

　(一) 五種需求層次的意義
　(二) 需求層次論在行銷策略的應用
二、羅傑斯的人格自我論　150
　(一) 自我概念
　(二) 自我和諧
三、自我概念與身體形象　152
　(一) 理想美的價值觀
　(二) 瘦身美容與自信美

第四節　消費者的動機與涉入
一、消費者動機的性質　156
　(一) 動機的相關類別
　(二) 消費者的動機衝突與解決
二、消費者涉入程度　163
　(一) 精緻可能性模式
　補充討論 4-1：消費者涉入的類型
　(二) 涉入的測量

本章摘要

建議參考資料

人格 (personality) 是指個體對人、對己及一切環境事物適應時所顯示異於別人的性格。因為由人格所發展出來的心理特徵具有相當的統合性與持久性，所以行銷者常以人格作為區隔市場的工具，嘗試由人格類型了解每個人購物行為的差異，並從中找出對應的關係。

回顧消費者心理學的歷史，三大人格理論對消費研究有深遠影響。弗洛伊德為**精神分析論** (psychoanalytic theory) 的創始者，他認為人格系統的自我，如何協調本我與超我所產生的衝突與焦慮，慢慢形成人格發展動力，也轉變成不同的人格。弗洛伊德的人格理論對消費者隱藏性的購買動機，提出了開創性的解釋。**人格特質論** (personality-trait theory) 認為人格是由獨特的心理特徵或特質所組成，這些特質不會因情境的不同而有所改變。消費者在特定情境上，特質表現的程度不同，因而產生各式各樣的人格類型。**人本主義心理學** (humanistic psychology) 主張個人的經驗以及經驗對個人的意義才是人格的基礎，對人格的研究應該以整體人格為主，而不是把人格分割成片段、零碎的反應來分析。欲了解一個人的人格，先要了解其建構世界的方法，以及個人經驗與經驗對人的意義，因為每個人建構世界的方法不同，以致於有不同的人格。

不管人格理論如何描述人格形成，許多學者指出具有個別差異的人格類型與消費者不同的內在需求有關，例如個性外向者，喜歡參加戶外與人際活動，因此購買休閒娛樂用品的需求強度高於內向者。換句話說，不同類型的人格對產品有不同的需求強度，終而形成複雜的消費行為。而行銷意義中最基本的觀念就是人類的需求，如果抽絲剝繭的分析消費者消費決策形成的原因，將能歸納出幾個主要的需求類別，這些需求是了解消費者的基本概念。

需求需要透過動機來促成，因此在心理學理論中，探討消費者滿足需求的系列過程稱為動機歷程。就應用層面而言，行銷者除了藉由消費者的動機來掌握消費行為趨向外，也常探討動機強弱對消費決策精緻或粗糙的影響，並藉以擬定不同的行銷策略。綜合上述，本章所要探討重點包括：

1. 隱藏性需求對消費者購買的影響。
2. 消費者的人格特質對行銷策略擬定的影響。
3. 自我概念以及身體形象對消費者態度及行為的影響。
4. 動機與涉入的定義、相關特性與測量方式。

第一節　隱藏性需求與消費者行為

承上所述，人格理論對消費者行為研究提供了基本的描述與解釋，為了深入的探討，本章特闢三節來說明人格理論。本節首先從精神分析論了解潛意識如何影響消費者的行為，有關人格特質論與人本心理學對消費者行為的影響，留待下面兩節說明。

要了解消費者從事各種活動的內在原因，必須觀察消費者外顯行為，或從他們所述說的理由，一窺個中奧祕。一般而論，明顯的需求是消費者產生動機購物的理由，但是仍有許多的採購決策，並不是在消費者自覺，或合乎邏輯的情況下進行，而是由消費者的潛意識來操控。本節先探討消費者隱藏性需求的理論，其次將從潛意識觀點，討論隱藏性需求的研究方法及動機研究在行銷上的應用。

一、消費者的隱藏性需求

消費者購買產品時常因不同的需求，產生不同的思考邏輯與表達方式，例如購買後有時會刻意誇大所購買的產品，但有時則刻意隱瞞購買行為。本小節中，我們首先探討消費者購買產品不同的需求類別，之後將從弗洛伊德理論的人格結構說明隱藏性需求的概念。

(一) 消費者購買產品的需求類別

從消費者購買產品的需求來說，大抵可以分為三類。第一類是非常明顯的，甚至消費者購買時會故意誇大而突顯出需求，以讓別人知曉，這種需求稱為**外顯性需求** (manifest need)。例如聽到朋友說"我忠孝東路的房子剛裝潢好"、"這件西裝是皮爾卡登的"、"這顆德貝爾斯 (De Beers) 的鑽石，你看怎麼樣"、"我剛把寶馬 (BMW) 的跑車換掉"等。

而有一類需求，消費者不但不會主動炫耀，甚至會刻意隱藏，稱之為**內隱性需求** (intrinsic need)。這類商品稱為"寡人有疾"商品，例如減肥、健胸、性商品、治禿頭藥品、痔瘡藥等。通常消費者對內隱性商品有所需要時，常偷偷摸摸、遮遮掩掩的購買，深怕被人取笑，視為異類。所以以內隱性商品的行銷環境必須突破傳統，使隱私權獲得保護，消費者才能在沒有壓力的狀態下購買產品，表 4-1 是一些行銷策略的建議。

表 4-1 內隱性商品的行銷方法

行銷方法	消費實例
利用郵購或網路行銷	使消費者隱私權得到保障，所以最適合性商品、減肥等產品的銷售。
利用直效行銷	一對一的親密關係，了解消費者的真正需求，培養出忠誠購買，如魔術胸罩的推銷。
透過消費教育改變保守觀念	經由媒體、教育等管道，轉化不正確的觀念，如早期衛生棉只有藥局的通路，且不公開陳列，直到行銷者請知名女士暢言衛生棉的舒適感，才顛覆產品的談論禁忌。
改變產品包裝	透過包裝改變，可使商品有含蓄特質，更可提升精緻形象，情趣商品大多採此法。
設計貼心採購路線	讓消費者不在眾目睽睽下輕鬆購買商品，如把保險套擺在結帳台旁，消費者在結帳時可順手買保險套，避開人群壓力。

(採自黃泰元，1997)

最後一類的需求是不明顯的，研究者指出這一類需求導致消費者的購買決策並非合乎理性或邏輯的思考，相反的需求所產生的趨力常使消費者無法覺察他們正在買一項能夠滿足需求的產品，我們稱為**隱藏性需求** (hidden need)。隱藏性需求常是消費者壓抑且不承認的經驗意識，不藉由動機研究無法一窺全貌，下文將有詳細說明。

(二) 弗洛伊德理論的人格結構

要了解潛意識隱藏性需求的趨動力量，需從弗洛伊德的理論來討論。弗洛伊德 (Sigmund Freud, 1856～1939) 對於人類行為的基本假設，對心理學的發展，有著深遠的影響。他的理論所涵蓋的範圍如成人性行為、夢的解析或心理調適等，都與其他心理學研究者有著迴然不同的觀點與看法。他強調人類的行為是由人格結構裏的三個系統互相衝突所表現出來，這三種系統分別是本我、超我與自我。

1. 本我 　**本我** (id) 是一種立即享樂立即滿足的結構，它所依據的是**唯樂原則** (pleasure principle)，即以本能尋求快樂，獲得立即滿足的自私層面。本我是享樂避苦的機制，它是人性中最原始、最接近獸性的本能衝動。在追求享樂的過程裏，從不考慮任何負面的結果，也不接受社會規範或個體意識的影響 (張春興，1989)。

2. 超我 　**超我** (super ego) 是與本我相制衡的機制，它是人格結構管制層次最高的部份。支配超我的是**完美原則** (perfection principle)，主要由社會規範、道德良心等項目所組成，它的功能在防止本我自私、自利的行為，要求自己行為符合自己理想的標準。

3. 自我 　**自我** (ego) 是介於本我與超我之間平衡這兩個機制，即對本我的誘惑及對超我的道德監視產生緩衝與協調作用的一種機制。自我依據**現實原則** (reality principle)，即學習如何在現實的限制中一方面滿足由本我而來的各種需求，一方面不違背現實的約束保持與環境的和諧。

　　弗洛伊德認為本我、自我、超我，三者如果彼此自我協調，則將形成適應良好的人；如果三者失衡，則容易形成心理異常。其次，本我與超我的衝突發生在潛意識的階段，自我為了舒展心理衝突焦慮，常不由自主的由口誤或做夢等行為中得到宣洩，此等行為並非出自個體的意識境界，個體不一定了解這些行為背後的真正原因，但可從這些行為表現的象徵性，推論當中的含義。

　　弗洛伊德的理論嘗試說明人們的許多決策行為與潛意識動機有所關聯，決策過程的真正動機並不一定為個體所明瞭。消費研究者常從弗洛伊德理論中，探討購買者的隱藏性需求，研究者認為超我與本我的衝突能量必須得到釋放，使消費者常用象徵性的方式，把潛意識衝突所不能接受的欲求與情緒直接由產品的購買得到釋放。換言之，消費者在不知不覺間用象徵性的替代產品，宣洩了自我的焦慮，降低緊張的情緒。

二、隱藏性需求的研究方法

使用傳統的問卷方式,來探討消費者購物的潛意識經驗,無法得到滿意的結果,因此必須藉由動機研究來分析。**動機研究** (motivation research) 是指利用深度訪談和投射測驗等測量工具,深入分析埋藏在消費者內心深處的隱藏性需求,作為行銷者在發展產品時的參考。動機研究通常只需要極少的樣本,但研究的結果需由有經驗者的推論解釋,才能了解內在含義。

因動機是一種內在歷程,必須用推論的方式加以了解。所以傳統上進行動機研究所採的工具為深度訪談與投射測驗,(兩種質化研究方法已於第一章有所說明),其中又以投射測驗最常被使用,說明如下:

(一) 圖片投射法

圖片投射法 (pictorial projection) 是讓消費者根據實驗所設計的圖片來說明購買或使用產品的反應。並從反應中了解消費者隱藏內心的動機與欲求。共分為下列三種:

1. 圖畫完成法 圖畫完成法 (bubble drawing) 乃呈現給消費者一個與產品相關但不完整的圖畫情境,圖畫中的人物正想說一些話,研究者請消費者藉自己的想法幫圖畫中的人把話說出來,之後研究者再由這些話語分析消費者的想法。通常新產品的推出或產品包裝的變更,都常選用這個技巧。

2. 心理描述法 心理描述法 (phychodrawing) 是請消費者表達在使用產品前、中、後的心理狀況,並用畫圖的方式描述出來。行銷者常應用這個方法獲取廣告的創意靈感,例如一份研究曾請小朋友畫出刷牙前、中、後的感覺。小朋友認為尚未刷牙前是污穢的,於是把圖畫中大牙齒塗成陰暗,並且長出了許多毛;而在刷牙期間上下滑動的感覺有如波浪的韻律,流暢平穩;而刷牙後舒爽的感覺,讓小朋友畫出陽光普照、鳥語花香的情景。

3. 卡通技巧 卡通技巧 (cartoon technique) 是指先呈現一個卡通人物,請消費者依據其表現,填入一些想法或詞彙,藉以反應出消費者所要表達的觀念。

（二） 語文投射法

語文投射法 (verbal projection) 係指行銷者藉由消費者投射在語文的表達，來了解其內心的想法以及信念，包括句子完成法、故事完成法及主題統覺測驗三種。

1. 句子完成法　句子完成法 (sentence completion) 是呈現未完成的句子，請受訪者依照其直覺的反應將它填完，藉以了解消費者想法。例如在"當你第一次購買了一部汽車，你會＿＿＿＿＿＿"的填空題中，男女回答明顯的不同，女性答案偏向 "出外兜風"、"開車瘋狂玩樂"；男性的反應傾向於 "檢查引擎"、"幫汽車打蠟" 等。事實上這些因性別不同的反應差異，可直接作為廣告吸引不同性別的訴求主題。句子完成法的優點在於答案簡潔，短時間能搜集大樣本資料，並可比較答題者對同一問題的反應差異。

2. 故事完成法　與句子完成法相似的是故事完成法。**故事完成法** (story completion) 是由研究者提出未完成的故事，讓受試者以自我的感受，自由發揮完成故事。例如，假如這一條牙膏是一個人，請在用完後為他寫一篇訃文；假設這包洗衣粉是一部電影，請問他要演的是什麼故事？研究者認為，藉由這樣的隨意發揮，較能超越消費者理性的思維判斷，引發內心真實的反應。

3. 主題統覺測驗　主題統覺測驗 (Thematic Apperception Test，簡稱 TAT)，是由研究者提供圖畫，要求受試者根據圖畫編造故事，說明圖中將要發生或發生的事情。主題統覺測驗原為臨床心理學和精神病研究的一項技術，經過修改後目前已能夠應用在消費者的相關研究。研究者常由受試對故事的特殊現象的闡釋，與消費動機做連結與解釋，以獲得全盤的了解。

投射測驗常應用在探索性的市場研究。舉例來說，一個早期實驗請受訪者依據兩位家庭主婦逛街所擬列的購物清單，推論她們的消費習性與性格。購物清單除了咖啡類別不同外 (一個為研磨咖啡，一個為即溶咖啡)，其他項目完全相同。結果在購買清單上有即溶咖啡的婦女，被受訪者描述成 "懶惰、好逸惡勞、不善處理家務"，研磨咖啡組則沒有這一類的負面反應。這個發現指出了當時的人們對即溶性咖啡的排斥感。因為即溶咖啡雖然沖泡省時，但購買即溶咖啡的家庭主婦，卻容易被認為偷懶、不懂如何料理家務。因此當即溶咖啡的廠商獲知這項結果後，迅速修正原有的行銷策略，並把促銷訴求往"快速是一種美德"、"丈夫支持購買即溶性咖啡"等主題發揮。

三、動機研究在行銷上的應用

在 1950 年之前，動機研究的方法即被大量的應用在市場的調查中。以下我們就時間的遠近，將動機研究在行銷應用的結果做一個說明。

(一) 早期的動機研究

早期消費者心理學在動機研究的基礎，是由弗洛伊德的人格理論以及心理分析的技巧延伸而來，但因為研究重點偏向與"性"相關的論點來解釋購買動機而遭受相當的質疑，近代的動機研究則以表徵學等較為寬廣的角度，來進行研究。

1. 動機研究的解釋以性為主 早期的動機研究常利用弗洛伊德心理分析的技巧，來研究消費者購買動機 (Dichter, 1957)。由於性的本能為弗洛伊德理論重心，所以常常以"性"相關的解釋，作為消費者購買動機的註解，例如香煙、雪茄象徵男人性器官，跑車象徵著女人 (男人花很多的時間去擦車、打蠟，是為了滿足潛意識的性需求)；烘烤蛋糕則是女人懷孕生子的渴望，用打蛋器搗蛋糕粉的過程是受孕，送進烤箱是懷孕，而從烤箱取出是臨盆，也是大家最喜悅的時候；麥當勞的 M 形拱門被解釋為"母親的乳房形狀"，許多遊子在外地吃麥當勞速食時，等於庇蔭在母親的懷抱，享受母親的家庭烹調；美國雅德麗香水公司更大膽的把化妝品中的口紅，做成男人性器官的形狀，嘗試掌握女人潛意識中，對愛與性的渴求心理。

美國紅十字會發現許多男士不願捐血，在經過動機研究後驚訝地發現，他們擔心捐血後將影響精液製造功能，而降低了性魅力 (這與台灣一滴精，十滴血的刻板印象有異曲同工之處)。在了解上述情形後，紅十字會將訴求方式做了變更，把重點放在血液的再生能力，強調捐血可迅速得到補充，不會減少精液，也不會降低雄風。其他經由深入訪談所得的消費動機，請參看表 4-2。

表 4-2 隱藏性需求與相關聯的產品

動機	關聯的產品
雄猛有力	甜的食物和豐盛的早餐 (使自己飽食一頓)、保齡球、子彈火車、改裝的高級車、電動工具。
陽剛性	咖啡、帶血的肉、玩具槍、幫女士披上皮毛外套、用剃刀修臉。
安全性	冰淇淋 (再次感覺自己是個被疼愛的小孩)、滿抽屜乾淨燙好的襯衫、石灰牆 (感覺被保護)、在家烘焙、醫療照顧。
情慾、色情	甜點 (舔的感覺)、手套 (當女性脫手套時有如女人褪去衣衫的感覺)、男人點燃女人的香煙 (製造一個緊張的時刻直到頂點,然後放鬆)。
道德、貞潔、乾淨	白麵包、棉纖維 (隱含貞潔)、強力的家庭清潔劑 (使家庭主婦在使用後感到純真、潔白)、沐浴 (將汙穢從手上洗掉)、燕麥片 (聖餐、美德)。
社會接受	友誼:冰淇淋 (分享娛樂)、咖啡。 愛與熱情:玩具 (對小孩表達愛)、糖和蜂蜜 (親密交往關係)。 接受:肥皂、美容相關的產品。
個人化	精美的食物、外國車、抽煙者、伏特加、香水、自來水筆。
身分地位	洋酒、潰瘍、心臟病、消化不良 (顯示某人位居要津但承受高度壓力)、地毯 (表示不像鄉巴佬不懂裝潢)。
陰柔性	蛋糕和小點心、洋娃娃、絲、茶、家裏收藏的古董 (具光明、裝飾性和質感的成份)。
獎賞	煙、糖、酒、冰淇淋、小餅乾。
對環境的主宰	廚房用具、船、體育用品、打火機。
歸向隸屬 (希望和事物有關聯)	家庭飾品、滑雪、晨間廣播 (感覺和世界有連結)。
神奇的魔力	湯 (有控制的能力)、圖畫 (改變環境的氣氛)、碳酸飲料 (冒泡的特性)、伏特加 (羅漫蒂克的歷史)、未包裝的禮物。

(採自 Solomon, 1991)

2. **對早期動機研究的批評** 早期學者的動機研究的過程以及解釋方向,遭受了許多批評。主要包括:第一、缺乏嚴謹性,解釋較主觀且迂迴,所以同樣一個現象給三個不同的專家來分析,就有三種不同的解釋。第二、動機研究受試樣本太小,在類推的可信程度似乎嫌不夠。第三、因早期研究動機分析的學者都是弗洛伊德的信徒,也受過精神分析的技巧訓練,所以在消費行為意義解釋偏重與"性"相關的推論,例如婦女買水管澆花代表著生育的渴望;男性買西裝褲吊帶不是為了繫緊褲子,而是因為閹割恐懼等匪夷所思的解釋。

(二) 近期的動機研究

雖然動機研究遭受上述的批評,但是就挖掘埋藏潛意識寶藏而言,仍是無可取代的研究工具,尤其潛意識在人類的心智生活裏的重要地位,已獲得許多研究的支持,使這類研究方興未艾。目前因動機研究分析技術的改良,解釋方向已經比弗洛伊德理論更為寬廣,不再只局限於性方面的聯想。

表徵學是當前研究隱藏性需求的新方向。**表徵學** (semiotics) 指研究消費者如何詮釋刺激符號以及其象徵意義,進而把符號的意義加以創新、維持或改變的一門學問。表徵學的方法認為潛意識可透過非文字的符號,來轉變情緒的反應,而情緒的反應可以直接引導行為,但引導的過程並不為個體的意識所察知。

舉例來說,殺蟑螂藥購買的主要客層是家庭主婦,販售種類中有噴的、也有盒裝的。從市場銷售量多寡指出,中低收入且居住條件較差的婦女,只喜歡買噴的殺蟲藥,事實上盒裝殺蟲藥的效果卻比噴的好。經過一系列的動機研究才發現這股隱藏性需求。一般而言,社會階層屬低階的家庭,丈夫大多無所事事,經濟重擔需由太太一力承擔。可想而知,這些家庭主婦常瞧不起丈夫。在研究報告中指出她們常把酗酒、嗜賭、無能、貧窮的丈夫投射成一隻狡滑而且骯髒的討厭爬蟲,噴灑蟑螂藥可以充分表達出她們對男人的一種仇視心理,也能夠使她們感覺到一種控制的快感。這個例子說明了宣洩不快的潛意識效用(殺蟑螂的快感),有時比產品實際效用有更大的吸引力 (Drillman, 1988)。另外一例是,兩個同樣的產品,裝在不同的盒子裏,甲盒是圓形,乙盒是三角形。研究者請受試選擇他們喜歡的包裝。結果指出,八成以上的消費者喜歡圓形包裝,裝在圓形盒內產品的品質也被視為較佳。經動機研究發現,圓形或橢圓等柔形形狀,象徵著完美、接納與包容,但三角形則象徵著尖銳、刺激,因而造成消費者本能中喜歡著圓形的包裝。

總而言之,動機研究的分析往往對行銷者提供新的方向來促銷公司的產品,例如動機研究可以探測消費者的內心概念,提供新的思維方向,也可以探測消費者對廣告腳本的建議，避免不必要的浪費。此外，動機研究是質化探索研究，所以能夠當做量化前的參考依據，加強量化結果的類推性。

第二節 人格特質論與消費者行為

在消費者心理學中，提到以人格作為區隔工具時，往往聯想到人格特質論，主要因為人格特質論具有下列特色：其一，把消費者歸類為敏感或不敏感等人格特質時，除了可清楚的描述其特定的行為外，也能夠準確地預測消費者在特定情境下可能的反應傾向。其二，由於統計及電腦進步快速，行銷者透過大量施測及統計分析，可迅速歸類出不同的人格類型，如能夠了解目標市場的人格特質，就可以製作最能符合消費者需求的產品，在應用上經濟實惠。為了進一步了解內涵，我們將在第一部分討論哪些人格特質常被行銷者引用來開創或區隔市場，第二部分將人格特質論在應用上經常出現的問題提出探討。

一、消費者人格特質與消費特徵

歸類人們具有哪些人格特質的方法很多，不只是從心理學的領域切入，例如在一篇生理實驗的探索性研究指出，血液中的單胺基氧化脢 (Monoamine Oxiduse，簡稱 MAO) 含量低者，喜歡從事冒險性投資及刺激性休閒活動，如跳傘、攀岩等 (Wilkie, 1994)，但是這個部份尚未有充份的學術支持，故本書不擬再做延伸。接下來我們從心理學的角度說明目前常被提及的消費者人格特質內容及消費特徵。

(一) 支配性

新產品推出市面成功與否對企業的經營有重大的影響，但並非每一個消費者都喜歡購買或採用新產品。透過**支配性** (dominance) (指人際間相對的優勢關係,傾向於支配或控制別人)人格屬性的測量,可明確地區分消費者採納新產品的傾向。目前常被提及影響支配性人格屬性者,包括消費者創新性、固執性、僵化性以及適宜刺激量等,分述如下:

1. 創新性 創新性(innovativeness)指在特定產品項上,是否成為第一個購買新產品的傾向程度。行銷者目前已經發展出相關題目來測量消費者創新性。這些問題包括"一般而言,我在朋友圈中,往往是第一個穿某品牌新裝的人";"如果聽到市面上有新的飲料上市,我會很有興趣的去購買嘗試"。指認出具創新性人格特性的消費者,對科技性創新產品的推展尤其重要,因為經由這些人的試用與口碑傳播,才能推廣到其他消費者。

2. 固執性 固執性(dogmatical)指面對不熟悉情境或出現訊息與先前信念相左時,個體適應的程度。高固執性性格者,在面臨不熟悉狀況,感到不確定、不舒服,並不自主的產生自我防衛心態;低固執性性格者有著開闊心胸,能逆來順受的接納與先前相斥的信念(Rokeach, 1960)。

高固執性性格消費者喜歡一些規範性或傳統大眾所接受的產品,不願嘗試新產品或新旋律音符,所以權威式的廣告訴求(例如以名人或專家當作產品代言人)較能贏得他們的認同。低固執性格試用新產品,理性的廣告訴求說明新舊產品差異,或強調新產品優點最能吸引他們。

3. 僵化性 僵化性(rigid)指對於日常生活的行為模式保持一致的程度。在產品的品味及喜好上,有些人具有很大的彈性與權變,有些人則墨守成規,例如在國外旅行的中國人有些願意嘗試他國美食,但有些人卻不願接觸不熟悉的食物。因此,可預期的僵化性高的消費者不願意從事冒險開創性的活動或購買新產品,如騎水上摩托車、攀岩、空中彈跳或賽車。

4. 適宜刺激量 有些人喜歡簡單、平凡及安靜的生活,有些人卻追求刺激、複雜、多樣化的環境。心理學家認為人格特質上,每個人對於生活中適宜刺激量的詮釋有所差異。**適宜刺激量**(optimum stimulation level,簡稱 OSL)指個體對環境刺激適應程度的傾向。研究指出適宜刺激量處於高度者,喜歡從事冒險、新奇的活動,對重複播出的廣告容易感到乏味,喜歡收集產品訊息,從事多樣式搜尋,購買決策趨向大膽,對賭博性質的商業活動興致勃勃,所以採用新產品比率多於適宜刺激量低者(Raju, 1980)。

適宜刺激量也反應了個人對生活型態刺激量的渴望程度,如果消費者真正的生活方式與適宜刺激量相符，則他們滿意目前的生活。但如果生活刺激低於適宜刺激量的標準，則容易對生活感到乏味；如果生活刺激高於適宜刺激量（如工作過於繁忙、壓力大），則往往希望有喘氣休息的時刻，所以從生活型態與適宜刺激量的關係，能夠一窺消費者選擇產品的性質與種類，及如何花費及管理他們所擁有的時間與金錢 (Wahlers & Etzel, 1985)。

(二) 人際敏感度

有些消費者在購買產品時容易受到他人的影響，有些則我行我素不在乎別人的眼光，行銷者對這一類的人際敏感特性也投注許多的研究。以下是一些相關成果報告。

1. 自我敏感度 自我敏感度（或自我意識）(self-consciousness) 指個人在不同情境下能察覺自己言行舉止的敏銳程度。自我敏感度高者對人對事敏感、思維纖細，希望自己的表現能符合心目中對自己的期待，所以非常在意自己在公眾場合的穿著及言談；自我敏感度低者做事大而化之、不注意細節，常用"無所謂"的態度處理事情 (Bearden, Netemeyer, & Teel, 1989)。

在消費行為上，自我敏感度高的消費者非常在意他人對其形象及觀點的評價，能夠傳達適當自我形象，就能維持自尊，並且能預期和別人的互動關係，因此能夠降低社會焦慮的產品最受到他們的歡迎。研究指出這些消費者對購買服飾的興趣高，且是化妝品的重度使用者。

2. 自我監控 自我監控（或自我監督）(self-monitoring) 指個人能否主動地調整自己的行為、動機以適應不同情境來符合情境的要求。自我監控性高的消費者最能整飾自我形象來滿足不同情境所需扮演的角色，相對地，自我監控性低的消費者對自我內在的情感信念及態度最為堅持，他們的行為大部分受個人根深蒂固的信念或價值觀影響，而不因外在情境差異而隨聲附和 (Holbrook, Solomon, & Bell, 1990)。

就廣告訴求方式而言，形象性廣告訴求對高自我監控者影響程度高，相反的，訊息性廣告訴求最能影響低自我監控者。此外，高自我監控者在產品兼具各種不同功能時，最喜歡以社會認定的標準來認同產品，而不注重實用性。舉例來說，太陽眼鏡功能具實用性（能抗紫外線），也具社會性（款式流行、引人注意），高自我監控者購買太陽眼鏡的主要原因，大多出於社會性的考量而非實用性。

3. 社會特性 社會特性 (social character) 指消費者展現內在導向或外在導向的程度。所謂**內在導向** (inner-directedness) 是消費者喜歡使用他們內建的價值觀當作購買產品的標準，所以比較不受他人影響，容易成為新產品採用者。**外在導向** (outer-directedness) 指消費者傾向依照他人所認定"對"或"錯"標準，當作自己決策的原則，所以容易成為從衆的成員。

內在或外在導向對廣告促銷訊息的反應態度不一。內在導向者喜歡廣告以產品特色及帶來的利益為訴求重點，以作為自己比較的參考；外在導向則喜歡人際互動的廣告，因為他們希望從廣告中，能獲得與人交往的正確表達方式，藉以表現相同行為博取社會讚許。

社會特性的人格特質可以區分出消費者在購買時是否有順從社會壓力的傾向。**社會比較訊息注意度** (attention to social comparison information) 是一種量表，以下列問題例如 "在宴會中，我通常會表現能讓我融入團體的行為"、"我完全避免穿著不合潮流款式的服飾"，用來評估一個人是否有從衆的傾向 (Bearden & Rose, 1990)。

(三) 認知性

認知 (cognition) 是以個人已有的知識結構來接納新知識，新知識為舊知識結構所吸收，舊知識結構重新得到組合與發展。因此認知是消費者在處理購物決策時重要的心理歷程。下面我們將探討認知需求與自信程度二項認知性因素對購物決策發生的影響。

1. 認知需求 認知需求 (need for cognition) 是指消費者對關心的產品有一種追尋、認識、了解的內在動力。一般而言，高認知需求者對廣告的反應態度是採核心途徑，關心產品品質相關訊息，而低認知需求者對廣告的反應態度是採周邊途徑，喜歡收看具吸引力的公衆人物代言廣告。最近的研究指出具高認知需求的消費者，處理廣告訊息時比低者更深入，介紹產品的廣告宜提供詳細的屬性認息，並以強而有力的論點來說明為什麼要買該項產品；相反的，對低認知需求者宜以廣告訊息簡短、廣告內容與消費者之前的認知有關時，效果最為顯著 (Haugtved, Petty, & Cacioppo, 1992)。

2. 自信程度 自信 (self-confidence) 指消費者制訂決策自忖不會做錯

的程度。自信與品牌選擇關係密切。低自信者傾向選擇名牌或眾所皆知的公司所生產的商品,高自信者對自己的購物決策不存懷疑,因此不受品牌知名度的影響,所以他們最有可能成為新產品的採用者。此外,自信程度與商店忠誠度成反向關係,低自信的人容易對商店產生忠誠,因為他不願意去冒風險探索更多新的商家。

二、人格特質論的效果評估

以人格特質論進行消費者研究的文獻浩繁,研究範圍包羅萬象,依據統計,以人格為變項探討消費者行為的文章,每年不下三百篇 (其中尚不包括企業與廣告公司私下所做的調查),而其中又以特質論為主題的研究最多,可見特質論於消費研究中占有重要的地位。但以人格特質為變項應用於消費市場區隔時,是否真的呈現顯著的效果,學者則抱持著保留的態度。整體來說,人格特質與消費者行為的關係非常薄弱,平均的解釋量只占百分之十而已 (Kassarjian & Sheffet, 1991)。雖然如此,還是有許多學者對於以人格特質推論消費者行為的效果深具信心,他們認為人格特質變項無法有效的解釋消費者行為的原因,在於研究方法的錯用,或研究者未能考量 (或控制) 一些干擾現象,如果能克服這些缺失,將大大提高人格特質對消費者行為的解釋量,以下將分述效果不彰的要點:

1. 錯估人格特質測驗的適用性 由心理學家設計的標準化人格特質測驗主要用途在於發現人類潛能與性向,或作為醫學評鑑心理異常的工具,然而有些消費研究者把這些測驗直接應用到市場調查上,在張冠李戴的錯用下,測驗的有效性自然降低。其次,為了適應不同的產品狀況,許多行銷者未與專家討論即擅自修改或縮短問卷,此舉也間接影響了測驗解釋的正確性。

2. 無視社會背景因素的影響 行銷者在解釋人格變項對消費結果的影響時,往往沒有考量與人格特質互動的社會背景因素 (年齡、性別、婚姻狀況或家庭經濟狀況等) 所產生的影響。例如在柯恩 (Cohen, 1967) 順從、攻擊、遠離量表的人格類型中,假設有兩位消費者同屬於攻擊性特質,理論上,他們應該都喜歡古龍水產品,但如果其中一位年齡 20 歲、一位 80 歲,兩者因年齡懸殊差距,產生不同思考方式並有不同購買結果,是能夠被理解的。同理可證,不同人格特質的消費者,理論上應該購買不同產品,但卻常因社會背景相似或同儕影響而購買了相同產品。上述兩例並不代表人格特質不具影響力,而是影響力已經被社會背景因素所稀釋,所以研究者解釋人格特質時,應與其他社會背景因素變項互相搭配,避免掛一漏萬。

3. 輕忽購買情境的影響　人格特質的研究者認為人格具有持續性,即在不同時空,都會表現出一致的行為。但是在消費的情境裏,賣場刺激的變化、團體壓力、時間的壓力等,都可能瞬間改變消費者購買決策,造成所購買的產品與原先人格特質所期待的方向不同。所以人格特質雖是影響消費者行為的重要因素,但非絕對因素。消費決策受人格特質影響是存在的,但在消費情境前提下,影響的力量反而無法彰顯出來。

4. 忽略人格統合性的考量　許多消費者人格研究的文章常以特殊的單一人格特質 (如:親和性、攻擊性、嚴謹性等) 與特定消費行為做連結。此舉往往忽略了人格統合性的意義。**人格統合性** (personality consistency) 是指人格內的心理特質,如動機、情緒、態度、價值觀、自我概念等,在人格表現上是融合一起的,單一的特質產生變化時,常有牽一髮而動全身的連漪效果。而許多以人格研究消費者行為的文章,只取部分人格特質說明特定消費行為,而忽略以整合的角度探測人格,因而常產生錯誤的解釋。例如,喜怒哀樂的情緒常常影響人格特質的表現,一般自我敏感度高者,在高亢的情緒下容易降低對人對事的敏感程度。

第三節　人本心理學對消費者行為的影響

在人格與消費者行為的研究中,特質論把人格分割成片段的屬性來進行研究,以至許多以人格特質預測消費者決策的研究,都無法達到令人滿意的解釋。人本論則從人格的整體性,探討消費者行為的根源 (例如了解消費者對產品喜好與產品形象表達之間的關係)。使得以人本心理學為基礎的人格研究,成為另一波重要的研究趨勢。

人本心理學的主要代表人物為馬斯洛與羅傑斯。馬斯洛以需求層次的觀點來解釋人格,而需求層次論也是解釋動機的重要理論。羅傑斯的人格理論是以自我為人格核心的自我論,強調自我概念的重要。目前自我概念在消費者心理學應用的文獻豐富,所以本節除了談論兩位人本心理學家的理論要義與消費者行為的關係外,也將順帶探討人類愛美的天性在自我概念上的含義。

一、馬斯洛的需求層次論

馬斯洛(見圖 4-1)在 1954 年提出的**需求層次論**(need hierarchy theory)解釋了人格形成與動機發展的一些觀點。按照馬斯洛的理論來說,人類生存成長的內在力量是動機,但是動機由多種不同性質的需求所組成,各種需求之間有先後順序與高低層次的區別,較低層次的需求在其被滿足之後,個體才會針對較高的需求產生動機,這說明人類動機是由低而高逐漸依次發展的。

在圖 4-2 中,馬斯洛將需求分為五個層次 (註 4-1),分別為生理、安全、

圖 4-1 馬斯洛
(Ahraham Maslow, 1908~1970) 美國社會心理學家、人格理論家和比較心理學家,被譽為人本心理學之父,也是心理學第三勢力的領導人。

註 4-1:馬斯洛的需求層次論,在其不同時間出版的著作中,有不盡相同的說法,使得一般書籍在引述其理論的解釋也不一致,有些將其解釋為五層,有些解釋為六層,有些則為七層,由於許多管理學書籍論述需求層次論大多將之分為五層,本書依例也分為五層來說明。

愛與隸屬、自尊與自我實現等需求。這五個需求層次是固定的，由最低的需求被滿足後，才會往上發展較高的層次，而不能反方向發展。為了使讀者對需求層次論有進一步了解，底下將先說明五種需求的意義，其後的部分則討論各種需求在行銷上的應用意涵。

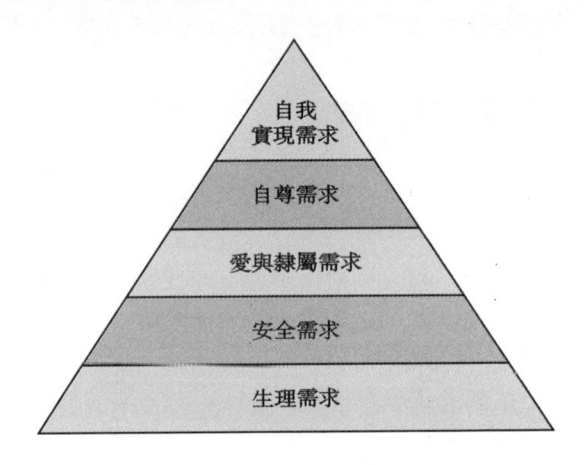

圖 4-2　馬斯洛需求層次論圖示
(採自 Maslow, 1970)

（一）　五種需求層次的意義

依馬斯洛所述，五種需求層次中生理與安全需求屬於天生的需求，愛與隸屬、自尊及自我實現則屬於學習而來的需求。

1. 生理需求　**生理需求** (physiological need) 指維持個體生存和種族發展的需求，是最原始、最基本、最需優先滿足的一種，包括對食物、水、空氣、住處、衣服、性等的基本需求。在先進國家中，消費者的生理需求層次大都能被滿足；但是在一些比較落後的國家，許多人還是為了基本的生活條件奮鬥，這是一個需要人類發揮互助力量方能解決的問題。

2. 安全需求　當第一階段的需求被滿足後，安全需求就會成為消費者主要的需求。**安全需求** (safety need) 指身心受到安全保障的感覺，例如生活有秩序、和諧、受到保護，或在熟悉和穩定的生活環境成長，能控制生活環境的方向等。一些保險業、社會安全制度、預防藥物、保全系統、安全帶

(氣囊)等,都是因應人類安全需求而生的產品。

3. 愛與隸屬需求 愛與隸屬需求 (love and belongingness need) 指人類保有歸屬、親近、愛與被愛的情感傾向,故產生與人交往及被人接受的需求。化妝保養品的廣告,常以使用產品後受團體接納的情景來訴求,就是強調隸屬需求的重要。其他相關的產品包括食品、服飾、娛樂等。

4. 自尊需求 獲取並維護個人自尊心的一切需求稱為自尊需求 (self-esteem need),包括有內在自我需求及外在自我需求。前者指個體對獨立自信、成就及工作上滿足的需求程度;後者則是指個體獲得聲望、名譽、地位並受他人讚美、尊敬的需求。和自尊需求相關的產品,包括汽車、酒類、家具、金卡、高級俱樂部會員等等。

5. 自我實現需求 自我實現需求 (self-actualization need) 指在精神上臻於真善美合一人生境界的需求,是需求層次最高的一級。自我實現需求的表達方式常因人而異,譬如有些人以追求美的知覺訊息或新奇感為主;有些人則希望獲得與眾不同的高峰經驗 (註 4-2);甚至一些人把向宇宙認同的心靈需求,當作實現的目標。所以與自我實現相關的產品範圍較為廣泛,包括休閒嗜好、運動、美食、博物館參觀等等。一些如軍事學校招生、塑身美容等廣告都常以自我實現為訴求來引發消費者共鳴。

(二) 需求層次論在行銷策略的應用

需求層次論在了解消費者購物優先次序的選擇,具實際參考價值。舉例來說,當難民處於三餐不濟,飢寒交迫之際,首要的考量必須先去謀求足夠的食物或飲水,來解決生理上的困難。這個時候不可能有餘力去寫詩、玩耍或企圖達成自我實現。

其次,雖然許多消費研究者認為需求層次論所包括的意義與內容過大,較難提供明確的行銷建議,然而它卻對產品定位與廣告訴求,提供了另類思考空間。第二章第四節曾提過,為求消費者對產品認知有更鮮明的印象,行銷者需要進行產品差異化的過程,而能夠做為產品差異化的思考內容包括產品、服務、人員與形象等方向。事實上,行銷者也可參考需求層次論所包含

註 4-2:**高峰經驗** (peak experience) 是指自我覺察到的心理完美境界。在自我追尋中臻於自我實現時,就會產生高峰經驗,如努力後的成功、困思後的創作、信仰後的感動或被愛的真情表露中獲致的心靈震動 (張春興,1991)。

的各種需求類別，作為產品差異化的基礎。我們以球鞋廣告的訴求做例子，假設行銷者認為以生理需求做產品定位能夠成功的與競爭廠商區隔，此時廣告訴求應強調球鞋對維持健康的重要性。同樣地，如果發現安全需求的產品定位能與其他廠商形成區隔，則展現球鞋的柔軟及保護腳踝的廣告是一個不錯的訴求方向。如果以隸屬與愛需求為產品定位，廣告腳本應該提出親子共穿同品牌，或球鞋對家庭的重要意義。如果決定以自尊需求為產品定位，廣告可著重球鞋品牌形象對自身地位的提升。如果以自我實現為重點，則可強調球鞋功能如何激勵個人運動潛力，榮獲佳績。上述的例子說明需求層次論與產品定位的配合，在形成競爭差異化上，提供了許多揮灑的空間。

二、羅傑斯的人格自我論

羅傑斯(見圖 4-3)以自我為理念的依據，認為**自我** (sclf) 為人格形成、發展和改變的基礎，是人格能否正常發展的重要標誌。因此他的人格理論通常被稱為**自我論** (self-theory)。底下將說明羅傑斯理論的一些要義，包括自我概念和自我和諧。

(一) 自我概念

自我概念(或**自我觀念**) (self-concept) 是個人根據與別人相處所得經驗和個人自己已往生活中由接觸所得感受，來對自己一切的覺知、了解與評價。認知到自我，覺知到自己是什麼樣的人，有何缺點及優點；包括對自己相貌、體型、能力、生活目標、人際關係、成敗經驗等各方面的自我描述和自我評價。簡言之，自我概念是屬於對自己的認知範疇，包括對"我"的特點的知覺，以及與我有關的人和事物的知覺的總和，會直接影響個人對世界和自己行為的認知，是人格能否正常發展的重要因素。因此羅傑斯認為，要想了解一個人的性格，唯一的途徑是以當事人對他自己的看法做為研究他的中心議題。目前行銷者常以自我概念的測驗來測量消費者對自己的身體、能力、欲望、目標、態度、價值觀等各方面的看法，藉以分析消費者的人格特徵，進而制訂發展策略與促銷廣告。羅傑斯的自我概念涵蓋了二個構面，一為真實我，一為理想我。

圖 4-3 羅傑斯
(Carl Ransom Rogers, 1902～1987) 美國人本主義心理學的創建者之一，非指導式諮商 (受輔者中心治療法) 的創始人。他將以人為中心的心理學理論廣泛地應用於醫療、教育、管理、商業、司法等社會生活領域以及國際關係當中，羅傑斯在當代西方心理學家中，享有盛名。

1. **真實我** 真實我 (real self) 是指個體覺知到自己是怎樣的一個人，具有隱密性也帶有保護色彩。例如在日常言談中，常可聽到"我就是這個樣子"、"一直沒有表現自我的機會"、"你不了解我"等，都是真實我的表白，也是一種個人認定。在真實我的概念下，消費者喜歡購買與真實我相符的產品，以求自我形象與產品形象一致，並獲得心理上的和諧，故而可以說我們所擁有的東西代表了自我的延伸。一份調查指出個人的自我形象和他所買的特定產品形象間也許是有所關聯，自我形象和產品形象間有一致性的產品包括：清潔用品、裝飾品、服飾、香煙、雜誌、汽車等。行銷者可以按消費者慣用的產品來推論消費者的人格特徵，了解消費者對產品的喜好趨向。

2. **理想我** 理想我 (ideal self) 是指在理想狀態中，期望成為怎麼樣的一個人。例如，有人不喜歡自己的膽小、木訥、缺乏自信 (真實我)，希望成為一位勇敢靈活且果決明快的人 (理想我)。然而理想我和真實我之間是存有差距的，差距的大小又與自尊程度有關。**自尊** (self-esteem) 是指個體對自己認為滿意，自覺美好因而接納自己、喜歡自己的程度。當真實我與理想我間的距離不大時，就會自覺滿足，而有較強的自尊，反之個人自尊也就越低。從消費者行為表現而言，消費者通常會購買提升自我形象的產品來增強自尊。**自我完成象徵論** (symbolic self-completion theory) 指出，消費者購買產品的象徵意義 (非實質功能) 來提升自尊，以填補自我不完整的形象。例如處於身心發展劇烈的青少年,往往為了表達成熟男人的氣質而私下購買香煙、古龍水及摩拖車等,作為脫離乳臭未乾的尷尬 (Wicklund & Gollwitzer, 1982)。

(二) 自我和諧

所謂**自我和諧** (self-congruence),是指一個人自我概念中沒有自我衝突的心理現象。根據羅傑斯的說法,自我不和諧的情況有二:其一是理想我與真實我差距太大時,很難感到自我和諧,例如身高不滿 160 公分而一心想成為籃球國手。其二是自我概念被歪曲時,即自我評價與社會評價不一致所至,如自認是位美女,在他人眼中則是姿色普通。自我概念是在人的交往過程中由個人的實踐經驗形成,同時也受一個人所處的社會文化歷史背景的制約,要有準確的自我概念須時時調整自我與周圍現實之間的矛盾,不是件容易的事。因此自我和諧的理想實在得之不易,正因如此,心理衝突的經驗也是無法完全避免的。行銷者即以自我和諧為題,製作促銷廣告,如坊間衛生棉的廣告就是強調女士們能在生理期拋開顧慮,瀟灑自如地維持平日的活動與美麗,達到自我和諧的境界。

三、自我概念與身體形象

身體形象 (body image) 是指個體對於自己的長相,身材特徵的主觀評定所形成的統合概念。例如有些人覺得自己唇厚腿粗,而有些人自認英挺魁梧,這都是對身體形象的認定。由於人與人見面的第一印象往往透過外表特徵,所以身體形象是自我概念中最重要的部分。俗諺"女為悅己者容"是指如何將漂亮的一面呈現給心愛的人,所以如何追求外表的美麗以及俊挺,一直都是不退流行的話題之一,這可從目前美容塑身業的蓬勃發展窺知。有鑑於此,本小節將以美麗的價值觀,瘦身美容的方法與風險評估,及消費者應有的省思等議題,來說明身體形象與自我概念的相關性。因為目前瘦身美容業主要以女性為目標,故本節的說明大部分以女性為例,以反應消費趨勢。

(一) 理想美的價值觀

理想美 (ideal beauty) 是指消費者對"美"的定義做出的主觀知覺。

自古到今，為了博取他人注意大家都追求美麗，所謂 "窈窕淑女君子好逑" 即為最好的寫照。為了了解理想美的相關概念，底下將從理想美的意義，及行銷者所塑造的理想美來做說明。

1. 理想美的意義 什麼叫做理想美，很難有一個具體的標準，主要原因有下列幾點：其一，每個人對美的定義都有自己主觀的看法，故而很難客觀描述。其二，美的內容，涵蓋了身體各個層面，如臉部、胸部、腰部、臀部的比例大小、膚色、髮型、服飾裝扮等，除了每個部分有著不同的評估向度外，各部分加總的總和也不一定等於整體美。其三，美的標準隨著社會變遷及文化價值觀、民族特點、種族差異、地理環境等的差異，產生不同的審美觀。所以 "肥胖" 在一些貧窮非洲社會裏可能是地位的象徵，但在已開發國家則是被嘲笑的對象。總之，美的定義及美的標準，常會因文化、時代的不同而改變，所以美的認定應該是相對的比較，美的原則本無定指，隨俗沈浮，不可企及。

2. 行銷者塑造的理想美 雖然理想美難有客觀的標準，但是行銷者卻利用這種模糊的定義，推銷瘦身美容產品。最常用的方法就是引發消費者求美的動機，在廣告中自行創造所謂的 "理想美" (如體重及三圍的標準)，強力述說擁有美好身材的好處，並遊說消費者只要使用廣告中的產品，就可以輕易達到減肥、瘦身、重塑曲線、美胸、豐胸、美腿等目的，以重拾失落的信心。由於瘦身美容概念不斷出現大眾媒體中，而又與主流價值相結合，慢慢使消費者迷思在這股潮流裏，並相信使用節食、服用藥品或參加瘦身美容行列是擁有好容貌與好身材的絕佳途徑。

行銷者除了塑造理想美標準外，也鼓勵消費者朝自己外表已經很美的部分精益求精。在身體形象的概念中，**身體滿意度** (body cathexis) 是指消費者對外表或身體最滿意的部分，例如有人喜歡自己的頭髮，有人覺得眼睛最美，有人肯定高挑身材。身體滿意度的美上加美，也增加了行銷者銷售美容產品的機會。調查指出對自己的頭髮及眼睛最滿意的消費者，在潤髮液、吹風機、古龍水、牙膏及高級香皂的消費量最大。這個調查的涵義顯示，人們喜歡投資自己外在表徵突顯的部分，傾向使用品質最好的產品，俾使自己更加出色 (Rook, 1985)。

(二) 瘦身美容與自信美

在 19 世紀,美國男人對於女子的腰圍要求標準為 18 吋。為了達到這個理想,許多女孩使用束腹來圍綁腰際,這個行為常常引起頭痛、頭昏,甚至傷及脊椎等副作用。中國古代女性也藉由纏足達到三寸金蓮走起路來搖曳生姿的目的。類似以這些不文明的方法來增進自身的美麗,常令今日的我們匪夷所思。雖然如此,目前消費者在瘦身美容的方法上,也存有許多不明智的現象。底下將說明這些方法及相關的風險,並討論如何提升自信美。

1. 瘦就是美的趨勢 由於過量飲食、缺乏運動等因素,全世界的消費者都有明顯的增胖趨勢,"瘦即是美"也成為大家對美的基本要求。台灣社會目前也被淹沒在這股潮流中,許多減肥廣告,都以創造玲瓏身材為主要訴求,造成消費者對美好身材的許多幻想。

甚麼叫做瘦?每一個人都有一個先入為主的觀念,那就是體重不能超過公式所定的標準。例如,男性的標準體重應為 (身高 cm－80)×0.7;女性的標準是 (身高 cm－70)×0.6,如果體重超過這個標準體重的 10%,則稱為胖。事實上,理想的體重並不能只用外觀評定。研究指出肥胖的標準,應以體內的脂肪與肌肉的比率來衡量,所以一個重 200 磅,6 呎高的足球員,一般的標準來看是過重的,但是他可能只含很少的脂肪,卻有著壯碩的體型;另一方面,一位很少活動的男士,也許合乎公式所計算的理想體重,但因為缺乏肌肉組織,使得他的體重大多由脂肪所組成。所以利用標準公式的設定來評估胖瘦,除了沒有考量當今社會營養狀況,骨骼架構的調整外,也沒有考慮到個人年齡及活動量等因素,並不一定能客觀的反應實情。

2. 節食與運動 雖然一個人是不是胖,需考慮許多相關因素,並不能完全由公式來斷定,然而環顧社會各個角落,到處充斥瘦就是美的價值觀,使得減肥成為一股流行。

減肥最直接的方法有二:節食與運動。其中,節食又是最直接的方式。所謂**節食** (food diet) 即是改變飲食習慣,吃少量食物或餓肚子來減肥。目前節食食品大行其道,如低卡路里食物及飲料、節食餐、降食欲減肥藥品等林林總總,可見其流行趨勢。

不正常的節食現象常導致一些副作用,例如營養不良、體力衰退,甚至發生厭食症等,造成生理與心理的不健康。再者,聳動的廣告訴求,更使得節食者對體重,產生嚴重的不安全感。男士也常發生節食情形,但男士較常以運動來符合社會對肌肉健美的標準。

3. 外科手術 除了節食與運動外,消費者常利用外科手術來改造身材或容貌。例如移入矽膠豐胸、配合儀器燃燒脂肪、以香精推脂按摩調整體型狀態、以抽脂手術來治療多餘的脂肪囤積。此外,紋眉、墊鼻、豐頰等,都是常用的方法。值得說明的是,外科手術的成果是值得爭議的,尤其有些手術常引發負面的效果,更值得消費者審慎評估。舉例來說,隆乳矽膠已證實會導致婦女乳部周遭組織發生病變,並產生其他毛病。抽脂手術可能引起皮膚表面凹凸不平、血腫、永久色素沈澱問題,手術過程的麻醉效果也具危險性。所以在採取行動之前,應該理性的省視自己,培養健康心態方為上策。

4. 破除虛幻美提升自信美 美麗雖然沒有一定的客觀標準,但因為相關業者塑造了一套美麗的說詞,使得消費者前仆後繼地追求著。例如我們常在廣告上看到許多俊男美女,穿著光鮮艷麗,神情愉快且有效率的完成任何的工作,是多麼美好,多麼令人羨慕。事實上,自信心才是消費者最為需要的,因為消費者產生肥胖的感覺,大多因為行銷者雇用太多體態傲人,但偏離常態的模特兒,來誤導我們產生體重過重的憂慮,造成不必要的庸人自擾。根據美體小鋪 (Body Shop) 總公司的調查,90% 的女性認為自己體重過重,但只有 16% 是真正過胖;足見,一般人並不一定需要減肥。其次,二十五年前,模特兒的體重只比一般女性輕 8%,但現今模特兒比一般女性輕 23% (張玉貞,1998)。所以類似現今模特兒的體重標準,對大眾而言實在太過極端,也造成極大的減肥壓力,事實上消費者是可以忽視這股壓力的。

再者,俊男美女並非與事事美好畫上等號。**成見效應** (halo effect) 指出單憑個體一方面顯著的特徵為根據,即用以當作他的全部特徵,結果造成過高或過低評估的失真現象。所以我們覺得漂亮、身材纖纖的女性代言人,往往代表事事順遂,是一種以偏概全不正確的推論。

因此現代女性應表現多元性與自我實踐力,首先應真實的面對自己,愛自己的身體與容貌,並積極找出除身材外,個人所擁有的特質與自信心,以回應社會所給予的壓力與刻板印象。綜言之,避免創造過度美化的幻想,如此才是各種美容聖品"最先進的配方"。

第四節　消費者的動機與涉入

在前文有關消費者人格的討論中，無論談到弗洛伊德的隱藏性需求或是馬斯洛的需求層次論，都隱喻著人類需求的滿足對人格的形成有著密切的關係。**需求** (need) 是指生理或心理上因匱乏而產生體內不均衡的狀態。當需求未滿足之際，常有緊張不安的狀態，會經由動機的過程尋求解決，而消費者對需求涉入程度的高低，又直接影響動機程度的強弱。綜言之，人格、需求、動機與涉入等心理機制，呈現著相互關聯的因果現象。以下我們將接續人格的部分，進一步探討動機與涉入程度對消費者行為的影響。

一、消費者動機的性質

在第一章曾提及，消費者心理學是研究消費者在消費活動中的心理歷程與行為規律的一門學科。心理歷程與行為是指個體內隱與外顯的各種活動，而動機則是消費者從事各種活動的內在原因，所以了解各種不同消費動機的內在力量，及不同的動機隱含的產品購買意義，對行銷策略擬定有關鍵性的助益，因此有人形容動機雖是一隻看不見的手，但無形的事物往往比有形的更具威力。

動機 (motivation) 是指引起個體活動 (行為)，維持已引起的活動，並促使該活動朝向某一目標進行的內在歷程 (張春興，1989)，如圖 4-4 所示。個體在處於未滿足的狀況時，會產生需求，隨之而來是緊張不安的情緒並引發驅力 (註 4-3)，驅力促使個體表現出適宜的行為以解決問題。當需求得到滿足後，動機的目標宣告完成，緊張不安的程度減低，驅力也因而減弱。所以當一個人口渴時，常有口乾舌燥、心浮氣躁之感。這種失衡的狀態會引起

註 4-3：驅力、需求與動機三者的概念，廣義來說是相通的，都是指個體行為內在的原因或動力；但狹義而言，**驅力** (drive) 大多用來說明原始性的生理動機，如飢、渴、性等，需求的定義則較不明確，有時指形成驅力的原因，有時則指不同的動機類型，如生理性或心理性需求。

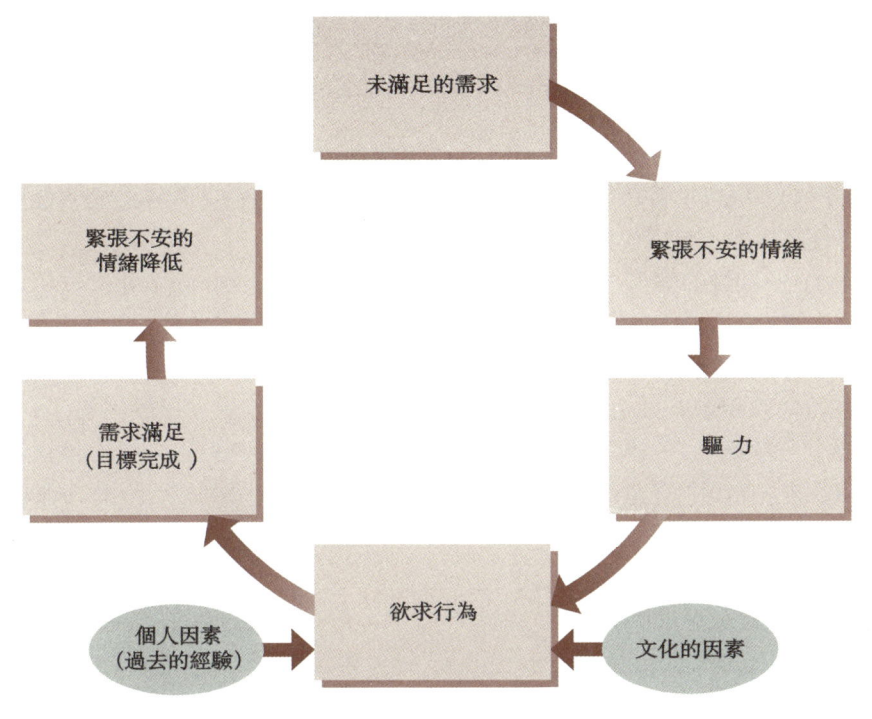

图 4-4 動機的過程
(根據 Shiffman & Kanuk, 1994 資料繪製)

驅力。降低驅力有許多不同方法，例如喝水、喝果汁、喝可樂都能夠解渴，但選擇哪一種方法與消費者過去經驗、所處的文化環境因素有關。為了更了解動機的意義，本節首先介紹動機的相關類別，其次說明消費者動機的衝突與解決的方法。

(一) 動機的相關類別

人類的動機到底有幾類，目前並沒有一定的界說，從三種到三十幾種的說法都有，然而在這些類別中，許多學者都同意動機可從生理性（包括對食物、水、空氣、衣服、住處、性的需求），或心理性（包括對自尊、身分地位、親和、權力等的需要）來區分。在消費者心理學中，馬蓋瑞 (McGuire, 1976) 所發展出來的**心理與社會動機論** (psychological and social motives) 則從內在心理動機（需求）及外在社會動機（需求）兩個層次，來解釋人類動機行為，由於涵蓋動機類別較廣且較為精緻，成為工商心理學界常使用的動機理論。

1. 內部心理動機 (internal psychological motive) 指刺激進入個體內在認知系統後，舊有的認知觀點與新進刺激進行比較後，所產生的本能性動機反應稱之，包括下列幾項：

(1) **一致性的需求**：**一致性的需求** (need for consistency) 指個人內部各個心理機制如態度、行為、意見、自我形象等能夠相互協調、互為一致的動機傾向。所以如果購買行為發生後，不能與先前認知態度相符，即發生不一致的失調現象，並且需要額外訊息來降低不一致感覺。假設你花了 50 元買了一顆蘋果，但朋友只花了 30 元買了個一模一樣的，一旦你獲知這項訊息後，心中的矛盾與懊悔不言而喻。為了解決不一致的情形，你常動機性解釋你買的蘋果一定比朋友買的要甜。有關這個部分，我們將在第五章做深入探討。

(2) **歸因的需求**：當事件已經發生了，人們動機性的去推論原因的過程就稱為**歸因的需求** (need for attribution)。歸因理論就是解釋"人們為什麼做他們表現的行為"或"我為什麼做我所做的事"。歸因的重要性是它會影響歸因者以後的行為。例如消費者購買皮包，銷售員特別給了大折扣，如果消費者歸因為"他只給我折扣"，那麼以後會常向這位銷售員購買，如果歸因為"銷售員給每個人折扣"，則以後不會有特別的感念之情，所以藉歸因理論可分析消費者對行銷訊息的反應。

(3) **分類的需求**：我們會動機性去歸類或組織外在進入的訊息與經驗，使得進入腦海的大量訊息不至於混亂，這種現象稱為**分類的需求** (need to categorize)。行銷者常利用孤立效果，使消費者歸類上產生鮮明對比，而記憶深刻。化妝品一般印象屬於女性，產品代言人常是面貌姣好之美女。美爽爽化妝品以男歌手陳昇來促銷產品，使消費者歸類上產生唐突，因而留下深刻印象。

(4) **探求線索的需求**：人們喜歡收集蛛絲馬跡的線索 (或符號) 來推論我們心中感覺或知覺的現象，稱為**探求線索的需求** (need for cues)，例如我們常從車主選擇汽車的顏色的線索，不由自主的推論車主的個性，舉例來說，開紅色車車主個性"活潑熱情"、"做事有衝勁"、"喜歡被注意"。

開白色車車主個性傾向於"完美主義"、"做事嚴謹"、"要求嚴格"。而開黑色車的車主"喜歡神秘"、"沉穩內斂"、"善於觀察別人"。

(5) **獨立的需求**：**獨立的需求** (need for independent)，是指個體希望能在別人心目中建立自我價值感，且能夠達到自我實現。行銷者常激發消費者"成為你自己想做的人"來達到獨立感。耐吉球鞋廣告請籃球名將麥可喬丹的告白就是一種獨立性促動："我在職籃上有九千多次投籃不進；輸球近 300 場，有 26 次在關鍵時刻，所有人都相信我會投進致勝的一球，我卻失手。我的生命中充滿一次又一次的失敗，正因為如此才奠定我的成功"從這段告白所傳達的感覺就是一種獨立性。

(6) **新奇的需求**：我們偶爾會改變慣用的品牌或是尋求不凡的刺激經驗 (如高空彈跳、泛舟)，這是因為我們有**新奇的需求** (need for novelty)，當環境刺激一成不變時，人們常感到厭煩，渴望有所變化，所以行銷廣告不能一成不變，要能激起消費者欲望，產生興趣。

2. 外部社會動機 (external social motive) 是指消費者與外界環境 (包括所處的社會地位、社會文化環境與社會相關團體) 互動後，個人所產生的需求狀態。包括下列幾項：

(1) **自我表達的需求**：**自我表達的需求** (need of self-expression) 指我們需要別人知道"我是誰"的動機傾向。通常我們常藉由購買產品的象徵意義 (尤其是服飾、汽車) 來表達我們的定位與自我認定。

(2) **自我防衛的需求**：當消費者面臨挫折時常產生焦慮感覺，為了防止或減低個人焦慮，習慣性採取防禦性行為的態度，以維護自我形象稱之為**自我防衛的需求** (need for ego defense)。消費者常用的防衛機制 (註 4-4) 列入表 4-3，請參考。為了完成潛意識的抒發，許多自我防衛需求常不自覺的出現在消費決策中，因此為了降低焦慮，行銷者宜把消費者失敗或挫折的感覺，歸諸於產品的不佳，而不要歸諸於能力不足。

(3) **肯定的需求**：從事一些活動並從活動中獲取自尊的感覺，稱之為**肯定的需求** (need for assertion)，肯定的需求與需求層次論中的自尊需求相

註 4-4：**防衛機制** (defense mechanism) 是精神分析論使用的術語，用以解釋個人應付挫折情境時，為防止或減低焦慮或愧疚的精神壓力所採用的一些習慣性的適應行為。個人之所以防衛，一方面旨在減輕焦慮的壓力，另方面旨在保衛自我以維持內在人格結構 (本我、自我、超我) 的均衡，與外在社會關係 (角色、地位等) 的和諧 (張春興，1991)。

表 4-3 消費者常使用的防衛機制

防衛機制類別	代表的意義	消費實例
攻擊作用	直接向挫折來源提出反擊	不滿意產品品質,要求道歉退錢等
代替作用	不能達到原先預期的,退而求其次	無法購買新車,以二手車代替
文飾作用	以一種較為社會所接受的理由解釋自己的行為	癮君子認為隔壁老太太天天抽煙活到90歲,故抽煙致癌是不正確報導
退化作用	受挫後表現行為比應有行為幼稚	得不到產品進而破壞,使別人不能購買或使用
投射作用	個人有不被社會認同的人格特質時否認擁有該特質,並加諸於他人	自己到情趣商店購買產品,入店前巧遇朋友,卻嘲笑朋友色情狂,居然到這種店買東西
反向作用	內在動機與外在行為不一致的現象如口蜜腹劍、笑裏藏刀	不喜歡計程車,偏偏購買黃色跑車展現自己不一致的性格
認同作用	個人在現實無法獲得成功,只好比擬其他成功的人,藉此心理分享其成功的果實	肥胖者常購買美麗代言人所販賣減肥產品,希望使用產品後,能有傲人的身材
退縮作用	遇到挫折從情境退出的迴避反應	拍賣會場無法與對手競價退出會場

(採自張春興,2002)

似,此處不再多做說明。研究指出肯定需求強烈的消費者在購買不如意時,容易引發抱怨。

(4) **強化的需求**:人們的行為得到酬賞會持續表現相同的行為,稱為**強化的需求** (need for reinforcement)。行銷者常利用外在強化 (如折扣、試吃) 或內在強化方式 (產品精湛的表現),激發消費者產生強化的需求。

(5) **親和的需求**:親和是指與他人發生親近和諧的融洽關係。人是社會的一員,都會發展出與他人分享事物,為他人所接受的傾向稱之為**親和的需求** (need for affiliation),親和需求與馬斯洛所提的愛與隸屬需求類似,不再贅述。

(6) **模仿的需求**:**模仿的需求** (need for modeling) 指仿效他人行為的傾向。人類有獨立思考認知能力,常藉由模仿來減少親自學習花費的時間,這是一種基本的需求，例如兒童靠模仿學習許多消費者知識，青少年藉著模仿發生從眾現象而購買相同的品牌。

(二) 消費者的動機衝突與解決

承前所述，動機常促使個體朝向某一目標進行，而動機的目標在方向上有正也有負。通常**趨近目標** (approaching goal) 驅使消費者表現接近目標的行為。例如，為使身材纖細柔美，消費者主動加入健身俱樂部。**迴避目標** (repelling goal) 指為避免不愉快目標所表現出的行為。例如使用體香劑以去除狐臭的負面形象。由於消費者購買決策通常包含一種以上的動機來源，因而常出現不同的目標趨向，而當多個並存的動機無法同時獲得滿足，甚至彼此排斥時，稱為**動機衝突** (motivation conflict)。不同的目標趨向在衝突時，可能因同時為正向動機引發，可能同時為負向動機引發，甚至正負動機之間相互衝突。圖 4-5 中顯示這三種不同組合，分別為雙趨衝突、趨避衝突及雙避衝突。

1. 雙趨衝突　當消費者迫於情勢下，必須在兩個都喜歡的動機選項裏

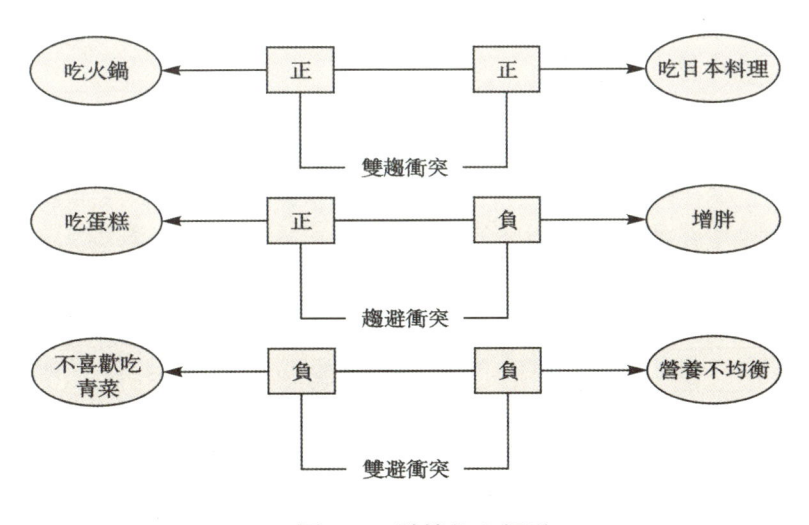

圖 4-5　動機衝突類型

挑選其一，所產生左右為難與衝突矛盾的情形稱為**雙趨衝突** (approach-approach conflict)。例如買了房子無法買車子；固定男友後，就必須捨棄其他男士的追求等，俗諺說"魚與熊掌不可兼得"即為雙趨衝突。在雙趨衝突下所產生的購買行為，常導致購買後失調。**購買後失調** (post-purchase dissonance) 是指消費者必須在優劣互見的數個品牌中，取一而捨其他，而在難以割捨情境下所作出的決策，常使消費者日後只看到購買品牌所具有的缺點，因而後悔或懷念起當時被放棄的其他品牌。

為了舒緩消費者購買後失調的情形，行銷者宜強調購後服務的完整性，包括疑難問題解答、維修包換等服務，以降低不適的感覺，再者，找出消費者未選擇的另一產品之缺點，肯定消費者沒有選擇該產品的智慧，以降低失調的程度。

  2. **趨避衝突** 當消費者對單一目標產生正負兩種動機，既想去接近目標，但又怕接近目標後產生負面的影響，因而有進退兩難的情形稱為**趨避衝突** (approach-avoidance conflict)。例如夜間睡意濃濃，但是報告還沒有趕完；飯後一枝煙快樂似神仙，卻擔心吸煙致癌；喜歡穿貂皮大衣，卻容易觸怒保護動物團體。所以類似既期待又怕受傷害所產生的衝突，都稱為趨避衝突。減少趨避衝突的最佳策略為產品的改良，例如低卡路里冰淇淋的推出可解決愛吃冰淇淋又怕胖的問題；仿造皮衣技術的改良，除了讓消費者穿出高貴外，也穿的安心。

  3. **雙避衝突** 消費者迫於情勢下，必須在兩個具有同等排斥力的目標下接受其一的情形稱**雙避衝突** (avoidance-avoidance conflict)，例如面對時常故障的老舊汽車，常出現購買新車或送廠修理的問題，購買新車花費不貲，固為消費者所不願，而舊車維修除需付出一筆費用外，也無法保證汽車不再拋錨，這也是消費者不願的選擇，俗諺說的"喝酒傷肝、不喝酒傷心"就是說明這類的衝突。

讓消費者在兩個不喜歡的目標中，選擇一個威脅較輕的選項，並列舉出選擇該方案損失較輕微的證明，是解決雙避衝突的方法。此與中國古諺"兩害相權取其輕"相似。例如繳稅會讓收入減少，但逃漏稅又會吃上官司，在權衡下，誠實繳稅將比犯罪吃官司的選擇要好。另外從健康的觀點來說，喜歡吃肉的消費者容易罹患高血脂症，解決之道即多吃青菜，但改變飲食習慣對肉食者誠屬不易。因此，在公益廣告訴求內容，可延請營養專家述說食肉過多對心臟血管所造成的危害，並說明青菜的優點，藉以製造雙避衝突，使消費者擇其輕（吃不喜歡的青菜食物）而避其重（心臟血管病變）。

二、消費者涉入程度

依照動機的意義，當消費者需求被觸動時，會產生購買產品的反應，藉以滿足需求，回復到均衡的狀態。但每一個人都存在著許多不同的需求，而在時間與金錢的限制下，各種需求不可能同時被滿足，必須依需求的重要程度排定先後次序，也因此產生強弱不一的動機現象。

研究指出，一些消費者在購買特殊產品的過程中，比其他人涉入更深，例如講求時髦者對香水涉入深，喜歡收集流行訊息，比較品牌之間的差異，也不時聆聽他人的意見累積經驗。從這些特性看，**消費者涉入** (consumer involvement) 是指消費者對產品保持警覺和興趣的狀態。高涉入階層在購買前有強烈動機去尋找、參與、比較與產品有關的任何訊息。換言之，消費者涉入程度深，傾向於產生強烈的動機，優先處理重要的需求，動機的強弱與消費者涉入的高低保持著密切的關係。有關消費者涉入的類型請參見補充討論 4-1。

由於涉入程度與消費者決策關係至為密切，所以探討消費者涉入的文獻頗多，本節擬分二個部分來加以說明。其一，從精緻可能性模式可了解涉入程度的差異對消費行為的影響；其二，測量涉入程度的方法。

(一) 精緻可能性模式

精緻可能性模式 (elaboration likelihood model，簡稱 ELM) 指當消費者接觸到外在訊息時，會依訊息內容、個人特質及外在情境等因素，給予訊息不同的處理 (Petty, Cacioppo & Schumann, 1983)。在高涉入的狀況下，因為訊息與消費者實際需求息息相關，所以傾向經由核心途徑，以精緻化的方式處理。低涉入的情境下，消費者的意興闌珊，故以較不精緻或被動的周邊途徑處理訊息。訊息處理的途徑模式請見圖 4-6。

舉例來說，想要購屋的新婚夫婦，除了隨時收集訊息，也會嘗試分析購屋重要的屬性（如坪數、價錢、地點以及交通狀況），常以深入的角度來處理訊息，在心理特徵上包括集中注意力了解訊息、反覆思索訊息、與既有態

164 消費者心理學

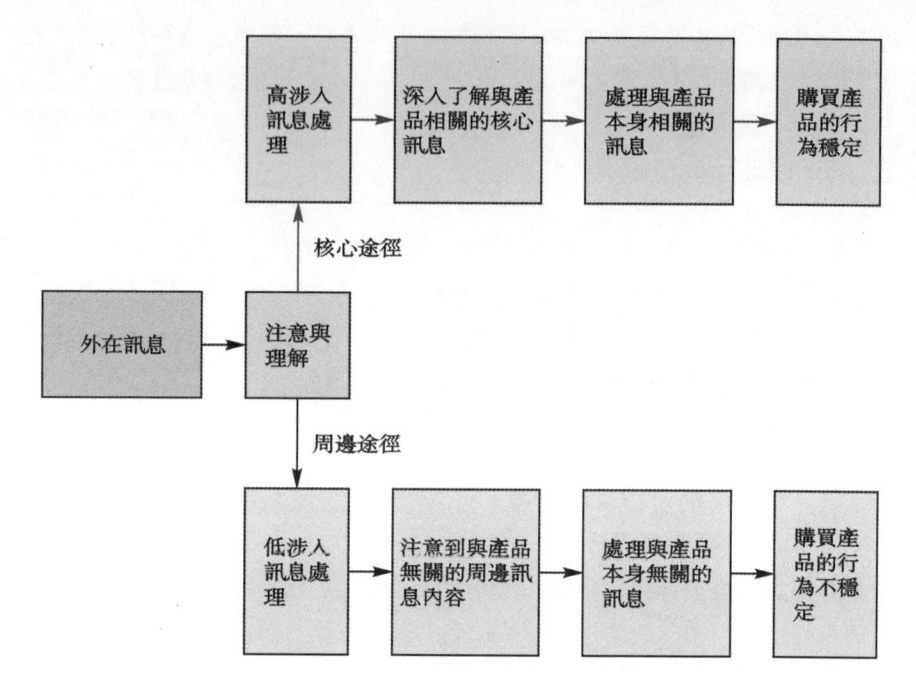

```
                    ┌──────────┐   ┌──────────┐   ┌──────────┐   ┌──────────┐
                    │ 高涉入   │   │ 深入了解 │   │ 處理與產 │   │ 購買產   │
                    │ 訊息處   │──▶│ 與產品相 │──▶│ 品本身相 │──▶│ 品的行   │
                    │ 理       │   │ 關的核心 │   │ 關的訊息 │   │ 為穩定   │
                    │          │   │ 訊息     │   │          │   │          │
                    └──────────┘   └──────────┘   └──────────┘   └──────────┘
                         ▲
                         │  核心途徑
                         │
┌──────────┐        ┌──────────┐
│ 外在訊息 │───────▶│ 注意與   │
│          │        │ 理解     │
└──────────┘        └──────────┘
                         │  周邊途徑
                         ▼
                    ┌──────────┐   ┌──────────┐   ┌──────────┐   ┌──────────┐
                    │ 低涉入   │   │ 注意到與 │   │ 處理與產 │   │ 購買產   │
                    │ 訊息處   │──▶│ 產品無關 │──▶│ 品本身無 │──▶│ 品的行   │
                    │ 理       │   │ 的周邊訊 │   │ 關的訊息 │   │ 為不穩   │
                    │          │   │ 息內容   │   │          │   │ 定       │
                    └──────────┘   └──────────┘   └──────────┘   └──────────┘
```

圖 4-6　精緻可能性模式的核心途徑與周邊途徑走向圖
(採自 Mowen, 1995)

度相互比較評估、產生深刻的訊息記憶等，此乃**核心途徑** (central route) 的處理方式。相對的，如果對購屋呈低涉入者，在接觸到售屋訊息時，傾向把注意力集中在消息源的吸引力、專業形象、廣告氣氛、音樂的悅耳性等，而非訊息內容的本身，為一種量的鑑賞，而非實質的功能考量，此為**周邊途徑** (peripheral route) 的處理方式。綜合上述，精緻可能性模式兩種處理的方式，應驗了中國古諺的一句話"內行人看門道，外行人看熱鬧"，因為"看門道"涉入深，故可比擬為核心途徑，而"看熱鬧"涉入淺，故是周邊途徑。

　　美國有一家著名的牛排餐館，原先以鐵板來當作用餐的盤子，後來考慮到吱吱作響的鐵板會噴濺出油漬，容易誤傷消費者，且鐵板中的熱度會把牛排煎得過老失去原有美味，所以他們特地淘汰鐵板，而改用瓷盤來服務消費者。這個貼心的改變雖然贏得一些消費者的共鳴，但也遭受其他一些消費者的抗議。抗議的理由令人驚訝，例如用鐵板裝牛排吱吱作響的聲音，已經成為吃牛排時不可或缺的趣味；吱吱的聲音使消費者吃牛排時更有嚼勁；以餐巾來擋油漬，也成為消費者吃牛排時慣常的動作。所以一旦沒有上述效果，吃牛排的樂趣變得乏善可陳。

上述的例子顯示了去吃牛排的消費者可能有兩種。第一種是關心牛肉的肉質以及熟度，是懷著鑑賞牛肉品質的角度去的，這是高涉入的消費者，也會由核心途徑去了解牛肉的內涵與肉質可口的程度。第二種消費者去吃牛肉的主要興趣是喜歡聽到牛肉鐵板發出聲音，及用餐巾紙去擋油漬的一種有趣儀式，他們喜歡一些表面的因素，對牛肉的品質鑑定呈低涉入的狀態，故傾向於以周邊途徑處理牛肉的訊息。所以美國俚語中有一句話"sell the steak or sizzle"就是在說你喜歡的是牛排（訊息本身），還是牛排的吱吱聲（伴隨效果）。另外，"牛肉在哪裏"(where is the beef)，也常成為諷刺政治人物的政見華而不實的術語。

精緻可能性模式曾經得到很多研究上的支持。例如，高涉入消費者容易受到廣告裏有關產品品質及強度的訴求所影響，這是核心途徑的處理方式。低涉入消費者則對廣告的顏色、背景、位置、擺設、產品代言人的特殊背景所吸引，即為周邊途徑的處理方式。另外一個研究也指出，低涉入消費者容易對廣告的外表，如字體大小、呈現方式、產品代言人的照片等等因素產生興趣；高涉入的消費者則受廣告所提供的產品實質變項，如功能、屬性、效果、利益等所影響 (Petty, Cacioppo & Schumann, 1983)。

精緻可能性模式隱喻著行銷者可使用的技巧。當目標市場消費者涉入程度不高時，可以用周邊的說服途徑來進行溝通。方法包括著重產品的包裝、產品代言人的吸引度，或是聲動感性的產品訴求方法等。相反的，如果訴求的是高涉入的消費者，則訴求方式以核心途徑較佳，例如強調產品的品質，利益與服務等優點。

(二) 涉入的測量

涉入的測量對行銷者是重要的，了解消費者涉入的情形，在擬定溝通策略上較能掌控。然而由補充討論 4-1 可知，學者對涉入的概念尚難達成一致的定義，因此對涉入的測量有許多不同的看法。舉例來說，有學者提議消費者涉入可分為五種類型，分別是自我的涉入、承諾的涉入、溝通的涉入、購買的重要性及訊息收集量的多寡等，所以測量應從這五類變項著手；而把

補充討論 4-1
消費者涉入的類型

消費者產生涉入程度是由外在的刺激所引發，但因刺激的種類繁多 (如情境的刺激、產品刺激、媒體刺激、個人經驗所產生的刺激等)，故產生所謂的產品涉入與購買涉入、媒體涉入及情境與持續涉入等不同的涉入類型。

1. 產品涉入與購買涉入 **產品涉入** (product involvement) 指消費者對產品產生興趣與重要程度的一種知覺。**購買涉入** (purchase involvement) 是指在購買過程裏，因為需求產生而引起的興趣與專注程度。理論上，產品涉入與購買涉入屬於相同的概念，但在一些特殊狀態兩者仍有不同，例如，衛生紙巾的產品涉入低，假設在賣場上，每種品牌都在進行折扣戰，為了找出最便宜的售價，消費者到處詢價，進而成了高涉入的購買者 (購買涉入高)。另一方面，汽車玩家對各類汽車特徵內涵如數家珍 (產品涉入高)，但在購買時，只購買特定品牌 (忠誠度高)，而成了低涉入的購買者 (購買涉入低)。

2. 媒體涉入 **媒體涉入** (media involvement) 是指消費者面對媒體的刺激時，所引發的重視及處理程度。談到媒體涉入，應先探討**側邊半腦理論** (hemispherical lateralizatoin)。該理論指出，右半邊的腦部大部份處理非語文性的活動 (圖案、情感、衝動、暗喻及直覺性的訊息接收)，左半邊的腦部，主要處理的訊息為認知性活動 (理性、實質面、語文性)。從這個理論來說，收看電視的圖象，是經過電視台人員安排與處理的訊息，觀眾以右半邊的腦部接收與儲存訊息，接收過程只能依電視所呈現的畫面內容與次序進行，在收看的心態上是被動的，故電視為一個低涉入的媒體。消費者在經過電視廣告重復披露的影響，常以依稀記得的畫面或語調來購買產品，再由使用產品的結果，慢慢形成對產品的態度。相反的，報紙與雜誌呈現的廣告是以文字語言為主，讀者需以左腦思考了解文中意義，讀者可經由主動的態度，選擇想要閱覽的部份，控制閱讀的速度，所以報紙或雜誌可視為一種高涉入的媒體。消費者在處理報章雜誌的廣告過程，購買的態度需要先被說服，才能接續的產生購買行為。

3. 情境涉入與持續涉入 消費者因體驗到情緒的激昂，進而對產品產生高度興趣的情形稱為**情境涉入** (situational involvement)，情境涉入通常受賣場情境的影響，例如受電腦展廠商瘋狂折扣的吆喝，而買下電腦。相對於情境涉入的概念是持續涉入，**持續涉入** (enduring involvement) 指因過去經驗或興趣濃厚，使消費者持續對某產品類別產生高涉入的狀態。例如有些同學時時刻刻找人聊電腦、訂閱電腦雜誌、參觀電腦展，就是對電腦產品持續涉入深者。情境涉入為一時興起，常在情境消失後即煙消雲散。持續涉入則為一種特定的興趣或嗜好，不會隨風而逝。

涉入程度視為認知狀態的學者強調自我涉入、風險覺察及購買重要性；而從行為面出發的學者重視消費者收集及評估產品訊息的程度；另外，也有人由決策時間看涉入高低；也有研究者認為涉入測量應朝向產品對消費者的重要程度、快樂程度以及風險程度三方面進行。由於涉入測量眾說紛紜，難以達成一致的協議，本節所介紹兩種方法是行銷者較常使用的方法，一為測量產品對消費者的重要度的產品涉入量表，另一為涉入剖面法。

1. 產品涉入量表 產品涉入量表 (Product Involvement Inventory，簡稱 PII) 包括十個題目，主試者將測量的產品名稱置於題目之前，以十題語意區別量表作為測量的方法，即將每一題都用兩個相對的形容詞來形容所欲判斷的產品，每一題的形容詞之間分為七個等級，應答者依照自己的感覺勾選最能代表的位置來描述。這些題目包括了"這個產品是不是必要的"、"這個產品是不是有價值的"、"這個產品是不是與我的日常生活相關"等等。應答者填答後把每一題的分數合加在一起，得到的一個總分，即為消費者對產品的涉入程度。在表 4-4 中，每一題都為七點尺度，應答者如果認為題目的敘述是重要的，可填入越高的分數 (其中第 5、6、8、10 題需要反

表 4-4　產品涉入量表例示

(放入被判斷的產品名稱)

1、非常重要的產品	□□□□□□□	非常不重要的產品
2、與我日常生活息息相關的	□□□□□□□	與我日常生活不相關的
3、對我而言是非常有意義的	□□□□□□□	對我而言是完全沒有意義的
4、產品是非常有價值的	□□□□□□□	產品是完全沒有價值的
● 5、是很無趣的產品	□□□□□□□	是很有趣的產品
● 6、是平淡無味的產品	□□□□□□□	是令人興奮的產品
7、令人非常心動的產品	□□□□□□□	非常不吸引人的產品
● 8、非常平凡的產品	□□□□□□□	非常不平凡的產品
9、很深入的產品	□□□□□□□	無所謂的產品
●10、基本需要的產品	□□□□□□□	非基本需要的產品

註：題目有●者表示反向計分

(採自 Zaichkowsky, 1994)

向計分)，所以在十個形容詞中，涉入程度最高的得分為 70 分，最低為 10 分 (Zaichkowsky, 1994)。

2. 涉入剖面法 涉入剖面法 (involvement profiles) 的基本假設是，涉入程度含括多面性，而不是單一的向度。此量表認為消費者對產品涉入的深淺應依據下面四個向度來決定。第一個向度是消費者買錯後的嚴重性；第二個向度是對自己買錯的機率高低的評估；第三個向度是購買產品帶來的愉悅性程度；第四個向度是購買對自尊的影響 (Laurent & Kapferer, 1985)。

表 4-5 是研究者以四個向度，配合不同的產品類別來探討消費者在各個向度的涉入傾向。結果發現不同的產品在不同的向度上，有不同的得分(在表中的數字越大，對那一個向度的關切程度越高)。例如，吸塵器在買錯後的嚴重性，與買錯的機率上，涉入程度得分偏高；但是對於是否有愉悅性及對自尊是否重要的得分則偏低；對巧克力產品而言，是否有愉悅性對消費者的涉入較深，對自己的自尊是否很重要得分偏低。涉入剖面法對組織行銷

表 4-5 涉入剖面法例示

剖析向度 產品	買錯後的 嚴重性	自己買錯的 機率	產品帶來的 愉悅性	產品對自我自 尊感覺重要度
衣　服	121	112	147	181
胸　罩	117	115	106	130
洗衣機	118	109	106	111
電視機	112	100	122	95
吸塵器	110	112	70	78
熨　斗	103	95	72	76
香檳酒	109	120	125	125
汽　油	89	97	65	92
優　格	86	83	106	78
巧克力	80	89	123	75
洗髮精	96	103	90	81
牙　膏	95	95	94	105
洗面皂	82	90	114	118
洗潔劑	79	82	56	63

註：表中的分數越高涉入程度越深
(採自 Laurent & Kapferer, 1985)

最大的貢獻，在於提供行銷者了解消費者對產品涉入最深的向度，以便行銷者依據這份資料來修正或創造廣告訴求的重點。

本 章 摘 要

1. 三大人格理論中，**精神分析論**主張人格系統的自我，如何協調本我與超我所產生的衝突與焦慮，是轉變成不同的人格類型的原因。**人格特質論**認為人格由獨特心理特徵或特質所組成。**人本主義心理學**主張個人的經驗以及經驗對個人的意義才是人格的基礎，對人格的研究應該以整體人格進行研究，而不是把人格分割成片段，零碎的反應來分析。
2. **隱藏性需求**的理論是以弗洛伊德對人類行為的基本假設為主，認為人類行為是由人格結構的三個系統（本我、自我、超我）互相衝突所表現出來的，藉由動機研究始可一窺全貌。進行**動機研究**所採用的工具為**圖片投射法**及**語文投射法**。
3. 早期消費者心理學在動機研究的基礎，是由弗洛伊德的人格理論以及心理分析的技巧延伸而來，研究重點偏向與"性"相關的論點來解釋購買動機。近代的動機研究則以**表徵學**等較為寬廣的角度進行研究。
4. 以人格特質為區隔工具時，在行銷應用上最為普遍。目前發展出區隔消費者心理特質者，包括創新性、人際敏感度及認知性等人格屬性。
5. 不同類型消費者在購買產品時，可能受他人影響，目前研究指出當消費者**自我敏感度**高者、**自我監控**特質高者及**社會特性**中外在導向者，比較傾向於在意他人對自我形象及觀點的評價。
6. 人格特質論與消費者行為相關不高的主要原因為人格測驗的使用不當，以及研究者忽略了人格的統合性、購買情境和社會背景因素的影響。
7. **需求層次論**將需求分為**生理需求**、**安全需求**、**愛與隸屬需求**、**自尊需求**與**自我實現需求**等五個層次，並主張需求是由低而高逐漸被滿足的。需求層次論在了解消費者購物優先順序的選擇，及對產品定位的策略上提供了參考價值。
8. **自我概念**指個人對自己多方面的知覺了解程度。包括個人興趣、能力、性格的了解；與他人及環境的關係；處理事物的經驗及對人、事、物的評價與看法等向度。
9. 自我概念涵蓋了真實我與理想我兩個構面。**真實我**是指個體知覺到自己是怎樣的一個人；**理想我**指在理想狀態中，期望成為怎麼樣的一個人。
10. **身體形象**往往是自我概念中非常重要的部分。許多消費者為了追求理想美，花費無數時間與金錢，行銷者也發展出了許多塑身健美的方法。
11. **理想美**是指消費者對"美"的定義所做出的主觀知覺。消費者對自己相貌的信心，與心目中建立的理想美所產生的差距，構成了對"美"的滿意程度。
12. **動機**是指引起個體活動，維持已引起的活動，並促使該活動朝向某一目標進行的內在歷程。當個體處於未滿足的狀態會產生需求或欲求，個體的狀態暫時失去平衡，產生驅力朝向某一目標行為，以恢復體內平衡。
13. **心理與社會動機論**從心理內在的動機及社會外在的動機兩個層次來解釋人類動機行為。**內部心理動機**包括**一致性的需求、歸因的需求、分類的需求、探求線索的需求、獨立的需求與新奇的需求**。**外部社會動機**包括**自我表達的需求、自我防衛的需求、肯定的需求、強化的需求、親和的需求與模仿的需求**。
14. 購買決策通常會牽涉到一種以上的動機來源，所以消費者在購買時，出現不同購買動機趨向，因而可能造成**雙趨衝突、趨避衝突**或**雙避衝突**。
15. **消費者涉入**是消費者保持一種高度警覺和興趣的狀態，使其在購買前產生足夠動機去尋找、參與、慎思與產品有關的任何訊息。學者目前對涉入的概念難以達成一致的定義。
16. **精緻可能性模式**指消費者接受到訊息後，會依照訊息重要的程度，採取**核心途徑**（高涉入）或是**周邊途徑**（低涉入）的方式來回應。
17. 高涉入的消費者容易被廣告產品訊息品質的訴求及強度所影響，屬於**核心途徑**的處理方式。低涉入的消費者則對廣告的顏色、背景、位置、擺設、產品代言人的特殊背景所吸引，此為**周邊途徑**的處理方式。
18. 涉入的型態，可分為產品涉入與購買涉入、媒體涉入、和情境與持續涉入，涉入的測量常用的方法有**產品涉入量表**和**涉入剖面法**。

建議參考資料

1. 阿德勒 (黃光國譯，1981)：自卑與超越。台北市：志文出版社。
2. 莊耀嘉 (1982)：人本心理學之父馬斯洛。台北市：允晨文化公司。
3. 楊庸一 (1982)：心理分析之父佛洛依德。台北市：允晨文化公司。
4. 應平書 (1987)：現身說法減肥成功。台北市：文經出版社。
5. Albanese, P. J. (2002). *The personality continuum and consumer behavior.* Westport, Conn: Quorum Books.
6. Dichter, E. (1964). *Handbook of consumer motivations.* New York: McGraw-Hill.
7. Gobe, M., & Zyman, S. (2000). *Emotional branding: The new paradigm for connecting brands to people.* New York: Allworth Press.
8. Kahneman, D., & Tversky, A. (2000). *Choices, values, and frames.* Chicago: Cambridge University Press.
9. Kassarjian, H. H., & Robertson, T. S. (1991). *Perspectives in consumer behavior.* IL: Scott & Foresman Company.
10. Maslow, A. H. (1970). *Motivation and personality.* New York: Happer & Row.
11. Mowen, J. C., & Minor, M. S. (2001). *Consumer behauior: A framework.* NJ: Prentice-Hall.
12. Stearns, P. N. (2002). *Fat history: Bodies and beauty in the modern west.* New York: New York University Press.

第五章

消費者態度的形成與改變

本章內容細目

第一節　態度組成因素與態度階層效果
一、態度組成因素　175
　(一) 認知因素
　(二) 情感因素
　(三) 行為意向因素
　(四) 態度因素協調性
二、消費者態度階層效果　178
　(一) 高涉入階層
　(二) 低涉入階層
　(三) 體驗性階層
三、態度與行為不一致的因素　181
　(一) 態度測量的誤差
　(二) 個人因素的作用
　(三) 社會或情境因素的力量

第二節　消費者態度的理論
一、平衡理論　183
　(一) 平衡理論的意義
　(二) 平衡理論在行銷上的應用
二、社會判斷論　186
　(一) 社會判斷論的內容
　(二) 同化效果與對比效果
三、調和理論　188
四、抗衡理論　189

第三節　溝通模式與訊息源對消費者的影響
一、消費者溝通模式　191
補充討論 5-1：非人員溝通媒介工具
二、訊息源的可信度　195
　(一) 訊息源專業性
　(二) 訊息源信賴感
三、訊息源的吸引度　196
　(一) 外表吸引力
　(二) 聲望吸引力
　(三) 相似吸引力
補充討論 5-2：以公眾人物為訊息源的效果評估

第四節　訊息內容與回饋對消費者的影響
一、訊息結構　200
　(一) 單面與雙面訊息
　(二) 結論呈現
　(三) 訊息生動性
　(四) 訊息重復效果
二、訊息訴求　203
　(一) 比較性訴求
　(二) 理性與感性訴求
補充討論 5-3：恐怖訴求與幽默訴求
　(三) 性訴求
　(四) 比喻訴求
三、回　饋　210
　(一) 銷售前回饋
　(二) 銷售後回饋

本章摘要

建議參考資料

態度(attitude) 是指個體對人、對事、對物所持有的一種較為長久和一致性的行為傾向。一個人的態度決定了日常生活中行事的準則，例如參與課堂討論，我們知道自己的立場及要表達的意見；參加宴會時，對如何搭配衣服有一定的主張；挑選音樂時清楚自己喜歡的曲目。態度不僅反映了內在的心理活動與思考，也影響外在的行為。行銷者了解消費者態度內涵，除了可以預測購買行為外，也可以透過行銷活動強化或改變購買行為。正因為態度有如此重要的意義，探討態度的內涵以及預測消費者態度，一直是消費者心理學主要的課題，甚至有人認為消費者心理學就是研究態度的科學，因為在顧客至上的行銷環境中，測量消費者態度並推論消費者的行為，是提升顧客滿意度的不二法門。

消費者態度是一種內在的、假設性的建構，不能直接探知，必須藉由外顯行為或言語來推論，例如當我們知道消費者信任某一家廠牌，可以預知他應該會購買該廠牌的產品；擁護一位特定候選人的選民，應當不會再為其他候選人拉票。就是因為態度本身無法直接觀察，只能觀察態度引起的效果，因此學者必須從不同的構面了解消費者態度要素，以作為分析態度影響行為的過程，歸納出可能的規律性，方可實際應用到消費的領域中。

當行銷者得知目標消費者的態度傾向，並想進一步改變消費者原有的態度時，常由溝通的過程來達成。在工業化社會裏，人際的互動機會大減，增進彼此了解的"溝通"，頓時成了熱門話題，舉凡夫妻(親子)間的溝通、候選人與選民的溝通、組織員工內部的溝通等都屬之。在消費者心理學中，學習"溝通"的目的有二：其一，就行銷者而言，透過溝通除了能夠向消費者傳遞產品的訊息，說服消費者購買外，還可以就消費者對產品了解程度與可能的誤解，適時找出問題做出修正。其二，就消費者而言，在眾多企圖改變我們態度行為的訊息中，溝通過程能讓我們學習到如何抗拒不適當的溝通影響，維持自己既有的態度，例如不受折扣誘惑購買無用之物，不受朋友慫恿而過量飲酒等。綜合上述，本章所包含的重點為：

1. 態度組成的要素及態度的階層效果。
2. 態度相關理論的說明。
3. 訊息源的可信度、吸引度對溝通效果的影響。
4. 不同的溝通訊息對消費者的影響與獲取消費者回饋的方式。

第一節　態度組成因素與態度階層效果

行銷者先要了解消費者對產品及其他行銷組合的態度，才能預測其消費行為，使得態度研究在消費者心理學一直是個重要的討論議題。近年來，心理學界在研究態度的理論與方法的精進下，對了解態度的本質與測量態度的有效性都有不錯的成果。本節首先探討態度因素的內涵，其次，將說明態度階層效果的意義，最後則針對態度與行為不一致的原因提出探討。

一、態度組成因素

研究者大都同意態度包含三個因素，第一個是認知因素，第二個是情感因素，第三個是行為意向因素，三者組合成的態度剛好代表"思考-情感-行動"重要的心理特徵。

（一）認知因素

認知因素 (cognitive component) 指個體經由意識活動對態度對象認識、理解的心理取向。在消費者心理學中，常以消費者信念來描述認知因素強度。**消費者信念** (consumer belief) 指消費者對一些觀念視之為真，產生贊同與接納的心理傾向。消費者信念是一種基於知識所產生的自我真理，這個真理對消費者而言是一項事實，但消費者認定的事實，並不一定都是正確的、也不是唯一的。例如"富豪汽車鋼板結實"、"貴的東西品質比較好"等，是消費者所認定的事實，然而這些觀點並不代表信念一定為真，也不表示每個消費者都有類似的觀點。消費者信念一般又可分為三種型態：

1. 描述性消費者信念　描述性消費者信念 (descriptive consumer belief) 指消費者對產品或他人的一種結論性看法，例如"辦公室電腦的記憶體容量很大"、"這家航空公司常常誤點"、"這家商店播放的音樂很輕快"等。

2. 經驗性消費者信念 經驗性消費者信念 (experiential consumer belief) 指消費者由經驗的累積而成的消費觀念，例如"胖的人要穿深色衣服"、"義美的紅豆牛奶冰棒好吃"、"沒店面的攤販東西比較便宜"。

3. 規範性消費者信念 規範性消費者信念 (normative consumer belief) 指由傳統文化或倫理道德所產生的消費信念，例如"商家應該童叟無欺"、"便利商店不宜賣煙給青少年"、"物以稀為貴"等。

(二) 情感因素

不管是不是察覺到，在進行購買決策時，我們常受到情感反應的影響。**情感因素** (affective component) 指消費者對態度對象（產品或品牌）好惡價值評判的心理取向，例如"SKII晶瑩剔透的感覺令人舒服"、"這咖啡好難喝"。消費者信念與情感的反應一般是聯結在一起，當我們在接收行銷刺激時，不但對品牌（產品）產生信念，還加上我們對信念正面或負面的評估。例如朋友燙髮花了五千元，這是一個事實信念，接下來我們可能給一些評價，例如"價格太貴了"（負面反應），或"師父手藝不錯"（正面反應）。由於情感因素大多以好惡面為主，所以測量情感因素需使用評估性的題目(包括喜歡-討厭、贊成-反對、好-壞等)，以了解應答者對態度對象正負面的想法。有關情感因素的特徵還有以下幾點的說明：

1. 情感評估常轉化為情緒 消費者對情感因素的評估常常昇華為情緒狀態，即由好-壞、反對-贊成的觀點，轉變成快樂、悲傷、害羞、厭煩、生氣的情緒。情緒狀態對消費者日後的購買行為有重要影響，看到一套很喜歡的衣服，購買後會產生興奮喜悅的情緒，這種愉悅的經驗，常讓消費者對這個品牌形成忠誠度，產生正向口碑傳播。

2. 情感評估受情境變化影響 消費者評估一項產品常受情境變化的影響，即所謂"此一時彼一時"也，例如喝咖啡令人保持清醒，在需要熬夜時，這個信念將產生正向的情感，但是在睡前，一般人卻避免喝咖啡（負向情感）。

3. 情感因素的個別差異性 情感的反應存有個別差異。相同的事實由於個人的背景因素、經驗，而產生不同的情感評估。例如電腦大降價，有人認為"機會難得"；有些人則認為商家在"出清存貨"。

（三） 行爲意向因素

行爲意向因素 (behavioral intention component)，是指消費者對態度對象準備採取行動的傾向，如想佔有、想遠離等心理狀態。承前所述，情感是對產品的評價向度，反應出消費者喜歡產品的程度，但是行為意向則是直接了解消費者購買產品的強度，所以就實際購買行為而言，其預測力比消費者信念或情感要來的高。舉例來說，賓士汽車在全球車壇享有很好的評價和地位，但由於價錢昂貴，營業額一直都遠低於同是德國名車的福斯及寶馬汽車。因此，雖然消費者對賓士汽車有非常正向的信念及情感評估，但是行為意向低落（很少人實際購買）。

認知、情感、行為意向在態度的概念中，應該是一致的，所以當消費者對產品有正向的信念也喜歡該產品時，如何讓消費者產生購買意向，實為行銷者首要解決的問題。在前例中，賓士公司為了要讓消費者有能力購買，打破"物美價不廉"的現象，開創性的發展出 A 級、C 級小型車，SLK、CLK 的雙人跑車，和M級、E 級的休閒旅行車。這六款車的售價都只是原來同級車的 50%，使得較為年輕、收入中上的消費者有能力購買。推出之後，物超所值的促銷果然受到熱情迴響，也締造了前所未有的銷售佳績（張永誠，1998）。

值得補充的兩點說明如下：其一，在消費者心理學的界定中，行為意向與行為是不同的，**行爲** (behavior) 指消費者獲取、使用、丟棄產品的實際活動。而行為意向是準備對產品作出某種反應的傾向，所以消費者"企圖購買"或"想要擁有"是一種行為意向而非行為。在態度研究裏，測量消費者行為意向，對了解真正的行為有實質的幫助，而行為產生之後，也會形成對產品的態度（見下文消費者態度階層效果）。其二，在態度三因素中，行為意向與行為的關係最為密切，尤其在高涉入的狀況下，兩者關係更是休戚與共。雖然如此，行為意向只能算是一種暫時的、短促的狀態，容易受到外在賣場情境的影響，使真正的購買行為與原先購買意向（行為意向）不一定完全相符，此點留待第三部分說明。

（四） 態度因素協調性

一般而言，態度的三個因素：認知、情感及行為意向，是互相協調一致的，亦即當中的一個因素發生變化時，其他的因素也會產生相關的改變。例如"上網購買機票快速方便，我喜歡這種便利性，也計畫上網購買機票"，這句話中明顯看出三者之間是相互協調的。然而認知、情感及行為意向彼此之間關聯強度卻是不同的。一般而言，情感與行為意向的關聯度，高於認知與行為意向，也高於認知與情感的關聯強度 (Wrightsman, 1962)。換句話說，情感因素對於消費者行為意向 (甚至實際行為) 最具影響力。例如，消費者在信念上知道產品的諸多優點，但卻不喜歡它，也不想買它，其中"不喜歡"與"不想買"分別是情感與行為意向，這兩者之間的表現一致，但卻與認知因素 (知道產品有許多優點) 不一致。因此我們常說"知道"是一回事，"怎麼做"又是另一回事，就是指認知因素引發行為意向的力量不及情感因素。因此態度的核心，主要是指消費者對態度對象的好惡感覺，要使消費者產生購買意向，必須考量如何在廣告或賣場設計上，滿足消費者情感面的需求。目前有關消費者態度測量都注意到這種趨向，測驗內容上盡量以了解消費者對產品的喜歡程度為主。

二、消費者態度階層效果

　　態度是經由學習而來的，但學習方式不同，態度強弱不一，因而產生許多互異的態度型態。許多學者指出購物態度強弱不一的差異，就是由於認知-情感-行為三者組合方式的不同而來，例如，有些人是想清楚才會去做 (先思後行) 而後產生態度，有些人是做完以後才去想 (先行後思) 而後產生態度。而探討認知-情感-行為各種不同排列組合，產生不同態度的相關模式稱為**態度階層效果** (attitude hierarchies effect)。由於三個向度的第一個英文字母分別為：A 代表情感 (affect)、B 代表行為 (behavior)、C 代表認知 (cognition)，故以三向度排列方式所形成的態度，又稱為 **ABC 態度階層效果** (ABC attitude hierarchies effect)，共分為下列三種：

(一) 高涉入階層

　　當消費者廣泛地收集、比較產品的相關訊息後，產生產品信念 (認知因素)，根據信念進行評估形成好惡 (情感因素)，再進入購買行為，因此形成對產品的態度，此一過程稱為**高涉入階層** (high involvement hierarchy)

或**標準學習階層** (standard learning hierarchy)，簡單的說，即消費者依據認知──→情感──→行為的順序形成態度。當消費者購買貴重物品（汽車、洋房），或用於達到自我理想境界的產品（化妝品、禮物）時，常依據高涉入階層的模式來購物，並在購物之後形成購物態度。

(二) 低涉入階層

在許多場合，消費者並非只在詳細了解產品、形成正負情感後，才會產生買或不買的行為。當產品份量不是這麼重要時，消費者雖然只了解一些產品信念（知識），也會產生購買的行為，並依使用後的結果形成評估。類似上述這種以認知──→行為──→情感的過程產生態度的方式，稱為**低涉入階層** (low involvement hierarchy)。有關低涉入階層有兩點的說明：

1. 低涉入階層與高涉入階層的差異 從字面意義可知低涉入與高涉入階層最大的差異，在於對產品的涉入程度不同。如再進一步比較，低涉入階層的特徵：第一，消費者甚少收集產品相關訊息，常由產品明顯的表面特徵得知產品內容；第二，消費者的評估是在購買產品使用之後；第三，產品使用後的滿意程度是形成喜惡態度的主因。從上述三點可知，消費者低涉入階層態度的形成，與操作條件作用原理相似，即消費者對產品態度的好惡，決定於使用的結果，而後效強化結果影響再次購買的機率。

2. 低涉入階層的行銷策略 消費者對低涉入產品（餅乾、衛生紙）的態度，經常由低涉入階層的方式形成。對於低涉入產品的購買，消費者不會花太多心思，所以行銷者只需提出簡單但耀眼的信念，刺激消費者注意，並不時讓消費者回想起品牌，即可達成目的。例如多芬沐浴乳含乳霜成分，對滋潤皮膚有卓越效果，經廣告密集播出，雖只是形成簡單認知，但這個信念省去消費者評估時間，反而成為強而有力的購買誘因。簡而言之，消費者購買時越是覺得"無所謂"的產品，產品廣告的重復播出就越形重要。

(三) 體驗性階層

體驗性階層 (experiential hierarchy) 指因要滿足由刺激與感覺所引起的情感欲望，驅使消費者產生購買行為，並在購買後以產品的內容來解釋購買的動機使行為合理化，換言之，消費者是依據情感──→行為──→認知的過程而形成態度。例如，朋友邀請你去欣賞王菲的演唱會，浮在你腦海的是天后的風采及喧囂熱鬧的氣氛，於是一股不可抗拒的力量誘惑你購票入場，而在演唱會後，也會發展出一套解釋理由（欣賞演唱會後，精神百倍讀書效率更高），終而形成對王菲演唱會（產品）的態度，這就是體驗性階層形成過程。有關體驗性階層的相關研究，可以歸納成下列三點：

1. 引發體驗性階層的刺激　引發體驗性階層的相關刺激包羅萬象，且每個人對刺激的感受存有個別差異。一般能夠激發高昂的情感者包括：賣場的喧囂氣氛、獨特脫俗的包裝、扣人心弦的音樂、性感的誘惑等，都可能瞬間引起衝動的購買。

2. 體驗性階層與涉入程度　無論處於低涉入或高涉入的狀態，都可能發生體驗性階層的消費態度。消費者可能因為推銷員的聳動言辭，買下了廚房洗潔用品；也可能在拍賣會中，受此起彼落成交聲的影響，而衝動買下昂貴的古董。

3. 體驗性階層的趨避行為　一時情感衝動所產生的行為，並不一定都是趨近性（如購買產品），有時也會產生迴避行為（如不購買產品）。例如有些嘗試捐血的人，常因瞬間恐懼所引起的激動情緒而逃避捐血，並尋找理由來解釋，終而形成不願捐血的態度。換言之，捐血情緒的恐懼反彈越高，實際的捐血機率越低（Allen, Machleit, & Kleine, 1992）。

表 5-1　三種態度階層模式

態度階層類別	組成的方式	內　容
高涉入階層	認知 (C)⟶情感 (A)⟶行為 (B)⟶態度	態度的形成是基於認知學習的效果而來
低涉入階層	認知 (C)⟶行為 (B)⟶情感 (A)⟶態度	態度的形成是基於操作條件作用學習的效果而來
體驗性階層	情感 (A)⟶行為 (B)⟶認知 (C)⟶態度	態度的形成是基於快樂或一時興起的消費經驗而來

（採自 Solomon，1996）

表 5-1 是三種態度階層模式的簡表。值得說明的是，我們以上述的組合方式介紹態度的組成是一種假設性的例子，在複雜的認知系統中，許多消費者的態度形成並非像上述模式所陳述的這麼簡單。例如在低涉入階層，雖然由簡單認知因素開始，進入到購買行為，再產生情感喜惡，但沒有證據顯示，在購買行為產生之前沒有一絲的情感因素介於其內。另外體驗性階層以情感為首，引發類似衝動的購買行為，事實上，在產生衝動購買之前，消費者對產品完全沒有一點的信念也無法自圓其說。故有關各種態度階層模式的介紹，旨在於說明認知-情感-行為因素之間的關係，在實際形成的過程尚需考量一些相關的因素。

三、態度與行為不一致的因素

一些人認為消費者抱持什麼態度，就會表現什麼行為，所以調查消費者態度，就能準確的預測購買行為。事實不然，研究指出，測量態度所得到的結果，與實際的購買行為往往不同，"知"與"行"並非全然一致。舉例來說，對某品牌牙膏態度評為"超群、傑出"的消費者中，只有 78% 購買者 (理論上應 100%)，而評定"非常差"的消費者，也有 8% 購買者 (理論上應 0%)，所以態度與行為固然存有正向的關聯，但絕非全然正相關。主要的原因有兩點：其一，態度是一個假設性建構，並需藉由測量才能知道其強度，但在測量的過程容易發生一些誤差，降低了態度與行為的關聯強度。其二，許多消費研究者認為，只利用態度結果預測行為過於樂觀，因為態度固然是影響行為非常重要的一個因素，卻不是唯一因素，其他非態度因素，如個人因素的作用與社會或情境因素的力量等，也具有實質的影響 (Wicker, 1969)。底下我們將探討這些可能影響態度與行為聯結強度的因素。

(一) 態度測量的誤差

理論上，可信且有效的態度測量方能作為預測行為的工具。事實上，許多態度量表常常不能精準的描述行為現象，其原因如下：

1. 測量的態度對象不夠明確 例如"你喜歡跑車嗎？"與"你喜歡福特所推出的跑車嗎？"兩者問句隱含著截然不同的態度對象，施測者若疏忽兩者的差異，將無法得到正確的測量結果。

2. 測量態度與行為表現時間的間隔 從態度測量到行為表現的時間間隔越長，產生態度與行為的干擾因素就越多，兩者之間的相關程度因而越低。研究指出，同樣的應答者做完問卷間隔六個月後，再做同一份問卷時，所得到的答案與先前不一致者高達 75%。

3. 測量語句的誤差 不管是抽象或具體的問題，態度測量的語句如果不夠明確，容易造成題意不清，導致測量結果和行為表現不一致。例如一般態度測量常用李克特七點量表，量表中常請受訪者對敘述的問題表達同意程度。一般同意尺度裏，"有些同意"、"同意"與"非常同意"分別代表不同強度的感受，但許多應答者在選擇時，有時很難將心中的感受以這些尺度來表示，再者，在李克特量表中，"有些同意"、"同意"與"非常同意"之間的尺度差異強度都是相同的（通常間格差距都相等），但就消費者主觀立場來說，這些形容詞的強度差異並不一定相等。上述這些不確定的因素，加大了態度測量上的誤差，降低預測未來行為表現的正確性。

(二) 個人因素的作用

一些個人因素也會影響知行不合一的情形，分述如下：

1. 個人經驗 消費者直接由產品學習到的態度，比間接從廣告或道聽塗說而來的態度更能預測購買行為。從直接經驗產生的態度，記憶較清楚、鮮明，在購買的那一剎那間，容易從記憶中被提取當做行為的依據。

2. 重要程度 當某個態度對個人是非常重要時，由態度預測行為才會準確。例如有些人在態度問卷上表示購買盜版是不好的，自己卻常常買，這種言行不一的情形主要是他們覺得"購買盜版"這事情並不重要。相反的，有些人覺得尊重智慧財產權是很重要的，則在購買盜版是不好的態度上與拒買的行為上，將呈現較高的一致性。

3. 個人能力限制 消費者對昂貴的產品，如勞司萊斯 (Roll-Royce) 轎車，可能有非常正面的態度，但因地位與財富的不足，無法表現購買的行為。另外，個人對美食有正面態度，但因為節食或健康因素的考量而對佳餚退避三舍。

(三) 社會或情境因素的力量

社會或情境因素也會影響行為與態度的不一致,共有下列幾點:

1. 社會因素影響 消費者原本喜歡某個產品,但因為朋友、家人的建議或是規範的影響,而購買了另一個產品,產生態度與行為不一的情形。

2. 情境因素影響 一些個人情境,如心情的改變、疲勞狀況等,常影響購買的結果,干擾了態度預測行為的正確性。而賣場情境的因素,如折扣特賣、缺貨、新品問世等,容易使消費者產生非計畫性購買,也常造成預期行為與實際行為的分歧。

第二節 消費者態度的理論

行銷者的目的無非是想維持消費者對原有產品的正面態度,或說服消費者不再使用競爭品牌,無論是要了解消費者態度為什麼被改變或如何改變等問題時,必須回溯到與態度相關的理論基礎。

底下以平衡理論、社會判斷論、調和理論及抗衡理論,作為消費者態度理論的說明。

一、平衡理論

平衡理論 (balance theory) 由海德 (Heider, 1958) 所創,海德指出人們的認知系統中的態度、信念與情感之間,會有一股趨向平衡的壓力。如果失衡的情形發生,將會有不舒服的感覺,必須藉由改變現存的認知因素,或加入一種新的認知等方法,讓不平衡的情形回復到平衡。有關平衡理論的意義與行銷應用說明如下:

(一) 平衡理論的意義

平衡理論常以三角關係 P、O、X 三部分所產生的態度結構,來說明彼此之間的平衡或失衡的關係,我們將以圖 5-1 來說明:首先是 POX 代表的意義,其次是三者之間用什麼關係相互看待?最後,三者之間喜歡或討厭的正負符號如何產生?

1. POX 代表的意義 圖 5-1 呈現平衡理論架構的認知要素,其中 P 代表觀察者及他的知覺;O 代表一個態度對象 (人、事、物);而 X 代表著另一個態度對象 (另一個人、事、物)。消費者心理學中,P 通常為消費者,O 為產品代言人,X 通常是產品。

2. POX 三者存在的關係 在圖 5-1 中,POX 三者的關係通常包括兩類:**情感聯結** (sentiment connection) 是指消費者 P 對兩個態度對象 (O 與 X) 的喜歡或不喜歡的感覺。**單位聯結** (unit connection) 是指消費者 P 對兩個態度對象 O 及 X 怎麼聯結在一起的一種看法。舉例來說,消費者 P 喜歡 (不喜歡) 歌手蕭亞軒 (O),或喜歡 (不喜歡) 優沛蕾乳酸菌飲料 (X) 都屬於情感聯結,但消費者認為蕭亞軒與優沛蕾飲料間的關聯,則是一種單位聯結。對消費者而言,蕭亞軒為優沛蕾代言的單位聯結,

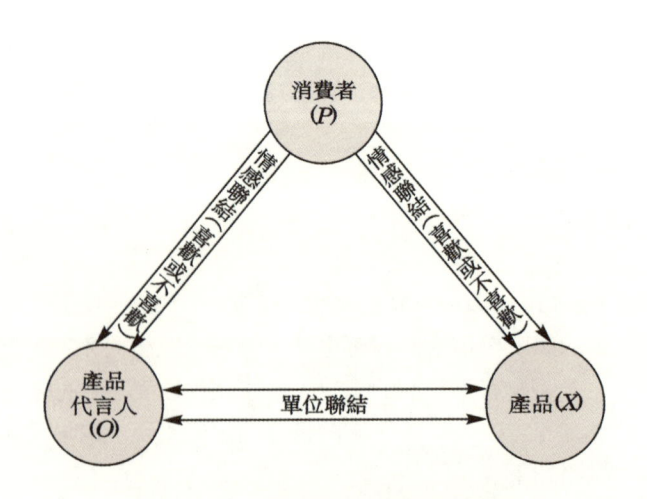

圖 5-1 平衡理論架構的認知要素

是行銷者所製造的聯結，兩者一定呈現正向聯結。

3. POX 三者正負符號的產生　不管是情感聯結或單位聯結、平衡理論都以正負符號來標示三者之間的關係。一般而言，如果三者之間正負符號相乘積為正，則表示彼此關係為平衡狀態，若乘積為負，則處於不平衡狀態。在不平衡的狀況時（符號乘積為負），會產生緊張不安的現象，此時必須變更知覺，進一步調解三者關係以恢復平衡。

(二) 平衡理論在行銷上的應用

行銷者喜歡使用公眾人物來促銷產品，即是應用平衡原理，例如圖 5-2 馬英九為聯合勸募基金背書例子中，消費者 P 喜歡馬英九 O 清新形象 (情感聯結為正)，但消費者對聯合勸募基金 X 捐款熱忱不夠 (情感聯結為負)。而行銷者以馬英九為聯合勸募基金代言，讓馬英九與聯合勸募基金之間，產生正向的單位聯結。此時如果馬英九確實有吸引力，則消費者對馬英九的好感，將慢慢的遷移到聯合勸募基金，對聯合勸募基金的情感聯結也由負轉正。這種情形有如圖 5-2 (a) 不平衡狀態，到 5-2 (b) 的平衡狀態。平衡理論在行銷上的使用中，尚有幾點的說明：

1. 消費者對代言人的喜愛情感，能否轉移至代言人所推介的產品，與

(a) 不平衡狀態　　(b) 平衡狀態　　(c) 平衡狀態

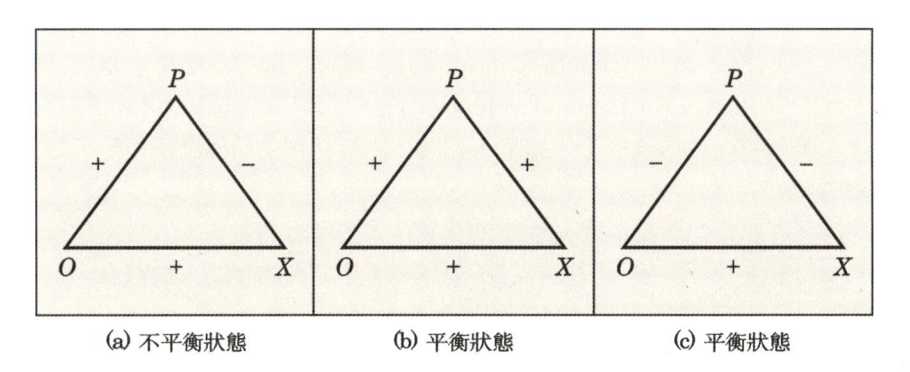

圖 5-2　平衡理論在行銷上的應用

說明：P 代表消費者，O 為產品代言人馬英九，X 代表聯合勸募基金，"＋"表示二者之間正向聯結或喜歡的態度，"－"表示兩者之間負向聯結或不喜歡的態度。

代言人本身的可信度與吸引度有關。所以在前例中，假設消費者對馬英九好感的形象不強，但對聯合勸募基金的不良印象強烈，則可能連帶的將馬英九的印象由正轉為負，藉以維持內心的平衡狀況。見圖 5-2(a) 到圖 5-2(c) 的轉變過程。所以，充當產品代言人的公眾人物必須有良好的公眾形象，也要能一貫的保持這種形象，才能取信於消費者。

2. 為廣告背書的公眾人物如能在公眾場合使用產品、驗證產品、佩戴產品，將增加消費者使用的信心。網球女明星葛拉芙 (Stelfi Graf) 往往穿著繡有公司標籤的球鞋、球拍或衣服參加比賽即為一例。

二、社會判斷論

當外部新的訊息進入時，人們傾向於與內部既有的認知做比較，來形成對新訊息的判斷依據，因此**社會判斷論** (social judgment theory) 即指個體在態度比較判斷過程的相關現象，例如個體如何感受新的訊息，及新訊息與舊認知比較結果如何影響原來的態度等。底下將先說明社會判斷論的內容，接著說明同化效果與對比效果。

(一) 社會判斷論的內容

社會判斷論強調個體在既有態度的參考軸中，可分為接受區與拒絕區兩個部分。我們以消費者對態度對象的初始態度做說明。在原先已經形成的初始態度附近的區域稱為**接受區** (latitude of acceptance)，在初始態度之外的區域稱為**拒絕區** (latitude of rejection)。所以新的訊息如果和已存在的態度主張相符，容易被接受，如果不相符，則容易被初始態度所排斥而推入拒絕區。

接受區或拒絕區的範圍大小與消費者涉入程度有關。高涉入者對態度對象的初始態度根深蒂固，較難容忍不同意見，因此對隨後進入的訊息，接受性較窄，拒絕區較寬。這種情形如圖 5-3 (a) 所示，接受區偏於一側，但所佔的區域小，拒絕區處於另一側，範圍則較大。

相對的，低涉入者對態度對象所形成的初始態度喜好並不明顯，使得後進入訊息，沒有明顯的支持或反對，所以接受區較寬，甚至接受區常變成不置可否的**中立區** (latitude of non-commitment)。如圖 5-3 (b)，接受區居

於中央的部分 (有時亦稱為中立區) 且區域較寬，而兩端拒絕區區域較小。所以選舉之際，如果你對民進黨有高度的忠誠度 (高涉入)，並決定投給該黨特定候選人，此時如果國民黨黨員向你拉票，你接受的可能性低。但如果你對投票不熱衷 (低涉入)，則任何黨派的言論都有可能被接受。

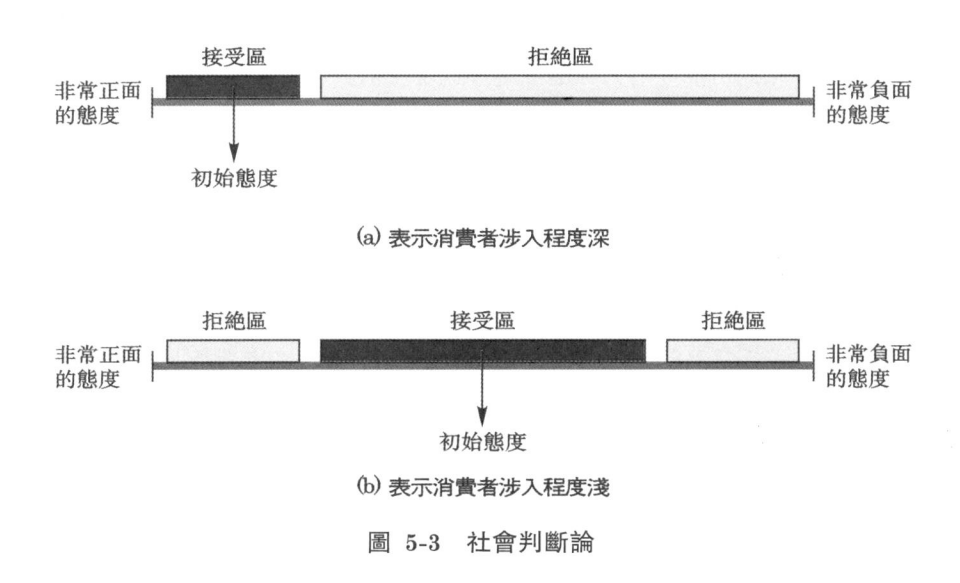

(a) 表示消費者涉入程度深

(b) 表示消費者涉入程度淺

圖 5-3　社會判斷論

(二)　同化效果與對比效果

　　社會判斷論指出當新進訊息與初始態度比較結果落入了接受區，則會產生**同化效果** (assimilation effect)，指個體對新進訊息的喜歡或可信的程度，超過理論上應有的程度。相對的，如果比較的結果掉入了拒絕區，則容易產生**對比效果** (或**對比效應**) (contrast effect)，即個體對新進訊息的反對程度，超過原先所認知的程度。換言之，同化或對比效果都誇大了訊息比較的結果，前者對新訊息產生更喜歡，後者對訊息則呈現更抗拒的情形。

　　同化或對比效果的強度與個體涉入程度有關，如果回到圖 5-3 來看，當個體涉入程度深時，容易產生明顯的同化及對比效果。相對的，個體涉入程度淺時，則不至於發生極端的喜惡態度。所以在選舉期間，你對國民黨非常支持，如果有一位朋友讚揚國民黨的政績，你會覺得這位朋友比過去更為親切，此為同化效果。如果另一位朋友批評國民黨，你會覺得這位朋友比平常更令人討厭，此為對比效果。

　　避免太強烈的訴求為社會判斷理論在行銷上重要的隱含意義，即在廣告文宣上，宜以逐次分段的方式來增加產品的優點，避免使用太過慫動招搖的訴求（例如極端誇大產品的優點）。因為在未知消費者初始態度或者不清楚消費者對產品涉入程度時，即一味給予太震撼的訴求，則訊息掉入拒絕區，產生對比效果的可能性增大，這種情形也常使消費者對原有的初始態度與隨後進入的訊息漸行疏遠，我們稱為**回跳效應**(或**飛去來器效應**) (boomerang effect)。所以廣告切忌呈現太強烈的訴求，宜在消費者的接受區邊緣遊走，分階段逐次增強，才能有效的改變消費者態度。

三、調和理論

　　調和理論 (congruity theory) 指消費者發覺原被自己歸於負面形象的態度對象，因故與自己認為有正面形象的態度對象聯結一起，這種組合令消費者感到不協調，也覺得不舒服。為了使態度趨向一致，個體產生動機性的協調轉變，即降低對負面態度對象的反感程度，同時也減少對正面態度對象的喜好程度。有趣的是，個體對正負兩者的態度改變量是不同的，對原負面形象產生好感的上升幅度，會比原正面形象好感的下降幅度要來得小。

　　我們可以舉一個假擬性的例子來加以說明。美國職業籃球湖人隊球員魔術強森 (Magic Johnson) 的球技精湛，對公益活動不遺餘力，甚得民眾的喜歡。另一方面，一般人認為愛滋病是世紀絕症，令人害怕恐懼。但當公眾人物魔術強森宣佈罹患愛滋病後，引起社會大眾一陣錯愕，無法接受兩者產生關聯的事實。為了使態度認知能趨於一致，一般人經過調適後產生對魔術強森喜愛形象下降，也不再對愛滋病有這麼大的厭惡感，可是對魔術強森好感的下降程度，比愛滋病被接受的上升程度要多 (Jocoby & Mazursky, 1984)，幅度的改變如圖 5-4 所示。

　　調和理論隱含了行銷契機。當產品選擇代言人，或公司與公司之間要推出策略聯盟時，必須先考慮搭配者在消費者心中的形象。若兩者形象相差懸殊，形象較佳者將首當其衝，蒙受其害。

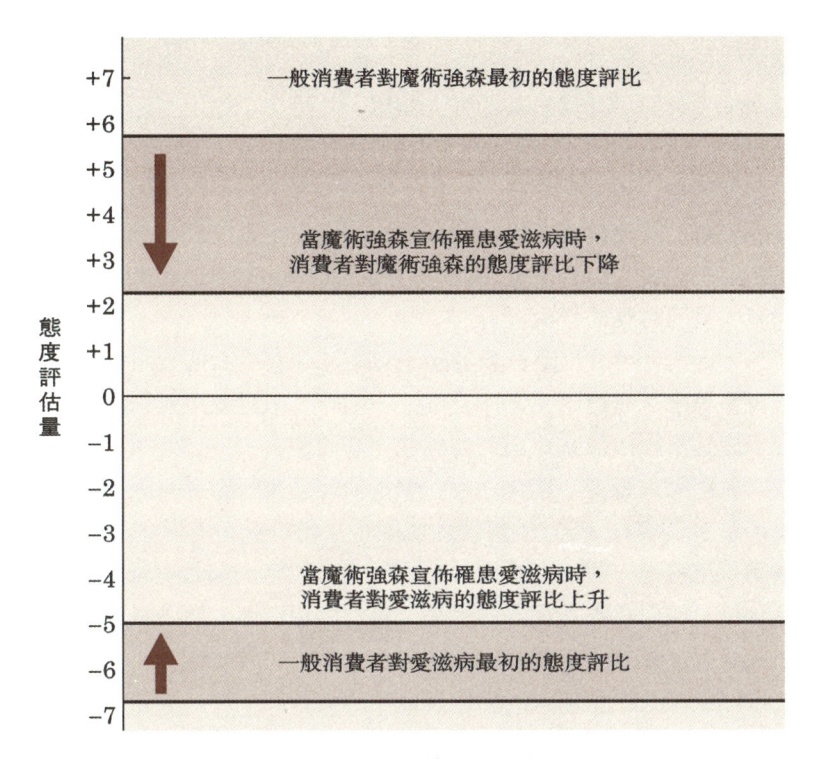

圖 5-4　調和理論假設性例子

四、抗衡理論

心理抗衡(或**心理逆反**) (psychological reactance) 是當個體的自由選擇權因外在壓力的影響而受到威脅時，內心產生一股反抗心態。對此種反抗心態的理論性解釋即為**抗衡理論**(或**逆反論**) (reactance theory)。抗衡理論有兩個要點：(1) 在有選擇餘地的情境下，如個人所喜愛的對象 (人、事、物) 受到 (別人) 限制不能如願選擇時，該對象對當事者的吸引力將更為增強。這是一種對限制者的反抗心態。例如：黑白兩件毛衣本來同樣喜愛，如因財力 (或規定) 限制只能選購一件時，另一件的吸引力將隨之增強 (得不到的反而更可愛)。(2) 當個人在壓力下強制作某一特定選擇 (人、事、物) 時 (即使是他本來愛好的)，個人傾向於放棄該一特定對象而改選另一對象的心態。這也是一種受限制者的反抗心態。如果有茶、咖啡，果汁三種飲料任憑選用時，李先生可能因為愛咖啡而選咖啡。但如主人事先宣佈，李先生只准選咖啡，茶與果汁留給其他客人飲用，此時，李先生可能會有「偏不想選咖啡」的心態。對消費者而言，維持自由的感覺使之不受威脅是非常重要的。抗衡理論在行銷的隱喻有二：

其一，為了避免消費者感受到自由感的喪失，賣場的設計必須營造自由選購的氣氛，銷售人員只需提供適時的諮詢服務，不需過度推薦產品，來保持消費者決策及行動的自由。

其二，行銷者可善用讓消費者感覺自由感即將喪失的策略，如限時、限量或限資格等來造成搶購風潮。基本上，限時、限量或限資格購買，容易引起消費者產生不買以後就買不到的感覺，進而擴大了"想要狀態"的欲望，並藉著購買產品來維持心理自由。中華電信曾經發行數量有限的棒球明星電話卡，消費者需多花 5% 的價錢才能購得，由於數量有限，造成一窩蜂消費者搶購，這就是一種心理抗衡的表現。義大利有一家七歲兒童商店，經營的商品全是七歲兒童吃喝玩樂的產品。該商店規定進入商店者必須是七歲的兒童，或是有七歲兒童陪伴其他人才能入店，不然謝絕進入，就連官員也不例外。這個限制反而增加人們的偷窺欲，想要入店了解"葫蘆裏到底賣什麼藥"（例如許多帶著不是七歲兒童的家長謊報自己的孩子七歲，只是為了進店選購產品），使得這家商店生意越做越大，這也是利用心理抗衡理論。

第三節　溝通模式與訊息源對消費者的影響

當產品有獨特利益，或消費者對產品不了解，甚至消費者對產品發生誤解時，行銷者可藉由廣告、公共報導、銷售推廣及人員促銷等方式，來遊說消費者購買產品或化解誤會。因此當行銷者知道目標消費者的態度傾向，並想進一步改變態度，使其表現出期望的行為與反應（如購買、投票、了解、捐款）的過程稱之為**溝通** (communication)。在行銷活動中，溝通是行銷者與消費者之間相互了解的重要橋樑，行銷者藉由溝通傳達一些特殊訊息及建立良好的顧客關係等,而溝通也可以增加消費者對產品的接受度,避免對產品形成負面印象。

在第二章時曾經提過,行銷組合的促銷活動需要著重買方與賣方的充分溝通,而唯有了解目標消費者的特性及希望的溝通方式,才能事半功倍。有鑑於此,下文兩節將就溝通的過程與相關的要素作一較深入的探討。本節首先討論消費者溝通模式,接下來就訊息源的部分提出說明,其餘的部分則留待第四節討論。

一、消費者溝通模式

一般而言,有效率的溝通必須注意下列幾點:第一,溝通要能把意思傳達出去,如果說一篇故事只有講者沒有聽者,這個溝通是不成立的。其次,成功的溝通,不僅要能傳達意思,而且需要被了解才行,一些廣告在傳達產品的識別符號時,如果象徵的意念過於艱深抽象,無法讓收訊者了解時,都不能算是有效的溝通。最後,溝通除了要了解意思之外,還要能獲得收訊者的同意,因為了解訊息的意思,卻無法引起共鳴,溝通仍然是失敗的。在上述的條件要求下,學者們所架構出的溝通模式能夠說明有效的溝通流程。底下將討論消費者溝通模式概念。

在消費者心理學,溝通的功用主要在於傳達正確的產品訊息,改變(或維持)消費者初始態度。而因所涉及的目的不同,應用在消費者心理學的溝通模式內容,也與其他領域有所差異,而以消費者為主體的溝通方式稱之為**消費者溝通模式** (consumer communication model)。圖 5-5 描繪了消費者溝通模式的架構。表 5-2 說明了消費者溝通模式相關要素所包含的內容及意義。

1. 消費者溝通模式的訊息源 訊息源可分為正式訊息源與非正式訊息源兩類。**正式訊息源** (formal source) 指由營利組織或非營利組織發出的訊息。**非正式訊息源** (informal source) 指由親朋好友的口碑相傳發出的訊息。然而不管是正式或非正式訊息源,傳訊者的可信度與吸引度對溝通的效果有很大的影響。

表 5-2　消費者溝通模式的內容與意義

溝通的九大要素	各要素所包括的內容	意義的解釋
訊息源	正式訊息源	由營利組織或非營利組織發出的訊息
	非正式訊息源	由親朋好友的口碑相傳發出的訊息
編　碼		將意念與思想轉換為語言或非語言的動作或過程
訊息內容	語文訊息	經由口頭上述說或是文字撰寫，描述產品特殊屬性
	非語文訊息	透過具體或象徵性的圖片、符號或藉由身體語言，表達訊息內容
媒　介	人員溝通媒介	非正式會談：包括朋友之間面對面訊息傳遞、電話交談、信件的郵寄等管道
		正式會談：銷售人員鼓吹消費者購買產品，具販售目的
	非人員溝通媒介	指不以人員之間的接觸互動來傳遞訊息的大眾媒體，如電視、海報等
收訊者	目標收訊者	接收正式訊息源發訊的消費者
	中介收訊者	接收訊息，進而大量訂購或儲存商品的中間商，或有實質建議權的專業人士
	一般大眾	指任何暴露在溝通訊息中的個體，不一定是傳播者刻意影響的目標收訊者
解　碼		收訊者接收訊息後，將訊息賦予意義與動作的過程，除客觀內容外，常融入收訊者特性來了解訊息全意
反　應		收訊者收到訊息後的一個回應態度，包括提出問題、建議、購買、不買、沒有反應等
回　饋	銷售前回饋	測量收訊者對溝通訊息知覺歷程的程度
	銷售後回饋	由消費者購買產品的數量，或對產品滿意程度等事後推論方式來了解廣告的效果
干　擾		溝通過程不可控制的一些事故，使收訊者所收到的訊息與傳訊者發出的訊息有所出入的情形

2. **消費者溝通模式的訊息內容**　訊息內容可以為語文訊息、非語文訊息或綜合兩種而成。**語文訊息** (verbal message) 經由口頭上述說或是文字撰寫，描述產品特殊屬性。**非語文訊息** (nonverbal message) 透過具體

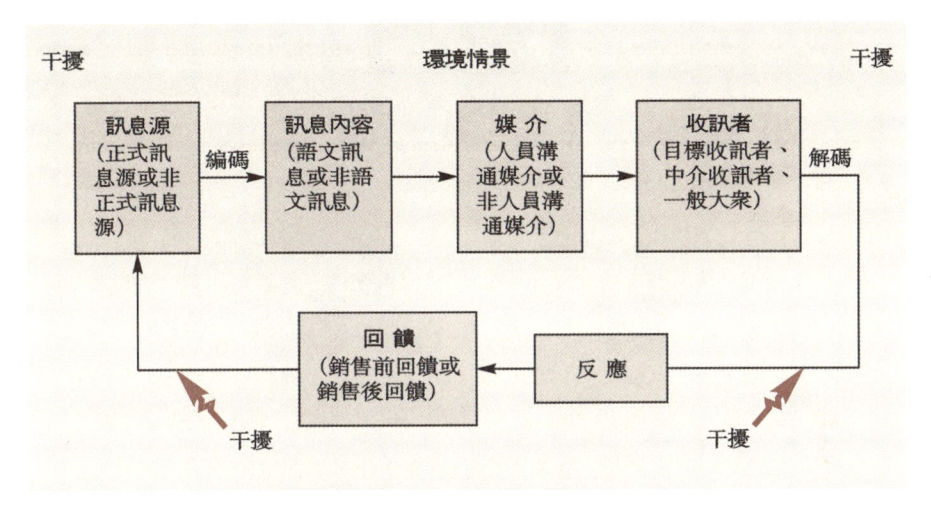

圖 5-5　消費者溝通模式
(根據 Schiffman & Kanuk, 1994 資料繪製)

或象徵性的圖片、符號或藉由身體語言，來表達訊息內容。一般而論，語文訊息比非語文訊息更能提供豐富明確的內容，但若能將語文訊息與非語文的訊息交織使用，則比單一形式的呈現更為完整。然而無論是使用語文或非語文訊息，有效的訊息務必要掌握邏輯性與正確訴求性兩個要點，在第四節將有充分的說明。

3. 消費者溝通模式的媒介　媒介可分為兩個部分:其一，**人員溝通媒介** (interpersonal medium) 指兩個或兩個以上的人直接溝通的過程，又可分成非正式會談及正式會談兩種。**非正式會談** (informal conversation) 包括朋友之間面對面訊息傳遞、電話交談、信件的郵寄等管道；**正式會談** (formal conversation) 指銷售人員鼓吹消費者購買產品，具販售的目的。有關人員溝通媒介的口碑傳播 (非正式或正式會談)，將於第九章第三節有詳細的說明，此處暫不延伸。其二，**非人員溝通媒介** (impersonal medium) 指不以人員之間的接觸互動來傳遞訊息的大眾媒體，如電視、海報等。非人員溝通媒介管道在大眾傳播學是一個重要的議題，但是如何應用這些工具，與消費者心理學的相關較低，我們將以補充討論 5-1 簡略探討媒介之間的類別與優缺點，作為本章對媒介部分的一個結論。

4. 消費者溝通模式的收訊者　收訊者包括**目標收訊者** (target audi-

補充討論 5–1
非人員溝通媒介工具

非人員溝通媒介工具大略可分為平面媒體、電波媒體及一些新興媒體。

1. 平面媒體 平面媒體以二度空間的方式展示文字或圖片，又分為印刷媒體 (如報紙) 和屋外媒體 (海報看板)。平面媒體保存性較久，瀏覽性較廣，但傳遞性差。

(1) 報紙：報紙讀者常依不同的興趣，訂閱不同的報紙 (如商業性、影視性) 加上地區選擇性，形成自然的區隔。再者，報紙掌握社會動態適時報導，信賴度高。然而報紙的品質較差，印刷效果不好，時效性很短，反覆瀏覽機率不高。

(2) 雜誌：不同的雜誌，擁有不同的報導主題，因而把消費者區分成不同的族群。雜誌廣告印刷精美，故而前置作業時間較長，不具有時效性是其主要缺點。

(3) 海報傳單：海報傳單的區域涵蓋性以及自我掌控性，遠比其他媒體好。再者，海報傳單的成本，比雜誌或報紙要來得低廉。惟因無法確切掌控目標市場消費者，海報傳單容易陷於濫發、濫寄的現象，造成垃圾污染。

(4) 戶外看板和車體廣告：戶外看版目前已轉變成立體、動態與連續的電腦看板，可播放即時訊息，機動性頗強；而公共汽車的車體廣告，因活躍於車潮與人潮之間，具有很高的曝光性。然而戶外看板的收訊者，局限於路過的消費者，車體廣告則只能針對公車族，讀者涵蓋的層面有限是主要缺點。

2. 電波媒體 電波媒體是以電力傳送的三度媒體空間，傳播速度快、接收的範圍也廣，但保存性低，包括電視、電台廣播及網際網路等。

(1) 電視：消費者接觸電視廣告的頻率高，且電視結合了視聽以及動作效果，使廣告的表達最具衝擊。然而電視廣告主要缺點包括：成本太高；很難掌控目標消費者收看電視的時間與習慣；廣告重復容易讓收訊者產生疲乏現象；其他競爭廣告出現，干擾了消費者的認知理解程度等。

(2) 電台廣播：電台廣告收聽聽眾群比較固定，市場區隔明顯，行銷者插入廣告於目標消費者所喜歡的節目，就可獲得不錯的曝光效果。再者，電台有區域性，廣告收費也比全國性電視便宜，然而電台廣播只有聲音、沒有影像效果，訊息出現稍縱即逝等因素，都成了以電台為媒介的缺點。

(3) 網際網路：兼具聲、光、動作效果，有吸引力，具個人化主動點選的效果，是網路廣告的優點。然網路普及率還不高，網站廣告圈選率低，速度太慢等則為主要缺點。

3. 其他新興媒體 由於生活型態與消費者趨勢的改變，目前正孕育出許多不同的新興媒體，包括有發票廣告、電話卡、常用生活手冊 (藝文活動節目表、火車時刻表)、公車站廣告、布幔吊旗、相片沖洗袋等。這些廣告不須花費巨資，卻往往能收小兵立大功之效。

ence)，指接收正式訊息源發訊的消費者；**中介收訊者** (intermediary audience)，指接收訊息進而大量訂購或儲存商品的中間商，或有實質建議權的專業人士；**一般大眾** (unintended audience)，指任何暴露在溝通訊息中的個體，不一定是傳訊者刻意影響的目標收訊者。行銷者溝通的對象一般是指目標收訊者，但是中間商或一般大眾也可能接收到傳訊者的訊息。然而無論收訊者性質或範圍為何，他們都是根據自己的背景、知覺與經驗去處理訊息，也都有自己的解釋與詮釋，有關這個部分我們曾在第三章及第四章裏討論過，因此收訊者如何解讀訊息的內容將不再贅言。

5. 消費者溝通模式的回饋　在整個溝通的過程中，回饋扮演一個重要的角色，傳訊者藉由回饋的建議，可以強化、改變、修正或放棄溝通的訊息。回饋又可分為銷售前回饋與銷售後回饋，留待第四節討論。

以上內容將於後面的章節逐一說明，請讀者參閱圖表比照之。因限於篇幅，本節先探討訊息源的可信度與吸引度。

二、訊息源的可信度

訊息源可信度 (source credibility)　指傳訊者以本身所具有的專業性或信賴感等特質傳遞產品訊息，來博取消費者的信任。訊息源可信度包括兩個層面，一為專業性，另一為信賴感，如果訊息源在二個構面都得到很高的評價，則可信度高。

訊息源的專業性與信賴感有許多重疊的部分，但是還是有差異的。舉例來說，值得信賴的人，不管具不具專業水準，我們都會相信他所說的話。而不能信賴的人，在以專業性陳述訊息時，也可能具有某些說服性。

（一）　訊息源專業性

訊息源專業性 (source expertise)　指收訊者對訊息源學有專精的認知程度，專業性越高，消費者受其影響而改變態度的可能性也就越高。所以促銷鍋爐廚具，以傅培梅女士在烹飪界三十年的專家形象為代言人，效果將比其他非此行業者更具說服力。

在一個愛惜資源的研究中，研究者寄出當月的用電量帳單給各用戶，並附上信函,希望用戶們在使用冷氣時能克制用量節約能源,信函的內容全部相同,只是在最後的屬名單位不同,一是公營機構(專業性高),另一是民營機構(專業性低)。事後追踪的結果指出收到公營機構信函者,對訊息內容信服程度較高,態度改變較多。

(二) 訊息源信賴感

訊息源信賴感(source trustworthiness)指對傳訊者報導的看法,是本著誠實的信念,還是因為對他有利才這麼說的。一般而言,不管訊息源專業程度如何,如果報導內容傳訊者自己都不相信,將無法得到消費者認同。左傳:"信不由中,質無益也"是指言語不出於內心,雖有能力氣質,也是沒有什麼用處。所以演紅包青天的影星金超群,身著便裝推薦安全的熱水器產品,消費者接收到的訊息不只是金超群的證言,還包括包青天鐵面無私、忠信耿介的信賴感。

要增加訊息源信賴感,傳訊者要讓收訊者認為他所講的都是事實,而不要讓收訊者認為傳訊者另有圖謀產生報導偏誤認知。**報導偏誤**(reporting bias)指訊息源傳播訊息是為了自己的私欲,並非出於真誠的初衷。目前這種現象普遍存在一般大眾的信念中,認為廣告明星為了"錢"拍廣告,並非因喜歡產品而推薦給消費者。所以如何突破消費者報導偏誤的心防,有待更多的研究。

三、訊息源的吸引度

訊息源吸引度(source attractiveness)是指傳訊者散發的魅力,使收訊者愉悅,並產生共鳴與響往的現象。一般可由三個向度來加以討論,分別是訊息源外表吸引力、聲望吸引力、及相似吸引力。

(一) 外表吸引力

外表吸引力(physical attractiveness)指面孔身材姣好者對消費者所產生的效果。研究指出,外貌出眾之人在溝通的效果遠比外貌平凡之人好,原因在於大部分的收訊者都喜歡美的感覺,並因此遷移到所販賣的產品。所以觀看平庸者與美貌者照片後,人們認為後者有較好人格特質,心地較善良生活也較愉快。由於"美就是好"這種刻板印象普遍存在每個人的心中,所以只要翻開報紙,打開電視,所呈現的產品代言人幾乎都具備漂亮或英俊的臉蛋及出衆的身材,因為行銷者認為推出漂亮的代言人,消費者才會對產品留下深刻印象 (Caballero, Lumpkin, & Madden, 1989)。

雖然具外表吸引力者,令人賞心悅目,但是這種感覺是否能改變消費者態度,尚須考慮產品的性質。一份研究曾經以外表平庸者與美貌者擔任咖啡或香水的產品代言人,然後請收訊者評估何者比較具說服性。研究結果指出對美麗有增進效果的產品 (香水),美貌者具較強的說服性。相反的,如果是促銷日常用品 (咖啡),則相貌平庸者可信度較高。研究者的解釋指出美貌者對如何讓自己更漂亮都有一套方法,所以對化妝品 (香水) 的相關知識豐富,但是大家認為美女都把時間花費在美容上,對日常用品 (咖啡) 知識應該較為貧乏,所以想要以漂亮特性為咖啡代言,比較不容易取得消費者共鳴。這種現象好比一般人認為漂亮女子沒有能力擔任公司主管階層,但適合當秘書是一樣的。

(二) 聲望吸引力

聲望吸引力 (status attractiveness) 是指收訊者景仰傳訊者的身分及地位,因而認同傳訊者言論的情形,例如台灣大學教授李鴻禧為義美冰棒做廣告即為一例。一般而言,訊息源具有高聲望 (身分地位) 者說服性較強。例如醫生為醫療產品代言,溝通效果比以護士為代言人好,建築師比泥水工好。為了產生這種效果,許多公司乾脆直接請出公司總裁向大衆推薦產品,例如媚登峰瘦身機構,由總裁黃河南先生說明減肥是一種專業;達美樂披薩則請出台灣區負責人仿臥虎藏龍電影,以飛簷走壁的功夫拍攝廣告。補充討論 5-2 即探討以公衆人物為訊息源的效果評估。

政治人物累積的聲望也往往是說服消費者的利器。蘇聯前總統戈巴契夫曾經替美國披薩屋 (pizza hut) 拍過電視廣告。由於戈巴契夫的功勳在西方國家及蘇俄本國有兩極的看法,所以行銷者也是利用這種尚未蓋棺論定的矛盾為出發點。廣告內容簡單,一老人喃喃自語"都是因為他,使我們陷入經濟混亂",一位年輕人反駁"都是因為他,我們才有機會",衆人在爭論不休時,一位婦人大聲疾呼"都是因為他,我們才有披薩吃",此時戈巴契夫喝一口咖啡微笑看著孫女吃披薩 (胡忠信,1997)。

補充討論 5-2
以公衆人物爲訊息源的效果評估

公衆人物 (或名人) (celebrity)，指在特殊領域 (如演藝界、產經學界、體育界、藝術文化界) 有不凡表現，且為民衆耳熟能詳的人物。由於公衆人物知名度高且有令人信服或討人喜歡的魅力存在，使得廣告商常請出公衆人物為產品跨刀，擔任代言人，並希望民衆在崇拜偶像的心理下，能夠把對公衆人物的正面態度，遷移到產品本身。然而研究也發現名人拍廣告常產生**公衆人物代溝** (celebrity gap) 現象，即收訊者對廣告明星擔綱促銷產品的信心不足，對促銷產品的動機產生懷疑的現象。為什麼公衆人物擔綱演出會發生這種現象？

1. 廣告明星與代言產品的搭配性不足　行銷者在選定廣告明星時，除需綜合考慮知名度與形象外，也需考慮是否與產品性質相互匹配。例如以不上廚房的大明星推銷廚房用品就容易啟人疑竇。

2. 廣告明星與代言產品發生了稀釋性　受歡迎的廣告明星往往為廣告商所共同屬意者，但廣告拍片過多的後果，往往稀釋了產品與廣告明星之間的關聯性，廣告明星過度曝光也可能造成消費者相信明星是為了酬勞而受雇推介，並非真正與消費者分享使用產品的好經驗。

3. 廣告明星生活變動性大　擔任代言人的廣告明星常有花邊新聞、醜聞或一些人身攻擊的八卦消息傳出。這些"要聞"除了對明星形象造成傷害外，也會間接影響其所推介的產品。某發卡銀行曾邀請港星鍾鎮濤 (阿 B) 夫婦拍信用卡廣告，廣告主題為"老婆刷卡，老公付錢，真好"，沒想到後來兩人曲終人散，老公真的付不出老婆刷卡的費用，為此還鬧上法院，成了被人揶揄的廣告片。

行銷者要如何防止公衆人物代溝的現象呢？有下列幾點作法：

作法一：要降低公衆人物代溝現象，首先需要審慎的選擇形象佳的廣告明星。在美國已經發展出公衆人物形象的測量量表，測量的內容包括了明星的魅力、親和力、受歡迎度、知名度、可信度等。

作法二：力求公衆人物與產品的搭配允當，以能夠反應所推薦的產品與自身真實的生活型態相關者為佳。例如 2001 年產品適合度調查指出，適合代言行動電話的明星依次是金城武、孫燕姿、胖達和菜鳥；蕭薔、劉嘉玲代言高級保養品最恰當；莫文蔚、蕭亞軒代言洗髮精最匹配。

作法三：為了避免廣告明星曝光過度，造成效果稀釋的後遺症，行銷者要能與廣告明星長期合作，以保持明星與產品之間鮮明的聯結。例如麥斯威爾咖啡與孫越、柯尼卡軟片與李立群、周潤發與維士比飲料，都有不錯的口碑。

作法四：由於廣告明星常有風風雨雨消息傳出，所以改用卡通圖案或電腦動畫的擬人法，來塑造產品代言人個性，可避免因人的缺失而對產品產生負面衝擊現象，例如熊寶貝柔軟精、米其林輪胎、金頂電池等都屬之。

(三) 相似吸引力

　　相似吸引力 (similarity attractiveness) 指利用傳訊者與收訊者在特性背景上相似所產生的吸引力，來進行溝通。通常一個人在不確定狀態，判斷自我信念是否正確時，傾向於親近與自己類似的人，當做參考依據，這個現象叫做**社會比較** (social comparison)，而相似吸引力也是應用這個原則。我們常可以看到廣告片使用名不見經傳的平凡消費者為代言人，就是因為這些**平凡消費者** (typical consumer) 在特質上與收訊者相似，使收訊者常產生與我心有戚戚焉的歸屬感，進而認同代言人的證言。換句話說，若請各行各業的明星來拍廣告是滿漢全席的話，那麼由市井小民擔任代言人可比擬成清粥小菜，而後者的親和力與親切感所產生的溝通效果，有時更甚於前者。

　　一些塑身機構所使用的代言者不外乎是美麗的明星，如楊林、鞏俐等。媚登峰公司卻一反常規，以 30 到 50 歲平凡的女性 (包括單親媽媽、上班族女強人，及子女長大離家的空巢期婦女等) 充當產品代言人，請她們述說減肥中心的功效。這些人是一般常出現在生活周遭的街坊鄰居，體態與知名度當然無法與廣告明星相提並論，但因為她們與收訊者之間有著許多相似的特性，加上廣告所強調的是自信心的培養 (容光煥發使人有信心、更健康也更美麗)，不至於創造遙不可及的境界，更貼近了收訊者的想法。其他如台灣泛亞電訊所塑造的"老鳥與菜鳥"篇；或者開喜烏龍茶廣告中鄉土氣息濃厚的開喜婆婆，都是利用相同的方式來吸引消費者。

第四節　訊息內容與回饋對消費者的影響

　　本節將延續消費者溝通模式尚未說明的部分。首先是訊息內容，訊息內容包括思想、建議、態度或是形象等不同的形式，然而不管形式為何，理想的訊息內容必須能夠打動消費者心弦激起購買行為。而為了製造最佳的訊息內容，傳訊者首先需要分析收訊者的特性，以他們能接受的語言及知識設計訊息內容，作為引起彼此間共鳴的起點。所以訊息內容的主題中，例如如何安排訊息結構及如何選擇訊息訴求方式等，都將是本節首先討論的重點。再者，當訊息傳遞出去後，行銷者如何了解收訊者的回饋，將接續討論之。

一、訊息結構

訊息結構 (message structure) 是指以何種邏輯或何種設計方式來呈現訊息內容的相關探討，包括下列幾個議題：

(一) 單面與雙面訊息

在一個企圖說服的廣告中，有些訊息只是單方面強調產品的優點（或競爭品牌的缺點）稱為**單面訊息** (one-sided message)；有些訊息則同時強調產品正反兩面的論點，但卻很技巧的表示其優點遠多於缺點，或優點足以彌補缺點，稱為**雙面訊息** (two-sided message)。

1. 單面或雙面訊息效果評估 研究指出，消費者對雙面訊息所介紹的產品較具信心，對產品的評比或引起消費者購買動機上，也比單面訊息效果好。造成上述結果主要的原因有二：(1) 雙面訊息平衡公正的訴求方式，能降低報導上的偏誤，而一味強調產品優點的單面訊息，難免捲入"老王賣瓜，自賣自誇"的情形，無法得到消費者信服；(2) 每一種產品不可能沒有缺點，以雙面訊息所敘述的產品小缺點，往往使產品更具真實性，能得到更大的信任，這就好比身體免疫系統發揮功能一樣。雙面訊息提供了對產品不致造成傷害的負面陳述，這個負面陳述好比打預防針，使其建立免疫系統，一旦往後接觸競爭廠商品牌促銷攻勢時，能自動產生抵抗，知道如何反擊，而不易受到它的影響。研究指出原來接受單面訊息者，如果後來聽到了對立的言論，則比原先接收雙面訊息者，更容易受影響而改變態度 (Crowley & Hoyer, 1994)。

2. 單面或雙面訊息效果與消費者的特性 雖然研究傾向支持雙面訊息比單面訊息效果好，但是單面訊息或雙面訊息孰優孰劣，尚須考慮消費者的特性。一般而論，雙面訊息在下列幾種情況下效果最好：(1) 當消費者對產品尚未有忠誠度時，易處於客觀立場，聽取不同的訴求；(2) 目標消費者教育程度較高時，較願意聽取平衡性報導，雙面訊息也比較有效；(3) 雙面訊息對本來就不支持傳訊者 (不友善) 的消費者較為有利；(4) 喜歡聽取不同聲音或小道消息的消費者，雙面訊息較具功效；(5) 高涉入消費者對產品熟悉，接觸反面訊息的機率高，很可能反駁，所以適合雙面訊息。但對問題不熟悉、不了解，也不太可能接觸到反面陳述的低涉入消費者，宜採單面訊息 (Belch, 1982)。

(二) 結論呈現

呈現一個說服性的訊息後，行銷者應以什麼方式來結束這個論述才是最有效的？要幫助收訊者下結論，還是讓他們自己作結論，這方面討論即為**結論呈現** (drawing conclusion) 的問題，此處所謂下結論指直截了當的將繁雜訊息，做出摘要總結；不下結論是指婉轉的告知產品的優點，並讓消費者有能力自行做出有利於產品的結論。早期研究者指出，幫消費者作個清楚的結論，有助於他們對產品的了解與記憶。近期的研究者則認為由傳訊者提出問題，收訊者自行下結論，不但記得更清楚，也更容易被說服 (Engel, Blackwell & Minard, 1986)。

訊息是否呈現結論與消費者對產品的涉入深淺，以及訊息訴求的複雜程度有關 (Kardes, 1988)。如果消費者對產品的涉入深，對產品熟悉，則在聽過廣告所提的論點後，可自行下一個正確的結論。而當廣告的訊息所表達的意念過於複雜或論點太多，傳訊者適切地對廣告做簡短總結，有助消費者理解訊息。

其次，滿足個人內隱性需求的產品 (胸罩、保險套)，因具有隱私的性質，不宜直接指明收訊者應不應該購買，或購買哪個尺寸的結論，以避免尷尬場面。再者，對於"產品適合誰來用"是不是要下結論，也需慎重考慮。例如，許多牛仔褲品牌把牛仔褲鎖定在年輕族群，並以男女愛情故事為拍攝的題材，這個結論間接排除其他年齡層穿著牛仔褲的可能。所以要擴大顧客層面，應以**刺激曖昧性** (stimulus ambiguity) 的方式處理較佳，即不提出適用對象的結論，強調產品老少皆宜，將可增加自發性消費者使用產品。

(三) 訊息生動性

訊息生動性 (message vividness) 是指內容以強而有力的文字敘述，或藉由栩栩如生的圖片展示，讓收訊者產生深化的想像空間。訊息呈現的生動性與消費者的記憶有正向關係，越生動的廣告題材，事後的記憶就越深刻，被說服的可能性越高。

　　文字與圖片一般皆可讓訊息產生生動的感覺，但由於圖片的生動性表達在乎收訊者個人的感受，存在著許多的個別差異性，所以較難提出說明。因此下文所云主要在於文字生動性的探討。而要讓文字訊息內容生動活潑，可藉由下列幾項途徑達成：

　　1. 與收訊者相關性高較具生動性　所傳達的訊息應與收訊者個人相關度高，方能引起注意，所述的論點也容易引發更大的想像範圍，產生生動的感覺。

　　2. 具體詳實的描繪增加生動性　生動的訊息必須是具體的描述，包括對人、事、物、情境作恰當與適度的刻畫。例如比較下列兩個句子：

　　　　直排輪的滑行，可體會飛馳速度與自由變化的感覺。

　　　　直排輪的滑行，有似於青鳥般的衝刺，在速度中疾馳，復而悠然旋轉，翩翩然彷若御風待飛。

　　明顯地，後者的句子加入了具體詞句與情感的描述，有如穿上了彩衣，故比前者更為生動，對收訊者也有較深的影響。

　　3. 數據與權威說法增加生動性與可信度　在描述的句子，如能引述權威人士話語或統計數字證明，將增加文字的生動性，也提升可信度。下面兩個例子中，後者明顯地較具說服性：

　　　　根據一份報導，許多機車騎士肇事死亡，是因為沒有戴安全帽。

　　　　根據道安委員會的統計，十個肇事死亡的機車騎士，有八個是因為沒有戴安全帽。

　　綜合上述，生動性能夠增加溝通的效果。然而值得注意的是，訊息表達太過生動，並不全然是好的結果，有時反而適得其反。例如禁煙的公益廣告中，常放大被癌細胞侵蝕的肺部器官，希望血淋淋的教訓警惕吸煙者自重。從生動性的結構而言，廣告的呈現令人觸目驚心，但對癮君子而言，過於寫實的圖片令人膽戰心驚，為了降低恐懼，只能否認肺癌與吸煙之間的關聯性以圖自辯，如此溝通效果反而不彰。

(四) 訊息重復效果

　　訊息重復效果 (message repetition effect) 指對訊息播出次數，與說服效果的關係探討。人們都喜歡熟悉的事物，而重復相同的事物可以增加熟悉感，降低不確定性，所以當廣告次數播出不足時，無法達成上述的效果。從另一方來說，太多的刺激重復將使消費者產生無趣或厭倦，對廣告訊息逐漸疲乏，而不再注意內容。

　　雙因素論 (two-factor theory) 更進一步解釋訊息重復與消費者態度的整體關係 (Rethans, Swasy, & Marks, 1986)。該理論認為訊息重復的效果與收訊者對產品的初始態度有關。當收訊者對傳訊者 (或訊息) 的原先立場是支持的，重復將使消費者更喜歡這個廣告。當消費者對傳訊者 (或訊息) 的立場是對立的，則刺激的重復將使負面的感覺加劇。但如果消費者對原來的訊息印象不深刻 (即沒有所謂的正、負態度)，則開始數次的訊息重復與接觸，將使消費者因熟悉而產生正面態度，不過當重復次數超過一個極限，則無趣及枯燥的感覺將逐漸產生，原先的正面態度也慢慢降低。

　　圖 5-6 說明了雙因素論的現象，消費者對訊息已經有正負看法，次數重復的結果，將激發消費者更喜歡 (往上的曲線) 或更厭惡 (往下的曲線) 的態度，但當消費者對訊息沒有正負態度時，訊息重復將產生倒 U 型的函數關係。

　　雙因素論隱含著了解目標消費者初始態度的重要性。為了避免重復播出所造成的無謂浪費，施行廣告前測了解消費者對代言人或訊息內容的好惡，或調查廣告播出頻率的極限，都能有效避免觀眾的疲乏現象。

二、訊息訴求

　　訊息訴求 (message appeal) 是指用什麼樣的策略來闡釋訊息的主題意義，即探討訊息主體的內容以什麼樣的敘述、什麼樣的角度來加以闡述，才能使產品的屬性被突顯出來。訊息的訴求類別眾多，不同的方式可單獨的使用，也常揉合在一起產生變化多端的效果，但不論何種方法，能夠清楚傳遞

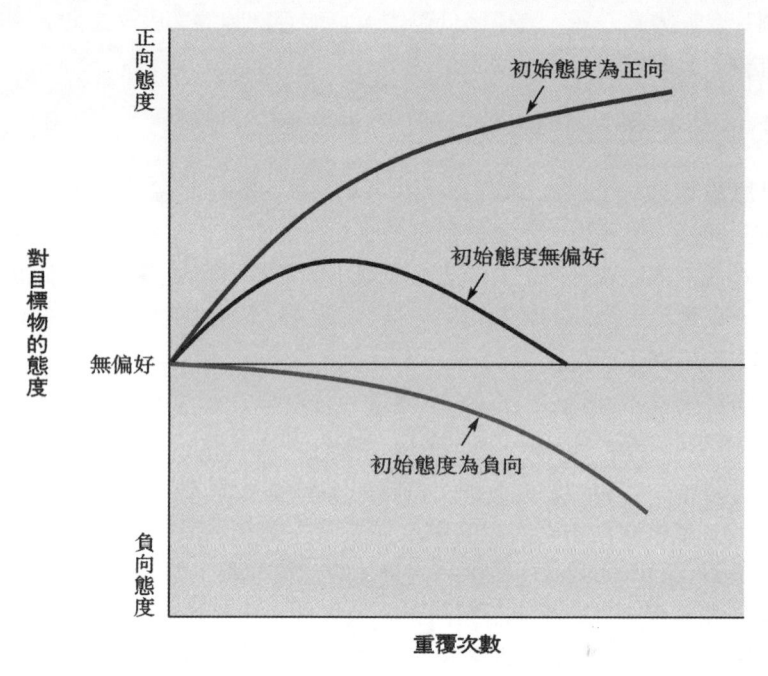

図 5-6　重復效果之雙因素論
(採自 Rethans, Swasy & Marks, 1986)

產品屬性使消費者留下深刻印象者,即為最佳的訴求方式。底下分別說明這些方式的內容:

(一)　比較性訴求

比較性訴求 (comparative appeal) 指廣告訴求中,把自我品牌與競爭品牌做比較,並以明示或暗隱的方法,告訴消費者自我品牌對消費者的好處,讓消費者不由自主做出有利於品牌的結論。

1. 比較性訴求的類型　比較性訴求中,如以直接挑明所要比較的品牌稱為**直接比較性廣告** (direct comparative advertisement),例如在一則電訊匯率廣告中,藝人 SOS 姊妹分別扮演台灣大哥的女人 (暗指台灣大哥大) 與中華英雄的女人 (暗指中華電訊),兩姊妹藉由諷刺對方變了心,說出不該留的應及早更換,藉以闡明和信電訊通訊費比較便宜的事實,即為一種直接比較性廣告，其他如白蘭洗衣粉與一匙靈洗衣粉特性之比較，維力清香油與沙拉油業者的食油大戰，都屬於這種類型。**間接比較性廣告** (indirect comparative advertisement) 則不指定比較的品牌，而以假擬的一般性對手作為比較。例如和成牌衛浴設備廣告以生動的示範過程，說明該公司推出的"省王"馬桶比其他"一般"馬桶或"傳統"馬桶更為省水，即為間接方式的比較。

2. 比較性訴求的效果評估　行銷者使用何種類型的比較性廣告最為恰當，需要考慮品牌市場佔有率。(1) 市場佔有率低的品牌（通常為新品牌）適合以叫陣的方式挑戰領導品牌市場。默默無聞的新產品推出時如果能善加使用比較性訴求常令人有耳目一新的感覺，除了讓消費者拉近兩品牌之間的關係外，也能迅速提升品牌在消費者心目中的地位。台灣純潔衛生紙推出之際，舒潔衛生紙為領導品牌，純潔公司的行銷者巧妙的使用"差一個字就不純喔"的口號，把純潔、舒潔兩個品牌搭在一起，此舉果然奏效，純潔品牌快速的在消費者記憶中竄起。(2) 佔有率中等的品牌，以間接比較性廣告為佳，避免提及競爭品牌名稱，以防造成消費者混淆。(3) 領導品牌不要使用比較性廣告較為妥當，避免讓消費者產生以大欺小的負面印象 (Pechmann & Stewart，1990)。

值得一提的，新品牌雖然適合採指名叫陣方式進行比較，但在執行上仍需考量可能面臨的風險：第一，指名叫陣的比較容易喚起消費者對競爭品牌的名稱與其相關優點的回憶，所以在策略的擬定上，要能確認主客關係，強調自身品牌優於競爭品牌的特點。第二，比較性訴求的舉證一定要真實，以免反遭競爭對手的控訴，也唯有在有憑有據的科學證明下，才能光明磊落的應戰。第三，直接比較性廣告的使用，常引起競爭品牌的反擊，所以必須有長期抗戰的決心，廣告也要能重復的播出，以增進消費者的記憶。

（二）理性與感性訴求

理性訴求 (rational appeal) 是以具體和客觀的方式，說明、示範、比對產品的屬性，是對消費者有助益的訴求方式，如福特汽車公司，在每天一則的"今日福特"廣告中，常針對汽車不同的功能，如懸吊裝置、煞車系統、音響設備、維修服務等，做詳盡確實的報導，即為一種理性訴求。**感性訴求** (emotional appeal) 是指以象徵意義或感人心扉的故事，陳述產品的精神概

補充討論 5-3

恐怖訴求與幽默訴求

感性訴求是企圖引起消費者負面或正面的情緒，來激發購買行為。其中恐怖訴求為一種負面情緒的激發，幽默訴求則帶來正面情緒。相關內容詳細說明如下：

1. 恐怖訴求 (fear appeal)，指將某行為與可能帶來的負面後果（恐懼、羞恥，或罪惡感等）聯結一起，希望收訊者因害怕而放棄某些行為（如不抽煙、不酒後開車、不吸食毒品），或促使他去購買一些產品（喝牛奶降低骨骼疏鬆症、安裝保全以防竊賊）來降低焦慮感。恐怖訴求的應用需考慮下列幾點：

(1) 恐怖訴求常引發"擔心受怕"的消極反應，及嘗試去"解決問題"的積極反應。如果消費者只是心生害怕但並不想解決問題，則不容易改變既有的態度接受廣告建議。精工牌淨水器質疑消費者"你家水管老舊嗎？這樣的水能喝嗎？"假設消費者對"如何保障飲水安全"的理性反應多於"飲這麼髒的水，好可怕"的情緒反應時，容易採納廣告的建議。因此採恐怖訴求廣告，除了製造恐怖的氣氛外，還要提供解決的方法，使消費者在恐懼之際，有解決問題的方向。

(2) 恐怖訴求宜對不同的人、事，操弄不同恐怖程度。例如以"抽煙有害健康"為題的宣導片，對吸煙者而言是懲罰，溝通上應避免使用高度恐怖，以防逃避訊息。對不會抽煙的人，宜採較重的恐怖訴求，讓他們在行動前有所警戒。同理，希望駕車者酒後不開車可用高度恐怖（如呈現車毀人亡場面），但要消費者買保險，應避免沒有買保險的恐怖景象，免得消費者擔心言中，而排斥產品。

2. 幽默訴求 (humorous appeal)，指以明示或暗喻的詼諧方式，說明產品的屬性或意念，使收訊者產生會心一笑的效果。美國泰勒拉鍊公司廣告指出：牛頓的定律是"上去的東西一定會掉下來"，泰勒的定律是"上去的東西一定要停在上面"，該公司以廣告公開向牛頓的地心引力、自由落體挑戰，藉以突顯拉鍊的品質，即為極富創意的幽默訴求。有關幽默訴求，宜注意下列事項：

(1) 在生活太苦悶之際，添加一段幽默性的生活片段廣告可以鬆懈緊張情緒，引起消費者的注意，也能降低收訊者對訊息直接尖銳的反駁機會。但幽默性廣告容易導致消費者的分心，只記得幽默的內容，而忘記廣告所要促銷的產品優點。再者，幽默訴求並不會增進消費者對產品太多的信任程度，或提升購買產品的行為，換言之"人們會被小丑逗樂，但不一定會向小丑買東西"。

(2) 屬於正式、莊重及嚴肅的主題，應避免以幽默的方式呈現。但低涉入或歡樂性產品，如飲料、食品、服飾等，則較為恰當。其次，知名度低的新產品不適合幽默訴求，但領導品牌可多採幽默訴求，以期引起收訊者再度的注意。在收訊者特性上，年輕、教育程度高、中上階層或白領階級者、男性等較能接受幽默訴求；先前喜歡產品者，在觀看幽默性廣告後，共鳴效果最佳。

念，觸動消費者情緒感覺。中華汽車在一則廣告中，以事業有成的兒子講述一個感人的故事："如果你問我，這世界上最重要的一部車是什麼？那決不是你在街上看到的。30 年前，我 5 歲，那一夜，我發高燒，村裏沒有醫院，爸爸背著我，穿過山，越過水，從村裏到醫院，爸爸的汗水濕遍了整個肩膀。我覺得這個世界上最重要的一部車是爸爸的肩膀。"片末除了出現廣告語："中華汽車，永遠向爸爸的肩膀看齊"外，完全沒有提及產品的功能及使用者利益，此即為一種感性訴求。有關理性與感性訴求的策略使用，有三點的說明。

1. 使用的時機　理性訴求直接告訴消費者產品對他們的自身利益，所以對產品持續涉入深者 (喜歡收集產品訊息，貨比三家) 最具效果，其次，當消費者需要了解貴重物品 (冰箱) 或自我形象物品 (化妝品) 的實用價值為何時，往往需要借重於客觀性、條理式的邏輯分析，此時理性訴求最能解決上述的疑點。

相對的，感性訴求的目的希望產品的形象與消費者之間產生聯結，使消費者記憶中存著活絡的印象，提升對產品的涉入程度，所以當品牌競爭激烈或品牌屬性與競爭對手無太大差異時，感性訴求產生情緒共鳴，最能讓消費者產生深刻的印象，也能解開堅持不下的競爭僵局。

2. 效果的研究　理性與感性訴求的說服效果，孰優孰劣仍無定論。雖然研究者曾經指出理性訴求的廣告事後回憶分數，較感性訴求高 (Zielske, 1982)，但這個結論並無法證明理性訴求的溝通效果比感性訴求好，原因在於目前消費者回憶廣告內容的測量，仍舊偏重以消費者記憶所及的量與記憶事實的對錯，作為回憶分數高低的標準。然而感性訴求所引發的深刻情緒，有時就像 "如人飲水，冷暖自知" 的心理現象，難以用筆墨形容，而事後廣告回憶也很難去測量這些層面，自然降低了感性訴求的分數，但這並不表示消費者對於這些情感的激盪沒有回憶。

3. 動之以情還需訴之以理　感性訴求雖然能夠引起消費者的注意，提供廣泛想像空間，但一味使用感性訴求容易使消費者不知所云，抓不住產品帶給消費者的實質好處，所以感性訴求之餘，需不時搭配理性的訊息。換言之，消費者雖被 "動之以情"，但是為了讓消費者購買時有一個品質判斷的依據，還需不時配合播出 "訴之以理" 的廣告。裕隆汽車所生產的進行曲

(March) 車款，主要目標市場鎖定在女性消費者或第一次駕車者。因為這些消費者大多屬於新手上路，對汽車功能不熟悉或不感興趣。所以公司初期的廣告以感性訴求為主 (例如以蠟筆小新的造型或化身為可愛的胖子等)，以與消費者的記憶做聯結，增加想像的空間。但是當消費者登堂入室後，為了使其更了解產品屬性，以及對消費者的利益，進行曲汽車還是間斷的配合理性的訴求 (汽車無懈可擊的機械功能)，傳達產品的性能優於同級車系。

(三) 性訴求

性訴求 (sex appeal) 指以賣弄身體性感部位，或是以含蓄婉轉的性暗示，刺激消費者對廣告主題產生注意及遐想空間。有關性訴求的表現手法，一直備受矚目與爭議，但因議論紛紛反而助長性訴求廣告量的逐年增加。目前性訴求的方式包羅萬象，也涵蓋許多不同種類的產品。豪門子彈內褲從子彈型的命名、獨特包裝設計、廣告的呈現內涵，都有濃厚的性暗示。影星陳松勇在美女陪襯下，推銷保健補品，並標榜 "四十歲還像一條活龍"，令消費者產生許多性的聯想。黛安芬內衣廣告則以性感嫵媚的模特兒，走入一窄巷後，引起交會而過的男士側目，只好以一句 "我真的不是故意的" 來襯托產品特性。其他如機車廣告 (三陽機車曾經使用 "妳愛"，"我騎" 性暗示濃厚的用語為廣告標題)、輪胎業 (以美女賣汽車輪胎)、房屋的推銷廣告等，也都如法炮製，企圖引起消費者的注意與共鳴。關於性訴求方面的研究文獻，以下面幾點來說明。

1. 性訴求與訊息處理 以性為主題的廣告，能吸引消費者的注意，但也同時干擾了對產品訊息的理解程度，尤其是以圖片呈現，或同一個時段播出 (或刊出) 的廣告數量繁多時，干擾情形最為嚴重。所以影像或圖片呈現性訴求，需評估可能的利弊得失。

2. 性訴求的裸露程度 用裸裎相見的直示法，或是將胴體符號化、道具化的暗隱法都是性訴求的處理方式，但是研究指出暗隱象徵的方式處理性訴求，提供了較多的想像空間，能深化消費者記憶，是較值得採行的方式 (Yovovich, 1983)。換言之，性訴求以 "只要出色不要色" 的原則較佳，例如一則精品廣告中，樓上男子在床上做伏地挺身，震動的聲音讓住在樓下的夫妻產生男女戰況激烈的想像空間，鏡頭並特寫妻子以怨懟的眼光瞅著疲憊先生的畫面，點出了冬蟲夏草的功能。廣告全程沒有裸露鏡頭，但卻令人印象深刻。

3. 性訴求與產品關連性 若性訴求內容與產品屬性關聯性不強時，消費者只會把焦點放在與性有關的主題，而忘了產品的存在。從這個觀點來說，性訴求廣告應用在展現個人性魅力，或提升對異性吸引力的私人產品最為適當。所以性訴求用在香水、醇酒、內衣/內褲、香皂、絲襪等產品的說服效果，將比應用在房地產或汽車輪胎等有效。

4. 性訴求與性別反應 男女性別對性訴求廣告所引起的反應不同，對男性而言，胴體裸露程度越多，越能激起對性的注意與遐想，但對女性而言，性訴求是浪漫情懷的前奏。對性反應的差異也造成男女觀看性訴求廣告後的回憶程度不同。一般而言，如果性訴求過於誇張，無論男性、女性都存有負面印象，也嚴重干擾事後的品牌記憶。排除上述極端情形，女性觀看性訴求廣告後，所喚起的浪漫情緒，不致於阻礙她們回憶起廣告的內容；可是男性不同，性訴求引起的激動情緒，使他們對廣告品牌的回憶視而不見。換言之，纏綿悱惻的性內容是男人記憶的主體，產品（品牌）卻成了模糊的陪襯 (Yovovich, 1983)。所以以性訴求搶佔男性市場，必須評估可能遭遇的認知干擾。

（四） 比喻訴求

藝術家、詩人，或小說作家，為了讓自己體會的抽象意境能為世人所明瞭，常用具體事項作為比喻，以博得更多的共鳴。如果這種精神應用在廣告的設計，就成了比喻訴求。**比喻訴求** (metaphorical appeals)，指藉由相似事項的舉例說明，把產品抽象的屬性功能或象徵意念表達出來，使消費者了解當中奧祕。共分為下列三種方法：

1. 屬性擬人化 **屬性擬人化** (trait personalization)，指透過卡通圖案、電腦動畫、真實動物或擁有特定個性的人物，把產品抽象或僵硬的屬性概念呈現出來，使消費者對屬性產生可愛、美、活潑或歡樂等正面感受。熊寶貝柔軟精藉由填充玩具熊寶寶掉入一堆衣物，產生彈性的柔軟感，寫實的傳遞了產品的特性；耐力超強的金頂兔，以簡單的表現手法，清楚傳達了電池持久耐用的訴求。其他如麥當勞叔叔、戴墨西哥帽突顯兩隻牙齒的乖乖、歡度一百歲的米其林輪胎娃娃、"鼻子尖尖、鬍子翹翹、手上還拿根釣竿"

的波爾茶先生,都是屬性擬人化的應用方式。

2. 相似法則 相似法則(或隱喻)(metaphor)所使用的原則類似邏輯學的類推法,即甲等於乙,就好像丙等於丁一樣,也如同俗話說的"美女嫁給醜男,好像鮮花插在牛糞上"。利用相似法則直接的好處,在於把產品的抽象功能具體化,且取材於一般日常生活的比喻方法,使消費者容易心領神會。例如克寧奶粉廣告中,以"小孩喝了克寧奶粉,就像小樹長成大樹一樣高"的方法傳達訊息,令人一目了然。

3. 共鳴法則 共鳴法則(resonance)是指在文字的敘述裏,除了字詞的表面意義外,也意有所指的帶出深層意義,而深層意思通常也是傳送者所要表明的主旨。所以共鳴法則可視為利用雙關語,來表明廣告深層意義的方式。例如 21 世紀初期的不景氣反應在各行各業:汽車業有"汽"無力、製鞋業步"履"蹣跚、鐘錶業虛有其"表"、塑膠業陷於"膠"著狀態,類似上述都是使用共鳴法則。在商業廣告中,共鳴法則的應用也屢見不鮮,例如武術館徒弟以"師父,有人來找茶(碴)"的報告,引出茶與碴之間的趣味點;品牌名叫做"挑剔(Tea)"茶飲料、"包大人"成人紙尿布、信用卡"卡"好用、海產店領"鮮"群倫;豐胸或相關藥品廣告如:成為"無法讓男人一手掌握的女人"、"從平鎮到新加坡"、"女人沒有什麼大不了的"等都是一語雙關,不言自喻的比喻方式。

三、回　饋

溝通的主要目的,在於使收訊者表現行銷者所期望的行為(購買產品的行為)。而要了解溝通是否產生效果,需要透過收訊者的回饋反應,例如具鄉土性及親和性的歌手伍佰以一句"什麼是青"為台灣啤酒代言,在廣告播出後,銷售業績迅速成長,從這項回饋可推論廣告的確發生了效果。為了獲取回饋的訊息,行銷者無時無刻不在收集相關的反應,而回饋的類型通常又分為銷售前回饋與銷售後回饋兩種,分述如下:

(一) 銷售前回饋

銷售前回饋(pre-sale feedback)指行銷者想要了解收訊者對訊息內容注意、理解與記憶的程度,以確定訊息內容是否找對人、說對話。而被稱為銷售前回饋是因為回饋訊息的獲得，是從消費者對訊息播出後的知覺程度得知，而非由銷售量來推論溝通效果。銷售前回饋又可分為下列幾種：

1. 廣告前測　廣告的目的在於向消費者告知訊息，並爭取他們的喜好與購買，因此廣告內容是否能夠打動消費者心靈，得到認同與共鳴就變得非常重要，**廣告前測** (ads pretest) 指當廣告發展妥當後，在未全面刊播之前抽取目標消費者若干名，請他們觀看廣告並提供建議，以做為修改的依據。通常廣告前測需了解的項目，包括收訊者對廣告文案的理解與喜歡的程度，對消費者知道產品的優點與購買意願的高低等。

2. 收視記錄器　當電視廣告播出之後，要了解消費者是否收看廣告，常需藉由收視記錄器收集資料。**收視記錄器** (people meter) 是一種能夠自動記錄觀眾收看電視廣告及節目類別的儀器。做法上，行銷者首先以隨機的方式，抽取消費者若干名收編為**消費者固定樣本**，然後在消費者家中安裝收視記錄器，請他們無論何時，在開始觀看之時，按下記錄器，看畢後，關上開關。在一天結束後，儀器會將消費者當天所觀賞的任何節目，任何廣告與觀賞的時間等資料傳回公司做進一步的分析。行銷者透過統計分析報告後，便可了解廣告曝光於消費者知覺的比率。

3. 隔日廣告記憶　為了了解消費者對廣告記憶的情形，行銷者也經由隔日廣告記憶得之。**隔日廣告記憶** (day-after recall) 指廣告播出後翌日，行銷者隨機抽取代表性的目標消費者，測試他們對廣告的記憶及理解程度。隔日廣告記憶所獲得的資料，對往後廣告的策劃極具參考價值。

(二)　銷售後回饋

銷售後回饋 (post-sale feedback) 指由消費者購買產品的數量，或對產品滿意程度等事後推論方式來了解溝通效果。包括調查消費者購買數量與購後滿意程度了解等。

1. 銷售量的比較或推論　如果想要了解訊息的有效性，可藉由一些比較或推論的方式來獲知，一些方法包括：其一，在溝通訊息刊播後，從收銀機所賣出產品的條碼資料，所得知產品銷售量多寡，來作為推論溝通訊息是否達到效果。其二，由探討產品折價券的使用率，了解產品廣告的效應。

其三，比較舉辦產品展示會，與未舉辦活動兩者之間的差異，來推論產品促銷成果。其四，進行事後廣告效果追踪調查，以了解收訊者受廣告影響而購買產品的情形。使用上述的推論調查，需注意訊息與銷售成效之間的關係強度，一般而言，銷售量的增加，並不完全是溝通訊息（廣告）發生效果，因為在兩者之間，尚存有許多其他的干擾因素。

2. 消費者滿意程度　消費者對產品滿意與否及程度往往是行銷者直接得到回饋的另一個方式，行銷者從滿意或抱怨程度高低，推知消費者對產品的正負態度，這些資料的回饋，除了提供產品研發的參考外，也可以推論廣告是否傳達了正確的訊息，消費者是否明瞭廣告所闡明的產品利益點等。目前許多公司組織常開放二十四小時申訴熱線，鼓勵消費者對產品提供建議，以作為改進參考。有關滿意程度的探討我們留待第十三章詳細說明。

本 章 摘 要

1. **態度**是指個體對人、對事、對物所持有的一種較為長久和一致性的行為傾向。態度包含了三個因素：**認知因素**(即對態度對象所抱持的信念)、**情感因素**(一種評估性體驗)、**行為意向因素**(反應的傾向和準備狀態)。
2. 態度三因素不同的排列組合，形成三種不同的態度階層效果。**高涉入階層**指消費者依據認知、情感、行為的過程來形成態度。**低涉入階層**是以認知、行為、情感的過程來產生態度。**體驗性階層**指依據情感、行為、認知的接續過程而形成態度。
3. 態度與行為不一致的原因包括：態度測量的誤差、個人因素的作用、社會或情境因素的力量。
4. **平衡理論**指出人們的認知系統中的態度、信念與情感之間，會有一股趨向平衡的壓力。如果失衡的情形發生，將會有不舒服的感覺，必須藉由改變現存的認知因素，或加入一種新的認知等方法，讓不平衡的情形回復到平衡。
5. **社會判斷論**指個體將外在的刺激與內在根據過去的經驗之既有態度相互

比較，藉以區辨接受或拒絕外在刺激。當新進訊息與初始態度比較結果落入**接受區**，則產生**同化效果**，若掉入**拒絕區**，則產生**對比效果**。

6. **調和理論**指出原為自己歸於負面形象的態度對象，因故與自己認為有正面形象的態度對象聯結一起，所產生的不協調狀態。為了趨於一致，個體降低原本負面形象的態度，但亦減少對正面形象的吸引程度。

7. 若消費者在選擇喜歡產品的同時，被剝奪掉了自由意志與選擇權，則個體會因為自主權受到威脅，而表現出相反的行為稱為**心理抗衡**。

8. 基本的**溝通**模式包含九個要素：兩個主要的溝通者為**訊息源**(傳訊者)與**收訊者**；兩個主要的溝通工具為**訊息內容**與**媒介**；溝通過程的功能包括了**編碼**、**解碼**、**反應**及**回饋**等四項；而溝通的障礙則為**干擾現象**。

9. **訊息源可信度**評估包括了**訊息源專業性**及**訊息源信賴感**兩個向度。訊息源吸引度可由**外表吸引力**、**聲望吸引力**及**相似吸引力**三個向度來評估。

10. **訊息內容**可以為語文訊息、非語文訊息或綜合兩種而成。無論是使用語文或非語文，要發展有效的訊息需要掌握合乎邏輯性，與正確訴求性兩個要點。

11. **單面訊息**只強調自己產品優點或述說該競爭對手的缺點。**雙面訊息**則同時強調組織產品的優、缺點，並婉轉的表示其優點遠超過缺點，足以彌補缺點。

12. 欲使訊息更為生動，可藉下列幾項途徑達成：(1) 所傳達訊息應與收訊者相關度高，(2) 需具體描述，(3) 引用權威人士或統計數字證實。

13. **雙因素論**指出當消費者對訊息初始態度為正面（負面），則重複效果將造成消費者更喜歡（更討厭）廣告。當消費者對訊息印象處於中性，開始的重複將產生正面感覺，當重複超過極限，則產生無趣及枯燥感。

14. 比較性廣告的使用與品牌的市場佔有率有關。市場佔有率低的品牌適合以叫陣的方式挑戰領導品牌市場；佔有率中等的品牌，以間接比較性廣告為佳；而領導品牌則不適合使用比較性廣告。

15. **理性訴求**是以具體、客觀的方式，介紹產品功能屬性的訴求方式；感性訴求指以象徵意義或感人心扉的故事，陳述產品的精神概念，觸動消費者情緒狀態，激發購買。

16. **性訴求**指廣告內涵以賣弄身體性感部位或是以含蓄、婉轉的性象徵（性暗示），刺激消費者對性產生注意及遐想空間。性訴求主題內容與產品屬性有所關聯時最為有效。
17. **比喻訴求**是指藉由相似事項舉例說明，來表達產品抽象屬性功能或象徵意念。可分為三種方法：**屬性擬人化、相似法則、共鳴法則**。
18. 溝通媒介工具可分為平面媒體與電波媒體。平面媒體保存性較久、瀏覽性較廣；電波媒體的傳播的速度快、收看或收聽的範圍也比較廣。
19. 收訊者包括**目標收訊者，中介收訊者**及**一般大眾**。無論收訊者性質或範圍為何，他們都是根據自己的背景、知覺與經驗去處理訊息，也都有自己的解釋與詮釋。
20. **銷售前回饋**是指在購買前，行銷者評估收訊者對解碼的理解程度，常以廣告前測，收視記錄器與隔日廣告記憶來了解。**銷售後回饋**指藉由產品銷售量的多寡回推溝通訊息的效果，可由購買後調查方法或消費者的滿意程度得知。

建議參考資料

1. 史迪 (岳心怡譯，2002)：廣告的真實與謊言。台北市：商周出版股份有限公司。
2. 李美枝 (1986)：社會心理學——應用研究與理論。台北市:大洋出版社。
3. 黃安邦 (譯，1986)：社會心理學。台北市:五南圖書出版公司。
4. 詹姆士 (陸劍豪譯，2002)：經典廣告 20：二十世紀最具革命性、改變世界的 20 則廣告。台北市：商周出版股份有限公司。
5. 楊中芳 (1994)：廣告的心理學原理。台北市：遠流圖書出版公司。
6. 瞿海源 (1989)：社會心理學新論。台北市:巨流圖書公司。
7. 蕭富峰 (1991)：廣告行銷讀本。台北市：遠流圖書出版公司。
8. Festinger, L. (1957) *A Theory of cognitive dissonance*. Stanford, CA: Stanford University Press.
9. Lutz, R.J. (1991). The role of attitude theory in marketing. In H. H. Kassarjian & T. S. Robertson (Eds.), *Perspective in consumer behavior* (4th ed.). Englewood Cliffs, NJ: Prentice-Hall.

10. Mowen, J.C. (1995). *Consumer behavior* (4th ed.). Englewood Cliffs, NJ: Prentice-Hall Inc.
11. Peterson, R. A., Hoyer, W. D., & Wilson, W. R. (1986). *The role of affect in consumer behavior: Emerging theories and application.* Lexington, Mass: D. C.
12. Scott, L. M., & Battra R. (2003). *Persuasive imagery: A consumer response perspective.* NJ: Lawrence Erlbaum Associates, Inc.

第六章

文化對消費者的影響

本章內容細目

第一節 文化的意義
一、文化的定義與內容 219
　(一) 文化的定義
　(二) 文化的內容
二、文化內容經學習而來 221
　(一) 家庭與學校
　(二) 傳播媒體
三、文化變遷 222
四、民族中心傾向與相對文化傾向 223

第二節 文化要素對消費者行為的影響
一、語言 225
　(一) 語言作用的影響
　(二) 時間觀念的影響
　(三) 空間與距離知覺的影響
二、價值觀 227
　(一) 中國人核心價值觀與消費者行為
　補充討論 6-1：消費價值觀的新趨勢
　(二) 價值觀的測量方法
三、規範與宗教 233
　(一) 規範與消費者行為的關係
　(二) 宗教對消費者行為的影響
　補充討論 6-2：台灣的民間信仰

第三節 符號象徵意義與消費者行為
一、儀式對消費者行為的影響 237
　(一) 儀式的意義
　(二) 儀容整飾儀式
二、神聖化與世俗化的消費者行為 240

第四節 跨文化消費者研究
一、中西文化在消費價值觀的差異 242
　(一) 規避不確定性
　(二) 集體主義與個人主義
二、跨文化消費者行為特性 245
　(一) 風俗習慣
　(二) 經濟狀況
　(三) 產品偏好
　(四) 象徵物
　(五) 廣告表達
　(六) 語言
　(七) 研究工具的應用

本章摘要

建議參考資料

就社會學的立場來說,文化是一個社會群體,長久在同一認知與學習的環境下,形成獨特而且有別於其他群體的一套思想與行為模式,是一種生活方式的反應,也是一種社會制度的統稱。文化功能提供個人生活指引,規範社會成員的行為與價值判斷,也確保了社會互動的穩定性與可預測性。雖然文化是一個抽象的概念,像空氣一樣摸不著、嗅不到,但卻時時刻刻環繞在我們的身旁,產生廣泛且深遠的影響,以消費者行為為例,台灣民眾追求"年輕"、"美"與"健康"的文化價值,促動了健身俱樂部、瘦身中心、瘦身藥品、化妝品、運動器材等產品大行其道。

世界包含許多不同的文化,各民族間的差異,可由文化獨特的辨識標準來區分,如語言、價值觀、符號、宗教等。從語言的描述,可透析民眾慣有的想法及看待世界的方式。價值觀則是文化成員在相同的"時"、"空"條件長期居住下,不知不覺形成有利於該民族生存且牢不可破的生活信念。符號則是人類創造的產物,賦予的象徵意義通常隱含著文化精髓,以電子郵件表達符號來說,美國人常以嘴角上揚來代替微笑 (˘‿˘),日本人配合保守的傳統,改成較含蓄的 (^^)。此外,他們認為女子笑容應 (^.^),用一點替代弧線的嘴巴,因為日本人認為笑不露齒是女子應有的基本禮貌。

隨著科技發展日新月異,國與國之間的距離縮小,許多公司慢慢由單一市場轉向多國企業經營以謀求最大的利益,然而要成功的進行跨文化行銷,行銷者除了要了解文化不同所形成消費者行為差異外,也必須入境隨俗,投其所好,製造符合當地消費者習俗的產品。瓷器是中國傳統的工藝品,可是在西歐,日本瓷杯卻明顯的比中國瓷杯賣得好,原來西歐人鼻子高,中國瓷杯杯口不夠寬,使他們飲用時容易碰到杯口,日本人見機行事改進缺點,把杯口設計成斜口杯,來迎合西歐人的習慣需求,此舉果然奏效,使日本瓷杯深受西歐人的歡迎。綜合上述重點,本章所要探討的題目為:

1. 文化在消費者心理學上的意義,以及文化內涵特性。
2. 語言對空間及時間知覺的影響。
3. 價值觀的內涵與測量的方法。
4. 文化與儀式行為的關係,及世俗化、神聖化在消費者行為的意義。
5. 文化異同的共通變項,及中西消費文化差異的情形。
6. 進行跨文化行銷在消費者行為上應該考慮的事項。

第一節　文化的意義

人生下來就接受文化的薰陶與洗禮，所表現的言語或行為無不受到文化的指引與約束。但文化一詞究竟是什麼意思呢？我們如何學習到文化內涵？文化會不會產生變動？諸如上述的問題，我們以消費者心理學的觀點探討，與文化有關的重要概念。

一、文化的定義與內容

文化是社會學家最常使用的概念，在文化薰陶下所產生的社會心理與現象，則是研究人類行為的心理學家深感興趣的主題。有關文化的定義與包含的內容將說明如下。

(一) 文化的定義

當我們說某人很有文化，這種說法是指這個人具有藝術修養，態度溫文儒雅。而我們說某個城市有濃厚的文化氣息，則是指這個城市文藝薈萃。事實上，文化並不是專指一些美術、文字知識或音樂等精緻文化。文化的定義極其廣泛，隨所屬學科及使用場合而有不同的解釋。自消費者心理學角度來看，**文化** (culture) 泛指具有相同生活方式的人共享的一套規範、價值觀、器物與行為模式，包括知識、信仰、藝術、道德、風俗、器具等。而這些共享的規範、價值觀及器物可透過學習代代相傳 (詹火生等，1995)。

從文化的定義可知，文化是一種相同的生活方式，表現在衣、食、住、行、思想等方面，如法國人愛香檳酒，美國人慣飲可樂、咖啡，而中國人偏好茶；文化是一套規範與價值觀，表現於法律、政治、宗教上，勾勒出什麼是正確、善良、什麼是對的、什麼是錯的，以維持一個有序的社會。文化是一種行為模式、生活風俗的表現、藝術風格的表達等。我們生活在其中不曾察覺，視為理所當然的，只有在不同文化成員相互接觸下，才能驚訝的發覺其中的差異。

(二) 文化的內容

從文化定義範圍來看，大抵可以劃分為物質文化與非物質文化。**物質文化** (material culture) 是指文化中具體的事物，包括日常生活所使用的如轎車、屋宇、書本、運動器材等產品。**非物質文化** (nonmaterial culture) 屬於抽象的一些思想觀念，包括語言、價值觀、風俗、宗教等，它們沒有具體形象可供辨識，不易為人們察覺，但在個人生活經驗及知識中，我們卻能夠體會到它的存在，其影響層面請參見表 6-1。有關物質文化與非物質文化之間的關係，尚有下列兩點的討論：

1. 物質與非物質文化相輔而行 有學者認為物質文化並不是真正的文化，因為它只是非物質文化外在的具體表現而已，雖然如此，我們卻不能否認物質文化與非物質文化相互依存、相互影響的關係，例如世界人口快速成長 (非物質文化) 導致避孕藥丸的發明 (物質文化)。而科技物質日新月異的發展 (物質文化) 也會引起價值觀念 (非物質文化) 的變遷，例如網際網路無遠弗屆的特性，打破了時空限制，使得消費者購物交易觀念 (如自己圈選廣告、沒有銷售員的環境) 也逐漸調整中。

2. 物質文化改變速度較快 物質文化改變比非物質文化要快速。例如汽車、飛機、火箭、電腦等的問世與改良速度一日千里，但經濟系統、教育、家庭制度與宗教等非物質層面的變遷較為遲緩。由於一般人學習具體事物遠較非具體事物更為快速，使得社會出現文化失調的現象。**文化失調** (或

表 6-1 文化影響的層面

物質文化影響的層面	非物質文化影響的層面
乘坐的車輛	時間的運用與對時間的知覺
屋宇的建築與雕刻	與人溝通的方式與使用的語言
服飾的穿著與裝扮	對自我及自我隸屬空間的感覺
食物的挑選與飲食的習慣	關係的處理 (家庭、公司、政府)
科技產品 (如電腦) 的發明	對事情的看法及規範
餐具的使用	信念與態度
健康活動的偏好	心智思考的過程與學習的模式
彈奏音樂的樂器	工作的習慣

文化滯後)(cultural lag)指原物質文化與非物質文化之間的平衡關係,為新產品的發明所破壞。在文化失調下常發生物欲橫流與違法犯紀的情形,例如尖端武器的進步遠超過外交的協商,使得戰爭頻傳;電腦科技的精進,卻無法有效遏止網路犯罪。為了避免衝突的情形,行銷哲理中所倡導的**社會行銷觀念**,對於當前短期利益與長期福利的平衡,具有實質的指引效果。

二、文化內容經學習而來

　　文化並非與生俱來的遺傳產物,而是必須透過學習來獲取,例如一個人知道宴會服飾怎麼穿、餐桌禮儀怎麼做與如何使用正確的溝通語言,都是文化相關的規範潛移默化的結果,而這些規範是經年累月的學習成果。文化學習的管道包括家庭、學校與傳播媒體。

(一) 家庭與學校

　　家庭是學習文化最基本的單位,個人的生活信念、遵循的規範(如吃什麼、如何吃、用什麼吃等),深受家庭的影響。而一般人對金錢的觀念或產品象徵意義的了解,大部分也是經由父母啟迪而來。

　　除了家庭外,教育機構也傳遞了許多文化要項。透過學校的教育,兒童知道國家傳統文化與歷史淵源,培養了民族情操與愛國心。此外教科書的內容,常灌輸具有文化特色的觀念,例如算數題目問到"400 元能夠買 10 顆粽子或買 8 個月餅,請問粽子及月餅各為多少錢?"粽子及月餅為中國民俗特有的食物,小朋友在演算過程中,也間接了解了傳統的風俗。

(二) 傳播媒體

　　傳播媒體的內容與廣告常像一面鏡子,反映或傳達文化的主要價值觀,例如耐吉(Nike)運動鞋廣告標語"just do it"(就去做),所強調的精神,就是美國人重視個人成就的一種反應。而健康器材、化妝品、塑身機構、低卡食物等產品高頻率的廣告曝光,也透露了當今台灣消費者重視美麗、健康及懼怕老化的年輕價值取向。

　　傳播媒體的廣告內容也常取材於文化規範的行為,以供觀賞者學習。青箭口香糖不時的告訴消費者,口氣清新與人交談才能成為受人喜歡的朋友或伴侶；義美桂圓紅棗茶飲料廣告，描述了訂婚禮俗中的各種細節，也順帶點出飲用桂圓紅棗茶才能早生貴子的象徵意涵，這也是間接傳達了文化習俗。

三、文化變遷

文化是社會成員彼此互動的產物，因此當社會成員生活方式或價值觀改變之際，文化內容也隨之改變。**文化變遷** (cultural transition) 即指文化在動態的演進過程中，添加了新的元素，丟棄或修正了舊的元素，以順應時代潮流的一種現象。

產生文化變遷的原因，包括了文化特性之間的衝突（如科技創新、新規範的形成），或跨文化接觸（旅行、貿易、戰爭）的感染效應等，例如儒家"為義捨利"觀念一向是中國人尊崇的價值觀，但在功利社會思潮中，許多台灣上班族最重視的卻是金錢報酬（吳婉芳，1997）。萬世達卡 (Master card) 國際組織對亞太地區的調查也指出，香港、台灣及新加坡三地的華人，最認同"人生以賺錢為目的"的價值觀（周曉琪，1997），近期影星曹啟泰為大眾銀行現金卡代言，提倡"借錢是一種高尚的行為"足見歐美國家的物質主義已經瀰漫在台灣的社會風氣中，逐漸改變過去勤儉樸實的傳統價值。

文化變遷是一種自然且緩慢的現象，受政治、經濟、社會、科技等綜合層面的影響甚多，行銷者如果想單用行銷溝通的力量，促使或抗拒價值觀的變遷，則有如螳臂擋車徒勞無功。相反的，迎合價值觀的產品，往往能夠一炮而紅。二十多年前，台灣市場曾經推出"樺樹"品牌的奶粉，後因經營不佳而黯然下市，推究其失敗原因固然很多，但與當時所提出的訴求"奶粉中不含糖"有很大的關係，因為在物質較為缺乏的年代，不含糖的奶粉淡而無味，自然無法得到消費者認同。有趣的是，20 多年後的今天，愛力大奶粉的訴求同樣是"唯一不含蔗糖"的奶粉，推出之後卻獲得不錯的迴響，銷售量扶搖直上、供不應求。上述兩種奶粉，雖然具備同樣的訴求，卻有南轅北轍的銷售成績，原因還是在於廣告訴求有沒有迎合當時的文化價值觀念。二十多年前，國民所得低，奶粉是高級營養品，消費者喝到牛奶的機會不多，所以不含糖的牛奶不但不好喝，也令人覺得有偷工減料之嫌，但二十多年後的今天，國民所得提升，許多人營養過剩，為了避免過胖，在食物的選擇，必須注意卡路里含量不能過高，所以愛力大奶粉在形勢比人強的情況下，推出不含蔗糖的訴求,果然恰逢其時,正中下懷,可見注意文化變遷迎合當時價值觀念,常能成為一時的熱門產品 (張永誠,1989)。

四、民族中心傾向與相對文化傾向

當我們接觸到不同文化的習俗與觀念,往往會以異樣眼光看待,有時還會因此產生偏見,類似這種以自己標準評斷其他文化,並認為自己文化水平優於其他文化的態度稱為**民族中心傾向** (ethnocentrism)。一般而論,民族自尊心較強的團體不易認同異國品牌,因此我們把這些只購買本國貨,排斥舶來品的消費者也稱為高民族中心傾向者。**消費者民族中心傾向量表** (consumer ethnocentrism scale,簡稱 CETSCALE),即在於了解有民族中心傾向的消費者對外國品牌接受的程度,題目如表 6-2 所示。

表 6-2　美國消費者民族中心傾向量表例示

____	1. 美國人應該購買美國人製造的產品,而非由外地進口
____	2. 只有那些美國沒有製造的產品才需要進口
____	3. 購買美國製的產品,使美國人有工作做
____	4. 美國產品是最優秀的產品
____	5. 買國外製產品者就不是美國人
____	6. 購買外國產品是不對的,因為他使美國人沒飯吃
____	7. 真正的美國人,應該購買由美國製造的產品
____	8. 我們應該購買本國所製造的產品,才能避免他國財富狀態超越我們
____	9. 購買美國貨是最好的抉擇
____	10. 除了所缺乏的必要物質外,與外國生產經貿關係或向外國購買應盡量避免
____	11. 美國人不應買外國貨,因為此舉已傷害美國企業,也使得工人失業
____	12. 全部的國外輸入品,都應該加以限制
____	13. 雖然購買美國製產品讓我多花錢,但我寧願支持美國製的產品
____	14. 不應該讓外國產品進入我們的市場
____	15. 外國產品輸入美國販賣應課以重稅,並降低進口比例
____	16. 與國外貿易的範圍,只需要維持購買本國無法獲得的產品即可
____	17. 美國消費者如果購買外國製產品,應該對失業的美國勞工負責

註:對敘述內容同意的題數越多,表示消費者民族中心傾向越強
(採自 Shimp & Sharma, 1987)

民族中心傾向的提倡對愛國主義、保護本國產品、鼓勵規範遵守等，有必然貢獻，但也產生許多負面效應，例如壓制了文化的多樣性、增加文化之間的敵對態度及助長了國際貿易的衝突等，而高民族中心傾向的行銷者，更容易造成**行銷短視症** (marketing myopia)，即一味認為本國消費者需求是全球消費者需求的標準，在本地具有成功經驗的產品，必受外國消費者喜歡。類似這種夜郎自大的短視觀點，將容易造成經營上的失敗。相對的，非民族中心傾向的消費者能夠以客觀的角度評斷國外的品牌，有較廣的包容心。

在市場國際化的趨勢中，要擷獲不同區域消費者的需求，應具有文化相對的觀點。**文化相對傾向** (cultural relativism) 指以同理心為基礎，設身處地的站在他國文化的立場，來審視或判斷其價值習俗。換句話說，即以一種中立的價值觀及尊重的態度，來了解異國消費者特性，提升對當地社會文化的熟悉度。寶僑 (P & G) 公司跨國經營就是一個成功的例子，該公司在世界各地上市品牌逾三百種，對"本土化"的策略有其獨到的見解，例如，他們指出在亞洲銷售化妝品最橫行無阻的廣告訴求就是"美白效果"，美白效果能讓女性有著透明般肌膚，讓人又愛又憐，然後不同文化需要有不同說詞才能體驗這層經驗，例如對日本人要以"白煮蛋" (boiled egg) 來形容最傳神，對香港人則要把美白比喻成像"水晶"一樣 (crystal clear)，台灣人則要說成"吹彈可破" (blowing clear) (洪雪珍，1999)。

第二節　文化要素對消費者行為的影響

承前所述，文化的內容包含物質與非物質文化兩個層面。由於物質文化是看得到、摸得到的實體，且其精神意涵常賴於非物質文化才能存在，因此進行文化內容探討時，主要以非物質文化的層面為主。非物質文化要素大抵可分為語言、價值觀、規範、宗教與符號象徵等 (蔡文輝，1993)。這些文化要素對消費者的生活及消費決策有著深遠的影響。本節首先討論語言、價值觀、規範與宗教等部分，符號象徵意義留待第三節說明。

一、語　言

　　語言 (language) 是由詞彙 (包括形、音、義) 按一定的語法構成符號系統，是人類用以表達情意的工具。人類透過語言能夠表現自己、溝通想法及傳播消息，也能儲存經驗及意義，傳承給下一代，避免再次陷於相同的困境。語言不僅讓我們觸及過去，而且也能超越時空的限制，形成特有的思想及意見；再者，透過對語言詞彙的了解我們也可以得知各民族對時間及空間認知概念。分別說明如下：

(一) 語言作用的影響

　　我們作任何思考時，多以語言來表達。我們常說，這東西味道不錯、這座橋很堅固，這些觀念在腦子裏全是語言，沒有語言，人就無法思考、無法感受。我們也說，這地區是先進的或是落後的，如果沒有語言帶來區別，我們便無法認知自己的對象。因此，人是生活在語言的世界中。人生就是一個語言的結構，沒有語言就無法生活。現今對語言最為敏感的莫過於大眾傳播界和廣告界。他們利用語言製造印象來感動你、刺激你、影響你、吸引你。如廣告說，使用某家銀行的白金卡就可同時享有尊貴與成就、開某廠牌汽車即可擁有美好前程。在日常的生活裏，百分之九十是靠語言來思考、接觸、架構和陳述，所以沒有語言就沒有人生，那麼語言對消費者的影響自然更是不言而喻的了 (顏元叔，1989)。

(二) 時間觀念的影響

　　古人認為"一寸光陰一寸金，寸金難買寸光陰"，現代人認為時間就是金錢，花錢可以節省時間。因此快速與便利已是現今我們在意的時間觀念。然而在不同文化的地區對時間有不同的看法，各文化之間對於時間的觀念與運用，大抵可分為直線時間觀 (註 6-1) 和循環時間觀 (註 6-2) 兩類，兩種

註 6-1：直線時間觀 (linear separable time) 是西方文化下的歐洲及美國人把時間視為固定的、直線狀 (分為過去、現在和未來)、無法逃避的、可區分的實體。他們認為時間的消逝是可意識到的，因此常發生時間不足或浪費時間的不滿，守時是重要的價值觀。採直線時間觀的人們對時間的過去、現在、未來有強烈的方向感，認為當今的努力可以創造美好的未來，故而對將來常做未雨綢繆的規劃。　　　　　　　　(續下頁)

時間觀下的消費者行為也大相逕庭。

時間不夠用是一些採用直線時間觀的國家 (如美國、日本) 常發生的現象,因此方便省時的產品大受歡迎。可是在循環時間觀的文化裏,速食產品對生活沒有太大的意義。例如康寶濃湯推銷到巴西並沒有成功,因為當地的婦女認為,使用康寶濃湯雖然快速但同時也會否定她們慢工出細活的婦女角色,與當地文化價值觀也產生衝突。其他如肯德基炸雞、麥當勞漢堡等美式速食,在進入拉丁美洲的市場時也遭遇了許多的困難。

(三) 空間與距離知覺的影響

不同文化的成員對於安全空間與安全距離,都會在行為中不自覺的流露出來,也常在語言上呈現差異。例如,日籍受試者與人談話時,平均的交談距離大於美籍受試者,美籍受試者交談距離又大於委內瑞拉籍受試者,但日本人與委內瑞拉人都不用母語改以英語交談時,他們談話的距離變得與美國人相似 (李美枝,1993)。以下我們將分別探討空間與距離知覺對消費者行為的影響:

1. 空間知覺 人類學家和語文學家在探索語言與思想的關係時指出,語言也會影響說話者對空間概念產生一種不自覺的行為。所以東西文化語言結構不同,對空間所賦予的意義及空間管理的觀點也有所差異,即**空間知覺** (space perception) 的不同。舉例來說,美國人認為空間大小與地位有密切關係,辦公室越大代表地位名望越高,高階主管必須附以標記來展現階級,所以總裁的辦公室比副總裁大,副總裁大於經理人員,依此類推。此外,他們也非常重視空間的隱私權,往往喜歡把辦公室與下屬分隔,以保衛自我的領域。

但是在房價昂貴的大都會環境裏,台灣的公司主管必須善用空間管理以節約成本。中國生產力中心提出了不固定座位的權變方法,來節省員工的辦公空間。依據該公司經驗,每日的任何時刻,平均有兩百名業務員外出洽公,

---

註 6-2:循環時間觀 (circular traditional time) 是一些民族如拉丁美洲人認為時間沒有始終,而是持續不斷的圓形滾動,對事情的未來、現在、過去不作區分。他們重視工作的完成而不在乎花費多少時間,因此時間進度表反而限制了自己的行為,人際關係的建立比制定時間表更為重要。循環時間觀者認為對未來的期待是一件虛無的事,並不需要特意去掌握。

如果設立這些位置,每天有兩百個座位長時間空著,形成資源的浪費。由於公司無論何時都有固定比例員工外出洽公,所以採用不固定座位的方式,來安排出外返回的業務員。類似上述彈性使用空間的作法,是美國員工所無法認同的。

2. 距離知覺 對於與人交談的距離感覺也受文化潛移默化的影響。**個人空間** (或**個體空間**) (personal space) 指環繞個人身體周圍,使他人怯步不前的主觀距離。在美國或英國,同事或師生之間的談話距離約為 5 到 8 吋。而拉丁美洲國家,巴基斯坦或阿拉伯人則喜歡靠攏著談話,距離拉得很近。所以美國商人與拉丁美洲人進行協商時,前者為了保持其安全距離而節節退後,而後者為了要保持私人的距離而緊緊逼近,如此亦步亦趨的談話方式,常使雙方無所適從,也造成解釋上的差異。例如,美國人認為拉丁美洲人積極、具爆發力,但也充滿著侵略性;而拉丁美洲人認為美國人冷漠、勢利、不善交際。事實上,兩邊只是在調整使自己舒適的距離而已。所以不同民族對空間知覺不同,在消費者行為的研究上 (尤其是推銷員介紹產品時的距離拿捏),是一個重要的考量。

二、價值觀

價值觀 (或**價值體系**) (value system) 指在一個社會裏,集體成員所追求的目標或欲求的目的。價值觀是大家共同的信念,而信念能夠持久持續的存在,是因為信念所延伸的行為模式,是文化表揚彰顯的事情,也是值得爭取奮鬥的,例如"學而優則仕"是中國傳統對於成就感的價值觀念。

由於人們受價值觀影響的涵蓋層面非常廣泛深遠,所以我們特別把對消費者行為產生影響的價值觀念稱為**消費價值觀** (consumption value system) 以做為區分。為了讓讀者對消費價值觀有更深入的了解,補充討論 6-1 特別以消費價值觀的新趨勢為題,說明台灣目前新興的消費價值趨勢。

價值觀是複雜且抽象的概念,本小節首先探討中國人核心價值觀與消費行為,其次再對價值觀的測量方法提出說明。

(一) 中國人核心價值觀與消費者行為

在一個社會裏,每個人都保有許多的價值觀,其中核心價值觀最具持續性，例如中國人認為應該孝順父母、傳宗接代，則這些價值觀會塑造出特定的信念與行為。底下將從中國人的傳統文化價值觀談起，再進一步了解消費價值觀受核心價值觀的影響情形。

1. 中國人核心價值觀 楊國樞 (1992) 從社會互動的觀點指出中國人具有家族取向、關係取向、權威取向與他人取向等傳統價值觀，其內容列於表 6-3。在傳統的中國社會裏，家族主義是社會運作的基礎單位，人們生活圈的運作，儘量以家族為重個人為輕，家族為先個人為後，所以增進家庭延續、和諧團結、富足與榮譽是個人基本處事原則，而以家族取向的運作方式(如長幼有序)，也常延伸到家族以外的團體或組織。

在關係取向上，中國人強調關係形式化，即從人與人的社會關係界定自己的身份 (如我是某某人的兒子)，重視人情與回報 (關係的互依性)，追求關係的和諧性以避免衝突 (關係和諧性)，認為一切關係都已注定無法逃脫 (關係宿命觀)，也以關係的親疏決定互動效果 (關係決定論)。

在權威取向下，中國人具有權威敏感性，往往在初次見面時喜歡打聽對方的底細，以了解誰高誰低誰尊誰卑，與別人平起平坐反而覺得沒大沒小不自在，同時也崇拜權威，認為權威至尊至貴且無往不利無所不能，進而依賴權威、服從權威。

他人取向是指中國人在心理與行為易受他人影響，並希望在他人心目中

表 6-3 中國人核心價值觀與特殊內涵

核心價值觀	特 殊 內 涵
家族取向	家族延續　家族富足　家族和諧 家族榮譽　家族團結　泛家族化
關係取向	關係形式化 (角色化)　關係宿命觀 關係互依性 (回報性)　關係決定論　關係和諧性
權威取向	權威敏感　權威崇拜　權威依賴
他人取向	顧慮他人　關注規範　順從他人　重視名譽

(採自 楊國樞，1992)

留下好印象。為了達到這個目的，中國人在行為上努力與別人一致，容易顧慮人意，對他人意見非常敏感，並常順從他人以大眾的言論與行為為依據。此外，也關注規範重視名譽，藉由他人處收集到有關自己及其他相關資訊，來調整自我呈現的方式。

2. 核心價值觀對消費信念的影響　消費者進行決策所產生的信念，常常是上述核心價值觀影響的反射行為，在一篇探討台灣消費信念之文章中，曾經深度的訪談消費者在制訂購買決策時，主要受了哪些消費信念的影響。結果指出消費者的決策信念常受核心價值觀的左右。例如"碰到熟店員時，不買不好意思"就是一種他人取向的消費信念；"穿著光鮮衣著售貨員才看得起"則為權威取向的心態。我們將這些消費信念與中國人核心價值觀的關聯性，略舉數項製成表 6-4 (陳桂英，1999)。

表 6-4　核心價值觀對消費信念的影響列舉

中國人核心價值觀	核心價值觀對消費信念的影響
關係取向	去不熟的店要花精神應酬 買保險是做人情；退保險是欠人情 熟的店員會介紹適合的產品
權威取向	買衣服要買名牌才能被人看得起 衣著光鮮售貨員才看得起 不要跟水準低的人穿一樣的衣服
他人取向	碰到熟店員時，不買不好意思 別人買，我也只好買，買東西輸人不輸陣
中庸取向	買東西買得太炫，可能會很危險 銷售員賣得太便宜，東西感覺像假的 殺價不能殺到底，總要留一些給別人賺

(採自　陳桂英，1999)

(二)　價值觀的測量方法

美國花花公子 (Playboy) 雜誌在 1960 年代初創刊深受當時讀者喜愛，因為刊物除了呈現性感女子照片外，也結合小說、評論、體育專欄等文章，

補充討論 6-1
消費價值觀的新趨勢

雖然文化的核心價值觀相當持久，但改變仍舊會發生，尤在國際文化交流日益頻繁之際，台灣出現許多新的價值觀：

1. 物欲價值觀的興起 在富裕的社會下，產品推陳出新不虞匱乏，為了吸引消費者的購買，廠商無不卯足全力刺激商品的銷售，加上大眾傳播媒體廣告鼓動風潮，無形間增強了消費者物欲感，追求即刻滿足與衝動性購物的現象日益普遍，而延後付款的信用卡方式更強化炫耀性商品或名牌的購買。

2. 追求發洩的快感 面臨工作與生活壓力的消費者，已不再刻意要求自我去遵循傳統的行為規範與約束，反而抓住機會灑脫的放縱自己，以補償過度緊張，例如在任你吃到飽餐廳放縱自己無限制享用超熱量的巧克力與冰淇淋。

3. 追逐年輕化 傳統上，亞洲國家（韓國、日本、中國）尊重老人，認為老者是智慧穩重的象徵。目前的消費者則崇尚年輕，要有年輕的心、年輕的活力與年輕的容貌。為了讓自己感覺年輕、拒絕老化，消費者（尤其是嬰兒潮世代）常花費大筆金錢於美容、瘦身、服飾或參與一些充滿朝氣的活動。

4. 國際化思想 經濟蓬勃社會富裕之際，地球村的概念已經取代本國與外國二分法的思想，造成國外的影片、書籍、名牌服飾、餐廳等流行事項紛紛進駐台灣。

5. 精緻化趨勢 在資訊複雜化，競爭白熱化及產品多樣化的趨勢下，專業性精緻產品最能贏得迴響。如有線電視節目分類朝向細緻。

6. 方便化趨勢 在工商繁忙社會中，消費者常面臨時間不夠用的現象，省時性產品因而大行其道，如速食餐點、快遞公司到處分佈。

7. 休閒風氣的興起 在以科技掛帥的產業結構下，台灣人花在工作的時間日益減少，並逐漸體認到休閒活動的重要。人們開始把時間與家人共享，也培養嗜好走出戶外，從觀光旅遊的興盛及休旅車銷售業績逐年成長可知。

8. 回歸自然恬逸 在工業社會環境的污染與吵雜下，已讓消費者感覺厭倦與疲乏。於是興起回歸自然的想法，在生活中強調崇尚簡樸、吃自然食品、穿天然織物、拒絕加工製品，並追求無拘無束的生活價值。

9. 環保意識的興起 過去人們對大自然的觀念是人定勝天，但在過度開發，造成大自然反撲之際，台灣人已重新思考如何與大自然生態和諧相處，珍惜資源。如垃圾分類概念已經慢慢落實於消費者心中。

10. 追求心靈滿足（尋找定位） 在工商競爭社會，人際淡薄之際，人們越感空虛與寂寞，對於以成就財富來衡量一個人是否成功的標準也產生懷疑。因此注重家庭關係及追求心靈平靜成了支援現代生活型態的重要後盾，而打坐、靜思、冥想、參禪等淨化心靈的活動也越顯興盛。

這種創新的手法，頓時成了炙手可熱的刊物。然而 70 年代性革命風潮，民眾性態度趨於開放自由，花花公子未能迎合潮流，依舊推出兔女郎保守形象，使得刊登大膽煽情圖片的閣樓 (Penthouse) 雜誌，一度取代花花公子領導地位。另一方面，70 年代女性主義的興起，花花公子被女士們視為敗壞道德、物化女性的象徵，花花公子也未能及時做出呼應，銷售量節節敗退，幾乎全軍覆沒。所以從上述例子可知，定期測量價值觀的變化情形，將有助於行銷者提前制訂因應的策略。

價值觀的測量有不同的方法，如果是要比較最重要價值觀是什麼時，可採用價值觀排序法；但如果要了解價值觀與產品屬性之間的關係時，可透過屬性價值環鏈模式做推論；其他如內容分析法與人種誌學法，則偏重在探究價值觀的根源。由於人種誌學法已於第一章說明，此處就價值觀排序法、屬性價值環鏈模式及內容分析法做說明。

1. 價值觀排序法 價值觀排序法 (rank-order of value) 指列出各種已知價值觀，請消費者就重要的程度做排列，其中以羅基蓄價值量表最常被使用。**羅基蓄價值量表** (Rokeach Value Survey) 為一種自填式價值量表 (Rokeach, 1973)，分為目的價值與手段價值兩個部分。**目的價值** (terminal value) 是指個人奮鬥所欲達成的目標，如舒服的生活、自由、快樂、自尊等。**手段價值** (instrumental value) 是指完成目的價值的方法，如能力、服從、誠實、責任感等等。該量表常應用在了解跨文化或次文化價值觀差異情形，但因羅基蓄量表中包含價值觀的項目太多，目的價值過於抽象，因此真正應用在實務界的例子不多。

2. 屬性價值環鏈模式 屬性價值環鏈模式是一種讓抽象價值觀具體化的測量工具。**屬性價值環鏈模式** (means-end chain model) 認為消費者對某特定的產品屬性產生好感，是因為消費者想要達成某種消費結果，再藉由消費結果去實踐內心深處所期盼的個人 (或文化) 價值觀。其中**消費結果** (consumption consequence) 是指產品屬性可能為消費者帶來實質上或心理上損益得失的一種評估。**個人價值觀** (personal value) 指個人努力所要達成的重要目標，又可分為手段價值與目的價值，此與前述羅基蓄價值量表所提到的兩種價值觀定義相同 (如自由、自尊、誠實、責任感)。

屬性價值環鏈模式指出產品屬性、消費結果與價值觀好似三個緊扣的環鏈，彼此相互關聯。例如，選擇獨特"款式"的晚宴禮服 (產品屬性)，是為了展現"優雅"的氣質 (消費結果)，來獲得別人的"尊重"(個人價值)。另一方面，選擇"可回收的產品"(產品屬性)，是為了"消除污染"(消費結果)，進而達到"美化世界"的最終價值 (文化價值)，三者的關係請參考圖 6-1。因此，人們想要成為什麼？(what a person wants to be)，必須了解要完成此目的所選擇的產品為何 (the means choice to get there)。

```
┌─────────────┐     ┌─────────────┐     ┌─────────────┐
│   產品屬性   │ ──▶ │   消費結果   │ ──▶ │    價值觀    │
│(購買可回收的產品)│     │  (消除污染)  │     │(文化或個人價值觀)│
│             │     │             │     │  (美化世界)  │
└─────────────┘     └─────────────┘     └─────────────┘
```

圖 6-1　屬性價值環鏈模式之產品屬性、消費結果與價值觀關係圖

　　進階法是分析屬性價值環鏈模式的方法，**進階法** (laddering) 採深度訪談的技巧，並經由一層一層抽絲剝繭的分析，找出具體到抽象的層級之間的對應關係。作法上先了解消費者購買產品的原因，及與消費結果的關聯性，接著再分析個人如何藉由消費結果，來達成個人 (或文化) 價值觀。例如消費者選擇吃辣味洋芋片而非一般洋芋片，是因為能夠少吃一點，少吃就能達到減肥的結果，進而能完成社會認可及自尊提升的價值 (Reynolds & Gutman, 1988)。

3. 內容分析法　　**內容分析法** (content analysis) 是透過既有資料的內容，有系統的分析、歸類、統計所擷取的變項，並以頻率或百分比表明變項的強度，進而研判事實之間的關係，反應當時的價值觀 (張春興，1989)。以內容分析法分析廣告內容往往能夠了解當時消費價值觀的蛛絲馬跡。曾有學者以台灣、香港、大陸兩岸三地報紙所出現廣告訴求分析當時呈現的價值觀。結果指出香港報紙的廣告內涵，偏重在愉悅性、非功能性的訴求，常以高貴、刺激、娛樂、奢華來表達產品的屬性與功能。中國大陸報紙的廣告內容，出現產品實際功能的情形 (如品質的保證、價格公道、產品功能齊全) 比較多，而台灣的廣告賣點介於功能性與愉悅性各半的局面，由這些廣告訴求主題趨勢，我們除了可以比較各區域消費者所關心的產品重點，也可以描繪出歷年來消費價值觀的變遷趨勢 (Tse, Belk, & Zhou, 1989)。

三、規範與宗教

規範與宗教對消費者的行為也具有約束與引導的力量，分述如下：

(一) 規範與消費者行為的關係

規範 (norm) 指日常情境中，指導及約束行為的社會規則。消費者在生活中所遇到的事情，什麼是對的、錯的，什麼該做、不該做，及應該如何做等，以規範提供的標準為依據。個人的行為如順從規範將受到社會的強化，違反了規範，將遭受到輿論的壓力或制裁。規範的形式一般分為五種：

1. 時狂與時髦 時狂 (fad) 是指人們熱情追求某種時尚，而暫時失去理智的現象，通常來去匆匆，生命週期非常短暫，例如葡式蛋塔在台灣興起一陣狂賣後即煙消雲散，就是一種時狂的現象。時髦 (fashion) 則指以漸進式的過程，在一定時間內受許多人喜歡與追隨。美國推出藍色威而剛，由於號稱可重振男性雄風，在全球掀起一陣流行，追隨者不計其數，這種藍色風暴即為一種時髦現象。由於時狂與時髦出現的主題，常獲得熱烈迴響，產生若干規範的力量，一旦個人拒絕這股風潮，就被看成老古董或頑固份子。

2. 風俗 風俗 (custom) 是指以傳統延續的規定，作為現世行為的指導原則。所以時令節日的慶祝 (新年、上元、清明、端午、七夕、中元、中秋、冬至)，民間日常禮俗 (婚、喪、喜、慶)，或民間的信仰活動 (宗教或亡靈崇拜) 等，都屬於風俗。

3. 民德 民德 (mores) 指道德倫理或宗教誡律，與荀子所說"從俗為善，是謂民德"是相通的。社會的成員如果違反民德，將遭受社會強烈的反應。民德大部分是禁忌，指明哪些行為不該有，所以亂倫、吃人肉、裸體狂奔於街上、偷竊都可算是中國價值觀的禁忌。民德具有文化的差異性，所以中國人的禁忌行為，在不同文化價值觀下，不一定被視為必然的民德。

4. 日常慣例 日常慣例 (convention) 是指日常生活行為的相關規定。日常慣例反應社會所期盼的正確行為表現，但不具正式的牽制力量。例如在宴會上應有的談話禮儀、穿著打扮，對個人來說都是一種習慣自然的表現，而不會覺得忸怩作態。由於日常慣例與生活緊密的連結,故已成為言行舉止的一部分,一般人對其形成過程罕於提出疑問,也幾乎認為是理所當然。

5. 法律 法律 (laws) 是國家立法機構或國會所制定,交由司法機構執行的條文,對傷風敗俗行為,具有強制執行功效,也能產生遏阻效果。法律為最嚴格或最形式化的規範,不過法律不外乎人情,沒有風俗或民德做基礎的法律較難執行。

上述不同的規範形式,可以用吃飯的例子說明:時狂或時髦讓我們了解流行的口味,例如健康的風潮下,素食成為一股風潮。風俗指出合宜的食物種類,例如端午節吃粽子而不是吃月餅。民德規範能被接受的食物,例如美國人不吃狗肉,回教徒不吃豬肉等。日常慣例詳列出吃食的規定,例如用筷子吃飯、喝湯不出聲等。法律則作為制裁衛生不合格餐廳之用。

(二) 宗教對消費者行為的影響

宗教 (religion) 是指以神道立教,設置誡約而使人信仰的組織。人類為了要了解未知的超自然力量或趨吉避凶,常藉由信仰宗教來獲得自我平衡與精神安慰。宗教在消費者心理學的研究中並不多見,也沒有受到廣泛的注意,主要是因為宗教的要旨以精神層次提升為主,連帶使探討物質消費的學問,不容易受到重視,甚至一些消費行為研究者認為,以消費者的觀點探討宗教運作時,宜持保留態度 (Hirschman, 1983)。

然而,信仰同一宗教的信徒,就是一個高同質性的區隔,因為他們對於性欲、生育、家庭、政治及收入分配都有相似的觀念,因此行銷者如能以相同信仰者為區隔,掌握相關特性,推出符合需求的產品,當能吸引他們的購買。例如,佛教與道教信徒罹患感冒時,比基督教或無信仰者,更仰賴成藥的治療 (熊東亮,1987),搬遷時對於黃道吉日敏感性也高於基督教。大學生信仰不同,對於週末的休閒活動分配亦不同,猶太教者喜歡與朋友聚會聊天,天主教信徒把跳舞視為最有益的活動 (Hirschman, 1983)。所以如果能夠提升信徒滿意程度,對於深化信仰的虔誠度,將有直接的助益。

另外,在爾虞我詐的工商社會中,人們處處呈現空虛寂寞,常常透過宗教來表達對靈性的渴望與追求。因此宗教可以善用行銷與區隔的方式吸引非信徒的加入,基本上,"宗教的教義"可比喻為一種產品來銷售,推廣宗教教義的神職人員就是推銷員，信徒則為消費者。在消費者心理的邏輯下，宗教的販賣是不能強迫消費者購買，必須滿足"目標市場"的需求，才能使他們心悅誠服的接受教義。例如，為了解決參與禮拜的民眾日益減少的問題，梵諦岡第二次公教會議提出一些以信徒信念為中心的改革方案，如酌情廢除一些不適時宜的教條與規定，禮拜儀式盡量本土化 (例如將祝禱文以當地的語言來誦讀)，這些增進信徒溝通的做法，著實收到成效。

摩門教認為以"直銷"的方式（一對一溝通）傳達教義，最能探知環境的變化、了解消費者的偏好。所以摩門教每年平均有15個外國傳教士來台，騎著腳踏車大街小巷、挨家挨戶的傳福音。佛教界也注入許多滿足消費者的新觀念，例如法師走向電視台，以深入淺出的方式述說佛教的道理以吸引消費者，誦經的音樂也改以電子琴或合唱的方式重新編曲，以擺脫過去嚴肅單調的模式。有聲書籍及音樂除發售卡帶外，雷射唱片、錄影帶也相繼推出，使消費者有多樣性選擇。甚至為了接近兒童，佛法道理常以淺顯易懂的卡通畫或漫畫來呈現。這些教義通俗化的溝通方式提升消費者對佛理的領悟力，在宗教文物推銷上，也創造了許多商機 (成荖齡，1993)。

台灣目前的宗教信仰以民間信仰為多，補充討論 6-2 說明了民間信仰形成的過程，並藉以了解這些信徒的一些消費心理與行為。

第三節　符號象徵意義與消費者行為

符號 (symbol) 指以物體、姿勢、顏色、設計、聲音等方式來代表事物的意義，通常所代表的意義超過事項本身，例如賓士汽車的三叉標誌即代表著身份地位。由於符號由人所創造，所以只要經過社會成員一致的認同，就能成為"約定俗成"的產品，日後成員之間利用符號溝通也無需多做解釋。例如看到"$"的符號大家都知道是美金或金錢，"十字架"代表基督教，揮舞國旗可以喚起愛國情操，抽煙斗象徵著成熟思慮，植樹有"十年樹木，百年樹人"源遠流長的意思，聖誕老人則與歡樂、逛街、假期有關。社會學

補充討論 6-2

台灣的民間信仰

根據統計，台灣目前宗教信仰中，佛教徒約有 47%，民間信仰有 29%，道教 7%，基督教 3.5%，天主教 1.7%，但如以皈依佛教才視為真正佛教徒的話，民間信仰比率估計高達 65%，佛教則在 15%左右，所以民間信仰仍屬於台灣"宗教"的大宗 (瞿海源，1988)。

台灣的民間信仰傳承於中國傳統的精靈思想，並受佛、道、儒三教的影響，但與一些正統宗教又不盡相同。民間信仰的觀念裏認為鬼神世界與人的世界相似，是有階級性的，諸神是管轄與審判的階層，而諸鬼則受諸神的掌管。玉皇大帝住在天庭地位最高，統轄所有的天神、地祇與人鬼 (類似政府組織的中央單位)，有天兵天將可供差遣。下層組織中，各省有城隍，縣有縣城隍，鄉鎮則有土地公管行政。此外，五殿閻王 (類似法官) 專司善惡獎懲、輪迴支配。其拘提系統則包括了黑白無常、判官、小鬼、牛頭馬面等 (吳寧遠，1995)。

在自然崇拜的宗教觀上，五岳、山林、斷崖、河海、川溪、深淵皆有神，例如山有山神、河有河伯、海有海龍王、樹有大樹公。在生老病死的日常生活中，送子娘娘管生兒育女，財神爺管發財，月下老人管婚姻大事，祝融管火災，龍圖閣斷陰陽，九天司命 (灶神) 管廚房，各有所司，互不相干。而有某些動物，因具特殊象徵意義而加以祭祀，例如龍 (表吉祥)、麟 (表才智)、獅 (表吉祥)、龜 (表長壽)、牛 (表辛勞)、犬公 (表忠心)。在器物祭拜上，床有"床母"、磨有"磨公"、豬圈有"豬圈公"、牛欄有"牛稠公"，這些宗教倫理觀念深深的影響中國人的日常生活與消費習性。

此外，各行各業都有一位祖師爺，例如，茶莊要供奉陸羽、木匠祖師爺是魯班、大禹為工程師的領袖、紡織業供奉嫘祖、屠戶供奉張飛、捕魚供奉媽祖、糧食業供奉神農大帝、梨園子弟供奉唐明皇、儒生供奉文昌帝君、藥店供奉藥王菩薩，使得各行業有獨特景仰對象，更增加了祭祀的多元性。

由於中國的文化悠久，使得民間信仰崇拜天神、地祇、人鬼等對象不勝枚舉，歷代統治階層也常選定忠孝節義代表性人物，追封賜諡、立祠建廟鼓勵民眾崇拜，加上小說、說書、彈詞 (如西遊記、封神榜) 戲曲等對於故事推波助瀾的效果，使得台灣許多人喜歡穿梭於寺廟教堂頂禮膜拜、進貢捐款，以求心安理得，而熱衷的行為影響了相關產品的行銷活動。

民間信仰沒有完善的教義及教條，但信仰人數最多，可預期的，這些善男信女將成為正統宗教爭取的對象。另外，他們也是購買宗教文物 (光明燈、蓮花座、骨灰罈)、慈善捐款的主要客層，是值得開發的一群。中國信託的蓮花卡，言明願意將持卡人消費的部分金額捐贈慈濟功德會，消費者無須額外支付。推出後，這張"行善的信用卡"迅速獲得眾多信徒與消費者的支持，即為一例。

家認為文化符號代表著成員共同的理想與看法，象徵符號的出現能夠提升社會成員意識感，增加凝聚的力量。

在文化領域中，人類創造出許多的象徵符號如繪畫、音樂、雕刻，來代表時代的精神。但是，符號的探討並不只限定於藝術範圍，人類使用產品的儀式(如拜天祭祖儀式)，隱含許多獨特的文化價值意義，我們將在第一部分說明。其次，神聖產品與世俗產品常因時空的變遷，而產生許多有趣的意義轉換，我們將在第二部分探討。

一、儀式對消費者行為的影響

人類為了表達文化特殊的象徵意義，通常藉由儀式來完成。**儀式** (ritual) 指將社會認可的符號，串連組成一系列腳本行為，並藉由成員們週期性進行這些腳本，來表達約定俗成的象徵。例如清明節的掃墓祭祖、除夕夜的團圓年夜飯，都是週而復始的儀式過程。儀式所表現出來的意義深藏著許多的文化意涵，因此可成為判斷文化差異的重要指標。底下我們將先探討儀式的意義與類別，再來將就儀容整飾儀式來說明當中的文化意涵。

(一) 儀式的意義

當吾人想到儀式時，腦海總會出現如婚禮或是宗教彌撒的莊嚴情景，事實上，並非所有的儀式都有著正式、公開的典禮，甚至許多儀式屬於日常生活的個人行為，例如，子女的晨昏定省、耶誕節的卡片問候，都屬於私人的儀式行為。所以在討論儀式的內容時，學者常從廣義的角度來看，舉凡公開或私人、正式或非正式、大事件(教宗為世人的祈福)或小事件(自我祈禱)、外在或內在，只要行事者依照既有腳本，定時重復的進行，來表彰社會認定的象徵意義者都可稱為儀式。從這個定義看來，公務人員就職宣誓，親朋好友互贈禮物，民眾的示威遊行等，都可屬於儀式行為。表 6-5 列出了抽象到具體的儀式層次，從表中可知，大至宇宙觀點(皈依或受洗)，小至個人日常生活(梳妝打扮，家規)，都能符合儀式的意義。

1. 儀式進行的過程 儀式的層次雖然廣泛，但儀式進行的過程都包含了下列幾個部分。第一，產品。指襯托儀式相關的用具，例如在婚禮中，戒

表 6-5　儀式的類別

行為的來源	儀式類別	例　子
宇宙觀	宗教的 神奇的 美學的	受洗、皈依、打坐、彌撒 民俗療法、賭博 藝術的呈現
文化價值觀	文化傳承的	畢業典禮、婚禮、祭祀、假日慶典
團體互動	民眾的 團體的 家庭的	遊行、選舉、法院審判 獅子會、商業交易、午餐聚會 吃飯、就寢、生日、耶誕節、母親節
個人目標及 情緒表達	個人	梳妝打扮、家庭規定

(採自 Rook, 1985)

指、蛋糕、照相器材都是儀式產品。第二，腳本。即如何進行儀式？什麼時候進行？等相關步驟，例如婚禮大多選擇良辰吉日，或中或西的婚禮步驟進行。第三，角色扮演。即參與儀式者的特定的工作，以婚禮來說，新郎、新娘、男女儐相、主婚人、介紹人及來賓等等，都有不同的角色扮演，共同完成整個儀式。由於相同的產品在不同的儀式中，有著不同的象徵意義，在消費者心理學的研究是一個有趣的主題。

2. 儀式與習慣的差別　儀式與習慣都是重復腳本的行為，乍看之下相似，其實在意義上卻不相同：第一，儀式行為為社會大眾所認定的成分，要比個人認定的成分強，習慣則相反；第二，儀式進行大多處於意識狀態，而習慣多屬於不自覺行為；第三，儀式有著許多象徵性意義，也投注較多的情感因素 (Rook, 1985)。所以刷牙如看成習慣，則只是一種無意識的反射動作串連而起，但如果以儀式行為來看待，則著重在刷牙所帶來的社會象徵意義，如口氣芬芳，交談的禮貌等。

3. 儀式在行銷上的應用　儀式行為常被行銷者做為增加產品使用的方法之一。廟會活動 (儀式活動) 是往昔農業社會村中唯一的大事，無論是媽祖出巡或作醮，都能吸引許多善男信女或觀賞的遊客，附帶的也在廟會活動中產生許多市集式的買賣行為。許多行銷者也採用類似的方式，以廟會活動的方式來吸引人潮,如泰國的崇光 (SOGO) 百貨公司,在大門口有一尊供人膜拜的四面佛,許多人在膜拜後就順道到百貨公司逛逛,增加不少的到店人數。統一便利商店,為了改善以往除夕夜人潮稀落的情形,曾在過年之前,於全省門市部懸掛許願鈴,並在廣告中告訴消費者,守歲夜的十二點,到超商門口搖鈴,祈禱的願望便會實現,此舉果然引起人潮的湧入,甚至有消費者為了搶在十二點搖鈴而發生口角。而旺旺仙貝與國農牛奶,則把自己定位在祭祖儀式中不可缺少的產品,來增加銷售量。

(二) 儀容整飾儀式

儀容整飾儀式 (grooming rituals) 包括了一系列的行為,例如洗澡、刷牙、用除臭劑或整理髮型等,由於儀容整飾是一種固定時間內重復發生的行為,並希望完成儀式後在公開場合能被他人所接受,故可視為儀式。

1. 儀容整飾儀式象徵意義 儀容整飾包括兩種象徵意義的轉換。第一是私人性/公眾性,第二為工作性/休閒性。更進一步來說,儀容整飾反映了如何由自然無拘的休閒狀態,轉換到勤奮工作的情景,或從緊張忙碌的情形,返回休閒鬆弛的私人生活中。儀容整飾反映出了美國人追求美麗及年輕的文化價值觀,許多美國女性認為沒有著妝出門難以見人,也是不禮貌的行為 (Barthel, 1988)。另外一篇研究則用動機研究來了解儀容整飾儀式的內含意義,研究者請應答者看兩張圖片,並請他們說出想法。圖片中,一張為年輕男性正用著吹風機,另一張為年輕女性上妝時卷髮夾的動作。結果許多應答者認為使用吹風機整理頭髮的男士,擁有主動積極的個性,在商場上隨時伺機而出、大展鴻圖。而正上妝的女士則被描述為事業成功的女強人。可知儀容整飾背後隱藏著成功、成就感等象徵意義,正是許多文化體系所強調的價值觀念 (Rook, 1985)。

2. 儀容整飾儀式的行銷應用 儀容整飾是高頻率重復發生的現象,使得販售相關產品的行銷者,嘗試透過廣告與行銷活動,將產品和儀式行為能夠連接在一塊,來增加銷售量。例如一天用高露潔牙膏刷兩次牙齒,或是卸妝後使用旁氏晚霜防止皺紋,都屬於這一類的訴求。沙宣 (vidal sassoon) 洗髮精把頭髮的清理定為洗頭、滋養髮部、潤絲的標準三步驟,主要企圖也是希望把洗髮過程,由分歧的個人習慣轉為社會認可的儀式,並把產品鑲在這個模子裏。愛克司絡 (Extra) 口香糖把促進牙齒健康的方法歸類為:定期看牙醫,每天刷牙兩次,與不時嚼愛克司絡 (Extra) 口香糖,也是嘗試把吃口香糖與牙齒保健儀式聯結在一起。

二、神聖化與世俗化的消費者行為

神聖產品 (sacred being) 指任何人、事、物,因特殊的理由 (非比尋常、奇異的、令人恐懼),成為人們景仰或敬畏的象徵依歸,如爬蟲植物、天體礦物、鬼神英雄等。相對的,**世俗產品** (profane material) 指消費者每天生活必須接觸的產品,基本上是一種司空見慣,平淡無奇的產品,不具特殊或神聖的意義,但也不含有卑俗或是猥褻的意思。所以牛對大部分中國人來說,是日常生活的"俗物",但對印度人來說,因為與印度神有關,而被視為神聖。

許多消費活動裏,原本是每天使用、司空見慣的世俗產品,因社會的變遷發生意義的轉變,變成了神聖產品。相反的,也有一些神聖產品、事物因失去神祕的色彩,成為日常的世俗物,俗諺"十年河東,十年河西"即為此意義的最佳詮釋。

1. 世俗化　世俗化 (desacralization) 是指原本神奇莫測、令人肅然起敬的神聖物品 (或事件),因逸出宗教的控制,或象徵物被大量的複製生產,而變為通俗物質的過程。美國自由女神像、法國的愛菲爾鐵塔或是中國的長城,原是國家標的或歷史的見證物,具有崇高地位,但商人大量複製成了紀念品後,敬仰之心情已被稀釋,崇高的意義也變得淺俗。再如,國旗象徵著國家的莊嚴肅穆,但如果做成了衣服,意義上也變得平凡。而原屬於宗教的神聖品如十字架、念珠等,常成為服裝點綴的飾品。除此之外,耶誕節原本是宗教懷念追思的日子,目前則成了狂歡、跳舞、瘋狂購物的代名詞 (註 6-3),上述這些例子,都可稱為世俗化現象。

註 6-3:英文 Xmas 代表聖誕節,如今卻有人將X比喻為莫名其妙的記號,把 m 視為金錢 (money) 的代號,把 a 說成娛樂 (amusement) 的代名詞,且將 s 視為季節 (season)。使得 Xmas 的意義被胡亂解釋成"莫名其妙花錢找娛樂的季節",扭曲了聖誕節的原意。

2. 神聖化 神聖化 (sacralization) 指原本平凡的物品、事件、人物,因與神聖意義連結或稀少的原因,而成為人們敬仰或珍惜的對象。寺廟的乩童平常與凡人無異,但通靈時所說的任何話語,常常被善男信女視為金科玉律,即為一種神聖化的過程。令人崇拜的政治領袖、社會英雄、影歌視紅星等,平日所使用的產品,因具有特殊意義而成了神聖品。例如,美國貓王艾維斯普雷斯里 (Elvis Presley)、日本美空雲雀所唱的歌曲,功夫明星李小龍所耍的雙節棍,劉德華、張學友義賣的手帕等,都是一些歌迷、影迷爭相收藏的寶物。再者,物品的稀少也是轉化為神聖物品的主因,春秋戰國時期出土的古物,因獲得不易而成為博物館珍品。而對具有收集嗜好的消費者而言,一些便宜或極為普通的產品,像火柴盒、衛生紙或是廣告郵件,因具有特殊的意義而被神聖化。

綜言之,能夠成為神聖物品者,並沒有明確的界定,從貴重到低賤,從天文到地理不勝枚舉。這與宗教類別中所謂拜物、拜精靈、拜英雄、拜神的信仰過程相似。行銷者必須注意隨著時間的推移,符號象徵意義的轉變,才可進一步掌控消費行為的改變方向。

第四節 跨文化消費者研究

人類學家認為文化是人類生活的總體,所以從廣義來看,探討文化環境對消費者影響也可以從世界的宏觀角度切入。**跨文化消費者研究** (cross-cultural consumer analysis) 就是在探討不同的文化環境中,消費者在消費觀念與行為之間的差異情形。而這些資料通常可當作跨國企業行銷分析的參考依據。在資訊時代快速的環境變革,行銷的範圍已經不受國界的限制,有效的行銷者必須脫離狹隘的地區觀點,嘗試了解不同文化的消費者所呈現的消費觀念與習性,才能在變動與不確定的環境中生存下去。

在消費者行為範圍裏,進行跨文化消費者研究大抵可從兩個方向進行,一個是從環境面探討跨文化之間的價值觀差異,是屬於比較抽象的觀點,其中以哈佛大學教授哈福斯泰迪 (Hofstede, 1980) 所提文化四個構面最常被引用,我們將在第一部分討論這些構面。另一個方向則從實務管理面出發,討論在政治、經濟與風俗不同的情境下,消費者的行為特性及行銷者因應之策等,我們將在第二部分說明。

一、中西文化在消費價值觀的差異

一個文化體系內社會成員共同的特徵及生活經驗常常呈現於價值觀的表達上,而不同的文化因不同地理、經濟、宗教等因素,而孕育出不同的價值觀。一般而論,在比較文化之間價值觀差異問題時,有些學者並不以飲食、服飾等特定文化層面做探討,而把文化視為若干的抽象構面,分析彼此的差異,而目前比較中西文化差異所引用的構面以規避不確定性、集體主義與個人主義、權力距離、男性化與女性化等四項最常被提及 (Hofstede, 1980)。由於篇幅的關係,本小節將就規避不確定性和集體主義與個人主義,在消費者思想與行為所產生的影響,提出較深入的說明。至於權力距離問題,將於探討集體主義與個人主義時一併說明,而男性化與女性化的特性,挪至次文化環境時討論 (第七章第一節)。

(一) 規避不確定性

規避不確定性 (uncertainty avoidance) 是指文化成員在感受威脅及不確定的情境時,用什麼方法來處理這種狀況。有些社會成員在面臨不確定情境時,傾向以容忍做為融合不同想法的方法,或以不變應萬變的哲理聽天由命 (宿命觀點)。例如,在加勒比海的一些國家遭遇問題時,常因不知道如何處理,所以乾脆不處理,因此不擔心事情的發展。墨西哥人的宿命觀點,使他們常把不愉快的購物經驗拋諸腦後,不會產生太多的抱怨行為。

相反的,歐美西方社會文化體系常藉由宗教組織的力量制訂規範,來挑戰征服不確定的感覺 (人定勝天觀點)。例如,美國人認為自然環境需要人類加以征服與控制,所以動物形同敵人可被殺害,寵物飼養則代表著對自然權力的控制,這種精神也常常投射到一般的行銷訴求,例如強調改善環境的重要性,是美國廣告非常普遍的溝通方式。

中國人在規避不確定性的傾向如何?吳聰賢 (1972) 指出中國為一農業國家,具有農業社會古老的傳統思想,認為有效的農耕生活特別需要安定的家族與和諧的社會,一旦碰到不如意的事情,常以"緣"的信念來強調現實世界的必然性或不可避免性。這種思想也反映在行為與態度上。例如,對命運的安排較為認分,對人生意義較為消極。俗諺"命裏有時終須有,命裏無時莫強求"即為最佳寫照。在這種農民性格的薰陶下,中國人宿命觀強,也較為節儉與勤勞。

西方人定勝天的觀點表現在消費行為上為自主性強,講求及時行樂。而東方宿命觀點表現在消費行為上,則為保守、克制、滿於現狀。中西方的消費價值觀真可謂天淵之別。

(二) 集體主義與個人主義

集體主義 (collectivism) 或**個人主義** (individualism) 是指社會成員對團體或個人福祉重視程度的差異情形。有關集體主意與個人主義的特徵,及這些特徵對人際關係的交往與購買協議的影響,將以下列幾點來說明。

1. 集體主意與個人主義的特徵 在集體主義下,人們尊重文化的價值觀,力行團體合作,服從團體規範,以圖完成組織目標,因此對於權力不公平分配的極權制度,接受程度較高,權力高低的區分非常明顯。屬於集體主義的國家,以中國、日本、泰國、波多黎各、希臘、巴基斯坦等為代表。

個人主義的文化環境,以個人成就為重,強調"突顯自己"、"不要成為平凡人群中的一員"等觀念,重視個別差異與自我創意,個人追逐地位與酬賞的次序先於團體目標,當工作環境不符合自己的興趣時,離職抗議常為主要選擇的方式,所以對於權力不公平分配的接受程度低 (權力距離低)。具有強烈的個人主義色彩,接受權力操控程度低者,包括美國、澳洲、大英國協、加拿大以及荷蘭。

集體主義下的社會成員,有很強的社會順從性,對循規蹈矩者都會大加讚賞,對於標新立異者則嚴厲指責,這種尚同的習慣使得消費者只買受大眾喜好的品牌,並有著"跟著買就不會錯"的心理,而在消費者普遍跟進的情況下,一些比較著名的品牌歷久不衰,持續受到歡迎。例如日本資生堂 (Shiseido) 化妝品在 80 年代以 "每個人都購買" (everybody is buying it)

當作訴求的主題，得到許多消費者的共鳴與支持。

2. 人際關係的交往 中國文化以儒家思想為出發點，以宗族、保守、崇尚權威來規範人心，所以社會結構非常密切。在上下層次分明的架構下，中國人也建構了人際關係的準則：凡是自己人、親朋好友乃至認識的人都稱為親密區；其餘的人、不認識的人、不親近的人，稱之為疏遠區。類似這種以自我為參考點，向外圈擴散 (越向外，關係越疏)，類似同心波紋的人際或社會網路現象又稱為**差序格局** (hierarchical value)。換句話說，即人與人間的連繫，靠著一個共同的架子，先有這個架子，每個人結上這個架子後才產生互動、發生關聯，個人與他人關聯性的親疏，也完全看架上的距離而定 (費孝通，1948)。

然而美國社會並不然，他們人際之間的關係則是橫的，是平面的，人與人之間沒有多少互相依賴的關係，大家講求的是獨立自主，但因為講求獨立自主，所以人際的交往一視同仁，凡事不求人，而求諸己。維繫這種交往的關係是靠法律與功利，大家做事秉持的信念是機會均等，並在自由、平等、公平下，追求個人利益，堅信多勞多獲的道理。

東西文化人際交往的差異情形為集體及個人主義價值觀影響所致。簡言之，中國人的人際交往以人情為重，著重道德觀念；西方的人際交往以法治為重，著重獨立的觀念。所以基於價值觀的差異，在組織購買的考量上 (即組織的採購人員決定向哪個供應廠商購買哪些產品) 亦有著顯著不同的標準。例如，日本是個集體主義的社會體系，國外企業要打入日本市場，如果忽視日本人的應酬文化 (例如上餐廳招待有權利的官員或職員) 常常功虧一簣。尤其是日本官僚體系存有許多的灰色地帶，職員在沒有明文可管的事情上，有很大的裁量權，因此外國人必須重視與培養這種層層相扣的人際關係，才能搶到生意。美國柯達 (Kodar) 公司因不諳這套"規矩"一直無法在日本市場上大展鴻圖。足見對各國文化的價值觀了解是跨國行銷成功的重要因素。

3. 購買的協議 由於集體或個人主義的價值導向不同，使得美國人對於友誼的形成及商業協議與中國人有所差異。美國人就業流動性高、遷移頻繁，因此遷入新環境後要營造有利於自己的態勢，就必須在短時間內結交新朋友建立勢力範圍，這種交友模式可以發生在許多商業場合，而高頻率的調職與離職，使他們比較不會因離開朋友難過。中國人則不然，友誼建立在深遠與長期的關係上，所以朋友初次見面，雖然充滿冷漠與淡薄的態度，但一旦熟絡將對方劃歸為內團體 (註 6-4) 時,將會一直維持朋友的關係,所謂"君子之交淡如水"即為此意。

友誼的建立如果反映在商業協商與產品販賣上亦呈現有趣的對比。美國人做生意時因為可以隨時隨地與任何人做朋友,協議事情,所以他們認為商業利益的損益,比人際關係的親疏更為重要。為了確保商業及其他義務能夠履行,友誼建立必須輔以法律或合約的方式來維持,且一旦達成共識雙方在合約上簽字後,商業的協議即告完成,友誼關係亦趨於平淡。

中國人或日本人則不同,朋友之間的交情深淺或有無家族關係,往往為生意成交的關鍵因素。所以在商業協議上,貿易夥伴的人格因素比合約內容更為重要。合約的簽訂為建立友誼關係的開始,亦為後續生意、永續經營的基礎 (與美國人短期友誼關係不同)。另外,個人的情感與商業關係是無法分離的,所以買賣雙方默契的一致,非常重要。為了達到這個目的,友誼之間的信賴必須依靠時間慢慢建立,正式協議也常在幾次協談後才會開始,所以中國人 (或日本人) 洽談生意時,先前的暖身會議、電話間的拜會及非正式的社交活動,常成為不可或缺的商業行為。

二、跨文化消費者行為特性

在世界貿易組織 (W.T.O.) 及區域國際組織 (如歐洲共同市場、北美自由貿易組織以及東南亞國際聯盟組織等等) 相繼形成下,貿易藩籬所形成的障礙已日趨縮小,企業要能在跨國市場佔得一席之地,必須有洞燭機先的本領,這當中又以了解異國消費者行為是最關鍵的因素。在進行國際市場行銷的過程中,除了供應高品質的產品,還要兼顧到通路鋪貨、廣告策略、售後服務等因素,要因應上述因素可能面臨的問題,首先一定要進行跨文化消費者調查與研究,以了解不同文化環境影響所產生的消費差異。本節擬以風俗習慣、經濟狀況、產品偏好、象徵物、廣告表達、語言、研究工具的應用等變項,說明進行跨文化行銷應該考慮的事項。

註 6-4:內團體 (in-group) 指在一個團體中,團體的成員均有強烈的歸屬感,而且成員與成員間在感情上、行為上均緊密的團結在一起,對團體以外的人則有拒斥的傾向,這種團體就稱為內團體。

(一) 風俗習慣

　　風俗習慣的不同,是跨國行銷者應注意的重點,否則容易造成錯誤的認知。舉例來說,日本人洽談生意時,常以委婉的方式表達意見,例如當他們說"這樣做可能會非常困難"時,即表示交易的拒絕。但如果表達肯定意見時,通常是說成"我了解這個要求",而不是說"我同意你的看法"。

　　日本速食麵能夠成功的進入美國市場,是因為它能深入了解美國人的習慣,並能"投其所好"。例如第一個打入美國速食麵的日本日清公司,在上市之前,分析美國人的消費習慣後,歸納出美國人飲食方面最關心減肥及便利兩個向度,所以低卡路里加上速食麵,正好符合這兩項需求。而美國人一向以刀叉進食,所以宜把麵條切得短一些,方便他們食用。另外,湯的味道必須做的更符合美國人的口味,且美國人習慣用紙杯吃東西,改用杯子做為容器裝速食麵(而非碗形)最恰當,把它命名為"杯麵"也能正中下懷。日本人對一杯小小的泡麵,卻有著如此細膩的考量,難怪銷售之後深受歡迎。

(二) 經濟狀況

　　各個國家經濟背景及消費能力,也是發展跨文化行銷策略重要的考慮因素之一。國際市場中依照各國經濟開發的程度,大略分為未開發國家、開發中國家、及已開發國家三個類別。

　　未開發國家裏消費能力最低,人民的壽命不高,且女性生產子女數目也較多,文盲比率偏高。他們在一般食物、衣服、教育、醫療保健無法自給自足,生活仰賴於國外的廠商投資,或由政府鼓勵民眾購買本國產品。雖然如此,未開發國家的上流階層民眾,已經開始消費高品質的產品。目前屬於未開發國家包括有巴基斯坦、波利維亞、宏都拉斯、馬來西亞、印尼、斯里蘭卡等。

　　開發中國家(包括新加坡、香港、西班牙、義大利、紐西蘭、南韓等國家),經濟水平正值快速發展,消費社會亦慢慢形成。開發中國家人口結構裏,以中產階級最多,並成為國家的主力。一般家庭子女平均數為三人。在消費型態上,外國進口的產品被視為社會地位的象徵,消費者對便利商品、紙尿布的使用都持續增加。

　　已開發國家,如美國、日本、瑞士、荷蘭、英國等國家,人口成長率最低，家庭平均子女數為兩位，民眾對社會安全制度及醫療保健最為重視，消費者在娛樂以及休閒方面花費也較多。已開發的企業團體為了要爭取市場佔有率而呈現的激烈競爭，尤其在有線電視、專業雜誌報導等一些獨特性商品上更甚。

為了扶植本國企業，一些開發中的國家常設置不合理的關稅壁壘做為保護傘，有些則限制外國廠商的投資金額，或要求技術及管理能力的轉移，或規定要雇用較多當地的居民來達到目的。所以對諸如上述限制的評估，對跨文化行銷策略擬定至為重要。另一方面，進行跨文化行銷時，需考慮到當地政府的媒體、電訊及交通的支援系統，尤其一些未開發的國家，因無法提供相關設備，或設備技術層次上屬於原始階段，而增加許多跨國投資的風險。例如蘇俄或一些東歐國家，非常渴求美國的產品，但是這些國家的電訊媒體基本設備，或通路的分佈上，無法替美國企業帶來利潤，使得許多大型公司躊躇不前。

(三) 產品偏好

公司進行產品研發時，必須針對文化背景的差異，製造符合當地文化需求的產品。餐飲業是最具文化特色的一種行業，所以需要特別注意文化環境的差異，才能迎合當地消費者對產品的偏好。

麥當勞入境隨俗的作法，最能順應世界各地消費者的需求。舉例來說，該公司向來以牛肉漢堡著名於世，但在印度，牛為聖物，故不能販賣牛肉產品，故改以羊肉代替。在馬來西亞該公司推出碎牛肉漢堡，且宰殺處理的過程還特別依照回教法律進行。而從調查中得知，台灣消費者特別喜歡雞肉產品，所以推出全世界唯有台灣才有的麥克炸雞，以符合這裏的民情。

雀巢公司只在亞洲發行"三合一"產品 (咖啡、奶精、糖混合包裝)，也是順應亞洲人喝咖啡的偏好而來。在歐洲地區，消費者視咖啡為日常生活的飲料，每人每年飲用的咖啡量超過一千五百杯，也就是說每天的咖啡飲量約 4~5 杯，高比率的飲量，使他們喜歡喝到咖啡的原味。反觀亞洲地區的台灣，每人每年喝約 45 杯，喝的量非常少，且喝咖啡的原因，比較偏重在"功能型"的需求，例如學生要熬夜或上班族精神不振時，想喝杯咖啡來提神。所以不太講究咖啡的原味，但希望能方便飲用，在這種情況下，三合一的方便包裝，便最適合亞洲消費者 (何玉美，1999)。

(四) 象徵物

在跨文化行銷中，相同的符號在不同的文化下常代表不同的象徵意義，以顏色來說，台灣女性偏好紅色，但在英、法兩國的男人喜歡紅色，在阿根廷及丹麥，紅色代表歡樂，在德國與奈及利亞，紅色卻代表不幸。再如，在摩洛哥、印度及尼加拉瓜，阿拉伯數字"7"象徵著幸運，但在迦納、肯亞及新加坡則代表不幸。另外，印度常以動物作為品牌名稱，日本喜歡以松、柏、梅的符號表示高雅。中國人數數字時舉食指時代表 1，舉食指與中指代表 2，但法國人卻用大拇指來表示 1，舉大拇指與食指表示 2。所以跨國行銷者在進行全球行銷時，必須要打破本位主義，尋求文化象徵物的真正意義，以避免發生錯誤。表 6-6 列出各國文化中認為是吉祥的動物及所代表的意義。

表 6-6　各文化吉祥動物的代表及代表意義

國　家	吉祥動物	代表意義
美國	貓頭鷹	智慧
哥倫比亞	蟾蜍	蟾蜍卵代表五穀豐收、子孫滿堂
法國	公雞	勤奮或光明 (司晨報曉)
新幾內亞	豬	財富與地位
丹麥	海象	美麗 (海象類似童話故事美人魚)
波蘭	雄鷹	力量與智慧

(採自　關孫知，1998)

美國一家頗具聲望與規模的高爾夫球工廠為了打入日本市場，把高爾夫球以四個為一組做包裝，但是到了日本市場後卻滯銷，行銷者大感意外立即進行調查，才知道在盒裝數字上出了問題。在日本"四"代表了死的意義，一般人忌諱購買四個為一組的包裝物，以避免霉運。寶鹼公司所發行的幫寶適尿布在最早進入日本時，廣告片是由大鸛鳥送來尿片，結果並不受消費者認同，因為依據日本傳說，嬰兒是從桃子裏迸出來的 (就是我們所熟悉的桃太郎)。所以同樣一個品牌，面對不同觀念的社會，必須能夠就地思考，才能打動消費者。

(五) 廣告表達

在跨國行銷中，打出名號最直接的方法就是做廣告，但是廣告的表達無論題材、腳本或代言人，一定要能融入當地人的生活，為當地人所接受，才能達到效果。

麥當勞的廣告一向遵循這個原則，他們在處理廣告所秉持的原則，就是如何充分的與當地消費者做溝通，為了達到這個目的，麥當勞廣告常真實的呈現當地社會情形，並以生活化情節、本土的歌曲、本地的演員，再配以溫馨的手法來展現廣告，而這種結合當地文化價值觀與風俗習慣的地緣廣告，使麥當勞速食慢慢融入大眾社會，成為消費者生活的一部分。

美國某牙膏公司發現東南亞區域居民喜歡嚼食檳榔，牙齒泛黃變黑的情形非常普遍，行銷者認為機不可失，大幅刊登廣告，以牙膏功能可有效去除齒垢、增進口腔衛生為賣點，試圖攻占當地牙膏市場。出人意料的，促銷結果慘遭消費者排斥，追究原因後才了解，當地居民視牙齒變黃變黑為一種身份地位的累積，為了要達到這個目的，必須積極的嚼食檳榔，背道而馳的廣告訴求反而令他們啼笑皆非。

有一美商在西亞阿拉伯國家推銷汽水，為避免語言麻煩，他用三幅圖畫設計廣告來傳達產品優點，第一幅是站在沙漠全身大汗的男士，第二幅是男士大口飲用飲料，第三幅是以笑容表達飲完汽水後的淋漓暢快感。廣告刊出後，汽水卻呈現滯銷，原因是美國人閱讀習慣由左到右，但阿拉伯人的閱讀習慣卻是由右到左，故了解當地社會文化的風俗、民情以及習慣，才能製作傑出的廣告。

(六) 語　言

語言具有社會性，代表了文化的習慣及信仰溝通的意義與方法。由於語言可以產生團體的認同感，所以了解語言（甚至方言）所代表的隱喻意義，才能夠把產品適切的賣到國外。舉例來說，台灣早期輸美的產品說明書，常由主管自行撰寫以節省開支，但因語言結構的不同，寫出來的內容常常詞不達意，讓購買者不知所云。語言就是這麼微妙，英文再好的台灣人所寫出的說明，在譴詞用字上與道地英文還是存有差距，所以雇用當地人來處理廣告文案、包裝說明、使用手冊等事宜，才能傳達出產品真實的內容。

跨文化行銷的許多錯誤，都發生於不了解外國語言真正意涵所致。舉一個笑話來說，義大利話裏"我愛你"發音為"TIAMO"，假設義大利人以 TIAMO 為產品名稱推銷到台灣來，就不是這麼恰當，因為 TIAMO 近似於台語發音的"聽嘸"，對於一個"聽嘸"的產品，還會有銷路嗎？在跨國行銷的實例中，也有頗多類似的情形。在美國，挪瓦 (Nova) 是通用汽車銷售頗佳的車系，但推銷到西班牙及西德時卻遭挫敗，經進一步的研究才發現，挪瓦 (Nova) 在西班牙及西德所代表的意思是"不會走"。百事可樂的廣告標語為"Come alive with Pepsi"（喝百事可樂，令君生氣蓬勃），可是同樣的英文標語到德國後，語意的意思竟成了"與百事可樂一起從墳墓復活"，差異之大，令人匪夷所思。

在 21 世紀初期，法國興起一股漢字風潮，法國人認為方方的一個漢字暗藏著許多機運與情意，所以牛仔褲或衣服要繡幾個漢字（如繡上不同字體的龍或風水等字）才算流行，而法國寢具店也趕上了漢字流行風，不管是枕頭或是床單被套上都常印上深紫色的"貢"字增加品味，雖然印有貢字的床單顏色高雅字體方正，深得法國人的喜歡，但是他們大概不知道"貢"字的中文發音，不然一定不願意買，因為貢字等同於法國發音的 con，翻譯成中文就是"蠢蛋、大笨蛋"的意思。綜合上述，語言的翻譯需謹慎小心，不然會貽笑大方，造成行銷上的困擾。

要防止語言翻譯的錯誤可用逆向翻譯法，所謂**逆向翻譯** (back translation) 指訊息內容經由精通兩國文化的若干翻譯者，其中一位由本國語言翻譯成他國語言後，再由另一譯者由他國語言翻譯為本國語言，反覆進行，以找出文化間語言不相符的問題，達到信、雅、達的境界 (Engel & Blackwell, 1982)。

(七) 研究工具的應用

因經濟發展狀態及風俗民情不同，使消費者表達意見的方式因"文化"而異。故跨國行銷者在收集消費者資料或解釋消費意念時，需考量消費者的文化背景。例如，要調查未開發國家的消費者的消費態度，使用電話收集訊息並非良計，因為只有上層社會才會擁有電話設備，有些國家文盲比例高，所以必須用圖片測量消費者的想法，或以圖片解說產品的使用方法。

在態度量表尺度的設計上也存在著文化差異的問題。在美國，五點或是七點區間量表已經足夠測量消費者態度,但是在善於陳述意見的國家,如義大利,則需要十點甚至到二十點區間量表才足夠。研究也發現,在測量未來購買的傾向時,西德的消費者的回答最為保守 (例如西德很少使用"最佳"的字眼來描述產品),但是西班牙以及義大利的應答者,往往誇張他們想要購買的傾向 (Bhalla & Lin, 1987)。由此可見,民族性的差異,對於態度的表達方式也是有所不同。

本章摘要

1. **文化**泛指文化內成員遵循的規定、所抱持的價值觀、及所創造的器物,包括了知識、信仰、藝術、道德、風俗、器具等,文化層面影響消費者行為是非常深遠的。
2. 文化內容可分為**物質文化**與**非物質文化**。前者是指以物質享受為中心,提升生活品質所形成的文化模式;後者則為社會成員共同分享的思想或觀念。兩者的發展密不可分,都會影響消費者購買的決策。
3. 文化內容主要是透過家庭、學校與傳播媒體等途徑學習而來。
4. **文化變遷**指隨著時間的演變,加入新項目或修正、丟棄舊有項目。文化變遷是自然且緩慢的過程,行銷者不可能去抗拒或改變這種變動性。
5. **民族中心傾向**指以自己標準評斷其他文化,並認為自己文化水平優於其他文化的態度。當消費者只購買本國貨,排斥舶來品時也稱為高民族中心傾向者。
6. 不同民族的語言對於時間有不同的說法:採**直線時間觀**者,對於時間有強烈的方向感,且多會為未來做規劃,採**循環時間觀**者,則認為時間是不斷的循環,不需規劃未來。
7. **價值觀**指一種持久的信念,而信念持久的存在,是因為信念所延伸的行為模式是值得人們去爭取奮鬥的。價值觀包括了人們所學習到的社會道德標準與倫理規範,也是人們在處理事物判斷選擇的重要參考依據。

8. 定期測量價值觀將有助於行銷者對於趨勢的了解。其測量的方法包括**羅基蓄價值量表、屬性價值環鏈模式、內容分析法**。
9. 屬性價值環鏈模式認為消費者對某特定的產品屬性產生好感,是因為他想要達成某種的消費結果,再藉由消費結果去實踐內心深處所期盼的個人或文化價值觀。
10. 價值觀可透過**規範**來引導個人行為。規範的形式概分為五種:**時狂與時髦、風俗、民德、日常慣例**和**法律**。
11. 由於信仰同一**宗教**的信徒,在人格特性的同質性高,對於性慾、生育、家庭、政治及收入分配都有相似的觀念,使得以**宗教**為區隔工具的情形日益普遍。
12. **符號**是指以物體、姿勢、顏色、設計、聲音等事項來代表其他事物的意義。符號的意義是使用者賦予的,具有約定俗成的現象,隨著時空的改變,符號的象徵意義亦產生變化。
13. **儀式**是指以社會認可的符號,串連組成系列行為 (腳本),來明示文化約定俗成的意義。儀式範圍包羅萬象,大至宇宙觀點 (皈依或受洗),小至個人層次 (梳妝打扮,家規)。儀式內涵可分為產品、腳本和角色扮演三個部分。
14. 行銷者希望把產品與**儀容整飾儀式**中高頻率重復的行為連結一起,以增加銷售量。
15. **世俗化**指因逸出控制或大量複製生產,使原為神聖物品或事件變為通俗物質的過程。**神聖化**則是指原本平凡的物品 (事件或是人物),因與神聖意義連結,而獲得當時社會成員尊敬與珍惜的過程。
16. 權力的距離、規避不確定性、男性化與女性化、個人主義與集體主義,四個向度可描述文化間的變異情形。
17. **規避不確定性**是指文化成員在不確定情境感受威脅時,所採取避免不確定性的處理方式。中國人採宿命觀點,強調盡其在天,表現在消費行為上,則為保守、克制、滿於現狀;美國人強調盡其在我,控制自然,消費行為具及時行樂的特點。
18. **集體主義**或**個人主義**是指個人對組織,或個人福祉的重視程度。個體主義者人際交往以法治為重,著重獨立的觀念。集體主義者,人際交往以人情為重,著重道德的觀念。

19. 跨文化行銷時應注意的事項包括風俗習慣、經濟狀況、產品偏好、象徵物、廣告表達、語言、研究工具的應用等變項。

建議參考資料

1. 文崇一 (1989)：中國人的價值觀。台北市：東大圖書公司。
2. 史美舍 (陳光中、秦文力、周愫嫻譯，1991)：社會學。台北市：桂冠圖書公司。
3. 法蘭曲 (劉素玉譯，2002)：行銷全亞洲——環亞各國消費勢力大解析。
4. 陳煥明 (1991)：自由女神下的天空：認識美國。台北市：中正書局。
5. 黃志文 (1995)：行銷管理。台北市：華泰書局。
6. 葉正綱 (2002)：中國消費市場行銷策略。台北市：中國生產力中心。
7. Chua, B. H. (2000). *Consumption in Asia: Lifestyles and identities.* London: Routledge.
8. Featherstone, M. (2000). *Consumer culture and postmodernism (Theory, culture and society series).* New York: SAGE Publications.
9. Jain, S. C. (1987). *International marketing management.* Mass.: Kent Publishing.
10. Reynolds, T. J., & Olson, J. C. (2001). *Understanding consumer decision making: The means-end approach to marketing and advertising strategy.* NJ: Lawrence Erlbaum Associates, Inc.
11. Rokeach, M. (1973). *The nature of human values.* New York: Free Press.
12. Rook, D. (1985). The ritual dimension of consumer behavior. *Journal of Consumer Research,* 12, 251~264.
13. Solomon, M. R. (1996). *Consumer behavior.* New Jersey: Printice Hall.

第七章

次文化對消費者行為的影響

本章內容細目

第一節　性別次文化
一、性別角色的意義與形成因素　257
　(一) 性別角色的傳統意義
　(二) 性別角色的形成原因
二、性別角色的變遷　260
　(一) 男女雙性化概念的提出
　(二) 女性消費市場的擴大
　(三) 男性性別角色的多元化
三、性別在購買決策與跨文化之間的差異　264
　(一) 性別在採購評估的差異

補充討論 7-1：掌握女性的消費價值

　(二) 跨文化的性別角色差異

第二節　銀髮族與嬰兒潮次文化
一、銀髮族的消費行為　267
　(一) 銀髮族市場潛力
　(二) 銀髮族的消費者決策過程
二、嬰兒潮世代消費行為　273
　(一) 嬰兒潮的消費特性
　(二) 當今嬰兒潮消費價值傾向

第三節　新世代人類次文化
一、新世代人類的成長背景　277
　(一) 新世代生長環境的特徵
　(二) 對前途憂心茫然的新世代
二、新世代的消費心理與行為表現　279
　(一) 新世代的心理特徵
　(二) 新世代的消費行為

補充討論 7-2：新世代的特殊語詞

　(三) 行銷策略的應用

第四節　社會階層次文化
一、社會階層的意義與決定因素　286
　(一) 社會階層在消費者行為的意義
　(二) 社會階層的決定因素
二、台灣的社會階層與消費行為　291
　(一) 上流階層
　(二) 中產階層
　(三) 基礎階層
三、社會階層對消費者行為的影響　293
　(一) 產品決策與購買的差異
　(二) 生活方式的差異
　(三) 態度與價值觀的差異

本章摘要

建議參考資料

現代社會形成原因錯綜複雜，有些因地理區域劃分結合一起，有些則因政治或戰爭共生成國家，也有因為對歷史、文化與宗教的認同而形成社會。在這種糾葛的背景環境下，社會常出現一些次級團體，他們除了分享主文化的價值觀念習俗外，也同時發展出獨有的價值規範與生活型態，我們把這些與主文化有別的文化模式稱為次文化。因此，**次文化** (subculture) 是指在某一主流文化社會內，因受地理條件與生活環境等因素影響，逐漸分化而成的次級團體 (張春興，1989)。

次文化種類繁多，我們在第二章所提的人口統計變數所區隔出來的團體都是一種次文化。次文化類別有些明顯，例如種族、宗教、年齡等次文化；有些則模糊，例如黑道幫派 (偏差次文化)、社會階層 (貧窮次文化) 等。此外，有些次文化為大團體 (新新人類次文化)，有些則是小團體 (飆車族)。但是不管次文化的顯隱或大小，每個人或多或少都會隸屬在不同層次的次文化團體內，例如從住台中的25歲女性佛教徒資料中，就已經透露出她所屬於的次文化團體 (宗教、年齡、性別、區域)，從這些特性中，行銷者將可擷取消費行為的蛛絲馬跡。另一方面，由於屬於同一次文化環境的消費者有著相似的興趣與生活方式，因而產生許多雷同的消費行為，因此次文化可視為一種行銷區隔工具，讓行銷者能站在更有利的觀點與消費者進行溝通。

當一個次文化的規範、價值或生活方式，與主文化產生明顯的對立時，這種型態又稱為**對抗文化** (counter culture)。對抗文化不接受許多主要的文化標準，藉以突顯自我獨特風格，故參與者一般以年輕人為多，例如 70 年代美國在反越戰的動力下，形成許多青年吸食毒品、抽大麻的藥癮文化即為一例。台灣是一個開放自由的社會，價值觀念的建立是基於專業、互助與容忍逐漸形成，所以主文化仍居於領導地位，雖然新世代年輕人在消費行為的表現上，常被視為驚世駭俗，卻不屬對抗文化，反而因為他們的存在讓社會更顯得多元與活力。由於篇幅所限，本章無法探討所有的次文化族群，因而抽取性別次文化、年齡次文化與社會階層次文化，做為探討的主題。

1. 性別角色的意義與性別角色的改變對消費行為的影響。
2. 銀髮族與嬰兒潮的消費特色與決策過程。
3. 新世代人類獨特的消費心理與行為。
4. 社會階層對消費行為的影響。

第一節　性別次文化

人一出生，就有男女之別稱之為**性別差異** (sex difference)。生理上的差異固然能夠影響男女兩性角色特質，但研究也紛紛指出，在文化薰陶下的社會化學習過程，才是造成性別差異的主要原因。既然文化影響是男女社會角色的決定因素，所以把性別所形成的次文化，放在本章來探討是非常適合的。底下將以性別角色的意義與形成因素，性別角色的變遷對消費者行為的影響，及性別在購買決策與跨文化之間的差異做說明。

一、性別角色的意義與形成因素

性別角色 (sex role) 指在一個社會文化中，男性與女性在社會團體內所佔有的地位與眾所公認應該表現的行為 (張春興，1989)。中國人"男主外、女主內"的觀念，就是以性別來安排社會角色。以下我們將以中國傳統上對性別角色的看法，與性別角色形成原因等兩點作探討。

(一)　性別角色的傳統意義

我們都屬於社會的一份子，所以一個人在社會上所表現的行為除了表現出個人需求與動機外，還需要符合社會的規範與期待，性別角色就是一個明顯的例子。底下將就中國傳統對性別角色的期待及男性支配的觀念作說明。

1. 傳統對性別角色的期待　中國是一個文化古國，傳統上對男女兩性應該扮演的角色有著不同的期望，雖然這些規定並不一定合理卻是一種規範。傳統上男性的角色是攫取、積極的，例如要能剛強、自信、有野心、永不害怕，在事業、財富與地位上要能謀求成功，在邁入成功途徑中，必須克制感性的一面 (男人有淚不輕彈)，且無論付出多少代價都不能有所退讓，這種以事業成就為中心的角色扮演稱為**工具性角色** (instrumental role)。

而溫柔、體貼、順從、適應環境、善解人意則是傳統女性必備的個性，她們除了不爭強鬥勝外,還必須在背後支持男人、依賴男人、以感情回報男人,為了丈夫與子女的成功,要不計代價的犧牲自我、忍辱負重 (蔡文輝,1998)。因此,女子無才便是德,"女強人"強出頭的角色,反被傳統觀念所排斥,我們把女性應該溫柔且情感付出的角色扮演稱為**表達性角色** (expressive role)。

2. 男性支配的傳統觀念　　傳統社會對於性別角色的期望隱含著男性比女性更能領導社會,使得男性支配的觀念盛行中國幾千年。**男性支配** (male dominance) 是一種男性優越的文化概念,指男性在事件的決策上比女性更具有支配性與影響力。傳統以來,男性支配觀念一直是社會主流,甚至到了男女平權的時代情形也未全然改善。

在行銷的過程中,各式各樣的產品設計或推銷活動,也常不自覺的陷入這種偏差的思考邏輯內。舉例來說,台灣上網人數逐年上升,目前上網的男女比率已經接近 1:1,但是網站的許多設計與活動,還是傾向以男性觀點來思考問題。分析網路討論區的內容,男性的發言總是想到如何維護尊嚴、捍衛自己,攻擊色彩濃厚;相對的,女性發言偏向被動,等待善意的回應,這種對話層次的不平等,隱喻著男性支配的觀念。再者,統計顯示女性對電子商務的消費意願越來越高,尤其是書籍、雜誌、出版品、訂票服務等,然而大部分網路所銷售的產品,如電子產品 (電腦硬體與周邊設備)、高單價的汽車、保險理財等還是以男性顧客為主,而物化女性的情色會員網站到處充斥,也是為了吸引男性而設,使得女性上網沒有受到強化。

另外,許多汽車推銷員常存有男女有別的刻板印象 (註 7-1),只要女性顧客登門,常不由自主的引導她們看紅色系的小型車,而忽略女性與男性同樣有開大車,或喜歡不同色系的權力。上面的事項說明著社會文化期待的性別角色,常不知不覺地影響著行銷者的思維,進而塑造以男性為主的消費環境,此點更值得主其事者深思。

註 7-1:刻板印象 (stereotype) 是指對人或事所持的觀念或態度中,有的像鉛字一樣僵固不變的傾向。刻板印象的特徵是不以親身經歷為依據,不以事實資料為基礎,單憑一些人云亦云的間接資料或只憑一偏之見,即對某事、某人、某團體做出武斷的評定 (張春興,1998)。

(二) 性別角色的形成原因

男女兩性角色行為模式，往往是社會化學習所產生的結果，而在社會化的過程中，父母、學校教育、大眾媒體及社會教育等，都直接或間接影響著性別角色的形成 (蔡文輝，1998)。

1. 父母的影響　兩性角色的規範始於出生之際，當父母獲知新生兒是男是女時，處理方式明顯的不同，當父母 (家人) 撫育的孩子為男嬰時，都會直覺認為男嬰比較強壯，像隻小牛一樣，所以買需要力量的玩具，如刀、劍、槍、汽車才適合，也默許男嬰大叫或亂動，在命名上常取用如"雄"、"武"、"騰"、"魁"等表現男子氣概的字眼。但是當撫育的小孩為女嬰時，父母常表現出柔弱疼惜之感，比較保護女嬰，也常跟她說話，在命名上喜歡用柔順美麗的名字，如"美"、"婷"、"雅"、"珠"等，也常用漂亮乖巧的字眼強化女嬰的行為，買的玩具以烹飪用具、洋娃娃等居多。

從另方面來說，兒童在襁褓中，即開始從父母處吸收性別角色的規範。例如，給 2 至 3 歲兒童看紙做的男、女娃娃，並請他們用詞彙來描述這些娃娃特性，結果兒童不論是男是女都認為女娃娃比較多話，喜歡幫媽媽做家事，常說"我需要你的幫忙"，長大後當秘書、護士等職業。而男娃娃常幫父親做粗重的工作，很勇敢、獨立，喜歡說"我揍你喔"，長大後將擔任老闆、醫生等工作。顯然父母男女有別的教育方式，從小就影響兒童對性別角色的看法。

2. 學校教育的影響　學校的教育制度、行政措施或老師的觀念，常不自覺的塑造出性別角色的模式。在台灣許多男女合校常實施男女分班、分樓層的管理，校園也有許多性別的限制，如"男生規定穿藍色的，女生穿紅色的體育服"、"男生力氣大要做粗重的工作"、"女生體貼應該從事服務工作"。而學校老師無意的鼓勵與暗示，演變成男女性分別以體能、藝文做為區隔性向的方式，例如"反正是女生，考個職校唸唸就好"、"你是女生，為什麼數學考這麼好，史地卻一塌糊塗？"。另外學生犯錯時，老師對於男生的處罰通常較女生嚴厲，例如"男孩子哭什麼哭？"、"男生不能懦弱、退縮"，這些狀況常造成男女角色分野更加明顯。

在教科書上，也呈現男強女弱的刻板印象。如小學的教科書上，常有爸爸種樹、媽媽澆花;爸爸搬重物、媽媽曬衣服;爸爸看書報,媽媽帶小孩等畫面。女孩的裝扮通常是綁長辮,穿洋裝,與現實社會許多女性中性化裝扮不符。此外,男女角色也僵化,例如女性開車普遍的今天,書本上開車的司機一律是男性,全家出遊時也是由爸爸開車,醫生的角色也全是男生。而課本中對男女角色形象與動作也刻板化,男童愛打架、調皮、惡作劇、喜歡戶外活動、會倒立、大吼大叫、主動發問;女童守規矩、文靜、乖巧、喜歡盪鞦韆、跳格子、聊天等 (楊久瑩,1999)。

　　為了降低兩性的刻板印象,目前許多學校都推出兩性平權教育、課程或活動,例如北市松山家商推出"穿針引線",藉穿針比賽,檢定兩性自理家事的能力,懷生國小設計了"懷孕沙包",讓男同學體驗母親的懷孕過程,建國中學家政課舉行烹飪比賽等活動,都有不錯的口碑。

3. 大眾傳播媒體與社會教育的影響　　大眾傳播媒體無論是報章雜誌或電視節目與廣告,常有意無意的強化兩性角色的刻板印象,以統計來看,晚上主要的電視節目裏,男性的地位遠比女性高,例如電視連續劇中,擔任律師或成功生意人,永遠勝券在握的大部分是男性,而女性角色常是漂亮嫵媚、依賴男人,或在家處理家務。

　　此外,在廣告上一些需要知識或比較貴重的產品,例如汽車、電腦或保險,通常由男性代言人擔綱,並大部分以辦公室場地作為銷售的背景,相反的,女性代言人環繞在家庭 (廚房),推銷一些與家務處理相關的產品如洗衣粉、廚具,或增進漂亮的產品如香水、服飾等 (Courtney & Whipple, 1983)。另外電視連續劇中,以女性悲劇性的生命史來贏人熱淚的劇本頗多(如驚世媳婦或日劇阿信等),這些間接強調男女生來不平等的觀念,對孩童兩性角色學習上也有很大的影響。

　　而在一般生活中,周遭的一些事物,也是充滿著男女有別的性別角色差異,例如在許多介紹行銷觀念的書籍,出現的形容詞大多都是與競爭相關,如"克敵制勝"、"商場作戰經驗"、"側翼防禦"、"先發制人"等。這些戰鬥字眼都是傳統男性邁向成功所應具備的能力,可見社會上一向把行銷的工作視為男人的領域,而忽略了行銷溝通也需要溫柔與細膩的特質。

二、性別角色的變遷

　　傳統上一般人對性別角色的觀點相當狹隘,認為男 (女) 人應該具有男

(女)子氣概,扮演好男(女)人應有的角色。事實上在性別角色變遷的影響下,男女所應扮演的角色已經不是那麼絕對。底下我們將先從男女雙性化概念的提出談起,接著說明在社會變遷下,男女性別角色扮演所產生的變化。

(一) 男女雙性化概念的提出

傳統上,常以兩分類法把人類歸為男性或女性,而不能同時具備男性或女性的特質。因此高度男性化的人,必然也是低度的女性化,一個非常女性化的女人,不能夠出現男性化的特質。在這種思維影響下,常造成留短髮、主宰性強的女性被形容為"男人婆",但是喜歡刺繡勝過於打球的男性被說成"娘娘腔"。

在女性經濟的獨立、女權意識的提升下,過去僵化的性別觀念已逐漸的鬆動,男女角色扮演的界線也逐漸模糊。性別角色模式的討論不再採單一向度,而轉以男性與女性兩向度模式來說明為什麼會有男人婆、娘娘腔等現象的產生。在圖 7-1 的兩向度座標中,男性化(高或低)代表著一個向度,女性化(高或低)代表著另一個向度,每一個人在兩個向度上,各有一個分數,一個是它的男性化分數,一個是它的女性化分數。所以具有低度男性化與高度女性化特質的人,是傳統單一向度的女性化,而有高度男性化低度女性化特質者,為傳統所謂的男性化,但是如果一個人在男性化或女性化特質分數皆高者則稱為**男女雙性化**(或**雌雄同體**)(androgyny),如果兩者得分皆低則為**未分化**(undifferentiated)。

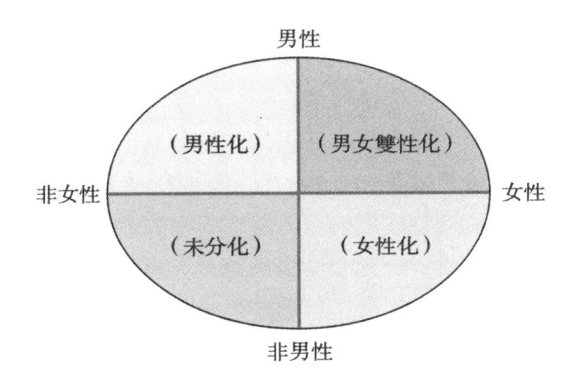

圖 7-1 男女特性雙性化的二向度座標
(採自 范志強譯,1986)

根據美國早期的一項調查指出,男性與女性應更具雙性化的想法,已被約 48% 的人所接受,這些人都同意無論是丈夫或妻子都能擁有事業,也必須共同分擔家事照顧子女,而不再堅持男主外,女主內的社會角色。另外具有男女兩性特質的人,也被證實更具有彈性且能勝任多樣化工作與嘗試,雙性化的男女也較傳統的男性或女性有更滿意的婚姻生活 (蔡文輝,1998)。台灣目前無相似的調查,但是我們可以從男女性在消費行為的改變,一窺這股潮流所帶來的影響。

(二) 女性消費市場的擴大

由於女權思想蓬勃及女性經濟地位獨立,使得婦女在社會所扮演的角色與男性越趨平等,此點可從行銷者積極開發女性市場與調適廣告策略得知。

1. 行銷者積極開發女性市場 許多原本是屬於男性或中性的產品,常因女性消費意識的抬頭,而產生許多的變革。例如運動場上女性一直是弱勢族群,為了鼓勵女性從事運動,耐吉運動鞋開創了第一家"女性運動用品專區"商店,空間設計上運用柔和紫色調及大幅女性運動員海報布置,以呈現溫柔與健康的形象。在產品方面,有專為女性設計較瘦長鞋楦的鞋款、服飾,有亮麗的色彩、窄腰的剪裁、也有運動型內衣,更有專屬獨立試衣間,明亮的試衣鏡,試圖創造出女性購買運動用品最佳環境。

喝酒過去被視為是男人的專利,但現代女性為了社交、休閒及樂趣,淺酌一番的機會越來越多,使得潛力無窮的女性酒市場,成了兵家必爭之地,而在女性開車比例日益增多趨勢下,福特六和的修車廠針對女性對汽車維修的機械恐懼,特別訂定每週四為女性關懷日 (Lady's Day),接待人員會換上幸運草圖案制服為女客戶服務,深得女性的認同。

2. 行銷者調適廣告策略 由於女性市場所孕育的龐大商機,許多針對女性產品的廣告都做了調適與修改,除了尊重女性的品味,注重女性的成長訴求外,也讓女性在購買過程有參與的感覺。例如"我愛我"純金項鍊的廣告,即在強調女性的自我消費觀。廣告以工作認真的女性上班族為訴求,嘉勉她們在辛勤付出後的喝采日子裏,能夠好好愛自己,做開心的事,為將來的生活加油。廣告從頭到尾都沒有提及以金飾做為酬賞自己的方法,但因點明了女性工作得意之餘,所流露的孤芳自賞落寞感,反而贏得許多婦女購金飾以自重的共鳴。綜合上述兩點，女性經濟與獨立性越強，女性消費市場的潛力就越大，平衡兩性市場的作法也成為不可避免的行銷趨勢。

(三) 男性性別角色的多元化

傳統的男性角色強調以競爭與理智的態度追求成功，而把痛苦、溫柔與熱情隱藏起來，在只許成功的壓力下，常造成男性焦慮與緊張的情緒。但隨著社會結構的改變，兩性平權思想的演進，男性性別角色也趨於多元。

1. 男女雙性化特質的展現　生活型態的多元化，男女雙性化的特質已經慢慢出現在男性身上，例如許多職場男性上班族，越來越在乎自己的外貌，常以雷射美容治療自己臉上的凹洞、痣或老人斑。而一些原屬於女性的化妝品、香水或皮膚保養技巧已經逐漸的登陸男性市場。資生堂推出悠龍 (UNO) 系列的化妝品、雅男士 (Aramis) 一應俱全的保養品 (如收斂用潔膚水、不含香料眼膠) 與男性護膚沙龍陸續成立，都在反應男性對柔美特質的需求。

另方面，粗獷的男性特質不全是現代女性欣賞的形象，具備雙性化特質的男士，反而能得到較多的青睞。此點可由"鐵達尼號"電影男主角李奧納多·狄卡皮歐受到熱烈歡迎得知。顯然地，目前的偶像明星並非一定要有十足陽剛味，清瀝稚嫩有著雙性特質的男性或許更能引發女性的母愛與情欲。

2. 多元角色的扮演　當今男性有較大的空間表達自己在服飾、烹飪、縫紉的喜好，也有機會從事過去大部分由女性擔任的工作，例如護士、秘書等，在家務上也負擔更多育嬰、洗衣、煮菜的雜事。因此許多行銷者已經著手調整傳統男女的工作分配比重，在廣告上逐漸的把男人角色擺在廚房，或者拿著衛浴洗潔劑，或掛圍裙拿鍋鏟，此舉除了表達男性的多元角色，也希望能獲得現代女性的認同，促動購買的意願 (註 7-2)。

3. 溝通上的考量因素　男女角色劃分逐漸模糊，使得傳統被視為男用品或女用品的禁忌已經慢慢鬆動。例如，為了有年輕與光彩的外貌，現代男性對雷射美容、化妝保養品的需求日益殷切。然而行銷者在販售上述商品時，需區隔出男女有別的訴求，避免因產品陰柔性而使男士們出現維護男子

註 7-2：研究指出廣告以男女角色平權方式呈現，觀眾記憶度高於以傳統男主外、女主內的角色呈現 (漆梅君，2001)。

漢氣概的心理,換句話說,行銷者在訴求方法上需保持彈性,推銷重點應該放在產品對儀容、身份的增進,如產品可贏得良好人際關係為求職或事業加分,或產品可減輕刮鬍疼痛等,以消除男士們對購買產品的猶豫。

三、性別在購買決策與跨文化之間的差異

雖然傳統男女角色呈現日趨模糊的趨勢,但在文化因素與生理因素交互影響的狀況下,兩性在能力與特質上還是產生了一些差異,目前已被證實男女不同的特質包括了:語言能力、數理技能、溝通方式、視覺空間技能、生理忍受力、積極性、性經驗與性興趣 (蔡文輝,1998),行銷者必須體認到這層差異對男女決策思考的影響,才能有效的進行銷售活動。

(一) 性別在採購評估的差異

生理上的差異加上社會對性別角色不同的期待行為,對男女購買決策思考會產生影響,我們以下列兩點來說明:

1. 男性重實用女性重美感 男性購物著重在實用性,女性偏重於美感的營造,以客廳櫥櫃的購買為例,男性首先考慮如何在預算編列下,買到最大的櫃子,能擺最多的東西;女性則著重櫥櫃設計款式與客廳的搭配,顏色的協調,與朋友拜訪時怎麼看的問題。再者,手機選擇標準也呈現這些差異,男性購買手機重視待機時間、通話時間、收訊靈敏度和功能強弱等實用性功能,而女性偏重手機方便性與搭配性,如手機色系是否能與服飾相配、攜帶是否方便、操作是否簡易等 (張瑞振,1998)。

2. 男性重邏輯女性重人際 科學研究已證實,男性優於數理技能,女性擅長語言能力,因此在購物決策時男性強調數量邏輯性、女性強調溝通人際性;男人著重"好不好"、"對或錯"、"多少錢",女人重視令人感動、值不值得幫忙、有沒有趣等事項。一位資深網路畫面的女性設計師也曾云:男女設計網頁的差異在於,男人是物理反應、女人是化學反應;男人把電腦當工具、女人把電腦當玩具;男性工程設計師語言設計較為冷硬,溝通時多半下達一個指令、反應一個動作,女性設計的電腦語言有人性、溫暖、彈性靈活 (沈怡,1998)。這段話深深的說明兩性的思考重點的差異。

綜合上述，男女思考方式與行為表現的不同，在銷售手法上必須做一些改變。針對男性，如何讓產品的功能或價錢物超所值，是銷售成功的重要原則。然而針對心思細膩、重視人際、富愛心、喜歡漂亮外觀的女性，如何創造關係或添增產品附加價值是說服女人最佳方法，包括主動積極與女性建立與維持良好關係，或將慈善活動或環保活動與促銷產品連結，引發女性的心動與共鳴等。如何掌握女性的消費價值的說明，請參考補充討論 7-1。

(二) 跨文化的性別角色差異

性別角色是由社會文化所賦予的行為組型來界定，所以觀看外顯的行為(服裝穿著、坐姿、講話的用詞，喜歡的顏色等)，或調查內隱的態度或價值觀，可了解跨文化之間的性別差異。從前文可知，中國傳統觀念一向強調男強女弱，有趣的是，在一份 28 國的調查研究指出，各文化男女角色扮演的情形與中國人的觀念差異不大，男性通常為工具性角色 (自信肯定、支配性)，女性為表達性角色 (親和性、理解、人際交往) (蔡文輝，1998)。而造成文化間性別角色相似的原因，與社會生產的早期分工，男女體力差別，或者與生物學因素 (遺傳基因，性激素) 有關。

一般而論，如果社會資源 (名聲與財富) 或重要的社會階層都是由男性主導的社會稱為**男性化文化** (masculine culture)；反之，如果主要由女性掌控社會資源者稱之為**女性化文化** (feminine culture)，這兩種文化價值觀念也是不同的，男性化文化強調競爭、成功、財富及高水準的物慾生活；女性化文化則注重生活的品質、環境的保護、利他的行為、人際關係的建立，並強調"小就是美"的哲理。目前世界各文化之間的社會主導權，大抵以兩性平權或男性化文化兩類為主，女性化文化反而較為少見。在兩性平權的社會中，男、女地位相仿，享受相同的權利與義務，家庭的消費決策由雙方共同制訂，代表國家以美國、西歐等國家為主。另一方面，男性主導的社會則常見於回教國家，例如在阿拉伯地區，女性的地位是卑賤的，出生後需要比男性遵守更嚴苛的規範與法條，其未來的生活與命運也已被決定。

男女權力是否平等的生態，影響了跨文化行銷的策略運用，舉例來說，在台灣的公司高層主管辦公室，常會雇用一位女秘書處理機要事務，但在阿拉伯國家，這種作法極可能得罪當地許多的回教徒。所以在跨文化策略應用上，必須考量與文化相關的禁忌與規範，甚至能夠投其所好，有時反而變成

補充討論 7-1
掌握女性的消費價值

性別的生理差異加上社會文化的塑化結果，兩性在採購方向上呈現迥異。然而，許多行銷者一昧以男性觀點出發，如何賣東西給女性的研究反而闕如真空。費絲波普康 (Faith Popcorn) 女士在《爆米花報告 III》一書中，首先披露了女性的思考與行為的相關信條 (汪仲譯，2000)。

1. 女性消費者關聯性強　女性的消費目的，不僅希望買到滿意的商品，也習慣與人分享自己的消費經驗，推薦商品給友人，基於女性不吝惜分享內心世界，在推廣散佈的漣漪效果下，女性網站比男性網站更容易經營成功。所以把品牌建立在女性的關聯特性上，不止是對女性行銷，而是與女性串聯行銷。

2. 女性多重角色的扮演　在社會形成過程中，賦予女性的角色遠比男性多，下班後，還需扮演買菜、燒飯、照顧小孩 (寵物)，維持社交關係等角色。雖然女性能兼顧多重角色，但容易造成角色過度負荷。行銷者應探討女性角色衝突，方能找出切入點，例如將販賣辦公室用品的量販店 (提供傳真紙與碳粉)，擴大為生活量販店 (兼賣蔬果肉類或牛奶等用品) 即為不錯方式。

3. 提早設想女性需要　行銷者需深入了解女性多重生活角色，傾聽其所需，然後提供預期性的解決方案，如美國鳳凰旅行社在女性客戶住房時，總會先請她們填一份問卷：是否需要防曬油、嬰兒奶粉、最喜歡的雜誌、按摩服務等，只要客戶進門後，所有喜歡的東西都能準備妥當，甚得女性客戶的歡迎。

4. 創造女性產品的周邊視野　女性能夠同時兼顧主題與細節，例如看新聞報導，男性注意新聞內容，女性除新聞外，還注意到主播的毛衣、髮型與配飾。因此行銷者除了強調產品的品質、價錢外，更要重視細節，如包裝或促銷的手法 (像是加入慈善或環保等活動)，吸引女性的注意而共襄盛舉。

5. 主動接近女性以確保忠誠　職業婦女的家務繁重，為了女性生活更順遂，行銷者宜想辦法靠近她，將家用產品、化妝品等直接送到家，以減輕她們的勞累，並贏得她們的忠誠，因此類似網路行銷、24 小時商店服務、郵購服務等都是接近女性不錯的通路方式。

6. 由女性傳遞品牌忠誠度　親子的關係是深切而強烈的，因此無論出於懷舊、信任或是習慣，母親使用過的品牌都會對子女產生親近的力量。有鑑於此，利用世代交替將母親購買習慣傳遞給孩子是不錯的行銷方式。

7. 共同執行培養品牌忠誠　女性是天生的養育者，極富母性的關懷。因此在開發品牌時讓女性參與，更能得到她們的承諾。例如母親是旅行車最大使用者，因此福特汽車在重新設計汽車時，特別招聘 50 名女性工程師，做更貼心的設計，如低瓦數的頂燈，打開車門時不至於刺痛小寶貝的雙眼等。

8. 女性重視品牌巨細靡遺　不管整體或是細節，女性喜歡巨細靡遺地評估事件 (包打聽)，因此品牌的透明度越高越沒有秘密，越能獲得女性的信任。若讓女性了解公司創始品牌的源由、使命與道德理想等，將有助於她們對品牌的信任，對女性行銷，誠實以對將是最好的策略。

一種轉機,例如在回教傳統道德觀念保守,女子必須蒙上面紗才能與外人交談,在這些限制下,拍立得相機一躍為阿拉伯男人最喜歡的相機,因為使用這種相機替自己的妻女照相,可以省略照片沖洗的過程,不用擔心相館人員窺見妻女除去面紗的風險。

第二節　銀髮族與嬰兒潮次文化

同一時代出生的人,因為所處的政治、經濟及社會環境相似,所以在生活習慣與行為方式上往往有共通性,這種依據年齡形成共通性而產生的"族群"稱為**年齡次文化** (age subculture),例如"新新人類"是台灣經濟富裕下出生的人口,屬於同一個年齡次文化,直到年老時還是屬於"新新人類"次文化。

一般而言,同一時代出生的一群人會面臨相同的歷史事件,這些事件常使他們難以忘懷,並產生重大的影響,我們稱之為**世代銘印** (generational imprinting)。而這種一群人分享相似生命經驗的現象稱為**科夥效應** (cohort effect),例如 60 年代的台灣年輕人很難忘記越戰,及凌波與樂蒂主演的梁山伯與祝英台,70 年代的年輕人則對登陸月球的阿姆斯壯,與史艷文布袋戲有著深刻的回憶。所以同一時代出生的人因處於相同的年齡次文化,共享歷史的科夥事件,因此具有相似的價值觀及消費型態,這種生命經驗與不同科夥團體有著極大的差異。所以年齡次文化下的科夥效應,正是行銷者區隔市場、選擇目標市場、決定市場定位的重要資訊。在接下來的兩節裏,我們逐次探討三個有明顯科夥效應的年齡次文化:銀髮族、嬰兒潮及新世代。

一、銀髮族的消費行為

受到過去媒體及報章雜誌的報導,許多人對老人的印象大都是停留在風中殘燭等待終老的情景。但由於經濟水平提升,醫藥發展一日千里,目前的老人不但健康長壽充滿活力與朝氣，在經濟上也能夠獨立自主。在這些因素下，他們已成為深具消費潛力的新興族群，也成了許多廠商覬覦的對象。然而行銷者要能在"金銀遍地"的銀髮市場捷足先登，首先也必須了解銀髮族消費行為。底下先探討銀髮族蘊含的市場潛力，接著將解析銀髮族的消費決策過程，說明他們消費習性的偏好及可能遭遇的消費困擾。

(一) 銀髮族市場潛力

銀髮族 (elderly people) 指生理年齡在 65 歲以上的族群。由於人口的迅速增加、經濟能力的提升、開放的消費觀與政府利多政策的釋出等因素的影響，台灣的銀髮族市場已呈現蓬勃的榮景。

1. 人口持續成長　隨著國民平均壽命持續地延長，老人人口也大幅成長。根據行政院主計處 (1996) 的調查，65 歲以上的人口已由 1984 年的 4.08%，增加至 2002 年的 9.02% (203 萬人口)，這個比率已達到聯合國高齡化社會的標準。而以台灣地區老年人口年增率為 3.0% (約 55000 人) 來算，未來老年人口總數只會增加不會減少，高齡化趨勢所造成的需求問題，在政治、社會、經濟及商業之間都會產生許多衝擊。

從另一方面來說，自由多元的社會裏，許多人對於工作意義的看法與過去不同，因此提早在 55 歲甚至 45 歲退休的人數大增，如以生活型態來做衡量，這批提早步入退休的人潮，在思想、態度、消費行為、休閒時間分配上，與真正的銀髮族差異不大，也將為銀髮族人口注入另一股新的來源。

2. 經濟能力提升　傳統上一般人認為銀髮族經濟狀況不佳。事實上，這只是一種刻版印象，銀髮族在經濟能力上已明顯的改善許多。例如：行政院主計處指出銀髮族生活來源為子女者，1986 年時為 65.8%，但 1993 年時降為 52.3%，顯示有能力自籌生活費用的老人比例增加。依據 1992 年的一份調查，台北市老人可支配所得中，每月花費達 2 萬元以上者佔 34%，1 萬 5 千至 2 萬元者佔 12%，而低於 5 千元者只佔 18%，充分顯示老人經濟能力較以往為佳，絕非"貧窮"的代名詞 (萬育維，1994)。

3. 消費觀念趨於開放　依據消費態勢來看，銀髮族的消費觀念已逐步趨於開放，可分為兩點來說明：其一，雖然這一輩銀髮族經歷戰亂，在艱困的環境成長，深植著勤儉的觀念。然而與其他族群一樣，銀髮族並非一個同質性團體，消費保守者固然有之，但花錢大方、有錢有閒者亦不乏其數，甚至在這些富裕族群的帶動下，享受人生的消費觀念已經逐漸為銀髮族所認同，帶動著銀髮市場的活絡。其二，首批嬰兒潮人口（1945年後出生者）即將邁入銀髮族的行列，他們有著優渥的經濟條件，善於理財規劃，錢財運用獨立自主，無須依賴他人。此外，他們對於"養兒防老"觀念日趨淡泊，但對身體保健、休閒生活、保險等攸關自身權益者則花費大方，故可預見這批即將步入銀髮族的嬰兒潮，將帶動消費開放的風氣。

4. 政府的角色扮演　雖然老人年金福利制度呼之欲出，部分縣市也開始發放敬老津貼，但老人人口與日遽增加上國庫負債比例日益擴大，社會福利政策經費已呈現捉襟見肘的現象，日積月累終將成為政府的龐大負擔。因此為了量入為出，在可預見的未來中，政府的老人福利政策將往"結合民間資源，發展福利事業"的方向趨近，換言之，由以往執行"救貧"的角色，轉為規劃民間企業投資的"開發產業"角色。為了輔導民間企業共襄盛舉，政府也勢必推出更多有利於福利事業投資的法令，民間企業的投入將蓬勃老人市場，活絡消費人口。

綜言之，不論是由老人的人口比率、經濟能力、消費態度的轉變或政府角色扮演，都說明了銀髮族已不再為社會的負擔，反是深具潛力的購買者。

(二) 銀髮族的消費者決策過程

要能了解老人消費問題，最好的方式是從老人消費者決策過程可能面臨的問題著手。消費者決策過程包括有問題認知、訊息收集、方案的評估與選擇、購買過程以及購買後行為等，以下我們將分別探討。

1. 問題認知　由於生理的退化加上年齡漸增所產生的心理變化，使老人在生活與消費上面臨了與其他族群不同的問題，為了解決銀髮族特殊的需求，行銷者也紛紛開發出適合他們的產品與服務，這些產業稱之為**銀色產業**(elderly industry)。依據先進國家發展的狀況，銀色產業共分為七大範圍，分別是住宅產業、醫療產業、金融產業、在宅服務產業、輔助器材產業、文教休閒產業及其他類別（例如殯葬服務、服飾、抗老化妝品等）(萬育維，1994)。表7-1詳細說明了銀色產業的類別、項目與內容，請讀者參閱。

表 7-1　銀色產業範圍與內容

銀色產業範圍	類　別	項目與內容
住宅產業	1. 養護及安養機構 2. 老人住宅	分為按月使用、終身使用與所有權取得等方式 分老人專用、三代同堂與老人社區等類
醫療保健產業	1. 醫院醫療與長期照護 2. 健康診斷中心	抗衰老療程 檢查生理上的健康狀況（一般採會員制）
金融產業	1. 年金存款與年金保險 2. 不動產抵押貸款 3. 老人健康保險與長期照顧保險	分年金存款與年金保險等類 以不動產當作抵押轉換現金以作為生活資金 分為健康保險與照顧保險兩類
在宅服務產業	1. 看護服務 2. 家事服務 3. 餐飲服務 4. 保全服務	包括保健輔導、心理輔導、癡呆照顧等 包括清潔、做餐、購物、搬物、代寫書信等 針對老人的特殊需求配菜、料理 有緊急醫療服務、緊急通訊、水電瓦斯檢查等
輔助器材產業	1. 生理輔助器材 2. 健康輔助食品	如輪椅補助杖、紙尿片、電動床 分為機能性或純天然的健康食品
文教休閒產業	1. 文教產業 2. 旅遊產業 3. 運動產業	文化方面（老人雜誌）與教育方面（老人教室） 專業的為老人規劃的國內及國外旅遊方案 包括運動用品與運動設施
其　他		包括殯葬服務、服飾、抗老化妝品、光學用品

(根據萬育維，1994 資料編製)

2. 訊息收集　由於退休後生活型態的改變及生理、認知能力的衰退，銀髮族收集訊息的方法與處理訊息的過程，異於其他年齡族群，說明如下：

(1) **收集訊息的來源**：據調查指出，台灣地區 65 歲以上老人的休閒娛樂中，以在家中看電視或錄影帶為首位 (83%)，拜訪親友居次 (47%) (王愉淵，1996)。而在團體活動上，進香團、海外旅遊也是主要的活動。所以據此推論，老人收集訊息的來源偏重在電視媒體的廣告，其次為親戚朋友之間的口耳相傳 (邱莉玲，1990)。

(2) **收集訊息的困擾**：由於行銷廣告溝通方式大都以視覺或聽覺的方式呈現，而銀髮族的感覺與行動等生理機能，大都呈現退化的現象，所以容易造成訊息接收的困擾，針對此點學者提出了相關的建議，請參考表 7-2。以表中聽覺障礙來做說明，由於耳膜退化之故，許多老人在高頻率的音域下，不易接收訊息，而女性的音頻高於男性，因此以男性擔任銀髮產品代言人，效果較優於女性代言者。

表 7-2　視聽覺障礙的銀髮族行銷因應策略

障礙類別	行銷因應策略
視覺障礙	賣場照明設備充足 不要使用閃光方式處理廣告訊息 廣告、賣場文宣、產品包裝及說明要加大字體 顏色對比容易區分 使用明亮清晰的照片
聽覺障礙	廣告避免吵雜、快速或以時間壓縮方式呈現 盡量使用簡單的詞彙 可利用動作來吸引銀髮族的注意 產品代言人以男性較佳

(3) **處理訊息的困擾**：處理訊息的困擾，可從學習的問題及記憶的問題兩方面談起：第一，學習的問題。銀髮族在廣告訊息方面，無法作抽象深化的想像，也無法過濾不相關的訊息，更無法負荷過量訊息刺激。第二，記憶的問題。與年輕人比較，老年人短期記憶能力稍差，處理及儲存速度較慢。所以當曝光的訊息量增多時，由於訊息**編碼** (encoding) 的認知能力無法負擔，致使老年人常有記不住的困擾。在訊息提取方面，如果告訴銀髮族記憶的技巧，或呈現與先前相同刺激請他們指認（再認法），而非要他們憑空回憶來提取訊息，老人記憶都明顯的改進 (Cole & Houston, 1987)。

綜合上述，報紙是最好的媒介體，因為閱讀報紙使老人居於主控，能配合自己處理訊息的速度，大量降低因年齡而造成的認知缺陷。如需以電視呈現廣告，則場景轉換不宜太快，以免增加訊息吸收的困難。此外，簡潔、少量、組織化的廣告訊息，可降低老人記憶的認知缺陷，圖片或影像也要比語文呈現方式好。為了使銀髮族所檢索的刺激能夠順利提出，宜用**再認** (recognition) 的方式呈現訊息，輔助記憶。

3. 方案的評估與選擇　銀髮族在評估方案時的過程有兩點說明：

(1) **以價格為重要的評估標準**：台灣的銀髮族白手起家的節儉觀念仍深植內心，所以習慣購買便宜的產品，特別是在個人服飾、餐飲場所以及休閒娛樂方面。調查指出：有 67% 的銀髮族"會因價格而在地攤買東西"；34%"進入百貨公司或不二價商店購物，仍會試著講價"(邱莉玲，1990)，加上他們有多餘的時間，能夠貨比三家、不急不徐的選購商品。所以價錢高低為銀髮族重要的評估標準，行銷者如何提供親切且價格低廉的產品，是經營銀髮事業者的思考方向。例如，為了避免銀髮族被視為貪小便宜的一群，所以在低價的提供上，行銷者應細膩編織折扣的理由（例如以長年的惠顧所給的優惠為由），切忌造成施捨的印象，而折損其自尊心 (Gelb, 1978)。

(2) **以心理年齡為重要的評估標準**：不服老乃人之常情，所以銀髮族不喜歡被廣告定位為"老人"，換言之，在銀髮族的自我概念，常以心理感受的年齡，而非實際的生理年齡來描繪自己。**心理年齡** (psychological age) 是指個人主觀上所認知的年齡，通常一般健康老人的心理年齡大約比自己實際的年齡年輕 10～15 歲之間，所以生理上 70 歲的老人，心理上認同的年齡約為 55 到 60 歲，依此類推在銀髮商品的販賣上，以中年人 (55 歲到 60 歲) 為代言人（銷售員）因最符合其心理年齡，其認同效果比雇用銀髮族 (65 歲以上) 要好。此外，廣告設計可用不同年齡階層的代言人一起促銷商品，沖淡老人對年齡增長的注意。

4. 購買過程 銀髮族在購買過程的一些特性包括：第一，為了避免受騙上當，銀髮族消費態度保守，常在事先擬妥購物清單。第二，銀髮族在休閒娛樂產品的購買以理性消費為主，而在醫療藥品方面比較容易發生衝動性的購買。第三，為了省去麻煩，他們是所有年齡族中最不喜歡嘗試新科技產品的一群。第四，銀髮族常到熟悉或鄰近的商店購買，喜歡用現金付款，不相信信用卡的功能。從上述的要點，銀髮族屬於謹慎型的消費者，因此理性的訴求溝通最能投其所好贏得信任，例如廣告訊息詳加說明產品與服務的特徵（安全性、使用方便、易於辨識）、提供必要的保證、增加決策思考時間等都是重要考量。另外，建立與銀髮族的長期關係，尊重他們需求以營造彼此信賴感，亦為獲得永續銷售的良法 (Gilly & Zeithaml, 1985)。

5. 購買後行為 許多研究都指出老人在購買後抱怨行為比較少，但學者也多認為這種情形並不代表老人在購買後的滿意程度比較高 (Mason & Bearden, 1981)，可能的理由有下列幾點：第一，銀髮族認為抱怨行為耗時費力，招惹麻煩，除了令人感覺不舒服，有時還須仰賴他人幫忙，為了維護長者風範，常退一步息事寧人。第二，以銀髮族過去的經驗認為，抱怨對產品的改善並不會有實質的幫助,且身體機能狀態大不如前,無法做出強勢的抱怨舉動,所以常以自認倒楣的態度了結。第三,銀髮族不清楚消費者應有的權力底限,對不合理的販售敏感度低,產品不能稱心如意,往往歸咎自己的疏失,使他們抱怨的次數少。第四,老人家陳述不滿意的理由,往往語帶含糊且過於主觀(例如這機器用起來就是不對勁),使得問題始終無法獲得圓滿解決,也強化了抱怨無濟於事的心態。

從上述的理由,老人抱怨行為少並不代表有著高滿意程度,而是不擅於利用抱怨的管道來抒發心中的不滿。所以行銷者應著手設計有效的方法,以真正測量到銀髮族滿意程度。其中又以提出保證,減少銀髮族在產品購買後的疑慮感方法最為直接,另外當老人有問題,行銷者應鼓勵他們提出抱怨,並保障應有的權益。

二、嬰兒潮世代消費行為

嬰兒潮世代指出生在 1945 到 1964 年二次世界大戰之後的一群,約為 700 萬人(台灣總人口三分之一左右)。嬰兒潮目前正處於事業最巔峰的時期,收入資產豐富,加上 1990 年後嬰兒潮父執輩(銀髮族)陸續退休,使得嬰兒潮已成為當今台灣最有權勢的族群,在消費市場上佔有舉足輕重的影響力。以下我們將就嬰兒潮世代在消費上的相關特性及可能的行銷策略做一說明。

(一) 嬰兒潮的消費特性

有關嬰兒潮的消費特性,以下列幾點來加以說明:

1. 收入最豐碩 嬰兒潮在所有族群有著最高的收入,這個與他們成長背景的磨練,及就業於台灣經濟成長的最高峰有關。

(1) **成長背景的磨練**:嬰兒潮成長於不富裕的社會環境,家庭中子女眾多,食指浩繁,父母忙著張羅生計,在這種物質匱乏狀態下,反而塑造了嬰兒潮努力、勤儉的觀念。在 1945 年之後的二、三十年,因政治戒嚴等相關因素,台灣實施教條式的教育,創造出最單一的文化標準,使得嬰兒潮思想一致,認為懂最多、用最好、追求高學歷,才是人生的目標。而在制式教育體制下，他們也習慣於團體的生活方式，對組織承諾度高，能為一個團體(公司)長期犧牲奉獻。

(2) **就業於台灣經濟成長的最高峰**：約在 60 年代，第一批的嬰兒潮開始就業，而當時台灣經濟出口激勵措施，與進口替代產業策略的發展成功，添增許多就業機會，創造出嬰兒潮供過於求的工作機會，而在 1968 年後的 14 年，為台灣經濟史上失業率最低的年代 (失業率都在 2% 之下)，更使得嬰兒潮的工作穩定發展，因而年所得由最初 250 美元增長到 2140 美元，可觀的增幅，使嬰兒潮迅速累積自身的財富。80 年代後期台灣股市狂飆的金錢遊戲，更使嬰兒潮資產水漲船高，加上他們擅長運用理財方法如存款、標會、股票、保險等，使他們的財富更為可觀 (邱莉玲，1990)。

2. 消費能力強　嬰兒潮除了財富傲人之外，花錢也非常豪爽。根據統計，嬰兒潮每人每月的開銷明顯的高出其他族群，造成嬰兒潮花錢大方主因是由富求貴的觀念，即從基本物質的滿足，往地位、聲望等代表上階層社會的方向邁進。而一元化的思考模式，更強化了他們以追求高價象徵品 (高級酒類、汽車、珠寶、豪宅) 為人生重要目標的行為。

3. 重理性又重形象　由於工作上的閱歷及對媒體產生不信任感 (嬰兒潮成長的年代是個一言堂的媒體)，嬰兒潮消費態度充滿理性，他們購物慢條斯理不易衝動，喜歡買知名度高的產品以降低被騙的風險。嬰兒潮也喜歡由新聞性節目獲取新知，常扮演意見領袖提供親友訊息。另一方面，嬰兒潮也相當重視形象，對於有助於塑造個人氣質與風範的花費，如俱樂部會員、餐廳場面、休閒娛樂等絕不吝惜。此外，為了更上層樓，嬰兒潮對於提升學歷的相關投資不遺餘力。綜合上述，嬰兒潮既理性又講求形象品味的主張，常被稱為"要裏子也要面子"的消費族群 (邱莉玲，1990)。

4. 雅痞族風潮　由於台灣產品外銷多以美國為主，因此流行文化 (如貓王、披頭四、Bee Gees、DISCO) 也深受美國影響，造成 80 年代由美國移植而來的雅痞族在台灣形成一波新興風潮。**雅痞族** (Yuppies) 是由英文年輕 (young)、住都會區 (urban) 及高尚職業 (professional) 的字頭組合而成 (在台灣亦稱為"新銳"、"贏家")，這批人受過高等教育，具有顯赫地位，並有著令人稱羨的職業。雅痞族雖然是針對上流社會嬰兒潮的一項雅稱，但也隱喻著帶領流行風潮的菁英份子 (其相關特性可參考表 7-3)，為了提升品味，這個族群常將賺得的金錢購買獨特的流行商品，如戴勞力士錶、穿布魯克布拉得 (Brocks Brothers) 西裝、紐巴倫 (New Balance) 球鞋、新力隨身聽、B.M.W. 跑車等。台灣嬰兒潮雅痞族人數雖少,但受 80 年代的美國風潮影響,其所購買的時尚產品也常成為當時消費者追求的表徵,故深受行銷者的重視。

表 7-3 雅痞族相關特性

人口統計方面特性	心理統計方面特性
男性與女性各半 住在大都會區 單身年收入超過 10 萬元美元,雙薪家庭超過 20 萬元美元 專業性職業 (律師、醫生) 或自行創業者 大學畢業以上的學歷	成就動機強 關心身體健康狀況 非常注意流行趨勢 娛樂型的逛街心態 信用卡主要使用者 購買名牌的消費者

(摘自 Schiffman & Kanuk,1994)

(二) 當今嬰兒潮消費價值傾向

嬰兒潮世代掌握經濟大權,消費上既重客觀也重形象,但因年紀逐漸老化,在消費的態勢上呈現一些特殊的傾向。

1. 懷舊風氣的興盛 嬰兒潮雖是台灣經濟命脈的掌握者,也曾經意氣風發大展鴻圖,由於第一批的嬰兒潮已逐漸老去,引發他們對昔日美好時光的強烈懷念,也造成以懷舊為題材的廣告大行其道。微軟公司選用滾石合唱團代言,把時光拉回從前,企圖引發嬰兒潮的美好時光的回憶。哈雷機車在 90 年代突然再度熱賣,咸信與許多想要重拾刺激記憶的嬰兒潮購買有關。而 1978 年停產的福斯金龜車,在 2000 年以最新科技但復古車型的方式呈現,推出之後反應熱烈,銷售量瞬間達 10 萬台以上。可口可樂的懷古玻璃瓶造型,吸引許多中年人的喜好,而"遵循古法製造"的喜餅、"復古"的髮型、"仿古"的現代家具,也深受到嬰兒潮的認同。

2. 崇尚年輕與重視健康 嬰兒潮呈現逐漸年長老化的趨勢,然而不服老的心態使嬰兒潮持續追求年輕,因而抗老食品與化妝品等也越來越受到重視。另一方面,為了延年益壽,嬰兒潮積極追求保健方法,素食、天然食品、減肥、保健運動，都曾蔚為一股風潮。

值得一提的，由於嬰兒潮對於青春永駐仍存有憧憬，行銷者需要以更細膩的手法來銷售產品，例如 GAP 服飾公司的牛仔褲不特意標示腰圍來販售，反而以"寬鬆"、"合身"等舒適程度來表示，避免身材走樣的嬰兒潮對尺寸的憂慮，其銷售的用心不言自喻。

3. 重回家庭生活 在工作至上的前提下，嬰兒潮雖在物質上找到了安全感，但卻與家庭的關係越來越疏離。90 年代後，由於社會脫序現象層出不窮，嬰兒潮逐漸渴望穩定的生活，也重新省思家庭關係的重要性。為了建立起親密溫馨的家庭生活，當今嬰兒潮花更多時間與子女相處，尋求能夠提升子女生活品質的優質產品，這些家庭價值觀的轉變也反應在廣告上。例如手機訴求常以家庭氣氛為主軸 (親子情、手足情、夫妻情)，建構出幸福美滿的感情世界。汽車業也不遑多讓。三菱汽車藍瑟 (New Lancer) 之訴求："因為深知家庭對未來的需要 (親密、舒適、安全、自由)，New Lancer 誕生"，即在於反映重回家庭的價值觀。

4. 從物質層次回歸精神層次 自 90 年代起，世界經濟蕭條，台灣經濟已不再呈現雙位數字成長，而社會治安惡化，一向生活在平穩富足的嬰兒潮，初次遭受到信心的挫折，而環保運動與簡樸風氣的興起，使嬰兒潮的價值觀逐漸由物欲的追求轉變為精神與休閒生活的參與。近年來，舉凡媽媽土風舞、社區才藝班、老人大學、氣功、登山、賞鯨、民宿等，都是嬰兒潮津津樂道的活動。再者，精神層面上的空虛，造成由宗教找尋寄託的嬰兒潮人數越來越多。而過去以西方文化為依歸的迷思，也讓嬰兒潮開始感到空洞無助，因此保存傳統文化及尋根之旅，也成為 90 年代之後嬰兒潮重要的依循方向。

第三節　新世代人類次文化

新世代人類包含兩個不同的年齡族群。**新人類** (X generation) 是指

1965 到 1975 年出生的人口,又稱為**嬰兒潮後一代** (boomer buster)。**新新人類** (Y generation) 指 1975 以後出生的人口,大約是目前的青少年,這兩群人雖然大約有 10 歲的差距,但因充分享受了台灣經濟成長的果實,所以蘊含出相似的思想價值觀和消費習性,統稱為**新世代人類** (或簡稱**新世代**) (new generation)。

從消費潛力來說,新世代人類將會成為台灣商機的最後一個高峰期。可以從下列幾點來說明:(1) 新世代的人口比率中,新人類佔台灣人口的 17.43%,新新人類為 18.56% (行政院主計處,1995),兩者合計共超過台灣的三分之一強的人口數 (約 700 多萬人),是嬰兒潮之後人口最多的次文化團體;(2) 根據統計,新世代人類喜歡花錢,每年花費佔全國總額的 43% (高達 5180 億),平均約為其他年齡層的二倍有餘;(3) 以人口成長趨勢來說,目前 10 歲以下的人口正大幅減少,所以就長遠來說,新世代所撫育的下一代,人口數量上只會比他們這一代的人數更少。所以綜合上述三個要點,無論是新世代的人口數、消費潛力或是未來趨勢,他們將是人口分布及商機的最後高潮,也將很快的取代嬰兒潮成為社會的消費主流。

本節分二個部分來了解新世代及其消費價值觀念。首先,就其成長背景做說明。第二,從成長過程中,了解他們獨特的價值觀與消費行為的形成,以推論出適切的行銷策略。

一、新世代人類的成長背景

X、Y 字母都常用做數學公式的未知數,代表著潛力無窮、神秘無邊的符號,所以提到"X"世代或"Y"世代,一般人都是霧裏看花,浮現一幅茫然甚至帶著萎靡的景象。例如打扮得光鮮亮麗、飆車、成天在 pub 泡、做事不負責任,卻又牢騷滿腹,甚至為叛逆而反對。

確實有部分年輕人類似上述的寫照,但大多數的新世代年輕人卻中規中矩,有著宏遠的計畫與夢想 (彭懷貞,1996),只是因為生長環境與上一代大為不同,使他們豐富多元、新鮮動態的表現方式,常被上一代誤解為"利益享樂"、"離經叛道",所以為了更深入了解新世代人類的想法,我們首先從他們的生長環境背景談起,接著再分析他們對未來前途的一些看法。

(一) 新世代生長環境的特徵

新世代的成長環境有三個重要的特徵：成長於生活富裕的年代、成長於社會多元的年代與父母疏於照顧。分述如下：

1. 成長於生活富裕的年代 新人類及新新人類自出生到成長一直都處於經濟成長、衣食無慮的年代。1960年中葉到1980年中葉，新世代人類開始陸續出生。這個約20年的時間中，是台灣經濟成長最驚人的時代。80年代之後，更因工業技術的密集升級，迅速的累積財富，使台灣步入了商業型社會轉型，人民生活呈現富裕的景象。換言之，新世代從一出生就適逢台灣的經濟起飛，國民每人每年所得從一千美元成長到一萬三千美元，幾乎從小就沒有經歷過貧窮。

2. 成長於社會多元的年代 經濟力的成長帶動了政治的解嚴、報禁的開放，使台灣的社會進入百花齊放的局面。就以商業運作為例，行銷觀念的萌發，使企業逐漸由大量生產、大量出貨的現象，步入以消費者為導向的思潮邁進。生活型態的改變，使新型態通路如便利商店、量販店、多層次傳銷、電子商務等陸續出現，形成新的通路型態。另外，解嚴後社會力的束縛小、個人主義興盛、環保問題、勞資問題、抗爭活動不斷上演，使得均質化的大眾慢慢分解為多元價值觀的個別團體，於是新世代人類的成長背景就在社會跨進分殊的過程中，孕育了特有的價值觀念與生活方式，使他們懂得保障自己消費的權益，清楚各種產品資訊與選擇的權利。

3. 父母疏於照顧 新世代的成長正值台灣經濟快速起飛之際，為了滿足家庭物質需求，許多新世代父母(嬰兒潮)外出工作，因而疏於照顧新世代，使他們從小就成了標準的鑰匙兒童，必須自己打理飲食生活，而在缺乏與父母互動溝通下，更加深了彼此之間的代溝，也充滿著牢騷與不安全感。例如約10%的新人類是在單親家庭成長，這一群人長大以後對家庭生活的不滿意程度是雙親家庭的三倍以上。

(二) 對前途憂心茫然的新世代

理論上，新世代人類在富裕、安康的環境成長，能夠依據個人的興趣理想打拼奮鬥，對前途應該抱持著樂觀進取的態度。事實上並不然，新世代對前途的感受是憂心與茫然。主要原因包括以下兩點：

1. 就業機會比嬰兒潮時期差 由上一節可知，嬰兒潮的出生與成長階段，物質生活雖不富裕，但是在戰後全球經濟快速成長與擴張之際，工作機會俯拾皆是，只要吃苦耐勞自然有所收穫，於是嬰兒潮在充分就業的情形下，累積了不少資產。然而嬰兒潮走向成功的經驗，在新世代似乎行不通。雖然新世代就學機會比嬰兒潮多，但學費不斷的上漲，使他們必須辛苦的靠著打工來維持額外的花費，加劇了對現實的不滿。第一批新世代畢業後，正好步入台灣失業率逐步攀升的階段，雖然捧著高學歷，卻無法找到稱心如意的工作。另外，新進職場的微薄薪水，不敵服飾、汽車各項民生基本用品持續漲價，使他們對前途感到憂心與茫然。

2. 工作大權仍掌握在嬰兒潮 目前嬰兒潮的年齡分布約為 40 到 60 歲之間，正是人生職業生涯的最高峰，由於世代交替尚未完成，經濟動脈與工作大權仍然掌握在嬰兒潮的手中，使得新世代尚無法進入權利的核心。另外，新世代就業正逢台灣經濟成長的遲緩，專業或管理的工作也不像嬰兒潮時代那麼容易獲得，使他們瀰漫著高學歷無用論的想法，諷刺嬰兒潮"佔著毛坑不拉屎"，也開始懷疑"媳婦熬成婆"的工作哲理。

二、新世代的消費心理與行為表現

當嬰兒潮逐漸邁入老年期時，新世代人類將取而代之，並成為消費市場的主流，所以他們的消費好惡對世界企業都會存著舉足輕重的影響。因此，不管他們已經被冠上哪些的刻板印象，若無法了解他們的工作觀、生活觀與消費觀，將難以提出因應策略，所以本小節將從新世代背後的成長因素，繼續探討新世代的心理特徵，以及他們所表現出來的消費行為，最後探討與新世代溝通的有效行銷活動。

（一） 新世代的心理特徵

新世代享受了許多人類文明的產物，流行資訊瞭如指掌，使他們對平凡度日的嬰兒潮（或銀髮族）戲稱為 LKK（無法與流行同步的老人世代）。相對的，上一代看新世代也是霧裏看花。這些代溝形成不同世代在消費屬性的

補充討論 7-2

新世代的特殊語詞

語言是社會中最重要的溝通工具，語言的使用與結構的方式也反映了社會運作與思維的方式，新人類與新新人類以豐富的生命力創造出了各種的流行語彙，這些語彙不但是新世代在網路與網友打成一片的通關密語，也是行銷者創造流行風帶動銷售重要的取材資料（吳崑玉，2000），例如泛亞電信2U雙網預付卡在廣告溝通策略上，採用Y世代年輕族群的流行特殊語詞及生活型態，來引起廣大新新人類之迴響與討論即為一例。

分析新世代獨創的語彙內容文字包括了物體、圖像、聲音、國語、英文、日語、台語、注音符號、阿拉伯數字等，這些語言有如分布在蜘蛛網上的各個結點，不但可以互通，也能夠在脈絡的任何地方彼此產生新的結點。在創作語言過程，新世代沒有任何包袱、不需對語言邏輯負責，因此他們能以顛覆、反叛、好玩進行思考，一旦感覺對了（發音近、長得像、事件相似、好玩有趣），掛在腦袋的網路脈絡元素會引起一連串的想像與情緒，並逐步擴散而出，底下是一些例子。

1. 語音變種　強調的是以語音相近的字來替代轉換，包括有：

發音方式	特殊語意	發音方式	特殊語意	發音方式	特殊語意
(1) 注音符號		(3) 台英語		(6) 台式簡體字	
超ㄅㄧㄤ	非常勁爆	LKK	老扣扣	監介	尷尬
ㄍㄧㄥ	矜持假裝	SPP	俗斃斃	鞋妹	學妹
ㄏㄤ	熱門	SDD	水噹噹	偶	我
ㄒㄩㄝ	很遜很丟臉	AKS	會氣死	粉	很
ㄏㄚ	表示垂涎	BPP	白泡泡	泥	您
	(他好ㄏㄚ春嬌)	SYY	爽歪歪	(7) 台語直譯	
(2) 數字		OBS	歐巴桑	凍蒜	當選
438	死三八	OGS	歐吉桑	好野人	有錢人
2266	零零落落	(4) 國英語		碎碎念	嘮叨
123	木頭人	morning		雄雄	突然
3Q	thank you	call	模擬考	凸槌	出錯
729	不來電(7月29日	UK	幼齒	吐槽	以語言修理某人
	全省大停電)	FDD	肥嘟嘟	(8) 象形文字	
880	抱抱你	(5) 國日語		【＋︵＋】	流淚感動
770	親親你	扛八袋	加油	【∨︿∨】	不以為然
		英英美代子	閒閒沒事幹		
		宮本美代子	根本沒事幹		

2. 語意變種　指字意上已經產生了變化，需以腦筋急轉彎才能解讀。

(1) **英文方面**　在直接意譯部分包括 cool（酷）、high（駭）、hot（哈）；字距組合方面 IBM 不是電腦公司，而是國際超級大嘴巴（International Big Mouth）、ATM 不是自動提款機，而是自動麻煩製造者（Auto-Trouble-Maker）。

(2) **中文方面**　賢慧（閒閒什麼都不會）、陳水（表示你很欠扁）、哈姆雷特（表示太深奧聽不懂）、皮卡丘的弟弟叫"皮在養"、甘乃迪（用台語念就是豬的意思）、機車（龜毛）、火車（比機車更機車）、考試最後一名"爐主"、倒數第二名"顧爐"、倒數三四名"扛爐"、"燒餅"（很騷的女生）、"油條"（很花的男生）、蘋果麵包是衛生棉、你很"小玉西瓜"表示你滿腦子黃色思想。

差異。因此成長背景與嬰兒潮迥異的新世代,其心理特徵為何?是底下所要探討的。

1. 自我意識強烈　　新世代有著濃厚的自我意識,他們追求自由、抗拒權威、不願受束縛,喜怒哀樂常形於色,講話做事不拖泥帶水。而造成的原因可歸納為:(1) 在 70 年代台灣經濟成長之際,許多新世代的母親與父親一般,步入職場在事業上嶄露頭角,而因雙親忙碌事業,新世代從小就缺乏完備的照顧,在無法改變事實下,只有反求諸己,培養出強烈的自我意識。(2) 新世代的兄弟姊妹人數少,從小容易受到父母重視,因此有較多的個人發展空間。(3) 在其成長的背景中,各種政治壓力逐漸解除 (報禁、宵禁解除),束縛壓力相對變小,加上社會多元思考的風氣已然形成,更滋長了他們的個人意識。由於自我意識強烈,加上自由民主風氣的薰陶,新世代語言的邏輯結構顛覆著主流價值,卻也顯示出其創意的思考方式,例如你很"潛水艇"表示你"沒水準",因為潛水艇是航行在水面下的。有關於新世代的特殊語詞請見補充討論 7-2。

2. 對社會的不滿與無奈　　承前所述,新世代雖生長在富裕環境之下,但是對於上一代把社會的利益都佔走,卻要由這一代來承擔的事實,隱含著許多的不滿與無奈,例如 80 年代房地產價格飆漲的利益由嬰兒潮賺取,留下昂貴的房價卻只能讓他們望"屋"興嘆。另外,逐步邁向社會福利國家的台灣,資金的籌措卻要由他們的薪水裏提出部份比率支付,更加深了他們憤世嫉俗的反彈。一項調查指出,81.6% 的新人類覺得台灣貧富不均很嚴重,對暴發戶與金權掛勾深惡痛絕,對於台灣社會福利的實施效率也只能仰屋竊嘆。所以類似"過去已經過去,未來才是我們的包袱";"你說這個城市沒有禮貌,我覺得你亂有思想的"等口語,成為新世代對當今社會的寫照。

3. 生活的務實　　新世代認為投資致富機會大不如前,加上對社會的不滿情緒,因而發展出他們一套務實的生活哲理,買不起房子只好用租的,並把多出的錢買部汽車或出國旅遊;沒有經濟能力結婚,只要快樂生活,不結婚也無所謂。換句話說,在現實的考量下,他們能夠拋開上一代 (嬰兒潮) 對工作對家庭的包袱壓力,勇於表達自我的感受。這種務實的觀念也表現在他們的工作態度裏。在嬰兒潮的時代,許多人都秉持著"含淚播種,必能含笑收割"的工作價值觀,因此尊重上司、講究倫常。但是新世代 (通常是新人類) 較不安於現在工作的環境,雖具雄心壯志,但遇有適合機會即揮別原公司跳槽而去,工作上也不接受擺佈,要求參與,並熱衷於任何能夠快速成功之道。

4. 具有國際視野 新世代是最早享受資訊成果的一代,由於資訊的發達、台灣與世界的互動頻繁及經常性的出國旅遊,新世代明顯的比以往的世代見多識廣,深具國際的觀點,常跳脫台灣的格局,從世界的角度看事情。這些包括他們關心世界環保問題、人道精神的價值觀,也反應在他們對全球流行事物的注意與參與。值得一提的,新世代認定自己是地球村的公民,因此對國家的認同感弱 (尤其是新新人類),對政治新聞的關切度較低,但是對於娛樂、影劇版的訊息最感興趣。他們可以為五月天合唱團演唱會熬夜排隊購票,親臨他們的風采而淚流滿面,但不會為政治受難者掉一滴眼淚,故想用道德或社會壓力逼迫新世代,完成大我層次是不容易的。

(二) 新世代的消費行為

從新世代的心理層面反應出來的消費行為,是以及時行樂為主的觀念,我們將以下列幾點做說明。

1. 物質消費欲望高 嬰兒潮世代創造了一個高所得的工作環境,高水平的消費水準,以及理想願景。但是對新世代而言,卻是充滿著失望,加上房價可望不可及,使得他們逐漸放棄儲蓄購屋的理想,並乾脆把賺得的錢轉向享受逸樂,藉由對自我珍惜來平衡對社會不滿的情緒,這種現象在新新人類最為明顯。他們認為賺錢的目的就是拿來"花",而不是用來"存",及時行樂才能實現自我,所以他們想盡辦法賺錢也盡情的花錢,這些現象與老一輩節衣縮食以備不時之需之觀念迥異。有關不同年齡群,在休閒及消費傾向的對照比較請參考表 7-4。

2. 追求流行與個性 在高度消費欲望及自我意識強烈的觀念上,新世代購物重視流行性、獨特性與形象性。他們喜歡在流行趨勢中尋找認同寄情的對象,所以產品只要是結合流行風潮,如汽車、餐飲美食、電視、家具、髮式、服飾、電腦等都深受他們的喜歡。個人主義的價值觀也常影響他們在休閒、娛樂、工作的態度,以出外的裝扮而言,新世代 (尤其是新新人類) 非常講究如何打理才能呈現自我風格,對於服飾、髮型、鞋子、手鐲,甚至

表 7-4 不同年齡群休閒及消費傾向的比較

年齡群	主要休閒活動	消費態度	電視廣告影響	儲蓄率	西方文化影響	金錢使用	考慮名牌
銀髮族	郊區活動	精打細算	高 (明顯)	過高	有限度，供參考	現金為主	幾乎不會
嬰兒潮	社交活動	理性計算	中	中	接受度高	現金為主刷卡為輔	看買的是什麼東西
新人類	獨立活動	配合流行	低 (偏低)	低	會批判反省	刷卡為主現金為輔	必然會
新新人類	夜間活動	追求時尚	中	低	接受物質文化部分	提款卡為主現金為輔	有財力才考慮

(採自 彭懷真，1996)

小配件都有自己的看法，加上與同儕的討論交流，常常穿出與上一代截然不同的樣子 (彭懷貞，1996)。

3. 偶像崇拜的心理　新世代從小到大的休閒活動多與電視形影不離。例如一份青少年狀況調查指出，有 61.5% 的新新人類與 40% 的新人類認為看電視節目及錄影帶是他們主要的休閒活動 (行政院主計處，1995)。高頻率曝光於電視機前，容易讓新世代對常曝光的電視人物產生偶像崇拜。偶像崇拜是指對明星、歌星、球員，甚至對小說、卡通主角產生喜愛迷戀的傾向。在偶像崇拜的動力下，新世代常費心去收集崇拜對象的照片、CD、卡片，參加歌迷俱樂部、演唱會等，以表達他們對偶像的支持。有關偶像崇拜的原因將於第九章第一節詳述。

4. 同儕性格　雙薪家庭增多，新世代與父母之間的溝通較少，家庭對這一代的影響力，也不再像過去那樣強。使得新世代青少年期的人格發展階段，受到同儕影響的現象非常明顯，這種影響也一直延續到就業階段。一般而論，同儕成員的年齡相近，有共同的價值觀與行為標準，形成一種歸屬的感覺，所以同儕團體是新世代最重要的人際關係團體。由於同儕團體常會要求團內成員以某種關係 (如崇拜某些偶像、購買某個商品) 與團體互動，形成興趣與價值觀趨同且彼此相互影響的同儕性格，也區隔出許多不同生活型態的族群，如跳蚤族、慕星族、光碟族等。

5. 消費資訊充分　科技發達是新世代成長過程重要的特徵，在他們出生時,電視已經出現,隨後在成長受教育的階段,從電動玩具、傳真機、有線電視、傳呼機、大哥大電話到親臨網路的無遠弗屆,使他們成為最早享受資訊果實的一代,也贏得"資訊革命之子"的封號。由於新世代處處與科技為伍,終日不停接收訊息的聲光畫面,不但接觸了大量訊息,也培養了快速吸收及分辨訊息的能力。另外,他們是第一個資訊化的一代,所以同年齡層的溝通與相互影響比以往的世代大很多。

6. 消費精明 新世代從小生活在資訊爆炸的時代,對於消費的訊息靈通,也知道如何獲取真正需要的訊息,因此他們能以有效率的方式制訂購物決策,遇到不合理的狀況也知道如何維護權益。再者,從小父母工作在外早出晚歸,日常用品的購買大都委託他們幫忙,因在經驗累積下,鍛鍊出一身的本領。在這些前提下,新世代十分精於購物,能輕易分辨出濫竽充數或抬哄價錢的商品。例如在一份調查中指出,25.70% 的新世代購物錙銖必較,合理範圍才購買,此外他們常貨比三家,處理問題巨細靡遺以防買貴 (李雪雯,1979)。

(三) 行銷策略的應用

從新世代個性獨立、重視及時行樂、資訊充分、消費精明等特性來看,他們是聰明、有能力消費且講究流行品味的一群,因此要能成功銷售產品,產品的感覺如何與新世代的風格相吻合就變得非常重要,底下是一些建議:

1. 產品需要有個人意識特色 新世代求新求變,找尋與眾不同,所以產品如果沒有特色,將無法引起新世代的共鳴,硬糖 (Hard Candy) 化妝品有鑒於市面指甲油千篇一律、顏色古版,乃突發奇想推出色彩炫麗、前衛叛逆的指甲油及口紅,例如深褐色指甲油、黑色口紅與深藍色睫毛膏,推出之後果然受到追求時髦講求自我年輕上班族的喜愛。耐吉球鞋為品牌領導者,但新世代不一定會墨守成規信任第一品牌,他們可能會去買紐巴倫的球鞋,因為顏色鮮艷有特色;或者因為籃球選手 Kobe 拍攝的廣告非常酷,而去購買愛迪達球鞋。

2. 以反其道而行的訴求為賣點 為了使消費者了解產品內涵,一般廣告常以單槍直入的方式介紹產品正面屬性,藉以吸引目標市場,例如洗髮精能讓女性更美麗、柔順、絲絲動人。然而針對新世代的訴求,"反其道而行"的效果反而更佳。例如,在一則廣告中,一位標緻 106 的駕駛,與越野車裏的另一個女孩互拋媚眼,結果被隔壁渾身肌肉的男友發現,相約標緻 106 的駕駛賽車。然後鏡頭轉向黃沙滾滾的荒野,兩部車準備起跑,只見女孩旗子一揮,越野車即狂衝而出,風馳電掣的快感讓肌肉男狂笑不已,此時標緻 106 卻停駐不動,反而停下來讓女孩上車,掉頭揚長而去。這個故事強調的是以智取勝而不是硬拼,才是新世代男性本色,播出之後,得到許多的共鳴。

3. 以迂迴訴求為賣點 由於資訊的氾濫,單刀直入、自賣自誇的傳統廣告介紹,對新世代已失去功效。取而代之的是幽默或是無厘頭廣告的迂迴訴求較能引起共鳴。幽默訴求的有趣廣告能夠增加年輕人與同儕之間的討論,增進對產品的興趣。例如悲傷的孟姜女因為服用京都念慈安川貝潤喉糖保養喉嚨,所以能夠哭倒萬里長城,即為一有趣的訴求方式。

無厘頭廣告則是另一種吸引新世代注意的方式,無厘頭廣告是指製造一些驚奇、不合乎常理的雜亂場面,再逐步把主題點出。例如一則多喝水礦泉水廣告中,一位青少年用吹風機吹著光頭,這個奇怪的舉動雖令人不解,但卻完全符合青少年的邏輯(同中求異),接下來,把吹風機吹向舌頭,這個動作更令人感到莫名其妙也感到驚奇,然而最後的一幕是把礦泉水放在舌頭上解渴時,答案才揭曉,原來藉由吹風機的功能,達到消費者對"多喝水"的認同。

4. 以偶像訴求為賣點 新世代常因崇拜偶像而購買相關產品,使目前市場上充斥著琳琅滿目的偶像產品。事實上以偶像做訴求能引起新世代許多的共鳴,是行銷策劃不錯的思考方向。例如李維牛仔褲以木村拓哉為代言人,推銷 3D 剪裁的牛仔褲,產品果然在台灣大賣;金城武為易利信手機代言,拉麵以及鯊魚頭造型,為公司提升不少知名度;任賢齊為金飾代言,許多新世代也爭相模仿買條金項鍊來戴。其他如張惠妹為百事可樂、劉德華為和成牌衛浴設備代言,都有不錯的效果。

5. 以同儕口碑為賣點 新世代追逐流行事物有著強烈的同儕個性,在購買產品時常常不是考慮本身"需不需要",而是比較他人後產生"要"或"不要"的態度,而"要不要"的抉擇常取決於同儕之間的對產品喜好程度,或受同儕團體規範性的影響,因此如何塑造同儕口碑是行銷者可以努力的方向。同儕的口碑過去由社團或聚會與朋友互動產生,但目前資訊發達,新世代口碑常藉由電子郵件或虛擬社群互通有無產生，因此經由一些網路互動（BBS 或網路聊天室）的討論與意見交換的過程，發展出共同的嗜好與興趣，更能增加同儕間的口碑效應，行銷者如何介入網路口碑的塑造是有趣的研究方向。

第四節　社會階層次文化

　　社會階層 (social stratum) 是指人們依照某些標準（如財富、身份、教育或生活方式等），將社會分等為數個同質的團體，且被區分為同一等級的成員具有類似的生活方式與態度行為。

　　自有歷史以來，社會階層就一直存在於人類的社會中，也產生許多不平等的現象，例如現代社會中，有些人能夠享有受高等教育的機會，有些人則必須從事勞力的職業，因而產生富人與窮人、藍領與白領等差別。這些差別所形成的區隔，久而久之就會產生團體之內相似性高、團體之間相似性低的社會階層，而不同社會階層的成員，在消費的價值觀與行為上，存在著許多的差異。為了對社會階層有更進一步的了解，本節首先說明社會階層的意義與決定因素，以了解造成階層差異的原因，其次探索台灣不同社會階層的消費習性，最後則說明社會階層對消費者行為的影響。

一、社會階層的意義與決定因素

　　不同社會階層的人，對產品或品牌有不同的偏好，因此在消費者心理學上，社會階層就是一個自然明顯的區隔工具，而哪些原因造成這些區隔的差異。以下將深入探討，首先探討社會階層在消費者行為的意義，其次說明社會階層的決定因素。

(一) 社會階層在消費者行為的意義

消費者心理學研究者探討社會階層時,是想要了解社會階層對消費者決策的影響,及對行銷者擬定行銷策略的助益,可從下列兩點做說明:

1. 社會階層提供消費者參考架構 社會階層由高而低排列成不同等級,因此在社會階層的概念下,某特定階層的成員可以清楚的知覺到自己的社會地位,也清楚自己與他人比較產生相同、優於或劣於的關係。基本上,社會階層提供了一個參考架構,屬於某特定的社會階層成員,會根據階層內其他成員所提供的線索,表現出適宜的行為。在某些情形下,處於基礎階層地位者常模仿其他階層(中、上階層)的行為,來提升自己的地位。在公司中,低階職員觀摩高階主管的言行舉止、閱讀高階主管常看的書籍雜誌、做相同的休閒娛樂(聽音樂會、打高爾夫球)即為一例。

2. 社會階層提供行銷者區隔的參考 對行銷者而言,不同的社會階層代表著不同的區隔,推銷產品應該選擇合適的社會階層。例如酒的種類繁多,但可明顯的看出高階層消費者享用頂級 XO 白蘭地,而基礎階層消費者偏愛三洋維士比。

再者,社會階層可作為行銷者區隔市場的工具。例如,美國李維牛仔褲公司用階層的收入差異來鋪貨,針對中低收入的家庭時,推出以布利坦尼亞(Britannia)為名的品牌名稱,並藉由一些平價百貨公司(如 Wal-Mart)為通路。針對中產階層或年輕世代時,則透過一般的百貨公司或零售專店銷售,推出答客(Dockers)與銀泰(Silver Tab)等中高價位的品牌。另外它們也特別推出,以上班雅痞為主,在梅西等高級百貨公司專賣的品牌司雷(Slates)。

由於民主風潮席捲了整個世界,使得許多國家的社會階層之間並沒有明顯的分界,也不一定互相排斥,但是不同的階層成員在購買商品時,還是呈現了該階級的消費傾向,這是研究消費心理者最感興趣的地方。

(二) 社會階層的決定因素

在人類的早期,一些生物特徵,例如體力、體型、年齡、性別、智力等差異,常為決定社會階層的重要標準;然而今日取而代之的是從經濟結構中所擁有的稀少資源和報酬的程度,與所形成的生活型態來定位社會階層。在台灣社會裏,職業、收入及教育程度的高低決定了權勢與財富的多寡,使得許多學者也利用這三變項定義社會階層,更明確的說,利用這三個變項說明個人在社會地位的情形又稱為**社經地位**(或**社會經濟地位**) (socio-economic status)。

事實上決定社會階層的其他因素尚包括有個人的財產、人脈關係、社會影響力、個人聲望、階級意識等等 (Gilbert & Kahl, 1993),其中又以財產多寡與社會互動 (人脈關係) 所形成的社會階層,對消費決策的影響最為相關。因此本節探討社會階層形成的因素包括:職業、收入、教育程度、個人財產、社會互動關係。

1. 職業 職業是判定社會階層最常用的單一指標,從職業中也可看出一個人階層的流動性,如一個職位為大公司經理級中階主管,我們將可以推論他正往上流社會邁進。另外,職業也透露了消費型態的傾向,例如從營建工人這個線索可大略推知其主要花費多在於食物與其他維持生活的產品上。

由於職業的清晰明瞭性,許多人已將職業視為社會階層同義詞。表 7-5 列出了台灣、美國及國際研究對職業聲望的調查表,排序的方式以職業受崇敬的程度為主。從表的整體排序而言,職業、收入、與教育程度有必然的關聯性,屬於上半部的職業類別,其在收入與教育程度上,確實比下半部所列職業水平要高。再者,職業聲望的高低是相當穩定的,不會因為不同的國家而產生很大的變動。因此醫生、大學教授以及律師是較受尊重的行業,而工友、理髮師及攤販職業聲望較低,這個狀況在美國與台灣都蠻一致的。

2. 收入 個人或家庭的收入也是評估社會階層的重要因素之一,不同收入者在產品的品牌購買、收看的電視節目、休閒活動選擇上,都有顯著的差異 (Hawkins, Best & Coney, 1995)。收入高者傾向於有好的職業、住漂亮的房子、開昂貴的汽車。

收入的水準雖然是社會階層分類的重要因子,但卻不是預測消費行為的理想指標。例如在台灣賣香雞排的攤販,與企業中階幹部的收入並不會有很大的差異 (攤販可能更高),但他們的購物決策將有很大的不同,而真正決定消費傾向的因素,反而在於生活型態。所以在 80 年代,調查美國民眾的收入情形與社會階層的關係時,兩者只呈現約為 0.4 微弱關聯 (Cole-

表 7-5　台灣、美國及國際研究對職業聲望的排行調查比較

職　　業	Treiman 國際研究 1977 年	文崇一、張曉春 1979	瞿海源 1984*	美國國家民意 研究中心 (NORC) 1991 年
大學教授	78	87.9	89.0	74
法　　官	78	83.8	87.9	—
醫　　生	78	78.6	82.5	86
立法委員	86	80.5	81.7	—
律　　師	71	70.5	77.8	75
警　　察	40	64.5	65.2	60
護　　士	54	67.6	64.2	—
農　　人	47	68.4	58.5	40
歌　　星	32	45.7	55.1	58
司　　機	31	54.5	49.4	30
店　　員	28	51.6	48.6	—
攤　　販	22	43.8	46.8	—
工　　友	21	44.7	44.8	22
理髮師	30	45.6	43.2	—
清道夫	—	51.5	—	28

*表示分數已經放大 10 倍

(採自　詹火生等，1995)

man, 1983)。

　　一般而論，職業比收入更能代表社會階層，主要的原因有三：其一，職業傳達了地位與聲望，與社會階層的觀念較為接近，收入則無法顯示出這種特性，例如台灣許多修車"黑手"，職業收入雖高，但聲望卻低 (屬於勞工階層)。其二，收入與社會階層的關聯性未考量年齡因素。假設同為 40 歲的企業中階主管年收入 70 萬，40 歲泥水工年收入 60 萬，此時收入與社會階層高低是相符的。但是在經驗與人際關係等因素下，50 歲的水泥師父的收入可能暴增為 100 萬，並超越了 50 歲的中階主管的總收入，在這種狀況下，收入的多寡反而不足以代表社會階層。其三，收入的多寡還需考慮其他因素，例如兩位薪資相仿的公務員，一位為單親家庭，另一位夫妻雙薪無子嗣，前者可支配所得明顯低於後者，進而產生不同的生活型態，如果還是以收入作為社會階層指標，就無法顯示這些現象。

3. 教育程度 一般說來，教育程度越高，容易找到令人稱羨的職業，薪資也較高，此外，教育程度影響個人購買的品味、價值觀、與消費決策的品質。例如，高學歷比低學歷者更注意溝通訊息內容，對產品品質、包裝要求較高，也注意自身的消費權益 (Schoell & Guiltinan, 1995)。

教育程度是社會階層重要指標，但是高學歷不一定有高收入。中國傳統社會階層可分為四種，從上而下依次為官僚階層、仕紳階層、農民階層以及奴隸階層 (文崇一，1987)。商人雖一直為政府所貶抑 (社會階層低)，但實際上的經濟地位卻比滿腹經綸的讀書人 (仕紳階層) 高，所謂"工不如農，農不如商"即為這個道理，所以大學教授的學歷很高，但收入只算是中上。另一方面，相同教育程度者，因不同的職業或不同境遇，薪資所得也各有所異。例如同一科系畢業的同學各奔前程，雖然學歷一樣，但職業類別及收入狀況可能有雲泥之別。

4. 個人財產 財產指自身所擁有的物品，包括汽車、房子、衣服等。財產通常是過去收入的累積，或藉由彈性財務處理，如土地投資、股票債券而來，也可透過繼承的方式代代相傳，生生不息。

財產常被視為社會階層象徵，財產越多代表社會階層越高。反過來說，社會階層越高的人，為了顯示自己的與眾不同，常在財產的數量及內容上擺門面，這種情形稱為**炫耀性消費** (conspicuous consumption)。例如出門的汽車不但輛數要多，體積要大，也要是象徵權貴的名牌車，甚至極盡所能在公開場合昭告大眾、自我標榜。

以財產為基礎衍生的一些型態如住屋的樣式、鄰居水準、學區優劣、住屋區位的房價，甚至住家裝潢擺設的品味等，也常用來搭配收入程度或職業類別，作為社會階層評定的指標。例如喜歡把電視機擺在大客廳通常是低階層消費者，中上階層消費者則喜歡擺在臥房或家人聚會的小客廳，類似上述樣式擺設的差異亦透露出社會階層的不同 (Kron, 1983)。

5. 社會互動關係 俗諺"如藤倚樹，物以類聚"是指同類的人、事、物總會聚集在一起。人與人之間，如果彼此具有相同的價值觀念，相處起來最能投緣與自在。所以與我們從事相同休閒活動的人，或互動關係比較熱絡的親友，社會階層大抵相同，許多的婚姻都是在"門當戶對"下結合。所以觀察一個人交往的對象，大抵可以了解其所處的社會地位。

一般觀察社會互動關係以下列三個向度為主。其一，**聲望** (或名譽)

(reputation)，通常得到他人的尊敬與順從者，聲望較高，互動的團體大多為上流階層，反之亦然。其二，**人脈交往** (interpersonal association) 指從日常生活共事的同僚的社會階層，推論當事者的社經地位。其三，由社會化的結果推論之。**社會化歷程** (process of socialization) 指個人學習技能態度與生活習慣的過程，由於社會化由孩童到成年持續的進行，所以觀察個人社會化的結果所產生的氣質，可以推知成長的環境與社會階層的高低。綜合言之，上述三個向度確實能夠客觀的評估社會互動關係，但這些方法在施行上不易得到客觀的測量，且實施費用昂貴，所以極少正式應用在社會階層的研究。

二、台灣的社會階層與消費行為

從前文的討論可知，依據不同的變項與不同的測量方法，就能夠把一個人分配到某個社會階層，不論個人知曉與否，這種做法在行銷上，雖然是有用的，但施行上卻常遭遇一些困擾。其一，沒有人喜歡位居下風，當消費者知道自己被分配在低階層，必須購買"次級品"時，令人感到不滿與沮喪。其二，把消費者分等級，違反民主國家人人平等的原則。但因社會階層對消費行為有著深遠影響，行銷者也常把社會階層當做區隔工具的參考。

表 7-6 是台灣兩位社會學家依客觀的階層位置，而建立的台灣社會階層結構 (蕭新煌，1994；許嘉猷，1990)，從表中的資料，我們可粗略的把台灣消費者社會階層分為三個等級：

(一) 上流階層

上流階層約佔 2.3%，包括由地主變成資本家者、科技新貴及黑手發跡者等 (許嘉猷，1985)。上流階層成員是行銷者最為重視的市場，雖然他們所佔的人口比率少，但卻有著最高的可支配所得，他們在許多產品的消費額度與數量比一些非富裕者高出甚多，例如他們喜歡購買豪華的進口家具與汽車，也喜歡購買精緻珠寶、服飾與高級電器用品。其次，他們品名酒、吃美食，搭乘較多的航空班機，擁有高金額的有價證券，對不同類型健康休閒或娛樂產品的支出額度 (如高爾夫球) 遠多於其他階層。

上流社會對於自身、家庭的安全及隱私權的建立，有著非常高的需求。

表 7-6　台灣社會階層各類別的百分比估計

社會階層	階層類別	聘雇	雇用人數	蕭新煌分類	許嘉猷分類
上流階層	資產階級	雇主	≧10	2.3 (%)	2.3 (%)
中產階層	小資產階級	雇主	0～1	17.7	23.8
	小農階級	雇主	0～1	6.1	8.7
	舊中產階級 (小雇主)	雇主	2～9	8.7	—
	新中產階級 (A＋B)	受雇		24.9	—
	(A) 經理/襄理/監督	受雇		(14.6)	14.6
	(B) 半自主性受雇者	受雇		(10.3)	10.3
基礎階層	勞工階級	受雇		40.3	40.3

(採自蕭新煌，1994；許嘉猷，1990)

他們喜歡加入會員專屬的高級俱樂部，藉此建立同屬相同階層的人際關係，上流社會消費原則以不招搖為主，有時甚至請銷售員直接到府洽談。

(二) 中產階層

隨著教育的普及、工商業的發展及社會進展，使得台灣中產階級迅速崛起。中產階級總數約占 57.4%，可略分為兩類，其一，農業與非農業的自營作業者 (32.5%)，如小資產階級及舊中產階級等。其二，新中產階級 (約為 24.9%)，包括專業技術人員 (建築師、律師)、企業界的幹部與公、教人員等。一般而言，中產階級的學識較為豐富，經濟基礎不差，思想也較為敏銳，雖然他們的見解及理想不見得為人所知，但對於他們所處的時代、國情及社會，有相當深刻的認識，匯聚成獨特的生活型態，並成為台灣社會的精英 (許嘉猷，1985)。

中產階層之消費者具有懷舊與求新的矛盾性格，一方面對經濟持開放態度：追求地位、累積財富；一方面卻對文化價值觀持保守心態：忍受著傳統親密人際關係的消失 (曾慧佳，1998)。因懷舊與求新看法與程度不同大略分為兩個團體：傳統取向者遵守傳統規範，有強烈的家庭使命，為妻者以扮演成功的賢妻良母為榮，是男人事業幕後支持者。非傳統取向者，追求男女平權價值觀，夫妻在職場各有天地，購物採共同決策，外食比率高，方便省時的產品最能吸引他們。

值得一提的，中產階層的崛起是 20 世紀全世界的共同現象，而在各國貿易邊際日漸模糊，跨國行銷日益興盛的情況下，先進國家 (美國、日本) 的消費產品如化妝品、服飾、速食，逐漸滲透到台灣許多中產階層家庭，造成原本消費觀不同的中產階層，逐漸在消費的思想、語言、行為及生活型態趨向一致。

(三) 基礎階層

基礎階層約佔 40.3%，包括工人 (指非農業體力勞動、文書、推銷及服務工作等受雇者) 與農民。基礎階層是台灣生產系統最基層的工作者，對台灣經濟成長有卓越的貢獻。基礎階層的消費訊息的獲得，大多依賴親朋好友的提供，且因工作性質單純，自我表達機會少，也常發生衝動性購買，以填補職業的枯燥。他們對生活的信念是做一天算一天，較沒有長期的計畫，傳統價值取向強，生活上比較遵守已有的規定。

以社會階層應用到消費者行為的研究常會面臨的問題是，階層之間流動是否頻繁，使得台灣社會階層界限日趨模糊？答案是肯定的，因為在大量生產、標準化產品充斥下，消費者購物習性、消費經驗趨於相同，而因交通工具 (汽車或機車等) 的普及，使各階層互通訊息的情形增多，再加上教育水準的提升、工作選擇性高，使得民眾有許多自我發展的機會，因而造成階層間上下流動的現象普遍。

值得一提的是，台灣在 1981 年到 1991 年之間，因為受到政治、經濟的影響，使得上流階層 (資本家)、中產階層 (小本資本家及經理專業人) 及基礎階層 (工人) 等階層結構，出現緩慢的兩極化趨勢，即中產階級出現萎縮和停滯不前的現象，並且慢慢的往上 (資本家) 和往下 (工人) 兩個方向邁進。

三、社會階層對消費者行為的影響

社會階層對人們所形成的影響是非常深遠的，一個人一生中最重要的機會與成就都受到社會階層所影響，例如，是否有機會受高等教育、謀得好職業、賺取高所得、擁有權力、安排自己滿意的生活等。其次，社會階層影響個人價值觀與態度、與他人相處的技巧、及對人信賴程度等，因此，不同階層的團體在養育、教育子女方式不同，處理突發狀況的方式也各異。

　　就消費者行為而言，社會階層所形成的區隔隱含著人們各式各樣生活型態，不同階層的消費者依自身的社經能力、對事物的價值態度，購買合適於他自己的產品。有關社會階層對消費者行為影響，我們將從產品決策與購買的差異、生活方式的差異、態度與價值觀的差異三個層面來探討。

(一) 產品決策與購買的差異

　　消費者在訊息收集、產品選擇標準以及商店選擇與購買，常因社會階層不同呈現差異。

　　1. 訊息收集　基礎階層的消費者較不易區分廣告媒體所提供訊息的真假、容易受騙，所以喜歡從信賴的親朋好友獲取訊息，避免憾事的發生；而社會階層越高，對媒體訊息的依賴程度越重，也具備區分真偽的能力。在媒體類型的選擇上，高階層消費者喜歡由報章雜誌閱讀獲取新知；基礎階層消費者喜歡長時間的觀看電視。如以電視節目選擇來看，高階層人士喜歡看國際新聞、社經情勢分析、財經新聞、歌劇或藝文新聞；基礎階層人士則偏愛文藝愛情連續劇、綜藝節目、單元鬧 (喜) 劇等，而報導影視紅星小道消息的八卦新聞，是與朋友聊天的話題，自然不能錯過 (Prasad, 1975)。

　　2. 產品選擇標準　高階層消費者購物標準著重在風格、款式、流行度及顏色搭配；基礎階層人士重視產品功能及價錢。所以對上層社會而言，牛仔褲代表了表達自我意識或追逐時尚的象徵商品，但對勞工階層而言，牛仔褲是經久耐穿、價廉實際的實用性產品。在穿衣的風格上，也透露出了社會階層的差異，基礎階層消費者常以戴帽子、穿汗衫 (T-shirt) 的休閒模樣裝扮自己，汗衫的圖案通常配有偶像肖像、標語、動物圖騰或品牌名稱；高階層人士常到精品店或百貨公司購買衣服，端莊保守的款式最受青睞，不喜歡人盡皆知的品牌，也不輕易嘗試大膽前衛的服裝設計。

　　3. 商店選擇與購買　因個人財富與聲望的不同，消費者選擇符合自己形象的商店購物。基礎階層消費者喜歡與攤販交易，或到住家附近的商店購買，除了能夠從朋友處獲得產品訊息外也能閒話家常。上流階層則以產品風險的高低做為商店選擇依據，風險較高的產品，傾向於在百貨公司或精品店購買以求完善售後服務，風險較低的產品則在大賣場購買 (Prasad, 1975)。

其次，對商店氣氛的喜好亦有差別，中上階層人士喜歡布置擺設舒適宜人的商店，基礎階層消費者喜歡全家一起逛街的整體感，也重視賣場出其不意的樂趣，例如抽獎活動、折扣贈品等。

值得一提的，由於財富分配不同，高社經地位者所使用的品牌，對基礎階層而言是一種權貴的象徵，而為了提升自我形象或追求尊貴的感覺，基礎階層者常越層購買在價位上屬於上流社會的昂貴產品。根據一項統計指出，中產階層往上購買昂貴產品的金額，甚至超越該階層消費者的購買總額，例如隆乳手術原屬於明星或富裕人士的消費，但實際動過手術的消費者，年收入都低於 25,000 美金，這些人在美國是屬於低階的勞工層 (Schiffman & Kanuk, 1994)。

(二) 生活方式的差異

生活方式指的是人類在消費上的追求傾向。消費者怎麼安排生活與展現自身品味，深受到社會階層的影響。底下將以居家裝潢、娛樂休閒型態及語言詞彙的使用差異加以說明。

1. 居家裝潢　居家裝潢的品味最能反映出社會階層的不同。上流社會家庭常以櫸木地板 (或大理石) 配合波斯地毯顯示尊貴，中產階層家庭喜歡以地毯覆蓋地板，基礎階層家庭常選用塑膠地板 (Fussell, 1984)。在客廳的擺設也有不同，基礎階層所購買的家具在色調、款式比較不協調，裝飾品大都是複製品，常雜七雜八的堆在一起，客廳通常擺設電視機或祭壇等宗教產品。上流社會的家具或中或西自成一格，牆上如有掛飾，常為歐洲藝術作品，放置件數也不會太多，另外客廳並非一定放置電視機，書櫃或綠意盆栽常現其中。

2. 娛樂休閒　從消費者娛樂休閒的方式，也容易分辨出階層的差異。中下階層消費者偏向應酬式活動，如逛夜市、看電視，或在社區內找樂趣，如打撞球、打小鋼珠、釣魚。上流階層看電視時間較少，但常把時間花在高爾夫球、音樂會、閱讀報章雜誌或自我進修等認知性活動。在參與活動的偏好上，基礎階層消費者喜歡參加團體活動。例如，他們喜歡招攬街坊鄰居組團出國旅行，並大肆購買紀念品分贈親友，告訴他人"出國一遊"的事實。高階層消費者偏好單人或雙人的活動，活動以能舒展全身肌肉、汗流浹背為主,如慢跑、網球、游泳等,這種方式也延伸到旅遊方面,例如他們喜歡定點深度旅行,徹底體驗當地風土民情。

3. 語言詞彙的使用差異 從個人講話的方式、語調,也能快速了解他所屬的社會階層。在一項實驗中,研究者隨機抽取不同社經地位人士,然後請他們朗讀一篇短文 40 秒鐘,朗讀內容全程錄音。之後請了 30 位不同背景大學生為評審員,請他們聽完先前的錄音後,嘗試推論朗誦人的社會階層。結果指出,從朗讀語調推論社會階層正確率很高,兩者的相關度達到 0.8 (0 代表沒有相關,1 代表完全相關)。上述實驗中,每個受試都是依照實驗所給的文稿,利用正確的文法照稿朗讀,但是由於不同社經地位,朗誦者在字彙音調、對句子的長度斟酌、結構的處理及講話的流暢度上,都會因過去訓練與經驗而顯出差異,足見語言使用受社會階層影響深遠,東施效顰終會露出馬腳 (Ellis, 1967)。

其次,在描述事情的經過上,基礎階層者喜歡用個人的經驗或直覺,三言兩語帶過,但中上階層則善用比喻方式陳述事情,字彙選取也較為抽象。所以假設提出一個問題"你在哪裏買的茶葉?",中上階層消費者會告訴你"前面巷子左轉一家茶藝館買的",基礎階層消費者告訴你"我跟那個老王買的"。

(三) 態度與價值觀的差異

不同階層的人們對於宇宙間事件運作的邏輯看法各不相同,產生了許多迥異的消費信念 (Martineau, 1958)。基本上,中上階層人士重視未來,比較有自信,願意從事冒險的活動,也相信他們能夠控制命運。再者,他們的視野較為寬廣,以理性態度處理事件,構思趨向複雜多元,關心國家或世界所發生的大事。相對的,基礎階層消費者則重視現在及過去,常有怨天尤人的舉止。他們對安全的敏感度高,視野較為窄小,對世界的哲理概念沒有一個完整的架構,關心自己及家庭勝於其他社會事件,購買過程較為感性衝動 (Mowen, 1995)。

從個人理財的價值觀念也能夠看出階層的不同。研究者曾詢問各類型受試"如果目前薪水多了一倍,你未來的十年要做什麼?",上流社會理財方式傾向投資,也會說明藉由哪些投資理財 (如買股票或投資房地產) 達到儲蓄的目的。基礎階層人士較為保守,他們認為多的薪水放在銀行生利息最保險，或乾脆及時行樂花費一番 (Coleman, 1983)。其次，不同階層的人對於錢財的獲得看法不同。基礎階層人士較為宿命，傾向於把有錢人住豪屋、開大車的原因歸之於"運氣好"。但上階層人士則認為能夠擁有象徵地位的財富，是因為成就動機旺盛及自我努力的結果 (Belk, 1981)。

綜合上述，不同的社會階層在產品決策與生活方式上皆呈現出明顯的差異，因此行銷者當依據每個社會階層目標市場，推出特別的產品，擬定合宜的促銷策略與活動，才能真正符合消費者的需求。

本 章 摘 要

1. **次文化**是指在某一主流文化社會內，因受地理條件與生活環境等因素影響，而逐漸分化而成的次級團體。處於相同次文化的消費者，因興趣嗜好與生活方式的趨近性，產生許多類似的消費行為，故為一重要的行銷區隔工具。
2. **性別角色**指在一個社會文化中，男性與女性在社會團體中所佔有的地位與應該表現的行為，傳統中國刻板性別角色呈現"男性支配"觀念。
3. 男女性別角色模式是社會化學習的結果，在社會化的過程中，父母、學校教育、大衆媒體及社會教育等，都直接或間接影響著性別角色形成。
4. 男女性別兩向度中，每一個人在男性化與女性化特性各有一個分數，具有高女性化與低男性化特性者或高男性化低女性化者，為傳統女性化與男性化，但男性化或女性化特質皆高者則稱為**男女雙性化**，皆低者為**未分化**。
5. 女權思想蓬勃及女性經濟地位獨立，使得女性與男性在社會所扮演的角色越趨於平等。目前女性市場正被積極開發，男性也有較大的空間表達自己在服飾、烹飪、縫紉等陰柔特質的喜好。
6. 在文化與生理交互影響下，兩性在語言能力、數理技能、溝通方式、視覺空間技能、生理忍受力、積極性、性經驗與性興趣呈現差異，就消費決策言，男性購物重視功能性與邏輯性，女性偏重於人際性與美感。
7. 同一時代出生的一群人，因歷史事件而對其生活態度產生影響者稱為**世代銘印**，而一群人分享相似生命經驗的現象稱為**科夥效應**。
8. **銀髮族**消費者是指生理年齡在 65 歲以上的消費者。由於人口的迅速增加、經濟能力提升、開放消費觀與政府利多政策的釋出等因素，台灣的銀髮族市場已呈現蓬勃的榮景。
9. 老人訊息收集來源偏重在媒體廣告與親友口耳相傳，但常因生理退化無法負荷過量訊息，無法作抽象想像，也難以過濾不相關的訊息。
10. 老人短期記憶能力稍差，處理及儲存速度較慢，因此簡潔、少量、組織化或再認方式呈現訊息，可輔助老人記憶降低認知缺陷。
11. 銀髮族常以個人主觀所認知的**心理年齡**，而非實際的生理年齡來描繪自己，健康老人的心理年齡大約比自己實際的年齡年輕 10～15 歲之間。
12. 嬰兒潮世代指 1945 到 1964 年出生的一群。他們為目前收入最豐碩，消費能力最強，重理性又重形象的消費者，也曾興起雅痞風潮。而因年齡增長，當今嬰兒潮消費現象以懷舊風氣、崇尚年輕與以家庭為中心。
13. **新世代人類**包含了兩個不同的年齡族群：**新人類**指 1965 到 1975 年出生的人口，又稱為**嬰兒潮後一代**；**新新人類**指 1975 以後出生的人口。
14. 新世代人類成長在經濟富裕多元的社會，他們的心理特徵包括：自我意識強烈、對社會的不滿與無奈、生活的務實與具有國際視野。
15. 新世代的心理層面所反應出來的消費行為偏向於及時行樂的觀念，包括物質消費欲望高、追求流行與個性、偶像崇拜的心理、同儕性格、消費資訊充分與消費精明。
16. 產品的感覺要與新世代的風格相吻合才是成功的銷售之道，行銷策略包括：產品需要有個人意識特色、以反其道而行的訴求為賣點、以迂迴訴求為賣點、以偶像訴求為賣點、以同儕口碑為賣點。
17. **社會階層**指人們依照某些標準（如財富、身份、教育或生活方式等），將社會分等列級為數個同質的團體，且同一個社會階層成員具有類似的生活方式與態度行為。決定社會階層的因素包括職業、收入、教育程度、個人財產與社會互動關係等。
18. 台灣社會階層略分為三個等級，上流階層約佔 2.3%，以不招搖為消費原則；中產階層佔 57.4%，分傳統與非傳統取向等消費特性，基礎階層佔 40.3%，消費訊息依賴親友提供，常發生衝動性購買，比較沒有長期計畫。

19. 在訊息收集上，社會階層越高，對媒體訊息的依賴程度越重，也具備區分真偽的能力。而在產品選擇標準上，高階層消費者購物標準著重在風格、款式、流行度及顏色搭配，基礎階層人士重視產品功能及價錢。
20. 不同階層對於宇宙間事件運作看法不同，中上階層人士重視未來、從事冒險活動、對控制命運深具信心、以理性態度處理事件、構思趨向複雜多元。基礎階層消費者重視現在及過去、喜歡怨天尤人、對安全的敏感度高、視野較為窄小、關心自己及家庭勝於其他社會事件。

建議參考資料

1. 白秀雄、李建興、黃維憲、吳森源 (1978)：現代社會學。台北市：五南圖書出版公司。
2. 史密斯、克拉曼 (姜靜繪譯，1998)：世代流行大調查——從 1990X 世代。台北市：時報文化。
3. 李美枝、鍾秋玉 (1996)：性別與性別角色分析論。本土心理學研究，6 期，260～299。
4. 周守寬 (2002)：女性消費心理面面觀。台北市：國家出版社。
5. 波普康、馬瑞格得 (汪仲譯，2000)：爆米花報告 III-用價值行動打動女人的心。台北市：時報文化。
6. 麥克斯 (麥克永譯，2002)：尋找 E 消費者——網路消費新商機。台北市：台灣培生教育出版股份有限公司。
7. 彭懷貞 (1996)：新新人類新話語。台北市：希代出版社。
8. 萬育維 (1994)：從國內老人消費行為的趨勢探討福利產業的發展。輔仁學誌，26 期，377～417。
9. Cole, C. A., & Houston, M. J. (1987). Encoding and media effects on consumer learning deficiencies in the elderly, *Journal of Marketing Research*, 24, 55～63.

10. Peters, T. (2002). *Marketing to women: How to understand, reach and increase your share of the world's largest market segment.* Chicago: Dearborn Financial Publishing, Inc.

11. Schaninger, C. M. (1981). Social class versus income revisited: An empirical investigation, *Journal of Marketing Research*, 18, 192～208.

第 八 章

大衆文化對消費者行為的影響

本章內容細目

第一節　大衆文化
一、大衆文化的特性與產生的原因　303
　(一) 大衆文化的特性
　(二) 大衆文化產生的原因
二、大衆文化對消費者的影響　306
　(一) 大衆文化的正面影響
　(二) 大衆文化的負面影響
三、大衆文化與精緻文化的比較　308
　(一) 大衆文化與精緻文化的關係
　(二) 以精緻文化提升大衆文化水平

第二節　流行的特性與相關理論
一、流行的特性　310
　(一) 流行文化的強勢性

補充討論 8-1：流行焦慮性

　(二) 流行文化的循環性
　(三) 流行文化的符號性
　(四) 流行文化的雙元性
二、流行的相關理論　315
　(一) 經濟學觀點
　(二) 心理學觀點
　(三) 社會學觀點
　(四) 美學觀點

第三節　流行的起源與生產過程
一、流行的起源過程　321

　(一) 政治因素的影響
　(二) 經濟因素的影響
　(三) 社會價值觀的影響
　(四) 外來文化的影響
　(五) 次文化價值觀的影響
　(六) 科技因素的影響

補充討論 8-2：成為流行商品應該具備的產品屬性

二、流行的生產過程　327
　(一) 物品符號化分析
　(二) 流行的生產機制

第四節　流行的採納過程
一、消費者進入流行週期的時間與特徵　332
　(一) 創新者
　(二) 早期採用者
　(三) 早期大衆
　(四) 晚期大衆
　(五) 落後者
二、消費者接受流行的持續時間　335
　(一) 流行產品生命週期的階段
　(二) 流行生命週期的持續時間

本章摘要

建議參考資料

二十世紀消費社會提供了大眾文化發展的基礎。大眾文化是以現代大眾傳播媒介為基礎而發展出來的文化，例如電影、搖滾樂等。大眾文化內容淺顯易懂雅俗共賞，與傳統的精緻文化不同，因此在大眾文化衝擊下，消費者呈現更多樣化休閒生活，增加了參與文化增廣見聞的機會。

大眾文化常是藉由流行風潮而普及。由於資訊發達、商人炒作與媒體快速的傳播，流行風潮深入我們的生活。例如，台灣麥當勞於 1999 年 8 月推出速食餐與凱蒂貓玩偶搭配販賣的活動，原為單純的促銷活動，但是當紅流行的凱蒂貓在限量供應，及媒體爭相報導下，造成全省瘋狂的搶購，徹夜排隊者有之，父母代為衝鋒陷陣者有之，甚至發生打架砍殺的情形。在僧多粥少的情況下，消費者對麥當勞活動大為不滿。為了平息眾怒，麥當勞緊急召開記者會，向社會大眾致歉，並以無限量供應凱蒂貓來降溫，滿足民眾對於流行的渴望。流行產品令人神魂顛倒，為了擁有雖千辛萬苦亦在所不辭。

流行現象主要是將一個"符合消費趨勢"的產品，經由生產與行銷的過程，塑造為消費者熱烈追求的目標。雖然每個人對流行的看法不一，但流行產品的上市不管是對消費者、行銷者或世界經濟都是非常重要的。對消費者而言，流行產品代表著有更多機會滿足個人、社會與環境的需求。就行銷者而言，流行產品推出增加競爭與獲利的優勢。就整個國家甚至世界而言，流行產品出現象徵著一種產品改良，對提升全世界生活品質有實質貢獻。

在現代人眼中流行雖然無所不在，但是卻很難指出它的界線，也無法說出完整的概念。有人說流行無從了解，因為它是一個抽象的意識形態，可是我們在日常生活中的熱門商品，卻明明白白的看到流行的具體表現。流行到底是什麼？事實上，真正的流行，絕對不是外貌衣服裝扮而已，能夠跟上流行潮流的人，內在思想上也是領先的。換言之，流行除了是一種現象外，也是生活方式與思想特質所匯聚而成的大眾文化潮流。探討行銷者如何推動流行與消費者如何接受流行，將能更深入了解流行現象。綜合上述，本章將先介紹大眾文化，再談論到推動大眾文化的流行風潮。討論要點包括：

1. 大眾文化產生的原因及對消費者的影響。
2. 流行所具備的特性與相關理論探討。
3. 推動流行的起源因素與流行文化的生產過程。
4. 流行的生命週期與消費者採納流行的過程。

第一節 大衆文化

大衆文化 (或**通俗文化**) (popular culture) 係相對**精緻文化**而言的,指以大部分人都能夠接受也能消費的文化類型,文化的內容淺顯,著重感官享受,比較缺乏"知"與"美"的文化產品,包括生活中各種休閒娛樂,如看電影、唱 KTV 等。

一般而言,大衆文化或精緻文化都是文化產物,能為繁忙中的現代人提供精神上的需求,然而兩者最大的差別在於參與的人數。例如,歌劇是一種精緻文化,觀賞歌劇演出者必須對創作的背景脈絡與樂理稍有了解,才能產生共鳴,因此容易產生曲高和寡的現象。然而觀賞世界盃足球賽卻不需要高深的學問,加上媒體的傳播,往往是萬人空巷、爭相觀賞的情景。所以大衆文化也是一種文化產物,只是內容淺顯易懂,參與人數衆多的文化體。為了對大衆文化有深一層的了解,底下我們將以大衆文化的特性與產生的原因、大衆文化對消費者的影響及大衆文化與精緻文化的比較做一個說明。

一、大衆文化的特性與產生的原因

大衆文化可以被視為一種文化商品,所以從商品的交易形式可以了解其特性與產生的原因。回顧人類經濟制度的發展過程,先是把維持日常生活的食、衣、住、行等物質當成商品來販售,而在生活到達一定水準之後,一些表達情感、知識或者具有娛樂、象徵、宗教等文化創作品,也以各種不同的商品形式 (如書籍、電影、電視、戲劇、歌曲、繪畫等) 進行交易,這些商品的販售也慢慢匯聚而形成大衆文化。底下我們將要探討這種由人類新開發出的文化形式所具有的特性與產生的原因。

(一) 大衆文化的特性

大衆文化可視為一種商品,商品的意義是為了牟利,所以大衆化的商品必須以標準化的方式大量生產,也因此產生了商品化之後的一些特性,說明

如下 (王曾才,1991)。

1. 普遍化 大眾文化是一種消費型與娛樂型的文化,能夠雅俗共賞,因此影響層面就如水銀瀉地般的無孔不入,任何一個人、任何一個階層都可能受到它的影響。大眾文化不重視精緻文化所重視的創造與發明,不尊重思想家藝術家文學家,但是他們崇拜影星、歌星、政治人物、運動明星。不認識麥可喬登 (Michael Jordan) 的人被視為跟不上時代,但不認識諾貝爾文學得主高行健的人卻比比皆是;一般人爭先恐後的觀賞臥虎藏龍的電影,對於茶花女的歌劇卻沒有興趣。這些約定俗成的價值普及,也促使行銷者必須製造迎合大眾嗜好、生活方式與品味的文化產品,以獲取最大利潤。

2. 感性化 大眾文化之所以普遍受到歡迎與產品本身具感性化的特質有關,感性化訴求常訴諸大眾的本能,產生心靈的刺激與震撼,而這種體驗效果是直接的、深刻的。許多收看八點檔愛情悲劇片的觀眾,常不覺的掬下一把同情的眼淚,就是一種受感官衝擊所產生的自然反應;而電影侏儸紀公園逼真的恐龍畫面及音響的盪氣迴腸,引起觀眾高度官能享受也是一個典型例子。美國歌星麥可傑克遜 (Michael Jackson) 以獨特的肢體語言舞步,配合撩人的歌聲及千變萬化的舞台設計,其所引起的感官新體驗常造成觀眾如癡如狂的為他歡呼昏厥。其他的各種運動項目如足球、籃球、橄欖球,也因能夠直接衝擊到人們的感官而受到歡迎。所以感性化的文化產品是大眾文化持續長久的重要原因。

3. 同質化 大眾文化使消費者趨向同質化。自古以來,人之不同,各如其面。而不同的服飾、學歷、性別及行為表現更加深了社會結構趨向階層化。但是大眾文化的出現,打破了階層的藩籬,促使不同階級、不同職業、不同文化背景的人士共同且普遍的參與了文化的活動,使社會大眾漸趨於一致。舉例來說,透過大眾傳播的擴散力量,無論大都市或窮鄉僻壤的村落都能夠學習到腔調口音同質的國語。而巴黎流行的服飾幾乎與台灣同步,沒有太大的落差,這些同質的發展,使社會更進一步的趨向平等化。

4. 簡單化 簡單化是大眾文化重要的特性,學唱流行歌曲不需要懂得音符或發音技巧,破鑼嗓子也能高歌一曲。因此大眾文化的簡單化,使得廣大群眾能快速的參與以滿足官能刺激。這種情形使得大眾文化的產品也必須具備簡單的特性,才能增加消費者接觸大眾文化的機會。一些電器用品,如照相機、錄影機、電視機都強調簡單的"按鈕"動作 (one touch or one click) 來吸引消費者的購買，卡拉 OK 的字幕能幫助演唱者一字不漏的把歌曲唱完。因此操控簡單能增加消費者使用電器的機會，也增加了大眾文化的傳播速度。

(二) 大眾文化產生的原因

因現代科技與傳播的發展，大眾文化在 20 世紀大放光彩，產生與傳統社會大為不同的文化類型。而讓大眾文化在 20 世紀得以普及的原因，主要有下列幾點 (王曾才，1991)：

1. 消費社會的出現　自第二次世界大戰之後到1970年能源危機的這段期間，世界各國的經濟狀況，除少數區域性或時間性的經濟蕭條外，大致是一段繁榮成長的時期，也呈現了許多樂觀的景象，例如財富分配較從前趨於合理，工資與薪酬的增加超過了物價的漲幅，人民生活安和樂利。於是在財富分配均勻的情況下，大部分國家的社會結構已慢慢由金字塔的階層轉為鑽石型，中產階級因而增多並成為社會的主體枝幹。儘管每一個國家經濟均富的程度有別，但許多國家已經擺脫了窮困匱乏則是普遍的事實。

而在民眾大家都有錢的情形下，消費社會逐漸出現，消費社會是由大量生產、大量消費的現代經濟所造成，在消費社會裏，品牌的供給多於需求，廠商必須以行銷廣告技巧激發消費者潛在需求，鼓勵他們大量購買產品。而富裕的消費者在衣食無慮的前提下，有多餘的金錢可供花費，換言之，在消費社會裏，消費 (如何把錢花出去) 成為生活的方式。大眾文化 (如生活中的休閒與娛樂) 因而得到滋長而欣欣向榮。

2. 傳播媒體的發達　由於傳播媒體 (特別是電視) 可以在很短時間內將同一個文化創作物做最大的傳播，直接或間接的影響人們的思想、情緒、語彙與衣著，因此對大眾文化的塑造產生直接的關係，使得傳播媒體網的建立與發展成了大眾文化形成不可或缺的因素，甚至有人說沒有傳播媒體，不可能產生今日大眾文化到處充斥的現象。

目前星座學成為青少年間推敲運勢好壞的重要依據 (例如今天要小心掉錢、這個月要提防小人)，也是人際交談的重要話題，但星座學之所以成為大眾文化的主要原因，完全是傳播媒體的功勞，例如電視節目裏，到處可看到專家說明各星座特徵，或用星座來推論偶像明星的個性，報紙每天都有專欄讓讀者了解今天的運勢，產品廣告內容常間接的強化星座重要性 (例如歐香咖啡推出星座論，星座與婆媳關係等系列廣告)，這些因素的加總使得星座論算命的現象越見普及。

3. 休閒時間增多與教育普及　欣賞文化活動要"有錢"之外，"有閒"也是必備條件。過去人們認為努力工作除了能夠維持家計外，也是一種自我肯定，所以遊手好閒之徒被社會唾棄。但隨著經濟繁榮及觀念的變遷，目前休閒已成為基本人權中的一環，許多先進國家以週休二日減低工作時數來鼓勵民眾重視休閒。而許多消費者在"有閒"的狀態下，常把時間花在逛街購物、旅遊、看電視電影娛樂上，因而助長了大眾文化。

其次，教育普及也是造成大眾文化興起的原因。在一些先進國家的制度裏，大家都有受教育的權利，識字的人口比例因而大增，在理解或欣賞大眾文化上不產生困難的前提下，大眾文化有著廣大的支持者。

二、大眾文化對消費者的影響

由於大眾文化充斥整個環境，使我們的生活無時無刻不受它的影響，例如職棒比賽成為許多人士茶餘飯後談論的核心，淺顯易懂東瀛漫畫蔚為青少年閱讀的風尚。再如武俠連續劇、打殺笑謔商業電影、穿著牛仔褲的瀟脫、到 MTV 視聽中心唱歌、有機蔬菜的健康概念等等，都因大眾文化的"滲透"而影響了消費決策的方向。而大眾文化無孔不入的特性對消費者影響的意義如何？我們分下列兩點說明。

(一)　大眾文化的正面影響

大眾文化與傳統的社會文化大異其趣，而大眾文化於二次世界大戰後的出現，對消費者有幾個正面的價值 (宋明順，1993)：

1. 提供文化接觸的機會　由於大眾文化的普及化，使廣泛的大眾可以很便宜、方便的接觸到各種類型的文化，實現了機會均等的理想。在人類歷史上，沒有一個時代像 20 世紀一般，民眾能夠沒有階級藩籬的普遍參與文化活動，這對人類文明的增進有實質的貢獻。

2. 拉近社會階層的距離 過去只有高階或特權人士才能接觸的精英作品，因透過傳播媒介，使大眾有了廣泛的接觸機會，無形之間拉近了一般人與文化精英的距離。再者，大眾文化淺顯易懂的內容及價值觀，提供了不同職業、不同階層的人產生相似的共鳴經驗，而這種共通性能增進社會成員彼此的了解，產生共識與同理心，這對安定社會秩序有必然的好處。

3. 提供廣義的教育 大眾文化具有教育功能，因為透過電視能夠同時將各種有意義的文化（如教育消費者教材）傳送給社會大眾，這種大規模的教育機會，可以確保社會的進步。另一方面，為了能夠接觸消費者，一些精緻文化也透過大眾媒體的傳播機制與消費者溝通，進而成為大眾文化的一部分，例如古典音樂雷射唱盤也舉辦排行榜，博物館透過行銷活動拍賣一些精緻文物。精緻文化的普及化，對提升民眾教育程度也有必然的助益。

(二) 大眾文化的負面影響

大眾文化雖然打破了藩籬，提供民眾接觸文化的機會，也拉近了階層之間的距離，但大眾文化的氾濫與充斥，對人類消費面也有著一些負面衝擊。

1. 過度重視營利本質 大眾文化是商品化的結果。在利潤至上的要求下，大眾文化經營者往往犧牲藝術的真實性與純粹性。例如電視節目為了要保持高收視率，往往放棄自我提升和原創的初衷，以迎合大眾的嗜好與風格。結果節目內容容易產生庸俗性、煽情性與低級性，例如一些節目常以暴力、性、快感、新奇、金錢等主題吸引大眾即為典型例子。觀眾長期在這種感官化的衝擊下，逐漸變成情緒化與非理性化，成為低俗文化的觀賞者。

2. 被動與單向的參與 大眾文化是一種消費性的商品文化，也是一種單向的文化。大眾文化製造的過程裏，僅由少數人創造文化，而由多數人去消費，人們的心態逐漸形成被動與疲乏，也不知不覺沈溺於非現實的情緒世界中，成了大眾媒體操控的對象。

3. 大眾休閒趨於消極 大眾文化庸俗化也反映在休閒生活上。隨著消費者休閒時間的增加，休閒的活動也蓬勃發展，但在商業牟利的前提下，大眾媒體所倡導的休閒活動內容，常以感官刺激與欲望的追逐作為號召來吸引消費者參與。在經年累月接觸下，消費者不知不覺也成為商業娛樂性廣告的犧牲者，並傾向於沈溺在紙醉金迷、萎靡頹廢的休閒生活中。

三、大眾文化與精緻文化的比較

為了避免文化內容受商品化現實狀況所制約,許多消費研究者認為積極的倡導精緻文化以提升大眾文化的品味與水準。本小節將先討論大眾文化與精緻文化的關係,接著說明如何經由精緻文化來提升大眾文化水平。

(一) 大眾文化與精緻文化的關係

大眾文化與精緻文化的關係主要有下列兩點:

1. 質與量的差異 精緻文化 (high culture) 是針對大眾文化而來,兩者在質與量上皆有差異。就質而言,精緻文化具有高度原創性、藝術性、知識性,參與者通常是少數具高度敏感性與原創力的文化精英 (例如雲門舞集的創作者);而大眾文化偏重於消費的層次 (非生產者),內容淺易,人人容易接近,著重在感官的享樂,而非對知識與美學的追逐。就量而言,精緻文化的消費群由少數優秀份子所把持,一般民眾如缺乏基本的知識與能力,往往無緣欣賞個中的美,例如西方人的歌劇、芭蕾舞蹈、日本的禪道、茶道及花道都只有少數人能欣賞。相反地,大眾文化則具有高度的普及化與滲透性,能夠雅俗共賞。

2. 時移俗易的轉轍 精緻文化與大眾文化之間存在著互通的關係,即此時為精緻文化,彼時便成了大眾文化,反之亦然。中國最古早的詩歌總集"詩經"本是老百姓日常傳頌的歌謠,高度反映了民間生活;"詞"有相當的時間在坊間茶館被人彈唱;高雅藝術的"京劇"是從田野鄉間而來;現代視為寶貝的古代瓷器、花瓶原是民間所用的普通用品。這些過去的通俗文化時過境遷便成了精緻文化。

而原精緻文化者也常被"通俗化"而成為大眾文化,達文西繪製蒙娜麗莎的微笑常被引用為消費者對產品滿意的一種表徵。貝多芬氣勢磅礡的皇帝鋼琴協奏曲成為雅歌 (Accord) 汽車表現豪邁的樂曲。

中國許多平凡的詞彙也有不凡的來歷,"火候"源自於道教、"方便"是佛家語、"味道"出自中庸。這些例子都說明大眾文化如何由精緻文化而來。簡言之,梵谷的"向日葵"畫放於巴黎羅浮宮是精緻文化,但複製品則為大眾文化。英國蕭伯納所編歌劇"茶花女"在舞台演出是精緻文化，美國好萊塢改拍成電影"窈窕淑女"便成為大眾文化 (王曾才，1991)。

(二) 以精緻文化提升大眾文化水平

由於大眾文化必須迎合大多數人的品味來謀取利潤，勢必慢慢走向平庸凡俗的水準，消費者也因逐漸滿足於非現實的虛構世界而呈現自我僵硬被動的心態。為了避免成為低俗文化囚奴，充實及豐富消費者的精神生活，或者倡導知識、美學及藝術成份居多的精緻文化都是可行的方法。作法上包括教育大眾欣賞精緻文化的能力與意願；鼓勵文化創作者；成立非營利大眾傳播媒體，讓大眾接觸難以圖利的精緻文化創作品。最重要的還是能進行消費者的教育，即透過種種管道，糾正大眾不健康的休閒娛樂文化消費觀，使其體認文化消費意義不應只是娛樂、消磨時間或感官追求，而是在於提升生活品質及培養高尚氣質，如此大眾文化的日益精緻將可期待 (葉啟政，1985)。

第二節　流行的特性與相關理論

由前一節內容可知形成大眾文化的相關因素很多，其中又以傳播媒體的散播最是重要。一般而言，為了吸引消費者的注意，媒體在報導大眾文化內容時，又以流行事物的部分著墨最多。換句話說，流行可以說是大眾文化形成的一個原動力，推陳出新的流行產物為大眾文化的內容增添許多的活力。

流行是一種看不見摸不到的現象，使得流行的詮釋仍處於眾說紛紜的階段，例如有人說流行是對單調生活的一種逃避，有人認為流行是對舊有社會的一種反叛，更有人藉著流行來表現身份的模糊性。本書綜合多位學者的看法認為，**流行** (fashion) 指在某特定時間、地點內慢慢形成，並廣受消費者歡迎、接受或採納的一種商品、思想或行為。在這個定義中可知，流行是某一段時間內，消費者的集體選擇，流行不會突然的發生，且需要消費者接受與相互仿效才能形成。為了更清楚的了解流行現象，接續的三節中將逐步的解析流行的內涵因素及流行與消費者互動的關係。在本節中首先針對流行的特性提出說明，其次再由這些特性中，討論流行的相關理論。

一、流行的特性

觀察台灣近幾年的大眾文化，處處可以見到流行風潮襲擊台灣文化的痕跡，尤其在媒體渲染、物欲高升的前提下，"跟不跟得上流行"似乎成了這個時代重要的話題與價值觀，許多人盲目追求流行，在無止盡的"流行、過時、流行、過時……"的浪潮裏，載沈載浮、無所適從。然而每個人在討論流行特性是什麼時，卻無法非常明確的指出其特徵。本小節擬從學術的角度分析各種流行現象背後所隱含的共通意義，共分為下列幾點。

(一) 流行文化的強勢性

流行事物常受到消費者的追逐，當這種狂熱一致的追求傾向，形成一股具有領導性與排他性的力量時稱為**流行強勢性** (fashion dominance)，例如這幾年皮卡丘或是凱蒂貓的玩偶，就比米老鼠或唐老鴨更具有強勢性。有關流行強勢性的特性分兩點來說明。

1. 唯我獨尊的風格　流行強勢性可以比喻成一種唯我獨尊的風格。風格 (style) 是指物體（或事件）呈現的一種方式與格調。一般來說，產品經過創作者特異的思想，才會孕育出各式各樣的風格，例如頭髮有長直髮、長捲髮、短直髮、短捲髮等不同風格。一項事物是否在特定時間、特定地點，受到特定團體的歡迎進而成為流行風潮，與該事物是否具備了一定程度的強勢性有關。例如，60 年代的電影羅馬假期，女主角奧黛麗赫本所剪的赫本頭造成了一股風潮，80 年代，受英國王妃黛安娜的影響，黛安娜髮型曾經成為一股強勢的流行。以黑人的流行音樂來說，60 年代強勢風格為藍調，但 90 年代初期則為繞舌歌，都是強勢性的表現。

2. 流行強勢性的多元發展　在過去較為封閉的社會裏，因地域、資訊的限制，流行主要由單一的強勢風格領導。例如日據時代的台灣，一度流行藝伎表演；台灣光復初期，美軍所引入的 pub 文化，是當時的流行風潮（王浩威，1999）。而在現代社會裏，由於媒體（如塑造偶像崇拜）與行銷通路的集體炒作下,產品風格逐漸呈現出百花齊放、眾聲喧嘩的雜燴現象。這種由大眾市場趨向分眾市場的過程,常造成多種強勢風格帶領流行的情形。例如現今服飾的流行,常常在同一時間出現了野性美、樸拙美、帥性美、飄逸美、古典美或端莊美各種流行的風格,這些風格都具有強勢性,也不一定產生衝突。社會就在各種交織的強勢風格裏,呈現了多采多姿的消費現象。

產品的各種風格能夠多方向發展同時成為強勢性,除了表達了人們不願受到單一流行的羈絆外,也具有宣洩流行可能產生的心理焦慮現象。有關流行的焦慮性請見補充討論 8-1。

(二) 流行文化的循環性

流行風潮是具有週期性的,今日廣受大眾喜愛的事物,幾個月或幾年之後也許變成陳舊的東西。相對的,陳舊事物可能在過了一段時間後,又再被視為新奇事物,這種現象稱為**流行循環性** (fashion circulation),例如服裝設計上 "高彩度" 到 "低彩度" 及 "低彩度" 回復 "高彩度" 是一種循環。有關流行循環性尚有兩點的補充說明:

1. 科技性的創新與象徵性的創新 當新產品源源不斷的被開發時,也會觸動一股股的流行風潮,但流行所推出的 "新" 產品並不全然是新的,"舊瓶新裝" 重新出發,蔚為流行的成功例子也不勝枚舉。從流行的概念來說,"新的" 是對立於 "舊的"、"老的" 等字眼,因此什麼是 "新的" 可有許多不同層面的解讀。消費研究者常從功能性 (品質、性能、價錢) 或象徵性 (酷、炫、時髦) 來探討新的意義。**科技性創新品** (technological innovation product) 指因科學或技術的突破所發展出來的新產品,例如治療陽痿的威而剛產品造成轟動,是因為醫療界技術的突破。**象徵性創新品** (symbolic innovation product) 指隨著社會環境或價值觀的改變,使得舊產品的意義有著新的詮釋,例如鱷魚牌與雨傘牌一度被視為退流行的老字號服飾品牌,在復古懷舊風的炒作下,竟成為 21 世紀初,年輕哈日群心目中的流行商品,這就是從產品的象徵意義來定義 "新" 產品。因此在流行概念上,新舊的意義是相對的而非絕對的。

2. 復古式的流行大行其道 不管科技性或象徵性的創新,當產品有了新的詮釋並且得到消費者喜歡時,都可能締造出一股新的流行風潮。當今

補充討論 8-1
流行焦慮性

　　流行焦慮性(fashion anxiety) 是指個人在追逐流行的過程裏，因為無法掌握瞬息多變的流行風潮，因而產生沒有安全感的複雜情緒。在多元的社會中，流行的訊息既多且雜，加上流行快速變遷，造成追逐流行者容易在瞬息萬變的流行風潮中失控，產生不安全與焦慮的心理，進而衍生為對流行的焦慮。流行焦慮現象最常發生在以流行的事物來建立自信的青少年，及對身材與外觀的注意程度較高的女性。

　　如果以服飾產品的流行現象來說，對服飾流行容易產生焦慮者，一般呈現下列幾種心理特徵（楊惠淳，2000）：

　　1. 對外觀與身材的焦慮　外觀與身材是消費者直接表現流行的方式，高流行焦慮者閱讀流行所創造出來的身體美學，終日汲汲營營和自己的身材搏鬥。他們花很多時間做外觀管理，對於外觀更是一種自我堅持與要求，他們無法忍受自己是邋遢、難看與落伍，穿著的美觀與否將影響他們一天的心情。

　　2. 人際比較的焦慮　流行既然普遍為群眾所接受，必然要與他人互動，而在人際互動中，容易產生比較的心理，高流行焦慮者經常觀察別人的穿著打扮及所買的新東西，他們擔心自己沒有別人新潮好看，常害怕自己在別人面前會顯得土氣落伍，被嘲笑，終而形成人際比較的焦慮，惶惶不可終日。

　　3. 害怕落伍的焦慮　害怕落伍是高流行焦慮者常面臨的情緒，為跟不上流行腳步而惴惴不安。他們重視自己的穿著打扮，希望永遠的走在流行尖端，只是流行的變化萬千，讓他們容易懷疑自己不夠前衛、跟不上潮流的心理。

　　4. 購買時尚名牌焦慮　對於愛好流行的高流行焦慮者來說，擁有時尚名品是最快樂的事，他們認為時尚名品是流行工業最偉大的產物，雖然索價不菲，但擁有它卻具備了集時尚、品味、質感、身價於一身的優點，所以值得追逐購買。但當使用時尚名品上癮後，高流行焦慮者容易產生金錢缺乏的焦慮。

　　5. 金錢缺乏的焦慮　許多高流行焦慮者因為無法控制自己購買最新流行商品的欲望，因而容易債臺高築。造成入不敷出的困境。在心理上，他們總是煩惱錢不夠多、不夠用，也容易把錢看的重，形成拜金主義者。

　　6. 訊息的焦慮　流行焦慮高者常會去翻閱流行雜誌，觀察流行趨勢與收集流行情報，流行資訊提供他們捕捉流行換季的瞬間風采，讓他們隨時能與流行緊密結合。然而，流行是如此的多元與瞬息萬變，所以他們也很擔心自己所知道的流行資訊不夠多、不夠快，普遍形成一種對流行資訊不足的焦慮。

　　7. 獨特性風格的焦慮　有些高流行焦慮者，他們堅持著自己的"另類流行"，對他們而言，別人買不到、用不到的東西才能秀出最酷的流行，所以為了和芸芸眾生的流行不一樣，他們比流行追隨者更辛苦的尋找屬於自己的另類流行元素，包括親自設計飾品或服裝，或到各類型的個性商店尋找符合流行格調的商品。

社會中，眾人追求回歸自然的極簡風，使得舊瓶新裝的象徵性創新品，成為20世紀末期流行興替的重要特徵。這種復古的新流行與原先舊流行之間，可能只是一些非常細小的差異，但是透過無數的細微差異的累加，流行意念源源不絕的孕育而生。

在流行的理論中，歷史回流模式與歷史持續演進模式對於流行的循環性提出了精闢的看法。**歷史回流模式** (historical resurrection model) 認為設計師往往從歷史題材尋求靈感，使得流行呈現一種復古的現象。**歷史持續演進模式** (historical continuity model) 則指出每個新的流行由過去舊的流行演化而來，並在內容上做深入的修飾，使流行創新產品更幹練更複雜。

上述兩個理論說明了流行週而復始的特性，舉例來說，我們的上一代常以鹽跟醋清洗鍋碗瓢盆，但在洗碗精發明後，已經很少人使用這些方法，近期在環保風潮及簡樸風潮的影響下，利用含醋、含茶樹油等復古配方洗碗精又重返市場，也博得許多消費者的認同，成了象徵時代意義的流行產品。上述例子都說明了流行是建立在循序漸進而非斷裂分割的基礎上，且在進行的過程中深具循環與復古的特性。

(三) 流行文化的符號性

符號學 (或表徵學) (semiotics)，指研究消費者如何詮釋刺激符號以及其象徵意義，並依據資料將符號的意義加以創新、維持或改變的一門學問。有關流行與符號學的關係將以下列兩點來說明。

1. 流行符號性的意義 一件衣服或一部電腦在沒有附與任何形容詞以前，除了實體的材質外，本身並沒有什麼意義，但是在供過於求的消費社會裏，為了使人們能夠分辨物品之間的不同，行銷者常會為物品塑造一個象徵性的概念，使這個物品變成有意義的**符號** (symbol)，例如巧克力象徵著羅曼蒂克的愛情，賓士汽車代表身份地位，萬寶路香煙代表美國開國的拓荒精神等。而這種將物品賦予意義的符號，就是一種符號學法則，符號學法則也常運用在流行的過程裏，例如休閒活動本質就是讓身體動一動，舒解工作的壓力，但是在符號的操弄下，去年休閒流行打保齡球、今年休閒流行打高爾夫球。換句話說，活動舒展筋骨的功能沒有變，但因為符號產生了變化，使消費者的知覺變了，因此消費者對流行的認知幾乎都建構在符號的改變。

2. 流行符號性的操弄　在消費社會裏，為了掌握消費大眾的品味，以確保不退流行，同一類的物品，在不同的時空與文化脈絡下，必須不斷的變動、翻新符號。這種現象以最能代表符號價值的時髦產業較為常見。例如一件黑色調的洋裝其使用價值也許只值 500 元，但是貼上流行符號標籤後（如：這件衣服代表著寒冷的神秘美，適合年輕的、國際化的新鮮人），也許就有消費者願意花一萬元去購買這樣的一件衣服，因為當衣服成為流行的風格時，其價值將不可同日而語。

然而當黑色代表寒冷神秘美的熱潮消退後，行銷者得要找出另一波符合消費者需求的流行價值來轉變原有敘述，例如把"黑色洋裝"轉化為"無法抗拒的性感"即為一例，類似這種新舊興替的過程，正是流行現象運行不斷的基礎。綜合上述的例子可知，流行其實是一種符號現象，在流行風潮下，被消耗的不是物品本身，而是源源不絕的意義或象徵性而已。簡單來說，物體的真實不過是一連串符號的效果，流行也就依附在這種效果之下。

（四）　流行文化的雙元性

流行是一種集體選擇的結果，消費者常藉由流行融入團體之內，雖然如此，消費者還是希望在流行之下能夠保有自己獨特性。上述情形看似矛盾，但是流行提供了這種空間，即消費者在集體順從中，還是能夠找出個人特有的意識與風格，這就是一種**流行雙元性** (fashion dual character)。有關流行如何呈現雙元特性，我們以三點說明：

1. 加入流行階段的不同　流行是更迭的，呈現生滅的生命週期，在變動的過程裏，最先接受流行的一批人與中期或末期接受流行的另一批人，對流行的看法與解釋有許多不同。因此流行除了反映出集體認可的風潮外，追求流行速度的積極或被動，也同時反映了個人獨特的性格與需求。

2. 在趨同中尋求差異　追求個人的獨特性是人類基本的動機之一，因此當一個人與他人沒什麼差別時，容易產生獨特性被威脅的感覺。所以當流行的風潮興起，追逐者雖然認同流行，但是也會嘗試創造出不違反流行的個人特色，這就是一種雙元性。例如深具同儕性格的新新人類，在穿著同一套流行的服飾時，總會在衣服上加些個人獨有的小飾品，或在髮型、彩妝上做些變化，以區分自己與他人的差異。

　　3. 反流行現象　流行可視為一種社會暫時性的規範，對許多追逐者而言，與流行同步，能夠順利的融入團體、適應社會。但是相對的，許多人也是藉著流行來表達個人的與眾不同。例如在哈日風潮下，大部分消費者一窩蜂搶購日本貨，但是卻有一些人反其道而行認同韓國貨，這種情形即為個人獨特性的展現，甚至匯聚所形成的"反流行"力量，極可能轉變為另一類的流行 (如哈韓風)，所以流行具備著滿足社會的及滿足個人的雙元性質。

　　綜合上述三點，流行具有雙重功能，消費者除了展現"異中求同"的追逐熱情外，也嘗試表達出"同中求異"的自我格調 (Simmel, 1957)。而在"集體認同"與"尋求區辨"的過程中，促動了源源不絕的流行變遷。

二、流行的相關理論

　　流行現象深遠影響社會各個層面，因而吸引了各學術領域的興趣，嘗試由各種不同角度詮釋流行過程。經濟學、心理學、社會學與美學觀點等不同學門對流行現象提出了一些解釋，但限於篇幅，我們只抽取概要說明之。

(一)　經濟學觀點

　　經濟學者常以需求模式、稀有模式與炫耀型消費模式討論流行理論。**需求模式** (demand model) 是指當流行產品價格高時，產品的需求有限，直到價格降低，需求才會增加，但是價格高的商品，上層階層當成炫耀性消費的奢侈象徵時，在大家追逐下，流行現象產生。**稀有模式** (scarcity rarity model) 是指稀有產品擁有特殊的價值，價錢水漲船高，只有少數人能夠擁有，而在"我有你沒有"的情形下，造成消費者追逐產品的心態，形成流行風潮。**炫耀型消費模式** (conspicuous consumption model) 是指一些新興富豪，常藉由購買昂貴產品，來展現所擁有的財富，昂貴的產品象徵著稀有性，成為眾人追求的目標並形成流行。

　　這三個模式的共通點都是由供給與需求是否達到平衡作為思考。但是僅以供應與需求的經濟學角度探討流行，並不能充分解釋複雜的流行風潮，例如為了展現灑脫，上階層消費者常特意購買低階者使用的便宜產品，如牛仔褲或吉普車等。其次,供需模式認為能購買昂貴的產品人少,使得稀少性將成為眾人追逐的象徵,事實上在國民所得普遍提升的前提下,人人買得起高價單品 (如魚刺、燕窩),廠商也願意大量生產滿足消費需求,所以昂貴的產品並不一定具有稀少的特性。相對的,在消費社會中,許多低價商品,只要有象徵性的流行元素,也可能引起消費者的喜愛與購買風潮。

(二) 心理學觀點

心理學家認為消費者追求流行是基於下列幾項需求:第一,當人們在現狀中受到種種束縛與不滿時,追求流行可發洩壓抑的情感,達到自我防禦的目的,從這個角度解釋流行過程稱為**自我防衛模式** (self-defense model)。第二,為了希望與團體互溶為一體,避免乖僻、孤獨,消費者有從眾 (避免錯誤) 及模仿他人的動機,由從眾與模仿的過程促動了流行,此為**從眾模式** (或**集體選擇模式**) (conformity-centered model)。第三,一般人對於一成不變的產品容易生厭而失去購買的興趣,但是對過於標新立異的產品也無法接受,因此新的流行商品往往是原先受歡迎的流行商品中,增加或減少一些流行元素來保持新鮮感,此為**獨特性動機模式** (uniqueness motivation model)。

上述三種原因中,有關消費者的自我防禦機制已於第四章作過探討,不再贅述,從眾現象造成流行風潮將於第九章說明。因此此處將以蝴蝶曲線理論來說明流行的獨特性動機模式。

在第三章曾指出,相同的刺激反覆出現時,消費者容易失去興趣,不是忽視刺激,就是以被動的心態處理刺激。所以要克服**刺激適應化** (stimulus adaptation),需適度增加產品的新奇性與新鮮感。我們可以用蝴蝶曲線理論來作進一步解釋。**蝴蝶曲線理論** (butterfly curve model) 指出,傳達給消費者的訊息宜適度的變化,才能防止消費者刺激適應化的情形產生。在圖 8-1 中,橫軸由左到右代表著由低到高的刺激強度;縱軸則為消費者對刺激喜好的程度,越往上表示喜好程度越強。在圖裏,中間垂直線段指的是一成不變的刺激強度,在該處,消費者因適應的關係逐漸感到乏味,喜好程度偏低,我們稱這個區位為**調適線** (adaptation line)。但如果以調適線為基準,向右增加或向左減少刺激後,都會因為刺激變化而提升消費者喜愛程度,但是如果增加或降低刺激的幅度過大 (指太激進或太保守的產品),

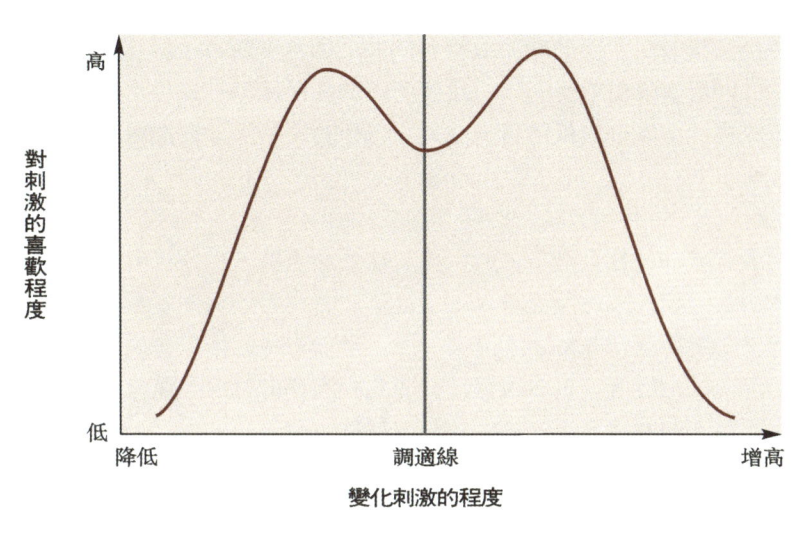

圖 8-1　蝴蝶曲線

離調適線太遠，消費者的喜好程度呈現急遽下降的情形。而由上述所繪出的圖形，酷似蝴蝶故稱之為**蝴蝶曲線** (butterfly curve)。

由蝴蝶曲線理論可知，產品一成不變，消費者容易感到單調，如果適時配合流行話題，創造小幅度的產品變化，消費者將重新肯定產品的價值，造成另一波流行。這種例子屢見不鮮，許多流行產品並不見得是全新的原創，而是現存產品的小規模修改，或重新設計話題以符合時代趨勢。例如紋身貼紙在流行之前，至少問市二十年以上；高功能型運動手錶早就販賣多日，兩者在今日能重新獲得消費者青睞，主要是靠著小創意的改良，或搭配著潮流來改變訴求，搖身一變又成為熱賣商品。

(三)　社會學觀點

從社會學觀點來解釋流行，著重在產品的採用與社會階層的擴散動向。有以下三種理論可以加以闡釋。

1. 順流理論　**順流理論** (trickle-down theory) 是指較高社會階層者將流行訊息由上往下，傳遞給較低社會階層者所形成的流行動向。低階層群眾常把高階層所使用的產品視為名望的象徵，為求提升自我形象及地位，遂不停的模仿高階層所使用的產品風格。從另一個角度而言,高社經地位者也時常注意低階層者的仿效行為,一旦所使用的產品風格被模仿,他們將創造新的流行風格,來區分與低階層的差異,以保持優勢,如此源源不絕使流行由上順流而下。

如果就流行採用者的類型來看,這個理論獲得一些支持。例如創新者或早期採用者有較高的社會階層,所以勇於接受新事物,而落後者如同下階層的消費者,常以模仿來避免風險。因此從創新者與早期採用者影響落後者,就如同從上階層將流行風傳至下階層一般。然而在科技傳媒發達與通路暢通方便下,現代的消費者有更多選擇流行訊息與產品的管道,使流行傳播方向不限於由上往下的關係,大眾傳播的橫向傳播也是重要的方式,因此目前鮮少使用順流理論解釋流行的擴散過程。

2. 逆流理論 逆流理論(trickle-up theory)是針對順流理論的反彈而言。該理論主張流行風潮並不一定由高階層社會往低階層社會傳達,因為有些產品,例如音樂、衣服,是一種自然的創作,下階層的人一樣可以設計新的產品,進而擴散到上階層的社會中,形成流行風潮。另外由於大眾媒體以及科技發達,消費者個人化的程度加大,下層的消費者也可以扮演新產品的創新者角色,所以不一定需要採用上階層的流行產品。所以像繞舌歌、牛仔褲,都是經由此途徑而來。

馬汀大夫鞋的崛起過程可算是一種沸騰而上的流行。馬汀大夫鞋有著耐磨、耐穿、防水、保溫的特性,非常適合在雪地與粗糙的環境使用,因而受到勞工階層的喜好,但時過境遷,目前這款深受低層社會喜歡的鞋子,因具叛逆形象成為英國光頭族的最愛,售價因而水漲船高,並成為上層社會作為"有思想的另類,成熟的叛逆"的一種表徵,也產生廣泛的追隨風潮。

3. 泛流理論 順流理論創立的時間約是20世紀初,當時的社會階層較為明顯。但是二次世界大戰之後,階層的分野漸形模糊。大眾媒體的發達,更把許多新產品的訊息傳達到各個階層。所以**泛流理論**(trickle-across theory)的基本主張是,在任何的社會階層裏,都存在有創新的意見領袖,流行的訊息常被不同的階層,不同的意見領袖所接受,而且經由這些人的口碑傳播,把流行訊息泛流到同一階層的其他成員,簡言之,流行訊息經過上沖、下洗、左搓、右揉後,跨越到好幾個階層。

泛流理論得到了一些研究的支持,例如,早期購買流行產品者不一定是上階層的精英份子，幾乎三分之二的創新者是屬於中下階層的消費者 (King, 1963)。另外，研究指出沒有證據顯示流行的溝通管道是由上階層往下傳的，約五分之四的受訪者認為購買流行產品受同階層的影響最大，所以在西方國家 (如美國) 複雜的社會體系裏，泛流理論在解釋流行的傳播上，要比順流理論來得適切。

(四) 美學觀點

美學觀點 (esthetic perspective) 則認為"美"就是一種賞心悅目，因此容易為眾人所追逐，然而"美"具有變遷性，不同的歷史時間點，對美的詮釋都不相同，因此為了要迎合消費者口味，行銷者必須不斷推出能夠符合當時最"美"的產品。早期的一些研究常以性感區的遷移，來解釋美與流行之間的關係。**性感區遷移** (shifting erogenous zone) 以女性性感角度看流行，該理論認為時代的不同，女性身體最性感的地方也不一樣。產品 (指服飾) 的設計如果能夠突顯當時最性感的地方 (或掩飾不美部位)，美的效果將被擴大而蔚為流行。例如，19 世紀時，男性認為女性肩膀最性感，因而造成露肩裝的風潮；20 世紀初期，雙腿腳踝區令男性產生性幻想，造就了迷你裙的流行；1930 年代，裸露的背部被認為最美，露背裝也成了當時深受歡迎的服飾；而當今男性認為女性腰部最能夠展現風情，裸露肚臍的中空裝甚得女士們的喜愛 (Lurie, 1981)。

這個理論受到許多的批評，主要原因如下：其一，流行形成的因素錯綜複雜，加上男尊女卑形象在今日已經"不復流行"，由男性的觀點定位流行是不恰當的。其二，流行的服裝設計，不一定與女士的性感部位有關，表 8-1 是台灣、美國、歐洲、日本地區的婦女，從 1945～1990 年流行的服飾風格。在這個表中我們可以明顯的看出流行主題，大多與女士的性感部位無關。例如 1960～1969 年，美國流行的民俗風潮以及嬉皮風潮是由於價值觀念的變遷，並非從性感區發展出來的 (葉懿慧，1995)。

針對上述的缺失，盧律 (Lurie, 1981) 曾經修改該理論，把女性的性感部位與社會價值觀，合併在一起來解釋流行風潮。他指出在中古世紀時，嬰兒死亡率高，懷孕是讓人口成長的重要因素，男性開始喜歡女性圓滾滾的腹部。在 1920 與 1930 之間，女性追求獨立自主，一雙腿正代表了社會新的移動方向，突顯了女性性感的腿部。在 1970 年代，社會價值觀強調母乳的哺育，凸顯女性胸部的服飾紛紛出籠。1980 年，女性對生涯規劃的重視，嘗試把職業生涯與嬰兒的哺育一起處理，使得大臀部尺寸的服飾變得十分流行。

表 8-1　1945～1990年間台灣、歐洲、美國、日本婦女流行服飾風格一覽表

年代＼地區＼風格	台　灣	歐　洲	美　國	日　本
1945 年～1959 年	兼容並蓄的年代 ・洋裝 ・上衣、下裙 ・上衣、下褲 ・祺袍	璀璨、優雅的年代 ・新風貌風格 ・香奈兒風格再現 ・布袋裝興起 ・明星偶像	舒適、輕便的年代 ・成衣的興起 ・新風貌風格 ・牛仔褲之流行 ・避世派、布袋裝	模仿、抄襲的年代 ・新風貌風格影響 ・布袋裝的流行 ・其他服飾風格
1960 年～1969 年	逐漸西化的年代 ・上衣、下裙 ・上衣、下褲 ・連身式洋裝 ・買桂琳式風格 ・迷你裙	年輕、自主的年代 ・成衣之興起 ・迷你風暴 ・褲裝的流行	朝氣、率性的年代 ・買姬式風采 ・短裙旋風 ・現代藝術風格 ・民俗風格 ・嬉皮風潮	流行、改革的年代 ・常春藤風貌 ・迷你裙風潮 ・嬉皮風的興起 ・買桂琳流行風
1970 年～1979 年	蓬勃發展的年代 ・上衣、下裙 ・上衣、下褲 ・迷你裙・熱褲 ・喇叭褲・牛仔褲 ・連身式洋裝	自由、多變的年代 ・長與短相依共存 ・東方氣質之融合 ・多元化、復古風 ・舊衣新設計牛仔褲	端莊、自信的年代 ・新的裙長 ・長褲崛起 ・年輕風貌 ・其他服飾風貌	個性、自我的年代 ・褲裝流行 ・組合裝 ・休閒服飾興起
1980 年～1990 年	爭妍鬥艷的年代 ・各式各樣服飾風格齊聚一堂	風格繽紛的年代 ・女性化風格再現 ・墊肩的使用 ・迷你裙再現 ・其他服飾風格	新舊並存的年代 ・復古風再現 ・職業婦女的服飾	百花齊放的年代 ・展現身材曲線設計 ・各類休閒服飾興起 ・其他服飾風格

(採自葉懿慧，1995)

第三節　流行的起源與生產過程

　　流行是一種抽象的概念，流行系統也是千頭萬緒。但是從一個比較綜合性的角度來看，流行運作的階段大體可分為三個步驟：

　　第一個步驟稱為流行起源過程，指影響消費價值觀產生變遷的因素。一般而言，政治、經濟、社會、文化的不斷變遷 (不管是全球性或區域性)，將慢慢的建構出當時人們的消費價值觀，而這些消費價值觀也將成為流行主題取材的重要資訊。

　　第二個步驟稱為流行生產過程，指行銷者如何從轉變的消費價值觀中敏銳地攫取流行的精髓意義，並以符號化的方式，來陳述新的消費價值觀念，再將產品配合設計、商業與媒體大量散播出去。

　　第三個步驟是流行採納過程，主要探討消費者是否接受行銷者所塑造的流行商品以及流行商品的生命週期等。基本上消費者對流行商品的反應將回饋到社會趨勢中，成為下一波塑造流行的起源因子。

　　上述這些關係都是緊密連結、相互共生的。為了更深入的說明，本章以圖 8-2 的流程為支架，分別討論流行產出的各個系統。圖 8-2 類似沙漏的模樣，上半部是本節要討論的部分，包括哪些因素影響了消費價值觀的轉變促動流行的概念，以及行銷者如何透過生產與傳播機制塑造流行等；下半部為消費者接受流行的相關因素，擬在第四節說明。

一、流行的起源過程

　　在 1993 年至 1997 年，紅酒在台灣造成一陣風潮，不僅上層社會喜歡喝，市井小民也人手一杯。單單在 1996 年一年間，台灣人喝掉 730 萬瓶紅酒 (平均每三人喝一瓶)，使紅酒成為社交應酬最熱門的商品，也成為最佳的饋贈禮物。且除了喝的多外，也要喝的有文化，學習辨別紅酒、喝酒禮儀等課程，變成當時社交圈重要的基本常識，參觀葡萄酒產地的知性旅行也吸引了不少遊客，在這些因素下，紅酒襲捲了台灣整個社交圈。

322 消費者心理學

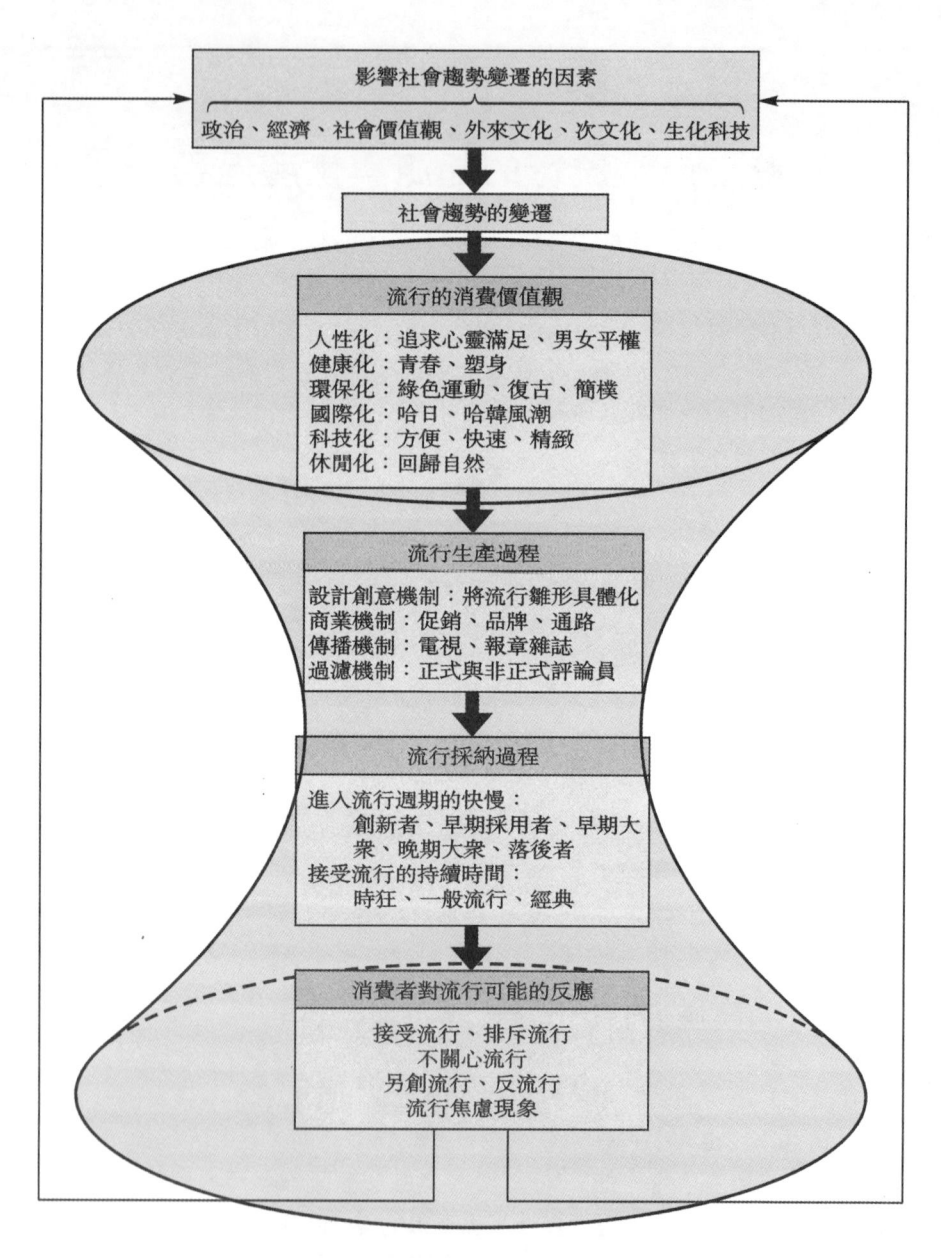

影響社會趨勢變遷的因素
政治、經濟、社會價值觀、外來文化、次文化、生化科技

社會趨勢的變遷

流行的消費價值觀
人性化：追求心靈滿足、男女平權
健康化：青春、塑身
環保化：綠色運動、復古、簡樸
國際化：哈日、哈韓風潮
科技化：方便、快速、精緻
休閒化：回歸自然

流行生產過程
設計創意機制：將流行雛形具體化
商業機制：促銷、品牌、通路
傳播機制：電視、報章雜誌
過濾機制：正式與非正式評論員

流行採納過程
進入流行週期的快慢：
　創新者、早期採用者、早期大眾、晚期大眾、落後者
接受流行的持續時間：
　時狂、一般流行、經典

消費者對流行可能的反應
接受流行、排斥流行
不關心流行
另創流行、反流行
流行焦慮現象

圖 8-2　流行文化生產與消費的過程

檢討紅酒的流行熱可以發現它是如何表達了社會大眾的心理。首先是一篇醫學報導指出，紅酒具有預防新血管疾病功效，這份報導使一些喜歡喝酒又想兼顧健康的消費者，有著暢飲的依據。其次，上層社會黨政名人把紅酒當成宴客佳餚，許多企業家也以收藏高貴紅酒自豪，甚至親自經營紅酒的販賣，在媒體大肆推波助瀾報導下，紅酒代表了上層社會的社交活動，"在上行下效"的風氣下，紅酒滲透到了各階層的消費者，蔚為大流行。

從上述的例子可知，紅酒的流行反映了消費價值觀的變遷，能夠促動社會變遷的力量，包括政治因素（高層政治人物的潛移默化）、經濟因素（經濟景氣）、社會價值觀因素（從大量攝取轉化到講究品質的追求）、外來文化因素（紅酒禮儀是國外的產物）、次文化因素（上流社會的示範效果）、生化科技因素（紅酒含單寧酸有助健康）都屬之。而這種促動流行雛形產生的過程又稱**流行起源過程** (fashion innovation process)，以下分別說明影響社會變遷的因素。

(一) 政治因素的影響

政治事件常引發連鎖的流行反應。1960 年的越戰期間，許多美國年輕人以穿著破爛的牛仔褲，蓄長髮、長鬚，戴著怪異裝飾，來宣洩反對美國參加越戰的不滿情緒，使得頹廢的嬉皮裝扮，成了當時的流行風潮。1997 年香港回歸中國的事件，世界各地的服飾設計師又再次接觸了中國文化，進而帶動了"中國風"的流行效應，例如把中國固有的梅花、牡丹、竹節、金魚等圖，繡在或印在具科技質感的布料上，而旗袍的立領、開高叉、盤扣、流蘇對稱、包裹線條，變成款式設計取材的點子，而象形文字和圖騰也成為金飾設計的美感來源。台灣休閒車的風行也與政治的法令有關，例如 1997 年進口車輛配額增多，使日系休閒車大量輸入台灣尋求市場，而週休兩日的政策更使民眾有較多的休閒時間，在雙重因素的影響下，購買休旅車的消費者因而增多。

(二) 經濟因素的影響

經濟的興衰也會影響流行方向，在景氣繁榮之際，人們追求物質表達富裕，所以複雜艷麗的服飾設計或視覺效果強烈的色彩（如正紅、大黃色），容易受到消費者的喜愛。但是當景氣低迷之際，簡單樸素的感覺最能反映大眾的心靈，冷色系（灰黑）與簡單線條的主張容易成為流行。例如，20世紀的石油危機所帶來的經濟大蕭條，使得當時世界流行服飾的設計，揚棄了華麗裝飾的方式，改以實用、耐用、經濟、簡單為主要原則（註8-1）。

口紅在經濟不景氣時（如第一第二次世界大戰期間），往往能夠成為熱賣商品，因為口紅比其他化妝品便宜，無法花上大筆預算買其他化妝品的女性，只要擦上口紅就能產生畫龍點睛之效，再者，在不景氣期間愛美的女性擦口紅，要比穿金戴銀的裝扮，更不容易受到社會輿論的壓力。女孩的裙長也是經濟狀態的衡量標準，當經濟不景氣時，人們渴望被保護的心理，因此反映在服飾上，就是包裹式的長裙，例如從20世紀90年代起，日本經歷長達十年的經濟不景氣，而在那幾年間，東京街頭女性的裙長不約而同的增加，甚至流行起和服的穿著。另一方面，在經濟景氣之際，迷你短裙（短褲）代表著經濟的飛揚與愉悅，容易受到消費者的喜歡（李采洪，2001）。

（三） 社會價值觀的影響

人們依循價值觀來維繫社會的運作，但價值觀念隨著政治、經濟社會的不同而產生變遷，所以當社會價值觀產生質變之時，也會影響到消費者對生活的想法及消費的方式。自1994年平均國民所得突破一萬美元後，台灣民眾生活品味逐漸講究，消費行為也由量的消耗轉到質的鑑賞，提升生活品質的產業陸續受消費者的青睞，例如宜家（IKEA）家具、星巴克咖啡、華納娛樂商品、美體小舖（bodyshop）、康是美等個人用品店等。

相似的，台灣女權思潮興起，陽剛風格的女性服飾日益普遍，在抽煙、喝酒、買車之消費比例也增加許多。健康概念的流行，反映出回歸自然的純樸，使台灣消費者解渴方式，由過去流行加料飲料（可樂），漸漸回歸最原始的水（礦泉水）。電子雞的流行也闡述了台灣人渴求溫情的社會價值觀。一般的電子遊戲雖然有趣、具高度娛樂性，但仍是一個冷冰冰的電子玩具盒子。然而電子雞的寵物特徵，讓許多孤獨寂寞的都會人產生父母之愛，可養可丟的特性也降低拋棄寵物的罪惡感，這種充滿宣洩意味的產品，解決了飼

註 8-1：經濟景氣與服裝設計間的關聯性也有全然不同的說法：當經濟景氣時大家都有錢，容易產生反向的心理，喜歡穿著設計簡單、色彩冷調的衣服，來隱藏自己的經濟實力。但是當經濟不景氣之際，消費者容易產生移情作用，喜歡穿著華麗的衣服，因為透過複雜華麗的設計，才能回憶起過去有錢的美好時光。

主對親情的衝突情緒，因而成了熱賣商品。

(四) 外來文化的影響

科技傳媒的進步加上交通便利等因素，天涯若比鄰的概念已經使得各國界線逐日縮小，區域性的流行事物或觀念常以輻射型的方向，四面八方的散發而出，使得熱門商品效應在世界各處同步登場，文化概念逐步趨向沒有邊界的限制。台灣的流行事物經常反映這種事實，如果以 2001 年的台灣風雲產品來看，哈利波特的書籍來自英國，流星花園的電視劇腳本源自於日本漫畫，都反映了外來文化所帶來的影響。

外來文化影響台灣的流行又以美國文化與日本文化的衝擊為最，例如在 20 世紀末台灣流行所謂的哈日風潮，舉凡日本的漫畫、電玩、卡通人物、電視節目、日劇偶像、日式飲食等，對台灣消費現象都造成相當大的震撼。

(五) 次文化價值觀的影響

一般而言，屬於同一次文化的成員的生活型態與行為方式較為相近。為了團體內部成員認定或吸引他人注意，次文化成員常發展出具有獨特風味的產品，這些獨特風格不僅在次文化成員間流行起來，也常蔓延到整個文化，成為重要的流行題材。美國黑人生活的環境較差，為了克服被視為劣等的感覺，他們常載歌載舞的遊走於大街上，以求自我表現，因而造就了繞舌歌與街舞在美國的風行。台灣的新新人類在獨立自主的生長環境中，養成強烈的個人意識 (見第七章)，他們常自成一套與眾不同的審美價值，如穿名牌、染頭髮、戴帥奇 (Swatch) 錶、發明新興辭彙等，藉以表達對族群認同的符號，雖然以青年人為主的次文化，常被視為略具叛逆與另類，但因創意十足，影響了主流文化，逐步發生文化價值的轉移，掀起一波波的流行。

(六) 科技因素的影響

科技技術的發展與突破，具備時間、人力的節省與使用方便等特性，常成為消費者追逐的新流行。例如人工纖維的發明使得衣物可常保持筆挺，節省整燙時間，頓時成了風雲商品。而伸縮纖維的發明配合 80 年代的減肥與健康風潮，使得緊身衣成為有氧舞蹈的標記深受歡迎。傳統的胸罩是由海綿配合周邊的鋼圈來支撐胸部，因鋼架太硬，許多女性在穿戴上常有壓迫不

補充討論 8-2
成為流行商品應該具備的產品屬性

流行產品成功的前提,在於消費者能夠知道產品、接受產品,進而產生購買行為。但是並不是每一個產品都會成為流行商品,而影響消費者願意嘗試產品的原因,在於產品屬性是否具備了流行的特性。下面分述五種產品特性,能夠增加擴散的速率,快速引起感染效果。

1. 相對優勢 相對優勢指優於現有產品屬性的程度,例如書信以電子郵件傳遞比傳統的送信方式更具優勢,所以容易成為流行產品。一般而論,科技的特性,縮短了人們接觸的空間與距離,且在消費者憧憬與夢想下,科技未來的應用範圍無可限量,使得具科技性質的產品最具特色,也最容易成為流行商品。在 20 世紀 90 年代後期所興起的科技新寵,例如網上購物、電子銀行、MP3、行動電話等發明,因為比傳統非科技產品更具相對優勢,因此造成一股大流行。

2. 相容性 相容性是指產品的屬性與消費者當時的價值觀念或生活型態互相吻合的程度。產品觀念越能與消費者融合,採用意願也將越高,如哈利波特的書籍與電影的熱賣即為一例。21 世紀初的全球性的經濟不景氣,為人們生活添增了許多的苦悶,而哈利波特是一個敘說著具有神奇魔法的巫師世界,帶領一個平凡的小孩,超越現實束縛的故事,這個脫離現實的故事,不但能與當時消費者期盼價值相互融合,也舒解人們空虛寂寞的心靈,因而造成熱賣。

3. 遊戲性 遊戲性指消費者對於產品"是否好玩、是否有趣"的一種看法。在生活水平普遍提升的同時,喜歡追求變化與獨立個性消費者日漸趨多,省錢已經不是這麼的重要,產品是不是有趣刺激、與眾不同,反而是消費者投資的重點。舉例來說,選擇行動電話,年輕人的考量在於體積夠不夠小,有沒有不同的外殼變化,因為越具備新鮮感特性者,也越有流行話題。為了滿足年輕人喜歡變化、求美求炫的需求,蘋果牌電腦 iMac 推出了彩色半透明的塑膠材質的創新外殼,可愛、與眾不同的造型,推出後瞬間搶購一空。而一些連線遊戲或電玩遊戲,也因為具有娛樂與遊戲等特性,產品始終當紅不墜。

4. 觀察性 觀察性是指新產品的特徵能夠很輕易的讓潛在消費者接觸或觀察到的程度。當消費者使用新產品的正面效應,容易為其他人所觀察,則產品的擴散與流行速度將會加快,紋身貼紙在新新人類造成熱賣流行,主要因為貼圖的部位如臂膀、腳、脖子、臉頰、和肚皮的圖案,容易被觀察,而霹靂袋、隨身聽、電子雞、手機等產品的流行,都有相似的情形。

5. 方便性 方便性指流行產品所能提供方便與快速的程度。時間不夠用一直是工業社會的消費者常面臨的困擾,同一個時間點,完成很多事也是消費者的期望,因此凡是方便攜帶、烹飪、清洗、收藏的物品,最能符合消費者的需求,也最容易成為風雲商品。日本的膳魔師悶燒鍋在使用上具備了安全、方便、省瓦斯等特性,深獲家庭主婦認同,也帶來了一股購買的熱潮。

舒服感,另外胸罩用久後也常常會變形,日本華歌爾公司針對上述缺點開發了記型胸罩,該產品以鎳鈦合金來製造,材質不但使胸罩本身兼具輕柔堅挺外,在加熱後也能夠立刻回復到原來形狀,這些特性符合了消費者的需求,因而瞬間爆發了流行熱潮。

在 21 世紀的初期,隨著寬頻的普及,線上遊戲成了年輕人的最愛,市場也呈現倍數的成長,而在線上遊戲的推波助瀾下,網路咖啡廳也紛紛設立隨處可見,這些流行現象完全是網際網路科技進步所造成的影響。其實新的科技除了對消費的價值觀產生深刻的影響外,科技的特性能使產品發揮相對的優勢加速流行的擴散。而除了科技性的相對優勢外,產品應具備哪些特點才容易成為流行產品?請見補充討論 8-2。

二、流行的生產過程

在第六章文化對消費者行為的影響中曾經提到,政治、經濟、社會、文化等大環境因素的變遷,會影響到消費價值觀的改變,也會對消費行為產生衝擊,例如外來文化入侵逐漸影響消費者走向國際化的思考模式,2001 年台灣吹起收看韓劇的流行風潮即為一例。我們曾經在補充討論 6-1 說明了當前消費價值觀的趨勢,如追逐物欲價值觀、年輕、國際、精緻方便、休閒與環保意識及心靈滿足等。事實上這些消費價值觀,與本章圖 8-2 所列的流行消費價值觀是同一件事情。為了呈現清楚的輪廓,圖 8-2 將這些流行的價值觀歸納出來,將其分為人性化、健康化、環保化、國際化、科技化、休閒化等主題。這些消費價值觀內容,已於第六章說明,此處將不贅述。

當廠商將產品與當時大家所認可的消費價值觀結合,藉以創造流行風潮的過程,稱為流行的生產過程。換句話說,**流行生產過程**(fashion production process) 指廠商把當時人們所追求的消費價值觀,配合產品的製作與傳播,轉化為流行商品的過程。

過去探討流行生產過程的文獻較缺乏,且所描述的時間點大多為 19 世紀或二次世界大戰前後,因此所歸納的要點並不足以解釋目前錯綜複雜的流行現象。另一方面,物品、事件、思想等層面都可能成為社會的流行現象,加上流行抽象、難以捉摸的特性,更加深了探討流行運作的難度,使得當今學者只能從某特定領域 (如社會學、符號學、文學等) 或特殊的產品來解釋特定流行現象。由於這些原因，本文僅能以圖 8-2 (請見 322 頁) 的概念架構作為基礎，簡單的勾勒出流行生產過程裏，物品被符號化及符號被運作化的過程，讓讀者對流行現象有初步的了解。

(一) 物品符號化分析

在前一節討論流行特性中，曾經說明流行充滿著符號特性，而在流行生產過程中，如何把物品進行符號化轉化為流行商品是個重要的步驟。而解析商品與消費者互動時所產生象徵符號以及所代表流行意義等過程又稱為**物品符號化分析** (product symbol analysis)。

我們可以以日式涮涮鍋的流行符號與意涵作一個分析。日式涮涮鍋曾在台灣造成一股風潮，其實涮涮鍋就是一種火鍋，而造成流行的原因已經不單是湯頭夠不夠味、火鍋好不好吃的問題，最重要的是這等火鍋加入了對日本產品的迷思與追求的哈日風潮。如果分析哈日風潮的成因，可以發現它與消費趨勢國際化及文化相近性等因素有關。台灣人過去崇拜美國文化，因為美國有現代化的科技，但是台灣邁進現代化之後，崇美的情節已迅速的轉變，而日本除地理上與台灣相近外，歷史淵源、經濟、膚色、心理因素、文化思考與情緒表達都與台灣較為類似，加上日本輸台的產品以消費品為主 (御飯糰、趴趴熊、日劇)，剛好符合目前台灣經濟環境與當前的物慾價值觀，造成產品加上日本風，往往一炮而紅的情形。因此行銷者若能以國際社會價值變遷思考流行物品所隱含符號化意義，將更能抓住消費者的脈動。

在消費社會裏，消費者的需求與慾求，已經依附在物品不斷變化的意義軌跡上，使得流行的意念常在"物品不變，符號意義轉變"的前提下，源源不斷的被開發出來。所以了解流行的產生，首當了解當時價值變遷與生活的面貌，及形形色色具有流行意義的符號意涵。因此有人戲稱流行產品符號化只是一場創造新鮮感的消費遊戲，例如聽音樂與過去並沒有不同，只是現在大家喜歡用 MP3 格式來聽。喝水都是為了解渴，但是不喝無味卻健康的礦泉水就落伍了。喝咖啡要到星巴克連鎖店喝，只因為它所散發出的濃郁香味，比傳統咖啡多出了那種氣氛，這層流行感都是物品加上符號 (形容詞) 意義轉變所致。

在商品──消費價值觀──流行形式三者間，有非常豐富活絡的符號空間可供發展，因此如何在多如牛毛的流行符號中找出能與產品相互搭配，並創造出活潑炫麗的流行風潮，在在都考驗著行銷者的智慧與能力。

(二) 流行的生產機制

流行符號是如何被生產的？經由何種機制才能製造出來？這些都是非常有趣的問題。整體而論，流行符號的生產機制，必須綜合設計創造、商業、傳播等機制的催化，及專業人士的過濾機制，才能被生產出來。底下說明這四個機制的運作方式 (Solomon, 1988)。

1. 設計創造機制　設計創造機制 (creative design system) 是指以具體的方式表現抽象流行概念的創作過程。消費者要了解流行，最重要的在於設計者如何將流行的符號具體的依附在產品上。所以精湛的流行產品設計，除了保有原創的新風格外，還能表達出社會、文化、經濟的變遷的實況，取得與消費者共鳴的效果。為了達到這個目的，成功的設計師必須能夠敏銳的察覺社會移動的步伐，並把這股流行的消費趨勢畫龍點睛的轉譯為產品的符號，並配合流行語言說明，讓人們輕易的感受到並接受這種詮釋。

將物品轉變為符號化需要經過設計的過程，而在設計創造的機制裏，從最頂尖的趨勢設計師到一般的追隨流行風潮的設計師，也呈現了一個階層性的運作。以流行服飾設計為例，高級服裝設計師的作品 (常出現在法國、義大利的國際時尚發表會)，是社會流行方向重要的創意來源，他們注重服裝的藝術性與原創性，並將美的感受或對生活的體驗，藉由新的色彩概念或織品研發成果詮釋在服裝上，更透過流行的語言來表達這個效果。而一般的服飾設計師，因限於研發經費的不足及大眾化品味考量，無法發展出深具創意的部分，但他們常延續高級服裝設計師的精神與風格，選擇大師創造理念最適合的部分，運用到自己的設計中，增加產品的流行感。

2. 商業機制　設計師所創造的風格因詮釋了新的流行趨勢，使得略具流行雛形的產品浮現出來，**商業機制** (managerial system) 則更進一步將設計的作品大量複製與生產，並透過促銷、品牌與通路的策略規劃，把產品的流行概念植入人們心中。例如品牌 (或名牌) 是行銷者所塑造的一種流行符號，消費者購買名牌的意義，在於表達擁有不退流行的設計風格。另外，順暢的通路，才能使消費者到處可以買到所追求的產品，俾使流行風潮持續的延長。

在商業機制下，產品必須能符合"大眾化"的品味，才能蔚為流行，然而在流行的生產過程中，因每個設計師背景差異，以及對消費價值觀詮釋與看法不同，使產品的流行初期，出現許多迥異的原創性產品，所要表達的意念也有著極大的分歧，但經過商業機制的運作，分歧點逐漸匯聚成為符合消費者需求的標準文化商品。在圖 8-2 的沙漏形狀中，由社會趨勢改變，消費價值觀的浮現，到符號生產過程的階段中，寬度範圍逐漸縮小，呈現漏斗形狀，主要在說明在生產過程中，流行逐漸趨向單一與標準化的情形。

3. 傳播機制 唯有大多數消費者都採用具有流行性的商品，流行的風潮才會迅速的蔓延，而大眾媒體的傳播功能，著重於如何把商業機制所製作的流行商品普及化與大眾化的過程。在商業氣息活絡的社會中，**傳播機制** (communication system) 具有散布流行觀念與訊息的使命，而不論是透過文字的描述或評論，或是透過語言的不斷播放，媒體是消費者接收流行訊息主要來源。透過媒體口語化的解說，消費者能夠理解流行所代表的意念，也會遵循流行所塑造出來的行為模式。舉例來說，流行服飾訊息常透過各式各樣的媒體管道，如發表會、記者會、電子媒體、流行雜誌、專業服飾雜誌的發行，把當季最新的流行訊息披露到全世界，讓消費者知道怎麼穿最流行，趨之若鶩的程度因而產生。

4. 過濾機制 經由物品符號化的過程，商品的功能將由從真實面轉化為語言層次；而透過設計、促銷與媒體機制，商品的流行資訊將大量的被散播出來，但是流行能否得到消費者共鳴，尚需經過過濾機制的關卡。**過濾機制** (screening system) 指流行評論者對流行事項的把關過程，而**流行評論者** (fashion gatekeepers) 指測試商品流行性是否符合消費者品味與風格，並直接把結果建議給消費大眾的過濾者。流行評論者一般都具有產品的專業知識，或屬於喜歡嘗試新產品的創新者，又可分為正式評論者與非正式評論者。**正式評論者** (formal gatekeepers) 包括流行雜誌主筆、電台主持人、新書評論家、零售中盤商、餐廳評鑑員等。**非正式評論者** (informal gatekeepers) 則包括意見領袖、親朋好友、鄰居等。一般符合大眾消費品味水準並通過檢定的流行商品，方能獲得流行評論者的正面推薦，並滲透到每一階層。

流行評論者常檢定新發行的產品，是否與消費者需求吻合，這個標準是有跡可尋的，通常符合一些被認同的規範者最能引起共鳴。以表 8-2 電影情節的腳本來說，無論是古裝劇、家庭劇、偵探片或科技片，情節的主題、地點、英雄人物、服裝、武器都隱含著一定的運作模式，如果原創者以偏離格式化進行編排，很難引起迴響造成流行。

表 8-2　消費者所能接受的電影藝術表達模式

結構	西部拓荒片	東方武俠片	星際科幻片	英雄偵探片	家庭倫理片
時間	17 世紀	中國各個朝代	未來	現代	任何時間
地點	文明的邊緣	武林中原	太空	城市	郊區
男主角	獨身牛仔	武功高強獨行俠	男太空人	偵探	父親
女主角	女教師	黃花大閨女	女太空人	沮喪痛苦少女	母親
反派	惡棍、殺人者	官府或流氓	外星人	殺人者	老闆或鄰居
配角	鎮民	其他逐鹿中原者	其他太空人員	警察或黑社會	小孩或狗
情節	制定法律或重新立法	打倒強權，贏得美人歸	擊敗外星人	找尋殺人者	解決問題
主題	正義	公平與愛情	人性光輝	發現真相	紊亂和迷惘
裝扮	牛仔帽、靴	古代服裝	高科技服裝	雨衣（風衣）	家居服
騎乘工具	馬	馬或輕功	太空船	巡邏車	馬車、汽車
武器	來福槍	刀、劍、暗器	雷射槍	手槍或拳頭	侮辱

(修改自 Berger, 1984)

第四節　流行的採納過程

　　流行採納過程 (fashion adoption process) 可以分兩個步驟來說明：其一是消費者進入流行週期的時間。一般而言，當流行現象產生後，有些人對流行敏感高能夠很快的接受，有些人對流行遲鈍或漠不關心，而這些人們的差異為何？我們於第一部分說明。其二是消費者對特定流行狂熱程度。消費者的喜新厭舊是推動流行的原動力，然而有些流行產品能夠細水長流、歷久彌新；有些流行產品卻如曇花一現來去匆匆，什麼因素造成這些現象，將留待第二部分討論。

由於消費者對流行的接受性呈現多樣化,有些人注意流行、喜歡流行,有些人不關心流行,也有反對流行或另創流行的人,甚至許多人因而產生流行焦慮,使原先經過商業機制生產的標準化流行產品,在接觸消費者後發生了許多的變化。我們以圖 8-2 來解釋這個情形將更為清楚。在圖 8-2 的沙漏模式上半段,由於經過流行生產的過程,流行產品與現象逐漸趨向單一與標準化,因此圖形的寬度 (不一致的程度) 類似於漏斗狀逐漸縮小,但是經過圖 8-2 沙漏的瓶頸後,開始面臨了消費者採納流行的各種不同反應,包括了接受或排斥流行、不關心流行,甚至另創流行、反流行或產生流行的焦慮現象,使得原有緊縮的幅度,在經過瓶頸後開始擴大。因此兩個圖形彙整在一起,終而形成圖 8-2 沙漏的模樣。當然消費者對流行的反應,會再度回饋到上層的社會價值觀,做為推動另一波的流行雛形的原動力。

一、消費者進入流行週期的時間與特徵

消費者採納流行產品的過程與消費者採納新產品的過程是相似的。在最初的階段都是由少數的人去嘗試,如果產品通過這些先驅者的考驗與宣傳,才會吸引更多的消費者使用,並慢慢的達到飽和狀態。飽和到達尖峰後又會逐漸的衰退結束,然後又被另外一個新的流行概念或產品取代,這就是流行產品擴散與衰退的過程。在這整個擴散與衰退的過程中,除非流行型態是一種瞬間爆發的時狂現象 (時狂現象請見圖 8-4),一般消費者進入流行週期的時間可區分為創新者、早期採用者、早期大眾、晚期大眾以及落後者五種團體,各團體的人格特性不同,其人數則約略呈現一個常態分配 (如圖 8-3 所示) 我們將其稱為**流行採用者類型** (fashion adopter categories)。底下將分別說明這五種採用者的類型及特徵。

(一) 創新者

創新者 (innovators) 在整個採用流行產品的人數比率上,約佔 2.5% (因為產品種類不同,人數應該平均分配在 2% 至 5% 之間)。在資料背景上,創新者一般擁有高所得,有較好的教育程度,對外界的社團活動參與度高、自信心高,不喜歡遵循團體的常模及規定。他們關心新的發明,喜歡從

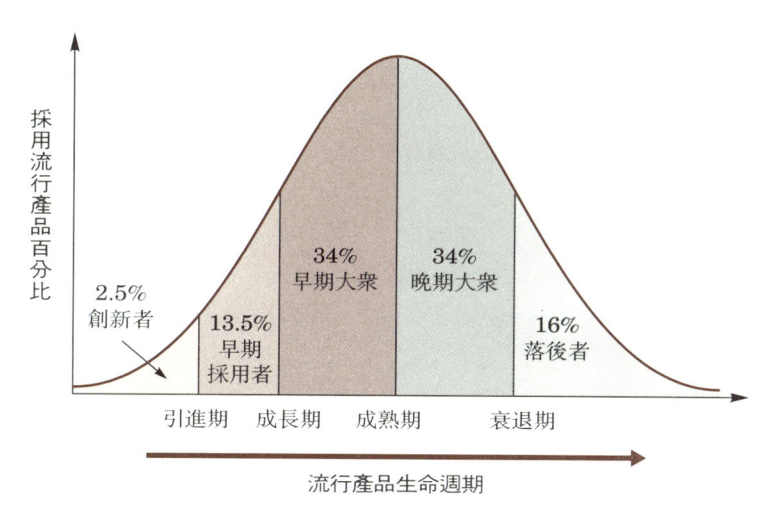

圖 8-3　流行產品採用者類型與產品生命週期圖

專家或知識性的書籍報導吸收新的觀念。本質上，創新者熟悉流行語彙，了解時裝趨勢，喜歡嘗試具體、抽象的流行新品或觀念，且由於社經地位高於一般水平，創新者並不在意因嘗試錯誤所造成的風險損失。有關創新者的人格與社經地位特性描述，請參照表 8-3。

表 8-3　創新者人格與社經地位特性描述

創新者人格維度	社經地位特性
人口統計資料	高所得；較為年輕；教育程度高；白領階層
社交形式	喜歡參與團體活動；具意見領袖特質；喜歡結交朋友；對新奇事物參與度強
知覺與態度	喜歡冒險；喜歡購買新產品；購買新產品風險覺察低；自認為是創新者；對新產品存正面態度
消費類型	購買新產品、使用新產品的比率高；購買新產品意願強
閱讀習慣	比一般人閱讀更多報章雜誌

(採自 Robertson, 1971)

（二） 早期採用者

　　繼創新者之後，**早期採用者** (early adopters) 是第二群採用流行商品的消費者，他們通常在流行風潮逐漸成長之際購買產品，比率約佔所有採用者的 13.5%，(因產品不同，分佈的比率大約 10%～15%)。比起創新者來說，早期採用者處事謹慎小心，購物以不偏離團體規範與價值觀念為原則，與團體成員也保持較密切的往來。他們喜歡討論八卦話題，常經由口碑傳播了解產品訊息，也藉由口碑傳遞訊息，所以最容易成為意見領袖，也是造成流行的關鍵人物。

　　早期採用者在一些特質上雖然與創新者相似，但是兩者對於流行產品的態度與消費習慣則有所不同。創新者常常走在時代的尖端，他們熱衷嘗試新產品，不在乎別人的看法，往往在產品還沒有形成流行之前即大膽嘗試，故常為驚世駭俗的一群。類似穿著超膝三吋以上的迷你裙，或男士做臉擦指甲油等，大多是由創新者開發出來的結果。相對地，早期採用者雖然也搶先購買一些看起來大膽前衛的新產品（尤其一些公眾性的新產品如化妝品、裝飾等），但是他們還是比較在乎旁人對他們使用新產品的看法，盡量避免選購過於怪異招搖引人非議的產品。以服飾產品為例，創新者喜歡光臨稀奇古怪之商店，挖掘能夠與流行趨勢搭配的新品，而不介意新品是否是為名設計師的創作。但是早期採用者卻喜歡在流行服飾店，購買標榜著大師發表"即將流行"的新款，故兩者對流行的觀點是有差別的。

（三） 早期大眾

　　早期大眾 (early majority) 是繼早期採用者之後的產品使用者，基本上屬於深思熟慮型的消費者，大約佔所有流行產品使用者的 34%，(因產品的不同，分配比率可在 30%～40% 之間)。為了避免購買的錯誤，他們在收集及評估產品訊息的謹慎程度，較創新者與早期採用者更有過之，但是他們採用流行產品持續時間比上述兩者長。

　　早期大眾的年齡略長，教育程度與社經地位高於一般水平，他們喜歡參與團體活動，屬於活躍成員但非領導級人物。在購買資訊的來源上，聽信口碑傳播或從銷售員處打聽消息，報章雜誌訂閱率偏低。其次，在傳播路徑上他們是意見領袖的訊息接收者，也是早期使用產品與晚期使用產品者之間的橋樑，沒有他們的擴散，傳播效果就此終止。

(四) 晚期大眾

晚期大眾 (late majority) 對新產品或意見領袖的口碑訊息都抱持懷疑的態度，一般在社會壓力不得不買時，他們才會主動接觸流行產品。晚期大眾約佔全部採用者的 34% (使用商品百分比也在 30～40% 之間)，在人格特性上，從眾性高，常遵循團體的規範行事，年齡較長，收入及教育程度在水準之下，接受外在訊息的來源主要由親朋好友等非正式的口碑傳播，不信賴大眾媒體。

(五) 落後者

落後者 (laggards) 又稱為傳統保守者，約佔全部採用者的 16% (因產品的不同，他們所佔比例約為 5%～20% 之間)。他們思想觀念比較傳統，行事獨立，在購物決策上，以自身的經驗來決定事情，不太受團體規範的影響。落後者的社會經濟地位在五個採用者類別中是最低的，對流行產品所具備的功能也最為懷疑，甚至因而反對流行。

綜合上述，加入流行現象的人口因時間不同而不同，剛開始採用的人很少，而後逐漸增加至最高點，然而在喜新厭舊的習性下，採用的人又逐漸減少，曲線慢慢呈現遞減的狀態。

二、消費者接受流行的持續時間

流行現象是經大眾接受而形成的風潮，雖是一種抽象的意識形態，但是卻可清楚的看到產品生命週期的興衰，而流行產品的興衰過程，甚至較一般產品更明顯。流行產品生命週期到底包含了哪些階段？我們將在下文的第一部分做說明。其次，不同產品在流行的過程所持續的時間並不相同，有的流行現象能夠持續數 (十) 年，成為經典之作，但有的流行只具爆發性卻無持續性，常在市場瞬間銷聲匿跡。而這些以時間長短來反映流行意義的情形叫流行週期的持續時間，我們將在下文第二部分探討。

(一) 流行產品生命週期的階段

流行產品生命週期 (fashion product life cycle) 概念認為流行產品興衰與人類生命週期類似，會歷經成長衰老的階段。而這些生命週期的階段可大略分為引進期、成長期、成熟期與衰退期，由於這些階段與流行產品具重疊性，所以可以一起討論，請讀者再參考圖 8-3。

1. 引進期 引進期指將流行產品介紹到市場變成商品化的時期，大約是物品符號化完成，準備上市的階段。而開風氣之先，率然引進流行產品的廠商又稱為**先驅者** (pioneer)。以流行音樂為例，一首優美的新曲完成後必須有人去欣賞，但是識千里馬的伯樂 (先驅者) 不多，只有少數的音樂創作者、樂評家、星探會撥冗去試聽。一些介紹新歌的節目偶爾也會播放，可是因為大家不熟悉曲調，接觸後有強烈感受的聽眾不多，許多新作品在這個階段就遭到封殺，所以引進期可視為流行歌曲的草創艱辛期。

2. 成長期 如果在引進期時，能成功的吸引創新者或早期採用者的青睞，銷售額將加速成長，且利潤慢慢由負變正，此階段稱為流行產品的成長期。以流行歌曲為例，如果倖存於引進期，將慢慢的步入成長期。此時一些電視或廣播節目開始播放歌曲，邀請原主唱者到節目中接受訪問，敘述演唱歌曲的心路歷程，並在現場重現原音增加逼真效果。而因曲調常常曝光於媒體下，消費者漸漸熟悉旋律，對歌曲越來越喜歡。

3. 成熟期 當銷售已慢慢趨於平穩的時候，產品流行階段步入了成熟期。以流行歌曲為例，為了流傳更廣，行銷者大量複製雷射唱盤 (CD)，讓喜歡這首歌曲的消費者隨處可得。行銷活動也無所不在，包括流行音樂排行榜的推薦、歌友會、抽獎活動的舉辦、歌手的八卦新聞的散布等，以持續提升熱賣的程度。在這些因素催化下，歌曲在 KTV 被點唱的頻率將節節升高，公共場所常聽到這首歌，市井小民哼的唱的也是這個旋律，商品沸騰了整個社會。

4. 衰退期 當產品銷售及利潤直遽下降，產品不再受消費者青睞時，稱為流行產品衰退期。以上述的流行歌曲為例，當歌曲播放到浮濫、飽和狀態，流行步調已不復往日。聽眾因接觸旋律頻繁，對歌曲過於熟悉而漸感厭煩，流行排行榜名次日日滑落。唱片、卡帶逐漸乏人問津成為冷門品，擺放處由熱賣區移到折扣區販賣,消費者的興趣轉移並追求其他的流行歌曲上。

總而言之,流行現象可視為一個有限的生命,並可區分為上述的四個階段,且產品步入成熟階段後,將逐漸因為沒有新鮮感步入衰退,但值得注意的是產品生命週期並非固定不變,尤其在成熟期之後,可因為開發新的潛在消費者,或流行符號詞彙的意義轉變而延長整個流行的壽命。

(二) 流行生命週期的持續時間

流行風潮的產品所持續的時間長短,與消費者對產品的熱情程度有關。一般的流行產品是經由漸進式的速度從引進、成長、成熟、衰退的過程平穩的走過。這種週期是一般流行的典型表現,其行經的曲線類似於產品生命週期常態分布線(見圖 8-4)。由於這一類的流行進行過程是在一定時間內受到一定比率消費者採納,不會突然消失也不會永久不退,所以在流行趨勢的預測上較能掌握。

本小節所要討論的另外兩種流行週期是以一般流行來作對比的,一種是

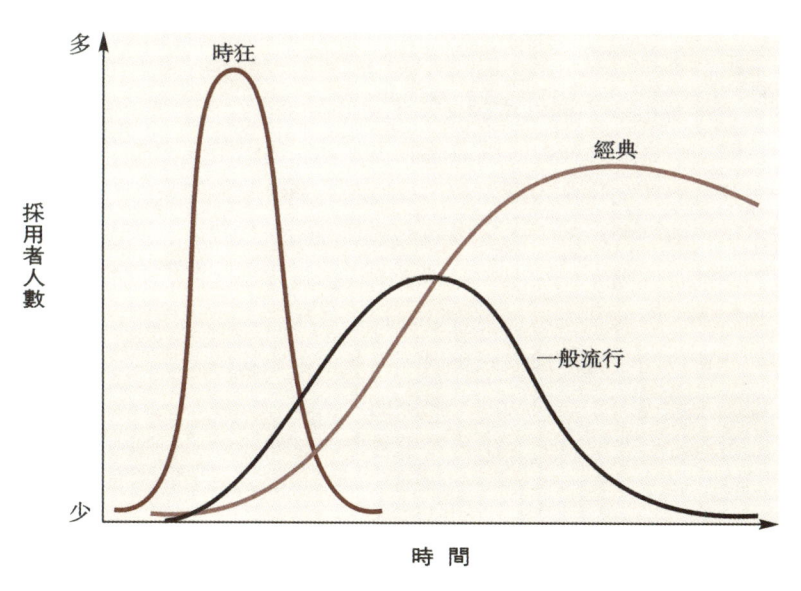

圖 8-4 時狂、一般流行與經典之生命週期
(採自 Kaiser, 1985)

流行的時間很長不易衰退者，稱之為經典。另一種是流行時間很短，瞬間銷聲匿跡者，稱為時狂。有關經典與時狂的生命週期請參照圖 8-4。

1. 經典　經典 (classic) 是指在流行週期中，接受期特別長的一種流行形態，它有著"不退流行"的現象。經典有著穩定的特質，持續流行的時間長，所以對不擅掌握流行概念的消費者，購買經典品最不具風險性，例如牛仔褲、T 恤，即屬於細水長流的經典之作。黑、白、灰是休閒服飾基本的流行色系。

經典雖然屬於流行的風尚，但因為流行時間長，所以常會被固定下來成為社會傳統的行事規範。自 20 世紀初，"瘦就是美"價值的盛行後，諸如減肥的食品或方法持續受到大眾的歡迎與討論，歷久不衰，也算是一種經典型的流行觀念。金庸的武俠小說膾炙人口，一直都處在經典的流行，在過去的三、四十年間，常有不同的導演，找不同演員，將小說內容翻拍成電影或電視，劇情雖然大同小異，但每次的播出還是受到觀眾的熱烈迴響。

從行銷者的角度來說，要讓產品成為經典之作常保流行，則須不時的注入新生命。喝 (泡) 茶對中國人來說，是不退流行的傳統，許多人從小喝到大，對茶也都有一份親切感。但在多樣化飲料競爭的前提下，年輕一代在解渴的方法上，有許多不同的選擇 (如運動飲料、果汁、汽水、礦泉水等)，對喝茶習慣的熱衷逐漸冷卻，喝茶傳統逐步走向衰退階段。為了延續傳統，開喜烏龍茶為喝茶文化注入新生命，行銷者認為年輕人喜愛新鮮、刺激的口味，所以抗拒傳統的飲茶方式，但如果產品灌輸新奇觀念，或以有趣包裝呈現將可彌補這項缺點。作法上，行銷者不再分隔市場，而以"古早人也有新想法"的觀念，將傳統素材加上摩登現代手法結合一起推出"新新人類"系列廣告，此舉成功的把兩塊喝水習慣不同的消費市場融合成一塊，也為喝茶的流行觀點重新包裝，是成功的一個案例。

再以古典音樂產業為例，由於喜歡古典音樂樂迷的成長速度緩慢，而既有古典樂迷的年齡層逐漸老化，使流行半個世紀的古典音樂市場規模呈現萎縮。為了讓古典樂有新生命，一股"古典搖滾化，搖滾古典化"的風潮正逐漸蔓延，例如小提琴演奏者英國籍華裔陳美，以辣妹勁裝、打濕的 T 恤、煽動的肢體語言演奏古典音樂，雖顛覆了古典樂器應有的端莊、古典、高雅形象，但卻博得聽眾的喜歡，首張專輯的銷售量驚人。

2. 時狂 時狂 (fad) 是指消費者熱情追求某種時尚而暫時失去理智的現象。時狂的流行生命週期非常短暫，購買人數在短時間達到高峰後就急遽下降。時狂通常由特定團體產生並擴散到其他成員，但常後繼無力，使得在擴散到其他次文化之前往往已經銷聲匿跡。美國在 1970 年中期曾發生集體校園裸奔事件，學生在學校餐廳、教室、宿舍爭相裸奔。而裸奔的概念迅速傳至其他校園，引起競相仿效的風潮。但因與傳統風俗相悖，裸奔風潮也迅速的殞落，這是一種時狂現象。其他如台北動物園引進澳洲無尾熊市民爭相觀賞的狂熱；喝加味水的旋風；搶購偶像歌手唱片等也都屬於時狂現象。時狂的消費者購買主要具備有下列幾個特徵：

(1) **同儕認同效果** 從消費者利益考量，消費者購買時狂商品或參與時狂的活動，主要是想與同儕有相同產品。換言之，時狂商品的購買象徵性高於實用性，所以消費者之間的同儕影響力不可忽視，尤其是新新人類，在受到"落伍恐懼"的影響下，喜歡購買相似產品加入團體，而在彼此觀摩仿效下，造成產品瞬間的熱賣。

(2) **衝動性的購買** 購買時狂產品受情緒影響程度多於深思熟慮的理性消費，故性質上屬於衝動性購買。消費者在衝動過後常有產品無法滿足原有強烈需求的遺憾感，進而追求其他商品，所以見異思遷的現象在時狂的旋風中十分明顯。

(3) **口碑效果大於廣告效果** 時狂流行的產品屬於短期爆發性產品，並在短期間消失蹤跡，所以口碑相傳為產品造勢的效果，遠高於廣告媒體的持續曝光。換言之，時狂的流行以口碑傳播為主要傳播途徑。

隨著科技快速的發展以及廠商間的激烈競爭，流行產品推陳出新的速度令人咋舌，時狂的流行現象日益普遍，因此針對產品生命週期短暫的特性，行銷者應力求時效，朝向如何以縮短引進期迅速步入成長期等快速獲致爆發力的原則為主。

本章摘要

1. **大眾文化**指在一個社會中，大部分的人經常參與襲用的文化體。在生活水平普遍提升，民眾教育水準拉高及傳播媒體事業發達等因素下，精緻文化逐漸式微，通俗化、大量化的大眾文化，成了時代的新寵。
2. 大眾文化在 20 世紀大放光彩，產生的原因包括消費社會的出現，傳播事業的發達，休閒時間增多以及教育普及等因素
3. 大眾文化的特徵包括了普及化、感性化、同質化與簡單化等。因為這些特徵，大眾文化打破社會階層藩籬，提供民眾接觸文化機會與廣義的教育，拉近了階層之間的距離等正面影響。然而這些特徵使大眾文化過度重視營利本質，使消費者趨於被動與單向的參與，也疏離了大眾休閒，沈溺在紙醉金迷、萎靡頹廢的活動中。
4. 大眾文化平庸凡俗的走向可靠**精緻文化**來提升，作法包括教育大眾欣賞精緻文化的能力與意願；鼓勵文化創作者；成立非營利大眾傳播媒體，讓大眾接觸難以圖利的精緻文化創作品等。
5. **流行**指在某特定時間、地點內慢慢形成，並廣受消費者歡迎、接受或採納的一種商品、思想或行為。在消費社會流行現象非常普遍，對消費者食、衣、住、行等物質生活或藝術、娛樂活動等精神生活有深刻影響。
6. 流行具有**流行強勢性**的特性。當大家追逐相同的事物，匯聚形成一種唯我獨尊的排他傾向即為強勢性。然而目前流行風格百花齊放，消費者的選擇多樣化，故以單一強勢風格領導流行的說法已經無法成立。
7. 流行的產生常矗立在新、舊的連續特性中，並常從過去的歷史釀造了新的結晶品，也常常出現懷舊、復古的現象，因此流行具有**流行循環性**的特性。
8. 流行具有**符號**特性，同一類的物品，在不同的時空與文化脈絡下，不斷的變動翻新符號以保持新鮮感，使得物體的真實是一連串符號的效果，流行也就依附在這種效果之下。
9. 從消費者角度來說，流行具有**流行雙元性**，即消費者在集體順從中融入

團體之間的流行，在流行下仍然保有自己的獨特性。

10. **流行焦慮性**是指個人在追逐流行的過程裏，因為無法掌握瞬息多變的流行風潮，因而產生沒有安全感的一種複雜情緒。

11. 流行現象是一種跨領域學者的研究，經濟學認為流行是供需曲線不均衡的現象；心理學觀點把流行視為尋求新奇、從眾或是自我防衛的行為；社會學以社會階層之間傳遞流行訊息的動向，來解釋流行現象；美學的觀點認為流行是獲得當時消費者認可，深具美感的藝術品。

12. 流行運作的階段分為三個步驟：**流行起源過程**，指影響消費價值觀產生變遷的因素；**流行生產過程**，指行銷者如何攫取流行的精髓意義，並以物品符號化的方式，配合設計、商業與媒體大量散播出去。**流行採納過程**，指消費者對行銷者所塑造的流行商品接受程度與接受時間的長短。

13. 影響社會趨勢變遷的原動力包括：政治因素、經濟因素、社會價值觀因素、外來文化因素、次文化價值觀因素與科技因素。

14. 當產品具有相對優勢、相容性、遊戲性、觀察性與方便性等特性，成為流行商品的可能性將大為增加。

15. **流行生產過程**指廠商把具備了流行雛形的產品，推波助瀾的轉化為流行商品的過程。包括兩個步驟，第一是將物品的符號化，第二步是透過符號的生產機制來推動流行。

16. **物品符號化分析**除了了解物品如何滿足人類基本需求外，還需要知道物品與當時的消費價值觀如何做連結與扮演什麼樣的角色。

17. 流行的生產機制中，設計創作指以具體的方式表現抽象的流行概念。商業機制指將設計作品大量複製與生產，經由促銷、品牌與通路等策略推銷出去。大眾傳播、專業人士及媒體則扮演解說或過濾的角色，使消費者能夠理解流行意念，遵循流行所塑造的行為。

18. 消費者接納流行風潮時間的快慢，可區分為創新者、早期採用者、早期大眾、晚期大眾以及落後者五種團體，這種因接受流行速度的不同，形成在人格特性上有著差異的團體，稱為流行採用者類型。

19. **流行產品生命週期**認為流行產品會歷經成長衰老的階段。這些階段包括了引進期、成長期、成熟期與衰退期。流行產品生命週期興衰，比一般產品的生命週期更為明顯。

20. 不同產品在流行的過程所持續的時間並不相同，當流行現象能夠持續數十年者稱為**經典**，但流行週期只具爆發性卻無持續性，迅速銷聲匿跡者稱為**時狂**，而時間週期介於上述之間的流行類型就是一般的流行。

建議參考資料

1. 史英居烏 (馮建三譯，1993)：大眾文化的迷思。台北市：遠流圖書出版公司。
2. 法瑞爾 (楊哲萍譯，1999)：大爆熱門。台北市：遠流圖書出版公司。
3. 高宣揚 (2002)：流行文化社會學。台北市：揚智文化事業股份有限公司。
4. 辜振豐 (2003)：布爾喬亞──欲望與消費的古典記憶。台北市：果實出版社。
5. 黃文貞 (1998)：流行及其符號生產機制-以服飾流行工業為例。台北市：台灣大學社會研究所未出版之論文。
6. 葉立誠 (2000)：服飾美學。台北市：商鼎文化出版社。
7. Barthes, R. (1983). *The fashion system.* New York: Hill and Wang.
8. Frings, G. S. (2001). *Fashion: From concept to consumer.* New York: Pearson Education.
9. Miller, C. M., Mcintiry, S. H. & Mantrala, M. K. (1993). Toward formalizing fashion theory. *Journal of Marketing Research*, 15, 142~157.
10. Solomon, M. R. (1996). *Consumer behavior.* New Jersey: Printice Hall.
11. Solomon, M. R., & Rabolt, N. J. (2001). *Consumer behavior: In fashion.* New York: Pearson Education.
12. Sproles, G. B. (1985). Behavior science theories of fashion. In M. R. Solomon (Ed.), *The psychology of fashion.* Lexington, MA: Lexington Books.

第九章

參照團體對消費者行為的影響

本章內容細目

第一節 參照團體的類型與從眾行為
一、參照團體的類型 345
　(一) 親密團體
　(二) 社交團體
　(三) 期盼團體
　(四) 象徵團體
二、參照團體與從眾行為 349
　(一) 從眾行為的意義
　(二) 影響從眾行為的因素
三、參照團體對從眾行為的影響 352
　(一) 參照團體對產品類別與品牌的影響
　(二) 崇尚名牌與崇拜偶像

補充討論 9-1：放長線釣大魚的相關技巧

第二節 參照團體的影響力
一、訊息性影響 358
　(一) 訊息性影響的意義
　(二) 訊息性影響縮減消費決策流程

補充討論 9-2：三種參照團體影響力的評估

二、比較性影響 361
　(一) 比較性影響的意義
　(二) 比較性影響在行銷上的應用
三、規範性影響 363
　(一) 規範性影響的意義
　(二) 規範性影響在行銷上的應用

第三節 口碑傳播的基本意義
一、口碑傳播的相關概念 365
　(一) 口碑傳播的內容
　(二) 產生口碑傳播的原因
　(三) 口碑傳播的可信程度
二、口碑傳播的過程 368
　(一) 二階段與多階段流程
　(二) 口碑傳播網路圖
三、負面口碑傳播與謠言 372
　(一) 消費者重視負面特質
　(二) 消費者喜歡聽負面消息
　(三) 謠　言

第四節 意見領袖
一、意見領袖相關概念 377
　(一) 意見領袖特性

補充討論 9-3：不同類型的意見領袖

　(二) 尋求意見領袖時機
二、意見領袖測量方法 381
　(一) 自我認定法
　(二) 關鍵人物法
　(三) 社會衡量法
　(四) 經驗法

本章摘要

建議參考資料

我們每一個人都會有這樣子的經驗，在買東西的時候，尤其是一些外顯性高的產品 (如汽車、衣服、餐廳的選擇)，常常考慮到別人怎麼看，因為如果買得好，除了得到別人的讚賞，也能提升自己的信心，但買得不好可能會被取笑。這種因他人的關係而對自己消費決策產生影響的情形稱為參照團體的影響。

參照團體與個人互動的過程以及對決策產生的影響，一直是消費者心理學重要的議題，尤其每個人從小到大的求學過程中，都會經歷所謂的同儕認同階段，處於這個階段的個體受參照團體影響最為明顯。一項調查指出新世代的大學生雖然勇於嘗試突破，但在選購日常圖書、電子科技品、服飾、化妝品等物品，或是進行休閒活動 (如到 M.T.V.、泡沫紅茶店)，還是以參考同儕的意見為主 (郭振鶴，1999)。

參照團體對消費者的影響方式很多，最普遍的方式就是透過口碑傳播，即經由人際脈絡的管道散佈訊息。公司組織在產品推廣上最重視的問題莫過於如何創造好口碑，好口碑等於行銷者聘了免費的推銷員，以一傳十、十傳百的速度推銷產品，且傳播口碑的人立場較為公正客觀，可信程度超過了媒體廣告，是一般人消費決策的主要參考。但是水可載舟、亦可覆舟，正面的口碑傳播增進銷售，負面口碑傳播對廠商卻有致命的毀滅，據估計，負面的口碑傳播殺傷力是正面的三倍。故從行銷立場而言，如何提高消費者滿意程度，防止負面口碑傳播及謠言產生，更需要抱持如履深淵的經營態度。

在參照團體之間的口耳相傳中，有些人比較消極，只聽不傳，但有一些人卻非常積極的傳播產品訊息。這些對產品涉入程度高，喜歡收集、過濾產品訊息，並以自己的認知提供、解釋訊息給其他消費者的人稱為意見領袖。意見領袖常透過人際的交流提供訊息，由於他們傳播訊息的目的不是為了牟利，而是與人分享自己對產品的心得，因此公正客觀的建議，已經成為消費者購買決策的重要參考。

針對上述的介紹，本章擬以下列幾個問題提出探討：

1. 參照團體的類別與特性及對消費者所產生的影響力。
2. 口碑傳播的類別、經歷的過程與發生的動機。
3. 負面口碑傳播及謠言傳播的途徑。
4. 意見領袖的特性與測量意見領袖程度的方法。

第一節　參照團體的類型與從眾行為

　　耐吉 (Nike) 是深受台灣年輕人鍾愛的球鞋品牌。台灣分公司在 1995 年推出的喬登籃球鞋第十一代 (Air Jordan 11) 定價高達 3500 元。但不到一個月的時間即賣出將近一萬雙 (平均一天三百餘雙)，在當時景氣低迷之際，業績竟比 1994 年成長近兩成。

　　耐吉球鞋成功的原因是善用了麥可喬登 (Michael Jordan) 的魅力，耐吉將喬登塑造成"飛人喬登"廣告片，深深打動新新人類心弦。再者，經過廣告的包裝外及善用了青年學子崇拜偶像的心理，耐吉公司連續四年贊助六十幾所高中舉辦籃球比賽，並安排與耐吉簽約的職籃隊 (宏福、泰瑞、幸福) 的球員，親臨會場，面對面與同學接觸，造成青年學子對籃球的熱愛，也創造出耐吉球鞋奇蹟式的高成長率 (劉海若，1996)。

　　耐吉的成功明顯的考慮了團體的影響力。為了了解這種情形，本章前兩節將就團體如何影響消費者的決策進行探討。在第一節裏我們先了解何謂參照團體，其次就參照團體如何產生從眾壓力及如何影響消費者購買行為提出說明。

一、參照團體的類型

　　團體 (group) 是指兩個或兩個以上成員，分享一套規範與價值，並產生休戚與共的認同感。團體成員必須有明確的社會互動行為，才能分享生活感受，進而形成社會結構。所以舉凡家人、同學、同僚、正式社會團體組織都可稱為團體。

　　當我們談論到團體的影響力時，必須先了解何謂參照團體。所謂**參照團體** (reference group) 指能夠影響消費者態度及行為表現的任何外在影響源 (Gergen & Gergen, 1981)。依照這個"影響"原則，參照團體範圍包羅萬象，一個人或幾百個人、實際接觸的或不接觸的、喜歡的或不喜歡的，只要能夠產生影響力，都屬於參照團體。所以參照團體的範圍比較廣泛也比較鬆散。舉凡個人喜歡的或迴避的、具體的或想像的、密切或偶爾接觸的團體，只要能夠影響自己的行為態度，產生預期學習效果者都稱之，因此家庭、同儕、偶像、上司、歷史小說人物，或罪犯集團，都可稱為參照團體。參照團體以成員身分、團體吸引力以及成員接觸程度，可進一步區分為各種不同類型。

成員身分(或**群體成員**) (group membership) 是指個人是否為參照團體內部的一份子。一般而言，個人是不是受參照團體影響，與個人是不是隸屬於團體並沒有直接的關聯，例如青少年深受偶像歌手們的影響，但本身並不一定非得是歌手。

團體吸引力(或**群體吸引力**) (group attractiveness) 指對參照團體能夠引起個人興趣及喜好的程度。當參照團體對個人具有強烈吸引力時稱為**正面團體** (positive group)，反之對個人具有迴避效果者叫作**規避團體** (disclaimant group)。為避免被誤認為計程車，消費者一般不買黃色汽車，此時計程車團體就成為規避團體。相對的，計程車工會則為計程車司機的正面團體，並以黃色汽車為認同目標。

成員接觸程度 (degree of contact group) 指成員互相接觸的頻繁性。從接觸頻繁性的高低又可分為初級團體與次級團體，**初級團體** (primary group) 指成員之間以直接的、個人的、緊密的關係互動，團體規模較小，互動層面緊密，例如家庭、工作同僚，或知心的朋友群等。**次級團體** (secondary group) 指成員之間互動較為疏遠與鬆散的團體，如校友會團體、里民大會成員等。

由於具吸引力的正面團體比規避團體更能影響消費者決策，使得行銷者常以正面團體鼓勵消費者效尤，因此下面的說明也以正面團體為主。在圖9-1 中，以紅色顯示為正面團體者，包括親密團體、社交團體、期盼團體與象徵團體四種。

(一) 親密團體

當個人屬於團體內成員，團體具吸引力，且個人接觸團體機會頻繁時，稱之為**親密團體** (intimate group)，舉凡家人、朋友、公司同事都屬之。親密團體的溝通密切所以歸為初級團體，又可分為兩類。第一類的團體沒有正式章程組成，他們是消費者情感支援的基礎，如親戚、朋友、家人等，親密

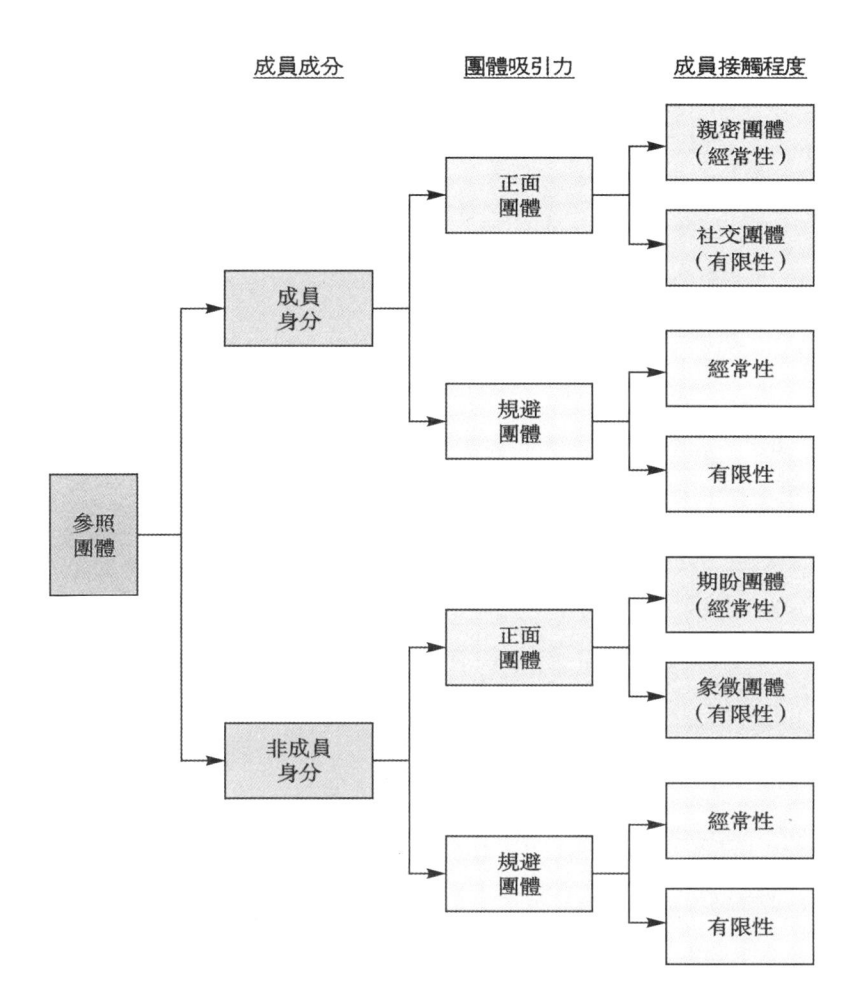

```
                    成員成分        團體吸引力      成員接觸程度

                                              ┌─ 親密團體
                                              │  (經常性)
                                    ┌─ 正面 ──┤
                                    │  團體   │
                                    │         └─ 社交團體
                          ┌─ 成員 ──┤            (有限性)
                          │  身分   │
                          │         │         ┌─ 經常性
                          │         └─ 規避 ──┤
                          │            團體   │
          ┌─ 參照 ────────┤                   └─ 有限性
          │   團體        │
                          │                   ┌─ 期盼團體
                          │                   │  (經常性)
                          │         ┌─ 正面 ──┤
                          │         │  團體   │
                          │         │         └─ 象徵團體
                          └─ 非成員─┤            (有限性)
                             身分   │
                                    │         ┌─ 經常性
                                    └─ 規避 ──┤
                                       團體   │
                                              └─ 有限性
```

圖 9-1 參照團體的類別
(採自 Hawkins, Best, & Coney, 1995)

團體對消費決策具有重要的影響力,也因為如此,行銷者喜歡採用以家庭或同儕溫馨為賣點的訴求。第二類的親密團體則有正式章程規定與角色規範為互動的依據,包括學校、公司行號等團體。

(二) 社交團體

當消費者喜歡參照團體同時也是團體中的一份子,但團體的組成份子的接觸不甚頻繁的時候，稱為**社交團體** (social group)。社交團體屬於次級團體，例如公園裏晨跑的夥伴、畢業後的同學會、偶爾一起打球的朋友等。社交團體對於消費者的決策影響力量有限，行銷者較少借用這個團體當做訴求的對象，但以消費的集體性而言，當朋友成群結隊一起逛街時，不管彼此為初級或次級團體，都比獨自逛街更容易產生非計畫的購買，值得行銷者重視 (Granbois, 1968)。

(三) 期盼團體

當個人不是團體內成員，但團體深具吸引力，且個人接觸團體的機會很多時，參照團體的類型稱為**期盼團體** (aspiration group)。期盼團體屬於初級團體，雖然消費者不屬於該團體成員，但期待在不久的將來，能夠實際成為其中的一份子，所以常常模仿團體的規範或價值觀，以作為日後成為團體一員的條件。例如工作環境高階主管大多為低階主管典型的期盼團體，為了培養出高階者的氣魄與風範，低階者常揣摩上階主管的思想與觀念，購買象徵上流人士所使用的產品與品牌。廣告上常用象徵性的方式，將上階層主管所擁有的權力、身分、地位、財富與產品作連結，希望低階者產生上行下效的購買行為。當中又以高級汽車、名牌服飾與尊貴洋酒，最常被比擬為成功與聲望的產品。

(四) 象徵團體

當消費者喜歡該團體，但接觸不甚頻繁，日後也無法成為該團體一份子時，參照團體的性質為**象徵團體** (symbolic group)，如影歌視明星、運動明星等。為了表示崇拜與熱情，消費者常以購買象徵團體的相關產品表達支持。行銷者也常利用高知名度的藝人、運動明星或政治人物為產品代言，就是希望以象徵團體的影響力，來喚起消費者的購買動機。影星蕭薔曾為沙拉油代言，主要是希望以她在演藝圈的知名度，能引起仰慕者購買，而非以她在烹飪上的專業性來當作賣點。研究指出，針對青少年團體，偶像巨星代言影響效果，比以平凡人士代言佳 (Fisher & Price, 1992)，可見非接觸性的團體亦可以產生具體的參照效果，我們將在下節說明偶像崇拜現象。

二、參照團體與從衆行為

從衆行為 (conformity behavior) 是指受到別人實際或想像的影響,產生自願接受團體規範約束的內在傾向。我們經常在電視上看到一個景象,一片碧綠草地上,一群牛低頭吃草,有一隻牛不知何故突然奔跑起來,其他的牛也悶著頭跟著狂奔,這種現象又稱為奔牛理論,是動物界的從衆行為。

就人類社會行為而言,發生無知的從衆行為也非常的普遍。美國心理學家阿希 (Asch, 1952) 曾經設計有趣實驗,以了解個人在團體的從衆傾向。實驗中,阿希拿出兩張卡片,第一張卡畫了一條線段,第二張卡則畫了三條長短不一線段,其中有一條與第一張卡片線段等長。受試者被告之,從第二張卡三條線段中,選擇與第一張卡相同的線段。由於第二張卡的三條線段長短差異頗大,很容易選出正確答案,所以如果讓受試者單獨作答時,沒有任何人選錯答案。

接著阿希安排受試者與其他七個受試者坐在一起,這七位均為事先安排好的實驗同謀,但受試者卻完全不知。實驗過程中,阿希要求每個人 (共 8 個人) 大聲說出自己的答案,並特意安排受試者在最後一個回答。七個實驗同謀者有時會一致說出事先安排的錯誤答案,來試探受試者的選擇,由於七個實驗同謀所選擇的答案明顯的偏離事實,但是受試者所見卻是七個人一致的選擇錯誤答案,此時受試者會選擇與大家相同的答案,還是選擇自己認為是對的答案?結果顯示,在上述情況下,有 37% 的受試者會屈於團體壓力的影響,選擇與同謀者相同的錯誤答案,這個實驗充分說明了人類本能上的從衆行為。

本小節就從衆行為提出系列討論。首先說明從衆行為的意義,接著探討影響從衆行為的原因,最後討論參照團體的從衆壓力如何影響消費者行為。

(一) 從衆行為的意義

人們常常不自覺的發生從衆行為,而從衆行為在社會上所代表的意義為何?我們以下列兩點來說明:

1. 從衆能夠讓人們表現適宜的行為 許多人認為從衆行為是一種人

云亦云，蹈常襲故的動作，容易抹煞了個人的創造力與想像力。然而評估人們出現從眾的行為，尚需考量到當時所處的情境。例如，在團體一致性壓力下採取從眾的行為，除了可以解決個體與團體之間的衝突外，也可降低個人心理上的焦慮達到心理平衡。因此，心理學家很少把從眾行為貼上"對"或"錯"的標籤，反而對從眾行為的原因感到興趣。從社會互動的觀點來說，從眾現象讓消費者知道如何在特定的場合表現出適宜的行為。例如，第一次吃西餐時，如不熟悉餐廳禮儀，最好的方法就是看著別人依樣畫葫蘆，這種表現出同於他人行為，除了能夠維護自我安全外，也能獲得"怎麼做"的訊息，省卻摸索的時間。因此，從眾行為可視為一個處於迷惑環境時，認同他人行為以避免犯錯的情形。研究指出，許多人表現出從眾行為時，自願接受團體的約束，通常多於團體要求服從壓力。

2. 從眾行為有滾雪球的效應 為了被團體接納，消費者常購買團體認可或使用的產品來表達支持，這種模仿的行為，具有示範的效果，容易延伸擴大，而當大部分的人都在仿效之時，產品將逐漸成為流行商品。一般外顯性強的新產品最容易引發這種效果。例如，在健康概念下，番茄所含的茄紅素，對於消除自由基、減少心臟疾病及癌症都有卓越效果。在媒體宣導及愛之味番茄汁領軍下，先驅型消費者 (30 歲以上之上班族) 開始飲用，並引起其他族群仿效，產生滾雪球效應。使得短短半年間，包括統一、味全、真口味、維大力等飲料廠，都將番茄汁視為主力商品，番茄汁品項也多達 40 種，並打敗柳橙汁成為 2002 年蔬果類的銷售冠軍。

(二) 影響從眾行為的因素

我們在第八章討論流行風潮時曾說，並非每一個人都追求流行，也有反流行的人產生。相似的，從眾行為也存有個別差異，而影響消費者產生從眾行為的因素，可從參照團體本身的特性及消費者的個人特性談起，分述如下 (Bearden, Netemeyer, & Teel, 1989)：

1. 參照團體特性 一個人表現從眾行為與下列團體特性有關：

(1) 團體凝固力 團體凝固力 (或群體凝聚力) (group cohesiveness) 指全體成員想要融入團體內的動機強度。當團體之間的意見不一、團體成員相處不和睦或團體吸引力不夠時，都會降低成員的從眾行為，其次，當團體內出現歧異意見者,從眾壓力將大大紓解。從這個觀點來說,在網路中針對特定主題所組成的虛擬社群,成員的興趣態度或想要解決的問題相似,故其凝聚現象較強,從眾行為也將較高。

(2) **團體規模大小**　團體規模大小也會影響從眾行為。通常團體越大,成員的從眾行為越差。阿希的後續實驗也證實,當實驗同謀人數為 7 或 8 人限度之內,從眾現象最為明顯,但超過這個限度,增多的人數並不會增加從眾行為,有時反而有減少的情形。

(3) **團體成員的專業性與相似性**　當參照團體內的專家形象強,或與從眾者之間的相似性高,都會引發較多的從眾反應。在第五章時我們曾經提及訊息源信賴感與吸引度高時,可以增加說服性,而被說服的反應就是一種從眾行為。

(4) **個人與團體的差距**　個人表現行為與團體期盼行為是有所差距的,而兩者之間差距的大小,往往影響了從眾行為的意願。當差距小時,個人不太會感到團體從眾壓力的威脅,從眾乃順理成章。差距太大時,將增加個人對團體的價值觀與規範存疑的程度,從眾傾向最低。

2. 個人特性　影響從眾行為的個人特性,如下所示:

(1) **自信心**:自信心與從眾行為的高低呈現反向的關係,當消費者信心不足時,最常以"求同"來換取"沒有錯"的安全感,所以容易受參照團體的影響。研究指出,消費者購買外顯性強的公眾品,如彩色電視機、汽車、冷氣、服飾、家具等產品,最容易受參照團體的影響,遵循團體意見的傾向高。另外當消費者不了解產品性質時 (保險及醫療服務等),從眾於團體意見的情形也較為普遍。

(2) **贊同需求與焦慮程度**:**贊同需求** (need for approval) 是指個人在團體所作的一切行為表現,企盼得到認可、贊成、支持,進而肯定自己的心理 (張春興,1989)。當個人的贊同需求高時,要比一般人更容易產生從眾傾向。另外,高焦慮者擔心自己在團體內被接受的程度,也在乎他人對自己的評價,所以常常表現出較強的從眾行為。

(3) **性別差異**:傳統上研究認為女性比男性更容易受到團體的影響,因為女性對社會線索較為敏感多屬團體取向又善於合作。目前的多項研究則認為具有女性特質者比較容易產生從眾行為,而不單以生理性別來區分。

(4) **經驗與訊息收集的難易**:當消費者購物經驗豐富,或產品訊息收集容易，從眾於參照團體傾向降低。反之，產品經驗不足，訊息收集不易或對廣告的訴求存疑時，參照團體具重要影響力，從眾傾向增加。

(5) **對事件的權衡**：個人是否屈服於團體的從眾壓力而從眾，或從眾到什麼程度，主要是一種成本與利益之間妥協的結果，換言之，從眾的高低，為個人在付出（失去自由、付出時間、付出錢財）與回收（被團體接受、成為團體核心、獲得地位）之間的平衡點。舉例來說，你所加入的社團將於星期天迎新，如果迎新活動對你而言是重要的，你會願意犧牲假期遵從團裏指派的任務，否則你寧願待在家中怡神養性。

(6) **文化因素**：不同文化下的成員擁有不同程度的從眾行為。受個人主義薰陶的歐美國家，處世態度就事論事，常以民主原則處理人際關係，個人與他人之間的權力差距小，對社會群體從眾傾向因而較弱。反觀集體主義下的中國人，人際網路關係密切，尊卑親疏脈絡分明，造成內團體之間親密熟絡，外團體則冷漠不和諧。而內團體的個人為了換取資源與安全感，常發展成強烈的從眾感而不自覺，另一方面，團體也要求個人具高從眾行為，以作為互惠的條件。

三、參照團體對從眾行為的影響

參照團體所產生的從眾壓力對消費決策具有一定程度的影響力，但影響的程度與消費者購買什麼樣的產品或品牌有關。本小節第一部分將討論在什麼情形，參照團體對消費者產品或品牌決策最具影響力。第二部分將探討目前處於青年或青少年階段的新世代，對名牌追逐與偶像崇拜狂熱的相關原因。

（一）參照團體對產品類別與品牌的影響

參照團體對消費者決策的影響力不一，有時對產品產生影響（買電腦還是機車；吃葷食還是素食），有時能左右品牌的選擇（買李維而不買凱文克萊牛仔褲；抽七星牌而不抽長壽牌香煙）(Bearden & Etzel, 1982)。要了解影響的程度，需要了解產品或品牌的類別。

產品基本上可分為兩個向度，每個向度又分為相對的兩類。第一個向度是產品為奢華品或必要品。**奢華品** (luxury goods) 指生活上不一定需要的產品，也不是每一個人都能買得起的產品，消費者購買奢華品主要以炫耀自

身品味 (類似於告訴別人我有、你沒有的情形) 或個人的興趣使然，如高爾夫球證。**必要品** (necessity goods) 指在當今生活水平中，大家都擁有的產品，沒有這項產品可能影響生活品質，例如手錶、微波爐等。第二個向度為產品是公開品或私有品。**公開品** (public goods) 是指展現在大眾面前公開性的產品，容易被品頭論足，例如西裝、汽車等。由於公開品公諸於外，不能太怪異或太偏離常規，所以參照團體的建議舉足輕重。**私有品** (private goods) 指個人專屬的產品，屬於私下消費性質，產品或品牌名稱不一定是大家知道的，只要自己喜歡即可，如吹風機、衛生綿。

兩個向度把產品的性質劃分為四個象限 (2×2)，如圖 9-2 所示。這四個象限分別為奢華公開品、奢華私有品、必要公開品及必要私有品。參照團體在上述象限中，對品牌或產品影響力並不相同。

1. 奢華公開品：對產品與品牌購買深具影響　圖 9-2 右上角為奢華公開品，亦即產品除了展現尊貴獨特外，也必須接受大家的"公審"，如高級白蘭地酒、高爾夫球證、健身俱樂部等。在這種情形下，消費者是不是擁有產品與選擇什麼樣的品牌，都強烈受參照團體影響：

其一，就產品而言，台灣的高爾夫球運動已成為一種尊貴的象徵，擁有一張高爾夫球證能夠在同儕面前彰顯自我地位與財力，所以一個人願意花昂貴價錢買球證，是受到參照團體影響的結果。其二，就品牌而言，台灣高爾夫球場約有 60 家，良莠不一，那一家球證能彰顯個人的身分與價值是很重要的 (例如大溪鴻禧高爾夫球場是社會名流常聚合的地方)，參照團體對於消費者應該購買哪張球證最具影響力。因此就奢華公開品而言，參照團體對產品及品牌的影響力都強。

2. 奢華私有品：對產品購買影響力強　在圖 9-2 右下角奢華私有品中，參照團體對消費者選擇哪類產品的影響強，但對品牌的影響弱，如浴室按摩浴缸、昂貴健康食品 (鯊魚軟骨、銀杏) 等。其一，奢華產品屬於炫耀性質，擁有這項產品能夠提升旁人對自己的身份的看法，所以是否購買奢華產品，容易受到參照團體的影響力。其二，私有品屬於個人自己私用，品牌不需在眾目睽睽下展現，參照團體對於消費者選擇什麼品牌並不會產生很大的影響。例如，昂貴的水療按摩浴缸具有水療浸浴及按摩的效果，消費者要不要在浴室安裝這項產品 (水療按摩浴缸) 主要考量到別人怎麼看的問題，

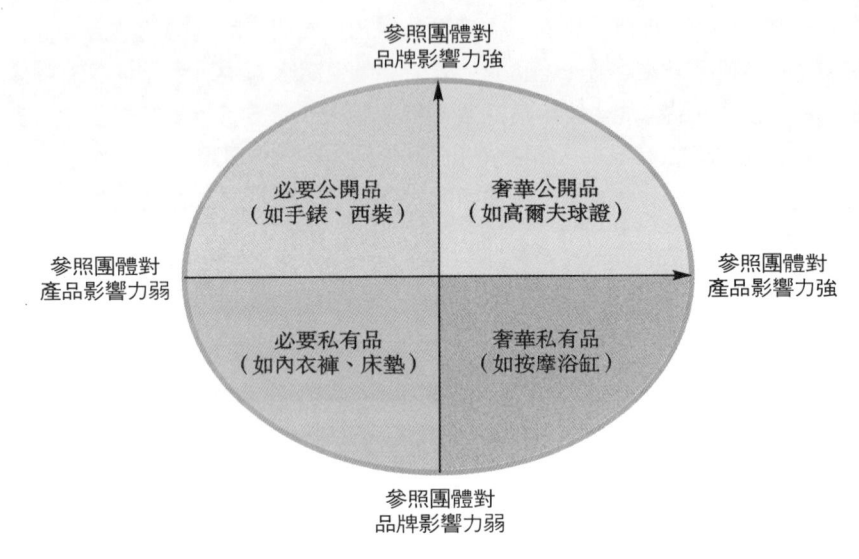

圖 9-2　參照團體對消費者決策（產品及品牌選擇）影響的程度
(根據 Bearden & Etzel, 1982 資料繪製)

例如安裝後能不能得到朋友的羨慕與讚賞等，故產品的購買深受參照團體的影響。其次，購買水療按摩浴缸已經達到炫耀的目的，加上按摩浴缸是自己在用，故擁有什麼品牌已經不是那麼重要，因此參照團體影響力對品牌的影響力弱。

3. 必要公開品：對品牌購買影響力強　在必要公開品上，參照團體對產品影響力小，但對品牌影響力大。以手錶為例，為了避免影響生活的品質，手錶是一般人生活不可或缺的產品（必要品），也因為每一個人都擁有手錶，故參照團體對消費者是否購買手錶這項產品，已經不具重要影響力。另一方面手錶是公開品，需要展現在眾人面前，佩戴什麼品牌的手錶，方能表現出自己的風格，對個人很重要（例如戴勞力士錶），在這種情況下，參照團體對什麼品牌是適當的影響程度高。所以就必要公開品而言，參照團體對品牌影響力強，對產品影響力弱。

4. 必要私有品：對產品及品牌都不具影響力　圖 9-2 左下角為必要私有品。因為產品屬於必要品不具炫耀性，參照團體影響力弱。另方面，私有品是指品牌純屬自己鑑賞，不需公諸於世，所以參照團體影響力也弱。因此就必要私有品如內衣褲、床墊、檯燈等，參照團體對產品及品牌都不具影響力。因此消費者購買決策上，產品品質變得很重要。例如購買床墊時，對於其軟硬度、價錢及顏色的考量，比鄰居的建議更為重要。

綜合而言，產品越需要在團體中公開使用者，參照團體的影響力也就越高。其次，產品越是屬於奢華性質者，參照團體的影響力也越強。

(二) 崇尚名牌與崇拜偶像

如果以年齡區分，受參照團體影響最大的族群為青少年，也就是目前的新世代人類。許多研究者都指出新世代具有強烈同儕個性，即同儕團體流行什麼，自己也要擁有的現象。在這種情形下，參照團體對新世代的產品購買及活動參與非常具影響力。底下我們將探討新世代人類對崇尚名牌和崇拜偶像的情形。

1. 崇尚名牌　名牌（主要指服飾名牌）代表著精品，象徵人類由獸皮裹衣到名設計師精心推出的奧妙結晶，也是社會物質文明進步的標記。我們在第六章時曾經提及在集體主義的社會下，人們為了與社會團體和平相處，不願突顯自己與眾不同，所以受大眾所喜好的品牌，常默默形成一種購買的標準，而在跟著買就不會錯的心理下，品牌躍升為名牌，地位也變得穩固。

追逐名牌的原因與台灣經濟水平的提升，與參照團體的從眾壓力有關：(1) 台灣經濟高度成長，產生可觀的消費力，而在"富"後求"貴"的心態使然下，許多人以購買高品質的名牌為手段，希望能從大眾通俗的品味中獨立出來，成為另一個品味卓然的群體，創造出超群的自我，此舉讓名牌的銷售量始終維持不墜。(2) 在團體大眾都穿著名牌的壓力下，個人自主選擇性大為降低，而"有樣學樣、惺惺相惜"的結果，消費者產生"別人買、我也買"的心態，來符合社會的規範。因此消費者購買名牌，並不一定是真正需要，而是區別身分的一種方式。

在上述的情境裏，新世代追求名牌是為了與同儕有相似的商品，這是一種從眾的表現，購買名牌也成了表達的手段而非目的。

2. 崇拜偶像　崇拜偶像是青少年社會化的一個重要歷程。當青少年將他人或團體當作崇拜的對象時，主要是希望自己也能變成對方，或視對方為學習目標，以享有偶像的尊榮，得到心理上的滿足與慰藉。造成偶像崇拜現

補充討論 9-1

放長線釣大魚的相關技巧

　　從衆是因參照團體的壓力而改變了自己的行為,但其反應是自己內在信念及態度的改變,而不是由特定對象甚至強制的力量迫使我們改變。順從與從衆則有所不同,**順從 (compliance)** 是指個人為了自身的利益或避免受到處罰,使得表面上不得不改變自己的意見或行徑,來符合他人要求的行為。換言之,俗話所說的"口服心不服"即為順從的意思。

　　在營利或非營利的溝通環境裏,別人對我們有所要求是司空見慣的,例如推銷員常要我們購買他的產品,候選人希望我們投他一票,慈善團體要我們捐款等。但是並不是每一個人都會開門見山的向我們提出要求,有時候用迂迴間接的方式反而更能奏效。在消費心理學中的溝通原則有所謂的多重要求法則。**多重要求 (multiple requests)** 指的是向消費者提出某種要求,隔了一段時間後,再提出另一種要求,這種將要求分不同階段提出的策略可增加對方接受的可能性,通常有三種應用的技巧 (丁興祥、李美枝、陳皎眉,1988):

　　1. 得寸進尺法 (foot-in-the-door technique) 指個人在一開始的時候只提出很小的要求,當這個小要求為對方所接受,之後再提出一個大要求,則這個大要求被接受的機會比當時直接提出要大得多。例如在一些商品展示會場中,銷售員常常先請顧客看一些免費的小樣品,並請他們留下聯絡住址,以方便把這些樣本寄過去,人們對於這種無害的小要求通常會欣然接受,但是等到顧客收到免費樣本的一段時間後,銷售員常常又會寄出 (或用電話推銷) 一些他們真正想要推銷且價格不低的產品,這種增加銷售機會的方式,就是一種腳在門檻內技巧的應用。

　　2. 以退爲進法 (door-in-the-face technique) 與得寸進尺法相反,即先提出一個對方肯定會拒絕的大要求,之後再提出一個小要求,則這個小要求為對方所接受的機會,將比直接提出小要求要高得多。例如許多問卷訪員常先詢問可能的受訪者,是否願意加入消費者固定樣本的測試,每個月定期討論一次?由於這個要求太大,通常沒有人會答應,之後訪問員才提出一個小要求,詢問可能的受訪者是否願意填寫十分鐘的問卷訪問,這兩階段的問法被接受的機會將比直接要求受訪者填寫問卷要有效得多。

　　3. 低飛球技巧 (low-ball technique) 指先提出一個合理且具吸引力的要求,當對方高興答應後,卻在中途變卦提出一個較大的要求,通常後面的要求不是原先所預期的,但許多人仍然會接受。例如你要買一部電腦,起初推銷員提出一個很吸引人的條件與價錢,你覺得非常划算也同意買下,但之後推銷員又提出了一些新要求 (要加入會員,要附帶買其他裝備),雖然這個要求當初並沒有提到,條件也變的不那麼吸引人,但是許多人還是會在喃喃抱怨中把它買下,這就是低飛球技巧。低飛球技巧事實上為得寸進尺法的一種變形,兩者都是先向當事人提出小要求,等到對方答應了,才提出一個更大或比較不吸引人的要求,而低飛球技巧所以有效,主要在於人們信守承諾,就算原先的條件已經消失或修正,許多人還是會遵守當初的承諾與決定。

象可以說是參照團體影響力所引起,也是青少年心理欲望的投射與補償,說明如下:

(1) **參照團體的影響力**:青少年的發展階段正處於脫離父母呵護,尋求獨立自主的階段,在這個過程中,常常會出現探究"我是誰"或"我像誰"的問題,而在父母無暇管教加上學校沈重的課業壓力下,同儕團體成了青少年極為重要的人際關係團體,同儕態度與觀點也順理成章的影響了青少年的人格發展。為了有相同的話題,增進彼此的了解,討論偶像、崇拜偶像、購買偶像周邊商品,成為同儕友伴之間重要的溝通方式。

(2) **個人心理層面的滿足**:青少年在成長過程中,不斷摸索自我形象,尋找自我價值。因此當遇上一個理想的形象時,便容易產生心理投射與補償的情形。**投射** (projection) 是指個人有不被社會認同的人格特質時,常藉由否認擁有該特質,並加諸於他人的行為。歌手伍佰特立獨行的造型,往往受到稍具叛逆感的青少年喜歡就是一種投射作用。**補償** (或**代償**) (compensation) 則是指青少年自己所欠缺的或無法實現的,投諸在崇拜偶像的身上得到抒解的心態。例如崇拜藝人瑞奇馬汀、趙文卓往往是一種"帥性不足"的補償作用。

在參照團體的從眾壓力與個人心理滿足下,崇拜偶像成了青少年共通的社會語言,雖然,偶像崇拜的對象可以是老師、父母、影藝紅星、公眾人物等,但以大眾傳媒的藝人最受歡迎。由於青少年常以消費來表達對事情的看法,更助長了追逐偶像訊息與購買偶像周邊商品的傾向,而為了擁有藝人最新的話題與同儕團體溝通,避免被譏為落伍,新世代人類經常更換偶像 (約三個月換一次),喜新厭舊的特性非常明顯。這種現象與嬰兒潮崇拜傳記偉人 (如關雲長、岳飛) 忠誠常駐的情形是不同的 (夏心華,1994)。

崇尚名牌及崇拜偶像都是從眾的現象,從行銷者立場而言,如何讓消費者因從眾而產生漣漪效果是他們所關心的。事實上,在社會心理學中,與從眾相似的順從觀念也常被巧妙的應用在說服技巧中,請見補充討論 9-1。

第二節　參照團體的影響力

有些人相信遵循別人所設定的標準去做即可獲得酬賞，因而跟著做，這是一種參照團體的規範性影響。有些人不知道怎麼做，所以模仿團體行為以確保自己不會犯錯，這是一種參照團體的訊息性影響。還有一些則認同團體所表現的特性或價值觀，進而表現出與團體一致的行為，這是參照團體的比較性影響。上述各種影響消費者從眾行為的因素與性質各有不同，所以如何分辨影響力的類型，為本節探討的重點，表 9-1 列舉出影響力的目的、影響力來源的特性，及消費者行為反應來說明三種影響力類型。下文將進一步說明訊息性影響、比較性影響及規範性影響的意義與內涵。而有關三種參照團體影響力的評估，請見補充討論 9-2。

表 9-1　參照團體影響力類型

影響力類型	影響力的目的	影響力來源的特性	消費者行為反應
訊息性影響	獲得知識	信賴性	接受
比較性影響	自我形象維護與增長	相似性	認同
規範性影響	獎勵	權威性	服從

(採自 Burnkrant & Cousineau, 1975)

一、訊息性影響

有關參照團體的訊息性影響將以訊息性影響的意義，與訊息性影響如何減少消費者決策流程等兩點做為說明。

(一) 訊息性影響的意義

訊息性影響 (informational influence) 指參照團體提供產品的訊息或使用方法給消費者，進而影響消費者決策的過程。通常在缺乏訊息之際，以模仿團體行為確保自己不會犯錯時最為明顯。底下將以訊息性影響的來源與傳遞的方法、影響效果最佳的團體，及影響效果最佳的情形作一說明。

1. 訊息性影響的來源與傳遞的方法　參照團體的訊息性影響分為正式與非正式的來源。正式來源包括公文、開會等訊息，例如會議中主管指導銷售員怎麼做，或者主管聽取專家的建議等，都屬於正式來源。非正式的管道主要指朋友之間的口耳相傳，口耳相傳在訊息性影響中非常重要，將在第三節說明。

另一方面，參照團體傳遞訊息的方法包括直接驗證、指導或經由消費者的觀察而來，所以聽從藥劑師建議購買普拿騰治療頭痛，或者看到柯達底片拍出不凡的照片而跟進使用，都屬於訊息性影響的結果。

2. 影響效果最佳的團體　具專業性、權威性或經驗性的參照團體所產生的訊息性影響最具說服效果，包括：(1) 各行各業的專業人士，例如律師、醫師、藥劑師、汽車技工或推銷員等；(2) 對產品持高涉入者，如電腦或汽車玩家；(3) 有豐富經驗的朋友，如初為人母者在面臨嬰兒感冒時，常詢問有撫育子女經驗的朋友尋求協助即是。

3. 影響效果最佳的情形　消費者受參照團體的訊息性影響最為明顯的包括下列兩種情形。其一，消費者希望在有限的預算下，購買到物超所值的產品時，常尋求有經驗者（如推銷員）指點迷津。第二，當消費者對產品知識或經驗貧瘠時，尤其是手機、數位攝影機等高科技產品，參照團體所提供的訊息最能發生影響力。

研究指出，參照團體訊息性影響比廣告的效果要好，且參照團體訊息性影響以具專家特性者（如有專長者或有經驗者）最具說服性 (Bobertson, 1971)。因此廣告訴求上，以專家本身的專業知識代言，可信程度將大為增加。例如，以汽車雜誌的編輯身份推薦值得信賴的汽車，對消費者購買有明顯影響。

(二) 訊息性影響縮減消費決策流程

在第一章曾經提過，消費者在進行購買決策時，需經歷問題認知、訊息收集、方案的評估與選擇、購買時決策以及購買後行為等流程。然而在整個過程中，如果加入了參照團體的訊息與建議時，上述的決策流程將會明顯的減少 (Rosen & Olshavsky, 1987)。在一篇研究中，研究者詢問消費者，當

補充討論 9-2
三種參照團體影響力的評估

參照團體所產生的三種影響力對消費者購買都可能產生衝擊。當銷售員建議消費者哪個產品比較好時,是一種訊息性影響。當消費者發現銷售員與自己有相似的需求和特性,進而購買所推薦的產品時為比較性影響。當銷售員告訴消費者不買這個產品將跟不上流行時,是一種規範性影響。

比較三種影響力,哪一種的效果最佳?曾有研究指出當產品屬於高科技時(如汽車、彩色電視機、電腦),或需要諮詢許多訊息的服務行業(保險、醫院),受到訊息性影響的情形最明顯。而比較性影響在自我表達或自我界定產品(如汽車、服飾、家具)最具效果。另外,汽車及衣服外顯性強,容易受到團體壓力而從眾,產生了規範性影響(Park & Lessig, 1977)。然而這個研究還是沒有說明消費者購買汽車時,哪一種參照團體影響最具效果。

從影響本質來探討三種影響力的層次關係,訊息性影響可視為另外兩種影響力的核心,因為比較性與規範性影響的內容裏,都包含了產品訊息的說明:

1. 比較性影響隱含著訊息性內容 當消費者因為周遭朋友為了健康紛紛戒煙,自己也跟著戒煙時,是一種比較性影響的結果。但不可否認,不抽煙有益身體的訊息,也是影響消費者決定不抽煙的原因,這是一種訊息性的影響。換句話說,兩者共同影響著消費者戒煙的行為,因此比較性影響隱含著訊息性內容。

2. 規範性影響提供了訊息性內容 消費者在團體規範性影響下,購買與團體相同的產品(品牌),這個行為可獲得獎賞與避免懲罰。但是從另外一個角度來說,參照團體所推薦的產品,是經過大家鑑定後的精品,從眾者購買相同的品牌,等於獲得參照團體保證(這個產品的品質,已經通過專家或大家的評鑑,毋須存疑),而專家權威的建議等同於一種訊息性影響。所以規範性影響要求成員異中求同,但在趨同的過程裏,隱含著產品訊息是值得信賴的。

3. 訊息性影響產生較好的說服效果 最近的研究也認為,不管何種原因使成員結合在一起,團體能夠持續的維繫最大的原因是組員間彼此討論分享知識,進而改變彼此的信念,這是一種資訊的交流影響(Ward & Reingen, 1990)。

綜合上述的說法,無論是比較性或規範性影響都隱藏著產品的訊息內容,因此參照團體最主要影響力還是訊息性影響。許多學者也認為,在開放多元的社會,參照團體透過值得信賴的訊息來影響消費者購買,比樹立規範要個人去遵從(口服心未必服)效果要來得好。所以以代言人介紹嘉裕西服的優點,如質料優良或攜帶方便(訊息性影響)等特點,所產生的效果比強調不穿嘉裕西服容易遭同事鄙視(規範性影響)好。吸塵器廣告裏,家庭主婦介紹吸塵器功能的優點,比描述傳統婦女應該用吸塵器打掃家庭,保持家裏清潔的規範遵循,也更具說服性。

他們購買披薩（或購買音響）時，如果參照團體提出品牌建議時（例如買達美樂），會不會影響到他們的決策？歸納消費者回答分為三類：第一類，直接依照參照團體的建議購買，省略方案的評估與選擇階段。第二類，將參照團體建議當成訊息來源之一，仍進行方案的評估與選擇。第三類，依參照團體提供的訊息，縮小選擇品牌的範圍，再評估這些縮小剩餘的方案。結果指出不管低風險產品（比薩）或高風險產品（如音響），消費者大都選擇第一與第三個答案，這些答案透露出參照團體訊息提供，確實能夠加速購買決策。

二、比較性影響

有關參照團體比較性影響的內涵，將以比較性影響的意義與行銷者如何應用比較性影響為說明重點。

（一） 比較性影響的意義

比較性影響（comparative influence）指消費者認同參照團體的特性與價值觀，進而表現與團體一致的行為。所以當消費者購買產品是為了求得與參照團體的相似性，我們稱參照團體產生了比較性影響。例如人們學習打高爾夫球，以接近成功企業家的生活型態，就是受了成功企業家這個參照團體的比較性影響。一般咸認，有相似社會背景、態度或能力的團體，最容易成為比較的對象，影響的效果也較為明顯。例如你不會因為影星王羽開勞斯萊司轎車而感到嫉妒，反而可能因為公司裏的老王買了一台雅歌（Accord）汽車，把你的喜美（Civic）比下去而感到忿忿不平。

因參照團體的比較性影響是基於同質比較，所以是一種社會比較現象。一般而論，當個體在判斷一件事件時，必須要有一個可茲比較的標準。如果被判斷者為物理性質事件，我們可以利用客觀的儀器測量驗證得到解決，例如兒童受風寒是否發燒，用體溫計一量即可得知。但是如果判斷的事件屬於抽象的變項時，如正確、錯誤、美、醜，善良、邪惡等，就沒有客觀的儀器能夠測量，我們只能拿與自己社會背景相似的人所認可的標準當作比較的基礎，因為大家都認為正確的或共同認可的，就是社會的真實面。因此**社會比較理論**（social comparison theory）認為我們對於一些正確、錯誤、美、醜的抽象事件，是沒有辦法自行判斷的，需要與別人親近，並把自己的態度信念與別人做比較後，才能確定自己的"真實"程度 (Festinger, 1954)。研究指出，以戒煙成功者代言不吸煙保健康的概念，對吸煙者所產生的說服效果，比其他類型的代言人要好，因為兩者本質相似，容易使接收訊息的消費者產生認同的作用，改變相關行為。

(二) 比較性影響在行銷上的應用

由於一般人都喜歡尋找相似的他人作為評估比較的標準，並藉此修正自身的行為，因此想藉由參照團體產生比較性影響的行銷活動，首要考量的因素在於影響者與被影響者之間的相似程度。從這個角度來說，同事、親戚、鄰居以及社團朋友的消費方式，才是消費者主要的參考標準，這些團體也容易對個人的消費方式形成壓力。行銷者在產品代言人選擇上可善加利用這些團體。

值得一提的是，行銷者所提供的比較團體，如果與消費者本身的特性差異太大時，反而容易產生反效果。在一個實驗中，研究者請大學女生觀看雜誌廣告。其中一組大學女生看到的廣告都是身材玲瓏、面孔姣好的模特兒替產品代言。另一組則只看到產品本身廣告而沒有人物。看完廣告後，研究者又拿出一些大學女生的照片，並請這兩組大學生就這些照片的漂亮程度打分數，也順帶的對自我的外表作一個評估。結果指出，在自我外表評估上，先前接觸漂亮模特兒的一組，比未接觸的另一組更不滿意自己的長相，再者，他們對於大學女生照片的評比分數也明顯低於另外一組。

研究者解釋，接觸到漂亮模特兒的一組，內心容易引起與模特兒比較外表的傾向，但在比較後所產生的挫折感，除了對自己長相不滿意外，也貶抑大學女生照片的漂亮程度 (Richins, 1983)。換句話說，行銷者使用太漂亮的偶像代言一些美容產品時，將使許多人無法進行社會比較 (或比較後因差距太大而信心全失)，在這種反彈下，常引起"與我何干"的感覺，於是產生"我又不是明星，我不需要好身材 (或不需要用那個產品)"；或者"哪些人本來就天生麗質，不一定是產品的功效"的想法。這些想法都會降低廣告的效果，在策略應用上不得不慎。

三、規範性影響

有關參照團體規範性影響的內涵將以規範性影響的意義,行銷者如何應用規範性影響做為說明重點。

(一) 規範性影響的意義

規範性影響 (或常規影響) (normative influence) 是指個體為了得到參照團體接納喜愛或規避懲罰,進而遵循團體的規範與期待。在規範性的影響下,消費者要得到團體的讚賞,必須扮演好在團體中所擔任的角色。

規範性影響在下列三種情形最為顯著。第一,消費者遵從規定時,團體能夠馬上給予獎勵,偏離規定時給予懲罰。第二,遵從規範的行為可被其他成員直接觀察,亦即所謂的觀察學習。第三,消費者對於獲得獎勵或避免懲罰抱持強烈的動機時。研究證實上述三種狀態都深具效果,尤其在其他成員可以直接觀察到獎勵行為時,效果最為明顯 (Bearden & Etzel, 1982)。

參照團體的規範性影響有些是不理性的,在青少年同儕中這種現象更為顯著。例如許多學生把穿著流行名牌當成一種團體規範,而為了避免被團體排擠,子女們不得不要求父母幫他們購買名牌服飾 (如耐吉球鞋),這種從眾行為除了造成學生就學適應不良外,對許多經濟狀況不好的父母,更是雪上加霜。所以從消費者教育的立場而言,教導小孩如何樹立自己獨特的穿著風格,以及如何抗拒團體從眾的方法,對於營造獨立自由的學習空間將有直接的助益。相似的道理也可應用於青少年如何抗拒同儕在抽煙、喝酒或吸食毒品所產生的從眾壓力。

(二) 規範性影響在行銷上的應用

行銷者如何應用規範性影響,改變消費者的行為?底下分三點來說明。

1. 廣告腳本的應用 利用廣告以產生規範性影響的作法有二:其一,利用社會讚賞的方式 (亮麗的秀髮、閃閃發亮的地板、寧靜舒服的冷氣、好喝的咖啡),強化消費者"選了好牌子等於做對了事"的概念。例如,主婦選對了櫻花牌吸油煙機,廚房不再煙霧瀰漫,也有著乾淨的空間即為一例。

其二,行銷者常利用警告的方式,告訴消費者不用他們的品牌,將違反生活的禮儀與常規。例如在公共場所掉落頭皮屑是不禮貌的行為,購買海倫仙度絲洗髮精,則可獲得解決。其他如漱口水、口香糖 (防口臭)、保險 (防意外) 等產品,都可應用類似的方法傳達產品訊息。

2. 人員銷售的應用　在直銷的產品展示中,可直接利用團體規範所產生的社會壓力,來引發一連串的從眾行為。例如,身為推銷員者在介紹產品特性之餘,可不時注意每個聽講者的表情,尋找看起來欣賞產品的人 (例如面帶微笑,或不時點頭者)。在產品說明完成後,就請這位聽講者發表一些意見或看法。由於這位聽講者在肢體語言已經透露出對產品的好感,因此可預期的他將以正面的態度來評論。接下來的作法將可如法泡製,找出其他看起來喜歡產品的聽眾,並請他們講述對產品的看法。當過程持續進行時,勢必形成一股喜歡產品的規範性壓力,最後推銷員再找出一開始對產品不表好感的聽眾 (一語不發、皺眉),請他發表意見。上述作法就是利用參照團體的從眾壓力,當第一個聽講者同意產品優點時,已經起了帶頭的示範作用,加上接二連三的支持聲浪,對不表同意的聽眾逐漸形成壓力,迫使他們放棄初衷,附和大家的意見,甚至改變原有的想法,產生正面的評價。

3. 角色產品群的應用　消費者在扮演角色時,需要一些"道具"協助,以突顯角色。換句話說,為了傳達所扮演的角色意義,消費者使用許多相關聯的產品來詮釋角色。我們稱這一群幫助消費者完成角色期待,滿足角色需求的產品為**角色產品群** (role-related product cluster)。舉例來說,當消費者加入環保團體,即扮演了環保消費者的角色。為了讓這個角色符合規範行為,其可能使用的角色產品將包括:回收紙、太陽能手電筒、腳踏車、省水馬桶等,如果行銷者把這些產品連結在一起成為一組時,消費者購買之餘,使用了一個產品就會想到另外一個,而行銷者在促銷時,推銷一個產品也會引起漣漪的效果。因此使用角色產品群的方法可使產品策略化整為零,省卻了個別推銷的麻煩,對產品的定位與促銷有極大的助益。另一方面,消費者因為遵循角色規範,常把角色相關聯的"產品組"當作購買單位,而非以"個"為單位,對增加每個相關產品的銷售總量有直接效果。

第三節　口碑傳播的基本意義

口碑傳播的效力無遠弗屆，我們可由一休和尚機智的小故事來了解。有一個騙徒拿了一尊假佛像到當鋪點當，騙稱佛像是純玉打造，市價為五到六兩黃金，但是因為急需用錢，所以想用二兩黃金抵押，並約定隔日贖回，如果逾期未贖，則願意再加一兩黃金當作罰鍰。當鋪老闆娘一時起了貪念，不察真偽即匆匆成交，騙徒得手後也就逃之夭夭。隔了幾天後，老闆自外返回鑑定佛像才知受騙深感不平，但是人海茫茫，無從追蹤到騙徒的下落，在苦無良策下找了一休和尚幫忙。一休和尚苦思之後決定以口耳相傳的方式散布一則訊息，訊息的內容說著：當鋪遺失一座顧客點當的尊貴佛像，老闆心急如焚，因為當初與點當人約定好了，倘若贖回佛像時店內無法交貨，則必須賠償十兩黃金。如此訊息經市井小民四處散布，果然傳到騙徒耳中並信以為真，於是向他人借了二兩黃金及一兩罰鍰回到當鋪，想趁機向老闆索取十兩賠償金。故事結局當然是佛像安好無恙，原封不動還給了騙徒，而當鋪除了拿回原來的二兩黃金外，還多賺了騙徒一兩罰鍰。本篇故事的目的雖然在於彰顯一休和尚的機智，但也說明口碑傳播在訊息傳達的重要性。

口碑傳播（或**口碑相傳**）(word-of-mouth communication) 是指兩個以上的消費者，在不偏袒廠商的前提下，彼此交換產品的意見、想法及訊息。對消費者而言，同儕之間的口耳相傳能夠降低購買的風險；對行銷者而言，產品有好口碑，顧客不請自來，節省許多的廣告費用，口碑傳播的重要性可見一般。

本節將針對口碑傳播作深入的了解。首先將討論口碑傳播的相關概念，其次將說明口碑傳播的過程及相關的理論，最後則針對負面口碑傳播及謠言作一探討。

一、口碑傳播的相關概念

有關口碑傳播的概念將探討下列三個子題，首先是口碑傳播內容，其次是產生口碑傳播的原因,最後是口碑傳播的可信程度。

(一) 口碑傳播的內容

口碑傳播的內容由說者開始傳達訊息給聽者收到訊息結束,大抵可以分為三個部分 (Richins & Root-Shaffer, 1987):

1. 說者所提供的產品訊息 例如當你詢問你的朋友:哪一家英文補習班,能讓英文短期間突飛猛進?如果朋友答道:地球村、科見、何嘉仁、美加美語補習班等資料時,就是提供產品訊息。

2. 說者個人對產品的建議或忠告 如果你的朋友繼續告訴你,這幾家補習班中,科見美語師資優秀,價錢合理公道時,就是給予忠告。

3. 說者個人的經驗 主要指其購物經驗的甘苦談,或借用別人類似的遭遇,來支持自己所給予的忠告。例如,你的朋友推薦科見美語時,也會加入自己 (或他人) 的經驗,包括自己被哪一家英文補習班騙錢的案例,或為什麼推薦科見美語補習班的理由等。

綜合上述三個部分,口碑傳播的內容可區分為兩個向度。其一為告知向度,主要是讓聽者知道產品的特性,屬於口碑傳播的客觀訊息。其二為影響向度,組成的內涵包括說者提出的建議與其個人經驗,目的是讓聽者知所進退,屬於口碑傳播的主觀訊息,也是口碑傳播的核心。

(二) 產生口碑傳播的原因

口碑傳播的速度非常快,尤其是一些小道消息,往往一傳十、十傳百,以迅雷不及掩耳的方式散布在人群當中。而催化口碑傳播的快速散播原因在於兩點:第一,消費者喜歡"傳";第二,消費者喜歡"聽"(Summers, 1971)。

1. 消費者"傳"的動機 消費者產生傳達訊息的主要動機包括下列幾點:

(1) 當消費者對產品有強烈的興趣,常滔滔不絕的談論產品,以獲取自我滿足及權威感,產品的口碑也不知不覺的宣揚出去。例如電腦行家常不自知的把話題拉到自己新買的電腦,並對產品屬性高談闊論。

(2) 消費者購買產品後,深怕不被朋友認同,故喋喋不休向他人述說產品的好處,並希望大家能買與他(她)一樣的產品,增加自己沒有"買錯"的信心。

(3) 為了融入團體或為團體所喜歡,消費者常藉由傳達新產品訊息,或提供產品內部消息等,來吸引團體成員的注意,口碑傳播於焉產生。

2. 消費者"聽"的動機　消費者喜歡聆聽他人對產品提供的訊息:

(1) 從親朋好友處所聽來的產品消息,比媒體廣告或店裏銷售員所提供的訊息更為公正、可靠,而可信賴的訊息對產品口碑的蔓延有加速的效果。

(2) 當消費者擔心購買產品可能產生風險時(如產品價格昂貴、缺乏客觀的訊息、或擔心他人對產品不能認同等),常藉由打聽消息,聽取別人對產品的建議等方式來降低風險,這個互動的過程產生了口碑傳播。

(3) 消費者沒有足夠的時間去收集訊息,因此聽取別人怎麼說,成了最容易獲得產品訊息的方法。

(4) 一般人喜歡看到推薦產品的人有滿足感,自然就聆聽他們的建議,因而產生潛移默化的影響效應。

(三) 口碑傳播的可信程度

在第五章談論態度的形成與改變時曾經提及,訊息源可信程度是指傳訊者所傳達的訊息內容的信賴感與專業性。一般而論,口碑傳播的可信程度遠高於一般的媒體傳播。其一,就口碑傳播內容的信賴感而言,傳遞訊息者其目的不是為了幫廠商打廣告,而是述說購買產品的心得,所以對於產品優缺點的評論態度較為公正客觀。其二,就口碑傳播所傳達的專業性來說,傳達口碑者雖然不是專家學者,但其產品知識卻是由實際的使用經驗累積而成,故提出的建議也具有某種程度的專業性。職是之故,消費者信賴口碑傳播的程度,遠遠超越大眾媒體傳播。

諸多的研究也證明上述的論點。曾有研究調查什麼因素最能影響消費者的購物決策,所詢問的產品類別高達 60 種。結果顯示,因口碑傳播而作成購買決策的產品總數,是廣告效果的三倍。另外一個早期的研究指出,口碑傳播效果比收音機廣告好兩倍,比推銷員好四倍,比雜誌或報紙廣告好上七倍 (Katz & Lazarsfeld, 1955)。

上述的研究說明了口碑傳播是消費者決策的重要依據，尤其當參照團體能被消費者視為產品諮詢管道時，效果更為明顯。例如蜜絲佛陀SKII推出之際，銷售能夠瞬間常紅，與網站中消費者經驗分享所造成的正面口碑有很大關係。然而，口碑傳播並非在任何情境都有絕對的影響力，譬如在購買汽車的時候，如果消費者對這個品牌已經有很強的忠誠度時，或者對這個款式有負面評價時，口碑傳播的效果就不彰顯 (Herr, Kardes, & Kim, 1991)。表 9-2 列舉了幾種可能增進或削弱口碑傳播效果之狀況。

表 9-2　影響口碑傳播效果之狀況

口碑傳播具有明顯影響力之狀況	口碑傳播不具明顯影響力之狀況
產品剛上市，消費者對產品尚未形成態度或印象	消費者對產品已經有很強的忠誠度
產品功效較為抽象，需要他人說明才能了解	產品屬性是實質的，也是可以試用的
消費者對產品涉入程度深，常以產品與他人溝通，影響他人的購買	產品在外觀、樣式、屬性上，可明顯的與別的產品區分出不同
當產品風險性高時，需要詢問他人對產品的口碑，降低不確定性	產品經（廣告）客觀詳細的介紹，消費者知悉產品特性
消費者對產品存有正面態度	消費者對產品存有負面態度

(採自 Herr, Kardes, & Kim, 1991)

二、口碑傳播的過程

口碑傳播的過程一般是指意見領袖與訊息接收者之間如何產生互動的情形。為求深入了解傳播的途徑，本小節先由口碑傳播理論說起，包括口碑傳播如何由古典二階段流程演變到多階段流程。其次再由口碑傳播網路圖的概念說明強連結與弱連結對口碑傳播效果的影響。

（一）　二階段與多階段流程

意見領袖與訊息接收者在口碑傳播的途徑扮演的角色為何？一直是消費者心理學重要的議題。早期研究認為口碑傳播是一種二階段的流程 (Katz

& Lazarsfeld, 1955)，近期則認為口碑傳播是多階段的流程，說明如下：

1. **二階段流程**　在第二次世界大戰之前的傳播理論認為大衆傳播是影響消費者購買的主要原因，直到二階段流程理論的創立，研究者才開始注意到一般人購物大部分是受了別人的影響而不是大衆傳播的影響。**二階段流程** (two-step flow) 指出產品的訊息是由大衆傳播傳遞到意見領袖，再由意見領袖傳給一般消費者。在這個流程裏，意見領袖比其他人更容易接觸大傳媒體的訊息，所以是口碑傳播流程的中間媒介，而**意見接收者** (opinion receivers) 或叫跟隨者，則被動的接受意見領袖所給的訊息，一般的消費者都屬於這一類，詳細傳遞過程如圖 9-3。因此假設你想要購買手機並詢問對手機一向有研究且喜歡出點子的朋友 (意見領袖)，如果他建議你購買諾基亞 8850 手機，因為該手機在廣告中所散發出成熟男性的形象無懈可擊，傳播流程所經歷的過程即為二階段流程。

大衆傳播 → 意見領袖 → 意見接收者

圖 9-3　二階段口碑傳播流程

然而意見接收者並非被動、消極，他們除了從意見領袖處收集訊息外，也會從媒體及**訊息收集者** (information gatekeepers) (指將收集到的產品訊息主動提供給意見領袖及意見接收者，但不去影響他們的決策，如流行雜誌編輯群) 多處獲取訊息，再者，意見接收者也常從自己的觀點回饋訊息給意見領袖。口碑傳播流程就不只是二階段了。

2. **多階段流程**　根據口碑傳播二階段流程的一些缺失，後續的研究者將原模式修訂為多階段流程，見圖 9-4。在**多階段流程** (multi-step flow) 中，大衆傳播的產品訊息大部分由訊息收集者以及意見領袖接收 (以實線代表)，小部分則流向意見接收者 (以虛線代表)。訊息收集者同時提供訊息給意見領袖及意見接收者 (以實線代表)，另外，意見領袖與意見接收者之間是雙向溝通 (以雙箭頭代表)。多階段流程獲得許多實證的支持，尤其是意見接收者接受訊息的過程，確實受到意見領袖、廣告及訊息收集者三者共同的影響。另外，在意見領袖與意見接收者，以及訊息收集者與意見接收者之

```
┌─────────────────────────────────────┐
│              ┌─────────┐             │
│         ┌───►│訊息收集者│───┐         │
│         │    └────┬────┘   │         │
│         │         │         ▼         │
│    ┌────┴───┐  ┌──▼──────┐  ┌────────┐│
│    │大眾傳播者│─►│意見領袖 │◄─►│意見接收者││
│    └────────┘  └─────────┘  └────────┘│
│         └──────────────────────▲      │
│                                 │      │
└─────────────────────────────────┘
```

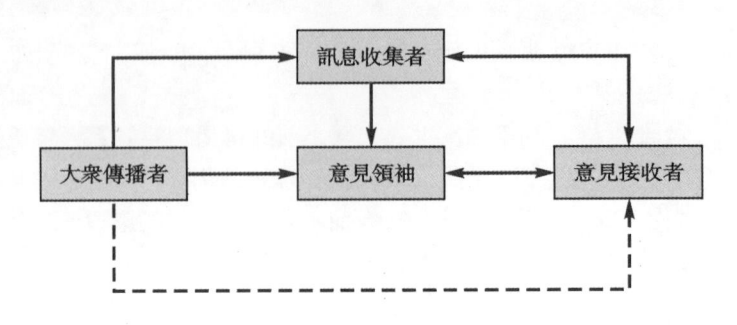

圖 9-4　多階段口碑傳播流程

間也呈現交互傳達的現象 (Still, Barnes, & Kooyman, 1984)。所以分析購買諾基亞 8850 手機的原因，如果大部分是因為意見領袖朋友直接建議，以及詢問在全虹通信公司上班的朋友所致，少部分是被諾基亞 8850 手機廣告吸引，則這個購買結果所經歷的傳播流程即為多階段流程。

(二)　口碑傳播網路圖

牙醫診所、髮型設計店，或是一些麵包店，雖然沒有大登廣告宣傳自己優良的技術或品質，也沒有華麗的裝潢吸引顧客，但卻始終門庭若市。人潮絡繹不絕，最可能的原因就是好口碑造成顧客之間奔相走告的漣漪效果。

要建立口碑行銷首先要了解口碑傳播的網路系統。本小節先以案例了解口碑傳播訊息的行走路徑。其次再說明為什麼弱連結網路有更好的口碑傳播效果。

1. 口碑網路圖的傳遞流程　圖 9-5 是以質化訪談方式所繪製的口碑傳播網路圖，說明某一大學女生團體如何將一家新開的美髮設計店的訊息傳遞出去。A、B、C、D、E、F、G、H、I 代表九位彼此互相認識的朋友，但熟識程度不同。其中兩者關係密切稱為**強連結** (strong tie)，兩者關係平淡稱**弱連結** (weak tie)。再者，九位認識的朋友並不一定互相傳遞訊息。其中有箭頭的線段，表示兩者有訊息傳遞關係，例如B與C即為這種關係。沒有箭頭的部分，代表兩人之間不談論與訊息相關的議題，例如F與E；F與H之間都呈現這種關係。

圖 9-5 中可知，由於 A 四處傳遞美髮設計師的訊息，所以我們可以

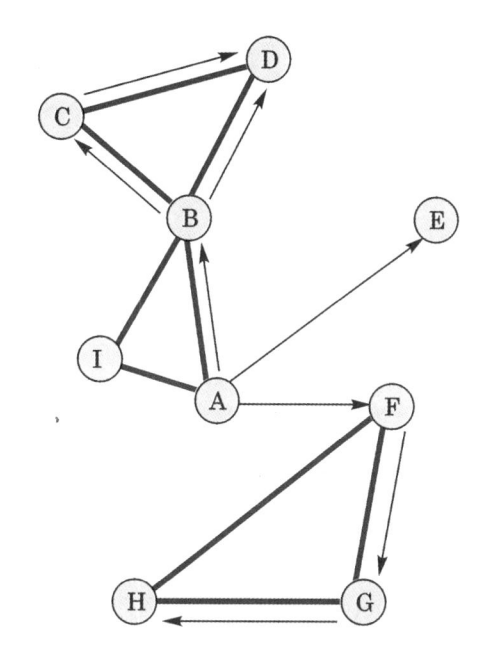

圖 9-5 口碑傳播網路圖
說明：箭頭表示訊息傳遞方向，有粗線段的雙方表示強連結，沒有粗線段的雙方表示弱連結。

假設A是一位意見領袖。由實線可知，A 與 B；A 與 I 之間關係熟絡，但 A 把推薦髮型設計師的訊息傳給 B、E 與 F，卻沒有傳給 I。接著 B 又把訊息傳給 C 跟 D，G 又從好朋友 F 得知，F 的消息都是由不熟的 A 所給，E 得到美髮師訊息也是由不熟的A傳遞。

分析上述的口碑傳播途徑，可歸納出口碑傳遞的幾個特徵。第一，強連結 (兩個好朋友) 並不一定會傳遞產品訊息，例如 A 與 I 有很好的交情，但卻沒有傳遞美髮設計師的訊息，可能的原因是這個話題不是他們平日談論的範圍。第二，網路圖上也會出現類似小團體的情形，他們有很好的友誼關係，也傾向於相互傳遞產品訊息 (無話不談)。例如 F、G、H 為一個關係較好的小團體，而 B、C、D 則為另一個小團體。第三，從傳播網路圖上可算出誰獲得訊息的傳播路線最長？誰又是最短？例如圖 9-5 中，H 得到訊息的線段最長 (經由 A、F、G、H) (Mowen, 1995)。

從上述的研究可以了解，人際關係強弱與訊息的走向，交織而成的社會網路形成了口碑傳播。傳遞訊息的速度有些快，有些慢；接收者對訊息的處理，有些既收又傳，有些只收不傳，使得口碑相傳呈現複雜與多元性。

2. 弱連結在口碑傳播的優勢現象　口碑傳播網路圖在另一篇研究鋼

琴教師口碑傳遞時，也得到相似的結果 (Brown & Reingen 1987)，唯一要補充的地方是，弱連結較之強連結有更好的傳播效果。舉例來說，圖 9-5 中，B、C、D 三者是強連結，由於好朋友之間互動頻繁，所以 B 傳訊息給 C 與 D，C 又傳給 D，而 D 早已經知道了，C 與 D 之間的通路是重復的。換言之，在一個強連結之內，成員之間互有聯繫，所以傳遞訊息比較容易，但因為重復的通路很多，也造成一些訊息傳遞的浪費。

相對的，弱連結之間不太會有這個浪費。弱連結傳遞訊息是產生在兩個團體之間，而訊息從一個團體傳到另一個團體，有時僅靠各有一名相互認識的成員，並依賴這條唯一形成的通路來傳遞，這條唯一通路稱之為橋，橋是一個弱連結也是口碑傳播關鍵通路，不然如果兩個人之間是強連結，將會介紹彼此的朋友相互認識，此時通路雖然很多，但是訊息擴散的範圍卻小，擴散功效也沒有像橋 (弱連結) 這麼高。例如 A、B、I 與 F、G、H 是兩個熟絡的小團體，兩個小團體之間的橋是 A 與 F 之間的認識 (弱連結)，才將訊息傳達出去，因此弱連結在訊息擴散上是極具價值的。

在美國的一個研究也證實弱連結效果，研究者隨機抽取一個人，要他將小冊子以自己的人脈關係傳出去，而收到的人又被要求以自己的人脈關係傳遞出去，依次類推，直到傳給一個研究者所指定的人為止。在其中的一次測試，研究者指定的最終接收者是一位黑人，並開始追蹤傳遞的路線。結果發現，從白人團體傳到黑人團體的兩個人是整個傳遞線的關鍵，但是這兩個人只是認識的人，而不是親密的朋友。這個研究指出由於強連結之間的關係緊密，需要花費許多時間來維繫，因此反而縮短了團體擴展社交圈的時間與機會，也會產生訊息通路上的重疊與浪費 (訊息在小圈圈轉來轉去始終無法突破)，但是一個人如果擁有許多弱連結的橋，則在訊息的獲取上或傳遞上將有極大的優勢，也是造成口碑傳播大量擴散的主要因素。

三、負面口碑傳播與謠言

產品的優點如藉由口碑傳播傳遞將會產生卓著的效果，但是口碑傳播過程有時候是難以控制的，水能載舟、亦能覆舟，口碑傳播可以是正面的，也可能是負面的。由於負面訊息常充滿著新奇性與突顯性，對比的效應除了引人注意外，也會加速整個傳播的速度，其對廠商或產品所產生的殺傷力常常是超乎想像的。

其次，從相對的觀點而言，公司的正面口碑，需經歷長久耕耘才能慢慢累積，可是負面口碑傳播一旦發生，傳播速度一瀉千里，很難收拾，例如有學者提出口碑的轉述法則是 3：33，即消費者對產品滿意時，大約有 3 個人傳遞好口碑，但產品有瑕疵時，約有 33 個人會共襄盛舉。換言之，傳述壞消息的人比傳述好消息的人多上十倍，這正符合中國"好事不出門，壞事傳千里"的俗諺。

產品的推出一定有它好的一面與壞的一面，但是為什麼壞消息比好消息更令人注意引人談論呢？下文將深入探討。

(一) 消費者重視負面特質

為了增加生動與有趣的感覺，我們對於人、事、物的描述都會加上正面或負面的形容詞，例如，幽默、平易近人、聰明及獨立等稱為正面特質。而自負、憂鬱、輕浮及笨拙為負面特質。但是如果有一個人被形容成決斷、聰明、風趣、謙虛，但有一點好色時，我們對這個人的整體印象會是如何呢？一般而言，上面這個人正面形容詞多於負面，如果以正負特質加總來說，應該是不錯的人。可惜的是，大部分的人只會對"好色"的特性特別注意（雖然只有一點點），換句話說，人們對正面或負面特質的看法並非等量齊觀，人們傾向於以負面形容詞作為事件的重要線索，因為人們根據負面特質（尤其是極端負面的特質）做評斷時，比根據正面特質時更有信心，而這個負面特質也常浮現為整體事件的印象 (Hamilton & Fallot, 1974)。

由於一些反規範的行為具突顯性，故比一些正規的行為更能引起一般人的興趣與關注。所以，不管其他的特質如何，負面特質的吸引力常成為大家注意的焦點。同理，人們對負面特質的注意也可以解釋對負面口碑傳播的重視，加上消費者喜歡傳遞訊息的習慣，更增快了傳播的速率 (Jones & David, 1965)，如璩美鳳遭偷拍的光碟事件在網路快速流傳即為一例。

(二) 消費者喜歡聽負面消息

我們只要打開電視或報紙，一些社會新聞的壞消息總是大篇幅的充斥在媒體內，舉凡殺人放火、謀財害命、官商勾結、死亡車禍、政治惡鬥等都是媒體著墨的重點。這些現象使我們不禁要問，消費者為什麼要花錢買這些駭人聽聞的報導？

在美國也有這樣的反彈。許多消費者不滿媒體對負面訊息過於渲染和煽情，因此有人開始倡導媒體"光明面"的報導，來激勵"人性本善"風氣。這些建言使得一些業者滿懷信心推出以報導好消息為主的雜誌與節目。在雜誌方面包括希望 (hope)、誰在乎 (who cares)、新世界新聞 (new world news)。在電視新聞方面，哥倫比亞電視台 (C.B.S) 也推出以報導好消息為主的"全國各地"(coast to coast)。

結果卻令人驚訝，上述的雜誌或電視節目都面臨發行量不理想或收視不佳的窘境，例如"誰在乎"雜誌發行量未達目標導致停刊的命運。"新世界新聞"雜誌，訂戶太少，只好辭退許多員工。"希望"雜誌每年虧損 75 萬美元。哥倫比亞電視節目"全國各地"播出三集後，因觀眾不足，廣告客戶不青睞的前提下，慘遭停播。

光明面的報導不受消費者青睞，所透露出來的意義可以歸為下列兩點：其一，為了博取消費者的注意與收看，新聞報導必須以"報憂不報喜"的方式渲染負面的訊息，賺取收視率。其二，收視者喜歡觀看聳動新奇的負面題材，使個人在人際交談時，有更具爆破性與鮮明感的談話內容。在兩者交互作用下，更助長這種報導方式，使媒體充斥各式各樣的負面訊息 (楊小嬪，1997)。例如"台灣霹靂火"連續劇收視長紅，觀眾記憶最深刻的莫過於劇中橫眉豎眼，壞事做盡的大壞蛋劉文聰，他的"劉語錄"(如一桶汽油和一支番仔火) 更帶動校園新文化，成為青少年朗朗上口的口頭禪。

消費者喜歡聽負面消息的傾向，也可以解釋為什麼產品的負面訊息常引起消費者的興趣，而這種現象更值得行銷者警惕與防範。

(三) 謠　言

當負面的口碑傳播被誇大扭曲，甚至遭有心人士惡意攻擊捏造後，使消費者對產品或公司產生不正確的評估時，稱之為**謠言** (rumor)。有關謠言產生的過程與謠言的類型說明如下。

1. 謠言產生的過程　早期學者 (Bartlett, 1932) 曾以"系列再製"的方法來了解為什麼訊息會被扭曲的情形 (參考 Solomon, 1999)。研究者以古埃及模稜兩可的圖案為原圖，並請受試者觀看。第一位受試者在看了原圖後即被收回，並請受試者依印象把圖重現畫出。第二個受試者看了第一個受試者的圖案後，再依記憶所及的部分重新畫出圖形，並依次類推到第十位受試者，如圖 9-6 所示。結果指出大部分受試者都呈現扭曲原圖形的傾向，即把原來的圖案配合記憶中的想像，轉換成想當然爾的圖形，我們可以從受試者所繪出的重現一到重現十了解當中奧祕。

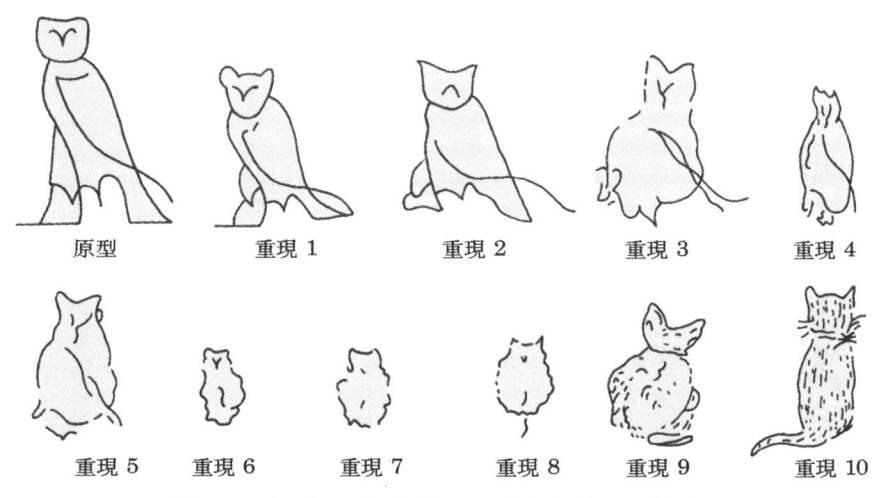

圖 9-6　經"系列再製"過程產生扭曲圖形的情形
(採自 Bartlett, 1932)

通常內容扭曲轉化的過程常出現兩種情形，**同化** (assimilation) 即受試者在重現圖形時，著重原圖案的主體而忽略細節，並憑自己的知識與經驗，進一步的加油添醋，成另一個主題。**突化** (或銳化作用) (sharpening) 則是把能夠引起興趣與注意的細節部分，擴大突顯成另一主題，而忽略了原圖的主線條。

而謠言的產生與上述經由同化或突化的過程非常相似。在台灣中南部，曾經有人在溪邊釣到一條吳郭魚，魚經燒烤後呈現狀似老太婆的臉部，結果盡被渲染成釣客釣到一條人頭魚，在吃烤魚時，魚嘴還能張口問釣客：魚肉好吃嗎？此一傳說事件，經媒體、人際間的傳播，街頭巷尾議論紛紛，鬼魅之說此起彼落，倡導素食的宗教藉此規勸世人不可吃葷。而這些莫衷一是的報導，造成民眾吃魚的恐慌，導致市面上吳郭魚滯銷，養殖業者到處陳情，真所謂"千夫所指，無疾而終"。

2. 商業謠言的類型 根據統計,在行銷上謠言的形式一般可分為下列幾種情形,有些是消費者以訛傳訛的結果,有些卻是競爭同行的惡意中傷 (Schiffman & Kanuk, 1994)。

(1) 產品的生產過程不合乎衛生檢定,使食用產品對身體有害。例子包括:台灣某知名茶飲料公司,因被謠言傳工人溺斃於生產飲料的巨大水槽,而使銷售業績大跌。一飲料公司被傳出產的咖啡含蟑螂,公司雖做出澄清,但傷害已然造成。

(2) 產品含有有害的成分 (興奮劑、抑制劑、致癌因子),食後產生不正常的副作用。維士比飲料為流言中傷,謊稱喝下後,導致男性陽痿,使得市場硬被挖掉 30% 的營業量。某品牌衛生棉被謠傳長蟲,使用者子宮被吃掉一半,訊息雖然荒誕不實,但仍造成消費者的恐慌,銷售量因而大減。也曾傳出媚登峰廣告片女主角,因公司減肥方法不當,導致死亡,之後女主角雖然現身澄清,但謠言仍對媚登峰公司的商譽造成傷害。

(3) 產品中摻雜文化宗教不允許的材料,或產品性質牴觸宗教文化禁忌事項。這種情況極少在台灣發生。但以宗教治國的國家則有數起案例。在印度的雀巢公司曾遭謠言攻擊,說其罐頭食品被豬油污染,使得大部分回教、伊斯蘭教杯葛該公司產品,雀巢公司雖然花了大筆金錢破除謠言,但對商譽還是造成傷害。所以行銷上口碑傳播的應用要非常的謹慎,組織企業更要防止謠言的產生。

第四節 意見領袖

前節已略提過意見領袖在口碑傳播過程模式所扮演的角色,唯未對意見領袖作一詳細介紹,本節繼續針對意見領袖特性作一探討。一般而言,在行銷者與消費者互動過程中,有一類人常替他人過濾、解釋、提供產品訊息,不僅為消費者節省許多收集訊息時間,所提供的訊息詳細且客觀,也極具參考價值,我們稱這些人為意見領袖。因此**意見領袖** (opinion leader) 是指對產品擁有豐富的知識與經驗，並常以口耳相傳的方式，影響消費者購買態度與行為者。

有關意見領袖特性與傳播過程的研究非常多，本節首先針對意見領袖的基本概念做一個說明，其次，將就如何找出意見領袖的方法提出討論。

一、意見領袖相關概念

意見領袖的特質常在人際溝通或訊息傳遞的過程出現。本小節首先以人際交往與生活型態等角度，了解意見領袖的背景與人格特性。其次，將討論各種可能發生意見領袖性質的時機。

(一) 意見領袖特性

意見領袖除了提供訊息外，也常影響他人購物決策。行銷者如果想要利用意見領袖為產品的傳聲筒，首先必須先了解他們的特性，包括人格特徵、生活型態與影響他人的方式等，底下是歸納出來的一些結果。

1. 意見領袖對產品具有豐富的知識，涉入程度也比一般消費者高。這是因為他們平常喜歡主動接觸包括報章雜誌、書籍、電視及收音機等媒體，作為了解產品訊息的方式。(Feick, Price, & Higie, 1986)。其次，因興趣使然，意見領袖對某一產品涉入的程度較一般人更深，而這種持續涉入增加了他們對該產品的知識與經驗，逐漸成為這類產品的專家。有趣的是，他們並不自私，常興致勃勃地將自己累積的產品經驗與他人分享 (Richins & Root-Shaffer, 1987)。

2. 意見領袖對新推出的產品保持著高度的興趣，購買意願強烈，所以常是第一個試用新產品的人，試用結果常會與人分享，減少一般人購物可能遭遇的風險。此外，因為意見領袖不是廠商所聘的推銷員，所以評估產品的立場公正客觀，推薦產品時也是知無不言言無不盡，因此極具公信力(Menzel, 1981)。

3. 意見領袖本身的價值觀念、信仰、教育程度、社經地位等背景，與被影響對象 (意見接受者) 相近。如果有差異，只能說意見領袖在教育程度或社經地位比被影響者稍高，但社會階級還是屬於同一層，換句話說，每一

補充討論 9-3
不同類型的意見領袖

　　意見領袖在影響消費者購物決策上，具有舉足輕重的力量。但意見領袖並非是唯一提供訊息的人。市場行家、創新者及專業代理人都扮演相同的角色。然而上述三者的特性及影響消費者的方式與意見領袖還是有些不同，分別說明如下：

　　1. 市場行家　**市場行家** (market mavens) 指對各種不同種類的產品、服務與商店的類型或促銷活動的市場訊息，都能瞭若指掌的一群人。市場行家是擁有相當豐富知識者，他們常主動與他人談論產品相關議題，也常回答消費者所需要的市場訊息。意見領袖與市場行家主要區分在於，前者只針對特殊產品(類別) 或活動提出建議，但市場行家對於各種不同類別的耐久財或非耐久財資訊，都非常的專精。其次在產品 (品牌) 品質、售價、服務、商店類型、人事特性上的相關訊息，市場行家無所不知。所以如果以專才比喻意見領袖，則市場行家是產品訊息上的通才 (或稱為"包打聽")。市場行家以女性比率居多，在人口統計背景或生活型態上，與一般訊息接收者相似，但他們有獨特的媒體習慣，也是媒體的重度使用者，聽收音機或看電視的時間都比一般人長。其次，市場行家對產品的興趣、注意及看法也較意見領袖宏觀。他們喜歡使用郵購來了解產品，在收集產品訊息的過程中也常自得其樂。

　　2. 創新者　**創新者** (innovator) 通常是第一個使用新產品的消費者。他們與意見領袖在許多方面的特性是相似的。例如他們隨時接觸新的事物，收集新產品的訊息，讓自己能夠跟得上潮流。其次，他們有不錯的人際關係，喜歡參加社團活動，並不吝惜於分享自身所收集的訊息資源。創新者與意見領袖主要差異點在於對採用新產品的看法。創新者一般被形容為冒險家或是獨立思想家，因為他們常常獨排眾議，購買與試用新開發的產品。意見領袖則是訊息過濾評估的編輯者，因為他們傳遞的產品訊息，以大家能夠接受的價值觀念為主，盡量避免驚世駭俗之舉。換言之，創新產品使用者不在意團體的規範約束，常隨性使用剛問世的新產品，但意見領袖所嘗試的新產品，以不偏離意見接收者的信念為原則。

　　3. 專業代理人　在繁忙的工商社會裏，每一個人常面臨時間不夠用的困擾，使得許多消費者購物時，必須假手他人或相關機構提供訊息、意見或是代行決策。這些替消費者在特定產品提供專業知識的代勞服務者，稱為**專業代理人** (surrogate consumer)。專業代理人行業包羅萬象，如房屋仲介商、基金投資客、室內裝潢師都屬之。他們的專業知識足夠幫助消費者進行訊息的收集、評估與決策建議的工作，消費者也需要付出合理的酬勞來購買相關專業知識，以省卻複雜的決策步驟。目前在工商社會分工細緻的趨勢下，專業代理人有增多的現象。一般來說，專業代理人為消費者所收集的訊息較意見領袖更為專精，並以利益為主。

個階層都有他自己的意見領袖,不同階層的意見領袖不同。由於背景相似,意見領袖的建議常能得到意見接收者的認同 (Rogers, 1983)。

4. 以往,大家都認為意見領袖是通才,即對全部的產品都熟悉,能夠隨時提供任何產品的訊息。這個說法並沒有得到支持,當今研究認為意見領袖提供的建議,只涵蓋在他 (她) 所熟悉的產品或這一類產品,但不延伸到性質不相干的另一群產品。換句話說,不同消費事項會有不同的意見領袖。例如,對家庭清潔用品是意見領袖的人,對電器產品可能也熟,但對不同類別的產品,如醫療資訊或保險業務卻不一定專精 (Myers & Robertson, 1972)。

5. 就人格特質來說,意見領袖對他們所熟悉的產品自信心高,喜歡參加團體活動,生活有規律。但研究結果是並未發現意見領袖與意見接收者,在人格特質上有非常明顯的差異 (Venkatraman, 1989)。

6. 意見領袖個性上比較獨立,對價格敏感度高,對產品樣式流行度的追求也高。生活型態上,喜歡參加社區活動或俱樂部活動。

值得說明的是,上述關於意見領袖的人格特質、人口統計資料背景及生活型態的特性,只是一般性的觀察,這些特性是否真的與一般消費者形成明顯的差異,目前尚未有一致的答案。再者,意見領袖並非只有一種類型,有些人與意見領袖扮演相似的角色,但是本質不同,請見補充討論 9-3。

(二) 尋求意見領袖時機

意見領袖常主動的提供產品訊息給消費者,在某些情形,消費者也會主動尋求意見領袖的幫忙。因此意見領袖提供消費者建議時,包括了意見領袖主動"給",與消費者主動"找"的兩種狀況。而什麼時候尋找意見領袖,或被意見領袖尋找,與消費者購買涉入程度及對該項產品知識量有關,也因此產生 2×2 的四種狀況,我們以圖 9-7 說明。

1. 購買涉入高、知識低 當消費者購買涉入高,表示購買這個產品很重要 (購買動機強),知識低表示對產品不熟悉。在這種狀況下,尋求意見領袖建議的動機最高,常藉由詢問對產品有經驗的朋友,來獲得產品訊息

消費者產品知識量

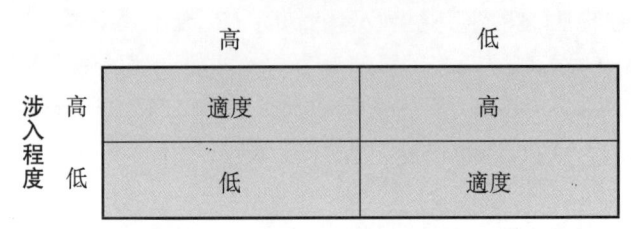

涉入程度	高	低
高	適度	高
低	低	適度

圖 9-7　尋求意見領袖建議的時機
(根據 Hawkins, Best & Coney, 1995 資料繪製)

與建議，此時意見領袖處於被諮詢的角色，例如送個與衆不同情人節禮物很重要，但卻毫無頭緒。面對這種情形，你會很積極的詢問他人，如情場老手或是禮物店的銷售員等。

2. 購買涉入高、知識高　當消費者購買涉入高，表示買到好產品對他很重要，但是產品知識量也高時，表示自己有能力買到好東西。在這種狀況，雖然不一定要找意見領袖，但有時為了提升自信以降低風險，消費者會適度去詢問意見領袖的看法，此時意見領袖也是處於被諮詢的角色。

3. 購買涉入低、知識高　當消費者購買涉入低時，表示買什麼樣的產品並不重要，再加上自己知識豐富時，能夠決定要的是什麼，因此最不需要意見領袖的幫忙。例如大部分人不會去問別人要買哪一個牌子的鉛筆最好(購買涉入低)，如果你又是美術系的學生，對各種鉛筆牌子與功能耳熟能詳(知識高)，那麼你最不可能找意見領袖。

4. 購買涉入低、知識低　當消費者購買涉入低時，表示購買的興趣並不高，產品知識低時，表示對產品訊息也不清楚，在這種情形下傾向表現出敷衍了事的態度。但對消費者是低涉入的產品，對意見領袖來說卻未必，尤其消費者不了解產品時，更激起意見領袖的"見義勇為、拔刀相助"的心態，主動的提供訊息。例如醬油對一般人來說並不是什麼重要的購買，但對一個烹調大師而言，如何鑑定醬油的甘醇美味，或要買哪個牌子就變成非常重要。如果他們知道消費者對產品不熟時，會因關心而主動告知相關訊息。

二、意見領袖測量方法

由於意見領袖公正客觀的建議，深深影響消費者的決策，因此行銷者如果能夠找出意見領袖並為之散播，除了可增加產品可信程度外，也能迅速擴散產品的知名度。例如，美國許多販賣青少年服飾的百貨公司都有"流行小組"的設置。小組成員大部分是國、高中女生，他們大抵為流行服飾意見領袖。當公司推出青少年服飾流行發表會，便邀請這些成員參加，使她們了解最新流行趨勢，也希望帶回校園，引起追求產品的風潮。

尋找意見領袖，對行銷者而言是非常重要，然而如何有效的指認意見領袖？下文將介紹目前常用的四種尋找意見領袖的方法。

(一) 自我認定法

自我認定法 (self-designating method) 乃請消費者回答幾個有關意見領袖的問題，評定自己具備意見領袖的程度有多高。這些問題包括自己認為是否比其他人更容易提出產品或品牌購買的建議，或者朋友是否喜歡找自己詢問有關產品訊息等等，研究者可依照受試者答題的分數高低，區分出意見領袖與非意見領袖兩大類。相關題目請參考表 9-3。

自我認定法的優點在於容易實施，尤其是在人數眾多的區域不容易找出意見領袖時，可由問卷大量施測尋獲。自我認定法主要缺點在於，問卷結果

表 9-3 自我認定法測量題目*（以化妝品為例）

1. 朋友及鄰居常詢問我有關化妝品的意見。	非常同意 1 2 3 4 5 非常不同意
2. 我常常影響朋友購買化妝品產品類別。	非常同意 1 2 3 4 5 非常不同意
3. 朋友詢問我對化妝品的建議次數，比我問他們要來得多。	非常同意 1 2 3 4 5 非常不同意
4. 我覺得朋友一旦對化妝品購買有所疑慮時，都希望我能給一些建議。	非常同意 1 2 3 4 5 非常不同意
5. 在過去六個月內，我最少曾跟三個人以上談論化妝品事宜。	非常同意 1 2 3 4 5 非常不同意

*全部題目可採李克特三點或五點量表。

(採自 Schiffman & Kanuk, 1994)

所找到的意見領袖並不一定就是意見領袖。例如自認為具有意見領袖的人格特性者，喜歡在問卷上自我膨脹，過於渲染自己的影響力，有些人雖有實際影響力；但卻不願意在問卷上表達出來。

(二) 關鍵人物法

關鍵人物法 (key informants method) 指邀請熟稔團體內部成員的個人，指認團體內哪些人為產品意見領袖的方法。例如詢問導師全班同學中，誰最常帶著其他同學到處吃喝，即是透過關鍵人物法尋找意見領袖。使用關鍵人物法時，被詢問的個人並不一定非得屬於團體內的一員。上例中，導師並不是班上的同學。關鍵人物法最常為工商團體使用，例如詢問（保險）推銷員，哪些顧客最容易散布一些產品訊息或影響他人決策。詢問學校教師或同學，誰最會提供電腦產品的建議等都屬之。通常社區的知名人士或組織的核心人物，如獅子會會長、學校系秘書、地區雜貨店老闆，常成為被詢問的對象。

使用關鍵人物法所需花費的金額比自我認定法低，只需訪問一位至多位對團體成員及內部活動了解的人即可。另外，關鍵人物法比自我認定法更為客觀，結果也較可信。然而關鍵人物法必須依賴熟識團體成員來指認意見領袖，所以運作上只能鎖定在小區域內的團體，而不能進行大規模的調查，這是關鍵人物法的主要限制。

(三) 社會衡量法

社會衡量法 (sociometric method) 與關鍵人物法相似，都是詢問團體成員誰最能提供產品的訊息與忠告。詳細來說，我們詢問團體內成員第一個問題是，他是否常常提供產品訊息或建議給其他人，如果確實如此，我們把他暫時歸為意見領袖。而為了確定真有其事，我們也會詢問曾經接收受訪者訊息的對象，是否真如所言。例如趙一說他常提供資訊產品訊息給錢二，我們也會詢問錢二是不是常從趙一處得知相關訊息。第二個問題則詢問受訪者曾接收過哪些人所提供產品訊息與建議，我們把受訪者所提出的名單暫時歸為意見領袖，不過也必須回頭詢問這些人，是否真的提供過訊息給受訪者。舉例來說，張三說購買某品牌數位相機的訊息是由李四而來，研究者可求證李四是否曾建議張三購買某品牌數位相機。

經過兩個問題的追蹤與交叉檢定，我們將可以確定意見領袖與訊息接收者互動情形，並可以畫出路線圖，以決定誰最會影響別人，而所繪出的網狀圖又稱為**社會網圖**(或**社會測量圖**)(sociogram)。

柯爾門 (Coleman, 1959) 以社會衡量法來進行調查，以了解社區裏的九位醫生誰最能提出新的醫藥觀念以及相關建議，結果如圖 9-8 的社會網圖。由圖可知，5 號的醫生是公認的意見領袖，因為其他的八位醫生要詢問他的意見；第二具影響力的醫生是 21 號與 7 號，因為同時有兩個醫生會詢問他們意見。

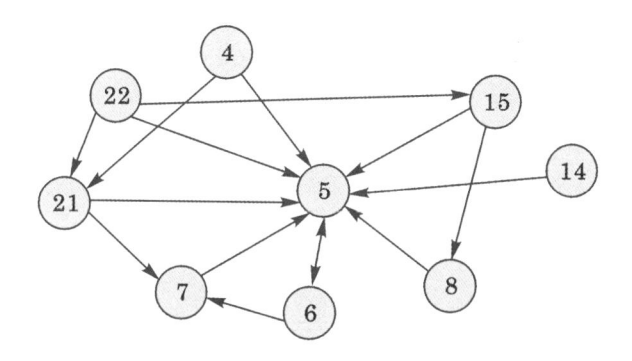

圖 9-8　由社會網圖指認意見領袖的過程
(採自 Coleman, 1959)

社會衡量法能夠追踪口碑傳播網路的運作，所以準確度高。然而施行此方法的花費高、調查時間久，且與關鍵人物法一樣，必須在成員彼此熟識的團體 (如醫院，軍隊，學校) 才能運作，這些都構成此法在實行上的限制。

(四) 經驗法

上述的三種方法都是經由調查的結果找尋意見領袖，在行銷上，尚有一些找出意見領袖的經驗之談，稱之為**經驗法** (experiential method)，包括：

1. 訂戶　意見領袖常透過報章雜誌廣告、電視媒體及各種社團活動的參與，來了解產品最新動態。所以行銷者可假定訂閱專業性雜誌的客戶，應該屬於該領域的意見領袖。例如主動訂閱 Vouge、Bazard 等服飾專業雜誌者，對服飾的流行與採行應該持高涉入程度，所以很可能是位意見領袖。

2. 椿腳 椿腳是指在地方、社團具領導地位，意見舉足輕重的人。台灣選舉文化（尤其是中南部）極為特殊，一位候選人如果能夠掌握鄉親、宗族、派系的人脈，當選機會將大增。而意見領袖更是人脈中最能影響選民投票的決策行為之中堅分子，所以台灣人常講的"椿腳"，事實上就是意見領袖。依照經驗法，說服椿腳認同產品理念，對行銷成功將大有助益。

3. 零售店專業人士 零售業老闆或專業人員也是產品訊息散播的重要者。例如照片沖洗店服務人員，往往是底片、相機訊息的意見領袖；藥劑師是醫療保健品的意見領袖；而髮型設計師、護膚、塑身行業人員，為護髮、護膚、減肥器材重要意見領袖，行銷者不可輕忽這群人所帶來的口碑效果。

本 章 摘 要

1. **參照團體**泛指能夠影響消費者態度及行為表現的外在影響源。舉凡個人喜歡或迴避的、具體的或想像的、密切或偶爾接觸的團體，只要能夠影響自己行為態度，產生預期學習效果者都稱之。
2. 當消費者屬於團體之中一員，肯定團體的價值觀念並經常性的與團體做高頻率接觸時，稱為**親密團體**。如果上述前兩個條件成立，但成員之間的接觸不頻繁時，稱為**社交團體**。
3. 當個人不屬於團體內成員，但團體深具吸引力，且個人接觸團體的機會很多時，參照團體的類型稱為**期盼團體**。當消費者喜歡該團體，但接觸不頻繁，日後也無法成為團體一份子時，參照團體的性質為**象徵團體**。
4. **從眾行為**指受到別人實際或想像的影響，產生自願接受團體規範約束的內在傾向。
5. **從眾行為**與團體及個人特性有關。團體因素包括：團體凝聚力、團體規模大小、團體成員專業性與相似性、個人與團體的差距等。個人因素包含：個人的自信心、贊同需求與焦慮程度、性別、經驗與訊息搜尋的難易、對事件的權衡及文化差異等。

6. 消費者是否受參照團體的影響與購買的產品或品牌有關。購買奢華公開品，參照團體影響產品與品牌的選擇。購買奢華私有品時，參照團體影響產品的選擇。購買必要公開品時，參照團體影響品牌的選擇。購買必要的私有品時，則較不受參照團體影響。
7. 追逐名牌在台灣是一個熱門話題，而產生的原因與台灣經濟水平的提升與參照團體的從眾壓力有關。而青少年的偶像崇拜主要受到參照團體影響力，也是青少年尋求認同時心理欲望的**投射**與**補償**。
8. **訊息性影響**指參照團體提供產品訊息或使用方法給消費者，進而影響消費者決策的過程。**比較性影響**指消費者認同參照團體的特性與價值觀，進而表現與團體一致的行為。**規範性影響**指個人透過團體的約束力量，使成員能夠服從團體的規範與期待。
9. **社會比較理論**認為個體無法判斷正確和錯誤、美和醜等抽象事件，需要與別人親近，把自己的態度和信念與別人比較，確定自己的真實程度的過程。
10. 訊息性影響可視為比較性與規範性影響的核心，因為後述兩種參照團體影響力的內容，都包含了產品訊息的說明。
11. **口碑傳播**是指消費者經由非正式的溝通管道，把產品訊息及對產品的意見或想法傳遞給周遭朋友的過程。口碑傳播可信度比廣告媒體佳。
12. 口碑傳播的內容分為產品訊息、建議或忠告、個人經驗三部分。可簡化為告知與影響兩個向度。
13. **二階段流程**主張產品訊息由大眾傳播傳遞到意見領袖，再傳給消費者。**多階段流程**指出媒體訊息大部分流向**訊息收集者**與**意見領袖**，小部份流向**意見接收者**，訊息收集者同時提供訊息給意見領袖及意見接收者，意見領袖與意見接收者之間是雙向溝通。
14. 口碑傳播途徑有幾個特徵：其一，如果話題不投機，好朋友並不一定會傳遞產品訊息。其二，親密小團體的友誼關係，時常助長產品訊息的傳遞。其三，從傳播網路圖可了解個體之間訊息傳播路線的長短。
15. 口碑傳播效果在一個有許多**弱連結**團體中，比在一個凝聚力強的團體要好。
16. 消費者重視負面特質，喜歡聽負面消息，使負面口碑傳播快速蔓延。當負面口碑傳播被誇大扭曲後，使消費者對產品或公司產生不正確的評估時，稱之為**謠言**。謠言內容可經過**同化**及**突化**的過程而扭曲變形。
17. **意見領袖**對產品擁有豐富的知識與經驗，常以口耳相傳途徑影響意見接收者在購買產品的態度與行為。有關意見領袖的人格、人口統計資料、生活型態與一般消費者差異，目前並無定論。
18. **市場行家**對不同種類的產品，不同層面的市場訊息，都擁有相當豐富的知識者。**創新者**購買與試用新的產品時，常有驚人之舉。而替消費者在特定產品提供專業知識的代勞服務者，稱為**專業代理人**。
19. 意見領袖建議出現時機，與消費者購買涉入程度高低，及產品知識量多寡有關。當購買涉入程度高及產品知識量不足時，尋找意見領袖動機最高。
20. 意見領袖認定方法有四種：**自我認定法**、**關鍵人物法**、**社會衡量法**與**經驗法**。各種方法都有其優缺點，需視情境使用。

建議參考資料

1. 丁興祥、李美枝、陳皎眉 (1988)：社會心理學。台北市：國立空中大學印行。
2. 迪奧克施、鄧恩、賴德門 (楊語芸譯，1997)：九〇年代社會心理學。台北市：五南圖書出版公司。
3. 洛司普 (林德國譯，2001)：口碑行銷。台北市：遠流出版事業股份有限公司。
4. 徐光國 (1996)：社會心理學。台北市：五南圖書出版公司。
5. 羅家德 (2001)：網際網路關係行銷。台北市：聯經出版公司
6. Assael, H. (1998). *Consumer behavior and marketing action*. Cincinnati, Ohio: South-Western College Publishing.
7. Bagozzi, R. P., Gurhan-Canli, Z., Priester, J. R., & Prentice K. (2002). *The social psychology of consumer behavior*. Philadelphia, Pa: Open University.
8. Cialdini, R. B. (1985). *Influence: Science and practice*. Glenview, Il: Scott Foresman.

9. Festinger, L. (1954). A theory of social comparison processes. *Human Relations*, 7, 117~140.

10. Gass, R., & Seiter, J. (2003). *Persuasion, social influence, and compliance gaining*. Boston, MA: Allyn & Bacon.

11. Richins, M. L. (1983). Negative word-of-mouth by dissatisfied consumers: A pilot study. *Journal of Marketing Research*, 47, 68~78.

第 十 章

家庭決策對消費者行為的影響

本章內容細目

第一節 家庭結構的變遷
一、核心家庭的普遍 391
二、單身人數的增多 393
　(一) 初婚年齡延後
　(二) 離婚率驟增
三、女性就業率的提升 396
　(一) 子女撫育問題
　(二) 雙薪家庭的消費情形
　(三) 家庭家務的分配問題

第二節 家庭生命週期與消費要項
一、傳統家庭生命週期 400
　(一) 年輕單身期
　(二) 新婚築巢期
　(三) 滿巢育兒期
　(四) 空巢消費期
　(五) 鰥寡閒適期
二、非傳統家庭生命週期 405
　(一) 離婚一期與單親一期
　(二) 中年單身期與離婚二期
　(三) 中年已婚無子女
　(四) 單親二期與單親空巢期及老人單身期
　(五) 同性戀

第三節 夫妻對家庭決策的相對影響力
一、家庭決策的角色扮演 408
　(一) 角色扮演的類型
　(二) 角色扮演在行銷上的應用
二、夫妻在家庭決策的相對影響力 411
　(一) 相對資源與決策權力
　(二) 家庭生命週期與決策類型
　(三) 產品性質與決策類型
　(四) 性別角色與決策類型

補充討論 10-1：夫妻共同決策的盲點與衝突

第四節 子女對家庭消費決策的影響
一、子女對家庭決策的影響 417
　(一) 消費者社會化
　(二) 兒童對家庭決策的影響力

補充討論 10-2：兒童行銷的心理學原理

　(三) 青少年子女對家庭決策的影響
二、家庭衝突的類型與解決 424
　(一) 家庭衝突的類型
　(二) 家庭衝突的解決

本章摘要

建議參考資料

家庭是社會中最小的單位,但卻是影響消費者最深刻的參照團體。家庭不僅塑造了個人的人格與價值觀念,也影響了我們對消費事項的態度與行為。傳統的中國社會,家族是經濟與社會生活的重心,也是社會運行的基本結構與功能單位,所以如何維持家族的和諧及團結,如何保護及延續家族的命脈,一直是人們生活圈最重要的議題 (楊國樞,1992)。

但在工業化之後,由於社會快速變遷與精密分工,傳統的家族制度產生了重大的改變,核心家庭已經取代了大家庭成為家庭主流,非傳統家庭型態 (離婚、單身) 也日益增多,就在個人自主權日益突顯下,傳統的家庭消費決策方式也受到挑戰,而夫妻決策權益分配、子女對決策的影響力、家庭消費決策的衝突與解決等問題也逐漸的浮現出來。行銷者如果能在微妙的變遷趨勢下,了解家庭決策互動的過程,敏銳的覺察家庭成員的需求,將能獲取許多行銷的機會點。舉例來說,訂婚喜餅是男方送給女方親友宣告喜事的禮品,傳統都是由女方家長決定喜餅的訂購,但隨著婚姻自主性的增加,喜餅的決定權已經慢慢由父母轉移到子女身上。伊莎貝爾喜餅公司見微知著,察覺這股趨勢,率先在 1993 年期間以結婚情人為主要訴求對象,推出深具浪漫愛情色彩的薄餅喜餅,推出後果然深受歡迎。

由於民主化概念帶入了家庭決策,大部分的家庭購買必須考慮到家人的偏好與需求。一些高涉入產品的決策,如全家假期去哪裏玩,家裏要不要養寵物,或新傢俱要怎麼擺放,家庭成員間常需要經歷一段混亂、衝突與協調的過程。而一些低涉入的產品,如購買什麼牌子的牙膏、喝哪一種咖啡等,家人也會表示不同意見。因此不管哪一類產品,行銷者必須了解家庭成員在不同產品消費決策的角色扮演,區分哪些人扮演哪種角色 (提議者、決策者或購買者),誰又具有決策權力 (父母、兒童),方有助於促銷策略的擬定,例如根據華歌爾公司的市場調查發現 70% 以上的男性內衣褲,均由家中的婦女 (母親或妻子) 代購,所以在促銷男性內衣時,反而應以女性消費者的偏好為原則。綜合上述,本章所要討論的主題包括:

1. 目前台灣的家庭結構的變遷對消費行為的影響。
2. 傳統與非傳統的家庭生命週期的階段對消費事項的影響。
3. 影響夫妻消費決策相對影響力的有關因素。
4. 兒童在家庭決策扮演角色與消費者社會化的意義。

第一節　家庭結構的變遷

家庭(family) 指兩個或兩個以上的人，由婚姻、血統與收養關係所構成的一個團體。中國傳統的農業社會裏，家庭 (家族) 提供了生育、教育、經濟保障、娛樂、身心慰藉、宗族傳遞、宗教等完善功能，人一生下來就是在家庭 (族) 中生活，終其一生也難以脫離家庭。

然而在強調專業化與效率化的工業社會裏，傳統的家庭制度遭受了許多嚴峻的挑戰，原有的家庭功能逐漸產生變化，例如師塾式家庭教育由學校教育接手；傳統的家庭式娛樂被傳播媒體取代；家庭所供給的心靈慰藉也由諮詢專業組織所分擔，甚至家庭式的生產已經由獨立的工廠制度所取代，使得家庭過去所扮演的經濟單位角色逐漸轉化為消費單位。

雖然如此，家庭制度並沒有因此而消失，反倒以更專精、更特殊、更彈性化的型態因應社會變化，例如核心家庭的普遍、單身人數的增多、女性就業率增加等都是家庭結構的新興趨勢。而由於家庭仍是個人消費以及所得再分配的基本單位，所以本節將針對新興的家庭型態與功能，及對家庭消費行為所產生的連帶影響，做進一步的探討。

一、核心家庭的普遍

核心家庭(nuclear family) 是指兩代同堂同住一屋的家庭。它雖是家庭結構最小的家庭型式，但卻是世界家庭結構的主流趨勢。有關核心家庭的成因及核心家庭的消費趨勢說明如下：

1. 核心家庭的成因　兩代同堂以上且有旁系已婚者同住一屋的**大家庭** (或**擴大家庭**) (extended family)，一向是中國家庭型態的主軸。然而在社經環境的變遷下，核心家庭逐漸成為目前最具優勢的家庭型式，而形成的主要原因如下 (蔡文輝，1998)：

(1) **家庭生育率普遍降低**：由於醫學科技發達，人類的壽命隨之延長。

而家庭計畫的倡導,與育兒養老的觀念逐漸淡薄,造成生育率的下降,而在家庭人口數的減少下,核心家庭逐漸出現。

(2) **符合工業社會的運作原則**:工業社會中,職業的流動性大,人們常因為職業升遷而到另一個區工作,核心家庭組成人數少,遷移性強,能夠隨時符合工業社會的需求。再者,工業社會講求效率用人唯才,重視能力與表現,核心家庭人口簡單,個人有權力自做主張,無須聽命於長輩的決定,在變化性強的工業社會裏最為適合。

在工業社會下,台灣現代家庭是不是也像西方家庭以核心家庭為主?從表 10-1 可知在 1967 年時,核心家庭只佔台灣家庭型式的 36.8% (齊力,1990),到了 1993 年時,核心家庭所佔的比率為全部家庭型式的 61.5% (內政部,1993)。換言之,在這段期間核心家庭比例上升了約 25%。雖然如此,行政院 (1988) 的另一項調查發現,子女婚後五年仍和父母同住的比率高達 69.4%,顯示婚後搬出家中另組核心家庭的人並沒有想像得多,尚有高比率的主幹家庭。**主幹家庭** (stem family) 是指三代同堂且無旁系已婚者同住一屋的家庭。綜合上述的數據可以推知,台灣目前的家庭型式為大家庭的式微,主幹家庭與核心家庭共同發展的情形,但可想而知再接下去將會是核心家庭逐漸增多,並步入優勢的情形 (蔡文輝,1998)。

表 10-1　近年台灣核心家庭所佔比率變化

年份	樣本數	核心家庭 (百分比)
1967	2614	36.8
1973	3642	41.8
1980	2809	48.1
1986	2721	56.6
1989	3451	60.2
1990	3451	60.8
1993	3701	61.5

(採自齊力,1990;內政部,1993)

2. 核心家庭的消費趨勢　在核心家庭成長的家庭成員,重視獨立、自由、隱私和公平。在這些特性下,核心家庭的消費決策,浮現出兩個重要的趨勢:

(1) **個人主義的價值觀盛行**：在個人化的趨勢下，家庭成員在家庭消費決策更自主、更有權力。在過去，家庭消費是一種分享式的消費，家人每天回家一起吃晚餐，飯後母親洗碗，子女擦桌掃地，或全家在客廳吃水果、看連續劇、閒話家常。全家的髮型都一樣，因為是同一家理髮師父剪的，衣服款式相近，因為是同一位裁縫師裁製的，甚至洗澡後的香味是一致的，因為用的是同一塊香皂。

但隨著個人化的潮流蔓延，上述景象已不復多見，在多元價值思潮下，家庭成員每個人都有自己獨立的生活型態，安排自己的時間以及起居方式，生活中要做什麼或買什麼東西，都有個人的盤算。此種家人同處一室，但家庭成員卻各有自我的時、空與需求的家庭結構，叫做**室友家庭** (roommate family) (Sheth, Mittal, & Newman, 1999)。

目前有關室友家庭的文獻非常缺乏，但可推知，在工業先進國家，這種型態的家庭已有增多的趨勢。在行銷的意涵上，室友家庭需要更大容量的冰箱，以個人量 (而非家庭量) 為包裝單位將越來越普遍，行銷者提供不同品牌、不同配方的選擇將不可避免 (如洗髮精推出乾燥髮質、中性髮質、油性髮質者適用)，電視節目、娛樂、休閒與電腦，也將邁向個人化的方向。

(2) **消費決策協調的重要性**：在傳統的大家庭中，祖父母或曾祖父母等長者掌握了許多的權力，年輕成員購物往往需要聽從長輩的建議或要求。但是核心家庭的消費決策卻以協調為重，主要有下列兩點原因：

其一，核心家庭注重個人的權益，然而因為家人的年齡、生活型態的不同，每個人對產品需求強度存有差異。而在有限的家庭收入下，不可能滿足每一個人的需求，家庭資源必須以協調的方式進行分配，避免衝突的產生。其二，離 (調) 職、離婚、子女獨立離家等家庭的變異因素，常讓家庭資源產生重組效應，更需要靠家人協調來解決問題。基於上述兩個原因，核心家庭對於家庭消費協調的重視更甚於其他的家庭組織型態。

二、單身人數的增多

從台灣過去 30 年家庭人口結構的資料可知，工業化的結果除了使家庭結構趨向核心家庭外，單身人口也日益增加，這裏所謂的**單身** (single person) 包括未結婚的獨身者，也包括離婚或喪偶後未再婚者。綜合上面兩個原因,單身人數的增多與初婚年齡延後及離婚率驟增有關,分別討論如下。

(一) 初婚年齡延後

從表 10-2 可知,在過去二十年間,台灣 15 歲以上的男、女性的初婚年齡呈現延後的趨勢。

表 10-2　台灣地區歷年來男女初婚年齡的比較*

年代	男 (歲)	女 (歲)	年份	男 (歲)	女 (歲)
1971	27.0	22.2	1985	27.6	24.4
1973	26.4	22.4	1987	28.0	25.1
1975	25.8	22.3	1989	28.1	25.4
1977	26.9	23.0	1991	28.4	25.7
1979	27.0	23.5	1993	28.7	26.1
1981	27.1	23.6	2000	29.2	25.7
1983	27.4	24.0			

*所公告之初婚年齡係以當年內初次結婚的年齡平均計算
(採自內政部 台閩人口統計,2000)

由表 10-3 可知,台灣男性初次結婚的年齡,在 1980 年平均比美國男性晚了約 2 至 3 歲,這與台灣男性普遍需要服兵役有關。

造成結婚年齡普遍延後的原因有許多,除了社會對單身身份的接受度大增外,其他如缺乏朋友、孤立無法成婚、個性古怪不快樂,或在自我發展的

表 10-3　台灣與美國平均初婚年齡與男女初婚年齡差距比較表

年代	美國男性 1	美國女性 2	相差 (年) 3=1－2	台灣男性 4	台灣女性 5	相差 (年) 6=4－5
1950	22.8	20.3	2.5			
1960	22.8	20.3	2.5			
1970	23.2	20.8	2.4	27.0	22.2	4.8
1980	24.7	22.0	2.7	27.0	23.4	3.6
1991	26.3	24.1	2.2	28.4	25.7	2.7

(採自彭懷真,1996)

階段中遭遇到瓶頸都有可能成為單身。另外,事業正值巔峰、心理尋求獨立自主、生活經驗豐富不需尋求伴侶等,也是形成單身的因素。

單身期的未婚男女,因為剛進入社會所以薪資所得並不高,但由於大部分不需要負擔家計,可支配的所得額度提高,因此常是行銷者覬覦的目標市場。另外,單身族的消費型態屬於多元性,熱衷於娛樂、美容塑身產品、自身程度提升 (如語文、短期遊學) 等活動。

(二) 離婚率驟增

由於社會文化價值的變遷,台灣離婚率逐年攀升。表 10-4 是台灣地區近四十年來 15 歲以上人口的婚姻狀況比較。從表中可知,離婚分居比率在 1962 年時為 0.78%,但到了 2000 年時攀升為 3.3%,使得驟增的離婚率成了顯著的社會現象。

表 10-4 台灣地區歷年來 15 歲以上人口的婚姻狀況比較*

年代	未婚	有偶同居	離婚分居	喪偶
1962	28.72	63.87	0.78	6.63
1970	36.55	57.64	0.73	5.08
1975	37.34	57.18	0.86	4.62
1980	35.40	58.40	1.35	4.80
1985	34.85	59.15	1.53	4.48
1990	34.00	59.20	2.00	4.90
2000	48.10	44.40	3.30	4.10

*採百分比

(採自內政部,2001)

離婚率增加的原因主要有下面幾點:其一,原有的家庭功能如教育、娛樂、宗教等已由其他的社會機構取代,目前家庭的主要功能是如何維繫夫妻彼此的情感,一旦夫妻無法從婚姻中得到情感滿足,將容易以離婚收場。其二,過去婚姻主要目的在於傳宗接代延續家庭香火,現代的婚姻強調尋找一個能依託情感的對象。因此婚後如果雙方的性情不合無法共處,離婚將為解決問題最直接的方法。其三,傳統上,道德和宗教的力量皆反對離婚,也能產生制裁力,目前這些束縛力已經減弱,且離婚案件日益增多,鼓勵了許多人結束婚姻的勇氣,產生滾雪球的效果 (蔡文輝,1998)。

離婚率上升,使消費研究者在探討離婚者消費決策時,必需考慮許多不同的因素。例如離婚後的"再度單身者"與尚未結婚的單身者,有著不同的家庭消費決策經驗,形成許多不同的消費品味。再者,離婚對男女影響與衝擊不同,離婚後的男性可支配所得明顯的比女性要高,造成離婚後的男性消費增加,但女性必須減少消費的情形,離婚男女的購買習慣因而漸行漸遠(Furstenbert & Spanier, 1984)。

三、女性就業率的提升

中國傳統社會的家庭生活,向來主張"男主外,女主內",然而在工業化的衝擊下,女性就業率提升,對家庭兩性關係發生很大的衝擊。表10-5中1981年,台灣婦女的勞動參與率為35.69%,2000年提升到49.73%,也就是說15歲以上,將近有一半的婦女參與工作。婦女外出就業第一個影響就是子女撫育問題,第二個是雙薪家庭的消費情形,第三則是家庭家務的分配問題。底下將針對這三個問題對家庭消費型態造成的影響提出說明:

表 10-5　台灣 15 歲以上婦女婚前工作及婦女勞動參與率*

年代	婚前工作者	婦女勞動參與率
1981	58.06	35.69
1985	66.26	43.15
1990	72.24	46.93
1993	76.56	48.01
2000	82.08	49.73

*採百分比　　　　　　　　　　　(採自內政部,2001)

(一) 子女撫育問題

根據統計,台灣 15 至 64 歲已婚婦女對未滿三歲子女的日間照顧方式,還是以父母 (尤其是母親) 親自照顧為主,這也可能是為什麼約二分之一的婦女婚後離職的原因 (占婚前工作女性的 47.9%)。然而從歷年的趨勢來看,婚後辭職的女性比率已逐年降低,但委託親屬照顧,褓姆照顧及寄養家庭照顧的比率,則有增高的趨勢 (行政院主計處,1994)。

上述事實顯示兩種現象:其一,由於夫妻兩人出外工作比率逐漸增高,小孩必須交由托嬰服務,而台灣托嬰服務費用高昂,除了加重夫妻財務負擔外,也連帶影響夫妻的消費能力,使得育兒階段的父母,花在娛樂、休閒等支出的比率,比其他非育兒階段低。其二,夫妻工作的繁忙,面臨整理家務時間的不足,家裏年紀較長的子女 (尤其是青少年),必須擔負一些到超市購物的任務,先生也開始要學習分擔家務的角色,此點留待下文詳細說明。

(二) 雙薪家庭的消費情形

婦女就業的第二個影響就是家庭消費的相關問題。其一,婦女就業後家庭總收入因而增加,消費習慣也產生變化。其二,婦女就業賺錢,使她們有能力消費,婦女市場因而成為行銷者著力的重點。

1. 雙薪家庭的消費狀況 雙薪家庭因總收入增多,所以比單薪家庭有更高的消費能力。在美國一篇研究指出,雙薪家庭在服飾及服務業 (如餐廳) 支出明顯的比單薪家庭高。其次,因工作關係,父母親花在家務整理或照顧小孩的時間因而減少,因此雙薪家庭產品購買,以方便為主要考量,例如微波爐食品、速食店、大冰箱、安親班等省時產品為主 (Rubin, Riney, & Molina, 1990)。由於父母早出晚歸,雙薪家庭大的孩子需要分擔家務,或打掃整理房間、或照顧弟妹、或外出購買家庭用品,以分擔父母的辛勞。而提早學習購物消費的技巧與知識,使他們快速成為社會消費者一份子。

2. 女性市場的消費潛力 台灣許多婦女就業的目的並不是為了養家活口,而是當成"副業"。根據一份詢問職業婦女就業動機的問卷發現,約一半的人 (49.9%) 回答是為了"興趣",只有 31.2% 是為了家計,為興趣而工作的婦女,有 43.1% 用來儲蓄置產,25.4% 自己花用。而為家計外出的婦女中,有 40% 把錢花在非家計的項目上 (蔡文輝,1998)。

這份調查指出了婦女就業並不全然為了貼補家用,能夠擁有消費自主權及享用自己所賺的錢也是目的之一,從這個角度來說,女性市場深具開發潛力,如何攻佔女性荷包也是行銷者提升市場佔有率首要考量的問題。例如台新銀行所發行的玫瑰卡,及中國信託的 Wofe 卡 (Wofe 英文字的形成是取 women 及 female 兩字,並分別去掉男性字眼 man 及 male 拼構而成，象徵沒有男性可以申請此卡) 都是針對女性消費者設計。過去的機車為男性專屬品，常標榜馬力強，衝勁足等陽剛的形象，而有鑑於騎機車的女性人數遽增，許多業者 (如三葉、三陽、光陽) 紛紛推出輕量化、好牽、好騎及適合女性的機車，讓她們能騎得舒服自在。

(三) 家庭家務的分配問題

職業婦女白天上班回到家後又要擔負起家務責任，因此容易產生角色過度負荷。**角色過度負荷** (role overload) 指每個人在不同的情境中，會扮演不同的角色，而當個人所試圖扮演的角色超過了其時間、精力或金錢所能承擔時，即發生過度負荷。據調查，台灣 15 歲至 64 歲已婚女性每日料理家務 (照顧小孩老人、做家事) 的平均時間為 6 小時 22 分，即使是職業婦女，每天也須花費 5 小時又 9 分鐘，而男性每日不足 1 小時。也因為無法負荷過重的責任，使得平均為 47.9% 原本就業的婦女，在婚育之後，離開了工作場所 (行政院主計處，1994)。

解決職業婦女工作負荷的方法，有下列兩個方向：

1. 兩性分攤家事 兩性分攤家事，共盡家庭義務，是解決職業婦女角色過度負荷的唯一方法，在台灣都會區的核心家庭，夫妻家務分工合作的情形越來越普遍。由於現代男性在分擔家務之際，必須扮演著過去由太太所擔任的使用者角色 (如使用清潔用品)，或購買者角色 (如購買嬰兒奶粉)，而為了反映這股價值觀的變遷，台灣的廣告已經慢慢脫離"男主外、女主內"的處理方式，以男人買尿布、奶粉、廚房用品 (沙拉油、果糖) 為腳本的廣告越來越普遍。三菱汽車菱帥 (Lancer) 一系列的廣告，探討家庭意義與男人角色扮演的主題，即在鼓吹男士對家庭的重視。

2. 開發省時產品 婦女角色過度負荷與時間不夠用，也提供廠商開發新產品的機會。目前無店舖行銷盛行 (如郵寄目錄、電視購物頻道、網路購物)，能夠節省許多採購時間。食品業也發展出許多容易調配烹煮的食物服務職業婦女，如即泡即食的康寶濃湯，或微波爐加熱即可食用冷凍食品等。而廚房用品的訴求，也慢慢由強調工作完成的驕傲 (閃閃發亮的地板)，轉變為時間的節省 (方便使用，地板快乾)。零售商店 (超市或百貨業) 為了職業婦女，也紛紛改變或延長營業時間，以爭取她們的青睞。

第二節　家庭生命週期與消費要項

家庭生命週期 (family life cycle，簡稱 FLC) 指利用婚姻狀態，小孩的有無，及家庭成員的年齡等變項，來區分家庭從形成到衰退各個不同的階段。在這些變項影響下，家庭生命週期可劃分為七個階段，如圖 10-1 紅色方格所示。

在多元價值觀的工業社會裏，每個人不一定都會進入或走完家庭生命週期的每一個階段，造成有人終身過門不入 (保持單身)，有人提早出局 (離婚)，這些迥異於傳統家庭生命週期的型態，雖尚未成為主流的家庭思潮，但卻有逐日增多的情形。有鑑於此，消費研究者提出能夠容納更多家庭類型的家戶生命週期，來反映現代化家庭趨勢。**家戶生命週期** (household life cycle) 指以傳統與非傳統家庭生命週期，描述個人在所隸屬階段的生活重心與行為表現。其中，傳統生命週期包括上述七個階段，非傳統週期包括離婚及單親家庭、中年已婚無子女及單身未婚幾種情形。兩組週期形成圖 10-1 的家戶生命週期圖，家戶生命週期有幾個特徵：

其一，模式把年齡劃分為三組，分別是低於 35 歲以下的年輕階段、35 歲到 65 歲中年階段、65 歲以上的老年階段。所以就單身的概念而言，不是只有年輕單身 (35 歲以下)，中年單身 (35～65 歲) 及老年單身 (65 歲以上) 也屬於單身族。

其二，模式認為非傳統與傳統的家庭型態，可以相互的回歸，例如中年離婚有子女的"單親二期"，可因再婚而回復到中年已婚有子女的"滿巢二期"，當然"滿巢二期"也可能因離婚回歸到"單親二期"。

由於家戶生命週期比家庭生命週期包容更多的家庭型態，更能反映當今社會趨勢下的家庭實況，故深受行銷者的喜愛。本節將依圖 10-1 的架構，在第一部分先介紹傳統家庭生命週期及消費需求，第二部分將探討非傳統家庭生命週期的類別及消費需求。

400　消費者心理學

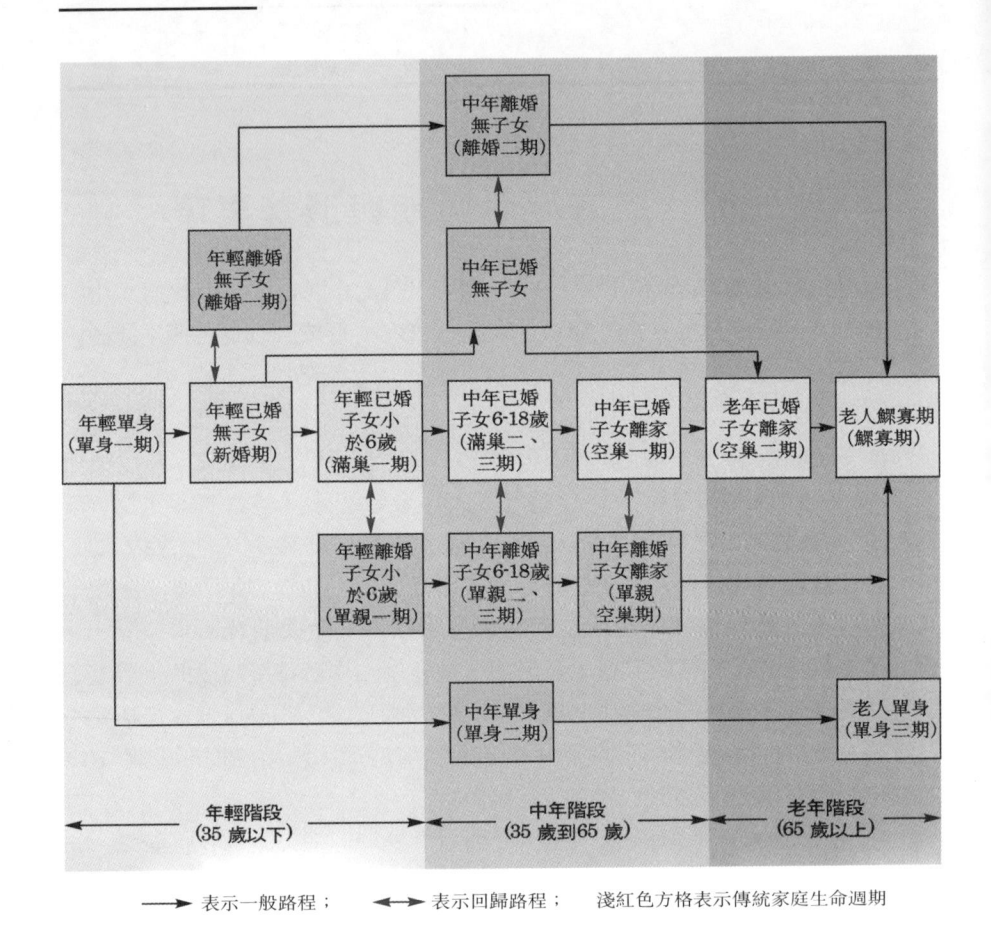

圖 10-1　家戶生命週期流程圖
(根據 Murphy & Staples, 1979 資料繪製)

⟶ 表示一般路程；　⟷ 表示回歸路程；　淺紅色方格表示傳統家庭生命週期

一、傳統家庭生命週期

傳統家庭生命週期 (tranditional family life cycle) 指出每個人在家庭的生活過程將經歷單身、家庭誕生 (結婚)、家庭成長 (小孩出生)、家庭萎縮 (小孩離家)，到家庭瓦解 (鰥寡期) 的過程。雖然學者之間對家庭生命週期如何劃分或區分為幾個階段，有不同的看法，但總不脫離下列五個基本過程，即年輕單身期、新婚築巢期、滿巢育兒期、空巢消費期及鰥寡閒適期。

(一) 年輕單身期

年輕單身期(或**單身一期**) (bachelor I) 是指年輕的男性或女性離開了父母，但尚未結婚自立門戶的階段，通常在 35 歲以下。年輕單身期的成員一部分是學校畢業後正在工作者，一部分則是在大學就讀的學生。這些年輕單身族群收入雖然不算豐厚，但因為不需要負擔家計，一人飽即全家飽，所以財務自主性相當高，所謂的 "單身貴族" 即是這個族群的雅稱。

在生活型態上，年輕單身族花在休閒娛樂時間相當多，喜歡追求流行的事物，對教育的投資 (電腦、語文、技能、留學等等) 不遺餘力，短期遊學及海外自助旅行，常是他們熱衷的活動。他們常購買的產品，以精緻、小巧為原則，包括陽春家具與廚房用品、小型汽車、保養品、運動器材及支付房租等，他們也常把錢花在 pub、看電影、逛街等活動。

年輕單身期也是追求異性的高潮，許多行銷者以愛情作為行銷產品的獨特利益點，使得目前結婚相關的產品 (鑽石、金飾)，或闡述愛情的產品 (飲料、巧克力、手機) 大行其道。依莎貝爾喜餅以 "我們結婚吧！" 傳達羅曼蒂克的氣氛；金莎巧克力廣告以巧克力散發濃郁的愛情溫馨；YOYOROCK 手機娛樂網則在情人節之際，推出應景的圖像、鈴聲，及情書簡訊等內容供戀愛男女下載傳送，此外更聘請知名藝人 (伍佰、梁靜茹、光良) 錄製告白、道歉、分手，或是發洩等難以啟齒的語音服務，獲得許多好評。綜言之，以愛情為主題的產品行銷，最能引起單身者對愛情的憧憬，故深受行銷者的喜好。

(二) 新婚築巢期

當單身族決定結婚共組家庭，即步入家庭週期另一個階段，我們把新婚燕爾，但尚無小孩的蜜月期稱為**新婚築巢期** (young childless couple)，新婚築巢期消費決策的重大轉變，就是由過去單身其所重視的個人化消費，逐漸轉移到 "鍋盤瓢盆" 等家庭化消費，一般如廚具、餐具、家具、家電用品等是這個階段主要的消費品，而在購買決策上也不能如過去隨性而定，必須學習徵詢另一半意見來解決問題。在協調過程中，也常發生爭執 (例如購買一張床，卻因顏色品牌而有不同意見)。其次，不論是租屋或購屋，房子是新婚期最大的負擔，為了這些房貸重擔，"開源節流"、"錢必須花在刀口上"等哲理,變成為小倆口奉行的圭臬。隨著雙薪家庭的增多,新婚夫婦大多無暇準備餐點,"外食"的頻率因而增加,而上超市或大型量販店一次購足,也漸漸取代上傳統市場買菜的方式,再者,新婚夫婦在家庭用品上的經驗不足,常詢問已婚朋友的各種忠告,使得藉由口碑傳播獲取產品訊息,成為新婚訊息的重要來源。

(三) 滿巢育兒期

當新婚築巢期夫婦進入到養兒育女階段時,稱為**滿巢育兒期**(full nest stage)。在這個階段的消費主要以養兒育女為中心,可分為滿巢一期、二期及三期。**滿巢一期**(full nest I)指小孩呱呱墜地一直到六歲之前的時期。**滿巢二期**(full nest II)指子女年齡為 6 到 12 歲之間的階段。**滿巢三期**(full nest III)指子女年齡為 12 歲到 18 歲的青春期階段。

1. 滿巢一期 當年輕父母邁向滿巢一期時,以子女為消費重心的哲理儼然出現,夫妻在新婚期所產生的分歧消費觀,在滿巢一期時已經逐漸趨於一致,且通常由女性扮演起採購者的角色,掌控家庭的經濟狀況。滿巢一期的消費品大多以嬰兒衣物、食品、玩具、藥品、幼兒學前教育為主。其次,健康保險、房租或房貸費用也是重大的開銷。

滿巢一期的消費特性有下列幾點:其一,為了孩子的需要,父母常慷慨解囊、重金培育毫不吝惜,但貸款壓力仍然沈重,使得他們必須節衣縮食,儘可能降低娛樂、衣物等個人消費。其二,為了讓金錢的價值發揮到極限,父母親對產品價格呈現高敏感度,常使用折價券,也非常注意促銷訊息。其三,托育費用是這個階段另一個沈重負擔,使得許多職業婦女在生育後,必須重新考量自身的生涯規劃,來因應家庭經濟可能面臨的窘境。

2. 滿巢二期 滿巢二期的孩子正處於發育期間,不僅要求吃得飽,也要吃得好,因此食物的開銷增加。另外,身體迅速成長也加快了衣服需求。然而在此階段最大的開銷還是在育、樂兩方面:就育而言,許多父母為了子女重金投資才藝班(語文、繪畫、鋼琴)、安親班、夏令營等,反映出現代父母期望子女青出於藍的心態。在樂方面,親子共同出遊度假也越見普遍。值得一提的是,滿巢二期的父親職業趨於穩定,位階逐步高升,薪水也較過去優渥,加上許多太太重返工作行列(台灣因生育小孩而離職,但之後又復職的比率高達 43.6%)，因此多半不會呈現收支失調的經濟窘困。

滿巢一期及二期的夫婦，在度假、休閒娛樂及餐廳的選擇，必須考量子女的因素。美國梅特度假休閒俱樂部 (club Med) 為了使年輕的父母親能夠享受渡假的樂趣，並能兼顧親子同樂的期待，特地開創了迷你俱樂部的服務來照顧兒童，使父母渡假之餘不用擔心兒童照顧問題。這項措施吸引許多滿巢一期及二期的父母加入會員，使得俱樂部成員平均年齡高達 37 歲，梅特渡假休閒俱樂部因而擁有與其他俱樂部迥然不同的會員群。

美國東部之天星超級市場為了讓父母寬心購物，特別提供了兒童照顧的服務，超市照顧兒童的安全措施非常完善，包括安全防護閉路電視、親子手環辨識系統、配戴扣機等方式。由於父母逛街不用擔心兒童安危，也省卻兒童的吵雜，購物過程充滿樂趣，買得自然多，超市生意因而興隆起來。

3. 滿巢三期 當父母親口中唸"孩子的翅膀長硬了，多不聽我的話"時，家庭生命週期已經步入了子女為青春期的滿巢三期。滿巢三期最大的特徵是孩子要求自由與獨立，包括要有自己獨立的房間，而空間的不敷使用，使得換大坪數住屋成為這個階段的大宗消費，另外子女追求消費自主化，常與父母進行"協調式溝通"，爭取自己想要購買的產品，或者乾脆到外面打工，提高經濟的自主權，使得滿巢三期的子女對家庭購買決策越來越有影響力。此外，更換老舊的耐久材 (電視、冰箱) 也是這個階段另一項開銷。

除了上述消費事項外，滿巢三期的父母也慢慢把消費重心由孩子轉移回父母身上，夫妻開始為自己買一些較精緻的產品，如服飾、汽車等，也常為孩子買保險。再者，滿巢三期的夫妻累積許多購物經驗，因此較少受到廣告慾惠的影響。

(四) 空巢消費期

當子女離家只剩夫妻共處一室的階段稱為**空巢期** (empty nest stage)。又分為空巢一期及空巢二期兩個階段。**空巢一期** (empty nest I) 是指子女剛離家不久的階段，在這個階段夫妻通常尚未退休，而薪資所得又是職業生涯最高峰，所以最具消費潛力。在生活型態上常有"自我酬賞"的情形，例如與同事、親友出國渡假或到高級餐廳用餐等，一改過去為了孩子一下班必須回家煮飯、整理家務的匆忙景象，其他如娛樂、自我教育及捐款救人方面的消費也相對增高。

空巢一期另一項較大的消費支出就是孩子的教育經費，包括儲存子女大學學費或儲存留學基金。這些現象再度顯示中國父母對子女教育花費無怨無悔，及重質不重量的觀念。

空巢二期 (empty nest II) 指子女已結婚、搬離家中，而父母也屆退休年齡，一般約為60歲出頭左右，在這個階段，大部分的人都呈現退休或半退休的狀態，所以家庭的收入大不如前，也開始考慮如何有效的規劃退休金及儲蓄保險等財務問題。且如何運用退休後多餘的時間安排生活，也是這個階段的重點。處於空巢二期的消費者另一關心的重點就是健康問題，所以許多以健康為訴求的產業，例如健康食品 (靈芝、花粉)、健康檢查中心、健康用品 (成人紙尿褲、浴室防滑墊) 等，大都以空巢二期為主要的目標市場。

(五) 鰥寡閒適期

鰥寡閒適期 (solitary survivor stage) 是指銀髮族喪偶後孤獨一人的階段。由於女性壽命通常比男性長，所以鰥寡階段又以寡婦居多。鰥寡閒適期最主要的特徵是收入少但消費大，收入的來源大多由先前的儲蓄，救濟金或是子女的供養金，由於每個人的經濟狀況不同，使得這個階段老人的消費方式，存有很大的差異。

因身體逐漸的衰退，鰥寡期對於住宅服務，如看護、餐飲及健康用品、醫療復健器材都有較高的消費比率，對療養中心及護理之家的需求也相對增加。居家環境或設備上，以安全性、空間流暢性等為必要的設計 (扶手、防滑設計)，家庭用品以"功能簡單，使用方便"為原則。

情感維繫也是鰥寡期的重要需求，目前的鰥寡老人也較過去更為積極，喜歡主動接觸人群，到文化中心閱讀書報，和朋友閒話家常或逛逛百貨公司等，所以鳳凰旅行社或大鵬旅行社在開發團體旅遊路線設計上，常有專為銀髮族規劃的景點，希望老人能齊聚一堂共赴觀賞。而文化大學銀髮學院所開設的電腦、英文會話或中醫脈針等課程，也深受鰥寡族的歡迎。

再者，如何幫銀髮族規劃退休金，或如何投資儲蓄保險等財務問題，也受各相關行業的重視。中央信託局所開辦的安養信託和儲蓄信託專户業務，結合了儲蓄和投資的功能，為一些不善處理財物的老人提出保障。其他保險公司常為銀髮族推出醫療和壽險的優惠折扣，以激發老人的投資意願。

二、非傳統家庭生命週期

在傳統中國社會裏，家庭一直是社會的中心，人們從婚姻中，成立家庭生兒育女，完成傳宗接代的任務，個人很難脫離家庭或家族的依賴。但在講求效率與快速的工業社會裏，家庭的形式產生多樣的變化，出現了一些變型的新式家庭，如單親家庭、無子女家庭、再婚家庭等。這些新式家庭比率逐漸增多，與傳統的家庭生活方式也不同。我們把這些超出傳統家庭生命週期的型態，稱為**非傳統家庭生命週期**(non-traditional family life cycle)。圖10-1 中，凡是為深紅色方格者皆屬之。另外，同性戀過去一直被視為大逆不道，但隨著一些觀念的釐清及隱藏的高消費潛力，美國的一些公司已經逐漸重視同性戀市場。底下我們將說明這些新興家庭組織型態與消費特徵。

(一) 離婚一期與單親一期

離婚一期(divorced person I) 是指與配偶離婚，但尚未擁有小孩的年輕男女，離婚一期者因為已經回復到單身生活，在消費習慣上與年輕單身族相似，以自我享樂消費為主，注重娛樂及流行資訊事物，也熱衷參加社交活動，尋求第二春，以回歸到傳統家庭生命週期內。

單親家庭(single-parent family) 是指父母離婚、分居、一方死亡或其他原因，致使子女只能與父母一方相處，或見面的家庭組合方式。**單親一期**(single parent I) 則指 35 歲以下離婚後父母，其中一人擁有子女，且與子女同住的家庭。在離婚率逐年增加的情況下，單親家庭在台灣已呈現逐年成長的趨勢，根據統計，目前約有 7% 的子女與單身父母親住在一起 (內政部，1995)。由於單親家庭收入只有一份薪水，經濟水平上無法與雙薪家庭齊一，必須盡可能節省不必要開支。據估計，台灣女性戶長單親家庭收入約為一般家庭的 67.8% (葉至誠，1997)，因此為了有多餘的時間賺取額外的金錢，以維持生計與昂貴的托嬰費用，單親家長必須努力工作，造成子女管教容易流於放任。

(二) 中年單身期與離婚二期

中年單身期(或單身二期) (bachelor II) 是指在 35 歲以上 65 歲以

下，從未結婚的男女，就是我們所俗稱的老光棍或是老處女。**離婚二期** (divorced person II) 是指在 35 歲至 65 歲之間與配偶離婚，且因離婚時未生育，所以沒有小孩撫養問題的男女。上述兩者在消費習性與生活型態上相似，故合併一起討論。基本上，中年單身或是離婚二期的消費特徵，與前述的年輕單身或是離婚一期相似，都喜歡把錢花在生活享受上，但是步入中年後職業穩定，薪資收入比年輕單身或是離婚一期豐厚，生活享受品質與花費趨於高級與精緻。他們常加入一些名流健身俱樂部、去高級餐廳吃飯、購買名牌服飾、開名貴轎車、經常到世界各地去旅遊。此外，居住的環境與品質上也比過去優渥，常為了追求品味與格調慷慨解囊，及時行樂。

(三) 中年已婚無子女

中年已婚無子女 (middle-age childless couple) 指 35 歲到 65 歲的夫婦，尚未育有小孩者。撫育小孩是夫妻結婚組成家庭的重要功能之一，但在 80 年代，受了歐美不受羈絆的價值觀及工作忙碌沒有時間照顧嬰兒等因素影響，許多年輕夫婦對生育小孩的態度不甚積極，往往到了中年猶膝下無子。而在高齡生育，除了受孕機率降低外，也會擔心產下畸形兒，使得許多中年太太無法或不願生育子女。

中年無子女的夫婦，因為事業處於高峰期，收入豐裕，故也稱為中年頂客族。但因夫婦忙於事業，除了共處時間較少外，也無法兼顧家事，所以花錢處理煩瑣的家務成了解決之法，例如衣服送乾洗、請傭人清理房間等。再者，奢華用品 (鑽戒、高級汽車)、豪華餐廳、精緻旅遊、增進自我知識的教育，都是重要的消費項目。

(四) 單親二期與單親空巢期及老人單身期

單親二期 (single parent II) 指年齡 35 到 65 歲與單親子女同住的父母。基本上，單親二期主要的消費產品與滿巢二期非常類似。但因單親二期的父母以單份薪水負擔整個家庭經濟，子女步入青少年後，花費上又比單親一期要多，經濟上面臨很大的壓力，常常必須從事一些副業來支付開銷。所以能夠節省時間的產品 (如微波爐食品、免洗餐具、速食商店)，最得到他們的青睞。其次，子女必須負擔更多的家庭責任，如洗衣、購物等，來減輕單親父母的辛勞。

單親子女離開家庭，留下中年的單身父母稱為**單親空巢期** (single parent empty nest)。單親空巢期的子女已經離家謀生，使家庭經濟負荷的壓力開始得到舒解，所以這個時期的單親父母財務狀況，比單親一期、二期要好。在社會交往狀態上，已經有多餘時間能建立人際脈絡。金錢的運用轉型為事業的投資，產品購買注重自我成長與自我提升。生活型態也產生變化，並開始依嗜好、興趣購買相關產品，也講究品質。在這個階段，一些奢華象徵品 (鑽戒、首飾) 或耐久材的替換、教育進修，都是消費的重點。

一般從未結婚而成為單身，且年齡超過 65 歲以上的銀髮族，我們稱之為**老人單身期** (或單身三期) (elderly bachelor III)。老人單身基本上與鰥寡期的銀髮族，生活所面臨的問題相似 (無工作，健康情形日漸衰退等)，所以健康產品的購買、退休後的時間利用、錢財的規劃及居住環境的安排等問題，與空巢二期或鰥寡期雷同，故不再贅述。

(五) 同性戀

所謂**同性戀** (homosexuality) 指性動機的對象不是異性而是同性，且同性別之間彼此感到吸引，甚至發生性行為 (張春興，1991)，又分為**男同性戀** (gay) 與**女同性戀** (lesbian)。在民風保守的時代，同性戀一直被視為異類，不被一般人所接受，但是隨著同性戀團體對自身權益的爭取，同性戀錯誤刻板印象逐漸的釐清，嚴厲苛責的聲浪已經趨於緩和。甚至因為他們在市場的高消費潛力，許多產品開始重視同性戀市場，同性戀的廣告也紛紛出籠，在美國市場尤其明顯。

根據美國同性戀市場潛力的研究指出，同性戀的人口約占美國總人口的 6%。平均收入略高於民眾的一般水平。而有趣的是，同性戀在研究所以上教育程度平均是異性戀的兩倍。就生活特徵而言，同性戀比較關心身材變化與自我增長，日常生活中承受了較大的壓力，工作以自雇型居多，他們是高科技產品的熱愛者 (如手機、網路、電腦等)，享受度假樂趣，喜歡參與藝術文化活動，對個人隱私及安全非常重視 (Elliott, 1994)。

由於同性戀團體形成一股新的消費勢力，及他們使用產品的鮮明性，許多行業開始投下經費，在同性戀雜誌刊登廣告。如李維 (Levi) 牛仔褲，以大膽同性戀模特兒刊登廣告，獲得不錯迴響。美國三大啤酒公司也投入鉅資搶佔同性戀市場。美國旅行家銀行 (traveller bank) 甚至發行了同性戀認同卡，使用者在刷卡之際，會撥出部分金額贊助女同性戀促進協會。其他如班尼頓 (Benetton) 服飾、新力 (Sony) 電器、美國電話電報公司 (AT&T) 都投下鉅款，搶佔同性戀市場 (Fitzgerald, 1994)。

值得一提的是，行銷者對準同性戀市場時，需考慮可能疏離或激怒一般的消費者，所以目前的作法傾向於與同性戀團體建立良好關係，例如贊助 AIDS 的研究組織或支持同性戀藝文活動，換取同性戀的認同。台灣目前沒有同性戀的人口與消費潛力相關研究，但是在傳統道德與輿論壓力下，行銷者要進軍同性戀市場，需要多加考量與美國文化之間的差異性。

第三節　夫妻對家庭決策的相對影響力

家庭因素對消費者的採購深具衝擊，研究指出即使是單純的個人購買行為，也會受到家庭因素的影響而有不同的考量 (例如購買對家裏的經濟狀況是否造成影響)，因此針對家庭消費行為的探討，一直是行銷領域熱門的話題 (郭榮俊，1993)。

在核心家庭的消費決策中，決策單位由夫妻或家中其他成員共同組成。由於每個人所扮演的角色不同，影響的程度也不同，因此在本節的第一個部分，我們將先探討家庭成員的角色結構，與成員之間的角色扮演對家庭決策的影響。其次，在核心家庭決策中，夫妻是家庭經濟的來源，也是消費事項的主要決定人，然而夫妻進行決策是一種相互影響的過程，而這個過程受一些因素，如夫妻相對資源、家庭生命週期、產品性質與性別角色等影響，我們將在第二部分說明。

一、家庭決策的角色扮演

小強喜歡上網查資料，因學校電腦不敷使用，為了節省時間，小強希望家裏能購買新電腦安裝寬頻，小強的妹妹也有相同看法。基於這些教育的理由，小強的父母同意購買。

要買哪一種電腦？媽媽認為購買電腦需要花費不少錢，為了避免吃虧應該多收集訊息，於是要求全家一起到了 NOVA 資訊廣場，了解電腦品牌差異。妹妹覺得康柏電腦品質穩定，是不錯的品牌，媽媽對 I.B.M. 的電腦印象深刻，爸爸認為電腦故障率高，應以廠商的維修能力為主要考量，小強基於電腦汰舊換新的比率高，傾向便宜組裝一台，以求日後電腦機件能彈性地更新。

在經過全家的協商調解，擬定了購買原則：以知名品牌、便宜且以能夠快速維修為主，而國產品牌的電腦比較能符合上述要件。所以小強所提電腦組裝案被否決，媽媽與妹妹所提的國外品牌如 I.B.M. 或康柏，因過於昂貴而遭否決，最後爸爸建議聯強國際與宏碁電腦等國內品牌，無論在維修能力或價格上皆有可取之處。有鑑於宏碁在國際名聲響亮，最後大家一致通過購買宏碁，並指派小強去購買，決策因而達成。

在核心家庭裏，當家人面臨重要決策時，都會以類似上述的情形進行協調溝通來解決問題。但是因為消費事項不同，家人所扮演的角色 (決策者、購買者、使用者) 及影響力也不一樣，因此在第一部分，首先探討家庭決策中包含了哪些角色的類型。其次，在個人決策的過程，不管是決策者、購買者、使用者都是同一個人，但是家庭決策過程所產生的角色，大多由不同的人扮演，因此行銷者以家庭為單位擬定行銷策略時，必須找對具影響力者做訴求，才能事半功倍，如何找出家庭決策主要影響人，將在第二部分探討。

(一) 角色扮演的類型

從上述家庭買電腦的例子中，依照不同的決策階段，家人分別扮演著各種不同的角色，其中又以底下六種角色扮演最常被提及 (Solomon, 1999)。

1. 提議者 提議者指第一個提出建議或是想到購買產品的發起人。一般對產品有迫切需求常成為問題的提議者。提議者常是引發家中其他成員感受到問題存在的人。

2. 訊息收集者 訊息收集者指針對提議收集相關訊息，並提供給家人做參考者。訊息收集者通常熟悉訊息來源，並知道有可供選擇的產品範疇，為了使訊息能夠簡潔扼要讓家人一目了然，訊息收集者常常主動過濾不必要的訊息。

3. 影響者 影響者指企圖去說服他人以達到自己預期結果的人。影響者通常已經建立了一套購買的標準（價錢、款式），希望別人以這個標準去評估不同的方案。所以影響者私底下已經有自己偏好的品牌，也企圖說服家人支持他所選定的品牌。一般訊息收集者並不一定是訊息影響者。

4. 決定者 決定者指對最後購買產品或服務具有實權決定的人。決定者可能依協調結果做出最後決定，也可能逕自決定。通常提供家裏財務來源的人常是最後的決定者，例如在核心家庭的決定者大部分為父母。另外，決定者亦可以同時扮演訊息收集者或影響者的角色。

5. 購買者 購買者指依據決策的內容去購買產品的人。購買者關心的不是購買的產品或服務（因為已經決定），而是到哪裏去買最符合家人決策的結果。

6. 使用者 使用者指消費或使用產品的人。使用者可以是家裏全部成員，也可能是家裏個別成員。由於對購買產品的滿意程度，需透過使用者回饋給家裏的其他人，所以使用者也算是一個評估者。

在購買過程各種的角色扮演，有兩點須加以說明：

其一，並非每一種家庭決策都會出現這六種角色扮演。通常在金額大，與家人關係密切的重要消費決策裏，如購屋、度假去處等，常出現家庭成員扮演自己適宜角色共同參與的情形。而低涉入的產品購買，例如飲料或廚房用具，家庭決策過程趨近於個人決策。

其二，家庭決策的本質複雜，除了各種角色由不同的人扮演外，各種角色扮演也可能集中在家裏特定的人。例如"媽媽建議，兄弟一起合買一套書籍"的句子中，提議者是媽媽，但決策者、購買者與使用者都由兄弟兩個人分享。另外，"先生買鑽戒給太太當生日禮物"的句子中，先生扮演決策者與購買者的角色，但是"先生拿錢給太太去買鑽戒當生日禮物"句子中，太太分別扮演決策、購買與使用三者合一的角色。

（二） 角色扮演在行銷上的應用

從行銷的立場而言，必須能夠區分各種角色的差別，找出關鍵人物進行訴求，方能收到實效。例如為子女選擇英文補習班，使用者是子女，但決策者與購買者是(父)母親,所以應該針對(父)母親需求做為廣告的訴求重點。相同情形也發生在小型家電業,根據調查,家裏的電器產品約有50%由女性購買,就連男性刮鬍刀這麼陽剛的產品,購買者大部分是太太、女兒或女朋友。

另外,先生或小孩的內衣大部分也是由太太或媽媽購買,法國首席內衣公司的新產品走秀活動即反映了這個現象。該公司在台灣舉行了一場男性內衣秀,由六位來自國外男性模特兒,以壯碩的身材、動感的舞步展現男性內衣風采。而由於男性內衣褲的購買者大多是女性,所以主辦單位特意安排80%以上的女性觀眾觀賞男性內衣秀(張永誠,1992)。上述例子說明購買者的看法比使用者更具影響力,行銷者應針對購買者而非使用者進行訴求。

與上述情境相反的另一極端,則是行銷者必須針對使用者訴求,尤其是使用者的意見可以直接左右購買者的情況。例如許多啤酒的購買者是太太,但他們購買的決定,卻是依照先生對啤酒使用的滿意程度產生。糖果甜點的主要使用者是小孩,但是許多父母親會依小孩的喜好,決定下一次是不是購買相同的品牌或產品。

二、夫妻在家庭決策的相對影響力

在家庭決策中,先生與太太的影響力是最重要的,子女只有在一些產品上有影響力。有鑑於此,在探討家庭決策相對影響力主要是指先生與太太在家庭決策過程中互相影響的程度與所扮演的角色。

消費研究者探討家庭決策相對影響力時,常把家庭決策中夫妻影響力大小分為四個向度:**太太主導決策** (wife-dominated decision) 指太太有實質的權力主導該購買什麼產品;**先生主導決策** (husband-dominated decision) 指先生有實質的權力主導該購買什麼產品;**自主決策** (autonomic decision) 指夫妻某一方具有絕大部分的影響力,可以由自己決定要不要買;**共同決策** (syncretic decision) 指夫妻雙方共同參與,影響力旗鼓相當 (Sullivan & O'connor, 1988)。在上述四個決策類型中,我們可以分兩個方向來談:第一,在家庭決策中,先生與太太決策權力的高低受哪些因素的影響?第二,在哪些狀況下,先生與太太會使用哪一種的決策類型?第一點與夫妻之間擁有的資源有關,將在第一部分說明。第二點則與家庭生命週期、產品性質及性別角色等因素有關,將在下列二、三、四等部分說明。

(一) 相對資源與決策權力

相對資源論 (comparative resources theory) 指出在婚姻關係中擁有資源越多的一方,其所擁有的決策力就越大。而所謂資源包括了夫妻兩人的背景因素 (教育程度、收入、工作狀態、小孩數目、社經地位) 及文化規範等,說明如下:

1. 夫妻背景因素　在下列狀況中,先生在家庭決策影響力比太太來的大:(1) 當先生比太太有更高教育程度時;(2) 當先生收入高於太太時;(3) 當太太沒有工作或因為生育完必須離職在家照顧小孩時;(4) 當家庭的小孩總數比一般平均還多的時候;(5) 當先生屬於高社經階層的家庭時 (低社經階層的家庭決策大多由太太主控) (Komarovsky, 1961)。如與上述狀況相反,則太太比先生有更大的影響力。

2. 文化規範　家庭的傳統性與現代性也影響決策。在保守傳統的家庭主要由先生主導決策,而自由開放的家庭,太太主導決策的現象較為普遍。曾有研究訪問257位結婚婦女,並依照她們對家庭決策影響力大小,把家庭的傳統性與現代性歸類為開放型、中庸型及保守型三種。結果發現各型態間的購買行為有顯著差異,其中開放型婦女在家庭決策上享有最多的權力,包括她們在假期去處的選擇,家電產品購買及金錢儲蓄處理的方式,其影響力甚至高於保守婦女的兩倍 (Qualls, 1982)。再者,研究也發現在母系社會和核心家庭的妻子,比父系社會與大家庭的妻子,擁有更多的家庭決策權力。

(二) 家庭生命週期與決策類型

承上所述,家庭決策類型共可分為四種,其中家庭結構與家庭生命週期是影響夫妻使用哪種決策類型的重要因素,可歸納為下列幾點說明:

1. 中產階層的家庭,較常使用共同決策,而屬高社經階層與低社經階層,傾向於由先生或太太一人主導決策。

2. 剛結婚的家庭,喜歡進行共同決策,尤其在結婚的第一年。當結婚時間愈久,因為夫妻彼此都已熟悉對方所扮演角色,也知道哪一類的產品歸誰決定，故常使用自主決策 (Ferber & Lee, 1974)。

3. 在沒有小孩的家庭常使用共同決策，一旦有小孩後，夫妻的角色定位慢慢明顯，且為了維護在孩子面前的權威形象，夫妻傾向於使用自主決策 (Filiatrault & Richie, 1980)。

(三) 產品性質與決策類型

產品性質對於使用哪種決策類型的影響可分為三點來說明，分別是產品的風險性、產品的使用經驗與購買產品的時間壓力：

1. 產品的風險性　當購買高風險產品時，夫妻必須共同合作 (共享彼此的資源)，才能降低不確定感，家庭決策也趨向於共同決策。例如購買新家時必須考量財務的高風險，以集思廣益的方式進行決策以降低風險。相反的，購買一些低涉入產品時，夫妻傾向使用自主決策。

2. 產品的使用經驗　對特定產品有特殊經驗的夫或妻，能夠掌握購買的訣竅，因此常具有主導購買的權力，但是當夫妻對產品經驗都不足時，容易採用共同決策。共同決策容易產生冒險遷移現象，**冒險遷移現象** (risky-shift phenomenon) 是指夫妻經討論後，稀釋了錯誤決策所應付的責任，因而會做出比個人態度更激進、更大膽的決策。研究指出，經家庭共同討論後，太太所購買的產品大部分都偏於高風險性決策 (Woodside, 1972)。

值得一提的是，從文字來看，夫妻的共同決策應該是彼此貢獻所長、合作無間，來達到最大效益的一種過程，然而事實上夫妻之間的溝通並非如此的理性，補充討論 10-1 將有詳細的說明。

3. 購買產品的時間壓力　對忙碌的夫妻而言，充裕的時間是家庭決策的重要資源。時間不夠用的家庭，夫妻傾向於使用自主決策解決問題。曾有研究探討婦女對購買先生貼身內衣褲的作法時指出，傳統的婦女傾向於幫先生買 (太太主導型)，但現代女性則否 (傾向自主決策)。主要原因是現代女性大部分是上班族，時間入不敷出，所以無暇幫先生購買 (郭盈本、徐達光，1996)。

(四) 性別角色與決策類型

個人對性別角色的態度會顯現在他的購買行為上 (Qualls, 1982)。相似

補充討論 10-1
夫妻共同決策的盲點與衝突

在朝夕相處、互動頻繁下，夫妻進行共同決策的情形是普遍的，即一起參與事件共同承擔責任，例如子女的教育經費、購買汽車，甚至壓歲錢的多寡等。一般認為夫妻相知相惜、如膠似漆，一定以合作的默契，有效率的分析相關訊息，以增加決策的品質。事實上，由於夫妻各自成長於不同家庭，擁有不同的價值觀念，因此在共同制訂決策時，往往無法就事論事，容易各說各話，甚至衍生枝節 (翻舊帳、誇大事實)，造成許多匪夷所思的決策結果，尤其在購買重要物品時，夫妻用盡了各種方式異中求同。換言之，夫妻聲嘶力竭的達到決策，而不是夫唱婦隨的制訂決策，協商過程的目的是為了降低衝突，而不是提升決策品質。

由於夫妻背景的差異，共擬決策的結果常在混亂、爭執、妥協下產生，也出現許多的阻梗。曾有研究者訪談 45 對夫妻了解在購屋過程中，如何進行溝通與協調。結論充分說明夫妻在共同決策過程，觀點的不同與盲點的產生：

1. 夫妻除了性別不同，在觀念與性格上亦存有差異，因此建構了許多不同的購屋標準，要達成共識十分困難。如果說夫妻意見有交集，主要是指他們認知的購屋概念中，什麼是所謂的必要條件 (如買房子需附停車位)，然而這個必要條件也只是一個粗糙模糊的大原則，無法清楚的界定，所以還是會衍生許多後續的爭執，但是如果連必要條件都沒有達成共識，衝突無法避免。

2. 夫妻共同決策的盲點在於爭理，拼命找出對方的語病或邏輯的缺陷而攻之。所以當夫妻間一方對購屋結果滿意程度明顯高於另一方，主要是指在溝通或爭執的過程中贏了對方。

3. 夫妻達成共識的情形大部分是指"有沒有"或"有多少"的具體問題 (如有沒有陽台、有幾間臥房等)，但在需要大量討論的抽象議題 (家具如何擺、地板的顏色) 上，常因夫妻角度的不同，各持己見而容易產生衝突。

4. 夫妻共同決策較少產生爭執，主要指對方不熟但自己專精的地方，例如先生對房屋貸款、水電裝置比較熟悉，太太對室內家具、顏色的搭配比較內行，所以一旦問及太太，誰決定房貸事宜時，太太通常推說先生在這一方面比較有影響力 (先生決定的)，但問及屬於自己專長範疇時 (誰決定家具的顏色) 太太則認為自己比較有影響力。但是當問及不屬於彼此專長認定的範疇時，夫妻都認為自己比較有影響力，而這個模糊不清的認定部分通常占了大部分，這也說明了為什麼共同決策那麼難達成 (Park, 1982)。

夫妻制訂共同決策的衝突是很難避免的，應該視為正常的現象，因為如果沒有衝突或是衝突忽然減慢或消失，那就表示夫妻成長或改變的潛力降低了，也代表其中一方正極度容忍委曲求全，以維持表面和平，這對婚姻的經營是不利的。在**衝突互動觀點** (interactionist view of conflict) 主張衝突不僅對家庭有正面影響，某些衝突甚至能產生建設性的效能，因此如何經營衝突，建立彼此接納與共享的基礎，是夫妻在制訂共同決策必須首先突破的問題。

的,夫妻對性別角色的看法也會影響到其決策立場。底下我們將以傳統性別角色的認同度及性別角色變遷對夫妻決策類型影響提出討論。

1. 傳統性別角色的認同度 夫妻對傳統性別角色認同度高,則什麼產品該由男(女)性買,什麼產品需要一起討論,有著根生蒂固的觀念,一旦遇到屬於自己性別的產品時,可依著性別期待的模式處理,例如先生在汽車、賀奠數額較有主導權,太太主要負責廚房、嬰幼兒用品的購買。而休閒計畫或搬家通常由夫妻共同決策。

早期研究曾指出在傳統性別角色的影響下,不同的產品其決策類型亦不同。研究者以 25 項產品,依先生、太太在家庭決策相對影響力的大小,畫成如圖 10-2 的情形。圖 10-2 裏,縱軸是夫妻的相對影響力。越往上表示由太太主導的比率越高,往下表示由先生主導的可能性增加,中間的部分則屬於自主決策的部分。橫軸為夫妻個別決策百分比,越往左表示夫妻個人自主決策越強,越往右表示共同決策性高。從圖 10-2 的說明可知,左下角是屬於先生主導決策的產品,如工具箱、運動器材或除草機。左上角的產品決策大部分由太太主導,如廚房用品或食物。自主決策是左邊中間的一塊,包括先生的衣服、行李箱、照相機。而夫妻共同決策的產品分佈在右邊的部份,包括假期去處、電視、電冰箱、家具,及財務規劃等 (Putnam & Davidson, 1987)。

2. 性別角色變遷對決策類型影響 在社會的大幅變遷下,女性所擁有的資源越多(包括教育程度、職業、聲望),所持有的性別角色也越趨平等。這種趨勢也直接衝擊夫妻對傳統性別角色的認知。以家務分工而言,傳統上認為男性應負責修繕等較沈重的工作,女性則擔任洗碗、燒飯、整理房子、帶小孩等工作。目前的狀況已經不同,男性除了粗重工作外,對於子女照顧與管教的參與程度增加,也必須分擔更多的家事,諸如洗衣、打掃、倒垃圾、買菜等,而太太也需要負責賺錢養家的工作。這種情形也影響到家庭決策的類型。例如汽車購買已慢慢由先生主導移轉到夫妻共同決策,而嬰兒尿布及牛奶的購買也漸漸從太太主導,轉移到先生或太太的自主決策。而許多婦女在家庭所擔任編列預算、監控支出等工作,過去都屬於先生扮演的角色 (Bartos, 1989)。

雖然婦女性別角色已經日趨現代化,對家庭決策影響力也與日俱增,但

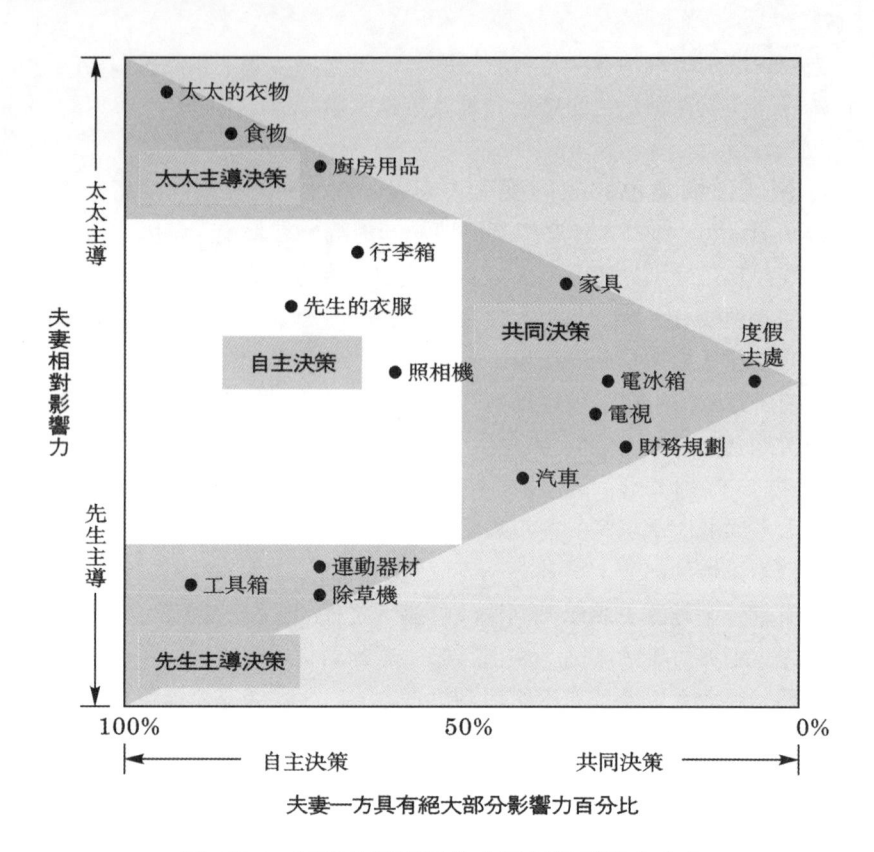

圖 10-2　以產品類別區分夫妻相對影響力大小
(採自 Davis & Rigaux, 1974)

親戚朋友關係維繫工作，如卡片的問候、親朋的拜訪及電話的聯繫等事項，主要還是由家中女主人負責。換句話說，太太是親友聯繫的關鍵人物，拜訪的對象、拜訪的地點及禮物的採購等大都由太太決定，所以當行銷廣告以送禮為訴求時，家庭主婦還是主要的目標市場。

第四節　子女對家庭消費決策的影響

家庭決策是一個動態的過程，因父母與子女共同參與決策，使決策常常出現不同的聲音，決策結果也是在遊說與爭執中完成。以下面例子來說明：

> 周先生、周太太準備暑假時帶小孩出國旅遊。周先生期待夏威夷的風情，周太太想去歐洲旅遊添購服飾，讀高中的老大計畫在暑假打工賺錢，讀小學的老二希望到日本迪斯耐樂園玩。爲了避免出現全家無法同行的遺憾，周先生與周太太極力遊說大兒子一起前往。在充滿了條件交換與威脅利誘下妥協，老大一改初衷願意同遊，但是希望以鄰近國家爲主。旅遊目的地又成了第二個需要解決的問題。家人再次從預算、時間、距離遠近與優先順序等因素爲基點，經過激烈討論後，終於選定了香港，因爲到香港除了旅費便宜、吃住方便外，香港休閒型態比較能符合大家興趣，周先生可到海邊避暑，周太太可以逛街，小孩們則可到海洋公園尋求刺激。

從上述的個案可知，家庭決策除了受夫妻相對影響力的衝擊外，還必須考慮子女對家庭決策的影響。因此在本章的最後，我們將針對子女如何影響家庭的消費決策，及家庭如何解決決策衝突的情形提出討論。

一、子女對家庭決策的影響

研究指出，有子女的家庭比無子女家庭，更難達成家庭決策一致性，最後的解決方法常需要家中位高權重的人出面強制執行 (Filiatrault & Richie, 1980)，可見子女對家庭決策具有許多實質的影響力。

本節將討論子女如何影響家庭決策。首先，我們將先討論兒童學習成爲消費者的消費者社會化過程。其次，說明當今兒童的消費潛力。最後，則探討青少年子女對父母購物決策的影響。必須一提的是，本章把 12 歲以下子女稱之爲兒童，而超過 12 歲到 18 歲的子女稱爲青少年。

(一) 消費者社會化

消費者社會化 (consumer socialization) 是由社會化的概念而來,指個人學習到市場上的知識、偏好與技巧的過程。兒童成為市場的消費者首先必須經過消費者社會化。一般而論,當兒童學習到下列的事項時,我們認為消費者社會化已經發生並且融入到他的生活。其一,對於各種產品或品牌有自己獨特的偏好與認知。其二,知道產品的特徵與購買產品運作的方式。其三,學習到"聰明購物"的一些技巧,例如到哪裏買到便宜的電腦、如何辨別產品真的打折還是噱頭等。

在人的一生中,消費者社會化持續的進行,直到成年都在學習。在下文我們將了解許多年長的父母,常需要從子女身上學習一些消費技巧的新知,例如詢問女兒在上網購物時要注意什麼,也是一種消費者社會化歷程,此處我們比較著重兒童的消費者社會化過程。兒童出生後的消費概念尚為一片空白,但是透過一些管道,如父母的言教與身教、父母的管教方式、電視媒體及同儕等因素,消費知識與技巧將逐漸成長,說明如下:

1. 父母的言教與身教 一般而言,父母對孩童消費知識與技巧的影響最為深刻。父母常經由直接 (操作學習) 或間接 (觀察學習) 的方式教導小孩。包括:(1) 父母以自己的經驗教導孩子價錢與品質的關係,如何把錢用到最大的效能;(2) 父母培養小孩貨比三家的能力,教導小孩在折扣期購物,或如何鑑定品質等;(3) 父母決定兒童與外界訊息接觸的機會,包括電視媒體,銷售員等,間接的使兒童披露在特定的消費知識範圍內;(4) 兒童常藉著觀察而模仿父母的消費習慣。譬如媽媽都買統一沙拉油,女兒長大後也以"媽媽都買那個牌子"為由,購買相同品牌,簡化消費決策的複雜性;(5) 父母早出晚歸,許多兒童需要上街購物分擔家庭責任,使他們提早接觸商業訊息,而經歷消費者社會化歷程 (Moschis, 1985)。

父母所傳授的消費經驗如品牌的偏好、品牌評估等原則,對子女長大後的購買決策產生明顯的影響。研究指出,由於消費知識的傳承,約 93% 的大學生選擇與父母親一樣的銀行存款;40% 已婚夫婦的汽車保險與父母親所保的公司一樣;其他如一些廚房用品、食物及日常消耗品,女兒與母親品牌選擇的相似性很高,尤其是比較生活化的產品如牙膏、衛生紙、果醬等

(Moore-Shay & Lutz, 1988)。

2. 父母的管教方式 父母對子女的管教方式與消費者社會化傾向有密切的關係。一般父母管教型態，以父母權威程度的強弱分為四種：(1) **權威型父母** (或**專制型父母**) (authoritarian parents)：嚴格控制小孩，希望小孩能徹底服從命令，家庭氣氛不甚溫暖，父母對外界訊息謹慎過濾。(2) **放縱型父母** (neglecting parents)：不干涉小孩的活動，與小孩關係不親密。父母親很少啟發小孩潛能或告知消費相關的知識。單親家庭的管教通常為這個類型。(3) **民主型父母** (democratic parents)：父母與小孩的權力相當，常以會議方式討論家務。鼓勵小孩自我表達與培育自我價值，以溫暖態度支持小孩，但如果小孩逾越規矩，則有所處罰，逐步塑造小孩言行舉止至成熟穩重。(4) **溺愛型父母** (或**寬容型父母**) (permissive parents)：盡量不去限制孩子，認為孩子有權力做許多事 (尤其是青春期)，但不必負什麼責任。與小孩關係非常密切，但不約束他們 (Carlson, Grossbart, & Stuenkel, 1992)。

上述管教方式中，溺愛型與民主型的父母，比放縱型或權威型的父母，更主動介入小孩在消費者社會化的歷程，父母常與小孩一起逛街，也常提出一些建議、經驗給小孩。民主型父母更喜歡與小孩一起看電視，但會關心電視廣告的適宜性。

3. 電視媒體 在現代化社會裏，父母們為了工作必須早出晚歸，兒童放學回家後整天看電視，使他們從電視媒體學到了許多消費的知識。依據**培植理論** (cultivation theory)，兒童經由媒體學習到文化的常規及價值觀，且接觸媒體的機會愈多，對媒體所傳達的價值觀之接受程度也就愈高，例如還不會讀或寫字的小孩，對於一些品牌如麥當勞的M拱形、麥當勞叔叔或是7-ELEVEN 便利商店，已經朗朗上口也知道在賣什麼。上了幼稚園或小學的小孩，對市場訊息的了解，更勝於對於算數課或作文課的程度，而 7～12 歲的小孩已經形成強烈的品牌偏好 (Mcneal & Yeh, 1993)，這些都是電視媒體所造成的影響。值得注意的，孩童在電視媒體所學習到的是一種表達式的消費模式 (例如只要擁有產品，人生從此美麗燦爛；沒有這個產品，會變得很遜)，忽略對產品購買的內在意涵的思索，所以高頻率的媒體接觸，容易造成兒童以消費來滿足情緒的不理性行為。

4. 同儕 同儕影響也是消費者社會化重要來源。當小孩日益長大時，父母對小孩的消費的影響力降低，但同儕影響力卻逐漸擴大，尤其是青少年階段更為顯著。當同伴呈現炫耀或流行產品時，往往造成彼此之間的討論與口碑相傳，進而熟悉產品特徵，學習到相關的消費知識。我們在第九章時已針對同儕影響有詳細說明，此處不再贅述。

(二) 兒童對家庭決策的影響力

根據 2000 年的統計，在台灣 15 歲以上婦女平均生育子女數為 2.8 人，可見以小家庭為主的核心家庭已為目前家庭結構的主流。而出生率的降低，更使家中的兒童順理成章的成為"集萬千寵愛於一身"的天之驕子。這個現象也顯示了：第一，兒童對家庭決策有舉足輕重的影響力。第二，兒童有旺盛的消費潛力購買自己喜歡的東西。

1. 兒童對家庭決策的影響 隨著年齡的增長及受到媒體與同儕的影響，兒童購物除了有自己的主見外，更可影響家庭的決策。影響範圍不僅限於兒童產品，也會擴展到一些家用產品，許多新屋展示或汽車銷售等活動，常在假日舉辦全家看屋(車)送玩具的策略，即是針對這群可能有影響力的兒童。

所謂**父母讓步** (parental yielding) 指父母受到孩子的影響，轉以小孩的要求為主，改變了原來的產品選擇 (Isler, Popper, & Ward, 1987)。小孩讓父母產生讓步的方式包括：苦苦央求父母購買，使父母心軟；跟父母強力推薦他們在電視上看過這類不錯產品；說某個朋友或兄弟姐妹他們都有；以做家事當做購買的交換；甚至直接把產品放在購物籃子裏，趁父母結帳忙亂之際渾水摸魚，這些技巧往往讓父母難以拒絕，而產生讓步的現象。研究指出，父母受小孩影響產生讓步的程度，因年齡不同而有差異，對 5～7 歲的小孩所要求的衣服款式，約 21% 的父母會予讓步，但 11 到 12 歲小孩有相同要求時，約 57% 的父母會讓步 (Ward, 1980)。

再者，父母決策受小孩影響的程度也與父母的管教型態及產品是小孩用品還是家庭用品有關。我們以表 10-6 做說明，權威型父母要求小孩服從，所以不管購買家庭用品或小孩用品，最不容易受小孩影響，讓步的機會低。放縱型父母不關心小孩，小孩也不會影響父母購買家庭用品的決策，然而對於自己想要的東西，還是想盡辦法要求父母讓他們買，就這個層面來說，子

表 10-6　父母管教方式、產品型態與家庭決策受小孩影響的情形

管教方式＼產品型態（受小孩影響）	小孩用品	家庭用品
權威型父母	低	低
放縱型父母	高	低
民主型父母	中	中
溺愛型父母	高	中

(採自 Sheth, Mittal, & Newman, 1999)

女對父母決策的影響力是很大的。民主型父母與小孩的權力相當，消費決策大多與子女共同商量，所以不管購買家庭用品或是小孩用品，子女對父母決策的影響程度適中。溺愛型父母與小孩關係親密，小孩需要什麼用品就買什麼，因此他們對於父母購買小孩用品的影響力高，另一方面，小孩影響父母購買家庭用品的程度卻是適中的，因為小孩比較關心的還是自己的東西而非家庭產品。

2. 深具潛力的兒童市場　兒童市場在行銷上深具潛力。主要原因有三：第一，家庭人數的減少，小孩備受長輩的寵愛，零用錢直接來自父母、祖父母、外祖父母等，因此當今兒童可支配的金錢 (零用錢) 比過去的兒童都高。第二，兒童的消費者社會化過程提早來臨，使他們從小就喜歡花錢購物 (糖果、飲料、速食等)，也形成許多獨特的消費觀點。第三，父母工作早出晚歸，親子互動的機會降低，為了彌補親情的缺乏，常以金錢替代。

　　兒童市場的豐厚利潤，已經成為許多廠商必爭之地。而要虜獲兒童的喜愛，有兩點必須加以注意。第一是尊重兒童的需求，第二是培養兒童對產品的忠誠度 (夏心華，1994)。

　　(1) **尊重兒童需求**：在兒童市場行銷上，首先要能了解兒童的需求是什麼，尤其家庭結構改變家庭子女數少，子女與家長在一起時間多，產品喜好深受大人與媒體影響，所以不能閉門造車單憑行銷者自己童年經驗來揣摩這一代兒童。行銷者除了了解兒童零用金與儲蓄率，以估算出其購買能力外，在產品設計及促銷上，也必須以現在兒童的語法和訊息處理能力與之對話，用他們熟悉有興趣的方式吸引他們。在兒童產品的賣場規劃要能關心兒童，無論是裝潢設計或是服務人員的產品解說，都要能博取他們的歡心。

補充討論 10-2
兒童行銷的心理學原理

　　隨著社會型態的變遷，兒童的購買力量逐漸擴大，兒童產品（如玩具、運動器材、衣服與電視節目等）的開發也逐漸受到重視，底下將從零至二歲以及三至七歲這兩個階段的認知發展做說明：

　　1. 零至二歲的認知發展　零至二歲是皮亞傑認知發展的**感覺運動期** (sensorimotor stage) 指初生嬰兒只能藉由感覺與動作（口嚐與手抓）去認識周圍的環境。這段期間，第一：嬰兒的認知心智剛剛起步，常藉由不斷的嘗試以在腦神經建立粗略的架構，之後並藉著不斷的練習來填充這些細節。例如 4 個月大的幼兒開始探索身體以外的物件，並產生重復的動作（如對抽屜開了又關關了又開），直到對物件的概念熟悉後，才會將轉移興趣。第二：零至二歲期間是幼兒與父母建立感情聯繫的關鍵期，需要一個充滿關愛的環境。第三：接近兩歲的小孩逐漸有**物體恆常** (object permanence) 的概念，知道物體暫時離開視線並不表示消失。第四：零至二歲並沒有積極的語文能力，對於幽默的體會多出於動作或簡單語言而來。依上述特徵，廠商產品發展需注意下列幾點：

　　(1) 塑造緩慢與充滿安全感的產品。零至二歲的小孩心智認知尚在發展，無法接收快速的聲光效果，所以視覺產品需要配合緩慢步調設計。這個階段兒童喜歡一些圓形或弧形的絨毛玩具，但不喜歡鋸齒、扭曲、有稜角的玩具，遊戲中也可融入大量的擁抱、碰觸的成分。

　　(2) 以簡單擬人化概念設計產品。為零至二歲設計產品必須簡易容易操作，擬人化的卡通人物更能吸引他們，此外玩具須能夠提供探索、建立因果關係的設計，這也是為什麼他們對撩撥轉輪玩具樂此不疲的原因。

　　2. 三至七歲的認知發展　三到七歲為皮亞傑認知發展階段中的**前運思期** (preoperational stage) 即用簡單的語言符號去吸收知識，從事思考活動，但大多呈現單向思考不具可逆性，造成兒童常靠直覺行事反應環境的刺激，鮮少出現邏輯思考的理性行為。由於單向思考模式，三到七歲的兒童常有**自我中心傾向** (egocentrism) 即以自己的觀點看世界，不能分辨與理解別人的觀點。事情通常是兩極判斷，非黑即白，沒有能力了解中間的灰色地帶，另外這個階段喜歡幻想，也喜歡模仿。依上述特徵，廠商產品發展需注意下列幾點：

　　(1) 以突顯的設計吸引兒童。由於此階段兒童不會注意包裝上的文字，憑著表面就決定產品對他們的價值，因此突出或誇大產品某個部分時最能吸引他們，例如洋娃娃身上繡一個大紅心或大酒窩的娃娃臉都具有強烈的吸引力。

　　(2) 提供幻想與模仿的產品。前運思期的小孩有豐富的想像力，常把物品朝擬人化的方向思考，尤其是動物。如一隻棍子變成蛇，沙發變成城堡等，這也是摩登原始人維他命、維尼熊洗髮精、獅子王影片深受歡迎的原因。另外芭比娃娃或無敵鐵金剛因為提供兒童學習養育或英雄認同的角色，也大受歡迎。

　　(3) 創造視覺幽默感。三歲到七歲的小孩無法體會抽象的幽默，所以應儘量使用大動作、身體滑稽等幽默形式，或取好玩的名字及特意貶損等方法來博取兒童歡迎。如兔寶寶卡通大量丟蛋糕、不小心被打一拳等滑稽動作即為視覺幽默。

台灣玩具反斗城賣場所設置的"玩具醫院"都是以兒童的口吻來進行，例如玩具送修先要掛號，填寫病歷表 (說明哪裏故障)，然後繳費 (本店收費 50 元，非本店收費 100 元)，專人診斷病情後 (了解可以修或不能修)，病情輕者住院治療 (反斗城自己修)，嚴重者轉送大醫院 (送廠商)，絕症者 (修理不了) 退回。類似這種用兒童的語氣與之溝通的方式，除了可增加賣場吸引力外，也可以教導兒童珍惜資源。而如何從兒童發展的心理學原理進行兒童行銷，請見補充討論 10-2。

(2) **培養兒童忠誠度** 兒童對產品忠誠度的產生，會遷移到日後的成人階段，而成人對品牌忠誠度至少維持 12 年之久，所以培養兒童產品忠誠度是企業永續經營不二法門。例如兒童從小就喜歡穿凱文克萊 (Calvin Klein) 的童裝，長大後也選購相同品牌的服飾。麥當勞速食店所採用的策略，就是培養忠實顧客，使其產生從小麥當勞終身麥當勞的觀念。

(三) 青少年子女對家庭決策的影響

承上所述，父母的購買觀念透過消費者社會化的過程傳遞給子女，影響子女的購買行為。另一方面，隨著年齡的增長，子女接觸外界訊息的機會增多，與同儕互動所累積的消費知識也日漸豐富，因而慢慢發展出個人的消費特色，有時會反過來影響父母的觀念，這種由下對上的消費影響型態稱為**反向代間影響** (reverse intergenerational influence)。反向代間影響的研究雖然不多，但卻是一個有趣的主題，我們將會在第一部分說明相關的概念。其次，反向代間影響的強弱，與家庭關係融洽度，及子女對購物知識的專精程度有關，我們將於第二部分說明。

1. 反向代間影響意義 反向代間影響最常發生在子女青春期以後的階段。由於興趣或喜好的使然，子女經常接觸流行性產品 (如手機、電腦等高科技產品) 因而熟悉產品特徵，消費的相關經驗與知識比父母親更豐富，而這種知識權威也對家庭決策造成直接影響。然而反向代間影響只限定在某些特定產品，在另一些產品上，父母親還是具有主導權。例如父母如需要購買流行服飾或是電腦科技產品時，常會詢問子女的意見，但對於一些醫療保健或金融保險投資等產品，父母經驗遠比子女豐富，並不需要透過子女了解概況。

家庭中的民主正義觀念使得反向代間影響力增加,也相對提升引發家庭衝突的可能性。事實上,如果子女提出的建議不背離家庭基本倫常觀,親子互動對消費決策的影響往往是正向的。相對的,如果子女的要求過於離譜或不合理 (如燙龐克頭、建議客廳改裝成小酒吧、花 6000 元買一雙球鞋),最有可能引發兩代之間的衝突。

2. 反向代間影響與家庭特徵的關係　反向代間影響的效果,與家庭關係融洽度及購物權威性高低有關。**家庭關係** (family relationship) 指親子間互相尊重與信賴的程度。親密的家庭關係指家人氣氛和諧、溝通良好;不睦的家庭關係則指家人之間充滿著疏離感、衝突和相互的忽視。而**購物權威性** (relative expertise) 指子女對某項產品的購物知識專精的程度。在這兩個向度上,反向代間影響產生的情形如圖 10-3。

家庭關係

	不睦	親密
購物權威性　高	影響程度低	影響程度高
購物權威性　低	沒有影響	折扣性影響

圖 10-3　購物權威性、家庭關係對反向代間影響的情形
(根據 Shah & Mittal, 1997 繪製)

在表中,當家庭關係不良,子女對產品經驗豐富時,子女的反向代間影響程度低。換言之,子女與父母親相處不睦,就算子女對產品有非常不錯的建議,父母不太受影響。當家庭關係不佳且子女購物專業性不足時,子女對父母之間的消費決策不會產生任何影響。另一方面,當家庭關係親密且子女購物有著豐富的經驗時,反向代間影響的效果最為顯著,父母傾向接受子女的建議。在家庭關係良好,但子女專業性不足之際,有所謂折扣性影響,即父母表面性的接受子女建議,但實際卻不採行。

二、家庭衝突的類型與解決

當家庭決策結果不符合家中每個成員的需求及優先次序時常發生衝突。

我們在上文補充說明時談到夫妻的共同決策歷程中，處處都隱埋著發生衝突的因子，雙方如果不盡量的去避免，將隨時出現爭執。舉例來說，購買家庭房車，先生考慮的是大車與加速感，太太則偏愛小車與安全性（當然有些家庭恰巧相反），基本的購買原則已不同，消費決策要達到契合無間的程度更屬不易。再加上子女的參與，產生衝突的場面不難想像。

另外，家人在家庭決策的角色扮演與期望不符時也會起爭執，例如小孩要買耐吉球鞋（使用者角色），但媽媽限於經費只能買中國強球鞋（購買者角色），如果小孩對球鞋的涉入程度高，或媽媽持續施展權力干涉小孩時，都是最容易產生衝突的狀況 (Lackman & Lanasa, 1993)。底下我們將先說明家庭的衝突類型有哪些，接著討論家庭成員一般如何解決衝突。

（一） 家庭衝突的類型

家庭衝突類型與家人對購買產品的目的，及家人對實施方法的認知有很大關係。我們以圖 10-4 來說明下列幾種家庭衝突的類型：

購買目的

	同意	不同意
實施方法 不同意	解決性衝突	折衷性衝突
實施方法 同意	無衝突	目標性衝突

圖 10-4　家庭衝突的類型
(根據 Sheth, Mittal, & Newman, 1999 繪製)

1. 解決性衝突　當家人對購買目的表示同意，但對怎麼做或用什麼方法做意見不一的時候，叫做**解決性衝突** (solution conflict)。例如大家一致同意買貴賓犬當寵物也答應照顧牠，但對於照顧寵物的工作項目（餵食、把尿、洗澡）與輪班時間不同意（實施方法不同意）時，屬於解決性衝突的類型。

2. 折衷性衝突　**折衷性衝突** (compounded conflict) 發生在家人對購買目的及實施方法都有不同的意見時。通常在昂貴、風險性高的產品，或對自我尊嚴產生重要影響的產品，會發生此類型的衝突場面。例如夫妻對年終獎金的利用是要投資在股市、購買房地產還是買外幣的看法不一（購買目的不一），在實施方法上請代客操作者、親友操作或自己下海操作也各持己見時，其衝突型態為折衷性衝突。

3. 無衝突 當家裏成員對於購買目的與實施方法，都表示贊同的情形稱為**無衝突** (no conflict)。無衝突狀況一般是屬於低涉入且必要的日常性用品，例如，家人對於一定要購買牙膏、香皂等日常必需品不會有意見（對購買目的的同意），到便利商店或到量販店買也無所謂（對實施方法的同意）。

4. 目標性衝突 當家人對於實施方法有所共識，但是對於購買目的卻不同意的時候稱為**目標性衝突** (goal conflict)，目標性衝突主要發生在要買什麼類型的產品所產生的衝突，例如一個家庭中，對於飼養寵物的細節（如飼養的技巧、職責的分配），都已經擬妥，但是購買哪一類型的寵物，卻沒有共識的時候即是。目標性衝突因細節已經完成，只剩下大方向的選擇，故衝突的解決較為容易。

（二） 家庭衝突的解決

家庭衝突的產生必須能夠解決，家庭功能才能持續。在上述四種家庭衝突型態中，以解決性衝突及折衷性衝突最常發生（目標性衝突容易解決，而無衝突則不需要解決）。表 10-7 列出這兩種共同決策所產生的衝突解決策略，依次說明如下。

1. 解決性衝突的調解方法 在解決性衝突中，家裏成員支持購買目的，但在實施方法上意見不一。為了避免衝突，家人常依目的的性質或產品的類別，使用下列三種策略來完成目的 (Davis, 1976)。

(1) **角色策略**：在共同決策下，目的看法一致，但執行的人選無法決定時，則可由興趣濃厚的自願者或指派一位代表做全權購買之決定，這種方式叫**角色策略** (role strategy)。

(2) **規則策略**：**規則策略** (rule strategy) 是指在成本與利益考量下，依先後次序擇優處理，並推派控制者督導流程。例如母親常跟孩子說"為了不讓你蛀牙，我們一次只買一包糖果"，即為一種規則策略。此時母親同意孩子買糖吃（同意購買目的），但制訂規則來解決可能產生的衝突。

(3) **問題解決策略**：**問題解決策略** (problem solving strategy) 指在理

表 10-7　家庭衝突的解決策略與方法

衝突型態	解決策略	解決的方法
解決性衝突 (家人對購買目的同意，對實施方法不同意)	角色策略	指派代表全權處理
	規則策略	制訂優先次序，擇優處理
	問題解決策略	選出家裏的專家 再次討論尋找更好決策 根據預算，各取所需
折衷性衝突 (家人對購買目的與實施方法皆不同意)	交涉策略	允諾下次購買 先斬後奏 拖延戰術
	勸服策略	不負責的批評 選擇良機 一起逛街法 權威影響 聯盟

(採自 Davis, 1976)

性和諧的氣氛下，找出賓主盡歡的解決方案。包括以下三種方式：第一種，選出家裏的專家進行購買。例如要找到好玩的度假景點，如果先生旅遊經驗豐富，則委託他全權處理。第二種，家人在同意目的的大原則下，再次的討論，以找出更好、更周詳的解決方法。第三種，在家庭預算許可下，購買個人心儀產品，以期皆大歡喜。

2. 折衷性衝突的調解方法　當家人對提議者購物目的與實施方法都無法同意時，必須以調解方法解決衝突。調解方式有二種：一為交涉，二為勸服。

(1) **交涉策略** (bargaining strategy) 是一種條件的交換，包括付出與回收。一般來說有下列三種方式：一為允諾下次購買，即答應失望的家人，下次一定優先購買他喜歡的產品；二為先斬後奏，即不管後果，先買再說的策略，事後並以"買都已經買了"，迫使其他家庭成員承認事實；三為拖延戰術，即決策不是自己所預期的，且已經無法挽回時，採儘量拖延購買的方式來回應，等待轉折的機會，或期待事情有所變化，改變大家原來的決定。

(2) **勸服策略** (persuasive strategy) 指家庭成員各懷鬼胎，為了讓自己提議的理由，獲得他人認同的一些策略作法。方法包括消極的 (批評)、積極的 (選擇良機、一起逛街) 或激烈的 (權威影響、聯盟)，說明如下：一為不負責的批評，即在家裏成員否決了自己的建議後，也無力改變決策的結果時，所使用的一種推託的方法。作法上以諉說決策與自己無關，表明自身的清白，所以當決策的結果無誤時，則保持緘默 (無任何損失)，一旦結果錯誤時，則指責其他成員 (我已告訴過你們，你們就是不聽)；二為選擇良機，即選擇在家人心情好或最有效的時間裏，遊說並影響成員同意自己的決策；三為一起逛街法，即藉由逛街直接與產品接觸的機會，遊說家人同意自己的看法；四為權威影響，即直接以威脅的方式，達到自己的目的。例如父母常威脅小孩，如果零用錢都花在買糖果，則不再給零用錢；五為**聯盟** (或**合作小組**) (coalition) 即意見相同者形成一個聯合陣線，來對抗另一方。例如夫妻衝突後小孩站在父親或母親一方，對抗另一方，或夫妻聯盟迫使小孩就範的方式都屬之 (Davis, 1976)。

　　一般而言，權威影響與聯盟等激烈性的勸服手段，在解決家庭衝突的方法上，最少被應用。只有在家人對購買者的目的與理由強烈反對時，或購買產品已經影響到其他人的生活方式時，家人才會採用這種非常手段來加以制止。譬如當小孩零用錢花費價值觀念與父母非常不同時，父母常以此方法來進行矯正。

　　上述的衝突的解決方式得到若干研究的支持。例如探討夫妻購買新家的過程中發現，如果配偶當中一人專精於某個部分 (廚房用具)，則傾向由他(她) 負責評估整個計畫的選擇與標準 (問題解決策略)，但是，如果專家不存在，則由家裏的指定代表做決定 (角色策略) (Park, 1982)。另一篇研究也指出，夫妻在購物意見相左時，通常由購物意願較強烈的人負責決策。該篇研究也指出現代家庭 (即夫妻的立場是平等的)，在解決衝突時常用的理性問題解決方式，尤其以熟悉該產品的家人，常為購物的主要決策者。但在傳統型家庭 (以先生為主)，解決家庭衝突傾向用勸服的方式來達成，尤其喜歡以情緒的訴求來達到要求 (如選擇良機與權威影響等) (Corfman & Lehmann, 1987)。

本 章 摘 要

1. **家庭**是社會中最小的單位,但卻是影響消費者最深刻的參照團體。家庭不僅塑造了個人的人格與價值觀念,也影響了我們對消費事項的態度與行為。

2. 在工業化的衝擊下,台灣家庭的生活方式及消費型態發生改變。例如核心家庭的普遍,單身人數的增多,女性就業率的提升等都是家庭結構的新興趨勢。

3. 當今家庭類型以**核心家庭**為主。台灣核心家庭比率從 1967 年到 1992 年之間,上升了約 40%。核心家庭更重視個人的自主權,家庭決策需要以協調來避免衝突。

4. 工業化的結果除了使核心家庭結構普遍外,單身人口也日益增加,而初婚年齡延後及離婚率驟增,是造成單身人數比率上升的主要因素。

5. 隨著現代社會的變遷,女性就業率普遍提升,因而對家庭兩性關係發生了很大的衝擊。衝擊層面包括子女撫育問題,雙薪家庭的消費情形與家庭家務的分配問題。

6. **家庭生命週期**是指利用婚姻狀態、小孩的有無以及家庭成員的年齡等變項,來區分家庭從形成到衰退各個不同的階段。包括單身、新婚、子女同住、子女離家、鰥寡孤獨等階段。

7. 年輕單身期以愛情行銷最能奏效,**新婚築巢期**消費決策由過去個人化消費,逐漸轉移到家庭化消費,當結婚夫婦進入養兒育女階段時,稱為**滿巢育兒期**,是家庭生命週期經濟生活較為艱辛但也是最溫馨的時刻。

8. 當小孩離家只剩夫妻共處一室的階段稱為**空巢消費期**,經濟狀態最佳。**鰥寡閒適期**是指老人喪偶後的單身期,以女性居多,鰥寡閒適期收入少但是消費大。

9. 高度工業化的社會,講求效率與快速,家庭的生活方式為了配合社會,產生許多的變遷,也出現一些變型的新式家庭,如單親家庭、無子女家庭、再婚家庭、同性戀等。

10. 在家庭決策中,家庭成員常依照不同的購買階段,扮演不同的角色。包括提議者、訊息收集者、影響者、決定者、購買者與使用者六種**角色扮演**，但並非每一種家庭決策都會出現這六種的角色扮演。
11. 家庭決策中，夫妻相對影響力權衡產生的結果，分為四種型態：**太太主導、先生主導、自主決策**與**共同決策**。
12. 夫妻決策權高低的問題與夫妻之間相對資源有關。**相對資源論**指出在婚姻關係中擁有的資源越多的一方，其所擁有的影響力就越大。而所謂資源包括夫妻兩人的背景因素（教育程度、收入、工作狀態、小孩數目、社經地位）及文化規範等。
13. 家庭的決策方式屬於哪個決策類型與家庭生命週期、產品性質及性別角色等因素有關。
14. 婦女角色已經日趨現代化，對家庭決策影響力也與日俱增，但在親戚朋友關係維繫工作，如卡片的問候、親臨的拜訪及電話的聯繫等事項，主要還是由家中女性負責。
15. 夫妻的共同決策並沒有可供參考的遵循原則，尤其購買重要的物品時，夫妻竭盡所能的運用各種理性方法，目的是為了降低彼此的衝突，而不是增加決策的品質。
16. **消費者社會化**指個人學習到市場上的知識、偏好與技巧的過程，包括對於各種產品或品牌有自己獨特的偏好與認知，知道產品的特徵與購買產品運作的方式，也學習到"聰明購物"的一些技巧。
17. 兒童學習購買與消費知識技巧主要透過父母的言教與身教、父母的管教方式、電視媒體及同儕等方式。
18. **父母讓步**指父母受到孩子的影響，轉以小孩的要求為主，改變了原來的產品選擇。父母讓步的程度與子女的年齡及父母管教的型態有關。
19. 隨著子女的年齡增長，與外界接觸的機會增多及同儕交互的影響，購買經驗日漸豐富，進而影響父母的消費觀念，稱為**反向代間影響**。反向代間影響的效果，與家庭關係融洽度及購物權威性高低有關。
20. 家庭衝突類型與家人對購買目的的看法、家人對實施方法的認知有關，共分為**解決性衝突、折衷性衝突、目標性衝突**與**無衝突**四種。解決性衝突常透過**角色策略、規則策略**與**問題解決策略**來解決問題。折衷性策略以**交涉策略**與**勸服策略**二個策略來調解決策衝突。

建議參考資料

1. 古德曼（陽琪、陽琬譯，1995）：婚姻與家庭。台北市：桂冠圖書公司。
2. 阿克夫、萊赫（汪仲譯，1998）：兒童行銷：0～19 歲孩子買什麼、怎麼買、為什麼？台北市：商周出版社。
3. 康體（劉會梁譯，2000）：兒童消費者。台北市：亞太圖書出版社。
4. 黃迺毓、柯澍馨、唐先梅（1996）：家庭管理。台北市：國立空中大學。
5. 蔡文輝（1998）：婚姻與家庭。台北市：五南圖書出版公司。
6. Deacon, R. E., & Firebaugh, F. M. (1975). *Home management: Context and concept.* Boston: Houghton Mifflin Company.
7. Kirchler, E., Rodler, C., & Holzl, E. (2000). *Conflict and decision making in close relationships: Love, money and daily routines.* New York: Taylor & Francis, Inc.
8. Quart, A. (2003). *Branded: The buying and selling of teenagers.* Cambridge, Mass: Perseus.
9. Sheth, J. N., Mittal, B., & Newman, B. I. (1999). *Consumer behavior.* New York: Dryden Press.
10. Solomon, M. R. (1996). *Consumer behavior.* NJ: Printice Hall.
11. Swanson, B. B. (1981). *Introduction to home management.* New York: Macmillan Publishing.

第十一章

消費者購買前決策過程

本章內容細目

第一節　問題認知
一、問題認知的意義　435
　(一) 問題認知的界定
　(二) 消費問題的類型
二、問題認知在行銷上的應用　438
　(一) 找出問題
　(二) 激發問題

第二節　訊息收集
一、訊息收集的類別　441
　(一) 內部收集

補充討論 11-1：消費者考慮區之相關研究

　(二) 外部收集
二、訊息收集量的決定因素　444
　(一) 風險因素
　(二) 消費者的背景差異
　(三) 產品性質
三、消費者並非睿智訊息收集者　448
　(一) 訊息收集的理性觀點
　(二) 訊息收集的非理性觀點

第三節　方案評估
一、方案評估的概念　451

　(一) 判斷事件發生的可能性
　(二) 判斷事件的優劣
二、評估可能性之心理捷思　453
　(一) 代表性捷思
　(二) 便利性捷思
　(三) 定錨調整捷思
　(四) 共變法則

補充討論 11-2：市場信念捷思

三、評估優劣性之前景理論　457
　(一) 前景理論
　(二) 問題框飾與前景理論的關係

第四節　方案選擇
一、產品的決定屬性　463
　(一) 選擇標準的意義與影響因素
　(二) 行銷者如何應用決定屬性
二、產品的決策法則　466
　(一) 非互補法則
　(二) 互補法則
　(三) 體驗性法則

本章摘要

建議參考資料

消費者決策 (consumer decision making) 是指個人謹慎的評估產品屬性，並從中選擇最能解決消費需求的方案。有關消費者決策所討論的議題，一般有下列這幾個方向：

其一，從消費者決策過程進行探討。消費者決策過程可分為三個重要的階段，第一是購買前階段包括問題認知、訊息收集、方案的評估與選擇等過程；第二是購買時階段包括購買產品時所面臨的各種暫時性情境影響，如時間壓力、購買理由的不同及賣場環境的刺激等；第三是購買後階段指消費者由使用產品的經驗，形成品牌態度，回饋到下次決策的過程。探討購買三大階段，方能了解消費決策所關心的事項與流程。

其二，從消費者決策對象進行探討。指消費者所要決定的事情，通常以產品、新產品、品牌及其他特殊事件為探討重點。

其三，從消費者決策單位進行探討。消費者決策單位可分為兩個部分，個人決策指制定決策的主體是消費者本身，而組織購買決策是由組織內各單位，相互協調溝通後產生的結果。

其四，從消費者決策類型進行探討。傳統觀點認為消費者是以理性、睿智的邏輯過程，進行決策以解決消費問題。但目前觀點則認為消費者決策並非全然的客觀、或充滿效率，消費者常依涉入程度高低，衍生出許多決策的類型，更有一些決策與消費者涉入程度無關，而是以感覺、情緒的體驗觀點做為消費購買的依據。

綜合上述，在討論消費者決策時，有許多不同的觀點切入，然而以認知觀點出發的消費者決策過程（購買前、中、後三個階段）為說明主軸最為恰當，因為了解消費者決策的母論，再觀看其他的類型、對象或是不同決策單位，將能更清楚區分消費者決策之間所存在的差異。因此，本書的編排也以消費者決策過程，作為探討消費者決策的基礎。本章首先說明購買前階段的各個步驟。接下來兩章將探討購買時及購買後的過程，最後一章則深入了解各種不同的決策類型。職是之故，本章所討論重點包括：

1. 消費問題認知的過程與消費問題的類型。
2. 訊息收集的本質與方法。
3. 方案評估的意義與心理捷思。
4. 設定選擇標準及應用決策法則的過程。

第一節　問題認知

在日常生活中，我們總會遇到一些消費問題，這些問題有些是容易確認也容易解決，如醬油用完了就到便利商店買一瓶。有些則是容易確認但很難解決的，不明原因的電腦當機就是其一。還有一些問題的解決需要拖上長時間，如分期攤還的房屋貸款。而潛伏性的問題則不確定什麼時候會發生，例如舊車上路隨時可能拋錨。

不管消費問題是簡單、複雜、長期、潛伏的，一旦面臨就必須解決，否則將被問題困擾。認知心理學者認為所有的認知活動，在本質上是為了要解決問題的，因為人們的認知歷程存有目的，所以為了要達到目的，常常會除去妨礙目標的障礙 (Anderson, 1983)。如果把這句話應用在消費者心理的探討，消費者進行消費決策就是為了要解決問題。而問題認知是消費者決策過程的前提條件。消費者如何認知問題？消費問題有哪些類型？行銷者又如何應用策略於消費問題中，都是本節討論的重點。

一、問題認知的意義

問題認知 (problem recognition) 是一種心理歷程，指消費者比較真實狀態與理想狀態間的差距程度，當差距越大，越容易體驗到解決的急迫性。當消費者產生強烈想解決問題的動機時，一系列的決策過程即隨之產生。此處所謂的**實際狀態** (actual state) 是指目前的感受或情境；**理想狀態** (ideal state) 是指消費者想要的感受或情境。而實際狀態與理想狀態間的差距，要到什麼程度，才能引起消費者的認知？而消費者問題的類型包含哪些？都是有趣的問題，底下將分別說明之。

(一) 問題認知的界定

消費者每天所面臨的消費問題多如牛毛，但是並非所有的問題都需要解決，問題有輕重緩急，問題解決也有先後次序。消費問題是不是真的需要解決，由下列兩個因素來界定問題認知。

1. 實際狀態與理想狀態的落差 無論實際物體或心理狀態，消費者目前的感受與想要的感受或多或少都會產生落差，但是當理想狀態與實際狀態差異不大、問題性質不重要時，消費者常忽略問題或不處理問題，以節省解決問題的時間與精力。換句話說，落差必須大到消費者無法忍受時，才會產生問題認知並進入到決策的下一個階段。例如，34 吋全平面電視最能體驗看電視的樂趣，但如果消費者擁有的電視機為 29 吋，則兩種電視機的落差雖然存在，但還不至於構成消費者更換電視機的理由。

2. 問題的相對重要性 雖然消費者認知到實際狀態與理想狀態之間的差異，已經不容忽視，但是當這個問題與其他問題比較後，如果仍然顯不出其緊急性時，問題還是會被忽視。例如想買新車取代經常拋錨的舊車，但在衡量家中經濟支出情形 (房屋貸款、兒女生活教育費用) 後，買車一事反而不是當務之急。因此唯有消費問題在相對比較後，還能突顯出它的重要性者，才會脫穎而出，成為優先解決的問題。

(二) 消費問題的類型

消費問題到底包含哪些類別？大致上可以區分為兩個向度，一是**外顯性問題** (vivid problem) 指即刻性、很明顯的能被消費者確認出來的問題，又可分為日常性問題與欲求性問題兩類。二是**內隱性問題** (latent problem) 指不是立即或明顯的能被發掘的問題，需要由消費者自己去體會或由銷售員說明方能了解的問題，有關這些問題類型與性質列於表 11-1，說明如下：

表 11-1 消費問題的類型

問題類型	定 義	類型細分	解決方式
外顯性問題	即刻性、很明顯的能被消費者確認出來的問題	日常性問題	恢復原有狀態
		欲求性問題	追求理想狀態
內隱性問題	需要由消費者自己去體會或由銷售員說明方能了解的問題		挖掘內在，找出潛伏狀態

(採自 Sheth, Mittal, & Newman, 1999)

1. 日常性問題 日常性問題指消費者把原有的生活型態或情境視為理想狀態，而所發生的實際狀態卻偏離了原來的理想狀態，因而產生差距而形成了問題。由於日常性問題常週而復始的發生，問題出現後消費者也可以馬上察知，所以屬於外顯性問題。下列幾種情形最容易產生日常性問題：

(1) **正常消耗**：正常消耗是指產品使用的耗盡，必須加以補充以回復原先狀態的一個例行性問題。正常消耗通常又可分為產品的消耗與生理回復均衡兩類。產品消耗是指產品的用盡、損壞或退流行。而生理回復均衡是內在需求 (飢餓、口渴) 的再滿足。所以洗衣粉用完，手機不夠時髦，生理的飢餓、口渴等，都屬正常消耗的問題。

(2) **產品功能受礙**：指產品發生障礙，不能表現應有的功能，又分為實際功能或象徵功能受礙兩類，例如手錶老是慢分屬於前者；戴金錶被說成愛炫屬於後者。當上述兩項功能未如預期時，對理想狀態都有明顯的衝擊。

(3) **心理狀態的低落**：一般人都能維持心情的穩定 (理想狀態)，但一些社會情境、人際關係的改變 (親友去世或失戀)，都會影響消費者的心理狀態。心理狀態的低落為暫時性的匱乏，當事人如果能夠清楚認知這種狀態，或產品具有幫助回復到理想狀態者，都能解決問題。

2. 欲求性問題 欲求性問題指消費者想要達到的感受 (理想狀態)，卻與現今所擁有的感受 (實際狀態) 形成了落差，而產生問題，由於欲求性問題能明顯感知，所以屬於外顯性問題之一。下列幾種情境最容易產生欲求性問題。

(1) **加入新團體**：加入新團體易受參照團體的影響，必須學習如何扮演新的角色，因而產生新的欲求問題。例如剛畢業入社會工作的學生，因受上班環境的壓力，而有購置新裝的問題產生。

(2) **家庭生命週期的改變**：不同的生命週期對產品有不同的需求，例如從單身期步入到蜜月期，充滿著理想的憧憬，在日常生活用品或休閒方式的選擇，容易產生欲求性的問題。

(3) **個人財富的增加**：當消費者因所得提高或意外橫財 (中彩券)，都會提升理想狀態，期待購買品質更佳的產品，問題因而產生。例如投資致富使消費者想要換大一點的房子，來配合其身份地位，衍生出購屋的新問題。

3. 內隱性問題 因自身的習慣、時間的不足或遺忘等因素，我們所面臨的許多問題是隱而不現的，但是一旦透過他人的告知 (或自我體認) 後，實際狀態與理想狀態的差距才會浮現,問題因而產生,例如過去家庭主婦用電鍋溫包子饅頭,但當微波爐發明後,如果沒有銷售員(或廣告)述說產品的功能,她們不覺得以微波爐取代電鍋是非常必要的,所以內隱性問題對行銷者而言最具開發的潛力。

二、問題認知在行銷上的應用

行銷者在問題認知方面一共有兩個議題要關心的,其一,必須知道消費者可能面臨的問題是什麼,才能找出機會點解決消費問題。其二,必須喚起消費者體認到問題的存在或是嚴重性,並提供產品的潛在利益來解決問題。以下就找出問題與激發問題這兩個方向來做說明。

(一) 找出問題

行銷者必須找出消費者在使用產品時可能面臨的問題,才能代為解決問題。找出消費問題的方法很多,此處介紹活動分析、情緒分析及人因工程分析三種方法。活動分析及情緒分析的研究工具,綜合使用觀察法、調查法、深度訪談、焦點團體訪談、投射測驗等技巧(詳見第一章第三節),而人因工程法則有賴於機器的操弄與記錄。

1. 活動分析 活動分析(activity analysis)在於了解消費者日常生活的活動中(如梳妝打扮、上班上學),會經歷哪些步驟、產生哪些問題,並針對問題謀求改善,創造行銷新機。戴爾電腦從消費者使用電腦的活動分析中,發現一般電腦用戶所需要的並不是功能特別新、特別多的商品,而是價格低廉、品質穩定、壞了容易維修的電腦。戴爾公司利用人員銷售、目錄郵購及網路銷售等來販售電腦,因省去開店設點的成本,大幅降低電腦售價回饋給消費者。另外,為了解決維修問題,戴爾公司授權給任何具維修能力的電腦公司,吸收維修費用,同時用快遞寄給消費者,省卻顧客需要開車送修與取回的步驟,贏得許多的共鳴,因而成了業績成長最快速的公司。

2. 情緒分析 情緒分析(emotional analysis),是指把消費者對產品所引發的情緒反應,當作改進的問題點,以提升顧客滿意度。舉例來說,請消費者把喜怒哀樂的臉孔圖案,與各種陳列品牌配對,了解其配對的理由,並推論出消費者對各種品牌個性的描述。或請消費者用左手畫出他們對某產品的情緒感覺 (用左手的原因在於研究者相信掌握情緒的腦部組織也掌控左手)。也有告訴受試者，假設某上市品牌已經"死亡"，請他們在報告中撰寫一段悼念文，藉以分析消費者對品牌的情感反應。

3. 人因工程分析　人因工程分析 (human factors analysis) 指藉由研究了解人類在不同物理刺激下 (聲音、光、氣溫、味道) 的反應行為 (強度、彈性、疲勞度)，進而發現問題，改良產品特性，以期產品符合人體工學，也更能發揮效用。聲寶家電公司調查發現，家庭主婦使用冰箱的冷藏室與冷凍室的比例，10 次中有 8 次使用冷藏室，2 次使用冷凍室。而當時的冰箱大多把冷藏室設計在下面，主婦使用時必須彎腰取物，除不方便外也造成體力負荷。聲寶公司一改常態，將使用較多的冷藏室改到上面，把冷凍室放在下面，以符合人體工學，而上下顛倒的體貼設計，使主婦站立取物、輕鬆省事，該款冰箱因此吸引了許多家庭婦女的青睞 (張永誠，1992)。

(二) 激發問題

事實上，行銷者也可以化被動為主動，主導消費者察覺問題的存在，再提供解決的方法以增加產品的銷售，這是一種激發問題的行銷策略。例如廣告常常提醒消費者重新思考飲用的果汁是 100% 純天然或含蔗糖人工添加物。這類的訴求都是期盼消費者能自行察覺問題、思考問題，並購買行銷者所推薦的產品解決問題。行銷者在激發消費者問題認知所使用的方法包括下列幾種：

1. 創造欲求　指藉由銷售員 (廣告) 提醒消費者使用產品能夠改善現狀、美夢成真。一般能讓消費者 (或家人) 變的更美、更聰明、更健康、更富有、更安全、更多才多藝的希望性產品，常藉由這個手法傳達。治療禿頭的療藥 101，一經傳開顧客趨之若鶩，因為藥品增進了"美"的品質。迅速累積財富是消費者夢寐以求之事，使得理財叢書的銷售持續常紅，因為產品傳達了"富"的訊息。而靈芝、花粉、冬蟲夏草，如雨後春筍般的出現，因為大家希望有"健康"的身體。而各種不同教學方式 (如蒙特梭利教學、雙語教學、福祿貝爾教學) 在幼稚園風起雲捲，因為父母希望孩子比他們更"強"。諸如上述的想像空間，都是由行銷者藉由拉大理想狀態與實際狀態的差距，所激發出來的問題。

2. 製造不滿意情境　廣告以現有產品的缺點或心情的低落，來激起消費者不滿的情緒，促其發現問題，再以產品解決困擾，亦為激發問題的方法之一。普拿騰等藥品廣告的畫面，大多先出現頭痛的畫面，但服用藥品後，問題迅速的被化解。曼陀珠糖果強調日常生活遭遇的不如意，一顆曼陀珠可以恢復好心情。口紅對女性重要性不在話下，但傳統口紅容易在用餐喝水後造成斑駁脫落，當眾補粧不禮貌也不方便，而這種不滿的問題，終於讓蜜絲佛陀公司推出真正可以不沾染的持久型"恆采唇漾"口紅，讓女士們享受到吃東西喝水都不掉色，換衣也不會沾染上衣服的神奇體驗。

3. 未雨綢繆法　一般消費者常在問題產生後，才亡羊補牢購買能夠解決問題的產品。事實上，行銷者也可以使用"未雨綢繆"的方法，傳遞消費者居安思危的觀念，認清危險問題的可能性與潛在性。例如保險業常以未來可能面臨的困擾問題，希望消費者能提早防範。未雨綢繆法常以恐怖訴求的方式來告知消費者，不使用本產品可能導致的危險。例如，裕隆汽車的抗菌策略，強調細菌潛伏在生活中的危機與可怕，並告訴消費者該公司已將汽車容易滋生細菌的地方，如方向盤、手煞車拉柄、門內把手等局部，加以抗菌處理來解決問題。

第二節　訊息收集

訊息收集 (information search) 指消費者搜尋獲取商品相關的知識，以做為購買決策的依據。從消費者或從行銷者立場而言，訊息收集都有著重要的意義。對消費者而言，訊息收集能降低購買風險，並把經濟效益發揮到極大。對行銷者而言，了解消費者訊息收集的過程，可應用在推廣與通路策略上。

有關訊息收集的研究頗豐，本節首先說明訊息收集的類別。接著再探討訊息收集量的決定因素，最後則討論為什麼消費者並非睿智訊息收集者。

一、訊息收集的類別

消費者使用哪一種訊息收集類別,則與消費者對決策制定的精緻程度有關。當我們對產品的購買有豐富的經驗,只要出現相同需求,尋找出長期記憶中過去滿意的解決方案即可。但若對產品不熟悉或購買對消費者非常重要時,外部收集重要性就會相對的增加。底下將分別探討這兩種收集類別。

(一) 內部收集

內部收集 (internal search) 指消費者從長期記憶裏收集相關的產品資料來解決問題。有關內部收集的意義,我們以下列幾點來說明:

1. 內部收集的收集量 當問題認知的強度足以採取行動時,消費者首先進行內部收集,再視情況決定是否進行外部收集。一般而言,內部收集量的多寡與問題的性質有關,當購買歷程為高涉入的情形,消費者先從長期記憶裏,儘量搜尋相關的品牌訊息。但如果是一種低涉入購買,內部收集量會相對減少。如果購買成了一種習慣性反應,內部收集幾乎不發生。如果是一種引發感覺或情感方面的產品,如藝術品、自我形象品、偶像與宗教產品等,消費者常以自己感覺或情境的自然反應為主,鮮少再由長期記憶收集抽取與問題相關的訊息做回應。

2. 長期記憶中訊息之類別 內部收集的步驟是從提取長期記憶的訊息開始,而長期記憶是一個虛擬的機制。從產品或品牌的角度而言,可分為兩大類,即已知品牌和未知品牌。長期記憶中,已知品牌所組成的集合區稱為**已知區** (awareness set),未知品牌的部分稱為**未知區** (unawareness set),見圖 11-1。一個成功的品牌最基本要件,在於能夠在消費者腦海中佔一席之地 (已知區),否則將徒勞無功。例如李斯德林漱口藥水推出牙膏,卻因消費者知曉狀態不高而未被市場接受。

已知區的產品或品牌可再加以細分為考慮區、不在意區及不接受區。**考慮區** (consideration set) 或稱**喚醒區** (evoked set) 指為消費者購買時被列入考慮的品牌集合。**不在意區** (inert set) 指消費者無特殊印象或不關心的品牌集合。**不接受區** (inept set) 指被列為拒絕往來的品牌。由於考慮區是

補充討論 11-1
消費者考慮區之相關研究

行銷者希望推出的品牌能被消費者擺在考慮區，所以有關考慮區的研究與討論也最受到重視：

1. 考慮區的品牌數目 考慮區所容納的品牌數目是否固定不變？研究指出記憶結構或基模隨個人成長由簡單變為複雜。相似的，列入考慮的品牌，是一種隨著外部訊息的流入，產生不時修正的動態記憶，品牌數並不會固定不變 (Reilly & Parkinson, 1985)。

2. 考慮區品牌數目的各別差異 考慮區的品牌數目是否存有個別差異？答案是肯定的。通常教育程度越高，家庭人數越多，消費者考慮區的容量都較一般人多，尤其處於家庭人數眾多的個人，因可以使用的資源較為有限，購買人必須隨時應變，知道在哪一種情境下購買哪些品牌對資源應用最有效率，而在這些經驗下，所累積的考慮品牌自然多於一般人。相反的，對許多品牌都有品牌忠誠度的消費者，考慮區品牌的量也會相對的少 (Reilly & Parkinson, 1985)。

3. 已知區與考慮區容量的比率 研究指出已知區容量與考慮區容量，彼此呈現一種固定的比率，已知區品牌數乘上 63% 或 37% (視產品而定) 可以得到考慮區的品牌數目。研究者並以汽車與電視機為例，汽車對美國消費者是已知區範圍較大的產品 (平均知道約 15.2 種品牌)，所以在購買汽車時被列入考慮品牌會呈現縮小的情形，否則選擇項過多無法進入決策。研究者預估汽車已知數目的 37% 約為考慮的品牌 (即 5.6 部，由 15.2×37%＝5.6 部得知)，而依據實際調查的結果，美國人購買汽車考慮的品牌為 5.8，等於 38% 左右 (5.8÷15.2＝0.381) 兩者相距不遠。而電視在一般美國人心目中是已知品牌較少的產品 (平均約 6.5 台)，在沒有多餘品牌可供選擇的情形下，考慮品牌比較趨近於已知品牌，所以研究者認為已知品牌乘上 63%，就是消費者考慮購買的品牌量 (以本例來說 6.5×63%＝4.1台)，從實際的數據得知，美國人買電視考慮品牌約 3.9 台，約為 60% 左右 (3.9÷6.5＝0.6)，而 60% 與 63% 相差無幾。研究者並把已知區轉化成考慮區，63% 或 37% 的比率稱為**心理黃金比率** (psychological golden section proportion)。

4. 分類越正確越容易進入考慮區 許多被列為不接受區的品牌，是因為消費者不知如何歸類或錯誤歸類所引起。例如有一家冰淇淋公司發明了一種趁熱吃的冰淇淋，這種冰淇淋與傳統冰淇淋一樣，都需要放在冰箱，只是吃的時候把冰淇淋放在微波爐加熱，趁熱吃才能品嚐與眾不同的風味。這種具有獨特的烹調過程與口味，確實令人耳目一新，但推出之後卻慘遭滑鐵盧，因為許多消費者在超市購買後，常常會誤認這種冰淇淋既然趁熱吃，不放在冰箱也無所謂，以致於忘了擺在冰箱或延誤擺在冰箱時間，因而屢屢發生冰淇淋溶化的情形。這個失敗的個案說明產品的特性與消費者認知應該搭配在一起，否則容易產生排斥現象。

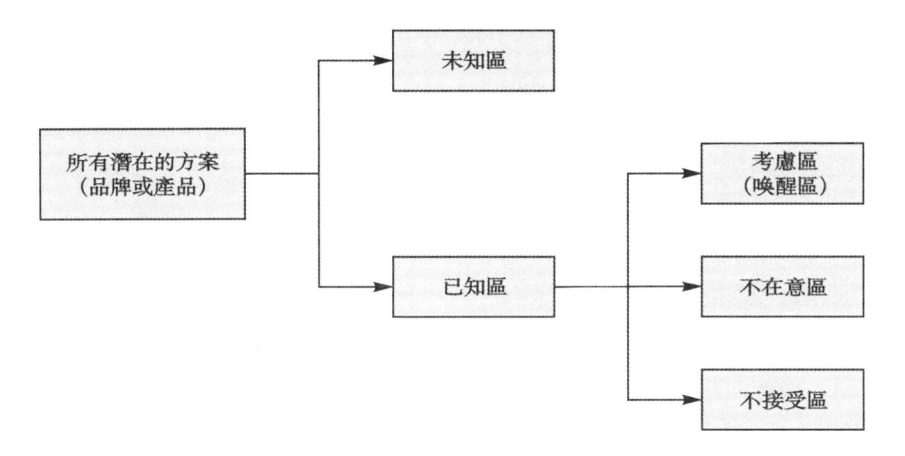

第十一章　消費者購買前決策過程　**443**

```
所有潛在的方案　　┌─→　未知區
(品牌或產品)　　　│
　　　　　　　　　│　　　　　　┌─→　考慮區
　　　　　　　　　│　　　　　　│　　(喚醒區)
　　　　　　　　　└─→　已知區 ─┼─→　不在意區
　　　　　　　　　　　　　　　　│
　　　　　　　　　　　　　　　　└─→　不接受區
```

圖 11-1　長期記憶中訊息之類別

內部收集最重要的機制，相關的研究也較多，請讀者參考補充討論 11-1。

3. 內部收集在行銷上的意義　消費者購買低涉入產品時，大部分以內部收集為主或只進行少部分的外部收集。所以生產低涉入產品的廠商宜讓產品廣告高頻率曝光，以確保他們的品牌時時刻刻活躍在消費者的腦海中，一旦問題認知出現，可快速從長期記憶中喚起品牌名稱，如果再配合公司通暢的產品通路，更有助於消費者順利的買到產品。這就是為什麼一般低涉入的食物、飲料都需要使用廣告大量曝光的方式來經營，因為當消費者飢餓或口渴的時候，幾乎不會再做訊息收集，第一個浮現在腦海的品牌，往往就是最後的決定。

(二)　外部收集

外部收集 (external search)　指由外在訊息來源，如親朋好友、廣告、產品包裝、銷售員、消費者報導等處，獲得有價值的訊息。底下將就外部收集的來源與外部收集的類別做說明。

1. 外部收集的訊息來源　外部收集的訊息來源可分為兩個部分，**行銷市場來源** (marketer sources) 包括廣告、商品的包裝、產品展售、銷售人員與目前非常流行的電子商務訊息。這些來源的訊息著重在產品的正面報導，立場有所偏袒可信度較低。**非行銷市場來源** (non-marketer sources)

指不受行銷者掌控的訊息來源,包括口碑來源與獨立機構來源。**口碑來源** (personal sources) 指由朋友、親戚、鄰居的經驗與意見得到有關產品的訊息。**獨立機構來源** (independent sources) 指經由具專業形象的機構,所發布的相關的產品訊息,如消費者報導、學術機構的檢驗結果、公家單位的檢查報告(如商檢局)等。非行銷市場來源所得的訊息較為公正客觀,因不偏袒的立場,成為可信度較高的訊息來源。

2. 外部收集的類別 消費者所進行的外部收集又因問題認知的性質不同而分為兩類:

(1) **購買前收集** (pre-purchase search) 指依照問題認知的目的,仔細的去收集產品相關訊息,使購買結果能夠更完美。通常產品屬於昂貴、公眾性的或影響自尊者,購買前訊息收集程度最高。

購買前收集可透過直接的洽詢(詢問有經驗的親友或銷售員)或透過瀏覽的方式(逛商店櫥窗、翻閱相關雜誌)來收集訊息。但是一旦完成了產品的購買,訊息收集工作就不再持續,例如聖誕節前許多人仔細收集適當的聖誕卡寄給親友,但是聖誕節後,就不這麼關心購買卡片的相關訊息。

(2) **持續性收集** (ongoing search) 指主動的、持續的收集特定產品的相關訊息,希望能建立自己在該產品的權威性。例如古典音樂迷,隨時透過各種管道收集最新訊息。他們加入樂迷俱樂部分享心得,從唱片行了解最新發行的古典 CD,了解各指揮或演奏家的身平故事或各種不同的演奏版本,聆聽任何一場大師演奏會,這些熱忱與專注的投入,都屬於持續收集者具有的特徵。

綜言之,購買前收集者希望達到最佳的消費決策,屬於因問題而收集訊息者。持續性收集者對產品涉入深,並希望建立知識庫以備不時之需,屬於因興趣收集訊息者。所以購買電腦雜誌對購買前收集者而言,是希望買到物超所值的電腦,對持續性收集者而言,是希望能了解電腦科技的最新動態。

二、訊息收集量的決定因素

影響消費者訊息收集量的多寡,與消費者心理所面臨的風險因素、消費者的背景差異與產品性質有關,這些因素總結列表於表 11-2,說明如下:

表 11-2　影響訊息收集量的相關因素

因素類別	訊息收集量低	訊息收集量高
風險因素	風險覺察低	風險覺察高
消費者背景因素	非中產階層	中產階層
	年長，男性	年輕，女性
	固定的家庭生命週期	新的家庭生命週期
	時間貧瘠	時間充裕
	一般消費者、追隨者	追求流行、市場行家、意見領袖、創新者
產品因素	非耐久財	耐久財
	內隱性產品	外顯性產品
	商品議價空間低	商品議價空間高
	商店偏僻，地點不便利	商店集中、地點便利

(採自 Mowen, 1995)

(一) 風險因素

不論購買那個產品，每個消費者都無法預知結果一定是完美的，因此風險的概念是指消費者購買後出現不好結果的機率。基本上，消費者購買決策可視為一種風險承擔，實有必要瞭解風險的相關概念。

1. 風險覺察的意義　風險覺察 (perceive risk) 指消費者認知到他所採用產品的行動結果，將會出現無法預期的不確定感，並因此產生不愉悅的感覺 (Solomon, 1999)。基本上，風險覺察是下列兩個因素的函數：其一，不確定性，指消費者對購買決策產生不理想情形的主觀感覺。其二，結果，指決策不佳時所需要付出的代價。研究已發現風險覺察會影響訊息收集的行為，當風險覺察越高，進行風險處理行為的企圖越強，也需要收集更多的訊息來支持決策 (Dowling & Staelin, 1994)。

2. 風險覺察的類別　風險覺察大約可分為七個類別：財務、功能、身體、心理、社會、時間及機會成本等風險 (林財丁，1995)。消費者決策過程或多或少包含了這些不同的風險類別，只是程度上有所差異而已。有關風險覺察類別的解釋，與最不能承受風險的消費者類型列於表 11-3。

表 11-3　風險覺察的類別

風險覺察的類別	相關範例	最不能承受風險的消費者類型
財務風險	產品價值不符合所支付的成本 (買了這棟房子後每月薪水都需要付貸款利息)	低收入戶、銀髮族
功能風險	產品功能不符合廠商所宣稱的功能 (這款車啟動加速真像廣告說的那麼快嗎？)	新手、實用型消費者
身體風險	使用產品對自己身體造成傷害的可能性 (吃速食會不會營養不均衡？)	身體虛弱、安全感意識高者、銀髮族
心理風險	產品和消費者自我的價值與形象不符 (這件衣服穿在身上好像歐巴桑。)	重視自我價值、喜歡展現產品象徵意義者
社會風險	使用產品後消費者在同儕面前感到難堪的程度 (開二手的舊車會不會被同事笑？)	自尊、自信低者
時間風險	消費者使用產品可能浪費的時間 (養這條狗會不會要花許多時間來照顧？)	職業婦女、一般上班族
機會成本風險	消費者擔心做完決策後會出現更好的選擇機會，所造成的憂慮 (買下這棟房子後我就沒有辦法投資股票。)	理性決策者

(根據林財丁，1995 資料編製)

消費者在評估風險時，常因保證或售後服務等因素而減低風險的認知，所以行銷者可以善用這些方法提高購買機率。包括保證期限、公信機構的認證 (如 CAS 品質認證，消費者報導的支持)、提供樣本試吃或試用、善用媒體正面報導、傳遞好的口碑等。這些方法對提升消費者對產品的信賴，降低風險都有相當助益。

(二) 消費者的背景差異

消費者的背景差異，常會影響購買前決策時外部訊息的收集量 (Mowen, 1995)。

1. 以社會階層來說，中產階級比高低階層者，收集更多的產品訊息。

2. 消費者的年齡與訊息收集呈反向的關係，年齡越長收集量越低，主要是因為產品經驗的逐年累積，降低再次收集的機率。

3. 步入新的家庭生命週期，必須學習新的角色扮演，購買適合角色的物品。在本身經驗不足的情況下，外部收集的機會增加。

4. 時間充裕的消費者，在"貨比三家"後，往往收集了大量的產品訊息，以達最大的經濟利益，相對的時間倉促的消費者則無法進行大量訊息的收集。

5. 在個別差異上，女性外部收集訊息量比男性多。注重形象、喜歡追求時尚者心理風險高，外部收集增加，其次，意見領袖、市場行家或產品創新者，為了累積豐富的產品知識，常主動大量的收集外部訊息。

(三) 產品性質

產品性質也會影響訊息收集量的程度，底下我們將從各種不同的角度將產品分類，並說明其與訊息收集量之間的關係。

1. 耐久財和非耐久財 耐久財 (durable goods) 指產品可重復使用一段時間者，例如汽車、房屋、家電用品等。**非耐久財** (non-durable goods) 指消耗迅速必須時常添購的產品，如飲料、食物等。一般而論，非耐久財售價低廉，購買的風險低，故消費者僅會進行少量的外部訊息收集，甚至因為經常性購買，形成固定消費習性，而以內部收集代替外部收集，進行非耐久財的購買。

2. 外顯性與內隱性產品 產品性質又依消費者情緒的感受而分為外顯性與內隱性產品。**外顯性產品** (manifest need product)，指購買過程令消費者心理上感受到愉悅及滿足的產品，例如服飾、婚紗攝影、音響設備、餐廳等。**內隱性產品** (intrinsic need product) 指在悲傷、窘困（買不該買的東西）的心理情緒下，所購買的產品，如葬儀產品、壯陽藥品、色情或禁品等。由於外顯性產品令人快樂，消費者享受購買，所以願意收集更多的訊息來豐富決策過程。相反的，消費者對內隱性產品大多抱持迴避、尷尬、不願多做討論的心態，自然也就降低了訊息收集的空間。

3. 產品可議價空間 產品價格可議範圍是刺激外部收集的重要因素之一，如果消費者認為價格是浮動的，則為了省錢常常到處打聽商品價格，希望能買到物超所值的產品，例如服飾、玩具都屬於這一類的產品。但水利公司的水費或電力公司的電費，計費標準全國統一，因為沒有議價的空間，所以也不需要多做額外的訊息收集。

4. 同質商店的集中度　當產品性質相似的商店集中在一起，將增加消費者收集資訊的機率。例如，台北許多電腦器材商店都集中在光華商場，婚紗禮服店集中在愛國東路及中山北路。消費者在購買上述商品時，因為詢價的便利性，訊息收集量自然增多。

三、消費者並非睿智訊息收集者

消費者在購物時（尤其是一些消費性的商品），如果時間金錢等因素允許，是否會朝著收集豐富訊息的方向前進？這是一個有趣的議題，因此下文將針對此議題進行探討，首先將從經濟學理性的觀點說明訊息收集與經濟效益之間的關係。其次，再以消費者購物時訊息收集數量與方式等案例，說明為什麼消費者不是一個睿智的訊息收集者。

（一）　訊息收集的理性觀點

訊息收集的理性觀點主要是從付出成本與回收效益之間的考量，來制訂最佳的收集方式，說明如下。

1. 訊息收集的最大效益　經濟學家指出為了達到最大的效益，消費者在制訂購物決策時，會持續的收集訊息，直到收集必須付出的成本已經大於訊息所帶來的好處時，收集行動才會停止。舉例來說，你想要買一部二手機車代步，為避免買貴，你必須進行廣泛的訊息收集。假設你從所住的新莊市機車店及媒體刊登的區域廣告開始找起，在歷經兩個禮拜後，相中了兩、三部滿意的機車，接下來的問題則是你願不願意跨區到大台北地區尋找更便宜、性能更好的二手機車？在回答這個問題時，你可能會進行評估：跨區到大台北找車，如果訊息收集所產生的利益（例如找到更好的車、更便宜的價格）低於所花費的成本（如時間、金錢與銷售員殺價的心理負擔），勢將無利可圖，此時你的訊息收集行動將因此而停擺，否則訊息收集將持續進行，直到所認知的額外成本低於額外利益時，才會嘎然而止。

2. 訊息收集理性觀點的行銷意涵　經濟學理性觀點所隱含的意義在於當外部收集越為困難，消費者收集的意願也越為低落，行銷者可善加利用這個要點。例如假設廠商市場佔有率低（非領導品牌），則應該激勵消費者"發現"品牌並產生興趣，在策略上宜提供有利的誘因，鼓勵消費者收集訊息，作法包括降價、免費樣本提供、降低認知風險（專家證詞）、加強服務等。相對的，領導品牌已經擁有大量的使用者，為避免流失客層，宜告訴消費者額外的訊息收集是浪費時間與金錢的。

(二) 訊息收集的非理性觀點

實際上，消費者並不完全依照理性觀點所描繪的方式進行訊息的收集。有下列幾項的發現可供參考：

1. 訊息收集與產品知識　理性觀點認為，消費者所累積的產品知識量越多，對功能越熟悉，面臨再次購買時，可省略大量訊息收集的時間；相反的，初次購買產品的新手，為了使收集訊息所得到的利益，超過收集訊息所花下的成本，會持續進行收集。這種情形如圖 11-2 (a) 所示。

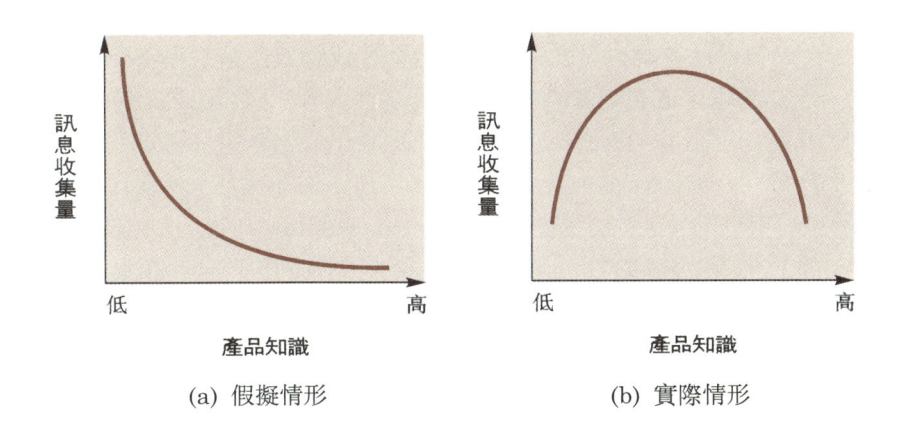

(a) 假擬情形　　　　　　(b) 實際情形

圖 11-2　訊息收集量與產品知識的關係

事實上，研究所進行的實證結果，卻繪出如圖 11-2 (b) 的倒 U 型曲線，即訊息收集量最多的情形，發生在產品知識居中的消費者。而產品知識豐富的"老手"及知識貧瘠的"新手"，訊息收集量都很少。"老手"因為熟悉產品訊息，額外的訊息並無法增加效能，所以收集量低。這種現象是可以理解的。但新手也呈現訊息收集量低的原因,在於對產品的不熟悉,不知如何著手,故無法多做收集。另一個因素在於收集技巧不夠純熟,收集效果不彰的挫折下,也降低了收集訊息的動機 (Bettman & Park, 1980)。所以圖 11-2 (b) 說明了消費者 (新手) 的訊息收集量,並不是完全處於 "理性" 與 "睿智" 的基礎上。

2. 訊息收集與社經地位 從薪資收入來看,理性觀點認為低收入消費者為了避免購買決策的錯誤所造成的財務損失,會比高收入者更勤於收集產品訊息,以制訂最 "聰明" 的採購決策。但實際的情形卻與上述的陳述有所出入,即低收入戶訊息收集量非常少,尤其在購買耐久財時 (如汽車、冰箱、家具) 更為明顯。這個原因與低收入戶產品經驗不足,及缺乏訊息收集技巧有關 (Cobb & Hoyer, 1985)。

3. 購買前訊息收集囿於例行性 許多實證研究結果指出,消費者大多數的購買是以習慣性決策或有限性決策來因應 (見第十四章),通常只在購買前做非常少量的訊息收集。尤其在非耐久財的飲料、食品、廚房清潔用品上更為顯著。甚至耐久財也發生相似的情形,例如早期研究指出 42% 的消費者在購買電冰箱時,只詢問一家商店即作成購買決策 (Dommermuth, 1965)。近期的報告也支持這個事實,即許多消費者在購買耐久財時,都在一家商店裏完成交易 (Urbany, Dickson & Wilkie, 1989)。例如小型家電用品的購買,50% 以上的消費者,通常僅考慮一種品牌及一種款式,就算相關訊息唾手可得,也怠於瀏覽 (Newman & Staelin, 1972)。

4. 訊息收集的被動性 消費者除了不願勞神到不同商店搜尋相關產品訊息外,在賣場上也懶於花時間比較品牌的差異。調查指出,消費者從進入商店到付款,每樣商品的選擇時間平均只有 12 秒。在一則研究中,研究者詢問當時購買結帳的消費者是否知道所購買的品牌價錢時,約有 59% 的消費者知道價格,但是請他們填寫價格時,超過一半的消費者答錯,甚至有 32% 的消費者所給的價格低於實際售價的 15%,甚至 50% 不知道所買的品牌是折扣品 (Dickson & Sawyer, 1990)。

綜合上述的事實可知,大部分消費者收集購物的產品訊息,是處於極為被動且低涉入的狀態,進行購物決策時,盡量避免動腦思考的事情,也懶於比較品牌訊息的優劣。換言之,許多的消費決策是處於休息、被動的狀態完成,尤其是在時間不夠或是購買風險不高時,這種現象最為顯著。所以上述情形與理性觀點宣稱消費者在收集訊息時具有的客觀與邏輯性是有差別的。這些發現值得行銷者重新思考在賣場提供資訊的方向性與質量性。

第三節　方案評估

在前面兩節中,我們討論了消費者決策過程的問題認知與訊息收集二步驟。接下來將討論決策過程的第三階段:方案的評估與選擇。基本上消費者在進行方案評估與方案選擇所面臨的過程是不相同的,本節先探討方案評估的方式,包括有方案評估的概念,評估可能性之心理捷思與評估優劣性之前景理論。而有關方案選擇的部分留待第四節說明。

一、方案評估的概念

方案評估 (alternative evaluation) 指消費者比較各種可以解決問題的方法,並在比較過程中,逐漸形成信念與態度的過程。當消費者進行方案評估時,通常包括兩個步驟,第一是判斷事件發生的可能性,第二是判斷事件的優劣。

(一) 判斷事件發生的可能性

判斷事件發生的可能性顧名思義就是估算事件發生的機率有多高。而這個過程與基模(見第三章第四節)及心理捷思有關,**心理捷思** (psychological heuristic) 指個人在判斷事情時,常依據過去處理同一類問題的經驗所累積而成訣竅去推理思考的方法,這種方法類似經驗老到的人以抄捷徑的方式解決問題,雖能夠事半功倍,但並不保證成功。例如與服飾店銷售員議價時,你可能思考標價 1000 元的衣服,要殺多少錢對方才會賣,殺價後如果對方不賣,則底線會是多少?如果成交是不是因為自己殺的不夠狠?是不是要求贈品？諸如這些推論與演變是非常複雜的。那麼此時你要如何決定殺價的額度？一般來說，在這種狀況下，我們會從記憶藍圖（基模）中抽取全部與殺價有關的模式，"估算"對方可能的動作，選出一個對自己最有利的殺價額度。

知識就好比是一個圖書館，而各種基模就像是圖書館裡的各種書籍（自然、社會、人文等類的書籍)。人們要運用基模時（取下哪一本書），往往依據心理捷思作為判斷法則。基模加上心理捷思是快速制訂消費決策的最好方式。由於人們利用心理捷思做出判斷與決定時，主要是希望能夠維護自尊、辯證自己的想法，或是希望產生控制與預測的能力，讓自己能產生好的感覺和好的感受，所以心理捷思所引導產生所謂的好方法，並不代表是最正確或是最合乎邏輯的方式（潘松濂，2000)。有關心理捷思類型及其運作方法我們將在下一部分說明。

(二) 判斷事件的優劣

判斷事件的優劣是指判斷這件事是好還是壞。在第三章時，我們曾經提到知覺的解釋是一種相對的概念，必須參考當時的情境脈絡才能全盤了解意義。換句話說人們在評估事件的優劣性時，必須先要知道事件是放在哪個框架上才能顯出意義，170公分的女生算是很高的，但放在國家女子籃球隊卻是矮子。小偷行為為人不齒，但義賊廖添丁的故事卻令人稱道。打女人是不對的，但是阿拉伯聯合大公國卻認為丈夫為了樹立家規，可以毆打妻子。因此判斷好壞、優劣、真偽、大小，需要放在事件的脈絡中才能知曉，它是一種相對的而非絕對的概念，亦即所謂的"只有立場、沒有對錯"。

消費者在判斷事情的時候，總是希望能夠了解事件的對錯優劣，因此情境脈絡的呈現方式成了他們最重要的參考依據。消費行為研究者也常談論這種有關情境脈絡的相關概念。例如有一個研究曾經分別詢問二組受試，其中一組問的是"如果自己預買了一張200元的電影票卻在往電影院的途中掉了，此時沒有辦法證明自己曾經買過票，請問是否願意再掏出200元買票看電影？"大部分的人答案是否定的。另一組的問題是："如果你在往電影院的途中發現自己掉了200元，請問你願不願意繼續花200元買票看電影"在這個敘述中，大部分人都願意。兩個敘述同樣都是在往電影院途中掉了200元（一個為電影票，一個為現金)，但兩者判斷（處理）事件的方式卻非常不同,明顯的這就是脈絡參考點的差異所造成,也是判斷事件優劣的主要原因,我們將在本節前景理論中有詳細的說明。

二、評估可能性之心理捷思

在消費者行為上,消費者常進行可能性(機率)的判斷,例如當人們觀看產品品質時,他們正在嘗試估算購買的可能性,當消費者送禮給同儕時,他們也正評估同儕喜歡與不喜歡這個禮物的可能性。認知心理學者指出人類處理訊息上是一種**認知吝嗇** (cognitive misers) 即以最少阻力的方法及最不費力的原則處理我們四周的訊息。而在估算機率出現高低的問題上,一般消費者也是認知吝嗇,不願意勞神進行。而為了要更快速的達成決策,他們常用心理捷思來評估可能性。下面四種消費者捷思判斷機制常被提及。

(一) 代表性捷思

如果你在街上遇見黑人,你會直覺的認為他是美國人,這就是一種代表性捷思。有關代表性捷思的概念,我們以下列幾點做說明:

1. 代表性捷思的意義 代表性捷思 (representative heuristic) 指人們判斷事件時,常將事件與典型事物比較以相似的程度來分類。舉例來說:

> 李先生 45 歲有 4 個小孩,他個性保守、謹慎、有進取心,對政治、社會議題沒有興趣,但航海、解數學謎題、做木工藝品則是他主要的嗜好,請問李先生的職業可能是:
> A. 農夫 B. 工程師 C. 律師 D. 醫師

上述的問題許多讀者會答"工程師",因為描述李先生的生活方式與一般工程師相似,而不像其他三種行業。事實上,上述例子並未提及李先生的職業,所以他的行業可能為農夫、工程師、律師或醫師等任何一種 (機率各為 25%),一般人猜李先生從事工程行業而非其他,主要是受了工程師刻板印象的影響。這種受母群體基本特性相似性影響,所產生的推論現象即為代表性捷思 (Kahneman & Tversky,1973)。

2. 代表性捷思在行銷上的應用 行銷者也時常利用代表性捷思作為

策略,例如非領導品牌在進入市場之初,常在名稱或包裝上"模仿"領導品牌。如果消費者在不假思索的情況下,認為新推出的品牌屬性與功能表現上與領導品牌相似,即表示消費者利用了代表性的捷思原則。另外在產品銷售長紅之際,順勢推出系列相似產品 (品牌延伸),讓消費者對原產品的喜好遷移到新產品,亦為代表性捷思的應用。

3. 小樣本捷思 代表性捷思的另一種形式稱為**小樣本捷思** (small numbers heuristic),是一種以偏概全的錯誤,即把樣本行為視為母體現象,而忽略了樣本數太小不足以代表母體的條件。例如朋友告訴你發福了,你可能信以為真而開始減肥,事實上朋友的敘述只是一個人的看法,也可能是偏頗的,你應該廣泛的求證其他人的看法才是客觀。許多行銷者嘗試以焦點團體訪談的內容,當成目標市場意見,並作為擬定行銷策略的依據時,原則上,訪談的受試所陳述觀點只是小樣本的看法,不一定具母體代表性,故常成為一種小樣本捷思謬誤。

(二) 便利性捷思

便利性捷思顧名思義在評估事件時,以剛好浮現在心頭的一些經驗作為推論的原則。有關便利性捷思的概念,我們以下列幾點做說明:

1. 便利性捷思的意義 當人們以事件容易被回想起的程度,當作判斷事件發生機率的情形稱為**便利性捷思** (或**可得性試探**) (availability heuristic)。舉例來說,你覺得台灣 35 歲以上未婚女性比例有多高時,你會以你記憶內過了適婚年齡尚待字閨中的親戚朋友為案例,加上一些媒體對類似個案的誇大渲染,促使你認為女性高齡未婚比比皆是,也常因此高估了實際的比率。

2. 便利性捷思容易產生思考盲點 利用便利性捷思所估計的結果可能與真實數據相近,但大部分的時候卻偏離實況。例如地震、空難等事件每每曝光於媒體,使大家對於這些事件產生死亡的記憶清新,也常過度高估其所造成的死亡率。相反的,人們對於中風、心臟病、公路車禍等實際奪走更多性命的風險似乎不怎麼害怕,主要是因為大家對這些情形習以為常,媒體也較少報導,使得因這些狀況而死亡的機率常被低估。由此可見便利性捷思為一種主觀判斷,雖然評估的正確率低,但卻為人們常利用的捷思原則。

3. 便利性捷思的行銷應用 行銷者可善用便利性捷思隱含的策略。例如利用密集重復播出廣告來強調產品的優點，使消費者在記憶中連結產品與產品的正面屬性。一旦問題出現時，消費者即可"便利的"聯想起產品特性，也高估唯有這個品牌的屬性方能解決問題的可能性，而產生購買行為。

其次，為了讓消費者對產品的利益能夠印象深刻，"便利的"想起產品優點，適度激發消費者想像產品所帶來的實質利益，不失為另一個好方法。研究者曾要求兩組推銷員促銷有線電視頻道。在訊息組中，推銷員把安裝頻道的價錢及好處，平鋪直述據實以告。在想像組中，推銷員除了告訴安裝頻道的優點外，並鼓勵客戶想像擁有有線電視後的悠閒享受（如坐在沙發，慵懶的欣賞精彩節目）。事後的結果指出，在安裝比率上，想像組客戶明顯高於訊息組，對有線電視提供優點的認知也比訊息組多 (Lee, Acito, & Day, 1987)。

4. 後見之明偏誤 與便利性捷思相關的另一法則稱為後見之明偏誤。**後見之明偏誤** (hindsight bias) 指人們基於特例而過度誇張未來可能發生事件的機率。例如不能搭乘計程車因為不安全，錢要存在郵局因為銀行會倒閉。造成這些現象的原因可能在於這些事件過去時常發生，使得人們印象深刻，而且認為未來一定也會如此。例如上市公司因發生罷工事件時，投資者常以激烈手法批評公司的各項缺失，且對其未來產生悲觀的看法。事實上，這些後見之明的偏誤所產生的評論，對公司的經營可能失之公允。

(三) 定錨調整捷思

有關定錨調整捷思的概念，我們以下列幾點做說明：

1. 定錨調整捷思的意義 **定錨調整捷思** (anchoring and adjustment heuristic) 指人們判斷機率時常取一個初始值作為估計的起點，接續的判斷基礎乃根據初始值做上下的調整，直到答案產生為止。然而因為第一次的判斷（定錨）資訊不一定充足，內容也不一定正確，而後扳正（調整）的幅度有限，使得起點的選擇及後續修正，經常扭曲了估計的結果。例如當老師將學期初成績表現欠佳的學生定錨為笨學生時，縱使這些學生往後成績有好的表現，但是老師在"先見"（定錨）已定，"後見"（調整）不足的情形下，好的表現反而被認為是僥倖的。

2. 定錨調整捷思的判斷盲點　由於人類判斷事情時會選擇一個或相信一個定錨點為判斷的基礎，並認為以原先依據為指標是一個很好的策略，事實上並非如此，大部分人所依據的定錨點本質上可能是不正確的或不值得信賴的，結果以此為基礎做調整並不會產生很大的扳正效果，就好比說蓋房子的樑柱已經歪了，不往樑柱做補強，反而討論樓層要蓋多或蓋少的問題是不正確的。

研究者邀請多對夫妻，請他們預測配偶對20項新產品的喜好程度。結果指出，配偶之間常先定錨自己的喜好，再以"想當然爾"之方式，判斷對方也會喜歡這項產品。更有趣的是，如果受試定錨後，再做調整來預測對方的喜好時，其判斷結果往往比未作調整前更差。所以研究者認為夫妻之間的送禮，以自己的角度看問題已經有所偏頗，而在進行修正調整時，更容易產生適得其反的情形 (Lee, Acito, & Day, 1987)。

綜合上述的討論，當消費者使用定錨調整捷思原則來估計事件時，如果其本身與預估事件有相似的背景，藉由定錨或是藉由其後的調整行為，可得到較為正確的判斷，但是評估者與評估事件背景迥異，定錨調整捷思將會導致更多的錯誤。

(四) 共變法則

共變法則也是心理捷思的一種類型，有關共變法則的概念，我們以下列幾點做說明：

1. 共變法則的意義　**共變法則** (co-variation principle) 指消費者主觀認為事件之間有必然的關聯性，也就是由一個變項預測另外一個變項的心理捷思現象。例如逛街時，消費者如果穿著越正式，銷售員的服務態度將會越好，亦即穿著與服務態度有必然的關聯性。

產品訊號捷思是消費者常使用的共變法則。**產品訊號捷思** (product signal heuristic) 是一種非分析式的推論方式，指消費者認知到兩個屬性之間有所關聯，所以當一個可觀察的屬性展現出來後，會連帶導致消費者對另一個隱藏屬性作延伸性的認知。例如，產品價格很高的時候，消費者會推論產品價值精美；產品外觀整齊美麗時，推論內在品質高尚。所以二手車推銷員，不管車況如何，賣車之前先把外觀打蠟整理，即希望消費者運用產品訊號捷思，對汽車性能產生好的印象 (Beales et. al., 1981)。

2. 共變法則的思考盲點　我們在預測兩變項之間的關聯性時很難保持完全客觀，常受到一些理論、社會的期望與基模架構影響，使得找出的兩個關聯變項偏離了事實。例如購買地毯時，有時難以辨別品牌間的差異，因此許多消費者常把保證年限當作訊號指標，即保證期越長者品質越好 (事實上並不一定正確)。其他例子包括科技性名詞越多 (如奶粉含比斯德林菌、含寡糖等) 品質越佳；越是先進國製造的產品，品質表現越好等。上述這些事件的關聯性時，不一定符合真實的情形，也容易造成錯誤的判斷。

然而，消費者時常利用這些共變法則心理捷思來判斷消費事件關聯性，慢慢匯聚成所謂的市場信念捷思，我們將這些信念整理後呈現於表 11-4，而有關市場信念捷思的說明請參考補充討論 11-2。

三、評估優劣性之前景理論

在方案評估中，除了判斷產品發生的可能性外，消費者也必須判斷產品的好壞。但是消費者透過什麼方式來感知事件 (或產品) 的好壞？由前面的討論，我們知道事件的優劣必須放在情境脈絡中才能得知，不同的情境脈絡或參考架構對相同事件會有不同的解釋，本小節將從前景理論談起，並說明問題框飾與前景理論的關係，及問題框飾產生的效應，如何影響消費者評估事件優劣。

(一) 前景理論

前景理論 (prospect theory) 認為呈現方式的不同，即使所達到的效用是相同的，仍會造成參與者孰優孰劣不同的判斷 (Kahneman & Tversky, 1979)。有關前景理論的內容，我們將在第一部分說明。其次將探討在獲利或損失的情境中，消費者心理感受的差異。

1. 前景理論的內容　前景理論的內容可歸納成四點的說明：
(1) 在客觀上，相同的金額或事物其損失的心理感覺，比獲得的心理感覺更鮮明。例如賭馬輸了 1000 元比贏了 1000 元心理感受更深刻。
(2) 如果人們正處於獲利的狀態，則後續的行動將變得更為保守小心。

補充討論 11-2

市場信念捷思

　　市場信念捷思 (market belief heuristic) 指消費者從共變法則的心理捷思學習到一些市場的購物經驗，這些經驗不一定正確，但卻形成消費者購物的直覺反應與參考原則。例如"夜市產品比一般商店便宜"。市場信念捷思從一般化 (高價位代表高品質) 到特殊化 (我買白蘭洗衣粉，因為我媽常買)。形成的過程有些從產品明顯的向度去做推測，有些從不完整的產品訊息做共變連結，並在形成之後化約為固定的"如果…則…"的思考邏輯，一旦面臨相同的狀況甚至模稜兩可情境時，上述信念會直覺式的浮現而出，並產生主導的力量解決問題，以下將以三種的市場信念捷思為例做說明，其他請參考表 11-4。

　　1. 價格與品質的關係　消費者市場信念捷思中常認為產品價格越高，品質越好。例如在襯衫、刮鬍水、地毯、汽車、家用電器等產品上。事實上，價格越高品質未必精良。例如曾有研究以客觀的"消費者報導"所列的各品牌品質排行，與這些品牌在市面上銷售價錢求相關。結果發現，價錢與品質的關係非常薄弱，只有 50% 的產品呈現這種正向關係 (價格愈貴，品質愈佳)。其他的產品則不顯著。有趣的是，約有七分之一 (13%) 的產品呈現負相關。因此消費者付出高價格是否一定買到高品質，態度應該保持審慎。

　　2. 生產來源國　有許多消費者常以產品是由哪個國家製造來判定品質的好壞，這是受了生產來源國 (country of origin) 的信念影響。譬如日本生產電器用品的品質比南韓好，而從非洲國家出廠的衣服品質較差。一般消費者常把富裕國家生產的產品視為高品質，貧窮落後國家生產的產品為低劣品。相同的，貧窮國家的消費者喜歡富裕國家生產的產品更甚於本國製造品 (Tse & Gorn, 1993)。目前研究認為消費者會發展出產品與生產來源國配對關係。美國消費者對馬來西亞的電器用品不感興趣，但卻認同購買該國生產的衣服。

　　3. 心理價格　消費者也常用心理價格作為購物的捷思。**心理價格 (或習慣價格)** (psychological pricing)，是指消費者在習慣上會鍾愛某個價錢點，在這個價錢點上的需求也最大。一旦不足或超過這個價錢點，縱然與鍾愛點價格差距不大，但價錢的吸引力卻會急遽降低。而對消費者最具吸引力的定價為尾數 99 的價格，標價 199 元 (或 999 元) 比標價 200 元 (或是 1000 元) 要來得便宜很多。事實上，199 元與 200 元兩者只有1元的實質差距，但是在心理上的距離卻有天壤之別。

　　有兩個理論解釋上述現象。**價值低估理論** (underestimation mechanism) 指出消費者看標價數字時是由左到右，為了節省心智歷程的耗費，常發生消費者只重視左邊的數字，忽略或不重視右邊的數字的傾向 (1999 元只看到千位元的 1 字，而忽略後面緊跟的 999 三位數)。這種低估現象讓消費者覺得產品價格變的很便宜。**連結理論** (association mechanism) 則強調尾數 99 的定價常出現在拍賣或折扣的時機，而在媒體廣告的散播與連結下，一出現標價 99 字眼的銷售，即代表著便宜省錢的意義，產生不買可惜的心理。

表 11-4　消費者常有的市場信念捷思

市場向度	市場信念捷思
產品-品牌	1. 同一種產品，雖有許多不同品牌，但基本上品質不會差異太大。 2. 銷售量最高的品牌是最優良的品牌。 3. 面對琳瑯滿目品牌無從挑選時，選擇全國知名品牌最有保障。 4. 先進國家所生產的家電用品品質比較好。
商店	1. 專賣店能讓你對名牌熟悉，在熟能生巧後，上游工廠可以買到品質相同但便宜的名牌。 2. 觀看櫥窗的展示風格，即可知悉商店的品味。 3. 專賣店銷售員比一般商店的銷售員，更敬業也更專業，對產品的介紹也較詳細。 4. 大賣場販售的商品遠比小商店便宜。 5. 在鄉下購買商品人情味較濃，服務熱誠也比全國連鎖商店好。 6. 當商店內的一些產品比他店便宜，可推知店內其他產品也比較便宜。 7. 百貨公司接受商品退換的可能性，高於其他型態的商店。 8. 商店剛開張時，商品賣的比較便宜。
價錢-折扣-銷售	1. 當商店舉辦特賣活動時，主要是想清倉。 2. 長期舉辦"折扣特賣"的商店，並不會真正在打折。 3. 同類商品，價錢高表示品質較好。 4. 定價尾數為 99 的價格 (如標價為 999 元) 比標價尾數為 00 元 (如標價為 1000 元) 要來得便宜很多。
廣告-促銷	1. 產品廣告曝光率高，品質通常比較差。 2. 標榜"跳樓大拍賣"的產品，通常是一種幌子，價格不一定便宜。 3. 使用折價券能夠省錢，因為折價券直接由廠商提供而不是商店提供。 4. 買廣告曝光高的商品，等於幫廠商付廣告費，產品售價也因而提升，但產品品質不見得比較好。
產品-包裝	1. 相同商品，大盒包裝的平均單價，比小盒包裝來的便宜。 2. 剛上市的新產品，價格通常比較昂貴，但過了一陣後，價格自然會下降。 3. 當你要購買某個商品，但不確定所需功能為何時，多花一點錢能買等級較高功能較齊全的型號，以防範未來之變化。 4. 天然成份製品比人工製品更佳，也更有保障。 5. 不要購買新上市產品，因為廠商常藉由售價的提高來平衡他們的預算 (如研發費用、廣告費用)。

(根據 Duncan, 1990 資料編製)

(3) 如果人們正處於損失的狀態，則後續的行動將變得更為大膽冒進。

(4) 決策問題的呈現方式（先呈現正面或先呈現反面）可導致不同的評估效果 (Mowen, 1995)。

2. 消費者獲利或損失之心理感受差異 在前景理論四個要點中，我們先討論前三點，第四點留待下文與問題框飾的效應一起討論。前三點主要是說明消費者風險承擔的傾向。其中第二點指出，如果人們已經獲利，則會擔心未來不可預知的變數，所以盡量避免風險的再產生。例如賭馬時一直都是贏錢的一方，會有居安思危的想法，而逐漸減少下注的金額。相對的第三點指出，損失的心理感受比獲利心理感受更為深刻，因此輸錢的賭徒，為求翻本，會更大膽的賭下去。

理論上，贏錢正面心理感受的絕對值，與輸錢負面心理感受的絕對值應該一樣。但是，事實上，在消費者心中，損失帶來的負面感覺卻遠遠大於獲得帶來的正面感覺。這也就是為什麼輸錢的一方，比贏錢者更願意放手一搏以求回本，對風險的忍受程度也相對較高。

此外，前景理論的風險概念也影響了一些選擇。例如要一般人在下列兩者之間做一抉擇：其一， 85% 機率下輸掉 1000 元 (15% 不會有損失)，其二：肯定輸掉 800 元。由於上述是一種損失情境，因此大部分的人寧可選擇第一種情形，即 85% 機率輸掉 1000 元，來搏一搏 15% 不會輸掉一毛錢的機率。另一方面，如果 85% 機率可以得到 1000 元 (15% 得不到一毛錢)，與 100% 絕對可以得到 800 元，由於這是獲利情境，大部分人會拒絕承擔風險，而選擇絕對能夠進帳 800 元的機會。

(二) 問題框飾與前景理論的關係

由前景理論的前面三點要點可以知道，先贏錢者與先輸錢者其心理感受與風險承擔不同。如果情境呈現先贏錢的狀態，人們選擇逃避風險。如果是輸錢的情形，人們傾向挑戰風險。因此就形成了前景理論的第四個要點：決策問題的呈現方式（先呈現正面或先呈現反面）可導致不同的評估效果。換句話說，問題框飾的變異將影響我們的評估判斷 (Kahneman & Tversky, 1979)。

1. 問題框飾的意義 問題框飾 (framing of problem) 指問題的呈現

方式如何影響問題的答案。由於相同的問題以不同方式呈現後，結果可能被視為損失或利多，視為損失則接受更多的風險，視為利多則迴避風險。

有一個實驗說明問題框飾如何影響消費者評估優劣。受試者被要求看一篇有關牛肉肉質的報導。報導內容有兩份，其中一份陳述牛肉內含 75% 的瘦肉，另外一份陳述是牛肉內含 25% 肥肉，除這兩句不同外，其餘敘述完全一樣 (牛肉中含 25% 肥肉實際上與含 75% 瘦肉都是同樣的一塊，只是說法不同)。之後請兩組受試者各自閱讀其中的一篇報導，讀畢請各組受試針對牛肉的口味、油膩度、品質、肥瘦度等四項指標進行評比。結果指出，問題框飾方式不同，評比的分數也有差異。讀到文章內容為 75% 瘦肉的一組，比讀到 25% 肥肉的另一組，更肯定牛肉的品質 (如牛肉口味較佳、油膩度低、品質好、不會太肥)。換句話說，先呈現正面訊息或負面訊息將形成後續事件的參照架構，也影響決策者評估好壞的依據 (Mowen & Mowen, 1991)。

2. 問題框飾效應在行銷上的應用　　問題框飾效應如果巧妙應用在行銷策略將可增加消費者對事件的好感。舉例來說，台北市郊有兩家土雞城菜色菜價都一樣，甲餐廳說消費超過 1000 元可享 8 折優待。乙餐廳則說消費超過 1000 元，如果再加 10 元，則免費贈送一盤白斬雞。在上述條件中，許多人選擇到乙餐廳吃飯，也覺得比較划算。事實上，這兩家餐廳都是打8折，甚至乙餐廳還貴了 10 元 (白斬雞一盤約 200 元)，為什麼大家認為乙餐廳比較便宜呢？這就是一種問題框飾形式的不同。甲餐廳 1000 元打 8 折後優惠 200 元，其獲利的感覺是在付出 1000 元後，獲得 200 元的價值感受；乙餐廳的白斬雞則在無參照架構下，額外獲利 200 元的價值感受，所以消費者對乙餐廳的促銷方式，感到受益較多，也較有吸引力。

其次，問題框飾也可應用在時間點呈現的差異來影響消費者心理感受。人們對於未來獲利或損失的情形有著不同的心理期許。一般人希望獲利發生在即刻，損失發生在未來。換言之，人們常存有"先拿先贏"的心理。就實際的得失值而言，購物早付錢，晚付錢都是要付一樣的錢，並沒有差別。但在消費者心理感受上，購物先享受商品 (獲利)，再延遲付款 (損失)，往往有佔便宜的感覺，這種現象使商場上"延後付款"的策略非常風行。例如許多郵購商品常告訴消費者"貨物收訖後，請無須馬上付款，我們會再通知繳款時間"，即讓消費者先陶醉在商品獲得的喜悅。另外，使用信用卡先享受後付款，也是相似的道理。總之，消費者常受到時間框架的影響，而對事件有不同優劣的判斷。

　　事件已經發生很久或是剛發生的問題框飾，也會影響消費者的判斷。例如假設你的收音機剛好在保證期過後的第一天故障，或在保證期過後的一年之後才壞，不同的兩個時間點中，哪一個會讓你感覺更為強烈？一般而言，前者因為剛剛好錯失機會，遺憾的感覺特別明顯。而這種感覺也常應用在公益廣告上，在一般的器官捐贈廣告常告訴人們，一個等待移植的小孩因為腎臟遲來了一個禮拜，而失去寶貴的性命，這段話就是希望刺激觀看者能夠產生遺憾的強烈感覺，而願意加入器官捐贈的行列 (Meyers-Levy & Mahessearan, 1992)。

第四節　方案選擇

　　經過可行方案評估後，消費者進入了可行方案選擇的階段。基本上，訊息收集、方案評估與方案選擇，看似分開的三個項目，但在消費者心智運作過程中卻是交織在一起的。當消費者收集到產品訊息的瞬間（例如：典雅的帥奇錶標價二萬元），馬上就進行方案評估與選擇的工作（例如：這支錶價錢太貴了），也會指引另一方向的收集工作（例如：我們到另外一家看看）。

　　在方案的選擇中，消費者從產品許多屬性做抉擇，而能夠雀屏中選者，常因為產品含有決定屬性。所以在第一部分中，將說明決定屬性相關特性與應用。其次，可行方案的選擇過程與消費者的決策類型有關。一般而言，消費者處於高涉入與處於低涉入的選擇過程是不相同的。同樣的，體驗型的決策方案選擇過程，也迥異於高、低涉入的決策。因此在本節的第二部分，我們將說明在不同決策型態中，各種方案的決策法則。

一、產品的決定屬性

消費者進行方案選擇時,常會使用許多選擇標準,在這些標準中,比其他向度更具影響力的向度稱為**決定屬性** (determinant attribute)。例如愛玩與討厭吃早餐是小孩的天性,為了讓孩子充滿樂趣的好好吃頓營養早餐,成了父母傷腦筋的事情。美國桂格燕麥公司認為孩子對恐龍很著迷,喜歡看有關恐龍的任何東西,於是推出摻有紅糖口味的營養燕麥粥吸引孩子。只要將熱水倒入,攪拌一下約 90 秒後,即會生出十二個以上不同色彩的恐龍蛋,並孵化出色彩繽紛的三角龍與小劍龍,讓早餐樂趣無窮。在上例中,該公司把"吃"、"玩"與"營養"結合在一起的想法,抓住了父母購買早餐的決定屬性,是頗具創意的行銷案例 (麥克麻斯,1998)。

在說明決定屬性的重要性時,我們首先說明產品中選擇標準是什麼?其次再說明行銷者如何應用決定屬性於行銷策略中。

(一) 選擇標準的意義與影響因素

每個產品都擁有許多的屬性,**選擇標準** (choice criteria) 是消費者從諸多屬性中,找出一些用來判斷各品牌優劣的指標。消費者在進行方案選擇時,有時會考量許多的選擇標準,有時只採用幾個選擇標準。其次,消費者在不同的狀況與情境下,常會彈性的使用不同選擇標準。底下將分別說明之 (Engel, Blackweel & Miniard, 1995)。

1. 選擇標準使用的決定因素　同樣一種產品,消費者使用多量還是少量的選擇標準,及使用哪一種的選擇標準與下列幾個因素有關:

(1) **涉入程度**:當消費者對決策的涉入較深時,所使用的選擇標準也越多。例如購屋者需要投入大量資金,屬於高涉入的購買行為,考慮的選擇標準也相對增多,例如區域、生活機能、價格、工程品質、產權、建材設備、公司信譽、管理狀況等都是重要的考量。

(2) **動機**:不同的動機考慮的標準不同。粗略來分,購買動機包含功利性及象徵性兩種。功利性動機者到速食店用餐,所在意的是價錢、新鮮與肉質;象徵性動機者所追求的是服務與流行感。

(3) **情境**：情境因素也常使消費者使用不同選擇標準,當時間不夠時用餐追求的是"快速",宴會請客時則關心的是"菜色"與"氣氛"。

(4) **知識與經驗**：知識與經驗存有差異,使用的選擇標準不同。老手儲存了許多有效率的選擇標準以逸待勞。新手則需逐一建構選擇標準,累積產品知識。

(5) **性別**：購買相同的物品,男女觀點不同。以購屋的選擇標準為例,女性比男性更重視對生活機能、採光、產權、建材設備等選項,男性著重區域的選擇。

2. 選擇標準類別不同的比較方式　當消費者購買不同類別產品時,產品之間並沒有共通的屬性可茲比較,稱為**無法比較的可行方案** (non-comparative alternatives)。例如,手機、二手機車與西裝等產品的選擇標準不同,難以進行比較,假設消費者只能在其中選擇一項,比較的方法在於把比較屬性昇華到更抽象的層次,例如把手機、二手機車與西裝等功能屬性,轉化為必需品、流行性、科技性、創新性等較抽象的向度。接著,依序把產品放在這些抽象屬性做比較。最後,以全面性的策略考量各產品在抽象層面所得的整體分數與印象,以做出抉擇 (Kahn, Moore, & Glazer, 1987)。

有關消費者對無法比較的可行方案,如何進行評估選擇的相關研究並不多,但這種現象卻越來越普遍,例如度假或是買車、讀書或是就業、單身或是結婚等選擇都屬之,因此需要更多的實證研究來了解當中奧秘。

(二)　行銷者如何應用決定屬性

在選擇標準中,決定屬性才是決策最重要的考量因素,成功的行銷者除找出消費者心目中的決定屬性,也可以透過教育消費者的方式,讓自己產品重要的屬性,昇華為消費者購物時的決定屬性。

1. 找出消費者認知的決定屬性　在第二章的時候,我們曾經提到行銷是一場認知戰,而非產品戰,行銷者應該以滿足消費者的需求,並找出消費者心中的決定屬性,才能真正克敵致勝。舉例來說,國外運動鞋品牌進駐台灣大多標榜多功能球鞋或專業的運動鞋,設計上也傾向陽剛風格 (例如氣墊鞋),這對一些喜歡運動者確實正中下懷。事實上,許多女性消費者並不喜歡運動,購買運動鞋不太介意鞋子的專業性與功能性,而是希望鞋子舒適好走,外型漂亮,能與一般衣服搭配。台灣紐巴倫 (New Balance) 運動鞋找出了這個區隔購鞋的決定屬性,率先以流行運動鞋路線來吸引她們,並大膽開發了紫色、綠色、土色及酒紅色等色彩鮮艷的運動鞋,上市後果然一炮而紅,深得消費者喜歡。

2. 教育消費者認識正確的決定屬性　在一些產品的選擇中,消費者並沒有必然的決定屬性,在這種情形下,行銷者可教導消費者哪些選擇標準應被視為決定屬性。首先要做的是讓消費者認知到為什麼這個決定屬性在這類產品中這麼重要,其次是按部就班教導消費者怎麼使用產品才能發揮決定屬性的功效。

(1) **體認決定屬性的重要性**:例如環保意識的提升,維護環境生態均衡已經成為消費共識,行銷者可教育消費者應購買自然物質製成品,方能保護環境。手臂與鎚子 (Arm & Hammer) 推出天然蘇打粉製成的牙膏,李維牛仔服使用生態纖維產品製造服飾,都在於培養消費者視環保材料為決定屬性。許多消費者在牙刷開始斷裂或刷毛開始脫落時,才會想到換牙刷,這是不健康的口腔衛生習慣。歐樂 B 牙刷極力倡導消費者需定期換牙刷 (建立決定屬性),甚至告訴消費者歐樂 B 在牙刷上塗特殊藍色,將隨著牙刷使用次數而逐漸褪去,而當藍色不見時,就該把舊牙刷丟掉換把新的。

(2) **透過程序學習的教育方式**:要教育消費者認識產品的決定屬性,使態度由"無所謂"轉變到"很重要"的過程稱為**程序學習** (procedural learning)。行銷者利用程序學習時需要傳達出下列三項訊息才能奏效。其一:強調品牌的屬性確實與眾不同。其二,提供消費者決策制定的標準,產生"如果"(要購買產品),"所以"(把此一標準當做決定屬性) 的推論。其三,推薦的事項能夠與消費者過去的決策結合,以不改變原有消費習慣為原則 (Kirmani & Wright,1992)。例如,桂格牌 (Quaker) 三寶燕麥的廣告內容即在逐步建立程序學習。第一步:廣告引用衛生署國民營養調查結果,強調高血壓、肥胖、高尿酸、高膽固醇、糖尿病為台灣五大文明病,必須少油、多纖維質才能預防文明病。第二步:廣告指出三寶燕麥所含的燕麥、薏仁以及神奇鈣米如何幫助消費者對抗文明病。第三步:請消費者做一簡單的測試,以了解自己膳食纖維是否充足,並設法培養消費者飲食習慣成為"如果 (每天以白米為主食將缺乏纖維質)——所以 (要攝取足夠膳食纖維)"的邏輯。最後則指出,桂格三寶燕麥與消費者過去習慣可相溶合,因為產品不需要浸泡水洗、可與白米同煮,使飯更營養好吃。

二、產品的決策法則

方案選擇的最後一個步驟是應用決策法則,**決策法則** (decision rule) 是指消費者如何應用選擇策略,使最符合需求的品牌脫穎而出的過程。我們曾經說過,可行方案的選擇是以之前評估階段所產生的信念與態度為基礎。而態度的形成可分為高涉入、低涉入與體驗性三個類型 (見第五章),因此在方案選擇時,消費者將因不同態度模式,採用不同的法則策略。在高涉入與低涉入兩種情境的評選過程中,以互補與非互補評選模式進行,而在考量產品感覺對不對味時,通常採用體驗性法則。

值得說明的,所謂"互補"與"非互補"是指在產品眾多屬性間,心理評等較弱的一個屬性,是否可用另一個心理評等較強的屬性來替代或彌補,如果可以彼此彌補稱為**互補法則** (compensatory decision rule),反之,如果不能相互彌補稱為**非互補法則** (non-compensatory decision rule)。實證結果指出高涉入模式中,消費者多使用互補模式;在低涉入中傾向使用非互補模式。至於體驗性法則是以個人選擇方案感覺最佳者為決策點,我們也可以把情感取向類型視為一種捷思法則。

綜合上述,我們以態度的高、低涉入與體驗模式,整理出如表 11-5 的非互補、互補、體驗性等各種不同的決策法則,並分別說明如下。

表 11-5 決策法則的種類

態度階層	決策法則	捷思法則
低涉入	非互補法則	1. 連結法則　2. 分離法則 3. 逐次刪除法則　4. 逐次比較法則
高涉入	互補法則	1. 簡單加總法則　2. 複雜加總法則 3. 多階式法則
體驗性	體驗性法則	1. 感情參照法則　2. 衝動型購買

(採自 Mowen,1995)

(一) 非互補法則

在低涉入情境，消費者採用非互補性法則於選擇歷程。例如為了避免身材走樣，低脂、低鈉、高纖、高鈣的機能性餅乾深受歡迎，但機能性餅乾並不好吃。所以如果消費者認為"維持身材"的優點無法彌補"不好吃"的缺點，就會採取拒吃機能性餅乾的行為，此即採用了非互補法則。

非互補法則所產生的捷思法則以下列四項為主。

1. 連結法則 在談論連結法則前，需了解刪除點的意義。**刪除點**(cut-offs) 指每一個產品屬性可被接受的最低標準，飲料超過 10 卡路里就不購買即為刪除點。而**連結法則**(conjunctive method) 指各品牌在一些必要屬性上是否通過事前所設立的刪除點，如果品牌無法全部通過刪除點將被淘汰，唯有通過每一重要屬性最低標準者 (刪除點)，才可能被考慮購買。

在表 11-6 的例子中，假設保守的趙先生以連結法則來決定購買球鞋品牌時，他列舉了四個重要屬性，各屬性設立的刪除點都為 60 分，結果四個可供選擇的品牌中，將門 (Jump) 因為耐穿性及購買方便性不及 60 分而遭出局，銳跑 (Reebok) 耐穿性的分數不夠而遭刪除，愛迪達 (Adidas) 也因購買不方便被淘汰，只剩下耐吉 (Nike) 球鞋通過各屬性刪除點而中選。

以連結法則評估產品，可能發生品牌屬性全部通過 (刪除點太鬆)，或

表 11-6 決策法則假擬例子：連結法則，分離法則，簡單加總法則之應用

屬 性	消費者對品牌的信念			
	耐 吉	銳 跑	愛迪達	將 門
舒適性	80	80	60	50
流行性	70	90	70	90
耐穿性	60	40	100	70
購買方便性	60	70	50	30

屬性概念的評比分數由 0～100，100 代表最好
逐次刪除法則在各屬性所設立的刪除點：舒適性 (60)，流行性 (70)，耐穿性 (80)
逐次比較法則各屬性不設刪除點，品牌在最重要屬性得分最高者中選

全部品牌未通過 (刪除點太苛) 的情形,當發生了這兩種情形時,消費者可提高或降低刪除點門檻,亦可改採另一種法則做選擇。

2. 分離法則 分離法則 (disjunctive rule) 與連結法則相似,即在各重要屬性上設立刪除點,然後評估各品牌是不是能夠超越刪除點。然而與連結法則不同的是分離法則所設立的刪除點是高水準的,所以它的評估原則是只要各品牌中有一個屬性超過這一個刪除水準就算通過。

分離法則所設立的刪除點類似大學聯考的"高標準",而連結法則則為"低標準",通過高標比低標困難,所以分離法則刪除點比連結法則嚴苛,對某些屬性要求特別高的消費者最為合用。例如表 11-6 的例子,如果挑剔的錢先生以分離法則來決定購買球鞋。為了呈現完美個性,他在各重要屬性設立高標為 100 分。明顯的,耐吉、銳跑、將門各品牌,在每一個屬性上的分數,沒有一項是 100 分而遭刪除,只有愛迪達品牌因耐穿性這項屬性為 100,超過高標而被購買。

連結法則與分離法則的刪除點是存有差異的。舉例來說,假設你拍了藝術寫真照片 10 組,而老闆在拍照時又主動為你多拍了 20 組。則在照片沖洗完畢挑片時,你只想在一堆照片中,挑出最好的 10 組 (你採用的為分離法則的高標準),但老闆則希望你在總共 30 組中,把那些不太好的照片淘汰掉就好了 (老闆希望你採用的是連結法則的低標準)。兩種情形挑出的結果一定不同,而這就是連結法則與分離法則刪除點的差異。

3. 逐次刪除法則 採用**逐次刪除法則** (eliminated by aspects rule) 前必須先將屬性的重要程度做一個排序,然後也在每個屬性上設立刪除點,所有的品牌會先在第一個重要屬性上做比較,如果能夠通過刪除點,所留下來的品牌再移入第二個重要屬性做比較,檢核是否通過刪除點,依次類推,一直到比較出來為止。假設孫先生以逐次刪除法則購買球鞋,並把球鞋的重要性及刪除點排序設為舒適性 (刪除點 60)、流行性 (刪除點 70)、耐穿性 (刪除點 80) (我們把表 11-6 加入屬性重要排序成為表 11-7,所以此例請參考表 11-7)。則第一回合比較中,各品牌先比最重要的"舒適性",在刪除點為 60 分標準下,通過的品牌分別是耐吉、銳跑以及愛迪達 (將門遭淘汰)。這三個品牌將移入第二重要屬性"流行性"做比較。結果三個品牌皆通過"流行性"刪除點 70 分的標準而獲保留。經過兩個回合,三個品牌尚未分出勝負,故又再以第三重要屬性"耐穿性"分高低。由表可知只有愛

表 11-7　決策法則假擬例子：逐次刪除法則，逐次比較法則，複雜加總法則之應用

屬　性	重要程度	消費者對品牌的信念			
		耐　吉	銳　跑	愛迪達	將　門
舒適性	4	80	80	60	50
流行性	3	70	90	70	90
耐穿性	2	60	40	100	70
購買方便性	1	60	70	50	30

屬性概念的評比由 0～100，100 代表最好；重要程度 4 代表最重要，1 代表最不重要

迪達品牌通過刪除點 80，而成為購買的對象。

4. 逐次比較法則　逐次比較法則(或字典法則)(lexicographic rule)在作法上，與逐次刪去法則有極大的相似性。兩者的起頭都是由消費者把產品重要屬性做一排序，然後從最重要屬性上依次比較各品牌優劣。但是在比較的方法上，這兩種法則有明顯差異，前面所提逐次刪除法則是在各種重要屬性上，分別設立刪除點，然後以通不通過刪除點為保留的依據。但逐次比較法則，在各重要屬性上不設立刪除點，比較過程中，把各品牌在第一重要屬性的分數高低排列，只錄取分數最高者。如果同時有兩個(以上)品牌同分，則再次放到第二重要屬性分優劣。依此類推，直到比出為止。

以表 11-7 為例，李先生如以逐次比較法則做決策，則第一回合在"舒適性"的比較中，分數最高者分別是銳跑及耐吉(兩者同分)。兩者因無法分出勝負，只好移入"流行性"第二重要屬性來作比較，結果明顯地可知，銳跑的 90 分優於耐吉的 70 分，使消費者選擇了銳跑。所以逐次比較法則只有在同分時，才會移入次重要屬性做比較。

(二)　互補法則

互補法則常應用在高涉入的情境。由於決策結果對消費者重要，使得屬性價值可相互彌補。換言之，消費者除了分析屬性之間的重要程度，也願意以互補法則，讓同一方案中評比低的屬性能被另一個評比高的屬性分數相互綜合彌補，而降低被淘汰的機會。由於觀點之間的差異，同樣的方案在非互補與互補法則的評選之下，將產生很大的出入。底下將先介紹互補法則中簡

單加總與複雜加總兩個法則。而多階式法則因綜合了互補與非互補法則，因此也列入本節的討論。

1. 簡單加總法則 簡單加總法則 (simple additive rule) 指消費者評選方案時，計算各品牌擁有的優點與缺點，而在優缺點相抵後，剩下品牌具有最多優點 (缺點最少) 者中選。當消費者對品牌不熟悉但決策重要時，常用這種方法。舉例來說，假設在表 11-8 中，60 分 (含) 以上稱為優點，60 分以下稱為缺點。則各品牌在各個屬性中，耐吉擁有 4 個優點、0 個缺點；銳跑有 3 個優點、1 個缺點；愛迪達有 3 個優點、1 個缺點；將門有 2 個優點、2 個缺點。各品牌在優、缺點彌補的結果下，耐吉球鞋最具吸引力。使用簡單加總法則的最大瑕疵，在於消費者只計算品牌優、缺點的數目，並沒有考慮優點、缺點份量並不一定相等，不能夠互相抵銷。

行銷者常以上述方法來強化自己的產品擁有眾多優點的印象，例如汽車廣告常標榜車內安裝了隔熱紙、防盜鎖、地毯、雷射唱盤等設備，事實上這些優點的份量，比不上引擎馬力這個屬性，但這些"不重要的優點"與"很重要的優點"，都被行銷者"等量齊觀"，對一些不明就裏的新手，反而能產生吸引力。

另一方面，行銷者也常找一些不重要的屬性，以選擇性比較的方式，增加產品優點印象。常見汽車廣告在一個屬性上找出比自己差的汽車品牌做比較；在另一個屬性中，又找出另一個比自己差的汽車品牌比較 (例如音響比豐田汽車優；噪音測試比勞斯萊斯安靜；後車行李箱比福特大等)，結果使消費者誤認這款車擁有許多優點，超越競爭品牌甚多。然而廣告片面性的比較卻不保證汽車整體的優良。

2. 複雜加總法則 在複雜加總法則 (或加權加總法則) (weight additive rule) 下，消費者先把產品屬性重要度排序，配予不同的加權 (重要程度越高，加權值越大)，然後將各品牌在產品每個屬性的得分，與重要屬性的加權分數相乘，並累加品牌在每一項屬性相乘所得的分數，就形成了品牌的分數。舉例來說，表 11-9 中，計算耐吉得分的方式為舒適性 (最重要的屬性，所以加權 4) 乘上耐吉在這項屬性所得的分數 (80)，加上流行性 (第二重要的屬性，所以加權 3) 乘上耐吉在流行屬性所得分數 (70)，加上耐穿性 2 (加權)×60，最後再加上購買方便性 (1) ×60，共得到 710 分 (4

×80＋3×70＋2×60＋1×60＝710)。以相似的方法計算，銳跑得分為 740 分，愛迪達為 700 分，將門為 640 分。最後結果銳跑奪魁。複雜加總法則是一種理性思考的選擇模式，將在第十四章進一步詳細說明。

3. 多階式法則 消費者在決策制定時，很少只使用一種決策法則。在一些重要的決策裏，消費者的評選過程，常混合使用非互補性與互補性法則的方式，我們稱為**多階式法則** (phased decision strategy)。多階式法則的應用，有許多不同的作法，但主要原則是化繁為簡。通常是先使用非互補性法則，刪除一些不必要的方案，等到品牌數下降到一定的比例後，再採用互補性法則，精挑細選出最佳的品牌。換句話說，多階式法則的目的在於"先降低量，再精選質"。

使用多階式法則有許多好處。首先非互補性法則執行的方式簡單，使龐大的品牌量可以在瞬間簡化為數個，避免消費者產生心智過度負荷的現象。另外篩檢下來的品牌以互補性法則處理，可得到更精準正確的結果。(Kardes & Herr, 1990)

（三） 體驗性法則

探討消費者可行方案的評選歷程時，主要以對品牌屬性的信念與態度為衡量的原則，程序上是先有屬性，再進行評估的理性過程。在這個過程中，消費者涉入程度的高低，是造成決策或繁或簡的重要原因。然而，方案選擇也可以從另一個角度來看，即消費者不從產品屬性的優缺點著手，而以自己記憶系統對產品內心情感的投射來判斷優劣，並做出決策。類似這種把情感因素擺在第一位的決策方式稱之為**體驗性法則** (experiential choice processes)。由於體驗性法則在第十四章有詳細說明，此處略為介紹兩種，一為情感參照法則，二為衝動性購買。

1. 情感參照法則 情感參照法則 (affect referral rule) 指消費者評估產品時並非以認知、理性的方式處理產品優劣表現，而是從腦海中抽取對各方案 (品牌) 的整體印象為評估原則，選擇最能誘發愉悅性感受的品牌為購買目標。在情感參照法則下，消費者不在乎外在收集的客觀訊息，他們的選擇偏重於自己的感覺 (態度) 對不對味。因此過去常被購買的品牌、情深意重的品牌或是在賣場感覺對味的品牌，往往容易脫穎而出 (例如，我過去都購買綠油精……因為我認為它是最好的)。

　　2. 衝動性購買　衝動性購買 (impulse buying) 指在外在環境刺激引誘或瞬間情感催促力量下，消費者不顧後果而買下產品的行為。由於衝動性購買是一種滿足情緒的突發購買行為，故屬於體驗性法則的決策方式。衝動性的決策法則，不能以理性觀點衡量，我們將在第十四章有深入的說明。

本 章 摘 要

1. **消費者決策**指個人在購買行為前，謹慎評估產品、品牌或服務的屬性，並從中選擇最能解決消費者需求的方案。包括問題認知，訊息收集，方案的評估與選擇等過程。
2. **問題認知**是一種心理歷程，指消費者比較真實狀態與理想狀態之間的差距程度，當差距越大，越容易體驗到解決的急迫性。**實際狀態**是指目前的感受或情境，**理想狀態**是指消費者想要的感受或情境。
3. 消費問題是不是真的需要解決，必須通過兩個界定因素：其一，理想與實際狀態的差距；其二，問題的相對重要性。
4. 消費問題大致上可以兩個向度來區分，**外顯性問題**指即刻性、很明顯的能被消費者確認出來的問題，又可分為日常性問題與欲求性問題兩類。**內隱性問題**指不是立即或明顯的能被發掘的問題，需要由消費者自己去體會或由銷售員說明方能了解的問題。
5. 找出消費問題方法，包括有**活動分析**、**情緒分析**以及**人因工程分析**等。
6. **訊息收集**指消費者收集獲取商品相關的知識，以做為購買決策的依據，當消費者問題認知強度足以引發行為時，訊息收集的工作隨即展開。
7. **內部收集**指消費者從長期記憶裏收集相關的產品資料來解決問題。長期記憶的品牌可分為兩大類，已知的品牌所組成的集合區稱為**已知區與未知區**。已知區的品牌可再加以細分為**考慮區**、**不在意區**及**不接受區**。
8. **外部收集**由外在的來源，如親朋好友、廣告、產品包裝、銷售員、消費

第十一章　消費者購買前決策過程　**473**

　　者報導等，獲得有價值的訊息。外部收集的類別又分為**購買前收集**與**持續性收集**。
9. 決定消費者訊息收集數量的因素，包括心理所面臨的風險覺察因素、消費者的背景與產品的性質等。其中，**風險覺察**分為七個類別：財務、功能、身體、心理、社會、時間及機會成本等風險。
10. 理性觀點認為消費者收集訊息具有邏輯性。事實上，消費者處於極為被動且低涉入的狀態收集訊息，避免動腦思考的事情，也懶於比較品牌訊息的優劣。在時間不夠或是購買風險不是很高時，這種現象最為顯著。
11. **方案評估**指消費者比較各種可以解決問題的品牌，並在比較過程中，逐漸形成信念與態度的過程。
12. 當消費者進行方案評估時，通常包括了兩個步驟，第一是判斷事件發生的可能性，第二是判斷事件的優劣。
13. **代表性捷思**指人們判斷事件時，常利用它們與典型事物相似的程度而分類的情形。**便利性捷思**指人們以事件容易回想的程度，當作判斷事件發生機率的情形。
14. **定錨調整捷思**指以初始值作為判斷機率估計的起點，接續的判斷乃根據初始值做上下的調整，直到答案產生為止。**共變法則**指消費者主觀認為事件之間有必然的關連性，也就是由一個變項預測另外一個變項的心理捷思現象。
15. **市場信念捷思**中，常以價格高低與生產來源國來決定品質優劣。另外，最具吸引力的心理價格為尾數 99 的價格。消費者認為標價為 199 元比標價 200 元便宜很多，價值低估理論與連結理論可解釋這種現象。
16. **前景理論**認為呈現方式的不同，即使所達到的效用是相同的，仍會造成參與者孰優孰劣不同的判斷。例如，相同的金額或事物其損失的心理感覺，比獲得的心理感覺更具衝擊。人們若處於獲利的情境，則後續的行動將更為保守小心，正處於損失狀態，則後續的行動變得大膽冒進。
17. 消費者常以前景理論來判斷產品（品牌）的好壞。而決策問題呈現方式（先呈現正面或先呈現反面）導致不同的評估效果，是受**問題框飾**的效應影響。
18. 消費者進行方案選擇時，常會使用許多選擇標準，在這些標準中，比其他向度更具影響力的向度稱為**決定屬性**。行銷者可透過找出消費者認知的決定屬性，與教育消費者認識正確的決定屬性等方法來增加商機。
19. 決策法則指消費者如何應用選擇策略，使最符合需求的品牌脫穎而出的過程。在高涉入與低涉入情境，常採互補與非互補評選模式。體驗性則以個人選擇方案感覺最佳者為決策原則。
20. 非互補法則所產生的捷思法包括**連結法則**、**分離法則**、**逐次刪除法則**與**逐次比較法則**。互補法則分為**簡單加總法則**、**複雜加總法則**與**多階式法則**。體驗性法則以**感情參照法則**及**衝動性購買**為代表。

建議參考資料

1. 林財丁 (1995)：消費者心理學。台北市：書華出版社。
2. 曾麗玉 (1993)：認知心理學。台北市：五南圖書出版公司。
3. 萊思、卓勞特 (蕭富峰譯， 1998)：行銷大師法則-永恆不變22戒。台北市：麥田出版社。
4. 游恆山 (1996)：消費者行為心理學。台北市：五南圖書出版公司。
5. Gilovich T., Griffin D., Kahneman, D. (2002). *Heuristics and biases: Psychology of intuitive judgment*. Chicago: Cambridge University Press.
6. Kardes, F. R. (2002). *Consumer behavior and managerial decision making*. New York: Prentice Hall.
7. Mowen, J. C., & Minor, M. S. (2001). *Consumer behavior*. NJ: Prentice Hall.
8. Reed, S. K. (1992). *Cognition*. CA: Brook/Cole Publishing Company.
9. Solomon , M. R. (1996). *Consumer behavior*. NJ: Prentice Hall .
10. Walden, M. L. (2001). *Economics and consumer decisions*. New York: Prentice Hall.

第十二章

消費者購買時決策過程

本章內容細目

第一節 個人情境因素對購買時決策影響
一、心情狀態 477
　(一) 情緒的概念
　(二) 心情變化
二、同儕效應與人潮效應 481
　(一) 同儕效應
　(二) 人潮效應

補充討論 12-1：消費者逛街的動機

三、購買原因 483
　(一) 購買原因與情境自我的關係
　(二) 使用情境與市場區隔

補充討論 12-2：開發新的使用情境與使用單位

第二節 時間情境因素對購買時決策影響
一、時間壓力 487
　(一) 消費者時間分配
　(二) 在時間中掙扎的消費者
二、時間是一個情境因素 491
　(一) 時間適時性
　(二) 購物決策與時間情境性
三、心理時間 493

第三節 環境外場情境因素對購買時決策影響
一、消費者選擇商店的考量因素 494
　(一) 商店地點

　(二) 多因素考量
二、行銷者挑選店面的原則 496
三、消費者對商店類型的選擇 499
　(一) 店舖販賣
　(二) 無店舖販賣
　(三) 一次購足的消費行為

第四節 環境內場情境因素對購買時決策影響
一、非計畫性購買 504
　(一) 產生非計畫性購買的原因
　(二) 非計畫性購買的類別
二、商店氣氛 506
　(一) 商店氣氛的概念
　(二) 商店氣氛的影響
三、促銷活動 509
　(一) 銷售噱頭
　(二) 折扣降價
四、商品因素 511
　(一) 商品類目
　(二) 商品選擇的方便性

補充討論 12-3：銷售員對消費者購買時決策影響

本章摘要

建議參考資料

消費者對產品、價格、商店等所持有的初始態度，常受到購買情境脈絡的影響而改變。**購買情境** (purchase situation) 是指在購買過程暫時性存在的環境因素，如時間、地點、人潮等。

消費者購買時受暫時性購買情境的影響，與受到長期性因素（如生活型態或人格）的影響是不同的。一位性情保守女性購物時如果挑選了白色、膚色等傳統型內衣，主要是人格因素影響所致，可是在推銷員遊說或同儕慫恿下，買下了蕾絲鏤空性感內衣，則是受了購買情境的影響。這兩種因素都會衝擊消費者的決策，但研究指出消費者受購買情境影響所產生的非計畫性購買行為，遠比人格或態度的影響層面更深刻。因此為了促進銷售，行銷者應了解情境因素並掌控情境變化，才能在不同情境下實施應對的策略。

中國人常以時移俗易、情隨事遷，來形容大千世界的變化莫測。而造成事事多變的主要原因在於人、事、時、地、物的快速轉移。同理，消費者決策也常因購買情境裏的人、事、時、地、物不同而產生變動：人的因素主要指在購買過程，自我短暫情緒、逛街動機及與他人的互動（人潮）等因素所造成的影響；事的因素指因購買的事因不同（送禮或自用）而產生的決策差異；時的因素指時間的充裕或倉促對購買決策的影響；地的因素指不同的商店地點或類型對消費者決策的衝擊；物的因素指產品的陳設或銷售員服務特性對購物結果的影響。統整上面這五種原因可用三個向度來區分，即個人情境因素，包括個人心情、個人購物原因、個人與他人互動的衝擊與逛街動機等。時間情境因素指時間的從容或急迫造成的影響。環境情境因素指賣場環境變化對消費者決策的影響。在這三個向度中，環境情境因素為行銷者制定策略最能掌控的因素，為了更深入的說明，又可將其再細分為環境外場情境因素（指賣場外如商店類型與商店地點的選擇）與環境內場情境因素（指賣場內如商店氣氛、促銷活動、商品因素、銷售員態度等）。綜合上述，本章所要探討的主題包括有：

1. 個人情境因素如心情、同儕效應與購物理由對購買時的決策影響。
2. 時間情境因素對消費者購買時的決策影響。
3. 環境外場情境因素如商店位置與型態對消費者購買時的決策影響。
4. 環境內場情境因素如賣場氣氛對消費者購買時的決策影響。

第一節　個人情境因素對購買時決策影響

從前言中可知，消費者在購買的時候容易受到購買當時情境的影響，共分為四個類別，我們將其列於表 12-1。

表 12-1　四種購買時情境因素的類別與內容

情境類別	內　　容
個人情境因素	消費者個人心情、個人購物原因、個人與他人互動產生的同儕效應與人潮效應以及個人逛街動機等對購買決策所造成的影響。
時間情境因素	消費者時間的從容或緊迫對購買決策所造成的影響。
環境外場情境因素	消費者對商店類型與商店地點的選擇，對購買決策所造成的影響。
環境內場情境因素	賣場內因素如商店氣氛、促銷活動、商品因素及銷售員態度等，對消費者購買決策所造成的影響。

(採自 Belk, 1975)

本節首先談論的是個人情境因素對消費者購買時的決策影響。**個人情境因素** (individual factor) 主要是指個人心情狀態、同儕效應及人潮效應、購買原因與逛街動機等因素。底下將分別針對前三項的個人情境因素提出討論，有關逛街動機請參考補充討論 12-1。

一、心情狀態

美國一家販賣熱可可的公司曾經想要了解，在什麼情況下消費者最想喝熱可可？是天色昏暗但溫暖的時候，還是寒冷但明亮的日子。經過調查後得知，消費者最喜歡在幽暗的時候喝熱可可，因為在那種氣氛下，能夠引起溫馨的心情，也能增進情趣。於是公司就以灰暗多雲的天氣作為廣告背景，這種貼切的感覺果然快速引起消費者共鳴。

由上可知，心情狀態對購買決策有很大的影響，賣場的刺激或活動更是激發心情波動的主要原因，因此創造有利消費者心情的購買環境，對行銷者而言是重要的。由於心情是一種暫時性的情緒反應，所以底下我們將先討論情緒的概念，再說明能引起心情變化的相關因素。

(一) 情緒的概念

情緒 (emotion) 是指個體受到刺激所產生的一種身心激動狀態。例如我們因為考試準備的不充分而感到焦急，因為機車失竊而懊惱，第一次與異性朋友約會而心喜若狂。情緒幾乎左右了我們生活的各個層面，包括了日常的消費行為。有關情緒的概念分兩點來說明：

1. 情緒經驗的形成　廣義來看，情緒產生先由生理喚起，接續的是行為反應，而個體能夠同時體驗及評估這些過程。換句話說，情緒包括生理、行為與認知三個層面 (Marray, 1964)。例如，在回家的路途經過一條小巷，突然蹦出一黑影，這突如其來的刺激，讓你產生生理的變化 (心跳加速) 與行為的反應 (逃跑)，也會迅速的產生對刺激情境的認知考量 (對黑影意義的解釋)。這個突然出現的黑影是你認識的朋友，生理喚起狀況會逐漸退去並向前打招呼，情緒回復平穩，但如果評估來者可能是搶匪，則生理喚起再度升高 (氣促、臉熱、兩手發抖)，並產生拔腿就跑的應變行為，恐懼的反應因之而起。

2. 情緒的類型　在美國有學者將情緒的類型分為八種，每一個類型有深淺的變化，而類型之間也可以合併成為另一些情緒。圖 12-1 則繪出這八種情緒類型及基本八種情緒兩兩合併後，產生第二層八種的情緒類型。有關八種基本情緒類型的解釋，呈現於表 12-2。

(二) 心情變化

心情 (mood) 指暫時的情緒反應。換句話說，心情著重在消費者接觸行銷環境時，所興起的一種情感狀態，例如因賣場環境，或接觸某些產品、品牌、廣告後所產生的一種心境與看法 (Babin, Darden & Griffin, 1994)。由於目前的研究，以探討心情與訊息處理、心情與動機及心情與音樂等三個

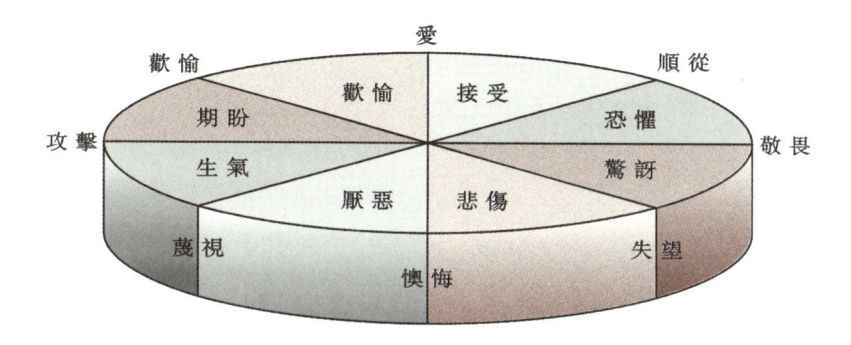

圖 12-1　八種基本情緒類型及兩兩合併後的另八種情緒類型
(採自 Weiten, 1989)

表 12-2　情緒的類型

情緒類型	程度深淺	例　子
恐懼	從膽小到恐慌	朋友半夜圍爐說鬼故事
生氣	從煩躁到憤怒	用高價購買的產品竟是瑕疵品
歡愉	從開朗到狂喜	彩券刮到第一特獎
悲傷	從難過到哀戚	摔壞了心愛的花瓶
接受	從容忍到崇拜	只向自己欣賞的銷售員購買
厭惡	從討厭到憎惡	發現果汁中跑進蟑螂
期盼	從注意到警戒	等待大學聯考放榜的心情
驚訝	從不確定到愕然	等待上菜時間過久，經理因抱歉而免費招待

(採自Sheth, Mittal, & Newman,1999)

方向為主，所以以下的說明將以此為範圍。

1. 心情與訊息處理的關係探討　　心情的狀態直接影響處理行銷訊息 (廣告) 的態度：受試者閱讀令人興奮愉悅的故事後，易產生歡愉的心情，並對隨後廣告訴求所推薦的品牌，抱持肯定正面的態度；好心情的消費者對品牌的評估較為鬆散，不容易產生反對的立場，也喜歡採用**周邊途徑處理訊息**，重視產品外在突顯的訊息 (如代言人、主題聳動性) (Batra & Stayman, 1990)。綜合上述，在消費者有著好心情的前提下，感性訴求廣告說服

效果最為明顯 (Goldberg & Gorn, 1987)。再者，心情好壞直接影響消費者對產品的評估，心情好時對產品評估趨向正面 (Gardner, 1985)；心情愉悅之際也比較傾向進行多樣的訊息收集，也願意嘗試新的事物；在好心情下，對當時事情發生的始末有較佳的記憶效果。研究也指出，好心情甚至會增加對慈善機構的捐款數目 (Moore, Underwood, & Rosenhan, 1973)。好心情除了影響訊息評估，也會由評估結果影響購買量。研究指出，在快樂的心情下，購買產品的量增多，花錢快，逗留在商店的時間也拉長 (不過這篇研究指出心情與購物兩者之間雖然有正的相關；但卻無法肯定快樂心情使購物量增多，還是因為大肆採購後使心情愉快) (Sherman & Smith, 1987)。

2. 心情與動機的關係探討 我們在第四章討論動機時曾說，人類的需求有些是生理性的，有些是心理性的。生理需求常發生人體機能匱乏必須調節補充時，如對食物、水、性的需求。心理需求指因應環境文化所習得的需求，包括了對自尊、親和、權力等需求。

一般而論，心情的高低起伏與消費者生理、心理動機是有所關聯的。從生理性動機言，肚子很餓或口很渴的消費者，對外在產品線索非常敏感，容易產生非必要的衝動性購買 (Nisbet & Kanouse, 1969)，所以如何激發消費者垂涎欲滴生理需求，成了食品與飲料業廣告製作重要方向。例如寶礦力飲料廣告常出現酷熱下汗流浹背景象，藉以引發消費者消暑解渴的欲念。

從心理性動機言，許多消費者逛街購物的理由是為了舒解壓力的情緒，或消除寂寞的感覺，這是一種親和需求 (Tauber，1972)，有些人則藉由逛街從銷售員親切服務得到尊重感，這是一種自尊需求。足見逛街的動機與心情大有關係。

3. 心情與音樂的關係探討 以背景音樂來營造商店氣氛，吸引消費者入店購買幾乎成了行銷普遍的原則。然而卻很少文獻討論什麼樣的音樂，配合什麼情境播放最為適合，底下是一些相關探討。

(1) **音樂節奏的重要性**：賣場環境中背景音樂節奏不同，間接影響消費購物的心情與決策。在一個實驗中，研究者連續九個星期在超級市場播放快節奏、慢節奏或不播音樂等三種不同音樂型態，藉以測試對消費者購買行為的影響。結果發現，人們逛街移動的速度與播放音樂的快慢有直接關聯。當播放慢節奏音樂時，平均每日替超市增加了 38% 的營業額 (快節奏或無音樂的兩組沒有這種"貢獻")。而令人感到有趣的是，事後詢問三組不同音樂狀況的受試者,在購買時是否知道音樂播放的旋律(或賣場有沒有播放音樂),三組的回答並無極大的差異,即對"聽到什麼音樂"或"有沒有聽到音樂"大多不清楚。這個結果顯示背景音樂以閾下刺激說服方式影響消費者心情(見第三章),也讓消費者不自覺發生行為改變(Milliman, 1982)。

(2) **音樂類型的重要性**:除了考量音樂快慢節奏對心情的影響外,什麼時間點放什麼音樂也是要加以注意的。研究指出音樂的類型如果得當的搭配賣場購買氣氛,將能使消費者產生愉悅心情,增進購買欲望。假設在一個空氣清新的早上,你到速食店購買早餐,你原本期待是精神抖擻、象徵亮麗的音樂,結果迎門而入卻是江蕙所唱"我沒醉、我沒醉!無醉……"的悲苦歌曲,在這種狀況你快樂的起來嗎?

類似上述情形就是忽略了賣場音樂與心情營造的關聯性。在加拿大有一家百貨公司,把音樂與時間的適切性做了完美的組合,值得作為行銷者營造商店氣氛的參考。該公司在每天早上營業前半個鐘頭,即播放蟲鳴鳥叫大自然音樂,以製造清新、愉悅的感覺,目的是要提振員工士氣,使他們在面對顧客之前已經有一個愉快的心情。公司開門之後,播送休閒的輕音樂,使早來逛街的顧客有輕鬆的心情。接近中餐時,播出促進食欲的音樂(音樂中混合著與吃飯相關的音效,如清脆油炸聲或炒菜聲等),並配合廣播請消費者到百貨公司附設餐廳用餐。下午則視湧入人潮的多寡的情形,呈現輕鬆或抖擻的音樂促進買氣。晚上則以溫馨柔美音符為主,來紓解下班或下課人潮一天辛勞。由於這家百貨公司獨樹一格的音樂管理,博得許多消費者的讚賞,也為公司贏得佳績(黃泰元,1994)。

二、同儕效應與人潮效應

購買時他人的影響可以分為兩類:第一類指與消費者熟識的親朋好友一起逛街,對購買意向產生的衝擊,這種情形稱為**同儕效應**(group effect);第二類從比較廣意的角度來看,泛指與消費者一起逛街的他人(不管認不認識),對消費者購買意願產生的影響,稱為**人潮效應**(co-consumer effect),分述如下:

(一) 同儕效應

每一個人都有這樣的經驗,跟朋友一起逛街,結果買回來的商品,有時並非自己原先計畫想買的,這就是一種購物決策受同儕效應所產生的結果。為什麼同儕團體出現會影響產品的購買決策?我們可從幾個方面來探討:

1. 從眾的影響 以從眾的角度來看,當人們加入凝聚力強的團體時,容易受到規範的約束,所購買的產品或品牌具有高度的同質性。例如我們常在街上看到一群高談闊論的青少年,以一件鬆垮垮的褲子搭配輕便運動上衣腳蹬戰鬥靴,頭髮以髮雕抓起來,溜著滑輪板一起逛街,這些趨近一致的外型與裝備,很多是因為團體規範產生的影響。

2. 獨樂樂不如眾樂樂 從分享的立場來看,有些產品的價值在與朋友互動之下才被突顯出來,換句話說,同儕效應提升了這些產品被購買的機率。例如消費者飲用啤酒時,以餐廳、家中(熟識朋友來訪)、宴會及假期旅遊等場合消耗量最大,因為這些情境大部分都與朋友共處,也最適合開懷暢飲 (Bearden & Woodside, 1978)。另外,小朋友的來訪,增加了家中糖果餅乾的購買量 (Belk, 1974)。其他如零嘴(芝多斯)、蛋糕、汽水、租 CD 片等,都是"獨享不如分享"產品,對助長熱鬧氣氛有正面影響。

3. 同儕效應影響的結果 從購買的過程來說,一起逛街購物的同儕越多,所拜訪的店數與衝動性購買的機率也明顯提升 (Granbois, 1968)。對於這種情形,行銷者當然樂見其成,但是研究也發現,團體逛街對賣場的促銷常有負面的衝擊。例如朋友之間"你一言,我一語"紛亂的談話,常干擾店員的解說,降低了消費者對產品的理解。且任何一個同儕如果對店內銷售員的觀點質疑,將直接影響全體消費者對銷售員訴求的信心。所以"成也蕭何,敗也蕭何",團體效應對商店銷售的影響是好是壞,仍須謹慎評估。

(二) 人潮效應

人潮(或人氣)(co-consumer)是逛街的一群人共同凝聚的一種氣氛。人潮的多寡對消費者購物決策有明顯影響,我們以下列幾點來討論。

1. 人潮是一種判斷線索 人潮常成為消費者決策的參考指標,人們常以店內顧客的氣質推論商店的格調，再決定要不要入店購買。許多高級餐廳，常要求顧客用餐時衣著整齊，藉以提升餐廳的素質。

2. 人潮能刺激買氣 除了一些特殊社經地位人士在消費過程不喜歡受他人干擾外 (如證券行常開闢所謂的貴賓室，讓大戶能夠享有私人空間)，人潮的出現一般都能增進購買的氣氛。試想如果進入一家空無一人的保齡球場，除了玩起來不起勁外，也會產生一些懷疑 (安全措施出了問題嗎？)。但在人多熱鬧的情境下，除了能夠帶動歡樂氣氛，也容易引起衝動性購買，所以售屋展示會場常邀請影視紅星蒞臨會場，目的在於吸引人潮帶動人氣，達到刺激買氣的目的。

3. 人潮能夠滿足親和需求 為什麼消費者喜歡熱鬧的場景？一般認為與人類基本的親和需求有關。研究指出消費者逛街的目的之一，乃希望融入人群認識朋友，製造人際互動的效果。例如在美國一項調查中，研究者記錄單獨進入賣場的 100 位消費者言行舉止。結果指出，這 100 位消費者中，51% 發生詢問產品訊息的情形 (哪裏可以找到洗髮精等)；26% 的消費者與賣場其他人聊天，交換意見 (Feinberg, Scheffler & Meoli, 1987)。另一篇研究也指出青少年常以逛街方式來認識異性朋友 (Tauber, 1972)。足見人們具有群居性，喜歡與人接觸。而逛街的熱鬧人潮，最容易產生社會互動，增加購買氣氛。

三、購買原因

購物送禮時，送給學長畢業禮物與送給女友的生日禮物，質與量之間都有很大的不同。送學長禮物的大多出於慣例或是義務，選擇一些公認的禮物 (相簿、高級名筆、勵志叢書) 即可，送異性禮物有著討好、愛戀的意思，禮物必須貴重、別出心裁。所以購物的原因或消費的理由常因情境的變化，產生截然不同的選擇標準。有關購買原因所代表的象徵意義及在行銷的策略應用，我們以下列幾點來說明：

(一) 購買原因與情境自我的關係

在學校時你扮演的是學生，放學後是家教老師；在家裏則為子女或兄姐的角色；在街上是行人；在餐廳是顧客等。一個正常人的角色扮演，會依情

補充討論 12-1

消費者逛街的動機

傳統上，大家都認為逛街的目的是為了購買所需要的東西，如果不需要買什麼就沒有必要逛街。事實上，消費者去逛街有時只是為了透透氣、逛逛櫥窗展示、感染商店氣氛而已，換句話說逛街或拜訪商家並不全然等於購物。如果消費者不單單為了獲得某種產品而逛街，他們到商店做什麼？一般可從消費者的逛街動機去了解。**逛街動機** (shopping motives) 指消費者逛街購物的理由。消費者逛街可能包含下列一種以上的理由：

1. 娛樂導向　到商店逛街可尋求一些樂趣，能夠增加感官經驗，例如五顏六色的服飾店、震耳欲聾的 CD 音響店、咖啡店四處瀰漫的濃郁咖啡香、化妝品店散發心曠神怡的香味，加上店家有趣的擺設、促銷活動或相關噱頭等刺激，足以讓一成不變的生活充滿了樂趣，所以許多消費者在家無所事事時，常轉往賣場尋求娛樂與歡愉。

2. 尋求身份感　商店銷售員對消費者非常禮貌與客氣，希望能夠結交朋友做成生意，他們尊重顧客、恭維顧客，設法了解他們的需求，及時提供商品訊息。例如當顧客要試穿衣服時，他們除了把衣服帶上試穿室恭敬的等待外，也不時提供專家意見，給予婉轉或正面的評價。這種窩心感覺除了舒緩消費者工作壓力及工作挫折外，也能提升身份地位感。

3. 增進人際互動　前文曾經提到，賣場的人潮能增進逛街的樂趣。確實，許多消費者逛街是為了感染人氣。為了提升這種效果，許多店家喜歡聘用與消費者品味相似的銷售員，讓消費者與銷售員能產生相知相惜之感，進而達到販售商品的目的。其次消費者逛街時最容易與陌生人發生交談 (如問路、詢價等時機)，來增進親和需求的滿足，也有許多單身族常藉由逛街認識品味相投的異性朋友，建立人際關係 (如一起逛書店的朋友)。

4. 提供自我滿足　有一些消費者逛街的目的是為了購買一些產品，但購買行為的理由中，酬賞自己享受花錢的樂趣、創造奇妙的感覺，獲得心理及情感上的滿足，比產品所提供的實際功能要重要得多。換句話說，當消費者感覺到自己值得嘉勉時或者是感覺沮喪時，逛街花錢購物就成了自我滿足最直接的方法。

5. 尋求產品訊息　逛街購物是收集產品訊息最直接的方法。尤其賣場陳列的產品通常是最新的型號或是最流行的款式，對"新"產品抱持強烈興趣消費者常藉著這種方式來獲取新知，例如電腦先驅常由銷售員處得到最新軟體訊息，追求流行的人常由櫥窗一窺當季流行的衣款。

境需要酌情演出,因而有時候扮主角,有時候是配角,有時候跑龍套,我們稱這個現象為**情境自我** (situational self)。為了傳遞情境自我的角色內容,消費者使用符合情境所需的產品來表達自己,做為他人評估自己的線索,因而形成許多不同的購物理由。行銷者必須要找出消費者購買某產品的原因,提供值得購買的因素,例如精品店的目標市場是具有高度成就者,行銷者就應提供專為傑出人士所備的精緻極品,以配合消費者的情境自我。

(二) 使用情境與市場區隔

消費者購買產品的原因是為了使用產品,因此消費者在特定的情境下使用特定產品的情形稱為**使用情境** (usage situation)。例如早餐喝豆漿配燒餅油條是司空見慣的事,但鮮少有人把豆漿當成婚宴飲料。晚餐淺酌一杯健脾開胃,但在早餐藉酒提神卻不適宜。使用情境常被應用在市場區隔上,底下我們將先探討使用情境的概念,再說明情境固著法的應用。

1. 使用情境的概念 從行銷者的立場來說,為了解決消費者的問題需求,產品設計需能符合消費者的使用情境。消費市場分眾性越來越明顯,為了符合消費者多元的需求,廠商除了需要發展更細膩的產品屬性外,也必須思考如何把特定的產品屬性,定位在適宜的使用情境。例如每一個人對洗衣粉的需求不同,洗衣粉的發展也就日新月異,包括了護色洗衣粉、無磷洗衣粉、洗衣精、冷洗精、柔軟精及衣領精等,每種有其特定的使用情境。相似的,目前受歡迎的衛生棉也各有其特別的使用情境,如夜用型、一般型、量多型、加長型等。

2. 情境固著法 為了要增加產品的使用機率,用廣告促銷的方式來告訴消費者,產品在什麼情境下使用是最適合的訴求方式叫做**情境固著法** (situational framing)。例如歡樂的時候要喝可口可樂,挫折的時候來一片青箭口香糖 (或曼陀珠),提神醒腦時擦綠油精,想吃香醇、時髦又好吃的冰淇淋,買喜見達 (Häagen Dazs)。大部分消費者對這些產品使用情境有清晰的印象,應歸功於廠商致力於情境固著法的努力。研究者也指出情境固著法對提升產品忠誠度,確實能產生實質的助益 (Deighton, Henderson, & Neslin, 1994)。值得一提的,雖然情境固著法能夠讓消費者知道什麼狀況買什麼產品,但是卻有學者認為把產品固定在一個使用情境,容易壓縮產

補充討論 12-2
開發新的使用情境與使用單位

情境固著法讓消費者知道什麼時候使用什麼產品，但有些產品的用途並非僅限於一種，所以若能透過宣導的方式，告訴消費者產品多種的用途，對增加產品銷售量有直接助益。例如美國的火雞肉，在感恩節最暢銷，其餘時機乏人問津，如何開拓新的使用情境或刺激使用單位，成為火雞飼養商的新挑戰。

1. 開發新的使用情境 開發新的使用情境除了增加銷售外，也能夠常保產品的優勢地位。保力達B推出之中，以強身保健的補品為訴求，在站穩腳步後，又開發新通路，跨足到保健飲料市場，而"補品兼飲料"的賣點，使保力達B在市面眾多競爭品牌之中，始終一枝獨秀保持領先地位。穩潔清潔劑推出之際，大家認為只適合擦玻璃，沒想到還能夠擦汽車玻璃。穩潔公司拓展新局，透過廣告的宣導告訴消費者，只要一瓶蓋穩潔倒入水箱，再由水箱噴出來，雨刷刷一刷，即可常保擋風玻璃光亮如新，此舉也增加了穩潔的銷售市場。可口可樂公司推出"任何食物的好搭檔"廣告，除了希望消費者在歡樂的情境暢飲可口可樂外，也希望消費者無論何時何地，都可來上一罐可口可樂。

2. 刺激更多使用單位 當產品使用情境已經確定，行銷者可發揮創意，鼓勵消費者多使用產品增加產品消耗量。舉例來說，為了使銷售量不受氣候影響，保力達B飲料創造了許多新的飲用方法，如夏天飲用"保力達B加冰塊"，冬天飲用"保力達B加米酒"，或"保力達B加米酒強身又強肝"。而麥斯威爾咖啡"好東西要和好朋友分享"的廣告詞即是鼓勵消費者以咖啡來款待朋友，以擴大咖啡消耗量。而為了增加牛奶的沖泡率，"早晚各喝一杯安怡牛奶"的廣告詞也是一例。一般人認為洗髮精泡沫越多，頭髮將會洗的越乾淨，然而嬌生嬰兒洗髮精強調洗髮精不刺激眼睛，因此洗髮精的發泡劑比一般洗髮精稍少。而泡沫少的訴求讓消費者在使用時，常常很自然且安心的"再"多倒一些，以增加泡沫量。而美國高露潔牙膏加大了牙膏管的口徑作法也非常具有創意。他們認為消費者在擠牙膏時，不會注意到牙膏管徑與其他品牌牙膏管徑的差異，因此擠高露潔牙膏就和擠一般小管徑牙膏尺度一樣，造成份量已經多擠了也全然不知，這樣的作法更直接達到增加消耗量的目的。有關刺激使用量的作法有下列三種：

　　(1) **套裝法**：以套裝方式，透過人員銷售技巧，增加每次的銷售金額，如餐廳客人點菜時，多推薦一個或較貴的菜；賣花時順便賣籃子、肥料及園藝用品等。其他還有錶帶配顏色，心情多亮麗；洗髮加潤絲，擁抱陽光與歡笑等。

　　(2) **累積折扣法**：即鼓勵多人消費以得到更好的折扣或獲得贈品等，如兩人結伴 (或三人同行) 另有贈品，即歡迎攜伴參加以增加消費。而消費完畢發出下次使用的招待券 (集點券)，也是用來維繫顧客再次光臨的方法。

　　(3) **教育法**：以增加健康或知識的說詞來提升使用量。例如年過三十，改喝低脂牛奶即在增加低脂鮮奶的消耗量；圖書禮券送人知識，即在增加圖書的銷售。

品發展的空間，必須要能拓展產品使用情境或刺激產品使用單位，才能提升市場佔有率，相關的作法請參考補充討論 12-2。

第二節　時間情境因素對購買時決策影響

　　產品忠誠度需要時間的累積才能產生。經典條件作用是否成功端視於無條件刺激與條件刺激兩者搭配的時間點。而流行週期持續時間的長短決定了不同的行銷策略。可見時間因素對消費者心理學研究佔有重要地位。

　　消費者對時間的知覺、使用時間的方式以及決策時間的充裕或貧瘠，直接衝擊廠商產品設計與行銷策略的方向，有鑑於此，本節將以三個部分來探討時間對消費行為的衝擊。首先是探討消費者時間不夠用的相關問題，第二部分是時間情境對消費行為的影響，最後則說明心理時間的意義。

一、時間壓力

　　在工商繁忙的社會裏，時間不夠用是普遍的話題，也常造成現代人無形的壓力。在一份對於時間需求的調查指出，35 歲到 49 歲的美國民眾中，有 33% 感覺時間不夠用，並希望時間多一點。這個結果充分顯示出"時間就是金錢"的社會現象 (洪良浩，1996)。一份針對 12 個國家男女上班族，在生活價值及工作態度的調查中指出，全球約有 2% 的人說他們一點時間都沒有，其中又以台灣及韓國 (約為 5%) 最嚴重。

　　有關時間不夠用的問題，我們將以下列兩點來說明，第一是消費者分配時間方式；第二是消費者在日常生活中最浪費時間的活動，與目前行銷者提供的解決方式。

（一）　消費者時間分配

　　每個人每天能應用的時間就只有 24 小時，而在珍貴的資源下，如何善用時間，產生最大的工作效率就變得非常重要。那麼一般人如何分配時間的呢？說明如下：

1. 時間的分配問題 如果以作息的原則來說，消費者一天的時間分配大抵分為四個方向：工作、睡眠、家事與休閒。工作時間是最沒有彈性的時段，一般人工作大約 8 小時，但創業者則花費更長的時間在工作上。睡眠時間是每一個人必須的，人類每天睡眠時間隨年齡增加而逐漸減少，例如一般成年人睡眠平均為 7.5 小時，2 到 12 歲兒童則為 11 小時。處理家務事是指維持家居乾淨整潔所需花費的時間，這個部分所佔用的時間比工作或睡眠更具彈性；在一個家庭中，夫妻都在工作者，花費在家務時間最少。休閒時間則是個人最能掌控的時段，每一個人有不同的休閒方式因而形成不同的生活型態。例如有些人把時間分配在登山健行以舒解工作壓力，有些人則分配在藝文活動來化解心靈空虛，或有一些人把時間全數貢獻在工作上成為工作狂。生活型態的不同，在行銷區隔具有重要的意義。

2. 非互補性與互補性活動 時間是一項資源，消費者如何利用時間產生最大效率也是重要的。一般來說，消費者的活動內容可以依時間的排他或互容性而概分為非互補性活動與互補性活動。**非互補性活動** (non-complementary activities) 指在同一時間內，只能在若干滿足消費者需求的活動中選擇一項。例如有限時間下，消費者必須在登山踏青或拜訪親友中選擇一項，打籃球或打排球只能擇一而就。**互補性活動** (complementary activities) 則是指同一段時間可進行兩個以上的活動。例如吃飯時可以欣賞音樂，也可以與朋友聊天。

有些活動與另一些活動之間，並不一定可以完全劃歸於非互補性或互補性。例如上述登山踏青與拜訪親友應該屬於非互補性的活動，但邀請親友一起登山踏青，則成為同一時間完成兩項活動的互補性 (互容) 活動。研究指出，夫妻之間對非互補性或互補性活動歸類的看法越趨於一致，且夫妻願意一起參與活動，則家庭的衝突將行降低，婚姻滿意程度也越高 (Umesh, Weeks & Golden, 1987)。

(二) 在時間中掙扎的消費者

在工業社會裏，避免浪費時間成為消費者行事重要的考量。然而什麼活動最浪費消費者的時間？下文將對這些活動加以探討，並說明行銷者在產品與服務的供應上，如何消除顧客對時間不足的抱怨，提升滿意程度。

1. 排隊等待的苦惱 慢工出細活是一般人常有的信念，因為好的產品值得耐心等待、細細品嚐。但在"一寸光陰一寸金"的哲理中，等待卻是浪費資源。因此，在趨避衝突中，好品質兼具省時特性者，最能滿足消費者需求。例如消費者喜歡光臨麥當勞速食店，主要的是它提供了快速與溫馨的服務（如得來速服務）。自動櫃員機因同時兼具隨時領款與免除排隊的優點而大受歡迎。30 分鐘遞送到府的義大利披薩，除了省卻排隊等候的麻煩外，還能享受熱氣騰騰的餐點，真可謂方便省時。

購物後必須在收銀台前大排長龍等待結帳，是一種不愉快的經驗，為了減少顧客的不滿，目前許多超市、量販店都開闢了數量 10 件以內快速收銀台。台灣海關一分鐘快速通關的作法，消除行李檢查比肩繼踵的情景，也有異曲同工之妙。台北信義計畫區華納威秀影城一次提供十部電影，但透過電腦化售票系統，觀賞者能在任何一部的電影院窗口，購買自己想看的電影票，避免大家同擠在一部熱門電影售票亭前等候購票的情形。在美國更有一些超市實施自助刷卡結帳，省下等人服務的時間。

2. 閱讀不相干書籍及聽人嘮叨 在工業社會裏，時間應用是分秒必爭，但是當消費者花錢，買了一堆資料閱讀，卻發現徒然無用時，常有浪費時間與金錢的遺憾。行銷者以精要版方式處理資料，是避免消費者"亂看"的好方法。例如大成報灌輸消費者"不想看可以不要看"的觀念，將原有的報紙分成為大成體育報與大成影劇版分別出售，除了能夠讓消費者以比較便宜的代價，閱讀自己喜歡的報導內容外，行銷者也可以清楚的區隔市場。在網際網路中，搜索引擎的出現（如奇摩站、新浪網、Google），除了節省用戶在查閱目標網站所需耗費的時間，也提升自身網站被瀏覽的機會。

此外，避免聽人嘮叨的作法上，電話留言已成為解決問題的方法之一。例如目前行動電話都含答錄、顯示簡訊與顯示來電的功能，防止使用者行踪被掌握或遭人嘮叨的情形。

3. 家務整理的時間浪費 消費者 24 小時時間分配中，家務整理佔有重要的比例。家務整理的內容包羅萬象，從洗衣、三餐料理、照顧兒童到汽車維修、購買日常用品等都算。在工業社會下雙薪家庭普遍，夫妻分配在家務整理的時間可謂捉襟見肘,所以能夠幫消費者與時間競賽的產品最具吸引力。例如即溶咖啡、泡麵等即沖即食的產品,幫消費者節省了許多時間。冷凍食品、微波爐食品、三合一沖泡飲料、商店的簡速食品(如大燒包、御飯糰等)都是商家的熱門商品。在美國,立頓紅茶推出冷水沖泡的紅茶包,省去煮開水的時間;高露潔牙膏推出刷牙與漱口"二合一"的產品;奇異電器則推出洗衣加烘衣 30 分鐘完成的洗衣機,這些省時省事的產品(服務)開發,也為碰到瓶頸的傳統產業再創事業高峰。而新穎的速食產品更令人目不暇給,例如美國早餐常吃牛奶加麥片,就有一家公司推出牛奶麥片棒,一口吃下去,外面是香脆可口的麥片,裏面則是香純的牛奶,連碗跟湯匙都省了。(鍾玉玨,2001)。

4. 消費者塞車之苦 塞車已經成為全球性普遍的困擾。塞車除了浪費個人時間外,還產生二項負面的衝擊:其一,塞車時產生的噪音常常成為生活上精神的壓力,而塞車時所排出的廢氣,對環境造成極大的污染情形。例如在歐洲三分之一的城市尖峰時間時速不到 15 公里,有六千萬居民生活在"噪音淹沒談話聲音"的環境中。大多數歐洲國家都市,一年中至少有 20 天空氣品質是屬於"極差"的程度。其二,塞車對生產成本常造成額外的負擔。例如根據歐洲國家所做的調查,意外、基本設施、環境污染及塞車等項目,每年約造成歐洲區域 3080 億美元的損失,而道路壅塞約佔上述損失的一半以上。這些因塞車所造成的金錢浪費,已到了令人觸目驚心的地步。因此解決駕車者塞車之苦,成了世界各國首要面臨的問題。一些被提出的解決方法包括:

(1) **興建道路**:即預估交通流量的成長趨勢,然後據此興建新的道路以解決需求。這種做法在 90 年初期深受各國政府喜歡,但目前此法遭遇到許多的困難,第一,興建道路越來越不受到民眾的歡迎,尤其是道路預定地的居民反對最力,因為噪音與污染情形往往無法有效解決。第二,興建道路只能暫時解決塞車問題(治標不治本),因為道路不足時,大家可能壓抑需求,新道路建設與啟用,反而成為消費者購買汽車的誘因。

(2) **公路分時段收費**:為了解決塞車之苦,許多國家實施分時段計費方式。例如法國將週日下午通行費提高 25%,以減少週末返回巴黎的車流。結果使許多駕駛人改變上路時間或轉用其他替代道路,交通流量因而減少 15%。挪威成功的實施分時段計費方式(上午 6 點到 10 點費用最高,10

點到下午 5 點費用較低，下午 5 點到隔天清晨則免費），讓駕駛人可針對時段酌情上路。其次，為了疏解排隊繳費的壅塞，許多國家都設有電子收費車道，駕駛人於擋風玻璃前貼上電子晶片，通過收費站時不用停下來繳費，儀器即可偵測出晶片裝置（時速 100 公哩之下都可測出），並自動扣繳通行費，對增快車流速度有顯著的助益。

(3) **汽車共乘專用道**：為了避免塞車及節約能源，美國若干州設置了汽車共乘專用道，該道路只容許三人以上共乘的汽車使用，違者罰款。另一種方式是擁有高乘載的車輛，在高速公路上行駛不必付任何費用，以鼓勵旅客共乘現象。台灣常在春節期間，實施高乘載汽車上高速公路的管制措施，來確保道路暢通，亦獲佳評。

(4) **公車專用道設置**：為鼓勵消費者少開私人用車，台北市一些主要幹道上設置了公車專用道，鼓勵民眾多使用大眾運輸工具。由於公車專用道，不准其他車輛駛入，不會形成塞車現象，深受民眾肯定。

綜合上述的討論，消費者在時間慌中掙扎，必須分秒必爭，然而這種情形卻是弔詭的，因為分秒必爭不見得是沒時間，也可能是被產品調教出來的結果。再者，有了這些省時產品能夠替人類追求速度，但速度越來越快，人們卻越來越沒有耐性，例如網路下載時間超過 10 秒鐘立刻被網友唾棄。而且不僅沒耐性，消費者也越來越懶惰，如現代小孩連剝個橘子或削個蘋果都嫌麻煩，這些問題都是值得大家深思的（鍾玉玨，2001）。

二、時間是一個情境因素

由上文中可知，省時已成為重要的產品屬性之一，消費者講求分秒必爭使得快速服務的趨勢遍及了世界各地。從另一個角度來說，時間是一個重要的情境因素，在不同的時間或人們所擁有的時間多寡，都會直接影響到消費者的行為與活動。底下我們將分兩個部分來說明時間如何影響消費者行為。

（一）時間適時性

在某個時段消費者處理訊息或購買產品，將比另一個時段更為恰當的情形稱為**時間適時性** (time appropriation)。例如清晨時間，人體神經系統的喚起程度較低，對外界刺激性的訊息接收性也較低。這種情形與下午或晚間喚醒程度高的狀況是不同的。所以清晨時段,行銷者促銷牛奶、咖啡、果汁等柔性飲料,比較能得到消費者認同,但促銷刺激性的飲料 (如啤酒) 卻不適當。其次,星期一是一個禮拜上班的第一天,心情較為沈重,所以餐飲店的生意最清淡,但星期五晚上適逢休假前夕,許多人以酬賞的心態上館子打牙祭,以舒緩一週的辛勞,餐廳的生意也特別興隆。

人們心智處理也同樣有時間適時性的情形。在一則研究中,研究者首先將受試分成兩組,要求他們於清晨、下午及傍晚的時段中,收看研究者事先安排好的廣告與節目 (廣告約 30 秒)。其中一組在看完節目及廣告後,必須馬上回憶廣告的內容,另一組則延後 2 小時後才回憶,兩組回憶的正確性也被測量。結果顯示立即回憶組在清晨時刻的回憶效果最佳,但在傍晚時效果最差。延後 2 小時再回憶的這一組,回憶效果以傍晚組最佳,清晨組最差。研究者指出在清晨立即回憶效果好,是因為先前的刺激干擾少。相反的,在傍晚時消費者已接受了許多環境刺激,因此看完廣告要請他們立即回憶,容易受先前所接收的刺激的干擾。但是如果延後 2 小時再回憶,則有助於訊息處理與凝結,效果反而比較好 (Hornik,1988)。

(二) 購物決策與時間情境性

研究指出,消費者擁有時間的多寡,直接影響到購物決策。研究者以實際逛街者為受試並分成兩組,託付他們購買相同的產品。其中,實驗組必須在很短的時間內完成研究者所要求的物品,控制組則無時間限制的壓力。結果指出,面臨時間壓力的實驗組,因為無法收集較多的產品訊息,常常找不到需要的牌子,也買不到物超所值的產品,決策品質粗糙。另外,在無法收集足夠產品訊息的情形下,他們很少發生衝動性購買,而購買的數量也少於預期。再者,實驗組容易對產品有負面評估,在不熟悉的商店裏這種情形更為明顯 (Park, Iyer, & Smith, 1989)。因此對於充滿時間壓力的消費者,行銷者如何提供有利的採購環境,是重要的策略考量。

消費者在時間不足下購物,又想要兼顧產品品質時,聲望好或全國知名的品牌往往成為最好的選擇。因為知名品牌讓消費者感到安心、有保障。再者,在時間不足的壓力下,消費者沒有辦法到離家較遠的量販店或百貨公司購物,使得便利商店也越來越受到歡迎。

為了節約能源,美國的夏季實施日光節約時間,即把時間較其他季節調快一小時。大家的作息必須比非日光節約時間提早一小時上班 (學)，但也提早一小時下班 (學)。從客觀角度來說，上下班時間並沒有增減，但是日光節約的下班時間，天色比平常更為晴朗 (例如日光節約時間在下午 5 點下班，等於非日光節約時間的 4 點)，使消費者容易產生時間錯覺與推論，認為天色未暗可以到處閒逛，造成超級市場和一些零售店的夏日業績比其他季節好。相同的，在天氣昏暗或雨天時，大都會地區交通的擁擠程度要比平常提早到臨，這也是因為天氣變化產生的昏暗程度，引起人們對時間線索的錯誤判斷，而提早上路回家。

三、心理時間

一般來說，時間的長短可以利用鐘錶或其他計時工具來加以測定，時間的單位 (秒、分、時)，這種時間是固定的概念我們稱為**客觀時間** (objective time)。相對的，如果不使用任何計時工具，也不憑外界刺激作依據時，不同的人對同一段時間的判斷必然有所差異，這種因人、事、地、物不同，對時間長短判斷產生主觀認知的情形稱為**心理時間** (psychological time) 或**主觀時間** (subjective time)。心理時間是個人對時間長短的主觀感知，這種感知可能與真正的時間相同，但也可能有很大的差距，端視當時的心情狀況而定。例如同樣的一段時間，談情說愛的情侶，常驚嘆"時間飛逝"、"日月如梭"；因案服刑的囚犯，卻覺得"度日如年"、"長夜漫漫"，所以心理時間有著很大的個別差異。

在一些尖峰時期，排隊等候已成為無法改變的事實，消費者又不耐煩於等候時，如何改變消費者對時間知覺，使他們產生"時光飛逝"的錯覺，忘卻時間存在，在在都考驗著行銷者的創意與巧思。底下為一些案例：

其一，麥當勞速食店一旦發現尖峰時間消費者大排長龍之際，馬上會派出點膳員在排列行列中為等候的顧客預點所需的餐點，這個舉動能夠降低顧客排隊的抱怨，感覺到排隊時間的縮短。如果顧客真的等候過久，麥當勞店員還會主動奉上小杯的免費可樂，藉以消除顧客無奈又無助的感覺。

其二，美國迪士尼樂園人潮擁擠，往往需長時間等候，才能如願以償享受感官刺激。為了降低等候時不愉快的心理感覺，公司在排列隊伍中設立告示牌，告訴消費者約需等候的時間，使消費者心生期待。而排隊路線的安排迂迴繞行在可以聽到遊客歡愉笑聲，或目睹玩樂驚險過程的路徑，使顧客把等待當成追求刺激的前奏曲，也越等越興奮。

其三，有一家銀行，為了避免顧客因等候過久產生不滿，承諾在等候時間內，如果超過五分鐘，尚未獲得櫃臺人員服務，銀行會自動在客戶的帳號裡，撥入 5 元彌補等候損失。雖然 5 元只是小錢，但確實有強烈的撫慰效果，因此施行之後，顧客對大排長龍的抱怨驟減。

第三節　環境外場情境因素對購買時決策影響

環境外場情境因素 (external surroundings factors) 主要是討論消費者選擇商店的原則，消費者所重視的商店屬性與類型，對消費者決策的結果都會產生衝擊。商店屬性中，地點便利性一直被零售業認為是開店最重要因素。事實上，商店其他因素（如價錢、停車位）也會交互影響消費者對商店的選擇，我們將在第一部分說明。再者，不同商店型態導致不同消費結果，傳統上商店的意義是指具有零售據點的場所，但越來越多消費者透過郵購、電視購物頻道及電子商務方式訂貨。消費者在這些有據點或無據點的商店購物的優缺點，及消費者在商店一次購足的消費趨勢，將於第二部分說明。

一、消費者選擇商店的考量因素

你在選擇商店時考慮哪些因素？只要想一下，你常在那一家商店購買牛奶或水果，及為什麼只去這一家而不去另外一家買即可得知。其次，你也可以自忖只去某家商店買東西是不是因為比較方便？還是有其他的因素？當你回答這些問題後，將會逐步了解選擇商店的一些標準是如何形成。對行銷者而言，了解消費者商店選擇是重要的，因為唯有知道消費者選擇商店相關因素，才能發展吸引入店的策略，培養消費者商店忠誠度。底下將就消費者選擇商店所選用的評估標準及行銷者在商店設點應注意的要項提出討論。

（一）商店地點

早期一份調查指出，消費者認為在諸多的商店屬性中（包括產品價格、促銷廣告、形象、便利性、實體裝潢、服務等），以商店的便利性（包括商店的位置、地點與距離）為最重要的商店屬性，因為消費者惠顧商店的首要門檻，就是有機會光臨商店，也唯有入店後，商店的其他屬性，如產品的價格、服務態度、品質等，才有機會被進一步評估 (Craig, Ghosh & McLafferty, 1984)。

早期研究者萊立 (Reilly, 1929) 曾創立萊立定律，來說明商店選擇與距離的關係。**萊立定律** (Reilly's Law) 也稱**零售吸力定律** (law of retail gravitation) 指出，設立在兩個大城市的商店甲與乙，何者能夠吸引兩個地區以外的消費者到店內光臨，與兩個城市的人口稠密程度成正比，與消費者到商店距離的平方成反比。換言之，商店地點如果距離消費者住處越近，消費者到店購物的意願越高。萊立定律的應用上有其限制，例如消費者願意到大城市購物的項品，僅限於高涉入或流行性產品，對於到遠處購買便利品的意願興趣缺缺。其次，萊立定律未探討消費者的收入，兩大城市商店的特性及消費者的喜好等影響因素 (Craig, Ghosh & McLafferty, 1984)。在這種情形下，目前探討商店地點的議題時，鮮少單獨討論商店客觀屬性（如距離遠近、人口密度等）所產生的影響，而是從商店客觀屬性與消費者對這些屬性認知所產生的交互觀點進行研究，詳見下文。

（二）多因素考量

假設王家住在台北市中心，住家往東走十分鐘到頂好超市，往西的方向十分鐘路程可到崇光百貨超市，而北邊的松青超市大約走十分鐘可到達（三家超市離王家的距離差不多，但方位不同)。離家最近的商店是過街的一家7-ELEVEN 便利超商，另外，走五分鐘經過公園附近則有傳統市場。

在上述的動線中，王家最常到頂好超市買食品，主要原因在於下班後可"順路"買家中所需物品，但他們很少到與頂好超市實際距離差不多的松青超市購買，因為離下班的路不順。另外如果西邊的崇光百貨超市提供折價券時，他們也會光臨該處。在假日時王太太喜歡到傳統市場購買食品，因為比較有人情味。而除非必要的牛奶或冰品，他們鮮少到便利商店購物，因為價格比一般商店貴。另外，大約間隔兩個禮拜他們會開車到離家較遠的家樂福或萬客隆量販店，採購日常用品或食物，除了停車方便外，一應俱全的產品也是吸引他們驅車前往的主因。

雖然上述的故事並不一定符合每一個家庭，但是選擇商店時，許多因素共同影響著最後的購買決策卻是顯而易見的 (Kahn & McAlister, 1996)。相關因素可歸納為下列幾點：

1. **商店的距離 (地點)** 雖然是一個重要的考量，但並非絕對的。有時距離的遠近並不一定由家裏開始計算，或是以公里數來呈現。商店的便利性有時是指與生活型態的搭配性。例如回家途中經過超市"順便"買菜就是最便利的距離。換句話說，商店選擇除了實際距離外，尚需考量心理距離。**心理距離** (psychological distance) 指心理上感覺購物地點距離的遠近。這種知覺是主觀的、不是看道路的里程數，而是看行事的便捷。所以諸如停車問題、到商店路途車況、順不順路、商品的品質或選擇項目的多寡等，都會使消費者產生比商店的實際距離更長或更短的知覺 (Mittelstaedt, 1971)。

2. 當兩個以上的商店在便利性上 (距離) 差距並不大時，那麼其他因素 (如品質、價錢、樣式齊全性等) 將被列入考慮，並產生優劣，例如本例中松青超市與崇光百貨超市距離相彷，王家捨前者就後者主要是崇光百貨常提供折價券。

3. 基於好奇的本質，一般消費者不會只侷限在一家商店購物，在消費者心中，常有一串合格的商店名單存在於腦海的考慮區，依情境彈性的選擇適當的商品，例如上例中，王家到不同的超市、到量販店、到便利商店購物完全視情況而定。

4. 如果商店的經營頗具特色 (如價格低廉或獨特裝潢)，則距離因素並不會阻礙消費者的前往，但拜訪這些具有特色商家的頻率一般並不高，常常是心血來潮偶一為之而已。

二、行銷者挑選店面的原則

中國人開店選擇地點特別重視風水或配合陰陽五行，即在說明商店位置對生意興隆的重要性。事實上，如果不從風水的觀點出發，在經營管理層面

表 12-3　行銷者挑選店面的原則

優勢地點的選擇	理　由
車流速度徐緩的要道	行車緩慢的街道，行人多，散客也多
下班路線經過處	能吸引下班人潮駐足觀賞，引發衝動性購買
緊臨公車站牌之處	利用別緻的櫥窗設計及商品陳列，來吸引等候公車的人潮
消費者出入動線密集處	消費者反覆的來往於動線之間，和商品相關的訊息自然深印於腦中，提高購買的動機
競爭對手少的地點	選擇同質性商店越少的地點，越能保持其獨佔的優勢
動線交集處	選擇位在消費者視線及行走路線處，能加深消費者印象，爭取購買行為
光線明亮的地點	光線明亮、附近商家多的地點，較能讓消費者產生安全感，進而入內參觀購買
互補性產業聚集處	利用互補性產品的購買，來提升相關產品的銷售，進而帶動商圈的興起
人潮擁擠處	人潮越多，消費者會產生認同的心裏，進而選擇同一家商店消費

(採自 曹天民，1977)

上，商店的選擇是有跡可尋的。表 12-3 整理出優勢地點的選擇原則 (曹天民，1997)，從表中並可歸納為下列幾點的說明：

1. 行人出入動線的考量　消費者日常生活中，常在某些聯絡兩個點的動線上 (上、下班、送小孩、上市場、公園散步等) 走來走去。店面坐落在這些動線上，自然有川流不息的潛在客戶穿梭於店舖之前。從住宅區的角度來看，這些動線點可能是超商、市場、公園、學校、公車站。從辦公大樓的角度來看，這些動線點包括人行道、地下道、天橋、十字路口、車站、捷運車站、餐廳等來回路徑上。其次，在動線點選擇上，要選擇人們下班的方向不要上班的方向 (註 12-1)，清晨上班有時間壓力，消費者擔心遲到下不會有閒情逸致閒逛，下班後由辦公區返往住宅區時，除非特殊情形 (接送孩

註 12-1：此處所提的下班方向主要是指由都會區到郊區，這個方向的人潮比郊區下班回都會區的人潮要多。

子、燒菜煮飯)，所有時間壓力解除，逛街購物的欲念蠢蠢欲動。再者，在出入動線上，位於街角三角窗的店面，比位於馬路中段或巷內店面要好，主要是因為三角窗店面涵蓋面廣，能夠接觸到不同面向行走的消費者，因而增加了入店購買的機率。

2. 車輛出入動線的考量 依車輛出入的動線來考量零售地點的選擇上，有下列幾點原則。其一，商店地點選擇在車行速度徐緩的街道，比在車行速度快的街道要好，因為車行緩慢之處行人比較多，接踵的人潮帶來旺盛人氣，聚氣則財進。其二，在十字路口上，過紅綠燈之後的商店，比過十字路口前的商店更具優勢，因為在等候紅綠燈的時間容易看到過街的商店，提醒了需要購買產品的欲念，而駛過了紅綠燈再入店購買，對駕車者的方便性最高 (如果要駕駛人迴轉進入紅綠燈前的商店非常麻煩)。其三，接近公車站牌的商店，比店前沒有公車站牌要好，因為人們等車無聊時，喜歡四處瀏覽，坐落該處的商店櫥窗具有提醒的效果。

3. 競爭與互補商圈的考量 一般而言，同性質的商店開在一起，容易引起競價而使得商品利潤下跌，所以開店位置選擇，應與互補性產業結合在一起，才能共同建立一特殊的商圈。例如販賣高級女鞋精品店的店址，應與高級服飾店、舶來食品店、高級燈飾店、高級家具店為鄰，以突顯自己與上述商店的互補性，但應避開同是販賣女鞋的地區，或與女鞋有替代性的商店，如高級女球鞋店、休閒鞋店等。

4. 安全性的考量 怕黑是人類一種本性。一般辦公大樓、銀行、公家單位，在職員下班後就顯得冷清，而漆黑的景象容易使人望之生畏，所以店面選擇宜安排在夜間燈火通明之處，如在便利商店、餐廳、旅館、遊樂場的隔壁，不但可以避免安全上的死角，也可吸引夜間工作者的惠顧。

值得一提的是，上述店面的選擇只是一般的通則，有時仍需考量當時的情境與狀況才能做定奪。舉例來說，接近公車站牌的位置較好，但如果公車站牌設置在安全島上則不適用此原則。店面宜在夜間明亮之處較佳，但如果安排在電動玩具店或是一些酒廊之旁，反而可能對店面造成負面影響。

三、消費者對商店類型的選擇

商店類型包含有據點的店舖販賣商店及在家購物的無店舖販賣商店。在店舖販賣商店方面，連鎖商店已造成世界各地風起雲湧的革命性浪潮，目前雖然有便利商店、個人商店、超級市場、量販店等不同的"店"貌，但連鎖的本質卻不會改變。再者，隨著工商社會忙碌，許多人無暇上街購物進而透過郵購、電視購物、電子商務等無店舖販賣商店來訂貨，這些方式稱為**在家購物** (in-home shopping)，它在目前的零售業所佔比率不高，卻呈現快速成長趨勢。而無論在實體或虛擬商店購買，一次購足的概念已經成為一股消費趨勢，行銷者如何應對，也是一個有趣的探討點。底下將針對店舖販賣和無店舖販賣兩種商店類型，與一次購足的消費行為進行討論。

（一） 店舖販賣

店舖販賣 (store shopping) 指促成交易行為的通路是在有據點的場所完成。隨著台灣市場結構的改變，目前的零售通路已由單打獨鬥的傳統商店走上專業化、現代化與多樣化的連鎖體系。

連鎖體系的浪潮目前已掀起世界性通路革命。例如美國 150 萬家零售店中，連鎖加盟約佔了 40%，營業額高居美國零售營業總額 1/3 以上。日本加盟連鎖店也創造出 12 兆 6 仟億日圓的佳績。與 1980 年初期比較，台灣在 90 年代中期的連鎖店舖數增加兩萬家，成長約 22.3%。從事加盟店人員約7萬人 (占服務業就業人口 1.5%)，且從 1985 至 1994 年連鎖體系持續呈現兩位數成長。而中國、東歐、印度等國也都有各式連鎖企業進駐，所以連鎖體系已成為一股擋不住的世界風潮 (邱義城，1998)。連鎖店所以蔚為世界風潮主要具備下列幾個優點 (蕭富峰，1990)：

1. 規模的擴展 連鎖店如果一家一家的開張，將形成二點好處：(1) 採購量增大，可使連鎖店議價能力提升，且藉由以量制價，更可降低進貨成本；(2) 由於連鎖營運規模加大，企業可透過標準化過程降低營運成本。例如各店的招牌、標準顏色、員工制服、宣傳的廣告、促銷活動都可由總部統一規劃，並使企業產生一致化整體效果。而多家連鎖店點線面串聯結果，增加消費者對企業鮮明形象。

2. 經驗的累積 連鎖店的擴展會遇到許多問題，經過解決將累積成豐富的經驗及祕訣。把相關的經驗編輯成冊，就變成標準化的制度。在經驗及經濟效益優勢下，新加入的店家遇見相似困難，將可順利解決，也能有效的對抗外在的挑戰與時代洪流的衝擊。

3. 創業的捷徑 過去創業模式都是靠著摸索與失敗來累積成功。目前連鎖店創業模式，只要擁有資金、人力、強烈的創業動機，就能經由加盟，迅速取得經營的經驗與技巧，一圓當老闆的美夢。另一方面，單家店面經營必須面對百分之百的風險，但連鎖店就可分散經營的風險，績效也由大家來分擔，所以不易受到單家經營成敗的嚴重影響。經營的穩定性與成功的可能性相對地提升。

4. 對消費者承諾度增加 消費者滿意程度是企業成敗的關鍵。昔日的買賣常由單家產品製造商提供，售後的保證服務，常因財力、物力資源受限，而無法做的盡善盡美。連鎖經營則不同，除了廠商的產品保證外，連鎖業者也提供相對售後服務保證（所謂一家購物，全省連鎖服務的便利即為一例），而在雙重保證下，除增加消費者權益，亦提升了消費者對企業形象的

表 12-4　台灣連鎖商店的類型

類　型	商店的組成型態	商店代表
便利商店	特徵包括四項：距離便利、時間便利、商品便利、服務便利。商店分佈密度高。	統一超商 7-ELEVEN OK 便利商店
個人商店	針對個人生活設計，滿足個人需求的精緻商品(包括藥品、日用品、文具書籍、健康食品、玩具、化妝品等)。	屈臣氏、萬寧、康是美
超級市場	滿足消費者一次購足的心態為經營要點，所提供的商品包括日常生活用品及生鮮食品為主，主要以家庭主婦為訴求對象。	松青、惠陽、台北農產運銷公司、頂好超市
量販店	大量進貨、大量銷售、企業化經營及靈活的促銷手法為主。以商品豐富、物美價廉、賣場空間寬敞、陳列整齊、標示清楚為特色。	一般量販店：愛買、大潤發、家樂福 家電量販店:泰一電氣、全國電子、上新聯晴

(採自 蕭富峰，1990)

信賴感,這種認知對連鎖業務的擴展,有極大的助益。

目前台灣連鎖商店的類型,依規模大小,大致上可分為四類,分別是便利商店、個人商店、超級市場、量販店,各類型商店的組成型態與代表列於表 12-4。

(二) 無店舖販賣

無店舖販賣(non-store shopping)是指商品不須經由店舖,供應商直接銷售產品到消費者手中的販賣形式。無店舖販賣由製造商與消費者直接接觸,避免中間商的關卡與剝削,故可以把較優惠的價格直接回饋給消費者,使買賣雙方互蒙其利。目前無店舖販賣的方式主要包括:通信販賣、自動販賣、直銷販賣與電子商務等,各商店的經營方式列於表 12-5。

表 12-5 無店舖販賣的類型與經營方式

類　型	經營方式	包含的類別
通信販賣	製造商藉由廣告媒體來進行促銷方式,消費者接觸廣告(如型錄、報紙),即可藉由電話或是通訊的方式訂購產品。	郵購;大眾媒體販賣(電視、收音機、報章雜誌)
自動販賣	經由特定的交易媒體(如硬幣或儲值卡等),投入自動販賣機,完成商品交易目的。	飲料販賣機;自動點唱機、電動遊樂器、自動計時停車
直銷販賣	透過面對面的溝通,以聚會或各別會談的方式把產品的優點直接推銷給消費者。	聚會示範販賣、多層次傳銷
電子商務	透過網際網路服務公司開設商店,消費者在虛擬店面中瀏覽商品的型錄或廣告後,以信用卡或劃撥等機制線上訂購交易,廠商配送到家。	企業對企業、企業對消費者等

有關無店舖販賣的優缺點分述如下:

1. 無店舖販賣的優點 經由無店舖商店購物共有幾個優點:其一,省時與省力。可節省逛街與交通的時間,避免舟車勞頓之苦,消費者也可在任何時間購物,不受拘束;其二,避免社會與心理風險。在購買私人用品或內隱性商品時,去除了銷售員詢問的尷尬,也不用承受擁擠人潮與停車可能帶來的壓力；其三，商品優勢。型錄上所展現的商品比較多元，看型錄、電視或電腦可提供視覺的享受，商品價格也較一般實體便宜，尤其是電子商務的直接交易。

2. 無店舖販賣的缺點 藉由無店舖商店購買商品常面臨一些問題。首先，購買產品具風險性，尤其無法檢視 (如服飾品) 難保能夠買到稱心如意的產品。再者，送貨需要時間，延緩了消費後的立即滿足感。第二，降低了社會接觸。到實體商店購物可接觸人群增加樂趣，且實體商店的銷售員提供產品 (品牌) 直接的建議，這些都是無店舖商店無法比擬的。第三，消費者所購買的品牌無法與其他的品牌做直接的比較 (在電子商務販售上，此點已經逐漸的被克服) (Hawkins, Best, & Coney, 1995)。

(三) 一次購足的消費行為

隨著工商社會的到臨，國民所得的提升，消費者呈現多元且多重目的的購物行為，不但希望有效率的買到所需的產品，而且也希望在賣場尋求樂趣達到休閒目的。在這些情形下，到商店購物 (尤其是實體商店)，一次購足的概念已成為流行的消費趨勢。有關一次購足的概念與商店經營一次購足可能產生的優缺點分述如下：

1. 一次購足的概念 一次購足 (one-stop shopping) 指消費者可從供應商處一次買到所有相關的產品。此處**供應商** (supplies) 指的是工廠、賣場或直銷商，而**相關性產品** (related product) 則有不同的意義，一則狹義指供應商提供一系列整合性產品，如：銀行提供活期存款、信用卡申請、基金操作、房貸等等；另一則採廣義的看法指供應商提供家庭及個人所需各種耐久與非耐久財產品，讓消費者一應俱全、就地取材，例如量販店除了提供生鮮食品與民生用品外，更整合美食街、汽車、美容、保養、玩具店、沖洗相片等複合式經營，讓逛街成為休閒娛樂即為一例。

2. 一次購足的優缺點 一次購足的提供目前還是以實體商店為主。對消費者而言，在一次購足的賣場購物最大的好處就是省時與方便 (貨物齊全)，不需要為了不同的商品勞碌奔波於不同的地方購買。價格低廉則為吸引消費者的第二個好處，尤其產品在換季出清存貨之際，更能買到便宜貨。另外在"一次購足"的賣場能買到系列完整且互容性高的產品，例如在電腦量販店購買軟、硬體系列設備，比較不用擔心不相容的問題。台灣目前提供"一次購足"的場所，以大百貨公司、量販店及大型購物商場為代表。

然而行銷者在經營"一次購足"賣場時，仍需確實了解顧客需求，例如許多消費者擔心，在同一家賣場購買全部的產品（把全部雞蛋放在一個籃子裡）並不一定理智，尤其是高涉入產品。為了分擔風險，許多消費者認為應該到不同賣場廣泛收集訊息，才能找到真正便宜或好品質的產品。因此一次購足商店經營者如何消除消費者此類的疑慮，是值得思考的方向。例如，許多量販店以"買貴退差價"為號召，即在向消費者保證不會買貴的承諾，可說是不錯的策略。另外一個常見的問題是大部分提供一次購足的量販店（或賣場），其密集程度較高，市場重疊嚴重，而當消費者發現各量販店之間的商品組合，並無太大差異時，對特定商店的忠誠度也會逐漸降低。為了避免流失客戶，行銷者以分眾區隔市場為走向，爭取特定定位、吸引特定區隔。

第四節　環境內場情境因素對購買時決策影響

環境內場情境因素 (internal surroundings factors) 主要是指賣場內部的環境因素，如商店的陳設、音樂、燈光、商品、銷售員等，如何影響到消費者的購買決策。消費者入店購買常受到一些商店刺激的影響，而改變了原先想要買的產品或品牌，這種情形又稱為非計畫性的購買，是一個極為普遍的行為。許多文獻都指出消費者入店購買，以非計畫性購買居多，就算事先已經擬定好購物清單的顧客，還是常常發生非計畫性的購買情形（例如受到特賣活動或銷售員的遊說影響）。有鑑於此，本節第一部分將針對非計畫性購買的原因與類別做一說明。

非計畫性購買發生與賣場環境刺激的影響有關。舉例來說，頂好超市的煙酒本來是放在玻璃櫃內，自從移到結帳櫃台後，吸引了許多臨時起意的消費者，業績因而提高了 25%。足見賣場刺激經營得當往往能夠提升買氣。一般而言，行銷者能夠針對實體環境刺激的特性，包括了商店氣氛的營造、店內促銷策略的應用、商品陳列的方式、銷售員與顧客的互動等經營得當，則在販售上將更能得心應手。因此本節的最後將針對前三個主題依序提出相關的說明。有關銷售員與顧客互動的特性請參考補充討論 12-3。

一、非計畫性購買

計畫性購買 (planned purchases) 指消費者進入商店之前已經盤算好要買什麼。**非計畫性購買** (unplanned purchases) 指消費者沒有特定想要買什麼，全視當時的狀況而定。由於賣場內所要營造的氣氛是希望能夠增加消費者非計畫性的購買行為，藉以擴大產品的銷售額度，所以了解非計畫性購買的相關概念至為重要。底下我們將先說明非計畫性購買的頻繁性與產生非計畫性購買的相關原因，其次，將進一步分析非計畫性購買類別。

（一） 產生非計畫性購買的原因

根據相關數據指出，約有三分之二的超市購物者，常在瀏覽店內的貨物後，才會決定想要購買的產品或品牌，尤其日常用品購買最容易發生這些行為。其次，約 85％ 的糖果（口香糖）、70％ 的化妝品及 75％ 的衛生紙巾的購買，是非計畫性購買最常見產品。而在超市選購蔬菜、肉品或湯料，約 65％～70 的消費者屬於非計畫購買者 (Solomon, 1999)。

另外，美國可口可樂零售業者的統計指出，一般人平均每週上超市2.2次。只有約三分之一的人會攜帶購物清單，但是這些人的購買原則還是充滿彈性，因為統計這些人從超市走出來後所買的產品，只有約三分之一與原先預計相符，剩餘的產品都是臨時起意的結果。另外，對試吃、試用的活動興趣盎然的顧客，通常在參與試吃後會購買。另一個研究指出，39％ 百貨公司及 62％ 大賣場的顧客所購買的商品中，至少有一樣是非計畫性購買的產物。這些數據都證明非計畫性購買的發生是司空見慣的。

產生非計畫性購買的原因主要有下列幾點：第一，工商繁忙的社會下，消費者無暇事前收集產品的訊息，購物決策時間也很短，所以容易受到賣場各種刺激的影響。第二，在消費者的信念中，各種產品（尤其是日常用品）品牌雖然不同，但品質相去不遠，縱然"買錯"也能夠承擔後果，因此賣場所提供的額外刺激反而成為決策重要的參考依據。第三，消費者如果只是購買一些習慣、熟悉的品牌，常會感到乏味、無趣，為了保持新鮮感，必須不時變更品牌，因此產生許多非計畫性購買。

(二) 非計畫性購買的類別

一般人認為非計畫性購買常就是衝動性購買，事實上並非完全如此，例如，非計畫性購買的產生可能是因為看到貨架上的產品，產生提醒的效果所致。底下，我們將說明非計畫性購買的幾個類別 (Stern, 1962)。

1. 純衝動購買 當消費者基於好奇或一時的衝動，所產生的非計畫性購買行為稱為**純衝動購買** (pure impulse buying)。純衝動性購買常為了宣洩心中強烈的情感所致，所以缺乏理性，也不會評估不同的選項，在行為上是一種失控且欠缺考慮的立即反應，我們一般所說的衝動性購買所指的就是純衝動購買。一般而言，純衝動購買在高涉入 (如汽車) 或低涉入 (如牙膏) 產品都有可能發生，所以與產品的性質無關，但是與個人的特質有關，例如某項產品 (巧克力) 對某些人來說是衝動性產品，對另一些人則否。

2. 計畫性衝動購買 消費者因商店特賣活動或獲得商店折價優待券，而光臨商店的購買行為稱為**計畫性衝動購買** (planned impulse buying)。例如清倉大拍賣時湧入大批未決定購買何物的消費者即屬此類。計畫性衝動購買者雖有購物打算，但是購買決策還需評估商店所提供的折扣合不合理，銷售員服務態度好不好等因素，是衝動中帶理性的購買型態。

3. 提醒性衝動購買 一般而論，貨架擺設的產品或促銷廣告的訊息具有提示的效果，當消費者因為這些刺激，而想起產品缺乏需要添購的事實時稱為**提醒性衝動購買** (reminder impulse buying)。提醒性衝動購買產品包括消費者有實際需要但並未列入購物清單者，或心理上的曾經思考但未付諸實現者。例如看到適用於高齡女性奶粉，想起醫生建議三十歲以上的婦女應該喝高鈣、高鐵的牛奶，因而購買該品牌的情形即是。提醒性衝動購買本質並不是衝動性購買，而是一種經由商品本身刺激所產生的非計畫購買。

4. 建議性衝動購買 當消費者因產品廣告宣傳或銷售員的建議，了解特定產品的優點能夠符合自己的期許與需求，進而產生購買的情形稱為**建議性衝動購買** (suggestion impulse buying)。建議性衝動購買事先對產品並不熟悉，而是由賣場的環境提供的訊息得到了解，所以本質上與提醒性衝動購買不同。而建議性衝動購買也不是非理性的購買行為。換句話說，購買者購買前雖然不了解該產品，但依據商店內所提供的價格、功能說明以及經驗延伸出的知識來制定購買決策。

消費者發生上述四種的店內非計畫性購買行為的情形非常普遍，行銷人員如果把店內非計畫性購買行為，視為因商店額外訊息刺激產生的結果來經營，比把非計畫性購買視為偶然或不合邏輯的行為，能衍生出更多的行銷生機，也更有機會增加銷售業績。

二、商店氣氛

當你走進超級市場時，第一眼所及往往是萬紫千紅的花團錦簇點綴在入門處，不然就是色彩鮮艷的水果蔬菜向四處鋪展開來。而行銷者把鮮果花簇擺放於入店第一現場，是希望消費者能夠馬上體驗到鮮艷奪目、美不勝收的景象，瞬間產生舒暢愉悅的好心情。換句話說，行銷者希望透過商店氣氛的營造來影響消費者購買決策。有關商店氣氛的概念及商店氣氛如何影響消費者決策，說明如下：

(一) 商店氣氛的概念

商店氣氛 (store atmospherics) 是指在賣場上能夠讓消費者產生正面情緒的實體環境設計，包括室內的裝潢、貨品陳列位置、櫥窗的設計、地毯的質料、顏色的對比、燈光的明暗、音樂的播放、商店的氣味等。就學理上來說，商店氣氛所引起的情緒狀態，是一種內在的抽象感覺，尚無法提供明確清晰的概念。

目前較為完整的解釋是由環境心理學領域提出 (Donovan & Rossiter, 1982)。圖 12-2 為商店氣氛效果模式的簡圖，在圖中，環境刺激是指賣場所有的環境設計。當消費者步入賣場時，受環境刺激影響後，產生的情緒可歸納成三種：**愉悅感** (pleasure) 指消費者因環境刺激產生舒服、歡樂、高興、滿足等感覺；**興奮感** (arousal) 指在商店內產生的激動、澎湃與刺激的感覺；**主控感** (dominance) 是指消費者能夠掌握事件，產生隨心所欲的感覺。而三種情緒又產生趨近或迴避反應。**趨近反應** (approach response)

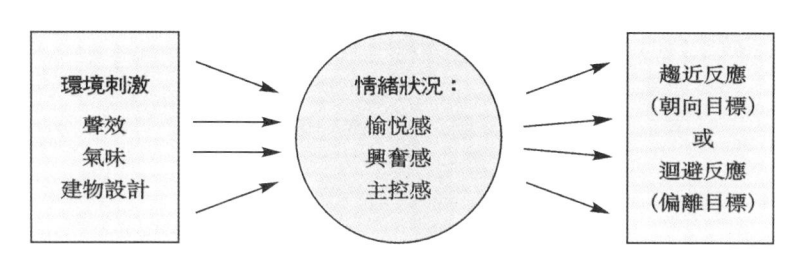

圖 12-2　商店氣氛效果模式
(採自 Donovan & Rossiter，1982)

表 12-6　賣場中趨近與迴避反應的型態

型　態	趨近或迴避反應的影響	
	趨近反應	迴避反應
實體環境	購買意圖強	購買意圖弱
訊息探索	擴大接觸或訊息收集的範圍	縮小接觸或訊息收集的範圍
溝通說服	願意與銷售員有更進一步的互動	不願意與銷售員有更進一步的互動
滿意程度	回店再購的比率高，花費的時間與金錢多	回店再購買的比率低，花費的時間與金錢少

(採自 Donovan & Rossiter，1982)

是指受賣場環境影響所產生的情緒，能使消費行為朝向目標的傾向。反之，受賣場環境影響所產生的情緒，能使消費行為偏離目標傾向者稱為**迴避反應** (avoidance response)。表 12-6 列出在賣場上產生的趨近與迴避相關的行為反應。

　　研究者共調查了 11 家不同型態的零售商店，包括百貨公司、服飾店、鞋店、五金行等，來了解商店氣氛 (賣場的設計) 對消費者決策所造成的影響。結果指出環境刺激所引起的情緒狀態中，以愉悅感對趨近或迴避反應最具影響力，當消費者感受到愉悅氣氛時，花錢最多。

　　另一方面，研究者指出當興奮感被引發時，消費者在商店停留的時間明顯增多，與店員互動關係良好。而容易引起興奮感的商店設計則包括燈光、快節奏澎湃的音樂等。但是唯有讓消費者先產生愉悅感後，興奮感才會呈現趨近反應，否則處於非愉悅的氣氛下，消費者的興奮感覺不會影響購物的行為，甚至產生負面的影響。至於第三個向度主控感，則未發現對消費者趨近或迴避行為有明顯的影響。所以綜合上述，商店氣氛應先建立愉悅及舒服的感覺，再激發興奮感，如此方能使消費者產生更多的非計畫性購買。

(二) 商店氣氛的影響

商店氣氛對消費者光臨商店的意願、逗留的時間、花費的金額或非計畫性購買的產生，都有明顯的影響。例如，增加餐廳的照明亮度，顧客噪音也相對的增加（越講越大聲也越興奮）；相對的，降低照明度或音樂聲，增加了消費者在店內停留的時間。而鋪上地毯的商店，感覺較為莊嚴，故行為舉止也較自我節制 (Sommer, 1969)。四面臨窗且陽光普照的商店，能夠去除消費者陰霾的情緒 (Markins, Lillis, & Narayana, 1976)。

另外，賣場人潮產生的擁擠程度也是影響商店氣氛的重要因素。**擁擠度** (crowding) 指人口過度密集的環境中所產生的一種壓力形式，通常隱含著過量、不受歡迎的情景。然而擁擠度是一種主觀的知覺，不同消費者對同樣的一種擁擠度，在情境的解釋與反應可能非常不同，也會產生趨近或迴避不同的反應。舉例來說，容納 100 人的教室出現了 150 個學生時，是一種高密度且擁擠的情境，一般人不喜歡這種感覺。但容納 100 人的舞池，擠下了 150 個歡樂人群，雖然同樣是高密度狀況，消費者卻能夠接受甚至喜歡這種感覺 (Stokols, 1972)。

從上述的探討行銷者需體認到下列兩點：第一，擁擠度的知覺解釋雖然因人而異，但仍屬於一種壓力形式。研究指出對空間擁擠度的負面評價，會強化對商店的負面行為，例如降低入店的機率，減少與店員互動的機會，產生逛街焦慮，降低對店內形象及滿意度等 (Stokols, 1972)。行銷者尤其是零售業者，必需妥善安排空間的設計，不使消費者產生擁擠的感覺。第二，當賣場人潮在高密度的時候，擁擠程度雖然無法改善，但行銷者可製造歡樂氣氛，降低消費者負面的情緒解釋。

綜合上述諸多的討論，商店氣氛概念雖然是抽象的，但卻是吸引消費者登店購物的利器，尤其在競爭商家衆多，或者行銷者以生活型態、社會階層區隔目標市場時，以商店氣氛設計的特徵來爭取客源，往往更能出奇制勝。

三、促銷活動

隨著國民生活水準的提升，消費能力也相對增加。台灣的賣場或商店越開越多、越開越大，競爭局勢也趨於白熱化。為了讓消費者留下深刻印象，行銷者如何在賣場中突顯自己，如何以創意、有趣、多元的活動吸引消費者來獲得佳績，成為各商家的當務之急。底下將以銷售噱頭與折扣降價兩點為說明。

(一) 銷售噱頭

銷售噱頭 (on the spot) 指營造賣場熱絡氣氛，強化產品效果的各種促銷活動。從前江湖賣藝的人為了吸引路人圍觀，敲鑼打鼓，表演雜耍，順便販賣跌打損傷的藥丸藥膏，就是一種銷售噱頭。現今百貨公司以真人模特兒在櫥窗展示流行服飾也是銷售噱頭的一種。適宜的銷售噱頭能夠直接提升品牌銷售量。舉例來說，一篇探討超市購買行為的研究指出，在 2473 位受訪的消費者中，約有 38% 購買了從未買過的產品或品牌，而詢問為什麼願意嘗試新品牌時，有 25% 的人認為是受到噱頭活動的影響 (Stumpf, 1976)。

銷售噱頭展現方式很多，越具科技感官效果，展現與眾不同的創意，或越能夠拉近與消費者距離者，越能吸引人潮。在目前競爭白熱化中，出現了一些深具創意的銷售噱頭，底下是一些例子。

1. 統領百貨在一檔牛仔褲的特賣會中，把一匹活生生的馬帶進百貨公司。根據行銷者的解釋，馬與牛仔褲都給人有粗獷的感覺，形象非常相符，其次在都市中很難看到活生生的馬，所以把馬當作特賣會的主角。這檔活動造成人潮擁擠，業績提升了約 20%。

2. 金石堂書局鑑於許多讀者不知道要讀什麼書，在十幾年前就已經推出了好書排行榜促銷活動。公司在每個月初，依前一個月的銷售量統計，推出包括了書、雜誌、漫畫、週刊和月刊等暢銷書的排行榜。由於排行榜給了許多讀者明確的指標，使得上榜書籍的銷售量也越顯光彩。

3. 美國一些超級市場常在推車安置小的活動電視螢幕。當消費者走近某產品種類時,螢幕上會告知特定品牌的相關訊息,(而通常每種產品只推薦一種品牌)。研究指出,被螢幕告知的品牌,其銷售量比未被告知者多出21%。

4. 依麗莎白雅頓 (Elizabeth Arden) 化妝品應用電腦攝影系統,將試妝的消費者容貌投射在螢幕上,消費者可隨意挑選不同組合、不同色澤化妝品投射在螢幕上的自己,來了解上妝後的模樣,避免真正塗抹臉部的麻煩。

(二) 折扣降價

折扣降價 (price reduction) 指行銷者在短暫時間內提供價格誘因的活動,吸引消費者購買,以達到預期的銷售目標。例如折價券、現金回饋、降價等。折扣降價及其他相仿的促銷活動,如贈品、買二送一、免費試用、抽獎、競賽等,都是促使消費者產生非計畫性購買的主要原因之一 (Assael, 1995)。例如,週年慶或換季折扣為台灣百貨公司營收的重要來源,因為區區數天的慶祝活動,往往吸引無數的顧客上門,營業額是平常的數倍之多。

折扣降價會增加銷售的原因有四:其一,消費者會因降價誘惑而心動購買,以備不時之需。其二,對競爭品牌具忠誠度的消費者,常因降價轉而使用促銷的品牌,在經濟不景氣的時候這種現象尤為顯著。第三,非此類產品的使用者可能因為此類產品降價刺激,產生替代性而選用產品。例如,喝牛奶粉的消費者可能因為羊奶粉折扣而轉喝羊奶。最後,對於逛街不活躍的消費者常會因為價格低廉而購買產品 (Moriarity, 1985)。

在折扣降價期間,銷售量常有急遽增加的情形,等到過了一段時間或降價活動結束後,銷售量才回復到平日。然而,並不是每一個人對折扣促銷感興趣,中產階層的消費者對降價活動最容易心動,反應也比較強烈。值得一提的是:消費者雖然喜歡購買價格低廉的產品,但並不表示消費者忽視了對品質的要求。在消費者信念中,唯有品質達到一定水平,折扣的誘因才會被列入考慮,換句話說,消費者找出品質符合標準的品牌後,才會比較品牌之間的價格 (相對性),而不是只挑最便宜的買 (絕對性)。服飾商品 75 折的促銷時,消費者接受的意願高,但到了三折時反而躊躇不前,因為許多人擔心三折品是瑕疵品或庫存品。所以好的產品必須能找出消費者可接受的合理價格來保證品質的穩定,而不能單靠"低"折扣降價來刺激消費

四、商品因素

商品種類的多元或廣度的齊全，與方便搜尋的陳列方式，都是刺激消費者購買的重要原因。底下將分別說明之。

(一) 商品類目

商品類目 (product assortment) 指商店所販賣的產品的多元性與寬廣度。商品類目是否受消費者青睞，決定於五個重要的屬性：產品品質 (好、壞)、產品廣度 (五金區、電器區、蔬果區、日用品區)、產品深度 (蔬果類包括葉菜類、根莖類、有機類、進口水果)、產品品牌 (柯達、富士、柯尼卡軟片) 與產品的流行感。早期研究指出，消費者喜歡商店提供多樣的產品及品項，包括款式、價錢、產品大小、顏色類別等 (Alderson & Sessions, 1962)。但是因為通路的日漸暢通 (尤其是日常用品)，商品的齊全已經成了開店的必要條件，因此近來的研究發現，商店位置的方便性、價錢低廉及消費者個人的生活型態與背景，才是影響消費者選擇商店的主因，商品廣度及深度的重要性反而居次。

其次，產品類目與消費者購買意願並非必然呈現正向關係。一些消費者喜歡商店擺設重點商品即可，例如照相館搭配柯達、富士、柯尼卡軟片主要品牌已經能夠滿足消費者需要，品牌太多反而容易造成雜亂混淆與無從選擇的困擾。

(二) 商品選擇的方便性

商品選擇的方便性 (ease of merchandise selection) 是指在逛街過程中，能夠讓消費者容易且有效率地看到或買到他們需要產品的過程，包括一目了然的商品陳列、清楚的價格標籤、產品擺放地點的告示等。在這些因素中，產品的陳列尤其重要。因為賣場四周環伺著各種競爭商品，行銷者如何充分利用陳列的觀念與技巧避免競爭者乘虛而入，是增加銷售的重要利器。所以底下我們將商品選擇的方便性之重點擺在商品陳列相關概念與技巧上 (Hitt, 1996)。

補充討論 12-3
銷售員對消費者購買時決策影響

產生非計畫性購買因素中,除了商店氣氛、促銷活動與商品類目的豐富性外,消費者與銷售員之間互動的結果,也是影響購買的重要因素。雖然目前許多的商店轉以自助式的方式經營。然而,適合自助式的商品仍以低涉入品為宜,對於一些科技、貴重或較複雜的高涉入品,如汽車、化妝品、珠寶、電氣產品,仍舊需要銷售員一旁的解說與幫忙。據估計,美國商店投資在銷售員的費用,在耐久財的部分 (如汽車、房屋) 約為廣告費用的 1.8 倍,而在非耐久財方面則為廣告費用的 1.1 倍。由此可見,銷售員對產品的促銷仍然被高度的肯定。有關銷售員對行銷績效影響的研究中,主要從銷售員所具備的能力為探討的重點。

1. 專業能力與社交能力 銷售員與消費者互動的過程裏常扮演著兩種角色,第一種是專業能力的提供,即銷售店員提供豐富的產品知識給消費者。第二種為社交能力的提供,即銷售員設身處地的去瞭解消費者的需求與興趣。這兩種角色何種能夠增進消費者購買機率,則與產品類別有關。早期的一篇研究以油漆店員為對象:甲組店員頗有人緣,但對油漆產品知識不夠 (社交能力強),乙組店員深具油漆專業知識 (專業能力強),但性情急躁。結果顯示,三分之二的消費者喜歡甲組銷售員。另一個研究,研究者把保險推銷員操弄為四組,甲組兼具專業能力與社交能力,乙組具專業能力但人際關係不佳 (社交能力弱),丙組具社交能力但不具專業能力,丁組則不具專業能力與社交能力。結果指出 80% 的人會跟甲組銷售員購買保險,53% 跟乙組買保險,30% 跟丙組購買,13% 跟丁組買。此研究結果顯示出銷售員具備專業與社交能力最好,但如果不能兩全,專業能力比社交能力更具影響力。上述結果說明了產品的類別不同影響了消費者看待銷售員的方式。一般來說,購買專業性高的產品,如保險或複雜的耐久財 (電腦、音響),銷售店員專業能力比社交能力來的重要,但在非耐久財產品上 (油漆、五金),社交能力則較為重要。

2. 議價能力 銷售員與消費者互動的過程所產生的議價現象也會影響購買的最後決定。**議價能力** (bargaining power) 是指能夠影響買賣雙方在價錢上達到相互同意的技巧。議價現象最常發生在價格彈性大的產品或服務上,如家電產品、房地產、二手貨等。通常,議價能力強的消費者也常以較低的價錢購買到產品。

消費者與銷售員常以兩種方法達到最後議價的結果,一種為**競爭議價行為** (competitive bargaining behavior),不管買賣雙方,議價能力強的一邊,展現較強勢的態度,並迫使弱的一邊讓步妥協。另一種策略稱之為**協調議價行為** (coordinative bargaining behavior) 即買賣雙方以解決問題方式相互妥協,來達到彼此可接受的目標。上述兩種議價方式,協調議價行為以理性平和的方式進行交易,比競爭議價行為更能達成圓滿的議價結果。雖然如此,當買方非常信任賣方的情況下,競爭議價行為反而是能夠快速達成協議的不錯方法。

1. 商品擺設在貨架的原則中，應以目標消費者的身高為主，商品擺在視線水平、唾手可得的地方，以便他們選購。在美國，一般婦女的視野高度一百五十公分以下，男性則為一百六十三公分，最佳視角是水平下十五度。綜合這些數據，貨品陳列最好的位置應在離地面一百三十至一百三十五公分之間。其次一般人在距離貨架約一百二十公分處審視架上的物品。行銷者可參考這些數據，把產品放在消費者舉手可及的地方，切忌太高或太低，造成購買上的障礙。

2. 要掌握消費者的移動路線，而把商品擺在消費者最常走動的地方。舉例來說，手推車行至轉彎處，眼光自然而然往某一方看。行走通道中，突出的小貨架往往吸引注意力，所以通道上的端架或盡頭的陳列架是擺設產品的好地點。

3. 若貨架的空間充足，可陳列商品所有的規格，一應俱全的優點能夠避免消費者因找不到規格，而購買了競爭品牌產品的情形。若貨架的陳列面積有限，則應陳列最熱門的規格，以避免浪費空間，並謀取最大利潤。

4. 把公司所生產的系列產品集中陳列，除了使消費者對公司產品能一目了然，也能夠突顯品牌形象，增加非計畫性購買的可能性。此外，集中陳列能產生學習理論中刺激類化的效果，同一商標的強勢產品，能夠帶動系列中的弱勢產品，產生相得益彰的作用。

5. 為了保持商品的價值，商店業者必需勤於檢視擺設陳列的商品，除了必須保持產品清潔外，針對商店中的損壞品，瑕疵品和過期品都要定期更換，如果滯銷商品，也應該妥善處理，不能任其擺放濫竽充數而損及商店形象。再者，有效進行物流的控制與存貨管理，以避免缺貨。

本 章 摘 要

1. 消費者受購買情境影響的因素可分為三個部分：個人情境因素，包括個人心情、個人購物原因及與個人與他人互動產生的衝擊等。時間情境因素指時間的充裕或貧乏造成的影響。環境情境因素指影響消費者購物的賣場環境變化。
2. 環境的情境因素為行銷者制訂策略時最能掌控的因素，故又可再細分為環境外場情境因素（指賣場外如商店類型與商店地點的選擇）與環境內場情境因素（指賣場內如商店氣氛及與銷售員態度）。
3. 消費者暫時的**心情**，例如天氣的變化、背景音樂、飢渴反應、睡眠缺乏等，都會影響消費者購買決策。**情緒**是指個體受到刺激所產生的一種身心激動狀態。情緒產生先由生理喚起，接續的是行為反應，而個體能同時體驗及評估這些過程。
4. 心情的高低起伏與消費者生理性、心理性動機有關聯。心情的好壞影響消費者購買決策。
5. 購買時，他人的影響可分為**同儕效應**與**人潮效應**兩類：一般逛街同儕越多，拜訪的店數與衝動性購買的機率也提升。**人潮**的出現對購買過程有時候具干擾作用，有時候能夠帶動人氣增加商店的吸引力。
6. 購買原因影響指不同消費理由或使用情境產生不同的產品選擇。行銷者可利用**情境固著法**，教育消費者在特定的情境下使用哪些特定產品，也可以開拓新的使用情境，教育消費者產品多種使用情境與用途。
7. **逛街動機**是指消費者逛街購物的理由。可大致分為娛樂導向、尋求身份感、增進人際互動、提供自我滿足、尋求產品訊息等五種動機。
8. 消費者一天的時間分配大體上可分為工作、睡眠、家事與休閒。又可依時間的排他或互溶性而概分為**非互補性活動**與**互補性活動**。夫妻對非互補性或互補性活動歸類的看法越趨於一致，衝突將降低，婚姻滿意程度也越高。
9. 在工商繁忙的社會裏，時間不夠用是普遍的話題，也常造成現代人無形的壓力。而排隊等候、閱讀不相干書籍及聽人嘮叨、家務整理與上下班塞車等是消費者最不能忍受的時間浪費。
10. 在某個時段消費者處理訊息或購買產品，將比另一個時段更為恰當的情形稱為**時間適時性**。消費者擁有時間的多寡，也會直接影響購物決策。
11. **心理時間**指因人、事、地、物不同，對時間長短判斷產生主觀認知的情形。個人對時間長短的主觀感受，可能與客觀時間相同，也可能差距很大，而這種感知現象與心情有關。

12. **萊立定律**可說明商店選擇與距離的關係，並認為商店地點是最關鍵性的屬性。然而商店的距離雖然是重要，尚須考量心理距離，即心理上感覺購物地點距離的遠近如到商店路途車況、順不順路、商品品質或選擇項目等。
13. 得宜的地點對銷售業績有增進效果。行銷者選擇地點有幾個原則，行人出入動線的考量，車輛出入動線的考量，競爭與互補商圈的考量，安全性的考量。
14. 商店是指提供消費者產品的來源處，有據點的**店舖販賣**，或是**在家購物**的無店舖販賣都屬之。在實體商店方面，連鎖商店已造成世界主流，又可分為便利商店、個人商店、超級市場、量販店等類別。
15. **無店舖販賣**包括通信販賣、自動販賣、直銷販賣與電子商務等。優點包括省時與省力，避免社會與心理風險，商品優勢多元，商品價格便宜。缺點為產品無法檢視風險性，降低了社會人際接觸，無法與其他品牌直接比較。
16. **一次購足**指消費者可從**供應商**處一次買到所有相關的產品。一次購足的賣場能提供省時、方便與價格低廉的好處，是目前消費的新趨勢，目前提供一次購足的場所，以大百貨公司、量販店及大型購物商場為代表。
17. **計畫性購買**指消費者進入商店之前已經盤算好要買什麼。**非計畫性購買**指消費者沒有特定想要買什麼，全視當時的狀況而定，又分為**純衝動購買**、**計畫性衝動購買**、**提醒性衝動購買**與**建議性衝動購買**四種。
18. **商店氣氛**指讓消費者產生正面情緒的實體環境設計，包括室內裝潢、貨品陳列位置、櫥窗設計、地毯質料、燈光的明暗、音樂的播放等等。商店氣氛對消費者光臨商店的意願、逗留的時間以及花費的金額都有明顯的影響。
19. **擁擠度**指人口過度密集的環境中所產生的一種壓力形式。賣場擁擠度是一種主觀知覺，不同消費者對同樣的高密度的解釋與反應有個別差異，進而產生**趨近反應**或**迴避反應**。
20. 賣場或商店所舉辦的現場活動，往往能夠增添買氣，其中又以**銷售噱頭**與**折扣降價**最受青睞。而商品種類的多元或廣度的齊全，與方便搜尋的陳列方式，也是吸引消費者注意促成購買的重要原因。

建議參考資料

1. 王國安 (2002)：連鎖時代──開店創業的第一本書。台北市：商周出版股份有限公司。
2. 張永誠 (1992)：賣點 100：商品行銷創意實例。台北市：遠流圖書出版公司。
3. 清水滋 (葉美莉譯，1998)：零售業管理。台北市：五南圖書出版公司。
4. 陳偉航 (1997)：行銷教戰守則。台北市：麥田出版社。
5. 劉麗真 (譯，1999)：品牌 22 戒。台北市：臉譜出版社。
6. Lamb, C. W., Hair, J. F., & Mcdaniel, C. (1996). *Marketing*. Ohio: South-Western College Publishing.
7. Mowen, J. C. (1995) *Consumer behavior*. New Jersey: Prentice Hall.
8. Schroeder, C. L. (2002). *Speciality shop retailing: How to run your own store*. New York: Wiley, John & Sons, Incorporated.
9. Solomon , M. R. (1996). *Consumer behavior*. NJ: Prentice Hall.
10. Underhill, P. (2000). *Why we buy: The science of shopping*. New York: Simon & Schuster.

第十三章

消費者購買後決策行為

本章內容細目

第一節　顧客滿意的相關理論
一、全面品質管理模式　519
　(一) 全面品質管理模式的概念
　(二) 全面品質管理模式的缺點
二、公平理論　522
三、二因子理論　523
四、期待不一致模式　525
五、歸因理論　525
　(一) 內在歸因與外在歸因
　(二) 歸因理論的行銷意涵
六、情感與顧客滿意模式　527
七、顧客滿意理論在行銷上的意涵　528

第二節　消費者抱怨行為
一、消費者抱怨行為的類別與影響因素　530
　(一) 消費者抱怨行為的類別
　(二) 影響抱怨行為的因素
二、行銷者降低顧客抱怨的作法　533
　(一) 內部員工滿意度
　(二) 設立專責機構處理抱怨
　(三) 定期實施消費者滿意度調查

第三節　消費者處置產品與環保意向
一、消費者處置產品的方式　536
　(一) 消費者丟棄產品的方式
　(二) 二手貨販售
二、消費者的綠色消費　539
　(一) 從全球性的環境浩劫來思考
　(二) 台灣消費者對綠色消費的態度
　(三) 綠色消費的具體作法

補充討論 13-1：行銷者的綠色行銷

第四節　消費者權益保護運動
一、消費問題的產生與消費意識的抬頭　545
　(一) 消費問題的產生
　(二) 消費者權益保護運動的意義
　(三) 台灣消費者權益保護運動的歷史演進
二、消費者的權利與義務　549
　(一) 消費者八大權利
　(二) 消費者的五大義務

補充討論 13-2：推行消費者權益保護運動的具體作法

本章摘要

建議參考資料

上一章談論到有關購買時的決策行為，主要是探討消費者購買產品時受到哪些因素的影響。當消費者購得產品，購買決策還不算完成，消費者決策的評估還會延續到使用產品之後的態度與行為。所以**購買後決策行為** (post-purchased decision making behavior) 指消費者購得產品或在使用後，心理感受與行為表現的相關反應。由於購買後的決策與相關行為直接回饋到下一次的購買，在行銷策略上有著重要的意義，因此本章將進一步的探討消費者購買後行為的相關議題。

第一個最常被討論的議題是顧客滿意度。由於消費者使用後滿意或不滿意的經驗，除了形成對產品的態度，影響未來購買的意願外，也會因口耳相傳進而影響他人的購買，所以如何了解顧客滿意及提供滿意的服務，一直被視為企業生存的關鍵課題，也成了企業再造工程的一股風潮。在學術研究中也不遑多讓，例如在消費者心理學過去15年的研究中，超過 700 多篇論文以顧客滿意為探討的主題，其被重視程度是非常明顯的。

第二個常被討論的問題為產品使用完的處理問題。消費者每天都會製造需要處置的產品，這些廢棄物不是被做為垃圾丟棄，就是轉為其他用途，或者廠商作回收之用。而在環保意識高漲之際，綠色消費的觀念在許多先進國家已蔚為一股風氣，因為貫徹綠色消費的觀念、創造資源，不僅有其重要的經濟理由，也同時成為一種社會責任，而重建與大自然的和諧關係，人類文明的發展也將不致於陷入危機。

第三個常被討論的問題是消費者基本的權益與義務。過去我們在探討消費者行為時，常就消費者行為在行銷市場所帶來的機會作探討。事實上，消費者在消費市場享有的權益，與行銷的機會應具有同等的重要性，消費者有權得知充分與正確的產品訊息、有權購買安全的產品、有自由選擇產品的權利。由於每一個人都是消費者，因此購買後的消費行為如果從消費者角度出發，對於揭發不良產品及保護自我將更具有實質上的意義。

綜合上述，本節所要討論的主題包括：

1. 顧客滿意的意義與相關理論。
2. 消費者的抱怨行為與處理方法。
3. 消費者產品處置、綠色消費與綠色行銷的方式。
4. 消費者權益保護運動的概念與作法。

第一節　顧客滿意的相關理論

　　一般而論，留住現有顧客和開發新顧客兩者若能取得均衡，企業將能創造更多的利潤，然而研究指出開發一位新顧客所需的成本約是留住一位舊顧客的5倍之多，雖然目前實務上還是以開發新顧客作為行銷活動的重點，但是從成本的角度考量，企業首要的任務還是在於如何留住舊顧客 (Kotler & Armstrong, 2002)。而留住顧客最直接的方法在於創造顧客滿意。

　　顧客滿意 (consumer satisfaction，簡稱CS) 指在消費經驗裏，對產品正面的評估反應，相對的**顧客不滿意** (consumer dissatisfaction) 指消費經驗中對產品負面的評估反應。顧客滿意對企業是非常重要的，且其影響是多方面的 (林陽助，1996)。首先，顧客滿意有助於企業優勢的達成、增進企業形象、增加市場佔有率、成為公司獲利的競爭利器。其次，顧客滿意是企業政策與策略的重要情境因素，例如：顧客滿意能夠成為行銷上防禦性的策略，讓業者與競爭者形成差異化，造成競爭者在爭取顧客的代價提高。從消費者行為傾向而言，顧客滿意除了提高再度購買產品的機率、增加品牌忠誠度外，正向口碑可以產生滾雪球的效應，對於增加客源有卓越貢獻。下面將從不同角度探討顧客滿意或不滿意的相關理論在行銷上所帶來的意涵。

一、全面品質管理模式

　　高瞻遠矚的公司必須持續謀求品質的改善，創造產品的價值，以提升顧客滿意度 (Juran, 1988)。目前加強產品與服務品質最常用的方法是**全面品質管理** (total quality management，簡稱 TQM)，是一種組織全面性的活動，起始於高階管理層策略性承諾，促使組織持續地改善製程、產品與服務等品質。有關全面品質管理模式的概念與缺點說明如下：

（一）　全面品質管理模式的概念

　　一般而言，消費者對滿意的看法大抵以品質為基礎，**品質** (quality) 即指消費者對特定產品表現或服務所抱持的整體評價,當我們評價產品的表現比預期的要好,表示品質極佳,滿意度因而提升。在競爭白熱化的商業環境中,廠商莫不卯足了勁想要生產出高品質的產品,以保持競爭優勢。例如在廣告上,每個廠商都強調自身產品"品質第一"、"品質至上",也用各種方法來證明或保證品質。

在企業過度使用"品質"字眼時,品質所代表的內涵意義逐漸呈現了模糊的說法。全面品質管理模式即在以產品品質的管控與標準的統整為出發,希望以開發高品質的產品,來獲得消費者的肯定。過去有關全面品質管理的研究比較偏重在測量消費者對服務性的品質評估,探討工作人員與消費者互動產生的無形產品,例如責任感、同理心、承諾感 (禮貌及自信)、信賴感 (正確與值得依賴) 及實質性 (商店設備與服務人員儀容) 等,由於這些向度並不全然符合實體性產業的需求,以這些向度探討的相關研究因而較少。事實上從廣義來看,無論服務性或實體性產品,品質的意義是相通的,因此同時適用於服務行業與實體產業的八個品質評估向度應運而生。八個評估向度分別是:核心屬性、屬性總和、禮貌、信賴感、耐用度、時效性、感官美與品牌資產等 (Mowen, 1995)。表 13-1 呈現了八個向度所代表的意義,並以汽車業 (實體性產品) 及餐飲業 (服務性產品) 來說明八個向度的實際表現。行銷者若能在上述八個評估向度上表現盡善盡美,消費者將產生滿意感;否則,則會產生不滿意感。

(二) 全面品質管理模式的缺點

行銷者以全面品質管理的方式追求顧客滿意,但仍有下列幾項缺點:

1. 該理論認為消費者對上述八個向度都感到滿意的話,整體而言就會感到滿意。然而,從認知心理學的完形理論來說,對每一個向度感到滿意的總和不一定等於對整體的滿意,假設一家法式餐廳在餐廳佈局、菜色、人員服務、出菜時間、氣氛上都掌控得宜,但顧客可能不再來,主要原因只是客人不習慣拿刀叉吃西餐。

2. 品質是由顧客眼中所看到的內容,這些內容包含了許多不可見的內涵,顧客所關心的品質,並非全是行銷者所能理解與操控的,而行銷者與顧客因視域的不同,容易造成彼此滿意度的落差。

表 13-1　全面品質管理的品質評估向度

品質評估向度	內容	實體性產品 汽車業	服務性產品 餐飲業
核心屬性	消費者評估產品或服務基本屬性的表現行為	馬力大小、掌控感、舒適感、折舊率	口味是否道地、熱度是否適中、服務是否週到
屬性總和	產品所提供屬性總數的多寡	除核心屬性額外提供的設備：如安全氣囊、反鎖死煞車系統、高品質音響、杯架	提供服務的總數：如免費停車、開胃菜、飯後甜點、小提琴演奏
禮貌	銷售員販售產品（服務）時的友善、誠懇與同理心的表達	銷售員的友善程度與服務熱忱	服務人員的友善程度與服務熱忱
信賴感	產品或服務的品質與行銷者所宣稱一致的程度	對銷售員推銷術語的信任程度	信任廣告所云餐點口味道地的程度
耐用度	產品生命週期與耐用穩定的程度	品質不故障所持續的時間長度	服務態度不隨時間流逝而有所懈怠的程度
時效性	產品遞送或送修服務的速度，消費者接受人員服務快速程度	經銷商供貨的能力、送修時間的快速	服務人員能即時完成顧客囑咐的事項
感官美	產品外表實際的美感（比例的協調或搭配性）；服務呈現的吸引力；或在接受產品或服務時所感受的愉悅氣氛	車體流線美感及內外顏色搭配協調性	餐廳的氣氛、食物的色香味、服務人員儀容等整體的美觀
品牌資產	品牌所屬的企業形象帶來正負面品質的評估	由汽車品牌名稱產生品質高低的推測	由餐廳品牌名稱產生品質高低的推測

(採自 Keller，1993)

3. 全面品質管理模式假設消費者屬於理性思維、購買過程是以高涉入的態度處理，所以顧客以客觀態度評估產品或服務的滿意程度。事實上，消費者滿意度常是一種主觀的判斷，當消費者對企業有先入為主的觀念時，看法很難改變，喜歡的就是喜歡，不喜歡者依然如故。

二、公平理論

公平理論是從比較的觀點來了解消費者滿意或不滿意的方法。**公平理論** (equity theory) 指出人們在購買中以自己的付出與收穫的比率,與他人付出與收穫的比率進行比較,當沒什麼不同時,就會處於公平 (表 13-2 中第 II 種情形) 沒有所謂滿意或不滿意。如果發現比率與他人有所不同,則會處於不公平的狀態,將透過滿意度的高低來修正購買決策。上述的付出包括收集訊息的程度、花費的金錢與時間、在交易過程中的努力等;收穫則指產品表現符合期望、省時的購買、折扣的優待等。

表 13-2　公平理論一覽表

	比率的比較	消費者知覺
I	$\dfrac{O_A}{I_A} < \dfrac{O_B}{I_B}$	不公平 ⟶ 不滿意
II	$\dfrac{O_A}{I_A} = \dfrac{O_B}{I_B}$	公　平 ⟶ 沒有滿意或不滿意
III	$\dfrac{O_A}{I_A} > \dfrac{O_B}{I_B}$	不公平 ⟶ 非常滿意

註:A 代表個體自己;B 代表相關他人;O 代表收穫;I 代表付出

不公平又可分為自己付出得太多或太少兩種情形。表 13-2 的第 I 種是顧客自認付出太多,收穫卻不如預期,這種情形常導致不滿意。另外一種是顧客認為付出的少,但收穫卻比預期多 (第 III 種情形),這種現象,消費者因有"獲利"而感到非常滿意。

研究者曾以消費者與航空公司交易情形,說明公平性的知覺如何影響顧客滿意度。案例中,顧客的付出主要是指機票的金額,而希望得到的收穫是指搭機的服務水平及抵達目的地時間的準確性。結果一如預測,當顧客得知付出的機票錢比其他航空公司貴,而服務水平卻相去不遠時,對航空公司的服務產生不滿。

值得注意的，公平原則是非常主觀的，消費者只有在自己付出很少 (賣方付出很多) 時，才會產生滿意度。但是這種現象常令賣方主觀上覺得不公平。因此在兩造立場不同的情形下，交易充滿弔詭：一則銷售員必須營造讓買方相信他們已做了極大的讓步，才會討得顧客的歡心，二則銷售員不能讓步太多以免吃虧。在雙重壓力下，一些不肖銷售員開始杜撰數據，或言過其實的介紹商品，產生真的對消費者"不公平"的事實 (Mowen, 1995)。

三、二因子理論

傳統上，學者對員工工作態度的看法是一元的，亦即員工不是呈現滿意就是呈現不滿意。**二因子理論** (two-factor theory) 則提出迥異的看法。心理學家赫茲伯格 (Herzberg, 1959) 在調查企業員工在工作中愉快或不愉快的項目中發現，導致工作滿意或不滿意的因素是不相同的，去除了工作不滿意的因素，不能保證工作一定滿意。他指出員工不滿意的因素稱為**保健因子** (hygiene factor) 如公司政策、薪水、與同僚的關係等。當保健因子被提供時，可以避免員工產生不滿意；但沒有保健因子，則一定不滿意。另一方面，能讓員工產生積極工作態度的因子稱為**激勵因子** (motivational factor) 包括成就感、責任感、升遷、認同感等。當公司提供激勵因子，員工的工作滿意度油然而生，但沒有激勵因子，員工只是沒有滿意而已，不至於產生不滿意的情形。赫茲伯格並認為要激勵員工努力工作，必須強調能夠增進工作滿意感的激勵因子。圖 13-1 為傳統觀點與二因子理論觀點的差異。

如果把二因子理論用在顧客滿意上，也有異曲同工之妙。基本上產品的表現向度可分為兩類：其一是**工具性向度** (instrumental dimension) 指產品實質的表現功能，以餐廳來說，例如食物豐富、座位充足、味道可口等，此向度類似於保健因子。其二為**表達性向度** (expressive dimension) 指產品的心理功能，是與產品實質面無關的部分，而是顧客心理額外的感覺，以餐廳為例，例如免下車點菜服務、外送服務、餐廳熱心贊助公益活動等，此向度相似於激勵因子。一般而言，顧客滿意大多與表達性向度有關，而不滿意大部分與工具性向度有關。換句話說，當工具性向度 (保健因子) 提供時，顧客沒有不滿意，但若沒有提供時，則一定不滿意。相對的，當表達性向度 (激勵因子) 提供時，顧客產生滿意，但無提供時，顧客沒有滿意而已。

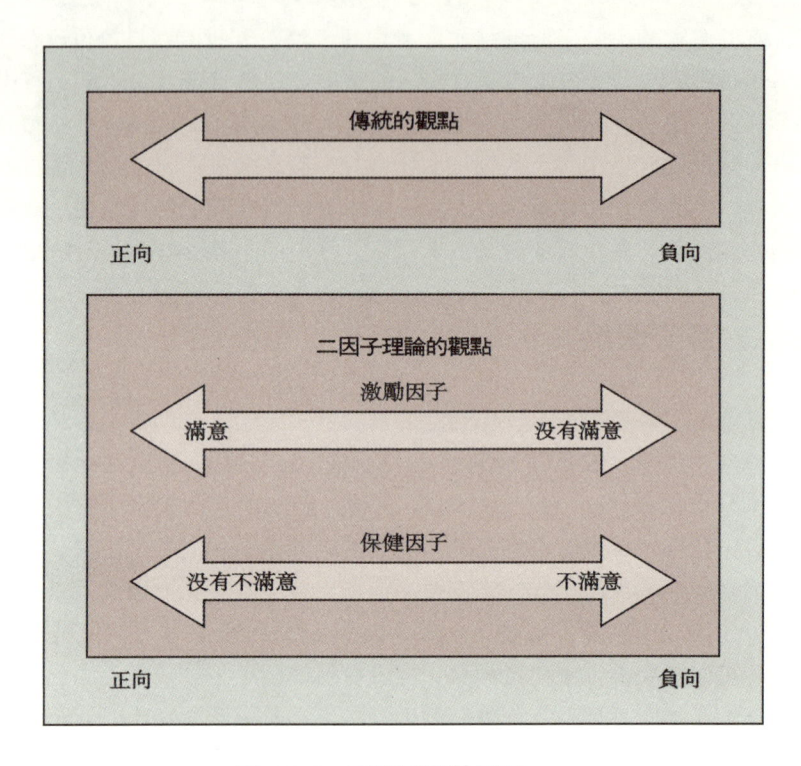

```
┌─────────────────────────────────┐
│          傳統的觀點              │
│      ⟵─────────────⟶           │
│   正向                    負向   │
└─────────────────────────────────┘

┌─────────────────────────────────┐
│        二因子理論的觀點          │
│          激勵因子                │
│   滿意  ⟵─────────⟶  沒有滿意  │
│                                  │
│          保健因子                │
│ 沒有不滿意 ⟵───────⟶  不滿意   │
│   正向                    負向   │
└─────────────────────────────────┘
```

圖 13-1　二因子理論圖示
(採自 Herzberg, Mausner, & Snyderman, 1959)

　　顧客滿意二因子觀點呈現一種階層性的過程，工具性向度需要先達到預期，才有可能產生沒有不滿意，但唯有表達性向度提供時，顧客才會產生滿意的感覺。因此工具性向度是一項"必要條件"，而表達性向度則為"充要條件"(Swan & Combs, 1976)。

　　值得一提的是，原本較偏激勵因子的項目，會因時間遞遷而逐漸失去其激勵性，進而轉變為基本的保健因子。例如電視遙控器在推出之際，為購買者的激勵因子，但隨電視功能的科技化與多元化，目前已成為電視功能必備的保健因子。百貨公司服飾折扣原為顧客購買時出其不意的激勵因子，但因一窩蜂的模仿風潮，打折成了促銷慣例，消費者接收過多的折扣訊息，也把折扣視為理所當然的保健因子。

四、期待不一致模式

期待不一致模式 (expectancy disconfirmation model) 認為顧客滿意度與顧客期待不一致的大小及方向有關。換句話說，消費者在使用產品之前會對產品形成期待，期待水準是由過去的產品經驗、促銷因素、同質產品的參照訊息及消費者個人特性四個來源所產生。接著消費者會將期待水準與知覺到的產品實際表現進行比較，其中知覺到的產品實際表現則包含了前文所提全面品質管理所提的八個評估向度（見表 13-1）。當期待水準與實際表現比較後將產生滿意或不滿意的三種判定：其一，如果顧客期待水準等於實際表現，期待一致發生，則沒有滿意與否的問題。其二，如果產品與服務的實際表現低於期待水準，產生負的不一致，並形成不滿意。其三，如果產品或服務的實際表現高於期待水準，產生正的不一致，則滿意將會形成 (Hunt, 1977)。因此產生顧客滿意的條件，不只要讓顧客期待水準與實際表現相符合，更重要的是要能產生正的期待不一致，圖 13-2 說明了整體比較的過程 (Mowen, 1995)。

舉例來說，我們對於五星級飯店有一定的期待，例如貼心精緻的服務、衛生安全的品質、賞心悅目的佈置等。但是當你在用餐時，忽然發現裝白開水的水晶杯，有個明顯的指紋印，雖然只是個吹毛求疵的小問題，但你將對這家飯店印象大打折扣，不滿的情緒因而產生。相對的，到夜市吃麵，腦海盡是髒亂、吵雜、壅塞的景象，不致於有多大的期待。如果一家麵攤的服務親切、環境乾淨清雅、提供免費的酸菜，雖然碗碟杯盤看起來陳舊、粗糙，你還是會為超出預期甚多而感到心滿意足。因此顧客的滿意應該建立在提供超乎實際表現的水準方能見效。

五、歸因理論

歸因理論 (attribution theory) 是指人們對行為推論原因的過程。不同的歸因方式對顧客滿意度有實質影響，例如消費者購買了一套昂貴的西裝，如果他歸因為"我喜歡這套西裝"，那麼購買後滿意度將會提高，但如果歸因為"都是銷售員能言善道，讓我難以回拒"，則他對西裝的滿意度將不如

期待不一致模式示意圖

產品實際表現輸入因素：
- 核心屬性
- 屬性總和
- 禮貌
- 信賴感
- 耐用度
- 時效性
- 感官美
- 品牌資產

產品期待水準輸入因素：
- 產品經驗
- 促銷因素
- 同質產品的參照訊息
- 消費者個人特性

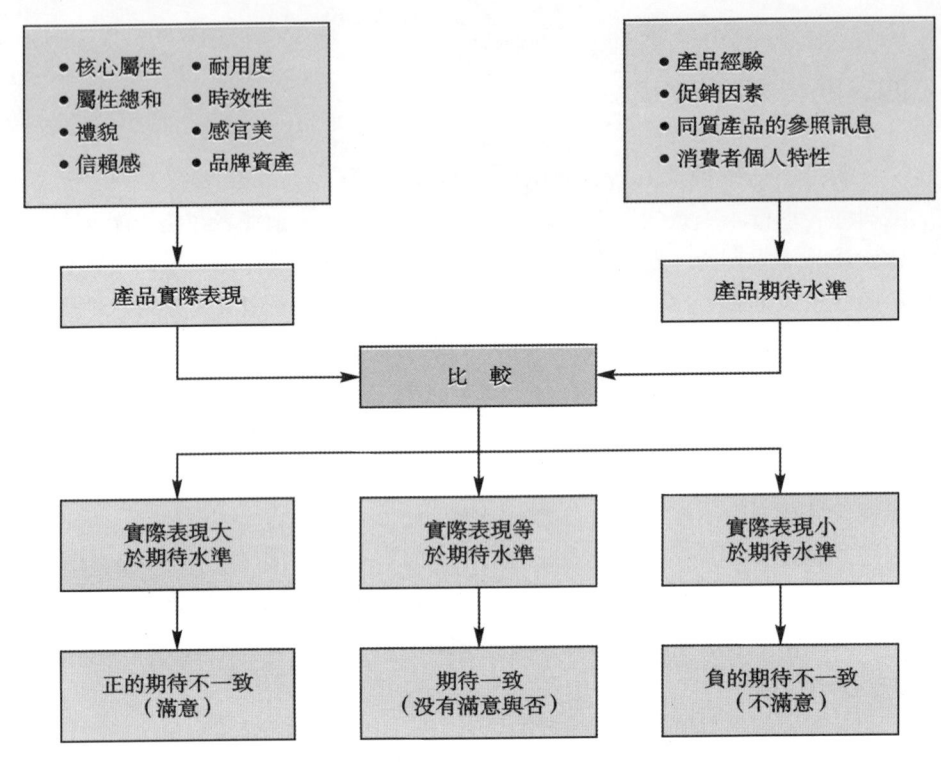

比較結果：
- 實際表現大於期待水準 → 正的期待不一致（滿意）
- 實際表現等於期待水準 → 期待一致（沒有滿意與否）
- 實際表現小於期待水準 → 負的期待不一致（不滿意）

圖 13-2　期待不一致模式示意圖
(採自 Woodruff, Cadotte & Jenkins, 1983)

前者。有關歸因理論有兩點的說明：

(一)　內在歸因與外在歸因

一般人在找出事情的原因上，大抵有兩種不同的歸因方法：**內在歸因** (internal attribution) 或稱**性格歸因** (dispositional attribution) 指把行為發生解釋為當事人心理因素使然。**外在歸因** (external attribution) 或稱**情境歸因** (situation attribution) 指將行為發生的原因解釋為情境或環境的因素使然。一般而論，人們在解釋別人行為時喜歡採內在歸因，對自己行為的結果喜歡採外在歸因。例如別人開會遲到便怪他們睡懶覺，自己遲到則說成下雨塞車等因素。

從歸因的理由能夠了解消費者對產品的滿意度及後續的行為。但人們在歸因的解釋並非全然的理性，例如對於成功與失敗所產生的歸因方式即是常見的偏差歸因。前段提及人們傾向以內在歸因解釋別人行為，用外在歸因解釋自己的行為，這種現象加上人們喜歡成功厭惡失敗的特性，容易產生成功時歸自己，失敗時怪別人的情形（寬以待己，嚴以律人）。例如籃球比賽贏了別隊，則球員大多誇耀自己的貢獻（"要不是我擋住那個胖子，你最後一球一定投不進"）。但是如果輸球了，則球員之間相互推卸（"都是你啦，傳個球也接不穩"）。所以爭功諉過，成為人們歸因普遍的原則。

(二) 歸因理論的行銷意涵

綜合上述精義，歸因理論在顧客滿意度的應用上，有兩點的行銷意涵：

1. 提供精湛產品 精湛的品質最能避免不當的歸因。一方面，當消費者因使用產品獲得成功經驗時，除了可能歸於自我努力或能力外，也會對產品形成信任感與滿意度。另一方面，如果使用產品的結果差強人意時，將因無法找到品質瑕疵，轉而把失敗歸因於其他因素而非產品。

2. 本乎誠信原則 行銷者販賣產品本乎誠信，避免欺哄詐騙，降低了信任度。在一個實驗中，珠寶公司將過去購買的顧客隨機分成二組：第一組顧客接到商店的感謝電話，歡迎有機會再到店惠顧。第二組也同樣接到致謝電話，但同時也告知在兩個月後，舉辦鑽石特賣會，希望再度光臨。結果顯示，第一組顧客之後在商店花費的時間與購買的金額明顯多於第二組，這個現象則與歸因有關，商店致謝附帶通知特賣會的電話，容易讓第二組人產生"另有目的"的外在歸因，認為商家的感謝電話並不真誠，因而影響日後在商店消費的意願。

六、情感與顧客滿意模式

我們在第五章的時候曾經提過，消費者因為強烈欲望想要去獲得某種感覺與刺激的購物態度稱為**體驗性階層**。而情感與顧客滿意模式就是由體驗性階層的概念延伸而出。**情感與顧客滿意模式** (affect and customer satisfaction model) 指出消費者購買產品或服務後，所引發的情感狀態影響了顧客滿意或不滿意的程度，相關的概念以下列幾點來說明：

1. 購買後情感可同時出現正向與負向的反應　消費者購買後滿意度的情感反應，可能是正面的也可能是負面的，這些多元的反應同時並存、相互獨立。舉例來說，買一套禮服後，你對於漂亮的款式充滿著興奮、快樂，有一股想要馬上穿上給大家欣賞的念頭。另一方面，你可能對店員傲慢的服務態度有許多的不滿與憤怒。這兩種情緒狀態彼此存在、各自獨立 (Westbrook, 1987)。

2. 情感與認知反應同時影響顧客滿意度　前文曾經提到，當消費者在購買後對產品的期待水準，與產品的實際表現將進行比較，產生滿意或不滿意的知覺。這是一種偏向認知性的反應，例如公平理論、期待不一致模式都是這個觀點。事實上滿意度除了受認知性影響外，也伴隨著情感主觀性反應，這兩者的反應可能一致，也可能不同。讀者文摘有一個笑話：有位客人訂購 24 朵玫瑰，並請花店老闆代送，因為客人是熟客，老闆好意多送了 6 朵。沒想到過了不久，客人打電話責怪老闆，原來客人送花給他的新女朋友附帶著卡片，上面寫著"一朵玫瑰代表一歲，而這些玫瑰代表妳花樣般的年華"。在上述案例中，老闆的服務比客人預期高，顧客在滿意度認知反應應該是正向的，但是從顧客主觀的情感反應上，反而成了不滿意。

3. 歸因的方式影響情感反應　顧客滿意或不滿意受情感反應影響，但情感反應與事件歸因的解釋有關。研究指出，航空公司班機誤點的原因如果是不可控制的因素，如遇到雷電、濃霧等天候不佳的狀況時，極少發生顧客憤怒或不愉快的場面，但是如果班機誤點肇因於人為疏失等可控因素時，旅客生氣及不滿意的情緒溢於言表 (Somasundaram, 1993)。

綜言之，顧客滿意或顧客不滿意深受產品表現與期待的評估結果，及顧客情感的主觀反應之影響，而歸因的方式也深深影響消費者的判定 (Manrai & Gardner, 1991)。

七、顧客滿意理論在行銷上的意涵

由於消費者對於購買後滿意或不滿意將會直接影響到以後的購買行為。所以如何提升消費者購買後滿意至為重要。綜合上述顧客滿意度理論要點，在作法上可從下列幾個要點做思考：

1. 追求完美的品質 從各種滿意程度理論來看，顧客滿意最基本的要件還是品質的表現。無論是全面品質管理模式、期待不一致模式或是主觀情感認知觀點來看，品質未達顧客基本的要求，都無法進一步談論如何追求顧客滿意。相對的產品品質表現精湛，就算消費者抱持極高的期待，還是能夠贏得起碼的肯定，不至於有太大的落差 (雖不滿意但能夠接受)。因此企業不斷的改良產品，已成了追求顧客滿意的不二法門。

2. 避免對產品功能誇大其詞 為了確保產品品質能符合或超越顧客期待，行銷者除了必須進行嚴格的品質管控，在推廣宣傳時也必須忠實的報導產品的功能，避免誇大其詞。一般而論，消費者對產品期待的產生，大抵來自廣告、銷售員或同儕間的口碑傳播，如果行銷者言過其實，容易對產品有不切實際的期待，一旦預期結果與實際表現差距過大，不滿意的程度也將隨之增加，因此，虛懷若谷甚至低報產品功能，讓消費者經歷高於預待的喜悅，亦是增進顧客滿意的有效作法。

3. 高品質的售後服務 消費者滿意的形成不只是使用產品的過程，售後服務也是重要的關鍵。事實上，優質的售後服務也成為消費者在購買時的重要考量。在行銷實務作法中，許多公司常以推銷為經營重心，投資大筆資金提升推銷技巧，但卻忘了推銷成功之後，如何服務顧客消除使用上的疑慮，此舉常造成期待過高的消費者心生不滿而離去，所以加強購買後服務的品質，成了維持顧客忠誠重要的法寶。例如，許多上班族最擔心的就是電腦故障，倫飛筆記型電腦"馬上送，馬上修"兩小時的快速服務，及聯強國際"今晚送修，後天取件"的物流維修服務，對於鞏固既有的顧客，建立公司正面口碑有卓越貢獻。

第二節　消費者抱怨行為

承前所述，提升顧客滿意度是企業成功的關鍵因素。然而當行銷者在致力於追求顧客滿意度之際，還需考慮到顧客抱怨行為。換句話說，當顧客對產品、服務、通路或公司形象不滿意的時候，行銷者應該如何因應，提供妥善的補救措施，已成了顧客再次上門的重要秘訣。美國麥可森市調公司調查顧客為何離去的原因中，69% 心生不滿的消費者指出後勤支援服務品質不佳，未盡指導之責是主要的原因。因此處理顧客抱怨行為，已成了企業刻不容緩的事務。

從行銷的觀點而言，抱怨代表有價值的潛在資訊，可以用來指引企業的行銷策略，抱怨處理得當更可為企業帶來相當多的利益，有鑑於此，本節將針對消費者抱怨行為作深入的探討。首先就消費者抱怨行為的類別及影響抱怨行為的因素作說明；其次就行銷者如何處理抱怨，建立消費者二次滿意的作法提出討論。

一、消費者抱怨行為的類別與影響因素

消費者抱怨行為 (consumer complain behavior) 指消費者知覺到不滿的情緒，因而產生行為或非行為的反應，而在這個定義下有兩個主題可以再深入的討論：其一，因抱怨所產生的行為與反應包含了哪些？其二，哪些因素會造成消費者知覺到不滿情緒？底下將分別說明之。

(一) 消費者抱怨行為的類別

消費者抱怨作法包括非行為與行為反應兩項，非行為反應主要是指不採取行動，而行為反應則包括了私下抱怨，向企業抱怨及向第三團體抱怨等方式，其分類模式如圖 13-3 (Singh, 1988)：

1. 不採取行動 不採取行動指忘記這件事，什麼事都不做。根據美國一份早期研究中指出，購買後不滿意消費者中，約有 25% 未採取任何行動 (Warland, Hermann & Willits, 1975)。台灣消費者遇事不滿意卻不採取行動者所佔的比例為何，因過去無類似的調查不可得知。但在中國人思想上向來固守儒家哲理 (但求和平相處，少與人爭執)，行動上又缺乏組織能力，所以受廠商欺騙後，大抵自認倒楣，或以"天理自在人心"、"存心自有天知"來作為合理化的解釋，所以蒙受不滿時卻不採取行動的比例應高於美國。

第十三章　消費者購買後決策行為　**531**

```
                          ┌─────────────┐    ┌──────────────────────┐
                      ┌──▶│  非行為反應  │──▶│ 不採取行動：          │
                      │   └─────────────┘    │ 忘記這件事，什麼也不做│
                      │                       └──────────────────────┘
                      │
                      │                       ┌──────────────────────┐
                      │                       │ 私下抱怨：            │
                      │                   ┌──▶│ • 私下抵制拒買或改買競│
┌─────────────┐       │                   │   │   爭品牌              │
│  不滿意行為  │───────┤                   │   │ • 散佈負面口碑傳播    │
└─────────────┘       │                   │   └──────────────────────┘
                      │                   │
                      │   ┌─────────────┐ │   ┌──────────────────────┐
                      └──▶│  行為反應   │─┼──▶│ 向企業抱怨：          │
                          └─────────────┘ │   │ • 告訴企業            │
                                          │   │ • 向企業要求賠償      │
                                          │   └──────────────────────┘
                                          │
                                          │   ┌──────────────────────┐
                                          │   │ 向第三團體抱怨：      │
                                          └──▶│ • 向消費者保護組織檢舉│
                                              │ • 透過消費者保護組織  │
                                              │   尋求賠償            │
                                              │ • 向法院控訴          │
                                              └──────────────────────┘
```

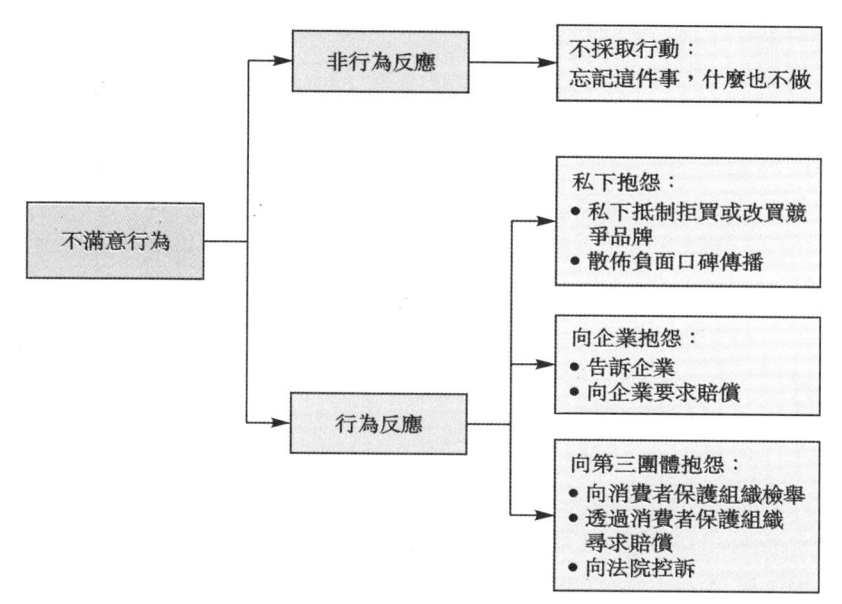

圖 13-3　消費者抱怨行為的分類方式
(摘自闕河山，1989)

2. 私下抱怨　當消費者購買的產品出現瑕疵或對服務不滿時，常考慮回零售商店抱怨，但也會計算抱怨一趟所必須花費的成本。例如：回去的路程，時間花費及得到滿意回應的機率等。當自忖花費成本大於所得利益時，常以私下抱怨洩憤。私下抱怨指以拒買、品牌轉移或進行負面口碑傳播來表達不滿情緒。

私下抱怨雖屬於比較被動的抗議行為，但行銷者若不注意這些行為 (尤其是負面口碑傳播) 後果往往一發不可收拾。例如統一礦泉水曾發生水中含雜質的事件，這本是單純瑕疵問題，但因公司處理緩慢，經消費者私下口語相傳下，竟演變為媒體新聞的報導題材，對公司的形象損害不小。

3. 向企業抱怨　向企業抱怨指打電話、寫信、親自向企業直接抱怨或向企業要求賠償等行為。當消費者認為抱怨有可能獲得傾聽，甚至可直接獲得特定賠償時 (如要求道歉、免費修理、更換或退錢) 常會採用這種積極的作法。從企業的利益觀點來說，向企業抱怨是消費者表達不滿情緒中，比較"友善"的一種方式，因為透過這種方式，行銷者可知道問題的癥結，力謀解決挽救可能失去的顧客與商譽，相對的，如果消費者採其他方式 (抵制、拒買、負面口碑、向第三團體抱怨) 都可能對企業直接造成傷害。因此近年來台灣許多企業都附設有免付費 080 電話，提供消費者直接的投訴管道，使企業得知顧客抱怨內涵的寶貴資訊。

4. 向第三團體抱怨 向第三團體抱怨指把不滿的情緒告訴消費者保護團體，透過消費者保護團體組織尋求賠償或直接向法院控訴等方式。向第三團體抱怨的消費者屬於比較主動積極者。抱怨者認為已付出應付的成本，就該有等值的產品或服務，才能符合交易的規則，也願意為了維護規則而戰。另外，向第三團體投訴，也可凝聚消費者的共識，增加獲得廠商合理的回覆的機會。

販售價值或象徵性高的廠商對於顧客抱怨更需秉持戒懼的態度處理，例如富豪 (Volvo) 汽車在台灣曾發生過爆衝事件，顧客因使命感驅使與公平正義原則向公司反應，但台灣代理商最初的反應卻斬釘截鐵的認為事件產生是顧客的疏失，而非汽車設計與製造上的問題，但隨著案例的增加及轉向第三團體抱怨後，代理商體認到茲事體大才緊急召開記者會，宣布召回所有同款式汽車進行免費檢查，然而整件事情因行銷者未能防微杜漸，使得消費大眾對公司危機處理能力產生許多的質疑。

(二) 影響抱怨行為的因素

消費者在不滿的時候，會產生抱怨行為，但是並不是每一個消費者遇到委屈，一定提出抱怨，而要視是什麼狀況。研究指出影響消費者抱怨行為的因素可歸為下列幾點 (曾志民，1996)：

1. 生活水準 生活水準較低的國家行銷系統效率較低，消費者獲得基本物質比較不易，因此對於瑕疵品或低劣服務傾向不計較；相對的，生活水準比較高的國家，消費者重視自己的權益，了解申訴與抱怨途徑與法律，會為了消費權益挺身而出。早期跨國研究指出，美國抱怨的比例高於加拿大，兩者又高於開發中國家的土耳其與肯亞。

2. 消費者特性 相對於非抱怨者而言，抱怨者一般年紀較輕，所得與教育程度也較高。主要原因在於上述消費者有較多的資源 (如訊息取得) 處理抱怨事宜，知覺風險也較低。另外，自我肯定強的人 (自信心高)，遭遇不公平之際，容易站出來維護自己權益。再者，抱怨者比非抱怨者具較高的獨立感，較自我肯定，具濃厚個人主義特質，對抱怨一事持正面態度，通常也是積極的支持消費者權益保護運動者。然而上述這些特質與消費者抱怨行為的關係都非常微弱，仍有待進一步的釐清。

3. 產品的重要性 消費者對於重要性的產品（如昂貴、代表自我形象的產品）投入的心血較深，期待也就越高，因此產品產生問題時容易導致較大的挫折與不滿，採取抱怨的行為也越明顯。早期研究指出當低成本常購買的日用品發生瑕疵時，少於 15% 的消費者會提出抱怨。相對的，當不滿的產品為家用耐久財或汽車時，超過 50% 會採取抱怨行動。而與自我形象相關甚深的服飾，購買後不滿意的抱怨比率更高達 75%。

4. 問題的嚴重性 當產品無法表現其功能，造成消費者的損失與不滿問題越嚴重，例如金錢或時間的浪費、身體或情緒的傷害與產品瑕疵等，消費者採取強烈反應的可能性也越高。

二、行銷者降低顧客抱怨的作法

根據研究，行銷者對於消費者在購買過程中的不滿，如果能妥善因應，使消費者對抱怨的處理產生正面的評價，不但可以避免顧客抱怨時的負面作用，更可再次增加顧客對商品的信心，這種因消費者抱怨讓公司有機會修正錯誤，再次提升消費者對公司正面形象的情形叫**二次滿意** (second-order satisfaction)。企業在商場競爭的重要利器就是落實顧客滿意的精義，不但使第一次接觸產品的消費者產生滿意，也能夠讓第一次接觸時就不滿意的顧客，因公司處理抱怨合理且善意的方式產生滿意，才能真正留住顧客，引發再次購買的意圖。

行銷者降低抱怨的作法，最重要的是讓消費者第一次接觸產品時就產生滿意。而顧客是否滿意與接觸第一線服務人員態度有關。換言之，內部員工有滿意的感覺，才能提供讓顧客滿意的服務品質，我們將在第一部分就內部員工滿意度作探討。其次，將討論有關消費者購買後對產品不滿意時，如何才能建立消費者二次滿意的相關作法。

（一）內部員工滿意度

企業如果希望服務或生產人員有精良素質，對公司持有向心力，就必須先做好員工滿意的工作。**員工滿意** (employee satisfaction) 指將員工視為第一線"顧客",並先求得員工工作條件的滿意,才能藉由滿意的員工,去服務顧客並獲得滿意的顧客。

員工滿意的作法內容相當多,但主要的原則為進行內部員工的行銷,例如尊重員工、重視員工的要求、支持員工的作法、讓員工覺得是公司的重要一份子,由於篇幅關係,以下將列三點做扼要說明 (衛南陽,1996):

1. 工作環境與制度的健全 工作環境與制度健全需審視下列幾點:工作權責是否劃分清楚與員工被授權的程度,主管與員工及同事間的工作氣氛對工作的態度及互動的關係,工作條件與薪資福利結構的合理化程度等。如果員工對上述事項不滿且缺乏信心,自然影響到員工服務顧客的本質。

2. 進行員工培訓與發展 為了讓員工了解公司經營的理念與服務顧客的運作方式,必須進行員工的教育與訓練。培訓的功用除了強調觀念的啟發外,也要重視技術的培養,以增進員工服務生產的能力與效率。

3. 建立與員工溝通的管道 行銷者與消費者充分溝通是成就顧客滿意的重要方法。同理,與員工充分溝通除了可培養員工向心力、建立同仁之間的共識外,員工也有機會表達想法,而藉由雙向溝通更能提升員工士氣,工作自然用心且有效率。

綜言之,員工滿意對於建立顧客第一次滿意有絕對正面的相關,因此公司應把員工當成顧客來看,傾聽員工的聲音,讓員工能為公司盡力及交心。

(二) 設立專責機構處理抱怨

當產品或服務產生問題而發生不滿的時候,消費者容易產生認知失調的現象。處於認知失調時,常伴隨著下列三種感覺;其一,希望能取回公道,讓自己回復沒有被騙的感覺。其二,希望能夠有暢通管道宣洩不滿情緒。其三,希望不滿的感覺能被企業重視,以求得心理上的平衡感。

什麼方式最能解決消費者因抱怨而產生的認知失調?研究指出,設立專門的機構處理顧客抱怨是最好的一種解決方法,因為如此才能真正了解消費者的問題進而修正問題,並提升為顧客的二度滿意。例如飛利浦公司設有專門的顧客諮詢中心,凡是消費者有任何不滿或質疑可透過 080 的免費電話申訴,員工也必須立即處理,申訴案例一律進入電腦,絕不會產生"吃案"的情形,而這種重視消費者權益的處理方式深獲好評。

值得一提的是,因為消費者有權抱怨,所以廠商所提供的溝通管道應秉持著公正、公平的程序運作,讓消費者有充分表達意見與抒發情緒的知覺,如果企圖拖拉或掩蓋事實的真相,將燃起消費者由不滿改為拒買等行動,讓商譽受損更深。在 1999 年,約 200 名歐洲消費者在喝過可口可樂後呈現嘔吐、頭痛、腹瀉症狀,公司因法律的顧慮,宣稱該飲料"並無健康或安全之虞,也許不是那麼好喝,但絕對沒有害"的文過飾非之詞。而公司被動的因應,反而引起消費者負面心理擴大,造成市場抵制之聲不絕於耳。最後公司解釋是使用了"壞掉了"的二氧化碳且罐裝外殼沾到消毒殺菌藥水所致,並由總裁發表聲明鄭重道歉,但為時已晚的處理對品牌已造成許多不利的打擊,是一個失敗的危機處理案例。

(三) 定期實施消費者滿意度調查

想要降低顧客抱怨,行銷者首先需要了解該怎麼做才能滿足顧客。而透過顧客滿意度的調查,進行雙向溝通,是最直接了當的方式。滿意度調查的方式並不只限於問卷,舉凡售後電話追蹤、面談、顧客免費專線電話、業務員回報、購買行為觀察與模擬、市場測試、焦點團體訪談等都能夠收集到顧客的建議與需求。一般在實施滿意度調查時需要注意到下列兩點:

1. 從預防勝於治療的方向思考 在進行顧客滿意調查的時候,行銷者常把題目偏向服務或售後服務的層面,想要了解如何提供貼心及與眾不同的售後服務,才能讓消費者滿意。事實上,行銷者更應從創造商品價值與降低售後服務作為經營的思考方向,例如汽車製造公司應把重點放在如何讓機件零故障,減低售後服務的需求,而不是把訴求放在汽車壞了會有完善的售後服務,類似這種防患未然的作法對降低顧客抱怨將有實質的效果。

2. 避免正向誤差 測量顧客滿意度調查時,應避免正向誤差的情形。**正向誤差** (positive bias) 是指填答者在回答滿意度問卷時,因考慮面子人情問題,或擔心填上服務不好使得服務人員被責罵懲罰,轉以較正面的態度來回答問題的一種傾向。有一研究曾以數百篇顧客滿意的問卷作分析,如果單就顧客對廠商服務的評估來看,超過 65% 的消費者都選擇"高度滿意"

(Peterson & William, 1992)，正向誤差的普遍性可見一般。

　　事實上，千篇一律的"高度滿意"對於公司改進服務品質並沒有實質助益。而如何防止正向誤差，可由問卷設計改良著手，例如避免以"你滿不滿意"等字眼當成問句，而以迂迴方式，例如"買車之後，是否願意向朋友推薦這部車？"；"如果還要買車，會不會再到這家經銷店購買？"等敘述，較能得到真實答案。其次，研究者可編制不滿意程度的反向句子來詢問消費者贊同程度（例如"我極為不滿意店內服務態度"），將能有效避免正向誤差，探測出消費者內心的感受。

第三節　消費者處置產品與環保意向

　　消費者因為喜歡產品而購買，因使用產品而產生依戀，尤其是衣服、家具等被視為自我認同的產品。因此當產品破損或儲藏空間不足必須丟棄時，不捨的情感浮現而出。

　　雖然一些人不喜歡丟東西，但是當產品已經無法發揮應有功能，或不符合消費者需求時，必須丟棄處理，以避免"物"滿為患。在消費者購買後到丟棄產品的過程中，常被討論的主題有三，首先是消費者透過什麼方式來丟棄產品，這個議題在環保意識覺醒的時代更被重視；其次，物品隨意丟棄容易造成污染問題，所以消費者如何進行綠色消費，確保環境生態也是值得重視的問題；最後，行銷者在產品的生產及行銷上要如何做，才能呼應消費者所需的環保訴求。底下將分別就前面兩個主題說明之，有關行銷者如何進行綠色行銷的部分，請參考補充討論 13-1。

一、消費者處置產品的方式

　　我們只有一個地球，但隨著科技的發達，大量生產大量行銷的結果，消費者物質生活越來越富裕，但廢棄物也隨著大量的增加，對地球生態形成莫大的威脅。因此身為消費者的我們，應對環保建立正確的消費觀念與行為。本節首先討論消費者處理廢棄產品的一些方法。其次將目前流行的二手貨購買的現象做一說明。

(一) 消費者丟棄產品的方式

消費者使用產品後的處置方式，大體可分為下列三種：一是將產品繼續保有，二是暫時不用，三為永久不用。圖 13-4 描繪了這些情形，底下我們將針對圖 13-4 提出說明。

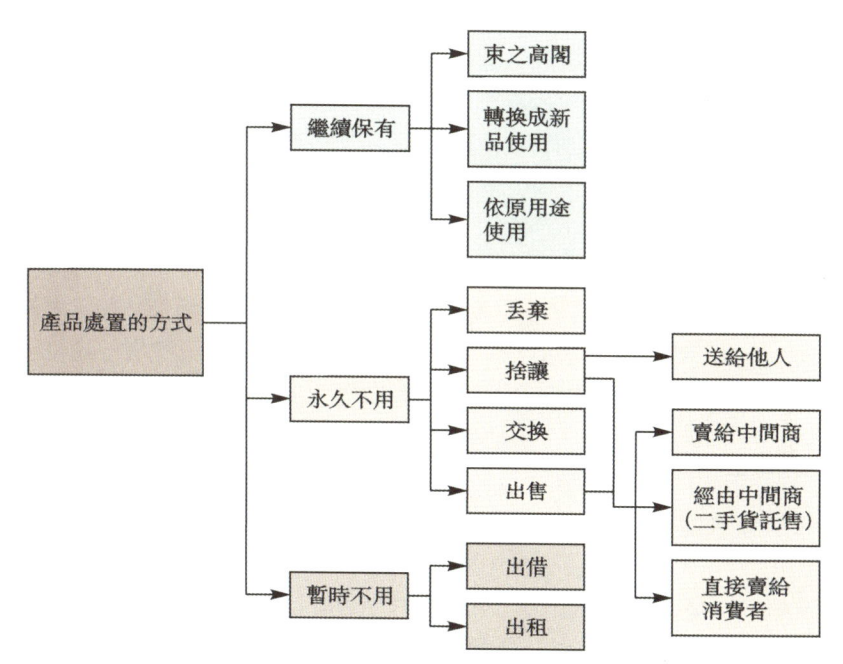

圖 13-4　消費者產品處置方式一覽圖
(採自 Jacoby, Berning, & Dietvorst, 1977)

1. 繼續保有　如果消費者希望把產品繼續保有，作法上包括了下列三種：(1) 束之高閣：束之高閣意味著產品不合消費者使用。針對這個問題行銷者宜加以了解為何不用的原因，謀求解決。再者，束之高閣也代表著消費者不忍丟棄的心態，所以如何將越堆越多的東西妥善收納，成了一門學問。(2) 轉換成新品使用：在惜福與節約資源的風氣下，以創意的方式讓舊產品找到新生命與新用途，亦不失為繼續保有的方式。例如，破損的絲襪可作為洗滌的菜瓜布使用，或當成水槽過濾雜物之用。(3) 依原用途使用：若產品仍須依原用途使用時，可經由重新整理的方式創造第二春，例如許多人對於浸滿風霜五斗櫃不忍丟棄，但是斑剝陳舊的面板又不美觀，此時可到家具店購買外貼木皮用夾板，善加利用油漆重新配色，讓舊家具改頭換面延續使用的壽命。

2. 暫時不用　當產品處置方式為暫時不用時，包括的方法有出租給別人或借給別人使用兩種情形，出租或出借是一種對產品權宜的處置方法，其中又以貴重物品最為常見，如出租 (出借) 房子、汽車、電腦、相機等。

3. 永久不用　如果消費者對產品永久不再使用，則有四種方式可供選擇。(1) 最直接的方式當垃圾處理丟棄。丟棄的垃圾如處置不當可能成環保問題，造成生態破壞，下文我們將有詳細說明。(2) 捨讓。捨讓是指藉由出售或送給他人的方式處置產品，例如許多消費者常將舊家具轉贈給有需要的人，讓產品能夠再次的被使用。(3) 與別人交換產品。這是一種以物易物的老方法，例如為了增廣見聞，許多網路使用者常刊登留言，希望與有緣人交換同性質產品，以避免資源的浪費，其中又以電動遊戲、漫畫、雜誌最為常見。(4) 最後一種處置方式即把產品出售，包括直接賣給消費者、經由中間商來賣 (二手貨託售) 及賣給中間商三種選擇。

(二) 二手貨販售

在環保意識抬頭之際，越來越多的消費者喜歡以**二手貨販售** (lateral cycling) 的方式處理丟棄問題，讓產品能再次的物盡其用，以避免浪費或丟棄造成的污染問題 (Sherry, 1990)，二手貨販售屬於上文所述永久不用的出售方法，包含有跳蚤市場、舊貨分類廣告、收破爛的、網路二手貨販售，甚至當舖或黑市交易等。因為消費者能夠以比較便宜的價格買到需要的東西 (如大學教科書、古董、特定時期雜誌、二手辦公桌及用品)，使二手貨販賣越來越受到歡迎，也逐步成為除傳統市場的另一種新興的銷售管道。

二手貨商店的型態與販賣的商品無奇不有，例如美國阿拉巴馬州有一家叫做 "無主行李中心" 的商店即相當有趣。據估計全球有數以萬計的行李遺失，許多待領行李常因為各種陰錯陽差的因素，成了 "無主行李"。該商店即把這些行李內的物品當作貨源開店營業。由於商店中有許多非凡的產品，如古董、電腦、香水、高爾夫球用具、精品，加上價格非常便宜，吸引了大批尋寶的顧客，營業額蒸蒸日上，連鎖分店也陸續開設，是一個成功的二手店販賣。

二、消費者的綠色消費

綠色消費 (green consumption) 指購買產品時，盡量選擇對環境破壞少、污染程度低的產品，並且盡可能減少不必要的消費。綠色消費是從消費者的角度作環保，雖然每一個消費者所能產生的力量微薄，但集合起來對社會卻有很大的貢獻。例如垃圾分類或減少塑膠袋的索取，就是一種隨手可做的綠色消費。有關綠色消費的概念與作法，底下分三點來說明：

(一) 從全球性的環境浩劫來思考

近年來世界所遭遇的環保危機包括空氣污染、水源污染、有毒廢棄物、臭氧層的破壞、全球溫室效應、森林濫伐等。雖然世界各國政府決策的錯誤和企業唯利是圖，都是造成上述生態破壞的原因，但不可否認的，消費者永無饜足的欲望更是使生態系統遭到破壞的幕後黑手。表 13-3 詳列了地球目前所遭遇的浩劫，及消費者挽救地球能做的事情。

有鑑於經濟發展而過度開發地球資源，導致人類生活環境迅速的損毀，使得 1970 年初期萌發了一股環保運動，到了 1990 年代更轉變為全球性綠化運動。綠化運動的特色在於以"全球性思考"為原則，即生活在地球村的消費者，因為彼此之間有著密切的關係，必須長期合作與努力，才能解決生態的威脅，提升人類品質與生存空間，例如在 1992 年巴西里約熱內盧所舉行第二次的地球高峰會，即由世界領袖齊聚一堂，商討世界環境的改善問題，會中除了延續第一次會議有關有形污染 (如空氣污染、水污染) 防治外，也擴及"無形"污染 (如化學物品、放射線污染等) 與全球溫室效應、臭氧層破壞、森林濫伐、海洋污染等議題的討論，並希望透過國際協議及強制的立法來取締污染製造的來源，也希望各國政府能一起宣揚教育環保的觀念，提升消費者的環保意識 (陳偉航 1994)。

表 13-3　地球的生態浩劫

地球面臨的問題	成　因	影　響	消費者能做什麼
天空破洞了：臭氧層的破壞	人類製造了大量會破壞臭氧層的物質，於是南北極的臭氧層破洞了。	將增高人類罹患皮膚癌及白內障的機會。海洋中的淺海浮游生物受致命影響，農作減產，並加強溫室效應。	購買冷氣、冰箱、汽車、噴霧髮膠⋯時，選購不含氟氯烷化物的產品。
地球發燒了：溫室效應產生	由於人類濫伐森林及製造大量的二氧化碳等廢氣，集結在大氣層，吸收熱量，並把部分吸收的熱量又輻射回地球，於是地球越來越熱，氣候也越來越不穩定了。	地球增溫產生乾旱缺水、土地沙漠化，同時造成暴風暴雨，使海面上升、海水倒灌、溼地消失，導致生態食物鏈的破壞。	減少二氧化碳排放、節約能源、防止森林的減少、綠化環境。
老天落淚了：酸雨從何而來	人類在燃燒煤炭、石油等物質，及電廠發電時會產生硫氧化物、碳氧化物與氮氧化物。這些物質一旦碰到空中的水氣，就形成酸性的雨、雪、雲、霧下降。	酸雨可導致水中生物死亡、森林枯死、腐蝕橋墩、建築；土壤酸化影響農作；地下水酸化，引起皮膚、眼睛病痛。	減少使用汽車、節約能源、減少廢棄物排出、工廠安裝脫硫設備、減少硫氧化物的排放。
大地呼吸困難：雨林消失中	地球上的雨林正以每分鐘二十二公頃的速度消失。消失的主因是過度火耕、過度放牧及過度砍伐。	雨林的消失，表示物種逐漸滅絕、大氣調節功能破壞、溫室效應加速、山洪爆發、水土流失。	減少影印用紙、儘量用再生紙、拒買雨林的木材製品、督促政府強化森林管理、參與國際環保組織、保護雨林。
浪花不再美麗：污染的海洋	垃圾、核能廢水、船隻漏油、塑膠空瓶、重金屬排放物、農藥、化學肥料、污染的河川、海岸工程⋯，都是污染海洋的元兇。	海洋生態破壞、珊瑚及海底生物死亡、魚群減少、有毒海產造成人體中毒、天然海岸線消失。	避免水污染、妥善處理污水、減少海岸開發、保護沿海溼地、少用不能自然分解的化學原料、少用塑膠品。
朋友不見了：物種滅絕	生態環境的惡化，加上人類的濫伐、濫墾、濫殺、濫捕，導致許多物種失去可棲息的環境，而遭致滅絕危機。	食物鏈遭受破壞，生態失去平衡。	保護森林、減少使用農藥、拒絕捕食野生動物、停止不必要的環境改變、減少海洋污染。

(採自許芳菊，1996)

(二) 台灣消費者對綠色消費的態度

每個國家的經濟狀態與文化觀點不同,因此實施環保教育的程度也有所差異。一般而論,綠色消費概念的演進可分為三個階段:播種期、萌芽期與茁壯期,詳述於表 13-4 中 (黃慶輝,1994)。目前德國處於茁壯期,而美、日、歐洲各國 (北歐五國、英、法) 約處於萌芽期與茁壯期的交會。

表 13-4 綠色消費發展三階段

發展階段	消費者的意識	政府角色	企業立足點	綠色產品重點
播種期	要環保不要增加負擔	綠色觀念教育	領導潮流建立形象	壓低綠色包裝成本
萌芽期	願意多花一點錢買綠色產品	綠色活動宣導	順應潮流急起直追	提高綠色附加價值
茁壯期	非綠色產品不買	綠色法令推行	時勢所趨不得不為	環保第一

(採自黃慶輝,1994)

相對的,台灣綠色消費觀念尚在播種與萌芽期之間,不是對綠色行銷的定義不清楚,就是略知相關概念,但主動性與警覺性不夠。這種情形使得廣告商不能以環保議題做為吸引消費者的訴求。例如飛利浦 (Philips) 公司曾因即將上市的產品"不含汞電池"與代理的廣告公司發生一場爭論即是。廣告公司先前的廣告設計以電池能夠防止環境污染為訴求,但卻遭到飛利浦公司否決,因為該公司認為台灣消費者仍未到非環保產品不買的地步,因此以綠色觀念為題材,將無法有效吸引消費者注意。最後廣告以"價格不變,功能多樣"為訴求,強調產品實用的功能 (李惠芳,1992)。

台灣的綠色消費不能落實的原因與下述幾個情況有密切關係 (陸惠敏,1992)。

1. 似懂非懂的綠色消費的意義 綠色消費必須符合 3R 原則,即減量、再用與回收 (見表 13-5)。台灣消費者雖然粗淺的了解綠色消費是怎麼一回事,但對綠色消費的定義不夠清楚,或僅對產品或廠商的綠色訴求印象模糊,此點反而給了部分投機取巧的廠商可乘之機,把綠色環保當成新的利基點，藉以大發利市及提升企業形象。例如：常看到媒體報導一些大污染源的石化工業捐贈大筆金錢支持環保與公益活動，事實上這些工廠如果沒有配合環保改善污染的決心與行動，贊助環保的活動只能稱為"矇騙消費者"，但在民眾對綠色消費認識不夠深入下，反而讚賞廠商的義舉。

2. 便利性還是消費主因 消費者常因便利的原因而使用了可能破壞自然環境的材質。例如：為了避免傳染 B 型肝炎及免去洗碗的麻煩而使用保麗龍器皿，為了省去換洗尿布的麻煩而使用紙尿片，事實上保麗龍或紙尿片等物質，都需要經過數百年才會逐漸分解，造成嚴重的生態污染。另一方面，消費者貪圖一時的舒服便利也對環保造成衝擊。例如冷氣調到攝氏 18 度以下才能消暑，使用添加化學合成的清潔用品才能快速洗滌，這些行為明顯的與綠色消費的精神相互矛盾。

3. 心動有餘行動不足 雖然環保運動是全世界潮流，人們也意識到地球資源正慢慢的減少，但是卻只有一半的台灣消費者落實於行動。例如，許多上了年紀的家庭主婦到超市喜歡多要幾個塑膠袋，因為少拿使他們覺得權益受損。另外研究指出，當環保訴求產品在價格上，比同功能的其他非環保產品較為昂貴時，消費者大多表示不會考慮購買（陸蕙敏，1992）。足見在台灣綠色消費還沒有深入到消費者日常生活中，無法化為具體行動實踐。

(三) 綠色消費的具體作法

以往消費者購買決策的主要判斷依據為價格與品質，但在環保風氣下，消費者應該省思購物的原則，不但要避免購買對環境有害的產品，更要"主動的"以綠色消費方式"主導"廠商生產的方向。

1. 將綠色消費概念融入日常生活 由於綠色消費已逐漸成為一套生活的哲理，消費者在消費過程中，必須多一層的思考與把關，除了關心品質和價格外，環保因素的考量也應該列為重要指標，才能符合社會利益與全球福祉。總而言之，綠色消費的生活方式就是在消費時，確實遵守表 13-5 的 3 R、3 E 的原則，才是一種負責任及講求倫理道德的消費態度。

2. 拒買妨礙環保的產品 檢驗企業是否落實企業綠色本質，避免陷入企業綠色行銷的陷阱，可透過消費者集體力量來共同完成。而根據國外的經驗，消費者"拒買"是最具體的行動，如全球性的抵制稀有野生動物的進

口與出口 (象牙、犀牛角)；歐美國家抵制雀巢和日本森永、明治、雪印等乳業公司產品，因為這些公司以不道德的方式行銷嬰兒奶粉，造成許多第三世界國家的嬰兒死於腹瀉或營養不良，而日本三菱公司在東南亞破壞熱帶雨林，產品因而遭受西方國家杯葛。這些都是消費者抗爭的實例。

表 13-5　綠色消費主義的 3R 與 3E 原則

綠色消費原則	英　文	意　義
減　量	Reduce	選擇儘量減少不必要的消費
再　用	Reuse	選擇盡可能重復使用的產品
回　收	Recycle	選擇屬於再生材質的產品，及作廢時資源可回收再利用的產品
經　濟	Economic	選擇使用能源最少，加工程序單純，包裝最節省的企業與團體，以達到經濟性原則
生　態	Ecological	選擇致力於污染防制，對自然環境傷害最少，不會傷害到野生動物植物的企業與產品，以符合生態主義原則
平　等	Equitable	選擇尊重人性不剝削勞工，不侵害弱勢民族生存權，不以不道德手段去行銷，不從事違反人道主義的動物性試驗等的企業與產品，以符合平等主義之原則

(採自柴松林，1996)

3. 破除綠色產品價格較貴的迷思　綠色產品 (green product) 包括以再生材料所製造的產品 (如文具、包裝)、節省能源的產品 (省電燈光設備)、健康有機產品 (天然洗潔劑、個人護理用品) 及不使用人工化學管理蟲害所生產的產品等。美國許多消費者都表示願意多付 5%～15% 之間的費用購買對環境有利的產品，但反觀台灣消費者因平日受惠於折扣及多買多送的行銷策略影響，大多不願意額外付出代價購買所謂的"綠色產品"。

事實上，從另一個角度思維，許多綠色產品未必比非綠色產品昂貴，反而可能因用量減少節約能源而降低應有的花費。例如省水蓮蓬頭可省下一筆水費、省電冰箱或燈泡或太陽能地熱能源系統，可有效的降低電費。此外，綠色產品提供的便利性與安全性的優點，更是其他產品無法媲美的。例如美樂加公司的濃縮洗衣精可稀釋使用、容易攜帶與儲藏，而有機堆肥覆蓋土或無毒性庭院用品對兒童的安全有保障。因此選用綠色產品有其附加價值，除

補充討論 13-1

行銷者的綠色行銷

在人們環保意識的高漲及綠色消費者越來越多的情形下，綠色行銷的概念已逐漸在企業經營造成衝擊。**綠色行銷** (green marketing) 指將環保的原則、理念及作法運用於各項行銷的活動中，並以環境保護精神作為產品特色的行銷方法，來呼籲消費者所需的環保訴求。綠色行銷強調產品原料從取得、加工、生產、銷售、消費、拋棄等產品生命過程，都必須將對環境污染及損害的程度降至最低。綠色行銷所強調的產品實際上包括了實體、服務及理念等三項產品 (Kotler & Levy, 1969)。就以實體產品意義而言，綠色行銷者應以替代的方法，製造出對環境傷害及污染較少的商品。就服務意義而言，行銷者應提供減少對環境造成損害的相關服務。就理念意義而言，企業者須有正確的環境保護及生態保護的觀念。而有關行銷者綠色行銷具體作法可從綠色行銷組合的相關策略進行，包括有：

1. 產品策略 產品策略應以環保精神的綠色產品作為開發與設計的依據，理念上包括：(1) 量少的設計為最好的設計，力求簡單、明確、耐看，而非以推陳出新但耗材料的外表來吸引消費者；(2) 小、輕、少又能回收的包裝材質是最好的包裝，過度包裝是不需要的，且減少包裝可降低成本，對消費者權益也是有幫助的；(3) 產品從原料取得、生產、使用、銷售到廢棄物回收、清除，都要能夠以改善環境品質與滿足消費者需求兩大方向為目標。

2. 推廣策略 推廣或溝通策略上，需要進行綠色廣告活動，協助消費者認知到"可回收、低污染、省資源"的理念。綠色廣告內容性質可分為綠色產品廣告、企業形象廣告及公益廣告三類，但題材上大致分為兩種：其一是對環保問題的關切，其二敘述企業如何致力落實環保精神於生產、產品與回收。這兩種概念不但要能宣導正確觀念，也要能引發消費者的實際行動，切忌以綠色外衣為廣告題材，卻推出與環保風馬牛不相關的產品，以免增加消費者反感。

3. 價錢策略 過去綠色產品一向給消費者不便宜的印象，在行銷價格競爭上處於不利。然而隨著經濟成長與消費者生活型態的改變，價錢已非購買主要的考量因素，例如，許多消費者寧願多花錢購買外表有些缺陷的有機蔬菜，而捨棄化學農藥培植的有漂亮外表的青菜，而天然素材的化妝品雖然較貴卻深受歡迎。因此短期而言，綠色產品高定價的策略在競爭上確實處於不利，但隨著消費者觀念的改變，回收再用材料的供應將會越來越多，綠色產品的價格也會越來越有競爭性。

4. 通路策略 通路對綠色產品的分配非常重要，就綠色觀念的宣導而言，扮演通路的零售商家最了解當地消費者的生活習慣與相處模式，所以，藉由這個通路來聯絡消費者，宣導企業的綠色觀念，執行環境保護的社會責任，是不錯的策略。例如義美公司實施"100% 責任回收制"回收已使用之寶特瓶、冰淇淋蛋糕盒等即為一例。此外，企業也可透過通路提供環保理念及法律知識，加惠社區內消費者。簡言之，行銷者應讓消費者方便買到綠色產品，也能夠輕易了解綠色理念。

了能夠充分利用資源、享受較高品質外,在使用過程也不知不覺節省金錢。

第四節　消費者權益保護運動

　　在經濟富裕、供過於求的商業環境中,各行各業競爭激烈。為了爭取商機,行銷者使出渾身解數研發產品,並透過各式各樣的廣告訴求及便捷的通路來促銷產品。消費者則經由比較來選擇產品制訂決策。但因為少數廠商採不道德方式推銷瑕疵品或劣質服務,造成消費者購買後的問題層出不窮。因此保障消費者權益,教育消費者理性購物等議題,成了現代社會不可或缺的課程。有鑑於此,本章特闢一節,來說明消費者權益保護運動的相關概念,希望能喚起消費者對基本的消費權益的重視。首先將從消費問題的產生與消費意識的抬頭說起。接著探討消費者基本的權益與義務為何。在補充討論13-2 則就政府、企業與消費者三者之間,在消費者權益保護運動的具體作法上提出一些建議。

一、消費問題的產生與消費意識的抬頭

　　消費者可以算是一切經濟活動的操控者,因為有了消費的需要才有一切經濟活動的產生。但綜觀現今供給與需求的資本市場中,因消費者知識或法律常識的不足,處處居於劣等的地位,飽受企業經營者剝削之苦。例如將心愛的衣服送洗後損壞,如向洗衣店索賠,一般都只願意按洗衣費一定的倍數(如五倍) 賠償,而不是以衣服購買時的價格理賠,這是不合理的,但是許多消費者都不清楚自己的權益範圍,要不就是求助無門進而息事寧人。

　　人本主義的消費趨勢抬頭,消費者的權益問題在相關學者的努力下,已經具有相當的共識與規模,法令的制定也趨於完備,消費者在面臨廠商不當的處置時,都可透過合宜的管道,尋求到合理、公平且有效的消費者保護法令來解決問題。為了闡釋消費者運動的重要性,本小節首先說明為什麼消費

問題在 20 世紀層出不窮的原因，消費者權益保護運動推行的過程，以及台灣消費者權益保護運動的歷史演進。

(一) 消費問題的產生

消費問題 (consumer problem) 是指消費者與企業經營者之間，因商品或服務立場的不同，產生了爭議甚至法律訴訟的情形。消費問題產生的最大原因在於企業經營者與消費者之間的"訊息不對等"。

隨著高度的經濟成長，廠商大量生產也大量銷售，造成巨量的消費，而科技的進步成了廠商促銷產品的有利工具，拉大了生產者與消費者訊息不平等的差距。例如，企業經營者可運用其龐大的財力物力，取得大範圍的資訊來源，但相對的消費者對於消費知識及資訊的取得卻是受限的。其次，從規模來看，企業經營者是一個訓練有素的組織且有強大經濟力量支持，而消費者則是無組織且經濟有限的個體戶，雖然人人皆是消費者，但是在缺乏凝聚力前提下消費者形同散沙。因此，在消費者所處的弱勢地位下，消費者應有的權益逐漸被忽視，消費者問題也就層出不窮。

綜言之，消費問題產生最大的原因在於"廠商知，消費者不知"的訊息不對等的情形，造成消費者在資訊取得上無法與企業經營者互相抗衡。有關產生"訊息不對等"的原因列於表 13-6，請讀者參考。

(二) 消費者權益保護運動的意義

消費者購買後最重要的事項就是要能達到滿意程度，但是當消費者面臨不滿意的時候，也能夠發起自救的運動，讓自身權益能受到保障，即為消費者權益保護運動意涵，因此所謂**消費者權益保護運動** (或**消費者主義**) (consumerism) 主要是指一種由消費者、政府與企業共同參與保護消費者權益的社會運動。在消費者方面，希望呼籲消費者重視自己的權益與責任，在購買時能做出具有知識性的判斷；在政府方面，希望制定相關法律，以保障消費者；在企業廠商方面，希望正視消費者的權益，提高服務品質，維護健康的環境。

消費者運動的發展主要是行銷運作失調，背離了生產者與消費者訊息對等原則所產生的反彈。近年來，保護消費者運動已成為各先進國家追逐的風潮，而引發這股風潮者首推美國消費者保護先驅雷夫奈德 (Ralph Nader,

表 13-6　消費問題產生的原因與內涵

消費問題產生的原因	原因敘述
產品技術的不公開	廠商將產品專業化資料視為高度機密，嚴加防範，消費者要了解內容，如登天之難。而在不清楚的狀況下，買賣交易自然衍生出許多的消費問題。
大量生產、大量銷售的後遺症	廠商為了得到更大利潤，同性質企業不管大、中、小，常以聯盟、獨佔或壟斷的方式來限制市場自由競爭，操縱生產、控制價格。而在消費意識覺醒之際，消費者與大企業對抗，衍生出許多的消費問題。
產品大量流通的問題	大量銷售引起的流通革命，貨品銷售及流通管道日趨複雜，成品交到消費者手中時已經有許多的業者輾轉介入，生產者和消費者之間的距離漸行漸遠，故當產品產生危害之時，衍生許多該向誰追究責任、索求賠償的消費問題。
日新月異的銷售方式	日新月異的銷售管道，許多尚處於未成熟的階段，消費者權益受損之際，難以追究責任之歸屬人，消費問題因而叢生。
信用卡使用的盛行	信用卡交易的契約包含許多對消費者不公平的條款，隱藏了高額手續費、服務費與利息等不合理的情形。消費者須承擔信用卡遺失被冒用等風險，產生許多消費者權益認定的問題。

1934～　）。雷夫奈德在美國被稱為"消費者的守護神"，他於 1965 年畢業於哈佛大學，因鑑於消費者有了解訊息的權利，特別撰寫了一本《在任何速度都不安全》的著作，指出許多車禍等交通事故悲劇的產生，是因為汽車廠車體的設計不良或機件失靈所致，並列舉許多實例。此書引起廣大讀者的回應及立法部門的注意，也促使美國政府訂定了車輛出廠安全檢驗的標準，成功的為消費者主義揭開序幕。

雷夫奈德指出消費者權益保護運動並不是反對企業，而是保護優良企業的運動。在競爭的行銷環境中，許多不道德商人使用不正當的伎倆，矇騙消費者，以獲取暴利。此舉不但危害消費者的基本權益，也讓消費者對企業體逐漸失去信心。而這種"一粒老鼠屎，壞了一鍋粥"的效應，直接衝擊了正當的商人。消費者運動的興起，以產品評等方式區分品質的優劣，不但可以揭發這些不肖商人的惡形惡狀，達到良幣驅逐劣幣的效果外，也讓品質優良的產品，因消費者權益保護運動的推薦，受到大眾青睞，重建消費者對優良

圖 13-5　雷夫奈德 (Ralph Nader, 1934～　)雷夫奈德為美國消費者權益保護運動始組，對提升美國企業道德及人身安全相關議題如環境污染、食品及醫藥衛生等不遺餘力，被時代雜誌推選為 20 世紀最具影響力的一百名美國人之一。

企業的信心，間接的保護優良廠商。所以消費者運動結果對良心企業與消費者都是有利的。

(三)　台灣消費者權益保護運動的歷史演進

台灣的消費者運動濫觴於社會型態由農業轉工業之後，起步的時間也比美國稍晚。底下將分別說明台灣消費者文教基金會成立，及消費者保護法制定的相關過程，分述如下：

1. 消費者文教基金會的成立　台灣自 1969 和 1973 年先後有類似消費者協會的成立，但是在幾件震驚社會的事件引發後，消費者才開始警覺到自身權益的重要性。這些事件包括 1973 年能源危機與通貨膨脹所造成的物價上漲，1978 年發生的多氯聯苯的中毒事件，1979 年底發生假酒事件 (甲醇中毒) 等。自此之後，由民間團體組成的消費者文教基金會於 1980 年成立 (簡稱消基會)。消基會早期扮演著保護消費者的重要代言人，也是第一個在政府尚未立法之前，以民間力量為核心的保護消費者團體，並以奔騰之勢為社會注入清流。消基會的工作內容以聲張消費者八大權利為重點 (見下文)、推廣消費者教育、協助受害消費者、提供檢驗服務、發行消費者刊物，並推動保護消費者的法規立法等。作業上受理消費者書面、電話或直接到會的申訴,也協助訴訟之進行。如以參與消費者權益保護運動的族群來看,消基會多以中產階級為主力,尤其在剛發起的階段時,專業人士及中產階層為其主要的後盾。

值得一提的,在 1990 年之後,國內的消費者團體也開始注意環保的議題,因此將環保融入消費者權益保護運動之中,諸如綠色消費、水源保護、資源回收等等的觀念,也使得如鎘米事件、RCA 事件以及高屏溪水源遭有毒廢液濫倒等情事一一浮上台面,接受全民的公審,並將不法商人繩之以法(註 13-1)。

2. 消費者保護法的制定　由於消基會及民間人士不停的為"消費者保護法"催生,加上消費意識日漸抬頭,台灣第一部純粹為保護消費者的法令〈消費者保護法〉(簡稱消保法)於 1994 年通過,是台灣消費者權益保護運動最重要的里程碑。這項法令確立廠商對消費者的"無過失賠償責任"(發生損害時不用證明對方有過失,即能要求對方賠償),建立消費者集體訴訟制度,賦予消費者保護團體商品檢驗權,並設置相關的行政監督機構 (消費者保護委員會)。消保法的立法內容集合各國立法之大成,在世界立法體例中頗具特色,對於創造安全與公平之消費環境與提升國民消費品質,有卓越的貢獻。

回顧台灣消費者保護法,從無到有、從下到上、從民間到政府,目前已經來到了消費者權益保護運動的成熟期。

二、消費者的權利與義務

處在多元發展的社會中,廠商之間競爭激烈,為了牟利,少數害群之馬不擇手段以低劣材料製作產品,或以矇騙的方法促銷商品。為了避免受騙上當,消費者如何了解自身的權利與義務,已成了當務之急。

美國總統甘迺迪 (Kennedy, 1962) 在〈保護消費者權利的特別咨文〉一文中,首先提出身為消費者的四項基本權利,獲得熱烈的迴響。**國際消費**

註 13-1:鎘米事件指台灣桃園塑膠穩定劑工廠排放廢水至灌溉渠道污染農田所致,並造成居民因長期食用鎘鉛污染的蔬菜、稻米、地下水而罹患腎小管傷害、軟骨症等。RCA 事件是指美國家電品牌 RCA 來台設廠期間違法挖井傾倒有毒廢料、有機溶劑(三氯乙烯、四氯乙烯等),造成了當地地下水和土壤的嚴重污染。高屏溪水源污染指高屏溪遭不肖業者傾倒有毒廢液,造成高雄市的飲用水嚴重污染的事件。

者組織聯盟 (International Organization of Consumer Union，簡稱 IOCU) 於 1963 年即以消費者四大基本權利為基礎，再加以多次的修正，衍生出消費者基本的八大權利與五大義務。而為了凝結全球消費者的力量，也將每年三月十五日訂為世界消費者日，讓世界人民能重視這個問題。

消費者的八大權利與五大義務的揭櫫，已成為各國消費者的共識，也為消費者權益保護運動奠下穩固的基石，底下將分別說明之。

(一) 消費者八大權利

有關消費者的八大權利分述如下：

1. 基本需求的權利 指消費者對維持生命的基本物質與服務，有要求提供的權利。政府為無家可歸的流浪漢提供庇護所與餐飲，即為滿足消費者的基本需求權利。

2. 求取安全的權利 消費者在購買產品時，應獲得產品安全保障的權利。針對此點，政府應該要負起監督管理各項產品之責，取締不良產品及懲罰不良廠商。此外，也應制定適當的法條規範廠商的行為，維護消費者的權益。例如 1979 年，台中及彰化的消費者因為食用含有多氯聯苯 (PCBs) 的米糠油，導致一千多位的受害者 (包含幼兒及孕婦胎兒) 中毒，並產生瘡樣皮疹的怪病，即為政府疏於監督管理產品安全所致。

3. 了解真相的權利 消費者對於可做為消費決策依據的參考訊息，有被告知事實真相的權利。行銷者應透過標示或說明，讓消費者知道一切與產品有關的重要訊息，如商品的成分、製造日期、使用方法、使用期限等，以避免誤用或誤食。舉例來說，在 1990 年藥物食品檢驗局查驗，卻發現約有三成宣稱能快速減肥的中藥裏，含有安非他命類等禁藥成分，造成消費者被欺騙受害的情形。整個事件透露了不法商人嚴重侵犯消費者了解事實的基本權利。

4. 選擇的權利 在自由競爭的商業市場，政府應抑制公營或私營企業的獨占或壟斷，提供有利於消費者開放選擇的相關資訊，讓消費者可以依照自己的興趣與喜好，選擇適合的產品與服務。台灣的電視頻道，原由無線的三台壟斷，這是違反消費者選擇權利的。目前開放於民營機構後，電視頻道消費市場成了自由競爭，讓消費者實踐了自由選擇電視頻道的權利。

5. 表達意見的權利 生產的目的在於滿足消費者的需求，因此當消費者進行消費的過程遭遇不滿時，有反映意見給行銷者的權利。此外，政府及經營者在制定與消費者有關的法令或規定時，也應尊重消費者表達意見的權利，避免立法的偏頗與不公。消費者保護法中，詳列諮詢消費者與消費者保護團體意見的作法，即屬於消費者有自由發表之權利。

6. 求償的權利 消費者對於瑕疵商品與低劣服務，或因使用商品而遭受傷害時，可向不法經營者提出請求損害賠償的權利。求償權是法律所賦予的基本權利，可提高業者對產品謹慎、警覺的程度，故消費者不可因為怕麻煩而採息事寧人的態度。90 年代，不法營建商為牟取暴利，大量使用未經處理過的海砂來建造房屋，嚴重影響房屋結構的安全。而在海砂屋事件爆發之後，中央及地方主管機關對受害民眾的求助束手無策，遲遲未處理善後求償工作。因此為了伸張求償的權利，政府在法令上應保障消費者能迅速向不法業者索求賠償的管道，爭取有效且合理的補償。

7. 享有消費者教育的權利 消費者對於消費的知識與技巧，有獲取受教的權利。在消費意識不明顯的時代，消費者常因消費者教育的缺乏，導致傷害或吃虧的事情發生。例如經銷商常用"貨物既出、概不退換"條則，當成拒絕退換瑕疵品的理由。事實上，這個條文是不符合平等互惠的原則，對消費者也沒有約束力。因此消費者有權要求政府與業者提供良好的消費教育環境，累積消費者知識，才能保障自身權益。

8. 享有健康環境的權利 消費者有權要求在安全、不受威脅，且在優質環境下生活的權利。例如消費者可督促行銷者在促銷產品的同時，不製造噪音、不亂貼傳單破壞環境的整潔，以保持住家環境的純淨。

(二) 消費者的五大義務

消費者權益保護運動的推行，除了政府與企業的努力外，還有賴於消費者主動的參與配合。換句話說，唯有全體消費者體認到自身的義務與責任，才能夠成為推動消費者運動的一股動力。底下將介紹消費者的五大義務。

1. 認知的義務 消費者對於產品品質、價格、服務及相關資訊應該秉持著認知的義務，嘗試了解市面上或直銷販售的產品合格的標準，例如輸入本國內或銷售於市面上時，政府相關單位都有檢驗過了嗎？從哪裏得知檢驗

補充討論 13-2

推行消費者權益保護運動的具體作法

　　推行消費者權益保護運動，不但提高人民生活的素質，也能增進消費者的福祉。然而在推展過程中，需要政府、企業與消費者三個方面的合作。

　　1. 政府方面　在現代國家保護消費者權益，是政府行政部門責無旁貸的任務。除了法律必須精益求精，行政部門必須確實執行讓消費者對於自身權利與義務能夠真正了解，均是推展消費者運動的確實作法。

　　(1) **加強推動立法**：政府單位仍須以更積極的態度，繼續推動完備各項相關的法律，保障國民之經濟人權。再者，對於保護消費者已施行之法律，亦應隨時檢定其完備性。消費團體更應代表消費者參與有關消費事務的公共決策。

　　(2) **行政部門確實執行**：政府各部門對於保護消費者作法應該各司其職、確實執行。例如，經濟部對於物價的管理、商品標準的訂定與執行、對獨佔聯營的取締；財政部對於通貨膨脹的控管、進口稅率或稅捐的合理化；交通部對於物質疏通與交通運輸業票價的管理；教育部對於保護消費者知識的傳播等。

　　(3) **推廣消費者教育**：最能保護消費者權益者就是消費者自己，許多消費權益遭受侵害，乃是因為消費者本身缺乏消費者知識與相關法律常識。因此政府有義務推廣消費者教育 (例如加強各級學校認識消費者權益與義務的相關教育)，讓民眾在消費決策中，能做出正確的判斷與明智的選擇。

　　2. 企業方面　廣義來說，**企業社會責任** (corporate social responsibility) 共分為四種：(1) **經濟責任**：廠商生產產品獲得合理的利潤，回報投資者；(2) **法律責任**：遵守有關法律對企業的規範；(3) **道德責任**：社會期望企業能負起法律以外的責任；(4) **自發責任**：指並非基於法律規範或是社會的期望，而是企業本身自動自發所要承擔的責任。在消費意識抬頭、消費者運動興起之際，企業除了對內負起經濟責任外，還要向外界的消費者，負起法律、道德與自發的責任。讓企業社會責任由"經濟責任"的優先，慢慢走向"國民生活優先"的方向。

　　3. 消費者方面　消費者的覺醒是最能夠落實消費者權益保護運動的行為，作法如下：

　　(1) **衍生消費者的團體組織**：消費者是一群人數眾多但無組織的散沙，因此唯有團結在一起，組成各種團體，對抗不道德的企業體，才能落實保護消費者真諦。另一方面，政府單位也可藉由消費團體所產生的聲音，制衡廠商所施與的壓力。因此組織消費者團體當為保護消費者不可或缺的方法。

　　(2) **選擇品質認證標章產品**：為了確保產品品質，消費者應購買加蓋品質認證標章的產品為原則。例如食品類有農業標準標誌、食品 GMP 標誌、藥品 GMP 標誌、優良肉品標誌、優良冷凍食品標誌、符合國家標準的 CNS 正字標記、安全玩具標誌、環保標章、及 ISO14000 環保管理系列等。

　　(3) **推廣消費者三不運動**：欲推廣國人正確的消費觀念，消費者應響應所謂的消費者三不運動，即危險的場所不去、標示不全的商品不買、問題食品藥品不吃，使國人在食、衣、住、行、育、樂生活上，有個安全與健康的環境。

合格與不合格的廠商?成分包含了哪些?使用後會有什麼反應?會不會造成傷害?等問題。

　　2. 行動的義務　消費者為了維護自己的權益,有必要採取或支援行動的義務。中國人遇事向來不喜歡據理力爭,購買時遇到委屈,常秉持著自認倒楣或息事寧人的態度,反而助長業者不圖改善的情形,因此消費者有義務支持保護消費者的各種行動,拒買或公布惡劣廠商名單,以擴大消費者抵制力量。

　　3. 團結的義務　雖然人人都是消費者,但卻是零散的一群人,因此唯有團結合作,發揮團隊力量,才能與業者產生抗衡,保障消費者權益。台灣消費者開車常有讓引擎原地空轉使冷氣運轉的情形,而德國福斯車廠設計製造廂型車時並未考量台灣人駕車習慣,引發冒煙起火的意外。後經台灣消費者勇於申訴並團結一致,創下國外汽車廠首次因台灣消費者反應而召回車輛的案例,對消費意識抬頭有著正面的示範。

　　4. 關懷的義務　消費者必須確保自己的消費行為,不會為他人或社會造成傷害的義務。換句話說,正當的消費行為,除了以尊重他人、不侵犯他人為原則外,也要能夠關懷社會。例如台北市路霸的猖獗(路霸指個人或營業場所強占道路如騎樓、人行道,做為一己私用的情形),主要在於消費者只顧自己,未盡關懷他人的義務所致。

　　5. 環保的義務　建造一個健全的綠色消費環境,除了靠政府與企業的努力外,也需消費者勇於支持綠色環保的行動。例如再生紙漿的製作過程,除了減少砍樹外,並較原生紙漿的製造消耗較少的能源,(減少約 75% 的空氣污染、35% 的水污染及減少大量的固體廢棄物),尤其不經漂白製漿過程,所製造出原色(非白色)的再生紙,對環境的污染傷害更小,因此使用再生紙是值得消費者支持的活動。

　　建立正確的消費者權利與義務是消費教育的重要過程,如此方能給我們自己一個合理、安全、快樂、健康的消費環境。然而要如何推行消費者權益保護運動呢?補充討論 13-2 則有詳細的說明。

本 章 摘 要

1. 消費者購買後的反應行為包括顧客滿意度，產品使用完的處理問題及消費者基本的權益與義務等。
2. **顧客滿意**或**顧客不滿意**指在消費經驗裏，對於產品正面或負面的評估反應。高顧客滿意可增進企業形象、增加市場佔有率、增加產品忠誠度、廣布正向口碑等。
3. **全面品質管理**模式認為高瞻遠矚的公司必須持續的謀求品質的改善，創造產品的價值，以提升顧客滿意度。
4. **公平理論**認為顧客常以自己付出與收穫所得的比例，與其他人付出與收穫的比率加以比較。如果比較後發現自己的比率與他人沒差異，則處於公平的狀態，但如果發現自己付出得太多或太少，則會處於不公平的狀態，消費者會透過滿意度的高低來進行修正購買決策。
5. 顧客滿意的**二因子理論**指出當**工具性向度**(保健因子)提供時，顧客沒有不滿意，但沒有提供時，則一定不滿意。相對的，當**表達性向度**(激勵因子)提供時，顧客產生滿意，但無提供時，顧客沒有滿意而已。
6. **期待不一致模式**認為消費者在使用產品前形成的期待水準，會與知覺到的產品表現進行比較，如果顧客期待等於實際表現，沒有滿意與否的問題。如果表現低於期待，產生負的不一致，則形成不滿意。如果高於期待，產生正的不一致，則形成滿意。
7. **歸因理論**是指人們對行為推論原因的過程。當顧客期待與產品或服務實際表現形成落差時，消費者常使用歸因方式解釋滿意或不滿意的結果。爭功諉過是人們歸因普遍的原則。
8. 情感與滿意程度指出消費者購買產品或服務後所引發的情感狀態，影響了滿意或不滿意程度。購買後情感可同時出現正向與負向的反應，也獨立的影響顧客滿意度。
9. 顧客滿意理論在行銷上的意涵中，以追求完美的品質，避免對產品功能誇大其詞及高品質的售後服務等三方向思考。

10. **消費者抱怨行為**指消費者知覺到不滿的情緒，因而產生行為或非行為反應。非行為反應主要是指不採取行動，而行為反應則包括了私下抱怨、向企業抱怨及向第三團體抱怨等方式。
11. 抱怨不全是破壞性，因消費者抱怨讓公司有機會修正錯誤，再次提升消費者對公司正面形象的情形叫**二次滿意**。而影響消費者抱怨行為的因素有個別差異性，其中與消費者生活水準、消費者特性、產品的重要性及問題的嚴重性有關。
12. 行銷者降低抱怨的作法，最重要的是有滿意的員工去服務顧客並獲得顧客的滿意，其他的作法上包括設立專責機構處理抱怨，及定期實施消費者滿意度調查。
13. 消費者使用產品後的處置方式，大體可分為下列三種：一是將產品繼續保有，二是暫時不用，三為永久不用。這些方式中，永久不用的**二手貨販售**，最能讓產品再次的物盡其用，目前深受消費者喜歡。
14. **綠色消費**指購買產品時，盡量選擇對環境破壞少、污染程度低的產品，並且盡可能減少不必要的消費。綠色消費是從消費者的角度作環保，集合微薄力量減少對環境的破壞。
15. 台灣的綠色消費觀念不足原因包括：對綠色消費的意義似懂非懂、消費主因偏向便利性與心動有餘行動不足等原因有關。貫徹綠色消費的作法包括將綠色消費概念融入日常生活，拒買妨礙環保的產品及破除綠色產品價格較貴的迷思。
16. **綠色行銷**指將環保的原則、理念及作法運用於各項行銷的活動中，並以環境保護精神為產品特色的行銷方法，來呼應消費者所需的環保訴求。
17. **消費問題**是指消費者與企業經營者之間，因商品或服務立場的不同，產生了爭議甚至法律訴訟。消費問題產生最大的原因乃在於企業經營者與消費者之間"訊息不對等"的情形。
18. **消費者權益保護運動**指一種由消費者、政府與企業共同參與保護消費者權益的社會運動。包括消費者重視自己的權益與責任，在購買時能做出具有知識性的判斷；政府訂定相關法律，以保障消費者；企業廠商正視消費者的權益，提高服務品質，維護健康的環境。
19. 台灣早期消費者權益保護運動由消費者文教基金會的民間團體組成，之後由於消費意識日漸抬頭及消基會不斷催生，台灣第一部純粹為保護消費者的法令〈消費者保護法〉於 1994 年通過，是台灣消費者權益保護運動最重要的里程碑。
20. 消費者基本的八大權利為基本需求、求取安全、了解真象、選擇、表達意見、求償、消費者教育、健康環境等權利。消費者的五大義務包括認知、行動、團結、關懷、環保等義務。

建議參考資料

1. 林宜君 (2001)：消費權益 Q&A。台北市：永然文化出版股份有限公司。
2. 消費者保護委員會 (1996)：消費者手冊。台北市：行政院。
3. 張百清 (1994)：顧客滿意萬歲。台北市：商周出版股份有限公司。
4. 奧特曼 (石文新譯，1999)：綠色行銷-企業創新的契機。台北市：商業週刊出版。
5. 雷恩 (聖鄧寧譯，2002)：不可思議的消費鍊——日常生活的環保秘密殺手。台北市：新自然主義股份有限公司。
6. 劉春堂 (1996)：消費者保護與消費者法。台北市：行政院消費者保護委員會。
7. 黎淑慧 (2002)：消費者權利——消費者保護法。台北市：揚智文化事業股份有限公司。
8. 衛南陽 (1996)：顧客滿意學。台北市：牛頓出版股份有限公司。
9. 環境保護署 (1996)：綠色生活消費手冊。台北市：行政院。
10. Davidson, D. K. (2002). *The moral dimension of marketing: Essays on business ethics*. Texas: American Marketing Association.
11. Mowen, J. C. (2001). *Consumer behavior: A framework*. NJ: Prentice Hall.
12. Solomon, M. R. (1996). *Consumer behavior*. NJ: Prentice Hall.

第十四章

消費者決策類型

本章內容細目

第一節　廣泛性決策與有限性決策
一、購買涉入與決策類型　559
二、廣泛性決策　559
　(一) 廣泛性決策的特性
　(二) 廣泛性決策的態度測量
　(三) 廣泛性決策的行銷策略
三、有限性決策　566
　(一) 有限性決策的特點
　(二) 有限性決策的行銷策略

第二節　習慣性決策
一、惰性購買　569
　(一) 惰性購買相關概念
　(二) 惰性購買轉變複雜決策的時機
　補充討論 14-1：多樣式搜尋購買
　(三) 惰性購買的行銷策略
二、品牌忠誠度購買　573
　(一) 品牌忠誠度的意義
　(二) 消費者與品牌忠誠度相關研究

第三節　體驗性決策
一、體驗性決策與傳統決策模式的差異　580
　(一) 決策時考量點不同
　(二) 研究方法的不同
二、體驗性決策的類型　582
　(一) 愉悅性消費
　(二) 衝動性購買

第四節　組織購買決策
一、個人消費決策與組織購買決策的異同點　585
　(一) 與個人消費決策相似之處
　(二) 與個人消費決策相異之處
二、組織購買決策的類型　587
　(一) 全新採購
　(二) 修正重購
　(三) 直接重購
三、組織購買決策的過程　588
　(一) 問題認知
　(二) 訊息收集
　(三) 供應商的評估與選擇
　(四) 購買及下訂單
　(五) 評估使用的結果
四、組織購買之採購中心　590
　(一) 採購中心參與者的角色扮演
　補充討論 14-2：組織文化與組織購買決策
　(二) 組織購買決策參與者之角色衝突

本章摘要

建議參考資料

在第十一章時，我們談到理性的消費者決策必須經過購買前（包括問題認知、訊息收集、方案的評估與選擇等過程），購買時及購買後等三大階段。事實上，在消費者對產品的涉入及產品類別不同的情況下，其決策過程不一定完全依照這些步驟，一般只在高風險的情境下，比較可能採用理性決策，即重要問題出現後，努力收集可獲得的相關訊息，詳細列出品牌間的優劣，綜合評估後選擇最好的品牌。而在購買後，理性決策者也容易發生購買後失調，即對"沒有選擇正確"產生遺憾。

在日常生活裏，需要做決策的事情太多，消費者因而發展出各種解決問題的決策方式。例如，購買日常用品時，消費者只需要以記憶中的線索或依稀所記得的廣告訴求，做為購買的依據即可，所以決策心態趨於被動消極，這種決策類型稱為有限性決策。更極端的一種情形是當購買經驗累積到一個程度，消費者的購物決策已經成為一種習慣反應，省略了訊息收集與訊息評估等理性決策的流程，也幾乎不會產生不購買的情形，惰性決策行為與品牌忠誠度決策行為，都屬於這種決策類型。另外一種決策類型是消費者不以產品的利益做考量，而是以感官或情緒經驗為主，為了獲得與過去不同的生活經驗，因而購買產品，藉以舒暢或填補心靈上的新奇感覺，這是體驗性的決策類型。

除了上述從個人的角度探討決策類型外，企業組織購買也需要經過決策歷程。組織購買決策的人數雖少，但購買規模較大，購買金額也較高，這是與個人消費決策相異之處。但從另一角度來說，不管組織購買者由哪些成員組成，在決策行為上同樣都需要透過知覺產生購買動機，也會運用經驗與自身偏好決策事情。而這些相異與相似的意涵是值得加以討論的。

綜合上述，消費者決策會因情境或產品性質的不同，扮演不同的決策角色而有不同的決策型態。另外組織購買決策內容更與消費者決策的內涵相互對應。這些不同決策型態引起許多的探討，也是本章所要討論的重點。

1. 廣泛性決策與有限性決策的內容與差異。
2. 惰性消費決策與忠誠度購買的區別及行銷意涵。
3. 體驗型決策的內涵與類別。
4. 組織購買決策的過程及與消費者個人決策的不同。

第一節　廣泛性決策與有限性決策

　　於前言部分曾經提到，在高涉入狀況下，消費者決策過程需經歷三個階段，經歷這些階段需要花費許多時間與精力，因此可以稱為"複雜版"的決策歷程。但並不是每一件事都要大費周章的去處理，在一般的購買上，消費者可採隨意、無所謂的態度因應，省略許多決策步驟來完成消費，這種模式我們可以稱為"精簡版"的消費者決策。

　　為了更清楚描述消費者決策類型，底下我們將先說明購買涉入與決策類型的關係，接下來將討論廣泛性決策與有限性決策的內容。

一、購買涉入與決策類型

　　消費決策的類型包羅萬象，然而什麼決策需要經歷複雜的過程？什麼決策只需簡單的處理？答案與消費者的購買涉入程度有關。在圖 14-1 中，消費者的購買涉入程度可視為一條連續的線段，我們把線段的兩個極端分別標為高涉入及低涉入購買情境。因為在不同的涉入程度下消費者對決策的投入程度不同，因此可以依購買涉入把決策類型大致分為廣泛性決策、有限性決策及習慣性決策三種。

　　在上述三種決策中，有限性決策與習慣性決策的行為模式較為相近，統稱為**低涉入決策模式** (low involvement decision making)，而廣泛性決策需花費功夫，處理過程複雜程度遠高於前面兩者，所以又叫做**高涉入決策模式** (high involvement decision making)，有關高涉入與低涉入決策模式的過程比較，可參考表 14-1。

二、廣泛性決策

　　當問題浮現後(如購買別墅)，小心謹慎的態度隨即出現，除了仔細搜尋各種可能的外在訊息，並配合本身經驗、審慎評估每一個品牌的產品屬性，

560 消費者心理學

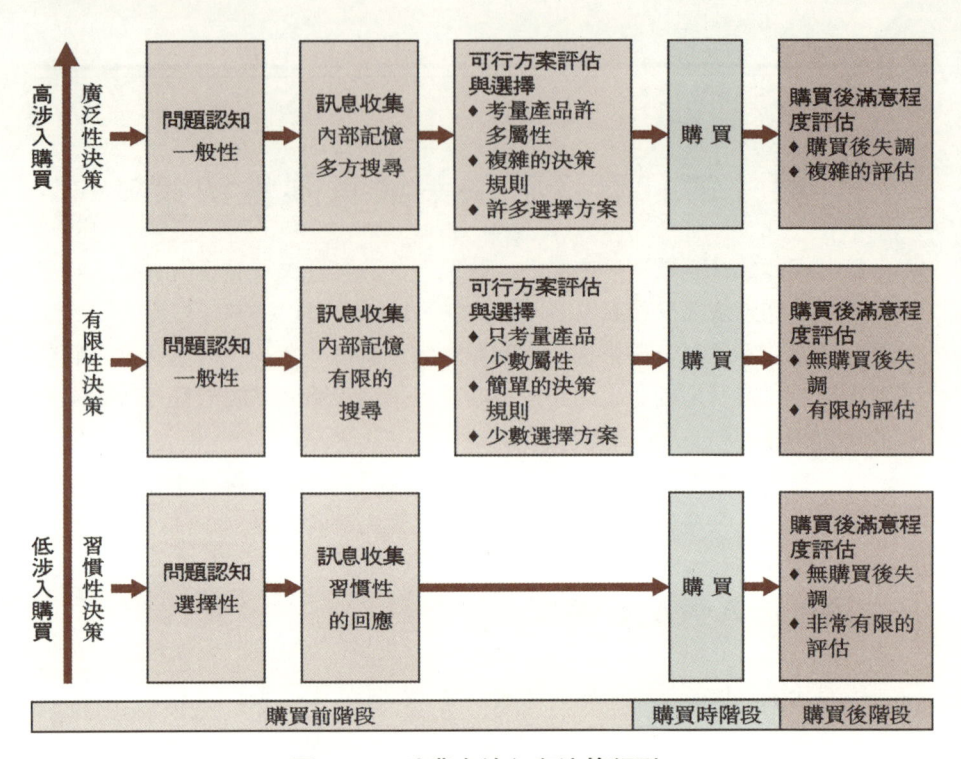

圖 14-1 消費者涉入與決策類型
(根據 Hawkins, Best, & Coney, 1995 資料繪製)

詳列出各種可行方案，而在考量利弊得失之後，才選出最好的品牌，但購買後決策並未結束，因為所選出的產品是在眾多難以割捨的選擇項中產生，所以選擇後容易產生患得患失的心理，也需要經過再一次產品肯定。我們把上述整個過程稱為**廣泛性決策** (extensive decision making)，也稱為**複雜決策** (complex decision making)。所幸，消費者處於極度廣泛性決策的情形非常少，一些影響層面較大的決策 (如房屋、度假去處、電腦)，才會經由複雜決策方式來謀求解決。底下將先說明廣泛性決策具有的相關特性，其次介紹如何測量廣泛性決策的態度，最後則討論廣泛性決策的行銷策略應用。

（一）廣泛性決策的特性

廣泛性決策是一種理性的決策型態，在決策的特性上包含下列幾點：

表 14-1　高涉入與低涉入決策模式的過程比較

行為構面	高涉入決策模式	低涉入決策模式
訊息收集	消費者會主動且廣泛的收集與產品或品牌有關的資訊	消費者收集有限的產品或品牌資訊且較為被動
認知反應	會抗拒那些與原來認知不同的資訊	可能會接受一些與原來知覺有差異的資訊
採用之評估準則	多	少
資訊處理	會經過幾個階段(知覺、認識、興趣、評估、試用、接受)	可能跳過認識、興趣、評估、試用等一個到數個階段
態度改變	不太容易，很少發生	經常發生短暫性態度改變
資訊重複或內容	資訊的內容對態度的影響較大	資訊的重複對態度的影響較大
品牌偏好	經常有品牌偏好	消費者可能會經常購買某一品牌，為一種偷懶的方式
購買後失調	通常存在	很少有購買後失調產生
受他人影響	常使用他人作為資訊來源和模仿對象	受他人的影響不大，因低涉入產品通常不會與團體規範有關
人格與生活風格的影響	大，因高涉入產品常與個人之認同或信念體系有關	小，因低涉入產品通常不會與個人之認同或信念體系有關
追求購後滿足	最大滿意水準	可接受之滿意水準

(採自林靈宏，1996)

1. 以高涉入產品為主　當產品對消費者極為重要時，才需要運用到廣泛性決策。這些產品包括了一些不常購買的產品(鑽石)、高科技的複雜品(電腦)、價格昂貴的產品(房屋)、健康相關品(藥品)、自我形象相關品(化妝品)等。所以初次購買結婚鑽戒者，購買上必須小心翼翼，除了價格昂貴外，本身經驗也不足，因此謹慎評估成了首要條件。

產品的涉入程度除了有個別差異外，也存在著文化差異性。舉例來說，啤酒能夠鬆懈緊張情緒，也是人際交往的潤滑劑，因此對英、美學生把啤酒視為宴會場合不可或缺的高涉入的飲料，但啤酒對南美國家的學生而言卻不是這麼重要 (Zaichkowsky & Sood, 1989)。

2. 時間與能力的允許　廣泛性決策是一種高涉入的決策，需要對外收集許多的訊息，再仔細的評估與選擇，因此時間的充足成為重要的先決條件。廣泛性決策不會在瞬間完成，試想期末報告期限將屆，舊的印表機卻不堪使用,此時如果決定買一部新的印表機,在時間急迫情況下,消費者不太可能經過認知學習的過程,一步一步的對各種品牌產生信念,了解屬性利益之間的差異後才來制訂決策。

其次,如果訊息收集量太多(如產品品牌或屬性數量過於豐富),消費者常發生無所適從的徬徨,也需要依賴經驗過濾評估。因此,廣泛性決策執行的前提要件是消費者必須有時間與能力去處理訊息 (Greenleaf & Lehmann, 1995)。

3. 明顯的購買後失調現象　廣泛性決策的訊息量充足,選擇的可能性增多,因此常帶給消費者決定上的困擾,尤其是可供選擇的項目旗鼓相當各具特色時,顧此失彼的矛盾情節油然生起,因此容易造成購買後失調的現象。**購買後失調** (post-purchase dissonance) 指選擇前猶疑不決的衝突,會持續延伸到選擇後的情形,造成心理不舒服的感覺。

我們可以利用圖 14-2 來說明購買後失調的產生及調適的過程。在購買前,A、B 二物都是消費者喜歡的(但 A 些微領先 B)。由於 A、B 兩物

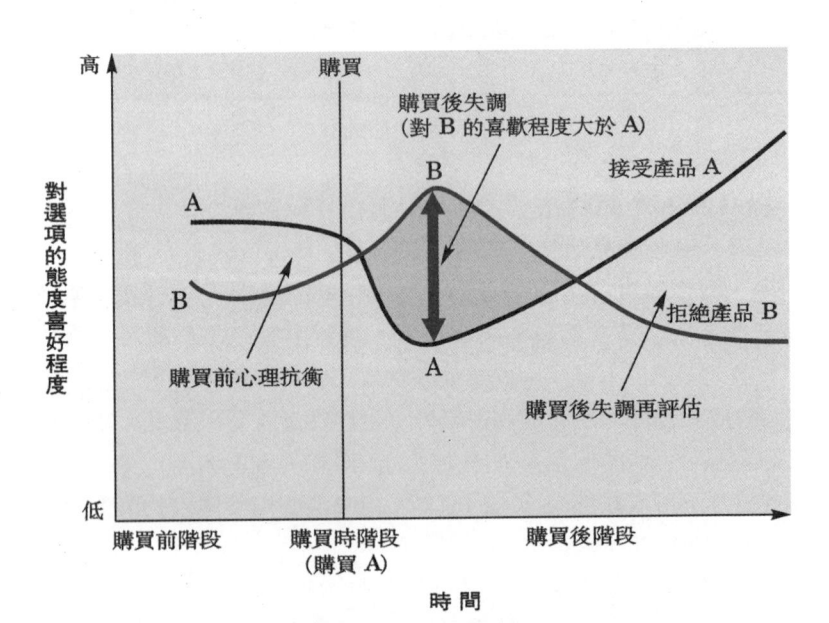

圖 14-2　購買後失調與失調再評估關係圖
(採自 Mowen, 1995)

各有特色,所以越接近購買決策的時間,消費者對兩選擇項的喜好程度差異越小,藉以保持自由選擇的權利,這就是第五章所說的心理抗衡理論(見第五章)。假設消費者最後選擇了 A 物,則在購後初期,因接觸而了解 A 物的缺點,進而懷念沒有選上的 B 物,購買後失調現象明顯的浮現(此時消費者對 B 物喜歡程度遠高於 A 物)。但因購買後失調不愉快的感覺(自己是聰明之人,卻做愚昧選擇),解決失調的動機也十分迫切,終使消費者重新評估,慢慢提升 A 物的喜好,並降低 B 物在心中的地位,以減少失調現象。

(二) 廣泛性決策的態度測量

廣泛性決策可藉由客觀的衡量工具,來了解消費者對產品的喜愛,其中以複合屬性態度模式應用最廣。**複合屬性態度模式** (multiattribute attitude model) 認為消費者對於產品的屬性都會產生一些信念,這些信念並不一定正確或真實,但卻一直存在著(例如耐吉球鞋最適合打籃球時穿著),因此消費者對產品的評估是從對產品每一個屬性的信念強度,與對產品各個屬性的重視程度而來。換句話說,消費者對某品牌(產品)的態度應該包括兩步驟,其一,把個人對某屬性信念的評估分數(強度),與個人對該屬性重視程度(重視度)認知分數相乘,得到一個乘積的數。其二,以上述的方法,計算這個品牌在每一個屬性,在屬性信念強度與屬性重視程度的乘積,並把這些乘積的分數累加起來,總分即為消費者對該品牌的態度。如果以數學模式表達,複合屬性態度模式的基本公式為:

$$Ao = \Sigma (Bi \times Ii)$$

i:屬性
o:品牌
Σ:是累加分數的數學記號
Ao:品牌態度的分數,指消費者對品牌 o 的態度總分

Bi:品牌屬性信念,指消費者對屬性 i 的信念(滿意度)
Ii:屬性重要程度,指消費者對屬性 i 重要程度的加權數

上述公式看似複雜,事實上,只要對英文字的意義加以說明,則容易了解,我們以表 14-2 來做說明。基本上每一個品牌都有不同的屬性 (i),消

費者對品牌所擁有的每一個屬性會給予分數，即品牌屬性信念 (Bi)，例如麥當勞在清潔程度屬性上得 6 分、地點 5 分、口味 3 分等。另外，消費者對品牌中各種屬性的重要程度 (Ii) 也會排序，例如消費者對速食店所具有的屬性重要程度 (Ii) 分別給予分數，口味最重要給 7 分、地點與清潔程度居次給 6 分、營養價值給 4 分、價錢給 2 分、音樂播放給 1 分等。

因此，就消費者對品牌屬性重要程度的認知，乘以對品牌屬性信念的評比，並把這些分數全部累加，就構成了消費者對該品牌的態度，例如消費者對麥當勞的品牌態度總分為 107。

表 14-2　複合屬性態度模式假擬案例

屬性 (i)	屬性重要程度 (Ii)	品牌屬性信念 (Bi)			
		漢堡王	麥當勞	摩斯漢堡	溫娣漢堡
口　味	7	4	3	6	3
	$Bi \times Ii$	(4×7)	(3×7)	(6×7)	(3×7)
清潔程度	6	5	6	6	5
	$Bi \times Ii$	(5×6)	(6×6)	(6×6)	(5×6)
地　點	6	2	5	4	2
	$Bi \times Ii$	(2×6)	(5×6)	(4×6)	(2×6)
營養價值	4	3	3	5	4
	$Bi \times Ii$	(3×4)	(3×4)	(5×4)	(4×4)
價　錢	2	3	2	2	6
	$Bi \times Ii$	(3×2)	(2×2)	(2×2)	(6×2)
音樂播放	1	2	4	1	5
	$Bi \times Ii$	(2×1)	(4×1)	(1×1)	(5×1)
品牌態度總分	累加（重要程度乘信念）的分數	90	107	127	96

屬性重要程度 (Ii)：從 1（非常不重要）到 7（非常重要）
品牌屬性信念 (Bi)：從 1（非常差）到 7（非常好）

從表 14-2 的案例中，我們可以知道消費者對於速食店的口味、清潔程度及地點最重視。摩斯漢堡在這些屬性上得到最高的評價；溫娣漢堡則在比較不重要的屬性中，有不錯的成績（如音樂播放）。有關複合屬性態度模式

中,尚有幾點須加以說明:

第一,模式的計算是本著**互補法則**進行(見第十一章),例如摩斯漢堡在"口味"及"清潔程度"上因為獲得較高的評價,因而彌補了在"音樂播放"敬陪末座的表現。

第二,當品牌屬性信念程度強,屬性重要程度高時,品牌的整體滿意程度才能被提升。例如溫娣漢堡無論在"價錢"或是"音樂播放"等項,都比摩斯漢堡得分要高,但可惜的是消費者對這兩個屬性並不重視(重要程度不高),使得整體總分表現上無法與摩斯漢堡相比。

第三,複合屬性態度模式測量結果,除了了解消費者對品牌偏愛程度之外,尚可依相關的分數進一步擬出行銷策略改善的方向。

(三) 廣泛性決策的行銷策略

廣泛性決策所購買的產品通常是高涉入品,因此根據其決策的特徵,可擬定的相關行銷策略,分述如下:

1. 購買前相關作法 行銷者如想要改變高涉入消費者的態度時,在溝通上必須提出強烈的證據,如果只提供膚淺的觀點或一再重復訊息,不但不能打動他們,更容易造成反效果。其次,為了讓高涉入者有物超所值之感,在通路點的設計上宜採精緻但少數店面的販售,讓消費者因選擇項目少,降低產生心理抗衡與衝突機會。

再者,消費者進行廣泛性決策時,重視產品屬性的程度多於一般人,所以宜用高價來強化產品價值,儘量避免使用高頻次的折扣等促銷活動。許多行銷者在推出高涉入商品時,喜歡以折扣吸引消費者,他們認為先以低價鞏固客源,一旦忠程度穩定後,再把價格調高,也不容易流失顧客。這種做法對廣泛性決策的消費者而言反而產生反效果,值得特別一提。

2. 購買後的相關作法 消費者在做過重大購買後,深怕決策錯誤,心中常有忐忑不安的感覺,此時如果消費者認知因素之間矛盾強度越大,想要解決失調的動機將會越強烈。

為了降低不適的失調感,消費者在購買後常動機性的尋找能維護自己正確選擇的言詞及行為,來重新評估自己的選擇。方式包括希望他人肯定自己睿智的選擇,尋找對產品有利的廣告證詞,避開接觸競爭品牌優點的訴求,嘗試說服親朋好友購買相同品牌以肯定自己的決定（或者找出同好者相互肯定彼此的選擇）。不論採用什麼方法，提供完善的售後服務是行銷者降低購買後失調的不二法門，尤其在購買後失調階段與重新評估階段，行銷者應主動以信件或電話追蹤連絡消費者，提供產品正面訊息，告知消費者所做的正確選擇，才能逐步建立消費者對品牌的信心與忠誠度。

三、有限性決策

有限性決策 (limited decision making) 的涉入程度介於習慣性決策及廣泛性決策之間，它比習慣性決策有更多的認知歷程，但對於廣泛性決策而言，卻只有簡單、少量訊息的決策規則。當消費者對購買的產品有概略的熟悉度，但不願意多做認知活動時，常應用這種決策。有限性決策是以已經存在的具體事實為依據，決策過程簡單被動，不是以隨手可得的訊息，就是以產品突顯的特徵做為決策準則。例如當廚房的醬油沒了，閃入消費者的念頭可能是電視的廣告詞，萬家香醬油有醍醐味而購買該品牌；或者，依據市場"醬油品質差不多"的經驗，購買商店中最便宜或折扣最多的產品來解決問題。類似上述情形，有限性決策通常只由外部環境收集少量訊息（或單純的依靠內部記憶），並用極少數的鮮明向度（口味或品牌）來達成決策，也只有在"不買"這個品牌時，才會考慮其他替代的方案，故為一種低涉入的決策模式。有關有限性決策的特點以下列幾點說明：

（一） 有限性決策的特點

有限性決策因處於低涉入的情境，所以消費者最明顯的特徵是個"被動的訊息接收者"(Krugman, 1965)，其相關的特點如下：

1. 被動的訊息接收者 有限性決策的性質大抵用於低涉入產品，對消費者重要性不高，因此在訊息收集上，常以被動的方式接受訊息。例如當消費者坐在電視機前，看到一則廣告訊息"斯斯有兩種……對頭痛與咳嗽有效"時，他並不在思考廣告的內容，也不會去評估廣告的正確性，他只是被動的儲存一些廣告詞或片段的音樂，而不是靠認知歷程進入記憶系統。所以在廣告密集播出的影響下，消費者雖然能夠一字不漏的朗誦廣告詞，但卻不一定真正了解（或不想去了解）廣告的內涵與意義（這種現象類似於小孩學習無意義的音節一般），廣告也不會影響消費者對品牌的態度。有趣的是，這種廣告播放方式卻讓消費者不由自主的把感冒治療與斯斯感冒膠囊連結在一起。

2. 簡單的評估與購買原則　消費者進行廣泛性決策時，傾向仔細評估各品牌的優劣點，找出最符合需求的產品。相對的，以低涉入產品購買為主的有限性決策，常以簡單的訊息評估進行購買，例如感冒時到藥局買藥，看到斯斯感冒藥擺在藥架上，因而聯想到熟悉的廣告詞，進而刺激消費者購買產品，這是由簡單的內部搜尋，草率的評估便形成購買的情形。由於有限性決策評估快速，所以在使用品牌後，消費者才去評鑑品牌，而評鑑的標準也是非常寬鬆，只要在可接受的範圍就會滿足。這與廣泛性決策下，消費者希望獲得最大滿意度，竭盡心力進行產品評估是不相同的。

3. 常以心理捷思進行決策　心理捷思是指消費者個人在判斷事情的時候，常依據過去處理同一類問題的經驗（獨特、鮮明、生動、具吸引力等特徵），以抄捷徑的方式來解決問題（見第十一章第三節）。例如雖然衛生單位建議生病的時候應該找醫師診斷病情，才能保障自己的健康，但是你的朋友如果告訴你，她在罹患感冒時，吃幾顆感冒藥就沒事了。在這種狀況下，消費者傾向於忽略前者的忠告而聽從後者的建議。在有限性決策的歷程中，消費者訊息收集被動，為了快速達成決策，常以人云亦云的具體案例或經驗累積成的市場信念為參考，因此應用捷思原則的現象是非常明顯的。

4. 參照團體影響性低　在第九章的時候曾經談到，當產品的性質具有公開展示性或奢華象徵意義時，參照團體對產品的購買決策具有相當的影響力。然而有限性決策的產品大多為低涉入品（如紙巾、牙膏、垃圾袋、洗衣粉），屬於消耗品，不具公開展示性質，所以並不需要接受其他消費者的"公審"，因此比較不受參照團體影響（Cocanougher & Bruce, 1971）。在電視廣告上，許多低涉入產品以社會同儕認同的方式當做訴求主題，其作法似乎忽略了上述的考量。

（二） 有限性決策的行銷策略

上述有限性決策的特點中，隱含著一些行銷因應策略，底下將從行銷組合的推廣、價格、通路以及提升消費者涉入程度來說明。

1. 推廣 有限性決策消費者以被動學習為主，全盤了解產品屬性的興趣不高，因此：(1) 廣告宜以簡單、關鍵的訴求方式，呈現產品的賣點；(2) 重復播出廣告最能增加消費者接觸訊息與了解產品特性的機會，但訊息量不宜過多，時間不宜過長，以避免排斥；(3) 低涉入品牌（或產品）屬性之間的差異度不大，在推廣上，廣告訊息的差異比產品訊息的差異更重要，換言之"象徵性"或"想像性"的訴求，比理性訴求（強調產品屬性功能）更能激發消費者的興趣；(4) 有限性決策者對產品態度不明顯，能夠彈性的接受各種訴求方式，所以"突破傳統"廣告，比較能引起他們的注意；(5) 在諸多媒體管道中，電視的溝通效果最佳，因為收看電視觀眾心態上是被動的，尋找訊息也是懶散的，而電視的動態畫面因為符合了他們的需求，反而成了最能吸引他們的方式。

2. 價格 在有限性消費決策中，消費者認為品牌間屬性差異不大，價格的高低成了購買的重要因素。研究也證實了此點，當詢問低涉入產品購買者"什麼是購買決策最重要的關鍵？" 52% 回答價錢因素，但詢問高涉入購買者時，只有 22% 認為價錢才是重要因素 (Lastovicka, 1983)。因此，低價策略諸如產品折扣促銷、折價券、加量不加價等最能贏得有限性決策者的共鳴。而店內促銷刺激，如產品展示的噱頭、免費試吃（用）、折價券散發也能有效吸引消費者購買。

3. 通路 消費者不會為了購買低涉入產品勞碌奔波，因此如何提供消費者方便取得產品的管道，例如密集配銷與鋪貨、增加店家連鎖等，都是經營者需要加以重視的。其次在產品的陳列上，應取得貨架有利位置，以增加非計畫性購買的機率。

4. 提升涉入的程度 有限性決策屬於低涉入的決策模式，因此有學者認為應該把產品提升到高涉入層次，方為建立忠誠顧客的重要方針。底下是提升消費者涉入程度的一些建議 (Assael, 1995)：(1) 把產品與重要事件連結，提升消費者對產品的重視，並由消極轉為積極。例如義美食品強調豆腐由非基因改造黃豆製造而成，這個訴求能迅速增加關心健康者對產品的正面形象；(2) 把產品使用時機與適當的時間做連結，即在消費者最需要的情境出現產品，提升消費者對產品的依賴程度，例如清晨播出牛奶與果汁廣告，將比其他時間更能引起購買的念頭；(3) 自我形象的維護除了可能減少焦慮與緊張外，亦能維持身心的健康，所以廣告以自我形象受威脅為訴求，並強調低涉入產品如何解決問題，對提升產品的涉入程度有正面效果。例如吃東西之後，嚼食青箭口香糖能解決口臭問題，增進人際關係即為一例。

第二節　習慣性決策

習慣性決策(habitual decision making) 指不假思索重複購買某特定產品的行為，習慣性購買的產生乃是因過去學習經驗逐漸累積而來。消費者將使用過某品牌的滿意經驗，彙整為行動的基模儲存在記憶裏，當類似的需求再次出現時，便能夠從腦海中找出過去的解決方案加以利用，如此經過多次的刺激與反應的連結，便逐步形成直覺式的習慣性決策，因此也稱為**重複性反應行為** (repeated responsive behavior)。習慣性決策在訊息的收集或方案評估所花費的時間都極為短暫。另外，習慣性購買幾乎不會考慮不購買的選擇方案（請參考圖 14-1）。假設你已經習慣使用黑人牙膏，當牙膏用完到商店購買時，將不會再考慮其他品牌，也不在意黑人牙膏價格是否過高，唯一的反應就是拿了產品後快速到櫃台結帳，這種作法不但能夠增快決策的速度，也能降低購買其他品牌所產生的風險。

習慣性決策可分為惰性購買及品牌忠誠度購買兩類。這兩種類型在決策的處理過程所花費的時間與精力都非常的少，也非常清楚自己所要購買的品牌，表面上來說兩種模式非常相似。然而，在產品涉入程度上兩者卻截然不同，惰性購買產品涉入低，品牌忠誠度購買產品涉入高。底下我們將針對惰性購買及品牌忠誠度購買做一探討。

一、惰性購買

惰性購買 (inertia purchase) 或稱**重複購買** (repeat purchase)，顧名思義指消費者因懶於花費心思購買產品，所以每次都選相同的品牌解決消費問題。在日常生活中，消費者發生惰性購買的決策現象是非常普遍的，為了深入了解,本節首先由其相關概念談起,其次再討論在哪些狀況下,惰性購買容易轉變為較為複雜的購買類型,最後則說明惰性購買在行銷上的意涵。

(一) 惰性購買相關概念

當消費者認為各種品牌所能提供的效能差異不大,且購買的產品屬於低涉入時,惰性購買最容易產生。例如聽朋友的建議購買了池上米,吃過以後也覺得不錯,則再次購米時,閃過消費者腦海中的就是購買與上次一樣的品牌,以節省再次搜尋比較的時間,這就是一種惰性購買。消費者採用惰性購買的優點除了簡化了決策的歷程,減少了所需花費的時間及心力外,也能降低購買風險。

值得注意的,惰性購買假設消費者與產品(池上米)之間的關係並不緊密,購買池上米純粹是為了節省心力,所以一旦出現其他誘因,如池上米缺貨,或其他品牌提供更便宜價格,惰性購買即發生改變,消費者可能轉採有限性甚至廣泛性等較為複雜的決策歷程,並考慮購買其他品牌。

當消費知識及購買經驗累積到一定程度時最容易形成惰性購買。曾有一則研究邀請了一群消費者為調查對象,並請他們在六個星期內,隨意選擇各種他們喜歡的麵包。受試被告知可以在選擇之際詢問任何有關麵包的訊息。結果指出,在研究之初想要了解與麵包相關消息的人較多,但隨著時間的消逝,消費者對麵包內容已經清楚,詢問訊息的人逐漸減少,甚至到最後,許多人都知道自己要什麼,也不再詢問任何訊息(Lehmann, Moore, & Elrod, 1982)。另外一個研究指出初為人母者對嬰兒產品的採購情形,與上述的結論雷同,當母親對嬰兒產品的知識越豐富、經驗越充足,收集與評估訊息的時間也越少,因而逐漸產生惰性購買或品牌忠誠度購買。

(二) 惰性購買轉變複雜決策的時機

惰性購買把採購活動極端的簡單化,以避免心力的耗損。但在下列的情況中,惰性購買有可能回復到決策歷程較為複雜的有限性決策或廣泛性決策(Assael, 1995)。

1. 當產品的品質與原先的期待不盡相符,如包裝不良或成分不同時,消費者常因不滿意或不習慣而重新考慮其他的品牌,此時也由惰性購買轉變為複雜決策。

2. 當新觀念的出現或新品牌上市時，消費者可能受到影響而重新思考問題，決策的型態因而發生改變。例如當消費者從雜誌得知習慣的香煙品牌所含尼古丁含量高於一般時，或消費者察知某新產品優於原產品時，都會再重新回到問題認知、收集訊息、方案評估與選擇的複雜決策歷程上。

3. 當消費者對舊品牌感到無趣與厭煩時，會產生多樣式搜尋購買，尋求新的刺激與新的產品。有關多樣式搜尋購買請見補充討論 14-1。

4. 當消費者所要的品牌缺貨，產品停止生產，或價錢上漲偏高時，都會使消費者重新考慮其他品牌，並進入認知歷程較為複雜的決策類型。

(三) 惰性購買的行銷策略

談到惰性購買的行銷策略，行銷者首先要考慮自身品牌在市面上的占有率，如果占有率高，應該採取領導品牌策略，即想辦法讓消費者持續購買原先熟悉的品牌，避免從事額外的訊息收集。但如果市場占有率較低 (知名度較差)，行銷者應增加該品牌被評估的機會，嘗試由消費者的惰性購買轉變為複雜決策。由於兩種策略方向稍有不同，故分別說明之。

1. 維持消費者惰性購買　在低涉入的情況下，領導品牌是消費者較為熟悉的品牌，因此如何提升品牌能見度，增加被購買機率，將是維持領導地位的重要原則，其中又以廣告高度曝光最為常見。廣告大量曝光的好處是能夠簡化消費者決策過程，逐漸建立消費者刺激-反應的解決問題的模式。開喜烏龍茶在電視媒體上大打廣告的結果，使消費者在餐廳或喜宴時想要喝飲料，自然就想到開喜烏龍茶。百事可樂的廣告標語"這是正確的選擇"，暗隱著一旦選擇百事可樂，滿意跟著到，都是相關的例子。

為了增加品牌曝光頻率，商店的店面佈置應與廣告內容相似，藉以產生提醒的效果。通路上，產品應採廣泛性的鋪貨，擺設盡量放在顯眼的地方，使消費者容易接觸 (上述相關的策略與有限性決策相似)。

2. 鼓勵消費者品牌轉換　在非領導品牌行銷策略上，應集中在改變消費者習慣性的購買行為，讓他們有機會接觸新品牌，相關的作法如下：其一，惰性購買大多為低涉入品，消費者對低涉入品的承諾度低，轉換其他品牌的彈性大，所以運用策略鼓勵消費者試用新品牌，如"免費試吃"、"暫

補充討論 14-1

多樣式搜尋購買

　　多樣式搜尋購買 (variety-seeking purchase) 指消費者對先前所使用的品牌並無不滿意，卻因在好奇與尋求變化的動機下，產生更換品牌的行為。舉例來說，你的朋友喜歡吃排骨，每天都點排骨便當，但是有一天卻點了雞腿便當，當你問他變換的理由時，他可能回答你"吃膩了排骨，希望有一些變化"。類似這種想要讓平淡無奇的生活增添一點色彩，而轉換品牌的購買行為即為多樣式搜尋購買。多樣式搜尋購買並不一定對原品牌失去了興趣，而只是為了避免暫時的無聊，產生尋找新刺激的一種決策機制。

　　在前面第四章說明動機時曾經提到，個體的欲求處於未滿足的狀況時，會產生需求，隨之而來是緊張不安的情緒並引發驅力，驅力（刺激）的產生促使個體表現出適宜的行為來解決問題。而當欲求得到滿足後，驅力（刺激）也因而降低。從另一方面來說，消費者不全然想要降低刺激，有時候反而去追逐刺激，享受驚悚的感覺，例如坐雲霄飛車、看靈異電影等都屬之。因此綜合上述觀點，消費者對於刺激的控制，應該扮演調節者的角色，刺激過多尋求降低，刺激不足尋求補齊。

　　產生多樣式搜尋購買的原因也可從上述的論點來加以說明。**適度刺激論** (optimal-arousal-level theory) 是指個體具有維持適度刺激的傾向，如果缺少則尋求刺激，如果過多則減低刺激，此即所謂"靜極思動，動極思靜"的情形（張春興，1989）。維持適度刺激的內在力量是人類的動機之一，通常刺激的適度狀態因人而異，主要受到內在及外在因素影響。內在因素包括個人的年齡、學習經驗及人格特質，因此適度刺激偏高者，購物時喜歡轉換品牌，藉以尋求不同的新奇經驗。再者他們心胸開闊、外向、低權威性格、有創意、有能力處理複雜的刺激，他們也常參與能刺激感官的活動如跳傘、賭博等，以累積興奮感。外在的因素則包括環境當時所提供的刺激。例如，度過平靜的期末考週，許多感官追尋者已經摩拳擦掌，準備在考試結束後狂歡做樂尋求刺激 (Hoyer & Ridgway, 1984)。

　　由適度刺激論不難了解消費者在不自覺的情形下進行多樣式搜尋購買的原因。當消費者重複購買相同的產品時往往會有無聊、單調的感覺，為了維持個人適度的刺激量，必須追求刺激，而偶發性的品牌更換往往讓平淡的生活增加變化，使消費者感覺到舒暢。通常容易發生多樣式搜尋購買的產品特徵，包括性質相似品牌眾多的產品或低涉入的消耗性產品，如牙膏、電池、衛生紙紙巾等。

　　為了避免因多樣式搜尋購買而流失基本顧客群，行銷者應進行多樣化的產品經營，例如雀巢公司的糕點部門，特意推出七種包裝與口味都不相同的飯後甜點，讓購買的消費者在往後一星期的飯後享受，每天都充滿著不同的驚喜。英國某一家啤酒公司市場調查後發現，美國消費者可能選擇的啤酒品牌約為 2～6 種，為了打入美國啤酒市場，該公司並未突顯自己的啤酒與美國啤酒在口感上的差異，反而強調他們所生產的啤酒是消費者在生活中尋求不同暢飲感覺的最佳替代品。

時無須付款"、"折價券"、"免費贈送樣本"等方式，對增加消費者接觸新品牌的機會有卓越效果。例如讀者文摘以"先行試閱，滿意付款，不滿意退回，無需任何費用"的作法，即吸引了許多消費者的訂閱。其二，廣告應以顯眼、新奇的手法來引起消費者重視。新奇廣告常令人耳目一新，使消費者注意到領導品牌外的其他品牌，如此才有可能進行轉換品牌的行銷策略。其三，導入產品屬性的新觀念，改變消費者評估過程的優先順序。例如傳統洋芋片包裝膨鬆、運輸不易且開封後碎片特多，品客洋芋片上市之初即做出改進，他們將洋芋搗成泥，擠型油炸，因此每片大小劃一，而採用的筒狀包裝，運輸方便，也不易破碎。當介紹上市後，深得消費者喜愛。其四，使用價格促銷，使消費者警覺到與領導品牌的價格差異，例如瑞聯航空公司曾經提出"一元搭上北高航線"的策略喧騰一時，載客率也頓時增加許多。

二、品牌忠誠度購買

一提到家庭藥品，總免不了列舉張國周強胃散、金十字胃腸藥、撒隆巴斯、川貝枇杷膏等老字號產品，這些老品牌在競爭激烈的市場中，仍能歷久彌新，屹立不墜的主要原因，是因為擁有廣大品牌忠誠的顧客。

品牌忠誠度購買 (brand loyalty purchase) 是指消費者對品牌或產品有一定程度的正面態度，有情感承諾，且在未來的時間內，持續保持重復購買的意圖與行動。在第二章時我們曾經說過 **80/20 定律**的精髓，即 80% 的銷售是來自 20% 的老顧客，這 20% 的老顧客或可稱為品牌忠誠者，由於他們經常到店購買，或到店做大筆的消費，使得擁有大批忠誠顧客的商店，最能維護企業的永續經營。

本節將詳述品牌忠誠度購買的相關的概念。首先就品牌忠誠度隱含的理論及品牌忠誠度的類別做一說明。其次將敘述品牌忠誠度購買的消費者相關特性。再者研究者紛紛提出，現世之際品牌忠誠度已漸漸式微，我們將探討其中的原因。

(一) 品牌忠誠度的意義

論及**品牌忠誠度**的意義，許多學者有不同的看法，相關的要義經彙整後如表 14-3 所示 (Jacoby & Chestnut, 1978)。在表中可發現，有些學者從

表 14-3　品牌忠誠度要義

觀點取向	品牌忠誠度的要義
行為學習的觀點	品牌忠誠度並非隨意產生，行銷者擬定的策略（如累積里程）對消費者品牌忠誠度具影響力 口頭敘述的測量加上實際購買的記錄，方能真正了解品牌忠誠 需長時間發生重復購買的情形，才稱為品牌忠誠
認知學習的觀點	品牌忠誠的決策歷程，除了從個別消費者角度一窺究竟外，亦可由組織購買決策歷程的角度切入 消費者在同一段時間內，可能出現對多種品牌的忠誠 所購買產品，使用後的評價，往往是形成品牌忠誠的原因

(採自 Jacoby & Chestnut，1978)

行為學習的觀點切入，有些從認知學習的方式探討，換句話說，產品忠誠度可從消費者購買品牌的行為或消費者對品牌的態度來加以說明：

1. 從行為觀點看品牌忠誠度　就行為學說觀點而言，品牌忠誠度可視為再次購買相同品牌的一致程度，如果消費者在初次使用產品後，滿意程度高，將會強化再次購買該品牌的行為，品牌忠誠度因而慢慢形成。從上述的理論來說極度忠誠的消費者將持續購買同一品牌，但是日常生活上，這種情形卻鮮少產生，品牌忠誠度購買的消費者常因好奇或厭煩，產生多樣式搜尋的購買情形。

以行為觀點測量品牌忠誠度者，常應用下列三種方式 (Sheth, Mittal & Newman, 1999)：

(1) **購買頻率法** (proportion of purchase)：以消費者購買同一品牌的次數除上全部購買的次數為計算基準，例如最常購買的品牌次數，10 次中出現了 8 次，則品牌忠誠度為 80%。

(2) **購買序列法** (sequence of purchase)：是由購買者品牌轉換的方式來進行計算，舉例來說：兩個消費者購買 A、B 品牌的次序為 AAABBBBAAA，另一位則是 ABABABABAB，如果兩者以上述的購買頻率法來計算忠誠度，其結果都是 60%，但是明顯的第一位購買型態比第二位更為一致，忠誠度也較高，換言之，購買序列法的正確性高於購買頻率法。

(3) **購買機率法** (probability of purchase)：行銷者由消費者購買的頻

率與序列,綜合判斷品牌忠誠度的方式。作法上先根據消費者購買的歷史,以購買頻率法了解品牌忠誠度,之後再以購買序列法推知最近幾次購買特定品牌的一致程度,如果一致程度高,則品牌忠誠度有增加的傾向。

由上述幾種方式測量品牌忠誠度,可知品牌忠誠並非全有或全無的現象而是有程度之分,因此也有學者以購買行為的連續與轉換程度,區分忠誠度從完全忠誠至完全不在乎等五種類型,我們以表 14-4 來做說明 (Peter & Olson, 1990)。在表 14-4 中,如果以 ABCD 表四種購買的品牌,未分割型指最不輕言更換品牌,屬於"死忠"型的消費者。偶爾轉換型則指品牌轉換偶一為之,大部分還是忠誠於原品牌。轉換型則指剛開始對 A 品牌產生高忠誠度,在一段時間後轉換品牌,並忠誠於其他品牌。分割型指在非常短的時間內,即產生品牌變動的情形。不在乎型則指每次購買都嘗試不同的品牌。在表 14-4 中隱含著重要的行銷策略,即行銷者策略應該考慮採用何種策略才能讓消費者逐漸由不在乎型,循序漸進移入分割型、轉換型、偶爾轉換型到最後的未分割型。

表 14-4 五種不同的品牌忠誠度類別

品牌忠誠度類別	忠誠度高低	品牌購買的轉換情形
未分割型	最高	AAAAAAAAAA
偶爾轉換型	高	AAABAAACBA
轉換型	中	AAAAABBBBB
分割型	低	ABACABACAA
不在乎型	最低	ABDCDACDBA

*ABCD 為四種品牌

(採自 Peter & Olson,1990)

2. 從態度觀點看品牌忠誠度 從心理學態度觀點而言,以購買頻率法或購買序列法定義品牌忠誠度並不嚴謹,因為這種方式無法區分"真實"或"虛假"品牌忠誠度的消費者。例如許多人重複購買某一品牌只因為習慣或方便之故,或者是因為品牌為商店唯一的選擇,因此以行為表現所建立的品牌忠誠度並不穩定,當競爭品牌出現也提供誘人低價時,消費者容易產生品牌轉移。另一方面,當消費者出現品牌轉換的行為時,也不表示對品牌不具忠誠度,有可能是因為商店缺貨,不得已的情形。因此認知研究者認為品牌忠誠度是一種心理歷程的建構,消費者在制訂消費決策時,從各種品牌差異的比較,產生品牌的認知與情感,也唯有在對某一品牌的喜好態度優於其他競爭品牌時,品牌忠誠度才會產生。因此在測量方法上,認知學者以態度為衡量基礎,讓消費者在許多不同品牌中,以他們最喜歡的品牌排序或測量對品牌的喜歡程度,而非依據購買一致性的程度來定義,這種方式又稱為**態度品牌忠誠度** (attitudinal brand loyalty)。

3. 從態度與行為的觀點看品牌忠誠度 在談論品牌忠誠度時,不管是從行為觀點或態度的觀點,都有其立論基礎,使得學者嘗試綜合行為與態度這兩種觀念來定義品牌忠誠度,例如定義品牌忠誠度是"內在強烈傾向產生持續重複購買的行為"即包括了行為及態度的意念在內。因此測量品牌忠誠度購買,在量表上除了必須考慮重複購買的行為外,也包括了認知與情感偏好的測試。表 14-5 是一些題目範例。

表 14-5 測量品牌忠誠度的範例

下面的題目請用五點量表填答 (從 1-非常不同意到 5-非常同意),同意的程度越強,品牌忠誠越高。	
1. 我非常喜歡這個品牌。	1. □ 2. □ 3. □ 4. □ 5. □
2. 在這個產品類下,我有自己喜歡的品牌。	1. □ 2. □ 3. □ 4. □ 5. □
3. 在購買……(產品名稱) 時,我只考慮我喜歡的那種品牌。	1. □ 2. □ 3. □ 4. □ 5. □
4. 長久以來,在買……(產品名稱) 時,我幾乎只選這個品牌。	1. □ 2. □ 3. □ 4. □ 5. □
5. 如果在商店中找不到我喜歡的品牌,我情願到不同商店找找看,而不會以別的品牌代替。	1. □ 2. □ 3. □ 4. □ 5. □

(二) 消費者與品牌忠誠度相關研究

行銷者許多的促銷策略最終目的都希望能培養忠誠度的顧客,所以了解消費者與品牌忠誠度也就變得重要。本部分將針對消費者形成品牌忠誠度的相關原因做一說明,第二部分則討論品牌忠誠度的式微現象。第三部分說明培養品牌忠誠度的相關作法。

1. 品牌忠誠度的消費者　底下彙整出品牌忠誠度消費者的相關研究：

(1) 當消費者對產品類的某品牌具忠誠度，就不會對相同產品類的另一個品牌形成忠誠度。

(2) 品牌忠誠消費者對自己的消費決策，較非品牌忠誠者更具信心。

(3) 在特定的產品類別中，如果可選擇的品牌很多，且消費者涉入程度低，則產生品牌忠誠度的可能性不高，相對的，如果品牌選擇性很少，且消費者購買頻率高時，較有可能形成品牌忠誠度。

(4) 有品牌忠誠度者，容易進一步形成商店忠誠，因為固定在幾家商店購物的消費者，只能就該商店所提供的品牌做選擇，久而久之對這些品牌產生好感而形成忠誠。

(5) 具品牌忠誠度的消費者傾向於把購買過程視為高風險，所以常利用重複購買單一品牌的方法降低風險。

(6) 因受父母消費習慣的影響，嬰兒潮消費者在小時候即對一些品牌形成忠誠度，例如綠油精、黑人牙膏、小美冰淇淋、樂高積木，因此在嬰兒潮市場逐漸老化之際，以懷舊作為這些產品的訴求方式已有日漸成長之勢。

(7) 品牌忠誠度對消費者的影響有正面的也有負面的。從一面來說，品牌忠誠的消費者除了能夠維持既有的決策品質外，也可節省許多的決策時間與精力。然而購買相同品牌的重複行為，卻往往忽略了品牌價格偏高或是低劣品的可能性，例如精品名牌 (如香奈兒)，集品味時尚、身價與質感於一身，最容易形成忠誠度，然而對低收入戶或阮囊羞澀的青少年忠誠者卻是沈重的負擔。

2. 品牌忠誠度的式微現象　美國華爾街日報針對消費者更換品牌頻率做調查，以了解大眾消費者對品牌忠誠度的看法。研究以 25 項日用產品詢問消費者選購的品牌與轉換頻率。結果指出，只有約百分之二的人忠誠於 16 項以上的產品，一般消費者對品牌極少有忠誠現象。其中運動鞋、蔬菜罐頭等為忠誠度最低的產品，但香煙、牙膏、咖啡等口味性產品則有較高的品牌忠誠。但整體而言，消費者對不同品牌差異區辨力低，選購時隨興而至。所以與過去相似的研究作比較，當今消費者對品牌忠誠的情形已經大不如昔。經歸納造成品牌忠誠度低落的原因可能如下：

第一，由於近年來大量新的日用產品上市，使得消費者購買同一類產品時有著比以前更多的選擇，導致忠誠度的下降。

第二，1970 年的通貨膨脹與 1980 年代的經濟蕭條，使消費者更注意到產品的價錢。低價或是促銷的產品成為消費者首先考慮的要素，加上消費者認為產品或品牌雖有差異，但品質應當差不多，這種信念更沖淡了以往產品的忠誠度。

第三，科技日新月異，大量同質性新產品的充斥市場，在強烈市場競爭的前提下，消費者對琳琅滿目品牌眼花撩亂，往往無法記得，因此對新推出的產品或品牌名稱，無法產生忠誠。

台灣目前並無對消費者產品產生忠誠度的情形有縱貫性的研究，但是在經濟繁榮，民生必需品的充足供應下 (同一類商品多家廠商生產)，消費者追求低售價高品質的信念已成為商品上市的基本條件，物美價廉已變成目前主要的消費觀念，在此前提下，可預期品牌忠誠度的情形將較以往降低。

3. 培養品牌忠誠度的相關作法　有關增進品牌忠誠度的作法有下列幾項：

(1) **累積消費**：**累積消費** (accumulative consumption) 是指消費者達到一定的累積點數，便可以成為該公司會員，或擁有貴賓卡享受贈品、折扣等優惠。就學習原理而言這是屬於**固定比率強化** (fixed-ratio reinforcement schedule) 的情形，即消費者只有在表現達一特定的次數以後才會得到強化的一種方式。累積消費通常具有一段時間的效益，消費者在達到定額前必須經常購買，而購買次數增多，除可避免其他商家誘惑外也自然培育了品牌忠誠，故為一項極具吸引力的策略，例如渣打銀行的累積紅利、現金回饋，西北航空或聯合航空累積一定里程，即送國內來回機票，洗髮美容院消費十次即招待兩次等都屬之。

(2) **藉由顧客資料來培養忠誠客群**：由於曾經使用品牌的消費者，對品牌熟悉度高，接受產品程度也較容易，因此只要能尋回這批使用者，再次促銷產品核心利益或相關價值，除了可吸引消費者回鍋意願外，也減少了漫無目標推廣費用所產生的浪費，對忠誠度培養極具功效。美商惠氏公司 (銷售 S-26 嬰兒奶粉) 常收集即將分娩的媽媽資料，定期寄出育嬰手冊，讓準媽媽能記得惠氏品牌印象及關懷。裕隆進行曲 (March) 專款推出之後，則成立了車主俱樂部，定期舉辦車友活動，提供許多具魅力的附屬商品價值，使這群車主有與眾不同的感覺，並創造出強烈的歸屬感。

(3) **藉由研習講座與售後服務培養忠誠**：產品本身的特性如果只藉由廣

告或產品說明,無法完全涵蓋,但如果透過研習講座或舉辦教育活動,將可直接與消費者做面對面溝通,教育消費者認識新知;另方面消費者也會因受到重視而產生信賴,並由熟悉感而成為忠誠愛用者。資生堂化妝品公司為回饋長年支持愛用者,常定時舉辦美容諮詢與講座,包括保養化妝、美體等,除此之外也不定時舉辦時尚流行活動,如香水、青春講座、社交禮儀等。而在實習時並免費提供化妝品試用,深得消費者喜愛。

(4) **鼓勵消費者參與活動**:參與行銷者所舉辦的活動,可以使消費者產生直接的經驗,而這些鮮明的記憶,往往助長了購買傾向,也間接的培養忠誠度。例如許多新產品的命名,如果直接請消費者參與建言,除了拉近消費者與產品的距離外,也可了解他們的想法,滿足他們的需求。誠品書局曾經舉辦過徵求夢想書店的活動,邀請讀者利用各種方法 (文字、圖像、攝影、模型、錄音帶) 描繪出理想的書店情境,彙整完成後融入日後規劃書店的藍圖。可口可樂所上市的"飛揚系列"的茶及果汁飲料的命名,也是由三千多位受訪者中票選出來的,表達新世代人類對周遭環境的關懷。這些參與式做法對忠誠度培養貢獻卓越。

第三節　體驗性決策

體驗性決策 (experiential decision making),是指消費者購買產品時以自己對產品體驗的價值與情感,做為制訂決策的基礎。藝人吳宗憲開設的惡魔島主題餐廳為例,每位客人到場後,服務生將他們戴上手銬,帶到像牢房一樣的座位上,這些獨特的經驗,可能是消費者一生都難以經歷的,也宣洩了消費者反主流、反正經的價值意義。在上述例子中,商品與服務是屬於外在的屬性,並不一定吸引顧客的購買,但是當消費者內心與這些外在屬性互動產生情感交流時,就會形成一股追求的渴望,即為體驗性決策。

有關體驗性決策的研究目前並不多,應用的內涵也不同,本節將綜合各種看法歸納出其要義與內容。首先將就體驗性決策與傳統決策的模式做一比較說明，第二部分探討體驗性決策類別。

一、體驗性決策與傳統決策模式的差異

傳統的決策觀點無法解釋不以效益為考量的消費現象，例如為什麼消費者願意花錢看恐怖電影嚇自己？雖然會令自己增胖為什麼許多人始終無法抵抗巧克力的誘惑？在這些前提下，探討因個人感受與價值觀的不同，而有不同的決策觀點的體驗性決策應勢而出，甚至在廿世紀末，創造消費者獨特經驗的"體驗行銷"熱潮更是風起雲湧 (Schmitt, 1999)。

體驗性決策認為消費者從感官情感做為決策思考的方向，此種思考方式與傳統定義消費者為理性決策角色是不同的，底下將分兩點來說明：

(一) 決策時考量點不同

體驗性決策與傳統決策最大的不同是，在於決策的經驗是從生活的角度出發，著重一種令人感官暈眩，觸人心弦的體認感。體驗性決策重視產品所帶來的的歡樂、情緒、感覺、形象與刺激，產品實質的屬性反而沒有這麼重要。以"麵包與愛情"的考量來比喻，當結婚的決定是為了"麵包"的現實的因素，則這種精打細算的決策型態，符合於傳統決策的思考模式，但如果情侶為了羅曼蒂克的愛情產生結婚意念，則這種決策模式偏向於至情至性的體驗性決策。

世界連鎖的星巴克咖啡捨棄傳統的以產品功能為訴求的廣告方式，改以著重體驗型消費的模式，為體驗型決策開創了成功的典範。該公司認為影響品牌最有力的時候是顧客享用商品的階段，因此整個店面設計空間規劃都有不錯的巧思，顧客一進門，撲鼻而來的咖啡香更觸動了感官的舒暢，讓消費者體驗到了舒服自在享受的氣氛，這種體驗取代了傳統的推銷，使消費者不覺得自己在消費，而是在做使自己愉快的事情，久而久之就組成了生活型態相似的咖啡族，並成為忠誠顧客。

從上述的說明，以功能性為主的產品如汽車、電器用品、牙膏、香皂、廚具等日常用品等決策模式，偏重於傳統理性思維或被動購買，但是購買具誘惑性產品 (巧克力、彩券、珠寶) 或是參與一些刺激性活動 (高空彈跳、雲霄飛車) 時，則是著重在內在知識與情感互動的一種體驗感覺。然而這種

分野均需考慮消費者的個別差異,有人喝咖啡重視店面裝潢氣氛,撲鼻香味的舒暢感,有些則以提神、價錢為考慮的邏輯,兩者的決策機制不同。

(二) 研究方法的不同

在傳統的研究方法中,常以分析、定量與控制的方法來測量消費者的決策歷程,研究者認為問題的解決與周密的思考有關,必須藉由客觀的行動,才能獲得滿意的結果。而透過客觀的科學方法,如控制的情境、操作化的變項,假設性的演繹及驗證,即能測量消費者的決策過程,數據化的結果對於預測消費者的購買動向具實質參考價值。事實上,消費者決策固然可以理性與邏輯的思考作處理,但是消費者購買決策也常受到情感的驅策,例如消費者常有狂想、感情與歡樂的思緒,嘗試追尋刺激的快感或挑戰驚悚的活動,這種的體驗感覺並無法以抽離的幾個變項做解釋,而需要透過消費者內在的敘說,配合整體的事件脈絡來了解,資料也無法以數據分析,而需要文字的豐富描述。

換句話說,體驗性決策的測量偏重在了解消費者購買時的感受,及這些想法與日常生活交互關聯,並透過消費者對購買意義的解釋及描述,分析他們對產品的體驗,才能通盤了解消費者心智變遷歷程及其背後的運作過程。而為了了解消費者體驗的內容,目前已經發展出許多相關的質化方法,例如以特定產品照片或相關的資料為本,請消費者對其發表看法,然後再配合一些投射方法,探測消費者對這些產品深層的想法與感受;或請參與者使用視覺以外的感官傳達產品圖像的核心意義;或用品牌符號敘說他們對產品的思想與感覺。

舉例來說,高空跳傘是美國最近新興的刺激活動,每年約二百五十萬人的參與,但跳傘並非絕對安全無慮,據統計每 700 人中約 1 人在過程中意外死亡。再者,跳傘者從飛機跳出之際,人體垂直墜下的時速高達 200 英哩,墜入深淵的衝刺感,是一般人極欲逃避的場景,但為什麼每年仍有數以千計的人冒生命危險追逐這種恐懼緊張的情緒?為了了解真相,一群消費研究小組便以參與式觀察法了解高空跳傘的動機。其中一位研究者親自加入跳傘俱樂部 (跳了約 650 次)。而其他二位則進行深度訪談,訪問內容包括在機門尚未跳下,及跳下落地時的不同感覺。在約兩年的研究中,該小組深度訪談人次超過 135 個,照像約 500 張以上,攝影、錄影帶約 50 卷,甚至也參加跳傘殞命者喪禮。除此之外，相關田野資料也被廣泛的收集，更透過各種方法兩兩比較及對照研究者彼此之間心得與經驗。從這些資料的分析，研究者歸納出參加高空跳傘者的三種動機。首先是為了能夠滿足社會期望，希望參加跳傘後能為團體所接納。第二類動機是為了追逐刺激與興奮快樂經驗。第三類則希望增進自我信心與成就感，學習在緊張驚險狀況下的風險處理與控制，在上述這些驅力下，消費者願意追求這種驚悚的感覺是非常強烈的 (Celsi, Rose & Leigh, 1993)。

二、體驗性決策的類型

體驗性決策的理論認為消費者的消費過程是一個完整的經驗，消費者重視的是一種對產品內心的體驗或觸人心弦的經驗而非產品的特性或功能，例如綠野香波 (現在改名為 Clairol 草本精華) 洗髮精的一則廣告，敘述一位女性走入飛機的盥洗室洗頭，因為誤觸了對講機，使得洗髮後舒服的性感喘氣聲傳給了飛機的每一個乘客，澎湃了整個機艙。接著鏡頭轉到一位中年婦女向空中小姐要求她也想要買一瓶那種品牌的洗髮精。這個廣告把感官的體驗以聲音具體的呈現出來，讓消費者心中感受到這種經驗，不管產品是否真的如願，當消費者心弦被觸動之際，都會產生渴望購買的一種激動。在這個觀點下，愉悅性消費及衝動性購買都屬於這種決策類型，說明如下：

（一） 愉悅性消費

愉悅性消費 (hedonic consumption) 指消費者藉由產品與服務獲得情感心靈的喚起與共鳴，並創造出愉悅暈眩的滿足感。一般而言，尋求歡愉與避免痛苦是消費者基本動機也是生活的一個原則，但是為了追尋愉悅的體驗感，許多消費行為是無法用理性思維去推敲的，例如從功能性價值來說，情人節送玫瑰花給女友，即是一種不實惠的行為，因為昂貴的金額所購買的花束在三天之內便會凋謝。但從愉悅性消費而言，花束與羅曼蒂克的感覺連結在一起，代表著愛與歡笑，而這種浪漫氣氛的體驗所引發的激情，絕對是物超所值的。

在喜怒哀懼愛惡欲等基本情緒中，不愉快的負面情緒占了大多數，所以基本上人類以趨樂避苦為動機，追逐正面的愉悅經驗，但是許多消費者也喜歡追求驚悚緊張的感覺,以換得之後的愉悅感。如雲霄飛車或高空彈跳過程常令人魂飛魄散,不寒而慄,但卻有人愛不釋手,樂此不疲。這種現象的產生,我們可利用情緒相對歷程論做為解釋。

情緒相對歷程論 (opponent-process theory of emotion) 指當消費者接受一刺激時,會散發一種情緒反應,但當這種情緒狀態逐漸減低後,個體將會體驗到與前述狀態反向的另一種相對情緒,而兩種情緒的總合,構成了消費者的情緒經驗 (Solomon, 1980)。例如恐怖痛苦的情緒產生後,快樂鬆弛的情緒也將隨之而來,反之亦然。如果以兩種相對情緒甲及乙來說明,可繪成圖 14-3。

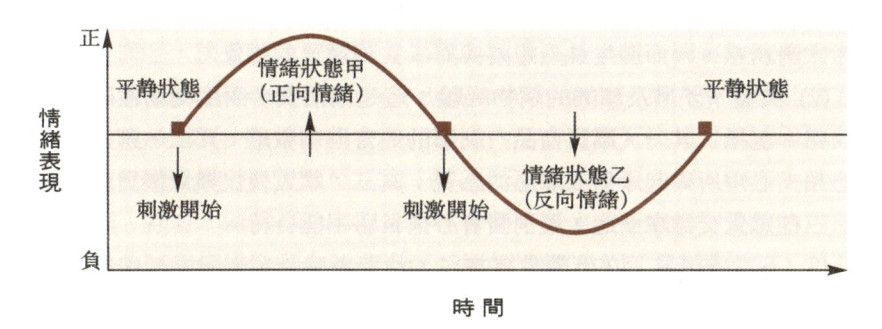

圖 14-3　情緒相對歷程論圖解

所以如果以情緒相對論的觀點來說,消費者願意承擔風險玩高空彈跳,因為他們期待活動後如釋重負的快樂感覺,相似的情形可以解釋三溫暖浴、電動玩具、馬拉松賽跑等。另一方面,相對歷程論亦可以說明正面情緒轉向負面情緒的情形。在日常生活中,消費者使用信用卡,雖然可以享受到即時欲望的滿足,但之後帳單或循環利率卻令人透不過氣。其他尚包括毒品的吸食、抽煙等,但不管是"苦盡甘來"或者是"樂極生悲",消費者所追求都是以愉悅為導向的經驗歷程。

(二)　衝動性購買

衝動性購買 (impulse buying) 指消費者瞬間感受到一種震撼、持續的催促驅力,促使其購買某樣產品,它是一種快速且情緒化的經驗,通常不會考慮行動的後果。底下將以衝動性購買的特徵,及產生衝動性購買的影響因偏好。因此，就如同消費者固有的記憶基模，組織購買決策過程也會有自己的組織方式，逐漸形成穩定的行事風格，底下將是這些相似處：

1. 決策過程相似　組織購買決策與個人消費決策過程類似。組織有自己的需求，購買過程也包括了訊息收集與可行方案評估選擇，所以在進行方案選擇時也不可避免受推銷員、廣告及口碑的影響，而一旦決策制訂完成，也會有評估的動作以了解執行的結果。研究指出越有經驗的組織購買者，評估方案的範圍越廣，所需的外在訊息也越少，此與個人消費決策的研究結果相似 (Fern & Brown, 1984)。

2. 決策類型相似　誠如上述，個人消費決策的類型可分為廣泛性、有限性與習慣性決策三種，而我們在下節說明中也可知道組織購買的決策類型亦有三種，即全新採購、修正重購及直接重購，這三種決策類型與消費者決策類型有異曲同工之妙，並可相互對照。

3. 參與決策人員角色扮演相似　個人消費決策範疇中包括個人與家庭決策，其中家庭決策人數及角色扮演與組織購買決策最為相似，都包含了提議者、決策者、購買者等不同的角色扮演，決策結果可能是一人定奪，也可能由多人共同決定。而決策過程的勸說、杯葛或結盟等衝突解決方式，都類似於家庭消費決策。

(二)　與個人消費決策相異之處

組織購買與個人消費決策還是有許多不同的地方，說明如下：

1. 組織購買的產品非最終產品　消費者購買產品，其結果通常是具實用性或追求流行、象徵之用，但組織購買的產品通常只是作為轉用於生產其他產品或服務，故非最終產品，例如消費者為了自身方便購買汽車，過程只呈現一次的交易。但就組織購買的目的而言，並非購買汽車，而是購買製造汽車的零件，故購買內容可能是鋼鐵、輪胎、引擎等半成品，且在汽車裝配之前，這些零件已經經過中間商多次的轉手交易。

2. 專業化的購買角色扮演　組織購買一般會比較正式的方式採購，採購人員通常以具專業產品知識性的各類專家組成，在購買複雜昂貴品時更是如此，但消費者的購買行為對產品知識較缺乏，訊息收集評估較為被動。

3. 購買規模較大 組織購買的參與人數雖然比消費市場的購買人數要少，但是這些少數的組織購買者，其購買量卻極為龐大，例如消費者在市場買糖，一次頂多買個一、二公斤而已，但是以糖為生產原料的廠商（如食品業），購買的代表人數雖少，但購買糖量規模卻遠大於個別消費者（一次購買幾公噸的糖）。

二、組織購買決策的類型

如同消費者決策類型一樣，組織購買決策的過程也會受到決策本身複雜性與困難度所影響：在決策機制的一個極端，公司產生了未曾經歷的問題，需要以複雜的過程處理解決，另一個極端則為不複雜、固定的決策，決策人員無須花費太多的心血即可完成。因此組織購買決策的類型即介於這兩個極端之間，並可概分為全新採購、修正重購與直接重購三種。

（一） 全新採購

當組織面臨一個全新的需求或問題，產生第一次採購的情形，稱為**全新採購** (new task purchase)。全新採購的採購者因不熟悉產品（如新型電腦採購、工廠自動化設備採購），所以需要從供應商處廣泛的收集訊息來解決問題。而這些決策對公司組織的財務結構、員工士氣都會造成直接的衝擊，所以參與決策的專業人士，或處於其間遊說關說的人數也會增加，使得決策方式呈現複雜深入的現象。

（二） 修正重購

當組織對於某些產品已有一些經驗，但因為公司政策或環境因素改變，使得組織購買者對過去的產品規格、價錢或供應商必須做些微改變的情形稱為**修正重購** (modified rebuy)，例如電腦公司將電腦散熱風扇改變設計時，他可能影響到材料、裝配過程的變更，雖然這些改變並不會造成電腦系統的遽變，但對品質保證供應商或顧客滿意度都會帶來影響，所以雖然修正重購並沒有比全新採購來得複雜，但購買決策仍需要一些人員參與及有限度的訊息收集。

(三) 直接重購

直接重購 (straight rebuy) 指當公司採購者過去曾經購買過產品，供應商的貨品也能滿足其需求，使得再次面臨需求時，常例行性的向同一供應商採購。例如公司辦公室的文具用品的採購，固定的向某供應商再次購買即屬之。直接重購屬於例行性的決策，參與決策人員及花費的時間都較少，只要現有的供應商能迅速解決問題，提供較佳服務、運送準時，別的競爭廠商很難搶走其生意。

三、組織購買決策的過程

組織購買決策與消費者購買決策相似，都必須經歷一定的過程，然而就像個人消費決策有複雜與簡單之區分，組織購買型態也有趨繁或趨簡兩種形式，如全新採購，其消費決策過程複雜、謹慎，才能求得最大效益，相對的越趨向直接重購，則決策過程越簡化，常常省略一些步驟。底下我們將以全新採購為例，說明購買決策過程的五個步驟：

(一) 問題認知

當公司內部員工認為購買某項產品便可以解決問題，並產生對產品的需求時，即為**問題認知** (problem recognition)。問題認知是組織購買的起始點，而公司內部的需求或外部環境的刺激都能激發問題認知的產生，例如當員工認知到產品品質不佳，供應商售後品質不好或需要更新設備時，這些都可歸為公司內部需求而起的問題。但是當公司採購人員看到一些廣告、文章而獲得新觀念或因供應商的銷售拜訪，展示較好的儀器設備，使公司對阻礙進步的問題有所認知，則屬於外部刺激所引起，因此由上述可知，販賣組織產品的行銷者除了需定期刊登促銷廣告、主動拜訪客戶外，也需了解顧客需求，指出尚未認知之問題，提出解決之道。

(二) 訊息收集

當公司確實有採購問題產生時，接著便需要訊息收集，決定產品特性、價格與數量，如果採購的產品規格單一，則訊息收集的問題不大，但如果產品內容複雜，則需廣泛進行產品訊息收集，有時也需會同專業人員（如工程師）或使用人員一起確定訊息收集的方向。

有關訊息收集的管道可以說是包羅萬象，包括商展、參觀工廠（評估賣方實力）、閱讀工商業專業期刊、直接郵寄廣告、銷售人員的拜訪、公司專業人士的提供等途徑。在一份不同類型的工業產品溝通管道的調查中指出，超過 50% 的組織決定者訊息收集的方式是透過銷售人員推薦而來 (Jackson, Keith & Burdick, 1984) 足見銷售人員（業務人員）對組織購買的成敗具關鍵因素。

(三) 供應商的評估與選擇

當採購人員在訊息收集階段已經選定幾家供應商的名單後，接下來的工作就是從中挑選一位最好的供應商。基本上可按照下列兩個步驟來進行：

1. 選定評估表 當供應商提供一些書面資料後，組織購買者必須準備評估表，評估的要項依公司性質不同而有差異，但可能的類別則包括產品保證、價格、信用條件、售後服務、交貨的速度等。根據這些評估表可以刪除一些條件無法符合的潛在賣方。

2. 採用決策法則 在第十一章時曾經說明消費者產品選擇規律包括了**非互補法則**與**互補法則**，這些規則也常應用在組織購買決策裏，例如某公司若以價格為最重要標準，則可設立刪除點，並以逐次刪除法則選出最好數家供應商，之後再加以利用複雜加總法則，將剩餘供應商在重要屬性列得分，並與加權分數相乘，累加每一屬性相乘的分數，即形成各供應商的分數，在比較後並選出最後的供應商。

值得一提的是，組織購買決策過程中每一個成員都有不同的評估標準，使得決策的進行更顯得複雜，例如管理部門與工程部門對於採購所設立的標準與建議不同，需要密切協調。另外，採購部門比較重視供應商提供的價格條件，但生產部門則較關心產品的操作或儀器科技性功能的齊備性。

(四) 購買及下訂單

一旦決定向特定供應商採購商品時，則進入下訂單的過程，下訂單必須決定採購的方法，如明訂產品的規格、價格、交貨的條件及日期等。在經濟與文化價值觀不同的情形下,跨國之間的交貨及付款的方式更需注意,例如歐洲的廠商向墨西哥購買健康食品,雖然容易達成採購協議,但因為墨西哥循環時間觀的概念,其供應商常常無法如期交貨。另外,依國際慣例訂貨越多,理應得到更多的價格折扣,但墨西哥人卻認為訂貨越多,他們必須額外做更多的工作,影響應有生活品質,所以不願意降價以求。一些南美的國家也規定對於國外供應商所販賣的物品,國內廠商可利用等值的產品抵帳,因此美國卡特皮爾 (Carterpillar) 公司販賣挖土機給南美國家,卻換回了銅等原料,使得該公司必須將銅賣出或應用在本身製程裏以做彈性處理 (Hawkins, Best & Coney, 1995)。

(五) 評估使用的結果

組織購買後的評估比消費者個人或家庭決策更為正式,而主要的評估要項為供應商銷售後的服務品質,採購單位通常與使用單位聯繫,並就滿意程度進行評估,評估果可直接作為再次與供應商直接採購、修正重購或停止採購的依據。

四、組織購買之採購中心

採購中心 (buying center) 是指組織購買時制訂與執行決策的單位或成員。因為每個組織購買決策的本質、規模、結構與組織文化不同,所以參與決策的成員也不同。一般大型且高度組織化的公司購買,其決策參與人數遠比小型低結構化公司要多。另外,組織面臨重要事項時,參與人數除了多以外,跨越範圍也廣,常含括不同部門與層級的人。而不同組織文化對於組織購買採購中心成員的思維也具一定的衝擊。然而不管如何,採購中心參與購買決策負有共同的目標,也扮演不同的角色,我們將在第一部分說明這些角色的內涵。其次,組成採購中心的成員,在需求上與角色扮演上皆有許多的差異,容易產生衝突,而如何解決衝突,也是值得進一步探討的。有關組織文化與組織購買之間的關係探討,請見補充討論 14-2。

(一) 採購中心參與者的角色扮演

採購中心的成員在購買決策的過程中,常扮演下列幾種角色:

1. 提議者 提議者指第一個提出對產品或服務有所需求的單位或是個人，提議者通常也是產品的使用者，常訂出產品的規格。

2. 影響者 在組織購買決策中，直接或間接影響決策的人稱之為影響者。影響者通常提供專業的建議，影響評估標準及具備資格的供應商名單。影響者角色通常由組織外部的技術顧問或內部的工程師擔任。

3. 把關者 指控制外面採購訊息流入採購中心的人，他們握有是否推薦潛在供應商於採購中心的決定權，對促銷訊息的流向也具關鍵性權力。

4. 決策者 決策者指能制訂最後決策的人。當採購的產品屬於重要、昂貴的時候，決策通常是由正式的決策機制或是公司負責人，如董事長或總經理高階人士擔綱。而在例行的採購中，通常由提出採購的單位決定，並經由高階主管認可。

5. 購買者 購買者指與供應商協調細節，執行採購條件的人，這些人根據公司決策與供應商訂定正式契約，並確保產品特性、價格與交貨日期能如契約執行。

(二) 組織購買決策參與者之角色衝突

在組織購買決策中，由於採購的參與者對所採購的產品看法不同，(包括對評估標準見解不同，或對供應商的名單有所堅持) 常常產生一些衝突。衝突的產生必須謀求解決，而解決的方式與第十章家庭衝突與解決的內容相似，大致可簡略劃分為四種 (Sheth, 1986)：

1. 問題解決 問題解決 (problem solving) 指公司組織中產生衝突的雙方對供應商或產品有不同意見時，願意在祥和氣氛下解決問題。方法包括收集更多的訊息，對訊息更細心的分析評估，甚至考慮新的供應商進入以謀求解決等，問題解決屬於理性的衝突解決方式。

2. 說服 當決策單位 (或人) 對一些特定評估標準，或供應商條件之間有不同的看法時，也常透過說服來解決衝突。說服通常由一方引經據典證明另一方的看法失當，並帶入更深一層思考，以達成彼此的同意。說服的策略通常無須再收集額外訊息，所以如果在爭辯後尚無法達成協議時，常由第三者介入協調的工作。大體而言，說服是在決策單位對基本原則無異議下所產生的小衝突，所以屬於理性的衝突解決方式。

補充討論 14-2
組織文化與組織購買決策

　　組織文化 (organization culture) 是指組織成員共享的信念與價值，組織文化使成員能夠了解組織內的規範及應該如何行為的模式。每一個組織都有其價值觀、儀式、風格、神話及對公司英雄事蹟的模式看法 (尤其指公司組織文化的塑造者)，這些觀點經由時間慢慢形成組織文化，而這些共有的價值也反映了組織成員對事情的看法及反應的態度。例如 IBM 公司經營以企業化、正式化且管理嚴格著稱，唯有如此才能讓員工計畫性的擴張市場占有率，因此公司格言為"think big"。蘋果牌 (Apple) 電腦的組織文化持開放思維，較不重視組織階層，所以他們鼓勵員工具有創見，公司格言為"think different"。兩家公司都是製造及銷售電腦見長，但組織文化不同，也塑造出差異化的員工價值觀。組織文化大抵可用六個向度來做區分：

　　1. 外在導向與內在導向　外在導向公司強調滿足顧客的重要性。內在導向則強調產品品質的精湛性。

　　2. 任務取向與社會取向　任務取向指強調群體任務的達成，關心群體成員達成目的的方式，社會取向強調人際關係、關心成員需求，體認成員之間的個別差異性。

　　3. 從眾性與個別性價值　從眾性價值重視組織成員的一致性，包括服裝、工作習慣及個人生活型態。個別性價值則指能夠容忍個別之間的差異性與特立獨行的觀念傾向。

　　4. 安全性與冒險性價值　安全性價值指公司決策傾向保守且採用新科技品的速度較緩慢。冒險性價值指公司喜歡嘗試創新性產品，對執行的主管給予充分自主權的傾向。

　　5. 直覺性與計畫性價值　直覺性價值指組織購買決策多重視直覺、小道消息，比較不重視數據性預測的資料。計畫性價值指依據數學模式經濟分析來規劃事件的觀念。

　　6. 調適性與嚴謹性價值　調適性價值指重視創新、改變，保持組織彈性。嚴謹性價值則重視現狀維持，行事風格穩健保守。

　　供應商在行銷產品時，要能針對公司獨特的組織文化進行溝通。例如，在高塔式結構的公司，上司與下屬權力階層明顯，中、低階主管採購決策權低，要能談成生意，供應商先要清楚誰是握有決策權的高階主管，討論內容著重在價錢、折扣及付款方式。相對的，在水平式結構的公司，上下階層關係模糊、成員發言民主，公司的採購者常以使用產品的主管意見為依據 (通常是中、低階主管)，因此供應商先了解哪些主管將使用這些產品，再者，溝通重點應強調產品的功能與價值，產品價格反而不是這些主管所關心的。

3. 交涉 當組織購買決策單位對於採購目的及實施的方式都抱持不同意見時，常以交涉的方式解決衝突。基本上，交涉屬於比較不理性的方式，由於衝突雙方對基本目標已經無法協商，所以爭議結果頂多只能了解，為什麼另一方對目標不認同的理由與程度，但是由於兩造都無法進行退讓，使得協商常常產生破裂。一般以交涉解決方式常是一種條件交換，由一方釋出善意希望另一方能先惠予同意，並答應未來以相同的方式回饋。

4. 結黨 在組織購買決策中，最不理性的解決衝突方式為結黨，結黨指參與組織購買決策的人員，在利益掛帥或氣味相投的原則下，以結盟的方式組合為特定的派別，來操控或影響組織購買決策的方向。由於結黨後派別林立，使得不同派別之間彼此仇視，時常攻擊對方，造成組織動亂。結黨常以個人利益著眼，對採購的專業性不足，所以當採購中心以結黨方式進行決策時，因決策品質已經偏離組織的利益與目標，使組織之運作效率大減，也造成決策結果窒礙難行。

本 章 摘 要

1. 消費者的購買涉入程度可視為一條連續的線段，在不同的涉入程度下消費者對決策的投入程度不同，決策類型因而分為**廣泛性決策**、**有限性決策**及**習慣性決策**三種。
2. **廣泛性決策**是一種睿智與理性的決策型態，在決策的每個過程，都需要花費許多的時間與精力，一般高涉入產品的購買常以此種模式進行，進行過程需有足夠的時間與能力，購買後有明顯的購買後失調的現象。
3. **購買後失調**指選擇前猶疑不決的衝突，會持續延伸到選擇後的情形。購買後失調是一種不愉快的感覺，為了謀求解決，消費者常重新評估自己的決定，以調適失調的情緒。
4. 廣泛性決策的態度測量可藉由**複合屬性態度模式**計算。複合屬性態度模式認為消費者對產品每一個屬性的信念強度，與消費者對產品各個屬性的重視程度，統合形成對產品的態度評估。
5. **有限性決策**常以已經存在的一些具體事實為依據，決策過程簡單被動，不是尋找隨手可得的訊息，就是以產品突顯的特徵做為決策依據。當消費者對購買的產品有大概的熟悉度，但不願意多做認知活動時，常應用有限性決策。
6. 有限性決策的性質大抵為對消費者重要性不高的低涉入產品，在訊息收集上，常以被動的方式接受訊息，因此廣告宜以重復播出為主，價錢宜採低價策略，通路則應大量鋪貨。
7. **習慣性決策**指因過去學習經驗累積，使得購買特定產品的行為上呈現不假思索重復購買的特性，又可分為**惰性購買**及**品牌忠誠度購買**兩類，其中惰性購買產品涉入低，品牌忠誠度購買產品涉入高。
8. **多樣式搜尋購買**指消費者對先前所使用的品牌並無不滿意，卻因好奇或尋求變化的動機下，產生更換品牌的行為。
9. 日常用品大多為為低涉入品，所以最容易產生惰性購買的情形。因此領導品牌的行銷策略應該是如何維持消費者的惰性購買；在非領導品牌行銷策略上，則應集中在如何改變消費者習慣性的購買行為，讓他們有機會接觸新品牌。
10. **品牌忠誠度**是指消費者對產品有一定程度的正面態度，有情感承諾，且在未來的時間內，持續保持重復購買的意圖與行動。品牌忠誠度的意義可從行為學習的觀點切入，也可由認知學習的方式探討。
11. 對消費者而言，品牌忠誠度有正面與負面的影響：品牌忠誠的消費者能夠維持既有的決策品質，節省許多的決策時間與精力；然而購買相同品牌的重復行為，卻常忽略了高單價與低劣品的可能性。
12. 由於經濟不景氣，大量同質性新產品的上市，及消費者認為同一產品的品質大同小異信念下，品牌忠誠度已經逐漸呈現式微的現象。
13. **體驗性決策**指消費者以自己對產品體驗的價值與情感做為購買產品時的決策依據。傳統理性決策傾向從邏輯思維出發，體驗性決策是從生活的角度出發，著重一種令人感官暈眩，觸人心弦的體認感。
14. 測量消費者的決策歷程常以客觀的科學方法，如控制的情境、操作化的變項、假設的演繹及假設驗證來研究。體驗性決策的測量需要透過消費者內在的叙說，配合整體的事件脈絡來了解，並輔以豐富的文字描述。

15. **愉悅性消費**指消費者藉由產品與服務獲得情感心靈的喚起與共鳴，並創造出愉悅暈眩的滿足感。基本上人類以趨樂避苦的動機，追逐享樂的愉悅經驗，但是許多消費者也喜歡追求驚悚緊張的感覺，以換得之後的愉悅感，這種現象可利用**情緒相對歷程論**做為解釋。
16. **衝動性購買**指消費者瞬間感受到一種震撼、持續的催促驅力，促使其購買某樣產品，它是一種快速且情緒化的經驗，通常不會考慮行動後果。
17. **組織購買決策**指組織內部的購買過程與決策型態。就如同消費者一般，組織有他們的需求，並產生決策過程，以引導他們選擇產品或選擇生產該產品的公司。組織購買決策與個人消費決策有相同與相異之處。
18. 組織購買的決策過程也受決策本身複雜性與困難度所影響，如公司產生了未曾經歷的問題，需要以複雜的過程處理解決稱為**全新採購**，如決策人員無須花費太多的心血即可完成稱為**直接重購**，介於這兩個極端之間採購方式為**修正重購**。
19. 在組織購買決策中，由於採購的參與者對採購的產品看法不同，常產生一些衝突。衝突的解決的方式大致可分為問題解決、說服、交涉、結黨等四種。
20. **組織文化**是指組織成員共享的信念與價值，包括成員對價值觀、儀式、風格、神話及對公司英雄事蹟的模式的看法，組織文化使成員能夠了解組織內的規範及應該如何行為的模式，行銷者應依組織在這些價值觀的差異程度，採取投其所好的行銷方式。

建議參考資料

1. 方世榮 (1996)：行銷學。台北市：三民書局。
2. 史考特 (陸劍豪譯，2001)：情緒行銷。台北市：商周出版股份有限公司。
3. 史密特 (王玉英、梁曉鶯譯 2000)：體驗行銷。台北市：經典傳訊文化。
4. 柯特勒、阿姆斯壯 (方世榮譯，2003)：行銷學原理。台北市：東華書局。

5. 胡幼慧 (1996)：質性研究-理論方法及本土女性研究實例。台北市：巨流圖書公司。
6. 崔維 (子鳳譯，2001)：體驗品牌——如何建立顧客忠誠度優勢。台北市：經濟新潮社。
7. 漆梅君 (2001)：透視消費者-消費行為理論與應用。台北市：學富文化事業。
8. Mowen, J. C. (2001). *Consumer behavior.* New Jersey: Prentice Hall.
9. Schmitt B. H. (2003). *Customer experience management: A revolutionary approach to connecting with your customers.* New York: Wiley, John & Sons, Incorporated.
10. Sheth, J.N., Mittal, B., & Newman, B. I. (1999). *Consumer behavior.* New York: Dryden Press
11. Solomon, M. R. (1996). *Consumer behavior.* New Jersey: Prentice Hall.

參 考 文 獻

丁興祥、李美枝、陳皎眉 (1988)：社會心理學。台北市：國立空中大學。

內政部 (2000)：台閩地區人口統計資料。台北市：內政部。

內政部 (1993)：臺灣地區國民生活狀況調查報告。台北市：內政部。

文崇一 (1972)：從價值取向談中國國民性。見李亦園、楊國樞 (主編)：中國人的性格，47～49 頁。台北市：中央研究院。

文崇一 (1989)：中國人的價值觀。見文崇一 (主編)：中國人的價值觀，1～3 頁。台北市：東大圖書股份有限公司。

文崇一 (1989)：中國傳統價值的穩定與變遷。見文崇一 (主編)：中國人的價值觀，143～192 頁。台北市：東大圖書股份有限公司。

方世榮 (1996)：行銷學。台北市：三民書局。

王志剛、謝文雀 (1995)：消費者行為學。台北市：華泰書局。

王國安 (2002)：連鎖時代——開店創業的第一本書。台北市：商周出版股份有限公司。

王愉淵 (1996)：今天退休，明天怎麼辦？突破雜誌，135 期，84～86 頁

王曾才 (1991)：大眾文化之探討 (下)。當代青年，4 期，20～21 頁。

王曾才 (1991)：大眾文化之探討 (上)。當代青年，3 期，33～37 頁。

主計處 (2001)：中華民國統計月報。台北市：行政院主計處。

主計處 (1994)：婦女婚育與就業調查報告。台北市：行政院主計處。

古德曼 (陽琪、陽琬譯，1995)：婚姻與家庭。台北市：桂冠圖書公司。

史考特 (陸劍豪譯，2001)：情緒行銷。台北市：商周出版股份有限公司。

史美舍 (陳光中、秦文力、周愫嫻譯，1991)：社會學。台北市：桂冠圖書公司。

史英居烏 (馮建三譯，1993)：大眾文化的迷思。台北市：遠流圖書出版公司。

史迪 (岳心怡譯，2002)：廣告的真實與謊言。台北市：商周出版股份有限公司。

史密特 (王玉英、梁曉鶯譯，2000)：體驗行銷。台北市：經典傳訊文化。

史密斯、克拉曼 (姜靜繪譯，1998)：世代流行大調查——從 1990～X 世代。台北市：時報文化。

白秀雄、李建興、黃維憲、吳森源 (1978)：現代社會學。台北市：五南圖書出版公司。

成葆齡 (1993)：宗教行銷。突破雜誌，93 期，58～59 頁。

何玉美 (1999)：行銷全球，在地思考。管理雜誌，295 期，80～83 頁。

吳婉芳 (1997)：青少年似乎越來越煩惱。台北市:民生報，4 月23 日。

吳崑玉 (2000)：語言的反叛──E世代流行語透露的新思維。突破雜誌，184 期，66～72 頁。

吳寧遠 (1995)：道教團體之社會福利工作。中山大學民俗活動與都市政策研討會論文集，8～23 頁。

吳聰賢 (1972)：現代化過程中農民性格之蛻變。見李亦園、楊國樞 (主編)，中國人的性格──科際綜合性的討論，333～375 頁。台北市：中央研究院民族學研究所。

呂忠達 (1993)：競選的人際傳播策略。突破雜誌，101 期，26～27 頁。

宋明順 (1993)：大眾社會、大眾文化與大眾休閒：當前社會危機之一分析。社會教育學刊，22 期，1～16 頁。

李采洪 (2001)：經濟蕭條，美國搽口紅，台灣別大花。商業週刊，723 期，138 頁。

李美枝 (1986)：社會心理學──應用研究與理論。台北市:大洋出版社。

李美枝 (1993)：社會心理學。台北市：大洋出版社。

李美枝、鍾秋玉 (1996)：性別與性別角色分析論。本土心理學研究，6 期，260～299 頁。

李惠芳 (1992)：綠色行銷──企業的萬靈丹。廣告雜誌，17 期，62～65 頁。

沈怡 (1998)：女人往前走。台北市：自由時報，3 月7 日。

周守寬 (2002)：女性消費心理面面觀。台北市：國家出版社。

周曉琪 (1997)：近八成台灣人賺錢第一。台北市：工商時報，4 月17 日。

屈特 (劉慧清譯，2002)：新差異化行銷。台北市：臉譜文化。

林宜君 (2001)：消費權益 Q&A。台北市：永然文化出版股份有限公司。

林財丁 (1995)：消費者心理學。台北市：書華出版社。

林欽榮 (2002)：消費者行為。台北市：揚智文化事業股份有限公司。

林陽助 (1996)：顧客滿意度決定模式與效果之研究──台灣自用小客車之實證。台灣大學商學研究所博士論文，未出版。

林靈宏 (1996)：消費者行為。台北市：五南圖書出版公司。

波普康、馬瑞格得 (汪仲譯，2000)：爆米花報告 III──用價值行動打動女人的心。台北市：時報文化。

法瑞爾 (楊哲萍譯，1999)：大爆熱門。台北市：遠流出版社。

法蘭曲 (劉素玉譯，2002)：行銷全亞洲——環亞各國消費勢力大解析。

洛司普 (林德國譯，2001)：口碑行銷。台北市：遠流圖書出版公司。

邱莉玲 (1990)：小腹微凸的台灣——年齡結構蛻變下的市場機會。現代雜誌，7 期，77～82 頁。

邱莉玲 (1990)：我要談情說愛——老年人的消費主張。現代雜誌，7 期，86～87 頁。

邱莉玲 (1990)：要面子也要裏子——中年人的消費主張。現代雜誌，7 期，83～85 頁。

邱義城 (1998)：連鎖經營——21 世紀的生活產業。突破雜誌，153 期，10～11頁。

阿克夫、萊赫 (汪仲譯，1998)：兒童行銷——0～19 歲孩子買什麼、怎麼買、為什麼？台北市：商周出版社。

阿德勒 (黃國光 譯，1981)：自卑與超越。台北市：志文出版社。

柯特勒、阿姆斯壯 (方世榮譯，2000)：行銷學原理。台北市：東華書局。

柯特樂 (方世榮譯，2000)：行銷管理學。台北市：東華書局。

洪良浩(1996)：聚焦行銷，企業經營有重心。突破雜誌，131 期，28～29 頁。

洪良浩 (1996)：現在消費者在時間與金錢中掙扎。突破雜誌，129 期，24～25 頁。

洪雪珍 (1999)：多給老闆一點溫柔。台北市：自由時報，3 月 1 日。

洪順慶、黃深勳、黃俊英、劉宗其 (1998)：行銷管理學。台北市：新陸書局。

胡幼慧 (1996)：質性研究——理論方法及本土女性研究實例。台北市：巨流圖書公司。

胡忠信 (1997)：戈巴契夫賣比薩。台北市：自由時報，12 月 8 日。

范碧珍 (2001)：南北消費差異七部曲。突破雜誌，190 期，26～27 頁。

迪奧克施、鄧恩、賴德門 (楊語芸譯，1997)：九〇年代社會心理學。台北市：五南圖書出版社。

夏心華 (1994)：吸引六個口袋的小財主。突破雜誌，108 期，68～70 頁。

夏心華 (1994)：我像誰，就是誰。突破雜誌，109 期，84～88 頁。

徐立德 (1996)：中華民國消費者月、消費者日。消費者保護研究，2 期，1～2 頁。

徐光國 (1996)：社會心理學。台北市：五南圖書出版公司。

柴松林 (1996)：消費者主義發展的新方向。教師天地，73 期，70～74 頁。

消費者保護委員會 (1996)：消費者手冊。台北市：行政院。

高宣揚 (2002)：流行文化社會學。台北市：揚智文化事業股份有限公司。

崔維 (子鳳譯，2001)：體驗品牌——如何建立顧客忠誠度優勢。台北市：經濟新潮社。

康體 (劉會梁譯，2000)：兒童消費者。台北市：亞太圖書出版社。

張永誠 (1989)：賣點 100。台北市：遠流出版公司。

張永誠 (1992)：賣點 100——商品行銷創意實例 100。台北市：遠流圖書出版公司。

張永誠 (1998)：事件行銷一〇〇 (2)。台北市：遠流圖書出版公司。

張玉貞，(1998)：愛自己就要愛自己的身體。台北市：中國時報，4 月 11 日

張百清 (1994)：顧客滿意萬歲。台北市：商周出版股份有限公司。

張百清 (1995)：CIS 為企業披上彩衣。突破雜誌，124 期，92～94 頁。

張春興 (1989)：現代心理學——現代人研究自身問題的科學。台北市：東華書局。

張春興 (1989)：張氏心理學辭典。台北市：東華書局。

張春興 (1996)：教育心理學——三化取向的理論與實踐。台北市：東華書局。

張瑞振 (1998)：不是大姊大，也愛大哥大。台北市：自由時報，4 月 13 日。

曹天民 (1997)：天時地利人和等於財富。突破雜誌，148 期，92～99 頁。

清水滋 (葉美莉譯，1998)：零售業管理。台北市：五南圖書出版公司。

莊耀嘉 (1982)：人本心理學之父馬斯洛。台北市：允晨文化公司。

許芳菊 (1996)：美麗之島痛山水。天下雜誌，181 期，90～186 頁。

許嘉猷 (1985)：台灣的社會階級初探。中國論壇，9 月，41～46 頁。

許嘉猷 (1990)：台灣的階級流動及其與美國的一些比較。中國社會學刊，14 期，1～30 頁。

許爾、瓊斯 (黃營杉 譯，1999)：策略管理。台北市：華泰書局

連凱茜 (2003)：增強記憶為學習加分。台北市：風雲館。

郭盈本、徐達光 (1996)：家庭中夫妻購買決策之研究——以織品服裝產品為例。輔仁大學民生學誌，2，69～90頁。

郭振鶴 (1999)：大學生的消費市場。突破雜誌，165 期，44～45 頁。

郭榮俊 (1993)：個人因素、社會因素與家庭現代化產品購買決策關係之研究。成功大學工業管理研究所碩士論文，未出版。

陳桂英 (1999)：台灣消費者信念之探討——以觀點分析法之探索性研究。輔仁大學織品服裝研究所碩士論文，未出版。

陳偉航 (1994)：行銷啟示路。台北市：遠流圖書出版公司。

陳偉航 (1997)：行銷教戰守則。台北市：麥田出版社。

陳煥明 (1991)：自由女神下的天空：認識美國。台北市：中正書局。

陸蕙敏 (1992)：減量包裝預先回收——地球日舉行禮品包裝評鑑。廣告雜誌，17 期，38～39 頁。

麥克麻斯 (1998)：桂格燕麥早餐的新樂趣。突破雜誌，161 期，14～16 頁

麥克斯 (麥克永譯，2002)：尋找 E 消費者——網路消費新商機。台北市：台灣培生教育出版股份有限公司。

彭樹慧 (1988)：男有分女有歸心理行銷上路。卓越雜誌，元月，11～37 頁。

彭懷貞 (1996)：新新人類新話語。台北市：希代出版社。

彭懷真 (1996)：婚姻與家庭。台北市：巨流圖書公司。

曾志民 (1996)：消費者抱怨行為影響因素之研究。台灣大學商學研究所碩士論文，未出版。

曾慧佳 (1998)：從流行歌曲看台灣社會。台北市：桂冠圖書公司。

曾麗玉 (1993)：認知心理學。台北市：五南圖書出版公司。

游育蓁 (1999)：走出台灣，航向世界。管理雜誌，295 期，78～79 頁。

游恆山 (1996)：消費者行為心理學。台北市：五南圖書出版公司。

稅素芃 (1998)：南北女人 Size 不同。台北市：中國時報，4 月3 日。

舒茲 (吳怡國、錢大慧、林建宏譯，1994)：整合行銷傳播——21 世紀企業決勝關鍵。台北市：滾石文化。

萊思 & 萊思 (劉麗真譯，1999)：品牌22戒。台北市：臉譜出版社。

萊思、卓勞特 (蕭富峰譯，1998)：行銷大師法則——永恆不變 22 戒。台北市：臉譜出版社。

費孝通 (1948)：鄉土中國。香港：鳳凰出版社。

辜振豐 (2003)：布爾喬亞——欲望與消費的古典記憶。台北市：果實出版社。

黃文貞 (1998)：流行及其符號生產機制：以服飾流行工業為例。台北市：台灣大學社會研究所未出版之論文。

黃光國 (1988)：人情與面子——中國人的權力遊戲。見黃光國 (主編)：中國人的權力遊戲，7～55 頁。台北市：巨流圖書公司

黃安邦 (譯) (1986)：社會心理學。台北市:五南圖書出版公司。

黃志文 (1995)：行銷管理。台北市：華泰書局。

黃俊英 (1992)：行銷研究——管理與技術。台北市：華泰書局。
黃泰元 (1994)：音樂形象管理，創造感性購物空間。突破雜誌，105 期，53 頁。
黃泰元 (1997)：內隱性商品的行銷術。突破雜誌，138 期，100～102 頁。
黃迺毓、柯澍馨、唐先梅 (1996)：家庭管理。台北市：國立空中大學。
黃惠如 (1994)：解讀命運心情市場日益茁壯。突破雜誌，102 期，49～50 頁。
黃慶輝 (1994)：利益形象兩贏——談綠色消費時代的包裝策略。台灣包裝工業雜誌，5～6 月，50～52 頁。
奧特曼 (石文新譯，1999)：綠色行銷——企業創新的契機。台北市：商業週刊出版。
楊久瑩 (1999)：這就是我們的性教育——校園兩性問題面面觀。台北市：自由時報，5 月10 日。
楊小嬪 (1997)：美國人喜歡花錢買壞消息。商業週刊，492 期，110 頁
楊中芳 (1994)：廣告的心理學原理。台北市：遠流圖書出版公司。
楊國樞 (1992)：中國人的社會取向——社會互動的觀點。見楊國樞、余安邦 (主編)，中國人的心理與行為——理念及方法篇，87～142 頁。台北市：桂冠圖書公司。
楊庸一 (1982)：心理分析之父佛洛衣德。台北市：允晨文化公司。
楊惠淳 (2000)：流行焦慮概念之探討與測量建構發展。輔仁大學織品服裝研究所碩士論文，未出版。
楊懋春 (1981)：當代社會學說。台北市：黎明文化事業公司。
萬育維 (1994)：從國內老人消費行為的趨勢探討福利產業的發展。輔仁學誌，26 期，377～417 頁。
葉正綱 (2002)：中國消費市場行銷策略。台北市：中國生產力中心。
葉立誠 (2000)：服飾美學。台北市：商鼎文化出版社。
葉至誠 (1997)：社會學。台北市：揚智文化事業股份有限公司。
葉啟政 (1985)：現在大眾文化精緻化的條件。國魂，76～79 頁。
葉懿慧 (1995)：現代台灣婦女流行服飾風格演變之研究：西元 1945 年～西元 1990 年。輔仁大學織品服裝研究所碩士論文，未出版。
詹火生、林瑞穗、陳小紅、章英華、陳東升 (1995)：社會學。台北市：國立空中大學。
詹姆士 (陸劍豪譯，2002)：經典廣告 20：二十世紀最具革命性、改變世界的 20 則廣告。台北市：商周出版股份有限公司。

路特 (陳琇玲譯，2002)：新消費者的心理學。台北市：臉譜文化。

雷恩 (聖鄧寧譯，2002)：不可思議的消費鍊——日常生活的環保秘密殺手。台北市：新自然主義股份有限公司。

漆梅君 (2001)：透視消費者——消費行為理論與應用。台北市：學富文化事業。

熊東亮 (1987)：台北市居民感冒成藥購買行為之研究。淡江大學管理科學研究所碩士論文，未出版。

齊力 (1990)：近二十年來臺灣地區家戶核心化趨勢之研究。東海大學社會學研究所博士論文，未出版。

劉春堂 (1996)：消費者保護與消費者法。台北市：行政院消費者保護委員會。

劉海若 (1996)：麥可喬丹是耐吉籃球鞋的暢銷保證。429 期，74 頁。

潘松濂 (2000)：細說社會心理學。台北市：建安出版社。

黎淑慧 (2002)：消費者權利——消費者保護法。台北市：揚智文化事業股份有限公司。

蔡文輝 (1993)：社會學。台北市：三民書局。

蔡文輝 (1998)：婚姻與家庭。台北市：五南圖書出版公司。

蔡蕙如 (2001)：顧客是永遠的戀人——品牌經營與行銷。台北市：天下雜誌社。

衛南陽 (1996)：顧客滿意學。台北市：牛頓出版股份有限公司。

燕國材 (1992)：中國傳統文化與中國人的性格。見楊國樞、余安邦：中國人的心理與行為——理念及方法篇，41～86 頁。台北市：桂冠圖書公司。

蕭富峰 (1989)：行銷實戰讀本。台北市：遠流圖書出版公司。

蕭富峰 (1990)：行銷組合讀本。台北市：遠流圖書出版公司。

蕭富峰 (1991)：廣告行銷讀本。台北市：遠流圖書出版公司。

蕭新煌 (1994) 新中產階級與資本主義——臺灣、美國與瑞典的初步比較。見許嘉猷 (主編)，階級結構與階級意識比較研究論文集，73～108 頁。台北市：中央研究院歐美研究所。

應平書 (1987)：現身說法減肥成功。台北市：文經出版社。

環境保護署 (1996)：綠色生活消費手冊。台北市：行政院。

鍾玉玨 (2001)：講求分秒必爭，省時產品風行。台北市：中國時報，1 月 28 日。

瞿海源 (1988)：台灣地區民眾的宗教信仰與宗教態度。見楊國樞、瞿海源 (主編)：變遷中的台灣社會，239～276 頁。台北市：中央研究院民族學研究所。

瞿海源 (1989):社會心理學新論。台北市:巨流圖書公司。

闕河山 (1989):消費者抱怨行為及其影響因素。政治大學企業管理研究所碩士論文,未出版。

羅家德 (2001):網際網路關係行銷。台北市:聯經出版社。

關孫知 (1998):吉祥物。台北市:自由時報,7 月20 日。

蘇哲仁 (1996):生活型態的行銷魔力。突破雜誌,135 期,30～32 頁。

Albanese, P. J. (2002). *The personality continuum and consumer behavior.* Westport, Conn.: Ouorum Books.

Allen, C. T., Machleit, K., & Kleine, S. S. (1992). A comparison of attitudes and emotions as predictors of behavior at diverse levels of behavioral experience. *Journal of Consumer Research*, 18, 493～504.

Anderson, J. R. (1983). *The architecture of cognition.* Cambridge, MA: Harvard University Press.

Asch, S. E. (1953). Effects of group pressure upon the modification and distortion of judgments. In D. Cartwright, & A. Zander (Eds.), *Group Dynamics.* New York: Harper and Row.

Assael, H. (1998). *Consumer behavior and marketing action.* Cincinnati, Ohio: South-Western College Publishing.

Babin, B. J., Darden, W. R., & Griffin, M. (1994). Work and/or fun: Measuring hedonic and utilitarian shopping value. *Journal of Consumer Research*, 20, 644～656.

Bagozzi, R. (1975). Marketing as exchange. *Journal of Marketing*, 39, 32～39.

Bagozzi, R. P., Gurhan-Canli, Z., Priester, J. R., & Prentice K. (2002). *The social psychology of consumer behavior.* philadelphia, Pa: Open University.

Barthel, D. (1988). *Putting on appearances: Gender and attractiveness.* Philadelphia: Temple University Press.

Barthes, R. (1983). *The fashion system.* New York: Hill and Wang.

Bartlett, F. C. (1932). *Remembering.* Cambridge, England: Cambridge University Press.

Bartos, R. (1989). Marketing to women: The quiet revolution. *Marketing Insights*, June, 61.

Batra, R., & Stayman, D. M. (1990). The role of mood in advertising effectiveness. *Journal of Consumer Research*, 17, 203～214.

Baumgarten, S. A. (1975). The innovative communicator in the diffusion process. *Journal of Marketing Research*, 12, 12～18.

Beales, H., Jagis, M. B., Salop, S. C., & Staelin, R. (1981). Consumer search and public policy. *Journal of Consumer Research*, 8, 11～22.

Bearden, W. O. & Woodside, A. G. (1978). Consumption occasion influence on consumer brand choice. *Decision Sciences*, 9, 273～284.

Bearden, W. O., & Etzel, M. J. (1982). Reference group influence on product and brand purchase decisions. *Journal of Consumer Research*, 9, 183～194.

Bearden, W. O., Netemeyer, R. G., & Teel, J. E. (1989). Measurement of consumer susceptibility to interpersonal influence. *Journal of Consumer Research*, 15, 473～481.

Bearden, W., & Rose, R. (1990). Attention to social comparison scale. *Journal of Consumer Research*, 16, 461～471.

Beckmann, S. C., & Elliott, R. E. (2000). *Interpretive consumer research: Paradigms, methodologies, and application*. Denmark: Copenhagen Business School Press.

Belch, G. E. (1982). The effects of television commercial repetition on cognitive response and message acceptance. *Journal of Consumer Research*, 9, 56～65.

Belk, R. (1974). An exploratory assessment of situational effects in buyer behavior. *Journal of Marketing*, 38, 156～163.

Belk, R. (1975). Situational variables and consumer behavior. *Journal of Consumer Research*, 2, 157～163.

Berger, A. A. (1984). *Signs in contemporary culture: An introduction to semiotics*. New York: Longman.

Bettman, J. R. (1979). *An information processing theory of consumer choice*. Mass.: Addison-Wesley.

Bettman, J. R., & Park, C. W. (1980). Effects of prior knowledge and experience and phase of the choice process on consumer decision processes: A protocol analysis. *Journal of Consumer Research*, 7, 234～247.

Bhalla, G., and Lin, L. (1987). Cross-cultural marketing research: A discussion of equivalence issues and measurement strategies. *Psychology & Marketing*, 4, 275～285.

Blackwell, R. D., Miniard, P. W., & Engel, J. F. (2001). *Consumer behavior*. Orlando, FL: Harcourt College Publishers.

Block, H., Sherrel, D. L., & Ridgway, N. M. (1986). Consumer search: An extended framework. *Journal of Consumer Research*, 13, 119～126.

Blodgett, J., & Hill, D. (1991). An exploratory study comparing amount-of-search measures to consumers' reliance on each source of information. In R. Holman, & M. Solomon (Eds.), *Advances in Consumer Research* (Vol.18). Provo, UT: Association for Consumer Research.

Boush, D. (1987). Affect generalization to similar and dissimilar brand extensions. *Psychology and Marketing*, 4, 225~237.

Brody, J. E. (1994). Notions of beauty transcend culture: New study suggests. *New York Times*, March 21, A14.

Brown, J. J., & Reingen, P. H. (1987). Social ties and word-of-mouth referral behavior. *Journal of Consumer Research*, 14, 350~362.

Burnkrant, R. E., & Cousineau, A. (1975). Informational and normative social influence in buyer behavior. *Journal of Consumer Research*, 2, 206~215.

Caballero, M. J., Lumpkin, J. R., & Madden, C. S. (1989). Using physical attractiveness as an advertising tool: An empirical test of the attraction phenomenon. *Journal of Advertising Research*, August/September, 16~22.

Carlson, L., Grossbart, S., & Stuenkel, J. K. (1992). The role of parental socialization types on differential family communication patterns regarding consumption. *Journal of Consumer Psychology*, 1, 31~52.

Celsi, R. L., Rose, R L., & Leigh, T. (1993). An exploration of high-risk leisure consumption through skydiving, *Journal of Consumer Research*, 20, 1~23.

Chua, B. H. (2000). Consumption in Asia: Lifestyles and identities. London: Routledge.

Churchill, G. A. (1995). *Marketing research: Methodological foundations* (6th ed). London: The Dryden Press.

Cialdini, R. B. (1985). *Influence: Science and practice*. Glenview, Il: Scott Foresman.

Cobb, C. J., & Hoyer, W. D. (1985). Direct observation of search behavior. *Psychology & Marketing*, 2, 161~179.

Cocanougher, A. B., & Bruce, G. D. (1971). Socially distant reference groups and consumer aspirations. *Journal of Marketing Research*, 8, 379~381.

Cohen, J. B. (1967). An interpersonal orientation to the study of consumer behavior. *Journal of Marketing Research*, 4, 270~278.

Cole, C. A., & Houston, M. J. (1987). Encoding and media effects on consumer learning deficiencies in the elderly, *Journal of Marketing Re-*

search, 24, 55~63.

Coleman, J. (1959). Social processes in physicians' adoption of a new drug. *Journal of Chronic Diseases*, 9, 1~9.

Coleman, R. P. (1983). The continuing significance of social class in marketing. *Journal of Consumer Research*, 10, 265~280.

Copulsky, W., & Marton, K. (1977). Sensory cues. *Product Marketing*, January, 31~34.

Corfman, K. P., & Lehmann, D. R. (1987). Models of cooperative group decision-making and relative influence: An experimental investigation of family purchase decisions. *Journal of Consumer Research*, 14, 1~13.

Courtney, A. E., & Whipple, T. W. (1983): *Sex stereotyping in advertising*. Lexington, Massachusetts: Lexington Books.

Cox, A. D., Cox, D., Anderson, R. D., & Moschis, G. P. (1993). Social influences on adolescent shoplifting: Theory, evidence and implications for the retail industry. *Journal of Retailing*, 69, 234~246.

Craig, S., Ghosh, A., & McLafferty S. (1984). Models of the retail location process: A review. *Journal of Retailing*, 60, 5~36.

Crowley, A. E., & Hoyer, W. D. (1994). An integrative framework for understanding two-sided persuasion. *Journal of Consumer Research*, 20, 561~574.

Davidson, D. K. (2002). The moral dimension of marketing: Essays on business ethics. Texas: American Marketing Association.

Davis, H. L. (1976). Decision making within the household. *Journal of Consumer Research*, 2, 241~260.

Davis, H. L., & Rigaux, B. P. (1974). Perception of marital roles in decision process. *Journal of Consumer Research*, 1, 51~62.

Deacon, R. E., & Firebaugh, F. M. (1975). *Home management: Context and concept*. Boston: Houghton Mifflin Company.

Deighton, J., Henderson, C.M., & Neslin, S.A. (1994). The effects of advertising on brand switching and repeat purchasing. *Journal of Marketing Research*, February, 28~43.

Diamond, W. D., & Sanyal, A. (1990). The effects of framing on the choice of supermarket coupons. In M. E. Goldberg, G. Gorn, & R. W. Pollay (Eds.), *Advances in consumer research* (Vol.17). Provo, UT: Association for Consumer Research.

Dichter, E. (1964). *The handbook of consumer motivations*. New York: Mcgraw-Hill.

Dickson, P. R., & Sawyer, A. G. (1990). The price knowledge and search of supermarket shoppers. *Journal of Marketing*, 54, 42~53.

Ditchter, E. (1960). *A strategy of desire*. New York: Doubleday.

Dommermuth, W. (1965). The shopping matrix and marketing strategy. *Journal of Marketing Research*, 2, 128~132.

Donovan, R. J., & Rossiter, J. R. (1982). Store atmosphere: An environmental psychology approach. *Journal of Retailing*, 58, 34~57.

Dowling, G.R., & Staelin, R. (1994). A model of perceived risk and intended risk-handling activity. *Journal of Consumer Research*, 21, 119~134. Dryden Press.

Duncan, C. P. (1990). Consumer market beliefs: A review of the literature and an agenda for future research. In M. E. Goldberg, G. Gorn, & R. W. Pollay (Eds.), *Advances in consumer research* (Vol.17). Provo, UT: Association for Consumer Research.

Edmonson, B. (1987). Black markets. *American Demographics*, November, 20.

Elliott, S. (1994). A sharper view of gay consumers. *New York Time*, June 5, S1.

Ellis, D. S. (1967). Speech and social status in America. *Social Forces*, 45, 431~437.

Engel, J. F., & Blackwell R. D. (1982). *Consumer Behavior*. New York: The Dryden Press.

Engel, K. F., Blackwell, R. D., & Miniard, P. W. (1986). *Consumer behavior*. TX: Dryden Press.

Evans, F. B. (1963). Selling as a dyadic relationship: A new approach. *American Behavioral Scientist*, 6, 76~79.

Featherstone, M. (2000). Consumer culture and postmodernism (Theory, culture and society series). New York: SAGE Publications.

Feick, L. F., Price, L. L., & Higie, R. A. (1986). People who use people: The other side of opinion leadership. In R. J. Lutz (Ed.), *Advances in consumer research* (Vol. 13). Provo, UT: Association for Consumer Research.

Feinberg, R., Scheffler, B., & Meoli, J. (1987). Social ecological insights into consumer behavior in the retail mall. In L. Alwitt (Ed.), *Proceedings of the division of consumer psychology* (Division23). New York: American Psychological Association.

Ferber, R., & Lee, L. C. (1974). Husband-wife influence in family purchasing behavior. *Journal of Consumer Research*, 1, 43~50.

Festinger, L. (1954). A theory of social comparison processes. *Human Relations*, 7, 117~140.

Festinger, L. (1957) *A Theory of cognitive dissonance*. Stanford, CA: Stanford University Press.

Filiatrault, P., & Richie, J. R. (1980). Joint purchasing decisions: A comparison of influence structure in family and couple decision-making units. *Journal of Consumer Research*, 7, 139.

Fisher, R. J., & Price, L. L. (1992). An investigation into the social context of early adoption behavior. *Journal of Consumer Research*, 19, 477~486.

Fitzgerald, K. (1994). AT&T addresses gay market. *Advertising Age*, May 16, 8.

Frings, G. S. (2001). *Fashion: From concept to consumer*. New York: Pearson Education.

Fuchs, D. A. (1964). Two source effects in magazine advertising. *Journal of Marketing Research*, 1, 59~62.

Furstenbert, F., & Spanier, G. (1984). *Recycling the family*. Thousand Oaks, California: Sage Publications.

Fussell, P. (1984). *Class*. New York: Ballantine Books.

Gardner, M. P. (1985). Mood states and consumer behavior: A critical review. *Journal of Consumer Research*, 12, 281~300.

Gass, R., & Seiter, J. (2003). *Persuasion, social influence, and compliance gaining*. Boston, MA: Allyn & Bacon.

Gelb, B. G. (1978). Exploring the gray market segment. *MSU Business Topics*, 26, 41~46.

Gergen, K. J., & Gergen, M. (1981). *Social psychology*. New York: Harcourt Brace Jovanovich.

Gilbert, D., & Kahl, J. A. (1993). *The American class structure: A new synthesis*. Belmont, CA: Wadsworth Publishing Co.

Gilly, M. C., & Zeithaml, V. A. (1985). The elderly consumer and adoption of technologies. *Journal of Consumer Research*, 12, 353~357.

Gilovich T., Griffin D., Kahneman, D. (2002). *Heuristics and biases: Psychology of intuitive judgment*. Chicago: Cambridge University Press.

Gobe, M., & Zyman, S. (2000). *Emotional branding: The new paradigm for connecting brands to people*. New York: Allworth Press.

Goldberg, M. E., & Gorn, G. J. (1987). Happy and sad TV programs: How they affect reactions to commercials. *Journal of Consumer Research*,

14, 387~403.

Gorn, G. J. (1982). The effects of music in advertising on choice behavior: A classical conditioning approach. *Journal of marketing*, 46, 94~101.

Graham, R. J. (1981). The role of perception of time in consumer research. *Journal of consumer Research*, 7, 335~342.

Granbois, D. H. (1968). Improving the study of customer in-store behavior. *Journal of Marketing*, 32, 28~33.

Greenleaf, E., & Lehmann, D. (1995). Reasons for substantial delay in consumer decision making, *Journal of Consumer Research*, 22, 186~199.

Gullen, P. & Johnson, H. (1987). Relating product purchasing and TV viewing. *Journal of Advertising Research*, January, 9~19.

Hall, E. T., & Hall, M. R. (1987). *Hidden differences*. New York: Doubleday.

Hamilton, D. L., & Fallot, R. D. (1974). Information salience as a weighting factor in impression formation. *Journal of Personality and Social Psychology*, 30, 444~448.

Hansen, W. B., & Altman, I. (1976). Decorating personal places: A descriptive analysis. *Environment and Behavior*, 8, 491~504.

Harris, P.R., & Moran, R.T. (1987). *Managing cultural differences*. Houston, TX: Gulf.

Haugtved, C. P., Petty, R. E., & Cacioppo, J. T. (1992). Need for cognition and advertising: Understanding the role of personality variables in consumer behavior. *Journal of Consumer Psychology*, 1, 239~260.

Hawkins, D., Best, R. J., & Coney, K. A. (1995). *Consumer behavior*. Homewood, IL: Irwin.

Heider, F. (1958). *The psychology of interpersonal relations*. New York: John Wiley.

Herr, P. M., Kardes, F. R., & Kim, J. (1991). Effects of word of mouth and product-attribute information on persuasion: An accessibility-diagnosticity perspective. *Journal of Consumer Research*, 17, 454~462.

Herzberg, F., Mausner, B., & Snyderman, B.B. (1959). *The motivation to work*. New York: John Wiley & Sons.

Hirschman, E. C. (1983). Religious affiliation and consumption processes: An initial paradigm. *Research in Marketing*, 131~170.

Hitt. J. (1996). The theory of supermarkets. *New York Time Magazine*,

March 10, 56.

Hodges, B. H. (1974). Effect of valence on relative weighting in impression formation. *Journal of Personality and Social Psychology*, 39, 378~381.

Hofstede, G. (1980). *Culture consequences*. Beverly Hills, CA: Sage.

Holbrook, M. B. (1985). The consumer researcher visits radio city: Dancing in the dark. In E. C. Hirschman, & M. B. Holbrook (Eds.), *Advances in consumer research* (Vol. 12). Provo, UT: Association for Consumer Research.

Holbrook, M. B., Solomon, M. R., & Bell, S. (1990). A re-examination of self-monitoring and judgments of furniture designs. *Home Economics Research Journal*, 19, 6~16.

Hornik, J. (1988). Diurnal variation in consumer response. *Journal of Consumer Research*, 14, 588~591.

Hornik, J. (1992). Tactile stimulation and consumer behavior. *Journal of Consumer Research*, 19, 449~458.

Howard, J. A. & Sheth. J. N. (1969). *The theory of buying behavior*. New York: John Wiley & Sons.

Hoyer, W. D., & Ridgway, N. M. (1984). Variety seeking as an explanation for exploratory purchase behavior: A theoretical model. In T. C. Kinnear (Ed.), *Advances in consumer research* (Vol.11). Provo, UT: Association for Consumer Research.

Hudson, L. A., & Ozanne, J. L. (1988). Alternative ways of seeking knowledge in consumer research. *Journal of Consumer Research*, 14, 508~521.

Hunt, H. K. (1977). CS/D: Overview and future research directions. In H. K. Hunt (Ed.), *Conceptualization and measurement of consumer satisfaction and dissatisfaction*. Cambridge, MA: Marketing Science Institute.

Innis, D. E., & Unnava, H. R. (1991), The usefulness of product warranties for reputable and new brands. In R. Holman, & M. Solomon (Eds.), *Advances in consumer research* (Vol.18). Provo, UT: Association for Consumer Research.

Isler, L., Popper, E. T., & Ward, S. (1987). Children's purchase requests and parental responses: Results from a diary study. *Journal of Advertising Research*, 27, 28~39.

Jackson, D.W., Keith, J., & Burdick, R. (1984). Purchasing agents' perceptions of industrial buying center influence: A situational approach. *Journal of Marketing*, 48, 75~83.

Jacoby, J., & Chestnut, R. W. (1978). *Brand loyalty: Measurement and management.* New York: Wiley.

Jacoby, J., Berning, C. K., & Dietvorst, T. F. (1977). What about disposition. *Journal of Marketing*, 41, 22〜28.

Jain, S. C. (1987). *International marketing management.* Mussachusetts: Kent Publishing.

Jones, E. E., & David, K. E. (1965). From acts to dispositions: The attribution process in person perception. In L. Berkowitz (Ed.), *Advances in experimental social psychology* (Vol.2). New York: Academic Press.

Juran, J. M. (1988). *Juran on Planning for quality.* New York: The Free Press.

Kahn, B. E., & McAlister, L. (1996). *Grocery revolution: The new focus on the consumer.* Reading, MA: Addison-Wesley.

Kahn, B., Moore, W., & Glazer, R. (1987). Experiments in constrained choice. *Journal of Consumer Research*, 14, 96〜113.

Kahneman, D. & Tversky, A. (1973). On the psychology of prediction. *Psychological Review*, 80, 237〜251.

Kahneman, D., & Tversky, A. (1979). Prospect theory: An analysis of decision under risk. *Econometrica*, 47, 263〜291.

Kahneman, D., &, Tversky, A. (2000). *Choices, values, and frames.* Chicago: Cambridge University Press.

Kaiser, S. B. (1985). *The social psychology of clothing.* New York: Macmillan.

Kardes, F. R. (1988). Spontaneous inference processes in advertising: The effects of conclusion omission and involvement on persuasion. *Journal of Consumer Research*, 15, 225〜233.

Kardes, F. R. (2002). *Consumer behavior and managerial decision making.* New York: Prentice Hall.

Kassarjian, H. H. & Sheffet, M. J. (1991). Personality and consumer behavior: An update. In H. H. Kassarjian, & T. S. Robertson (Eds.), *Perspectives in consumer behavior* (4th ed.). IL: Scott, Foreman and Company.

Kassarjian, H. H., & Robertson, T. S. (1991). *Perspectives in consumer behavior.* IL : Scott & Foresman Company.

Katona, G. (1974). Consumer saving patterns. *Journal of Consumer Research*, 1, 1〜12.

Katz, E., & Lazarsfeld, P. F. (1955). *Personal influence.* Glencoe, IL: The

Free Press.

Keele, S. W. (1973). *Attention and human performance*. Santa Monica, CA: Goodyear Press.

Keller, K. L. (1993). Conceptualizing, measuring and managing customer-based brand equity. *Journal of Marketing*, 57, 1~22.

Kern, R. (1988). The Asian market: Too good to be true? *Sales & Marketing Management*, May, 38.

King, C. W. (1963). Fashion adoption: A rebuttal to the trickle-down theory. In S. A. Greyser (Ed.), *Toward scientific marketing*. Chicago: American Marketing Association.

Kirchler, E., Rodler, C., & Holzl, E. (2000). *Conflict and decision making in close relationships: Love, money and daily routines*. New York: Taylor & Francis, Inc.

Kollat, D. T. & Willet, R. P. (1967). Customer impulse purchasing behavior. *Journal of Marketing Research*, 4, 21~31.

Komarovsky, M. (1961). Class differences in family decision-making on expenditures In N. Foote (Ed.), *Household decision-making*. New York: New York University Press.

Kotler, P. (1997). Marketing management: *Analysis, planning, implementation, and control*. NJ: Prentice-Hall.

Kotler, P., & Levy, S. J. (1969). Broadening the concept of marketing. *Journal of Marketing*, 33, 10~15.

Kotler, P., & Armstrong, G. (2002). *Principles of marketing* (9th ed). New Jersey: Prentice Hall.

Kron, J. (1983). *Home-psych: The social psychology of home and decoration*. New York: Clarkson N. Potter, Inc.

Krugman, H. E. (1965). The impact of television advertising: Learning without involvement. *Public Opinion Quarterly*, 29, 349~356.

Krugman, H. (1986). Low recall and high recognition of advertising. *Journal of advertising*, February/March, 79~80.

Lackman, C., & Lanasa, J. M. (1993). Family decision-making theory: Overview and assessment. *Psychology & Marketing*, 10, 81~94.

Lamb, C. W., Hair, J. F., & McDaniel, C. (1996). *Marketing*. Ohio: South-Western College Publishing.

Lastovicka, J. L. (1983). Convergent and discriminant validity of television rating scales. *Journal of Advertising*, 12, 14~23.

Laurent , G., & Kapferer, J. N. (1985). Measuring consumer involvement profiles. *Journal of Marketing Research*, 22, 41～53.

Lauterborn, R. (1990). New marketing litany: 4P's passe; C-words take over. *Advertising age*, October 1, 26.

Lee, H., Acito, A., & Day, R. (1987). Evaluation and use of marketing research by decision makers: A behavioral simulation. *Journal of Marketing Research*, 24, 187～196.

Lehmann, D. R., Moore, W. L. & Elrod, T. (1982). Development of distinct choice process segments over time: A stochastic modeling approach. *Journal of Marketing*, 46, 48～59.

Linder, D., & Crane, K. (1970). A reactance theory analysis of predecisional cognitive processes. *Journal of personality and social psychology*, 15, 258～264.

Loudon, D. L.& Bitta, D. A. J. (1993) *Consumer behavior: Concepts and applications*. New York: McGraw-Hill.

Lurie, A. (1981). *The language of clothes*. New York: Random House.

Lutz, R.J. (1991). The role of attitude theory in marketing. In, H. H. Kassarjian, & T. S. Robertson (Eds.), *Perspective in consumer behavior* (4 th ed.). Englewood Cliffs, NJ: Prentice-Hall.

Maclachlan, J. (1982). Listener perception of time compressed spokespersons. *Journal of Advertising Research*, 2, 47～51.

MacLachlan, J., & Siegel, M. H. (1980). Reducing the costs of television commercials by use of time compression. *Journal of Marketing Research*, 17, 52～57.

Maister, D. H. (1985). The psychology of waiting lines. In J. A. Czepiel, & M. R. Solomon (Eds.), *The service encounter: Managing employee/customer interaction in service businesses*. Lexington, MA: Lexington Books.

Mandler, G. P. (1982), The structure of value: Accounting for taste, In M. S. Clarke, & S. T. Fiske (Eds.), *Affect and cognition: The 17th Annual Carnegie Symposium on recognition*. Hillsdale NJ: Erlbaum.

Manrai, L. A., & Gardner, M. P. (1991). The influence of affect on attributions for product failure. In R. Holman, & M. Solomon (Eds.), *Advances in consumer research* (Vol.18). Provo, UT: Association for Consumer Research.

Marketing News (1983). Packaging research probes stopping power, label reading and consumer attitudes among the targeted audience. *Marketing News*, July 22, 8.

Markins, R., Lillis, C., & Narayana, C. (1976). Social-psychological significance of store space. *Journal of Retailing*, 52, 43～54.

Marray, E. J. (1964). *Motivation and emotion*. Englewood Cliffs, NJ: Prentice Hall.

Maslow, A. H. (1970). *Motivation and personality*. New York: Happer & Row.

Mazursky, D., Laparbera, P., & Aiello, A. (1987). When consumer switch brands. *Psychology and Marketing*. 4, 17～30.

McGuire, W. J. (1976). Psychological motives and communication gratification. In J. G. Blumler, & C. Katz (Eds). *The uses of mass communications*. Bevely Hills, Calif.: Sage Publications.

Mcneal, J. U., & Yeh, C. H. (1993). Born to shop. *American Demographics*, June, 34～39.

Menzel, H. (1981). Interpersonal and unplanned communications: Indispensable or obsolete? *Biomedical Innovation*. Cambridge, MA: MIT Press.

Miller, C. M., Mcintiry, S. H. & Mantrala, M. K. (1993). Toward formalizing fashion theory. *Journal of Marketing Research*, 15, 142～157.

Miller, G. A. (1956). The magical number seven, plus or minus two: Some limits on our capacity for processing information. *Psychological Review*, 63, 81～97.

Milliman, R. E. (1986). The influence of background music on the behavior of restaurant patrons. *Journal of Consumer Research*, 13, 286～289.

Milliman, R. E. (1982). Using background music to affect the behavior of supermarket shoppers. *Journal of Marketing*, 46, 86～91.

Mittelstaedt, R. A. (1971). Semantic properties of selected evaluation adjectives: Other evidence. *Journal of Marketing Research*, 8, 236～237.

Moore, B., Underwood, B., & Rosenhan, D. (1973). Affect and altruism. *Developmental Psychology*, 8, 99～104.

Moore, T. E. (1982). Subliminal advertising: What you see is what you get. *Journal of marketing*, 46, 38～47.

Moore-Shay, E. S., & Lutz, R. J. (1988). Intergenerational influences in the formation of consumer attitudes and beliefs about the marketplace: Mothers and daughters. In M. J. Houston (Ed.), *Advances in consumer research* (Vol.15). Provo, UT: Association for Consumer Research.

Moriarity, M. M. (1985). Retail promotional effects on intra- and inter-brand sales performance. *Journal of Retailing*, 61, 27～47.

Moschis, G. P. (1985). The role of family communication in consumer socialization of chilkren and adolescents. *Journal of Consumer Research*, 11, 898~913.

Mowen, J. C. (1995). Consumer behavior. Englewood Cliffs, NJ: Prentice-Hall.

Mowen, J. C., & Mowen, M. M. (1991). Time and outcome valuation: Implications for marketing decision-making. *Journal of Marketing*, October, 54~62.

Mowen, J. C., & Minor, M. S. (2001). Consumer behavior. NJ: Prentice-Hall Inc.

Murphy, P. E., & Staples, W. S. (1979). A modernized family life cycle. *Journal of Consumer Research*, 6, 12~22.

Myers, J. H., & Robertson, T. S. (1972). Dimensions of opinion leadership. *Journal of Marketing Research*, 9, 41~46.

Nataraajan, R., & Goff, B. G. (1992). Manifestations of compulsiveness in the consumer marketplace domain. *Psychology & Marketing*, 9, 31~44.

Newman, J., & Staelin, R. (1972). Prepurchase information seeking for new cars and major household appliances. *Journal of Marketing Research*, 9, 249~257.

Newman, J.W., & Werbel, R. A. (1973). Multivariate analysis of brand loyalty for major household appliances. *Journal of Marketing Research*, 10, 404~409.

Nisbet, R. E. & Kanouse, D. E. (1969). Obesity, food deprivation and supermarket shopping behavior. *Journal of Personality and Social Psychology*, 12, 289~294.

Park, C. W. (1982). Joint decision in home purchasing: A muddling through process. *Journal of Consumer Research*, 9, 151~162.

Park, C. W., & Lessig, V. P. (1977). Students and housewives: Differences in susceptibility to reference group influence. *Journal of Consumer Research*, 4, 102~110.

Park, C. W., Iyer, E. S., & Smith, D. C. (1989). The effects of situational factors on in-store grocery shopping behavior: The role of store environment and time available for shopping. *Journal of Consumer Research*, 15, 422~433.

Passman, R. H., & Adams, R. E. (1981). Preferences for mothers and security blankets and their effectiveness as reinforcers for young children's behavior. *Journal of Child Psychology and Psychiatry*, 23, 223~236.

Pechmann, C., & Stewart, D. W. (1990). The effects of comparative advertising on attention, memory and purchase intentions, *Journal of Consumer Research*, 17, 180~191.

Peter, J. P., & Olson, J. C. (1990). *Consumer behavior and marketing strategy*. Homewood, IL: Richard D. Irwin.

Peters, T. (2002). *Marketing to women: how to understand, reach, and increase your share of the world's largest market segment*. Chicago: Dearborn Financial Publishing, Inc.

Peterson, R. A. & William, W. R. (1992). Measuring customer satisfaction: Fact and artifact. *Journal of Academy of Marketing Science*, 20, 61~72.

Peterson, R. A., Hoyer, W. D., & Wilson, W. R. (1986) *The role of affect in consumer behavior: Emerging theories and application*. Lexington, Mass: D.C.

Petty, R. E., Cacioppo, J. T., & Schumann, D. (1983). Central and peripheral routes to advertising effectiveness: The moderating role of involvement. *Journal of Consumer Research*, 10, 135~146

Piron, F. (1991). Defining impulse purchasing. In R. H. Holman, & M. R. Solomon (Eds.), *Advances in consumer research* (Vol.18). Provo, UT: Association for Consumer Research.

Plummer, J.T. (1974). The concept and application of life style segmentation. *Journal of Marketing*, 38, 27~35.

Prasad, V. (1975). Socioeconomic product risk and patronage preferences of retail shoppers. *Journal of Marketing*, 39, 42~47.

Putnam, M., & Davidson, W. R.(1987). *Family purchasing behavior*. Columbus, OH: Management Horizons, Inc.

Qualls, W. J. (1982). Changing sex roles: Its impact upon family decision-making. In A. Mitchell (Ed.), *Advances in consumer research* (Vol. 9). Ann Arbor, MI: Association for Consumer Research.

Quart, A. (2003). *Branded: The buying and selling of teenagers*. Cambridge, Massachusetts: Perseus.

Raju, P. S. (1980) Optimum stimulation level: Its relationship to personality, demographics and exploratory behavior. *Journal of Consumer Research*, 7, 272~282.

Rathans, A. J., Swasy, J. L., & Marks, L. (1986). Effects of television commercial repetition. *Journal of Marketing Research*, 23, 50~61.

Reed, S. K. (1992). *Cognition*. California: Brook/Cole Publishing Company.

Reilly, M., & Parkinson, T. (1985). Individual and product correlates of evoked set size for consumer package goods. In E. Hirschman, & M. Holbrook (Eds.), *Advances in Consumer Research* (Vol.12). Provo, UT: Association for Consumer Research.

Reilly, W.J. (1929). *The law of retail gravitation*. New York: Knickerbocker Press.

Rescorla, R. A. (1988). Pavlovian conditioning, it's not what you think it is. *American Psychologist*, 43, 151～160.

Reynolds, T. J., & Gutman, J. (1988). Laddering theory, method, analysis and interpretation. *Journal of Advertising Research*, 28, February/March, 11～34.

Reynolds, T. J., & Olson, J. C. (2001). *Understanding consumer decision making: The means-end approach to marketing and advertising strategy*. NJ: Lawrence Erlbaum Associates, Inc.

Richins, M. L. (1983). Negative word-of-mouth by dissatisfied consumers: A pilot study. *Journal of Marketing Research*, 47, 68～78.

Richins, M. L., & Root-Shaffer, T. (1988). The role of involvement and opinion leadership in consumer word of mouth: An implicit model made explicit. In M. J. Houston (Ed.), *Advances in Consumer Research*, (Vol.15). Provo, UT: Association for consumer Research.

Rogers, E. M. (1983). *Diffusion of innovations*. New York: Free Press.

Rokeach, M. (1960). *The open and closed mind*. New York: Basic Books.

Rokeach, M. (1973). *The nature of human values*. New York: Free Press.

Rook, D. (1985). The ritual dimension of consumer behavior. *Journal of Consumer Research*, 12, 251～264.

Rook, D. W. (1985). Body cathexis and market segmentation. In M. R. Solomon(Eds). *The Psychology of Fashion*. Lexington, MA: Lexington Books.

Rook, D. W. (1987). The buying impulse. *Journal of Consumer Research*, 14, 189～199.

Rook, D., & Hoch, S. (1985). Consuming impulses. In E. Hirschman, & M. Holbrook (Eds.), *Advances in Consumer Research* (Vol.12). Provo, UT: Association for Consumer Research.

Rosen, D. L., & Olshavsky, R. W. (1987). The dual role of informational social influence: Implications for marketing management. *Journal of Business Research*, 15, 123～144.

Rosenhan, D. L., Underwood, B., & Moore, B. (1974). Affect moderates self-gratification and altruism. *Journal of Personality and Social Psy-*

chology, 30, 546～552.

Rubin, R. M., Riney, B. J., & Molina, D. J. (1990). Expenditure pattern differentials between one-earner and dual-earner households: 1972～1973 and 1984. *Journal of Consumer Research*, 17, 43～52.

Saegert, J. (1987). Why marketing should quit giving subliminal advertising the benefit of the doubt. *Psychology & Marketing*, 4, 107～120.

Schaninger, C. M. (1981). Social class versus income revisited: An empirical investigation, *Journal of Marketing Research*, 18, 192～208.

Schiffman, L. G., & Kanuk, L. L. (1994). *Consumer behavior*. New Jersey: Prentice-Hall.

Schmitt, B. H. (1999). *Experiential marketing: How to get customers to sense, feel, think, act, relate to your company and brands*. New York: Free Press.

Schmitt B. H. (2003). *Customer experience management: A revolutionary approach to connecting with your customers*. New York: Wiley, John & Sons, Incorporated.

Schoell, W., & Guiltinan J. P. (1995). *Marketing*. New Jersey: Prentice Hall.

Schouten, J. W., & Mcalexander, J. H. (1995). Subculture of consumption: An ethnography of the new bikers. *Journal of Consumer Research*, 22, 43～59.

Schroeder, C. L. (2002). *Specialty shop retailing: How to run your own store*. New York: Wiley, John & Sons, Incorporated.

Schwartz, J. (1987). Hispanic opportunities. *American Demographics*, May, 20.

Scott, L. M., & Batra R. (2003). *Persuasive imagery: A consumer response perspective*. NJ: Lawrence Erlbaum Associates, Inc.

Sedlmeier, P., & Betsch, T. (2002). ETC.: Frequency processing and cognition. New York: Oxford University Press.

Shah, R. H., & Mittal, B. (1997). The role of intergenerational influence in consumer choice: Toward an exploratory theory. In M. Brucks, & D. Macinnis (Eds.), *Advances in Consumer Research* (Vol. 24). Provo, UT: Association for Consumer Research.

Sherman, E., & Smith, R. B. (1987). Mood states of shoppers and store image: Promising interactions and possible behavioral effects. In P. Anderson, & M. Wallendorf (Eds.), *Advances in Consumer Research* (Vol.14). Provo, UT: Association for Consumer Research.

Sherry, J. F. (1983). Gift giving in anthropological perspective. *Journal* of consumer Research, 20, 393~417.

Sherry, J. F. (1990). A sociocultural analysis of a mid-western American flea market. *Journal of Consumer Research*, 17, 13~30.

Sheth, J. N. (1986). A model of industrial buyer behavior. In J. N. Sheth, & D. E. P. Garrett (Eds.), *Marketing theory: Classic and contemporary readings*. Cincinnati: South-Western Publishing Co.

Sheth, J.N., Mittal, B. & Newman, B. I. (1999). *Consumer behavior*. New York: Dryden Press.

Shimp, T. A., & Sharma, S. (1987). Consumer ethnocentrism: Construction and validation of the CETSCALE. *Journal of Marketing Research*, 24, 280~289.

Simmel, G. (1957). Fashion. *American Journal of Sociology,* 62, 541~558.

Singh, J. (1988). Consumer complaint intentions and behavior: Definitional and taxonomical issues. *Journal of Marketing*, 52, 93~101.

Solomon, M. R. (1996). *Consumer behavior*. New Jersey: Printice Hall.

Solomon, M. R. (1988). Building up and breaking down: The impact of cultural sorting on symbolic consumption. In J. Sheth, & E. C. Hirschman (Eds.), *Research in consumer behavior*, Greenwich, CT: JIT Press.

Solomon, M. R., & Rabolt, N. J. (2001). *Consumer behavior: In fashion*. New York: Pearson Education.

Solomon, R. L. (1980). The opponent-process theory of acquired motivation. *American Psychologist*, 35, 691~712.

Somasundaram, T. N. (1993). Consumer reaction to product failure: Impact of product involvement and knowledge. In L. McAlister, & M. Houston (Eds.), *Advances in consumer research* (Vol.20). Provo, UT: Association for Consumer Research.

Sommer, R. (1969). *Personal space*. Englewood Cliffs, NJ: Prentice-Hall.

Sproles, G. B. (1985). Behavior science theories of fashion. In M. R. Solomon (Ed.), *The psychology of fashion*, Lexington, MA: Lexington Books.

SRI International. (1990). *VALS2: Your marketing edge for the 1990s*. CA: SRI International, Values and Lifestyle (VALS) program.

Stearns, P. N. (2002). *Fat history: Bodies and beauty in the modern west*. New York: New York University Press.

Stern, A. (1962). The significance of impulse buying today. *Journal of Marketing*, 26, 59~62.

Still, R. R., Barnes, J. H., & Kooyman, M. E. (1984). Word of mouth communication in low risk product decisions. *International journal of advertising*, 3, 335~345.

Stokols, D. (1972). On the distinction between density and crowding: Some implications of future research. *Psychological Review*, 79, 275~277.

Sullivan, G. L., & O'connor, P. J. (1988). The family purchase decision process: A cross-cultural review and framework for research. *Southwest Journal of Business & Economics*, 43.

Swan, J. E., & Combs, L. J. (1976). Product performance and consumer satisfaction: A new concept. *Journal of Marketing* 40, 25~33.

Swanson, B. B. (1981). *Introduction to home management*. New York: Macmillan Publishing.

Tauber, E. M. (1972). Why do people shop. *Journal of Marketing*, 36, 46~49.

Toth, D. (1989). To relax or stay alert: New mood altering scents. *New York Time*, September 24, F15.

Triandis, H.C. (1989). The self and social behavior in differing cultural contexts. *Psychological Review*, 96, 506~520.

Tse, D. K., Belk, R. W., & Zhou, N. (1989). Becoming a consumer society: A longitudinal and cross-cultural content analysis of print ads from Hong Kong, the People's Republic of China, and Taiwan. *Journal of Consumer Research*, 15, 457~471.

Umesh, U. N., Weeks, W., & Golden, L. (1987). Individual and dyadic consumption of time: Propositions on the perception of complementarity and substitutability of activities. In P. Anderson, & M. Wallendorf (Eds.), *Advances in Consumer Research* (Vol.14). Provo, UT: Association for Consumer Research.

Underhill, P. (2000). *Why we buy: The science of shopping*. New York: Simon & Schuster.

Unnava, H. R., & Burnkrant, R. E. (1991). Effects of repeating varied ad executions on brand name memory. *Journal of Marketing Research*, 28, 406~416.

Urbany, J. E., Dickson, P. R., & Wilkie, W. L. (1989). Buyer uncertainty and information search. *Journal of Consumer Research*, 16, 208~215.

Venkatraman, M. P. (1989). Opinion leaders, Adopters and communicative adopters: A role analysis. *Psychology and Marketing*, 6, 51~68.

Wahlers, R. G., & Etzel, M. J. (1985). A consumer response to incongruity between optimal stimulation and life style satisfaction. In E. C. Hirschman, & M. B. Holbrook (Eds.), *Advances in consumer research* (Vol. 12). Provo, UT: Association for Consumer Research.

Walden, M. L. (2001). *Economics and consumer decisions.* New York: Prentice Hall.

Ward, S. (1980). Consumer Socialization. In H. H. Kassarjian & T. S. Robertson, (Eds.), *Perspectives in consumer behavior.* Glenville, IL: Scott, Foresman and Company.

Warland, R., Hermann, R. O., & Willits, J. (1975). Dissatisfaction consumers: Who get upset and who takes action? *Journal of Consumer Affairs,* 9, 148～163.

Weiss M. J., & Weiss M. J. (2000). *The clustered world: How we live, what we buy, and what it all means about who we are.* New York: Brown and Company.

Weiten, W. (1989). *Psychology: Theme and variations.* Belmont, CA: Wadsworth.

Westbrook, R. (1987). Product consumption based affective responses and post-purchase processes. *Journal of Marketing Research,* 24, 258～270.

Wicker, A. (1969). Attitudes versus actions: The relationship of verbal and overt behavioral responses to attitude objects. *Journal of Social Issues,* 25, 65.

Wicklund, R. A., & Gollwitzer, P. M. (1982). *Symbolic self-completion.* Hillsadale, NJ: Lawrence Erlbaum.

Wilkie, W.L. (1994). *Consumer behavior.* New York: John Wiley & Sons.

Woodruff, R. B., Cadotte, E. R. & Jenkins, R. L. (1983). Modeling consumer satisfaction processes using experience-based norms. *Journal of Marketing Research,* 20, 296～304.

Woodside, A. G. (1972). Informal group influence on risk taking. *Journal of Marketing Research,* 9, 223～225.

Woodside, A. G., & Delozier, M. W. (1976). Effects of word of mouth advertising on consumer risk taking. *Journal of Advertising,* Fall, 12～19.

Yovovich, B. G. (1983). Sex in advertising: The power and the perils. *Advertising Age,* May 2, M4&M5.

Zaichkowsky, J. L., & Sood, J. H. (1989). A global look at consumer involvement and use of products. *International Marketing Review,* 6, 20～34.

Zaichowsky, J. L. (1994). The personal involvement inventory: Reduction, revision, and application to advertising. *Journal of Advertising*, 23, 59～70.

Zaltman, G. (2003). *How customers think: Essential insights into the mind of the market*. New York: Harvard Business School Press.

Zielske, H. (1982). Does day-after recall penalize feeling ads? *Journal of Advertising Research*, 22, 19～22.

索　引

說明：1. 每一名詞後所列之數字為該名詞在本書內出現之頁碼。
2. 以外文字母起頭的中文名詞一律排在漢英對照之最後。
3. 同一英文名詞而海峽兩岸譯文不同者，除在正文內附加括號予以註明外，索引中均予同時編列。

一、漢英對照

一　畫

一次購足　one-stop shopping　502
一致性的需求　need for consistency　158
一般大衆　unintended audience　195
一對一行銷　one-to-one marketing　48

二　畫

二手貨販售　lateral cycling　538
二因子理論　two factor theory　523
二次滿意　second-order satisfaction　533
二階段流程　two-step flow　369
人口統計區隔　demographic segmentation　54
人本主義心理學　humanistic psychology　132
人因工程分析　human factors analysis　439
人物行銷　person marketing　24
人員差異　people differentiation　77
人員溝通媒介　interpersonal medium　193
人格　personality　14, 61, 132
人格特質論　personality-trait theory　132
人格統合性　personality consistency　146
人氣　co-consumer　482
人脈交往　interpersonal association　291
人種誌學　ethnography　33
人潮　co-consumer　482
人潮效應　co-consumer effect　481

三　畫

口味測試　taste test　105
口碑來源　personal sources　444
口碑相傳　word-of-mouth communication　365
口碑傳播　word-of-mouth communication　17, 365
大家庭　extended family　391
大衆文化　popular culture　16, 303
大量行銷　mass marketing　47
女同性戀　lesbian　407
女性化文化　feminine culture　265
小樣本捷思　small numbers heuristic　454
工具性向度　instrumental dimension　523

工具性角色 instrumental role 257
已知區 awareness set 441
干擾 interference 126

四　畫

不合法商業行為 illegal business activity 26
不在意區 inert set 441
不接受區 inept set 441
中介收訊者 intermediary audience 195
中立區 latitude of non-commitment 186
中年已婚無子女 middle-age childless couple 406
中年單身期 bachelor II 405
中度忠誠 medium loyalty 71
互補性活動 complementary activities 488
互補法則 compensatory decision rule 466,565,589
內在導向 inner-directedness 144
內在歸因 internal attribution 526
內容分析法 content analysis 232
內部心理動機 internal psychological motive 158
內部收集 internal search 441
內團體 in-group 245
內隱性問題 latent problem 436
內隱性產品 intrinsic need product 447
內隱性需求 intrinsic need 133
公平理論 equity theory 522
公衆人物 celebrity 198
公衆人物代溝 celebrity gap 198
公開品 public goods 353
分離法則 disjunctive rule 468
分類的需求 need to categorize 158
反向代間影響 reverse intergenerational influence 423
反應 response 89

太太主導決策 wife-dominated decision 411
心情 mood 478
心理年齡 psychological age 56,272
心理抗衡 psychological reactance 189
心理物理學 psychophysics 106
心理時間 psychological time 493
心理逆反 psychological reactance 189
心理捷思 psychological heuristic 451,567
心理統計區隔 psychographic segmentation 60
心理描述法 phychodrawing 136
心理距離 psychological distance 496
心理黃金比率 psychological golden section proportion 442
心理與社會動機論 psychological and social motives 157
心理價格 psychological pricing 458
心理學 psychology 8
手段價值 instrumental value 231
支配性 dominance 141
文化 culture 16,219
文化失調 cultural lag 220
文化相對傾向 cultural relativism 224
文化特性 cultural characteristics 65
文化滯後 cultural lag 221
文化變遷 cultural transition 222
方案評估 alternative evaluation 451
日常慣例 convention 233
比喻訴求 metaphorical appeals 209
比較性訴求 comparative appeal 204

比較性影響　comparative influence　361
父母讓步　parental yielding　420

五　畫

世代銘印　generational imprinting　267
世俗化　desacralization　240
世俗產品　profane material　240
主要資料　primary data　31
主控感　dominance　506
主幹家庭　stem family　392
主題統覺測驗　Thematic Apperception Test　137
主題與背景　figure-ground　116
主觀時間　subjective time　493
以退為進法　door-in-the-face technique　356
代表性捷思　representative heuristic　453
代償　compensation　357
加權加總法則　weight additive rule　470
卡通技巧　cartoon technique　136
可得性試探　availability heuristic　454
可接近性　accessibility　49
可衡量性　identifiability　48
古典制約作用　classical conditioning　90
句子完成法　sentence completion　137
外在導向　outer-directedness　144
外在歸因　external attribution　526
外表吸引力　physical attractiveness　196
外部收集　external search　443
外部社會動機　external social motive　159
外顯性問題　vivid problem　436
外顯性產品　manifest need product　447
外顯性需求　manifest need　133
市場行家　market mavens　378
市場定位　market positioning　44,50
市場信念捷思　market belief heuristic　458
市場區隔　market segmentation　44,45
市場細分化　market segmentation　45
市場選擇　market targeting　44,48
平凡消費者　typical consumer　199
平衡理論　balance theory　183
必要品　necessity goods　353
本我　id　135
未分化　undifferentiated　261
未知區　unawareness set　441
正向行銷　marketing orientation　26
正向誤差　positive bias　535
正式訊息源　formal source　191
正式評論者　formal gatekeepers　330
正式會談　formal conversation　193
正面團體　positive group　346
正強化　positive reinforcement　95
正強化物　positive reinforcer　95
民主型父母　democratic parents　419
民族中心傾向　ethnocentrism　223
民德　mores　233
生活方式　life style　65
生活型態　life style　65
生理需求　physiological need　148
生產觀念　production concept　10
田野實驗　field experiment　38
目的價值　terminal value　231
目標市場　target market　45
目標收訊者　target audience　193
目標行銷　target marketing　44,45
目標性衝突　goal conflict　426

六　畫

交叉區隔　hybrid segmentation　73
交涉策略　bargaining strategy　427
企業社會責任　corporate social responsibility　552
先生主導決策　husband-dominated decision　411
先驅者　pioneer　336
全面品質管理　total quality management　519
全新採購　new task purchase　587
共同利益組織　mutual benefit association　22
共同決策　syncretic decision　411
共鳴法則　resonance　210
共變法則　co-variation principle　456
再認　recognition　271
同化　assimilation　123,375
同化效果　assimilation effect　187
同性戀　homosexuality　407
同儕效應　group effect　481
名人　celebrity　198
名譽　reputation　290
合作小組　coalition　428
因果性研究　causal research　35
因變量　dependent variable　37
回跳效應　boomerang effect　188
地方行銷　place marketing　24
地位　status　5
地位取向　status approach　75
地區行銷　local marketing　54
地理區隔　geographic segmentation　53
在家購物　in-home shopping　499
多重化區隔　hybrid segmentation　73
多重要求　multiple requests　356
多階式法則　phased decision strategy　471

多階段流程　multi-step flow　369
多樣式搜尋購買　variety-seeking purchase　572
字典法則　lexicographic rule　469
安全需求　safety need　148
年輕單身期　bachelor I　401
年齡次文化　age subculture　267
成見效應　halo effect　155
成員身分　group membership　346
成員接觸程度　degree of contact group　346
成癮性消費行為　addictive consumer behavior　25
收視記錄器　people meter　211
早期大衆　early majority　334
早期採用者　early adopters　334
有限性決策　limited decision making　566
次文化　subculture　16,55,256
次級資料　secondary data　31
次級團體　secondary group　346
老人單身期　elderly bachelor III　407
考慮區　consideration set　441
自主決策　autonomic decision　411
自我　ego　135
自我　self　150
自我中心傾向　egocentrism　422
自我完成象徵論　symbolic self-completion theory　151
自我防衛的需求　need for ego defense　159
自我防衛模式　self-defense model　316
自我取向　self-orientation　75
自我和諧　self-congruence　152
自我表達的需求　need of self-expression　159
自我敏感度　self-consciousness　143
自我意識　self-consciousness　143
自我概念　self-concept　14,150
自我實現需求　self-actualization

索引 **629**

need 149
自我監控 self-monitoring 143
自我監督 self-monitoring 143
自我認定法 self-designating method 381
自我論 self-theory 150
自我觀念 self-concept 150
自信 self-confidence 144
自尊 self-esteem 151
自尊需求 self-esteem need 149
自願性注意 voluntary attention 111
自變量 independent variable 37
自變項 independent variable 37
行為 behavior 8, 177
行為主義 behaviorism 89
行為區隔 behavioral segmentation 70
行為勢能 behavioral potential 96
行為塑造 behavioral shaping 94
行為意向因素 behavioral intention component 177
行為潛勢 behavioral potential 96
行為變量 behavioral variable 70
行為變數 behavioral variable 70
行銷市場來源 marketer sources 443
行銷者 marketer 5
行銷組合 marketing mix 79
行銷短視症 marketing myopia 10, 224
行銷觀念 marketing concept 11

七　畫

低飛球技巧 low-ball technique 356
低涉入決策模式 low involvement decision making 559
低涉入階層 low involvement hierarchy 179
利克特量表 Likert scale 38
利基行銷 niche marketing 47

刪除點 cutoffs 467
完形心理學 Gestalt psychology 114
完美原則 perfection principle 135
序級量表 rank order scale 39
形象定位 image differentiation 77
形碼 visual code 117
抗衡理論 reactance theory 189
找洞填補法 look-for-the-hole method 78
折扣降價 price reduction 510
折衷性衝突 compounded conflict 425
投射 projection 357
投射測驗 projective test 32
李克特量表 Likert scale 38
決定屬性 determinant attribute 463
決策 decision making 99
決策法則 decision rule 466
男女雙性化 androgyny 261
男同性戀 gay 407
男性化文化 masculine culture 265
男性支配 male dominance 258
私有品 private goods 353
角色產品群 role-related product cluster 364
角色策略 role strategy 426
角色過度負荷 role overload 398
足量性 substantiality 49
身份 status 5
身體形象 body image 152
身體滿意度 body cathexis 153
防衛機制 defense mechanism 159

八　畫

事件行銷 event marketing 113
亞文化 subculture 16
依變項 dependent variable 37
使用利益 usage benefit 72
使用者狀態 user status 70

使用情境　usage situation　72,485
使用頻率　usage rate　70
供應商　supplies　502
刻板印象　stereotype　258
刺激　stimulus　89
刺激位置　stimulus placement　112
刺激泛化　stimulus generalization　92
刺激區辨　stimulus discrimination　93,95
刺激強度　stimulus intensity　113
刺激規模　stimulus size　113
刺激對比　stimulus contrast　113
刺激適應化　stimulus adaptation　316
刺激辨別　stimulus discrimination　93
刺激曖昧性　stimulus ambiguity　201
刺激類化　stimulus generalization　92,95
制約反應　conditioned response　90
制約刺激　conditioned stimulus　90
協調議價行為　coordinative bargaining behavior　512
周邊途徑　peripheral route　164,479
命題　proposition　121
固定比率強化　fixed-ratio reinforcement schedule　578
固執性　dogmatical　142
垃圾觀察法　garbage observation　37
孤立效應　Restorff effect　126
宗教　religion　234
定位不足　underpositioning　77
定位混淆　confused positioning　77
定位過度　overpositioning　77
定錨調整捷思　anchoring and adjustment heuristic　455
店舖販賣　store shopping　499
性別角色　sex role　56,257

性別差異　sex difference　257
性格歸因　dispositional attribution　526
性訴求　sex appeal　208
性感區遷移　shifting erogenous zone　319
拒絕區　latitude of rejection　186
披露　exposure　110
拔得頭籌法　prototypical method　78
放縱型父母　neglecting parents　419
服務　service　5
服務性組織　service organization　22
服務差異　service differentiation　77
注意　attention　111
法律　laws　234
泛流理論　trickle-across theory　318
物品符號化分析　product symbol analysis　328
物質文化　material culture　220
物體恆常　object permanence　422
直接比較性廣告　direct comparative advertisement　204
直接重購　straight rebuy　588
直線時間觀　linear separable time　225
知識　knowledge　123
知識分類　knowledge categorization　123
知覺　perception　14,63,98,101
知覺敏感　perceptual sensitization　111
知覺組織　perceptual organization　114
社交團體　social group　348
社會公益組織　social benefit association　22
社會化歷程　process of socialization　291

社會比較 social comparison 199
社會比較訊息注意度 attention to social comparison information 144
社會比較理論 social comparison theory 361
社會行銷觀念 societal marketing concept 11,221
社會判斷論 social judgment theory 186
社會特性 social character 144
社會測量圖 sociogram 383
社會階層 social stratum 286
社會經濟地位 socio-economic status 288
社會網圖 sociogram 383
社會學習論 social learning theory 96
社會衡量法 sociometric method 382
社經地位 socio-economic status 288
空巢一期 empty nest I 403
空巢二期 empty nest II 404
空巢期 empty nest stage 403
空間知覺 space perception 226
肯定的需求 need for assertion 159
初級團體 primary group 346
表達性向度 expressive dimension 523
表達性角色 expressive role 258
表徵學 semiotics 140,313
長期記憶 long-term memory 120
非人員溝通媒介 impersonal medium 193
非互補性活動 non-complementary activities 488
非互補法則 non-compensatory decision rule 466,589
非正式訊息源 informal source 191
非正式評論者 informal gatekeepers 330
非正式會談 informal conversation 193
非行銷市場來源 non-marketer sources 443
非制約反應 unconditioned response 90
非制約刺激 unconditioned stimulus 90
非物質文化 nonmaterial culture 220
非耐久財 non-durable goods 447
非計畫性購買 unplanned purchases 504
非傳統家庭生命週期 non-traditional family life cycle 405
非語文訊息 nonverbal message 192
非機率抽樣 nonprobability sampling 39
非營利行銷 non-profit marketing 20

九 畫

信息 information 5
信賴區間 confidence interval 39
便利性 convenience 82
便利性捷思 availability heuristic 454
保健因子 hygiene factor 523
促銷 promotion 81
冒險遷移現象 risky-shift phenomenon 413
前景理論 prospect theory 457
前運思期 preoperational stage 422
品牌延伸 brand extension 92
品牌忠誠度 brand loyalty 71,573
品牌忠誠度購買 brand loyalty purchase 573
品牌資產 brand equity 18
品質 quality 519

室友家庭 roommate family 393
客觀時間 objective time 493
封閉式問卷 close-ended question-naire 38
封閉性 closure 114
幽默訴求 humorous appeal 206
建議性衝動購買 suggestion impulse buying 505
後見之明偏誤 hindsight bias 455
後效強化 contingent reinforcement 94
持續性收集 ongoing search 444
持續涉入 enduring involvement 166
故事完成法 story completion 137
流行 fashion 16,309
流行生產過程 fashion production process 327
流行起源過程 fashion innovation process 323
流行強勢性 fashion dominance 310
流行採用者類型 fashion adopter categories 332
流行採納過程 fashion adoption process 331
流行產品生命週期 fashion product life cycle 336
流行循環性 fashion circulation 311
流行焦慮性 fashion anxiety 312
流行評論者 fashion gatekeepers 330
流行雙元性 fashion dual character 314
活動 activity 66
活動分析 activity analysis 438
活動取向 activity approach 76
炫耀性消費 conspicuous consumption 290
炫耀型消費模式 conspicuous consumption model 315
相似吸引力 similarity attractiveness 199
相似法則 metaphor 210
相似律 similarity 115
相倚強化 contingent reinforcement 94
相對資源論 comparative resources theory 412
相關性產品 related product 502
研究典範 research paradigm 27
研究報告 research report 40
科技性創新品 technological innovation product 311
科技恐慌症消費者 techno-phobia consumer 68
科夥效應 cohort effect 267
突化 sharpening 375
美國心理學會 American Psychological Association 3
美學觀點 esthetic perspective 319
耐久財 durable goods 447
計畫性衝動購買 planned impulse buying 505
計畫性購買 planned purchases 504
負強化 negative reinforcement 95
負強化物 negative reinforcer 95
重度使用者 heavy user 70
重復 repetition 91
重復性反應行為 repeated responsive behavior 569
重復購買 repeat purchase 569
重新定位法 repositioning method 79
韋伯定律 Weber's law 107
風俗 custom 233
風險覺察 perceive risk 445
飛去來器效應 boomerang effect 188

十　畫

個人主義　individualism　243
個人空間　personal space　227
個人消費決策　individual consumer decision making　585
個人情境因素　individual factor　477
個人價值觀　personal value　231
個人觀察法　personal obesrvation　37
個別行銷　customized marketing　18,48
個性　personality　61
個體空間　personal space　227
修正重購　modified rebuy　587
原則取向　principle approach　75
員工滿意　employee satisfaction　534
家戶生命週期　household life cycle　399
家庭　family　391
家庭生命週期　family life cycle　59,399
家庭留置樣本　in-home placement sample　36
家庭關係　family relationship　424
差序格局　hierarchical value　244
差異閾　differential threshold　107
弱連結　weak tie　370
恐怖訴求　fear appeal　206
時狂　fad　233,339
時間適時性　time appropriation　491
時間壓縮法　time compression　103
時髦　fashion　233
核心家庭　nuclear family　391
核心途徑　central route　164
格式塔心理學　Gestalt psychology　114
消弱　extinction　97

消退　extinction　97
消費者　consumer　3
消費者心理學　consumer psychology　3
消費者主義　consumerism　546
消費者民族中心傾向量表　consumer ethnocentrism scale　223
消費者行為模式　consumer behavior model　12
消費者行為學　consumer behavior　8
消費者決策　consumer decision making　434
消費者決策過程　consumer decision making process　5
消費者固定樣本　consumer panel　36,211
消費者抱怨行為　consumer complain behavior　530
消費者社會化　consumer socialization　418
消費者信心指數　index of consumer confidence　62
消費者信念　consumer belief　175
消費者涉入　consumer involvement　163
消費者訊息處理模式　consumer information processing model　88,98
消費者溝通模式　consumer communication model　191
消費者權益保護運動　consumerism　546
消費問題　consumer problem　546
消費結果　consumption consequence　231
消費價值觀　consumption value system　227
涉入　involvement　63
涉入剖面法　involvement profiles　168

真實我　real self　151
神聖化　sacralization　241
神聖產品　sacred being　240
純衝動購買　pure impulse buying　505
脈絡　context　115
記憶　memory　14,98,116
訊息　information　5
訊息生動性　message vividness　201
訊息收集　information search　440
訊息收集者　information gatekeepers　369
訊息性影響　informational influence　358
訊息重複效果　message repetition effect　203
訊息結構　message structure　200
訊息訴求　message appeal　203
訊息源可信度　source credibility　195
訊息源吸引度　source attractiveness　196
訊息源信賴感　source trustworthiness　196
訊息源專業性　source expertise　195
訊息過載負荷　information overloaded　118
財貨　goods　5
逆反論　reactance theory　189
逆向干擾　retroactive interference　126
逆向行銷　de-marketing orientation　26
逆向翻譯　back translation　250
逆流理論　trickle-up theory　318
迴避反應　avoidance response　507
迴避目標　repelling goal　161
高峰經驗　peak experience　149
高涉入決策模式　high involvement decision making　559
高涉入階層　high involvement hierarchy　178

十一　畫

側邊半腦理論　hemispherical lateralization　166
動機　motivation　14,61,156
動機研究　motivation research　136
動機衝突　motivation conflict　161
區隔行銷　segment marketing　47
參照群體　reference group　16
參照團體　reference group　16,345
商店氣氛　store atmospherics　506
商品　product　4
商品化消費行為　consumed consumer behavior　26
商品選擇的方便性　ease of merchandise selection　511
商品類目　product assortment　511
商業機制　managerial system　329
問題框飾　framing of problem　460
問題解決　problem solving　591
問題解決策略　problem solving strategy　426
問題認知　problem recognition　435,588
唯樂原則　pleasure principle　135
國際消費者組織聯盟　International Organization of Consumer Union　549
基模　schema　121
培植理論　cultivation theory　419
奢華品　luxury goods　352
專制型父母　authoritarian parents　419
專業代理人　surrogate consumer　378
常規影響　normative influence　363
強化物　reinforcer　95
強化的需求　need for reinforcement　160
強迫性消費　compulsive consump-

tion 25
強連結 strong tie 370
得寸進尺法 foot-in-the-door technique 356
從眾行為 conformity behavior 349
從眾模式 conformity-centered model 316
情感因素 affective component 176
情感參照法則 affect referral rule 471
情感與顧客滿意模式 affect and customer satisfaction model 527
情感聯結 sentiment connection 184
情境自我 situational self 485
情境固著法 situational framing 485
情境涉入 situational involvement 166
情境歸因 situation attribution 526
情境關聯檢索 state-dependent retrieval 126
情緒 emotion 478
情緒分析 emotional analysis 438
情緒相對歷程論 opponent-process theory of emotion 583
探求線索的需求 need for cues 158
探索性研究 exploratory study 29
接受區 latitude of acceptance 186
接近律 proximity 115
推廣 promotion 81
授權品牌 licensing 92
採購中心 buying center 590
敘述性研究 descriptive research 33
晚期大眾 late majority 335
條件反應 conditioned response 90
條件刺激 conditioned stimulus 90
欲求 want 4,61
深入面談 depth interview 31
深度訪談 depth interview 31

理性訴求 rational appeal 205
理想我 ideal self 151
理想狀態 ideal state 435
理想美 ideal beauty 152
現場實驗 field experiment 38
現實原則 reality principle 135
產品 product 4,80
產品定位 product positioning 51
產品差異 product differentiation 77
產品涉入 product involvement 166
產品涉入量表 Product Involvement Inventory 167
產品訊號捷思 product signal heuristic 456
產品態度 attitude of product 64
產品線延伸 product line extensions 92
產品觀念 product concept 10
符號 symbol 235,313
符號學 semiotics 313
組塊 chunking 118
組織文化 organization culture 592
組織購買決策 organizational buying decision making 585
累積消費 accumulative consumption 578
習慣性決策 habitual decision making 569
習慣價格 psychological pricing 458
規則策略 rule strategy 426
規範 norm 233
規範性消費者信念 normative consumer belief 176
規範性影響 normative influence 363
規避不確定性 uncertainty avoidance 242
規避團體 disclaimer group 346
設計創造機制 creative design sys-

tem 329
販賣身體消費行為 consumed consumer behavior 26
通俗文化 popular culture 303
通路 place 82
連結法則 conjunctive method 467
連結理論 association mechanism 458
連續律 continuity 115
逐次比較法則 lexicographic rule 469
逐次刪除法則 eliminated by aspects rule 468
逛街動機 shopping motives 484

十二畫

最小可察覺量 just noticeable difference 107
創新性 innovativeness 142
創新者 innovator 332, 378
單位聯結 unit connection 184
單身 single person 393
單身一期 bachelor I 401
單身二期 bachelor II 405
單身三期 elderly bachelor III 407
單面訊息 one-sided message 200
單親一期 single parent I 405
單親二期 single parent II 406
單親空巢期 single parent empty nest 407
單親家庭 single-parent family 405
喚醒區 evoked set 441
報導偏誤 reporting bias 196
媒體涉入 media involvement 166
復述 rehearsal 120
復習 rehearsal 120
循環時間觀 circular traditional time 226
惰性購買 inertia purchase 569
愉悅性消費 hedonic consumption 582

愉悅感 pleasure 506
描述性研究 descriptive research 33
描述性消費者信念 descriptive consumer belief 175
提醒性衝動購買 reminder impulse buying 505
替代學習 vicarious learning 96
期待不一致模式 expectancy disconfirmation model 525
期盼團體 aspiration group 348
游離者 switcher 71
焦點團體訪談 focus group interview 32
無店舖販賣 non-store shopping 501
無法比較的可行方案 non-comparative alternatives 464
無條件反應 unconditioned response 90
無條件刺激 unconditioned stimulus 90
無衝突 no conflict 426
短期記憶 short-term memory 117
程序學習 procedural learning 465
稀有模式 scarcity rarity model 315
結論呈現 drawing conclusion 201
結點 node 121
絕對忠誠 hard-core loyalty 71
絕對閾 absolute threshold 106
萊立定律 Reilly's Law 495
萊斯托夫效應 Restorff effect 126
象徵性創新品 symbolic innovation product 311
象徵團體 symbolic group 348
貯存 storage 118
超我 super ego 135
進階法 laddering 232
量表 scale 38
開放式問卷 open-ended question-

索　引 **637**

naire 38
間接比較性廣告 indirect comparative advertisement 205
間接觀察法 indirect observation 37
雅痞族 Yuppies 274
集體主義 collectivism 243
集體選擇模式 conformity-centered model 316
順向干擾 proactive interference 126
順流理論 trickle-down theory 317
順從 compliance 356
順應 accommodation 123
黑暗面消費者行為 dark-side consumer behavior 25

十三　畫

傳統家庭生命週期 traditional family life cycle 400
傳播機制 communication system 330
意元 chunk 118
意元集組 chunking 118
意見 opinion 66
意見接收者 opinion receivers 369
意見領袖 opinion leader 376
意碼 semantic code 117
感官記憶 sensory memory 117
感性訴求 emotional appeal 205
感情 feeling 5
感覺 feeling 5
感覺 sensation 101
感覺運動期 sensorimotor stage 422
感覺適應 sensory adaptation 111
感覺閾限 sensory threshold 106
愛與隸屬需求 love and belongingness need 149
新人類 X generation 276
新世代 new generation 277

新世代人類 new generation 277
新奇的需求 need for novelty 159
新婚築巢期 young childless couple 401
新新人類 Y generation 277
楷模 model 96
溝通 communication 14,82,190
溺愛型父母 permissive parents 419
節食 food diet 154
經典 classic 338
經典條件作用 classical conditioning 90
經驗性消費者信念 experiential consumer belief 176
經驗法 experiential method 383
群體成員 group membership 346
群體吸引力 group attractiveness 346
群體凝聚力 group cohesiveness 350
腳本 script 123
落後者 laggards 335
補償 compensation 357
解決性衝突 solution conflict 425
詮釋論 interpretivism 27
資料分析 data analysis 40
資源 resource 76
跨文化研究 cross-cultural study 16
跨文化消費者研究 cross-cultural consumer analysis 241
運用率 usage rate 70
過濾機制 screening system 330
隔日廣告記憶 day-after recall 211
零售吸力定律 law of retail gravitation 495

十四　畫

團體 group 345
團體吸引力 group attractiveness

346
團體凝固力 group cohesiveness 350
圖片投射法 pictorial projection 136
圖畫完成法 bubble drawing 136
實際狀態 actual state 435
實證主義 positivism 27
實證論 positivism 27
實驗法 experimental method 37
實驗室實驗 laboratory experiment 38
察覺程度 awareness status 71
對比效果 contrast effect 187
對比效應 contrast efect 187
對抗文化 counter culture 256
態度 attitude 14,174
態度品牌忠誠度 attitudinal brand loyalty 576
態度量表 attitude scale 38
態度階層效果 attitude hierarchies effect 178
滿巢一期 full nest I 402
滿巢二期 full nest II 402
滿巢三期 full nest III 402
滿巢育兒期 full nest stage 402
精神分析論 psychoanalytic theory 132
精緻文化 high culture 303,308
精緻可能性模式 elaboration likelihood model 163
綠色行銷 green marketing 544
綠色消費 green consumption 539
綠色產品 green product 543
語文投射法 verbal projection 137
語文訊息 verbal message 192
語言 language 225
語意記憶 semantic memory 120
語意區別量表 semantic differential scale 38
認知 cognition 144

認知心理學 cognitive psychology 89
認知因素 cognitive component 175
認知吝嗇 cognitive misers 453
認知需求 need for cognition 144
銀色產業 elderly industry 269
銀髮族 elderly people 268
雌雄同體 androgyny 261
需求 need 4,61,156
需求層次論 need hierarchy theory 147
需求模式 demand model 315
需要 need 4

十五　畫

儀式 ritual 237
儀容整飾儀式 grooming rituals 239
僵化性 rigid 142
價值-生活型態區隔 II value and life style II 73
價值低估理論 underestimation mechanism 458
價值體系 value system 227
價值觀 value system 227
價值觀排序法 rank-order of value 231
價格 price 81
寬容型父母 permissive parents 419
廣告前測 ads pretest 211
廣告腐朽 advertising wear-out 113
廣泛性決策 extensive decision making 560
數據分析 data analysis 40
標準學習階層 standard learning hierarchy 179
模仿 modeling 96
模仿的需求 need for modeling 160
編碼 encoding 117,271

索　引　**639**

蝴蝶曲線　butterfly curve　317
蝴蝶曲線理論　butterfly curve model　316
衝突互動觀點　interactionist view of conflict　414
衝動性購買　impulse buying　472, 583
複合屬性態度模式　multiattribute attitude model　563
複雜加總法則　weight additive rule　470
複雜決策　complex decision making　560
調和理論　congruity theory　188
調查法　survey method　36
調適　accommodation　123
調適線　adaptation line　316
賭博成癮循環　gambling addictive cycle　25
適宜刺激量　optimum stimulation level　142
適度刺激論　optimal-arousal-level theory　572
銷售前回饋　pre-sale feedback　210
銷售後回饋　post-sale feedback　211
銷售噱頭　on the spot　509
銷售觀念　selling concept　10
銳化作用　sharpening　375

十六　畫

學習　learning　14, 63, 89
擁擠度　crowding　508
操作制約作用　operant conditioning　94
操作條件作用　operant conditioning　94
整合性　grouping　115
橫斷法　cross-sectional research　36
機率抽樣　probability sampling　39
機器觀察法　mechanical instruments observation　37

歷史回流模式　historical resurrection model　313
歷史持續演進模式　historical continuity model　313
激勵因子　motivational factor　523
獨立的需求　need for independent　159
獨立機構來源　independent sources　444
獨特性動機模式　uniqueness motivation model　316
興趣　interest　66
興奮感　arousal　506
親和的需求　need for affiliation　160
親密團體　intimate group　346
選擇性注意　selective attention　111
選擇性知覺　selective perception　109
選擇標準　choice criteria　463
遺忘　forgetting　126
閾　threshold　106
閾下刺激說服　subliminal persuasion　108

十七　畫

嬰兒潮後一代　boomer buster　277
環境內場情境因素　internal surroundings factors　503
環境外場情境因素　external surroundings factors　494
環境搭配性　environmental coordination　50
瞬間顯影器　tachistoscope　37
縱向法　longitudinal research　35
縱貫法　longitudinal research　35
聲望　reputation　290
聲望吸引力　status attractiveness　197
聲碼　acoustic code　117
聯結線　linkage　121

聯盟　coalition　428
謠言　rumor　374
購物權威性　relative expertise　424
購買序列法　sequence of purchase　574
購買前收集　pre-purchase search　444
購買後失調　post-purchase dissonance　162, 562
購買後決策行為　post-purchased decision making behavior　518
購買涉入　purchase involvement　166
購買情境　purchase situation　17, 476
購買機率法　probability of purchase　574
購買頻率法　proportion of purchase　574
趨近反應　approach response　506
趨近目標　approaching goal　161
趨避衝突　approach-avoidance conflict　162
隱喻　metaphor　210
隱藏性需求　hidden need　134

十八　畫

擴大定位　extensive positioning　79
擴大家庭　extended family　391
歸因的需求　need for attribution　158
歸因理論　attribution theory　525
簡單加總法則　simple additive rule　470
轉移忠誠　shifting loyalty　71
離婚一期　divorced person I　405
離婚二期　divorced person II　406
雙因素論　two-factor theory　203
雙面訊息　two-sided message　200
雙趨衝突　approach-approach conflict　162
雙避衝突　avoidance-avoidance conflict　162

十九　畫

懲罰　punishment　97
懷舊情節　nostalgia　126
穩定性　stability　49
羅基蓄價值量表　Rokeach Value Survey　231
贊同需求　need for approval　351
關係行銷　relationship marketing　18
關鍵人物法　key informants method　382

二十　畫

勸服策略　persuasive strategy　427
競爭議價行為　competitive bargaining behavior　512
覺知狀態　awareness status　71
議價能力　bargaining power　512

二十一　畫

屬性價值環鏈模式　means-end chain model　231
屬性擬人化　trait personalization　209
顧客不滿意　consumer dissatisfaction　519
顧客化行銷　customized marketing　48
顧客成本　customer cost　81
顧客問題解決　customer solution　81
顧客滿意　consumer satisfaction　519
驅力　drive　156
鰥寡閒適期　solitary survivor stage　404

二十二～二十五 畫

權威型父母　authoritarian parents　419
體驗性決策　experiential decision making　579
體驗性法則　experiential choice processes　471
體驗性階層　experiential hierarchy　179, 527

觀察法　observational research　36
觀察學習　observational learning　96

數字或外文字母起頭名詞

80/20定律　80/20 principle　70, 573
ABC 態度階層效果　ABC attitude hierarchies effect　178
AIO 問題　activity, interest, opinion question　66

二、英漢對照

A

ABC attitude hierarchies effect　ABC 態度階層效果　178
absolute threshold　絕對閾　106
accessibility　可接近性　49
accommodation　順應，調適　123
accumulative consumption　累積消費　578
acoustic code　聲碼　117
activity　活動　66
activity analysis　活動分析　438
activity approach　活動取向　76
activity, interest, opinion question　AIO問題　66
actual state　實際狀態　435
adaptation line　調適線　316
addictive consumer behavior　成癮性消費行為　25
ads pretest　廣告前測　211
advertising wear-out　廣告腐朽　113
affect and customer satisfaction model　情感與顧客滿意模式　527
affect referral rule　情感參照法則　471

affective component　情感因素　176
age subculture　年齡次文化　267
AIO＝activity, interest, opinion question
alternative evaluation　方案評估　451
American Psychological Association　美國心理學會　3
anchoring and adjustment heuristic　定錨調整捷思　455
androgyny　男女雙性化，雌雄同體　261
APA＝American Psychological Association
approach response　趨近反應　506
approach-approach conflict　雙趨衝突　162
approach-avoidance conflict　趨避衝突　162
approaching goal　趨近目標　161
arousal　興奮感　506
aspiration group　期盼團體　348
assimilation　同化　123, 375
assimilation effect　同化效果　187

association mechanism 連結理論 458
attention 注意 111
attention to social comparison information 社會比較訊息注意度 144
attitude 態度 14,174
attitude hierarchies effect 態度階層效果 178
attitude of product 產品態度 64
attitude scale 態度量表 38
attitudinal brand loyalty 態度品牌忠誠度 576
attribution theory 歸因理論 525
authoritarian parents 專制型父母,權威型父母 419
autonomic decision 自主決策 411
availability heuristic 可得性試探,便利性捷思 454
avoidance response 迴避反應 507
avoidance-avoidance conflict 雙避衝突 162
awareness set 已知區 441
awareness status 察覺程度,覺知狀態 71

B

bachelor I 年輕單身期,單身一期 401
bachelor II 中年單身期,單身二期 405
back translation 逆向翻譯 250
balance theory 平衡理論 183
bargaining power 議價能力 512
bargaining strategy 交涉策略 427
behavior 行為 8,177
behavioral intention component 行為意向因素 177
behavioral potential 行為勢能,行為潛勢 96

behavioral segmentation 行為區隔 70
behavioral shaping 行為塑造 94
behavioral variable 行為變量,行為變數 70
behaviorism 行為主義 89
body cathexis 身體滿意度 153
body image 身體形象 152
boomer buster 嬰兒潮後一代 277
boomerang effect 回跳效應,飛去來器效應 188
brand equity 品牌資產 18
brand extension 品牌延伸 92
brand loyalty 品牌忠誠度 71,573
brand loyalty purchase 品牌忠誠度購買 573
bubble drawing 圖畫完成法 136
butterfly curve 蝴蝶曲線 317
butterfly curve model 蝴蝶曲線理論 316
buying center 採購中心 590

C

cartoon technique 卡通技巧 136
causal research 因果性研究 35
celebrity 公衆人物,名人 198
celebrity gap 公衆人物代溝 198
central route 核心途徑 164
CETSCALE = consumer ethnocentrism scale
choice criteria 選擇標準 463
chunk 意元 118
chunking 組塊,意元集組 118
CIPM = consumer information processing model
circular traditional time 循環時間觀 226
classic 經典 338
classical conditioning 古典制約作用,經典條件作用 90
close-ended questionnaire 封閉式

問卷 38
closure 封閉性 114
coalition 合作小組,聯盟 428
co-consumer 人氣,人潮 482
co-consumer effect 人潮效應 481
cognition 認知 144
cognitive component 認知因素 175
cognitive misers 認知吝嗇 453
cognitive psychology 認知心理學 89
cohort effect 科夥效應 267
collectivism 集體主義 243
communication 溝通 14,82,190
communication system 傳播機制 330
comparative appeal 比較性訴求 204
comparative influence 比較性影響 361
comparative resources theory 相對資源論 412
compensation 代價,補償 357
compensatory decision rule 互補法則 466,565,589
competitive bargaining behavior 競爭議價行為 512
complementary activities 互補性活動 488
complex decision making 複雜決策 560
compliance 順從 356
compounded conflict 折衷性衝突 425
compulsive consumption 強迫性消費 25
conditioned response 制約反應,條件反應 90
conditioned stimulus 制約刺激,條件刺激 90
confidence interval 信賴區間 39

conformity behavior 從眾行為 349
conformity-centered model 從眾模式,集體選擇模式 316
confused positioning 定位混淆 77
congruity theory 調和理論 188
conjunctive method 連結法則 467
consideration set 考慮區 441
conspicuous consumption 炫耀性消費 290
conspicuous consumption model 炫耀型消費模式 315
consumed consumer behavior 商品化消費行為,販賣身體消費行為 26
consumer 消費者 3
consumer behavior 消費者行為學 8
consumer behavior model 消費者行為模式 12
consumer belief 消費者信念 175
consumer communication model 消費者溝通模式 191
consumer complain behavior 消費者抱怨行為 530
consumer decision making 消費者決策 434
consumer decision making process 消費者決策過程 5
consumer dissatisfaction 顧客不滿意 519
consumer ethnocentrism scale 消費者民族中心傾向量表 223
consumer information processing model 消費者訊息處理模式 88,98
consumer involvement 消費者涉入 163
consumer panel 消費者固定樣本

36,211
consumer problem 消費問題 546
consumer psychology 消費者心理學 3
consumer satisfaction 顧客滿意 519
consumer socialization 消費者社會化 418
consumerism 消費者主義,消費者權益保護運動 546
consumption consequence 消費結果 231
consumption value system 消費價值觀 227
content analysis 內容分析法 232
context 脈絡 115
contingent reinforcement 後效強化,相倚強化 94
continuity 連續律 115
contrast efect 對比效應,對比效果 187
convenience 便利性 82
convention 日常慣例 233
coordinative bargaining behavior 協調議價行為 512
corporate social responsibility 企業社會責任 552
counter culture 對抗文化 256
co-variation principle 共變法則 456
CR＝conditioned response
creative design system 設計創造機制 329
cross-cultural consumer analysis 跨文化消費者研究 241
cross-cultural study 跨文化研究 16
cross-sectional research 橫斷法 36
crowding 擁擠度 508
CS＝conditioned stimulus

CS＝consumer satisfaction
cultivation theory 培植理論 419
cultural characteristics 文化特性 65
cultural lag 文化失調,文化滯後 220,221
cultural relativism 文化相對傾向 224
cultural transition 文化變遷 222
culture 文化 16,219
custom 風俗 233
customer cost 顧客成本 81
customer solution 顧客問題解決 81
customized marketing 個別行銷,顧客化行銷 18,48
cutoffs 刪除點 467

D

dark-side consumer behavior 黑暗面消費者行為 25
data analysis 資料分析,數據分析 40
day-after recall 隔日廣告記憶 211
decision rule 決策法則 466
decision making 決策 99
defense mechanism 防衛機制 159
degree of contact group 成員接觸程度 346
demand model 需求模式 315
de-marketing orientation 逆向行銷 26
democratic parents 民主型父母 419
demographic segmentation 人口統計區隔 54
dependent variable 因變量,依變項 37
depth interview 深入面談,深度訪談 31

desacralization 世俗化 240
descriptive consumer belief 描述性消費者信念 175
descriptive research 敘述性研究，描述性研究 33
determinant attribute 決定屬性 463
differential threshold 差異閾 107
direct comparative advertisement 直接比較性廣告 204
disclaimant group 規避團體 346
disjunctive rule 分離法則 468
dispositional attribution 性格歸因 526
divorced person I 離婚一期 405
divorced person II 離婚二期 406
dogmatical 固執性 142
dominance 支配性，主控感 141, 506
door-in-the-face technique 以退為進法 356
drawing conclusion 結論呈現 201
drive 驅力 156
durable goods 耐久財 447

E

early adopters 早期採用者 334
early majority 早期大眾 334
ease of merchandise selection 商品選擇的方便性 511
ego 自我 135
egocentrism 自我中心傾向 422
elaboration likelihood model 精緻可能性模式 163
elderly bachelor III 老人單身期，單身三期 407
elderly industry 銀色產業 269
elderly people 銀髮族 268
eliminated by aspects rule 逐次刪除法則 468

ELM = elaboration likelihood mode
emotion 情緒 478
emotional analysis 情緒分析 438
emotional appeal 感性訴求 205
employee satisfaction 員工滿意 534
empty nest I 空巢一期 403
empty nest II 空巢二期 404
empty nest stage 空巢期 403
encoding 編碼 117, 271
enduring involvement 持續涉入 166
environmental coordination 環境搭配性 50
equity theory 公平理論 522
esthetic perspective 美學觀點 319
ethnocentrism 民族中心傾向 223
ethnography 人種誌學 33
event marketing 事件行銷 113
evoked set 喚醒區 441
expectancy disconfirmation model 期待不一致模式 525
experiential choice processes 體驗性法則 471
experiential consumer belief 經驗性消費者信念 176
experiential decision making 體驗性決策 579
experiential hierarchy 體驗性階層 179, 527
experiential method 經驗法 383
experimental method 實驗法 37
exploratory study 探索性研究 29
exposure 披露 110
expressive dimension 表達性向度 523
expressive role 表達性角色 258
extended family 大家庭，擴大家庭 391
extensive decision making 廣泛性

決策　560
extensive positioning　擴大定位　79
external attribution　外在歸因　526
external search　外部收集　443
external social motive　外部社會動機　159
external surroundings factors　環境外場情境因素　494
extinction　消弱,消退　97

F

fad　時狂　233, 339
family　家庭　391
family life cycle　家庭生命週期　59, 399
family relationship　家庭關係　424
fashion　流行,時髦　16, 233, 309
fashion adopter categories　流行採用者類型　332
fashion adoption process　流行採納過程　331
fashion anxiety　流行焦慮性　312
fashion circulation　流行循環性　311
fashion dominance　流行強勢性　310
fashion dual character　流行雙元性　314
fashion gatekeepers　流行評論者　330
fashion innovation process　流行起源過程　323
fashion product life cycle　流行產品生命週期　336
fashion production process　流行生產過程　327
fear appeal　恐怖訴求　206
feeling　感情,感覺　5
feminine culture　女性化文化　265

field experiment　田野實驗,現場實驗　38
figure-ground　主題與背景　116
fixed-ratio reinforcement schedule　固定比率強化　578
focus group interview　焦點團體訪談　32
food diet　節食　154
foot-in-the-door technique　得寸進尺法　356
forgetting　遺忘　126
formal conversation　正式會談　193
formal gatekeepers　正式評論者　330
formal source　正式訊息源　191
framing of problem　問題框飾　460
full nest I　滿巢一期　402
full nest II　滿巢二期　402
full nest III　滿巢三期　402
full nest stage　滿巢育兒期　402

G

gambling addictive cycle　賭博成癮循環　25
garbage observation　垃圾觀察法　37
gay　男同性戀　407
generational imprinting　世代銘印　267
geographic segmentation　地理區隔　53
Gestalt psychology　完形心理學,格式塔心理學　114
goal conflict　目標性衝突　426
goods　財貨　5
green consumption　綠色消費　539
green marketing　綠色行銷　544
green product　綠色產品　543
grooming rituals　儀容整飾儀式　239

group 團體 345
group attractiveness 群體吸引力，團體吸引力 346
group cohesiveness 群體凝聚力，團體凝固力 350
group effect 同儕效應 481
group membership 成員身分，群體成員 346
grouping 整合性 115

H

habitual decision making 習慣性決策 569
halo effect 成見效應 155
hard-core loyalty 絕對忠誠 71
heavy user 重度使用者 70
hedonic consumption 愉悅性消費 582
hemispherical lateralization 側邊半腦理論 166
hidden need 隱藏性需求 134
hierarchical value 差序格局 244
high culture 精緻文化 303, 308
high involvement decision making 高涉入決策模式 559
high involvement hierarchy 高涉入階層 178
hindsight bias 後見之明偏誤 455
historical continuity model 歷史持續演進模式 313
historical resurrection model 歷史回流模式 313
homosexuality 同性戀 407
household life cycle 家戶生命週期 399
human factors analysis 人因工程分析 439
humanistic psychology 人本主義心理學 132
humorous appeal 幽默訴求 206
husband-dominated decision 先生主導決策 411
hybrid segmentation 交叉區隔，多重化區隔 73
hygiene factor 保健因子 523

I

id 本我 135
ideal beauty 理想美 152
ideal self 理想我 151
ideal state 理想狀態 435
identifiability 可衡量性 48
illegal business activity 不合法商業行為 26
image differentiation 形象定位 77
impersonal medium 非人員溝通媒介 193
impulse buying 衝動性購買 472, 583
independent sources 獨立機構來源 444
independent variable 自變量，自變項 37
index of consumer confidence 消費者信心指數 62
indirect comparative advertisement 間接比較性廣告 205
indirect observation 間接觀察法 37
individual consumer decision making 個人消費決策 585
individual factor 個人情境因素 477
individualism 個人主義 243
inept set 不接受區 441
inert set 不在意區 441
inertia purchase 惰性購買 569
informal conversation 非正式會談 193
informal gatekeepers 非正式評論者 330

informal source　非正式訊息源　191
information　信息，訊息　5
information gatekeepers　訊息收集者　369
information overloaded　訊息過載負荷　118
information search　訊息收集　440
informational influence　訊息性影響　358
in-group　內團體　245
in-home placement sample　家庭留置樣本　36
in-home shopping　在家購物　499
inner-directedness　內在導向　144
innovativeness　創新性　142
innovator　創新者　332, 378
instrumental dimension　工具性向度　523
instrumental role　工具性角色　257
instrumental value　手段價值　231
interactionist view of conflict　衝突互動觀點　414
interest　興趣　66
interference　干擾　126
intermediary audience　中介收訊者　195
internal attribution　內在歸因　526
internal psychological motive　內部心理動機　158
internal search　內部收集　441
internal surroundings factors　環境內場情境因素　503
International Organization of Consumer Union　國際消費者組織聯盟　549
interpersonal association　人脈交往　291
interpersonal medium　人員溝通媒介　193
interpretivism　詮釋論　27
intimate group　親密團體　346
intrinsic need　內隱性需求　133
intrinsic need product　內隱性產品　447
involvement　涉入　63
involvement profiles　涉入剖面法　168
IOCU＝International Organization of Consumer Union

J

j.n.d.＝just noticeable difference
just noticeable difference　最小可察覺量　107

K

key informants method　關鍵人物法　382
knowledge　知識　123
knowledge categorization　知識分類　123

L

laboratory experiment　實驗室實驗　38
laddering　進階法　232
laggards　落後者　335
language　語言　225
late majority　晚期大眾　335
latent problem　內隱性問題　436
lateral cycling　二手貨販售　538
latitude of acceptance　接受區　186
latitude of non-commitment　中立區　186
latitude of rejection　拒絕區　186
law of retail gravitation　零售吸力定律　495
laws　法律　234

索引 **649**

learning　學習　14,63,89
lesbian　女同性戀　407
lexicographic rule　字典法則,逐次比較法則　469
licensing　授權品牌　92
life style　生活方式,生活型態　65
Likert scale　利克特量表,李克特量表　38
limited decision making　有限性決策　566
linear separable time　直線時間觀　225
linkage　聯結線　121
local marketing　地區行銷　54
longitudinal research　縱向法,縱貫法　35
long-term memory　長期記憶　120
look-for-the-hole method　找洞填補法　78
love and belongingness need　愛與隸屬需求　149
low involvement decision making　低涉入決策模式　559
low involvement hierarchy　低涉入階層　179
low-ball technique　低飛球技巧　356
LTM＝long-term memory
luxury goods　奢華品　352

M

male dominance　男性支配　258
managerial system　商業機制　329
manifest need　外顯性需求　133
manifest need product　外顯性產品　447
market belief heuristic　市場信念捷思　458
market mavens　市場行家　378
market positioning　市場定位　44,50

market segmentation　市場區隔,市場細分化　44,45
market targeting　市場選擇　44,48
marketer　行銷者　5
marketer sources　行銷市場來源　443
marketing concept　行銷觀念　11
marketing mix　行銷組合　79
marketing myopia　行銷短視症　10,224
marketing orientation　正向行銷　26
masculine culture　男性化文化　265
mass marketing　大量行銷　47
material culture　物質文化　220
means-end chain model　屬性價值環鏈模式　231
mechanical instruments observation　機器觀察法　37
media involvement　媒體涉入　166
medium loyalty　中度忠誠　71
memory　記憶　14,98,116
message appeal　訊息訴求　203
message repetition effect　訊息重複效果　203
message structure　訊息結構　200
message vividness　訊息生動性　201
metaphor　相似法則,隱喻　210
metaphorical appeals　比喻訴求　209
middle-age childless couple　中年已婚無子女　406
model　楷模　96
modeling　模仿　96
modified rebuy　修正重購　587
mood　心情　478
mores　民德　233
motivation　動機　14,61,156
motivation conflict　動機衝突　161

motivation research 動機研究 136
motivational factor 激勵因子 523
multiattribute attitude model 複合屬性態度模式 563
multiple requests 多重要求 356
multi-step flow 多階段流程 369
mutual benefit association 共同利益組織 22

N

necessity goods 必要品 353
need 需求,需要 4,61,156
need for affiliation 親和的需求 160
need for approval 贊同需求 351
need for assertion 肯定的需求 159
need for attribution 歸因的需求 158
need for cognition 認知需求 144
need for consistency 一致性的需求 158
need for cues 探求線索的需求 158
need for ego defense 自我防衛的需求 159
need for independent 獨立的需求 159
need for modeling 模仿的需求 160
need for novelty 新奇的需求 159
need for reinforcement 強化的需求 160
need hierarchy theory 需求層次論 147
need of self-expression 自我表達的需求 159
need to categorize 分類的需求 158
negative reinforcement 負強化 95
negative reinforcer 負強化物 95
neglecting parents 放縱型父母 419
new generation 新世代,新世代人類 277
new task purchase 全新採購 587
niche marketing 利基行銷 47
no conflict 無衝突 426
node 結點 121
non-comparative alternatives 無法比較的可行方案 464
non-compensatory decision rule 非互補法則 466,589
non-complementary activities 非互補性活動 488
non-durable goods 非耐久財 447
non-marketer sources 非行銷市場來源 443
non-profit marketing 非營利行銷 20
non-store shopping 無店舖販賣 501
non-traditional family life cycle 非傳統家庭生命週期 405
nonmaterial culture 非物質文化 220
nonprobability sampling 非機率抽樣 39
nonverbal message 非語文訊息 192
norm 規範 233
normative consumer belief 規範性消費者信念 176
normative influence 常規影響,規範性影響 363
nostalgia 懷舊情節 126
nuclear family 核心家庭 391

O

object permanence 物體恆常 422

objective time 客觀時間 493
observational learning 觀察學習 96
observational research 觀察法 36
on the spot 銷售噱頭 509
one-sided message 單面訊息 200
one-stop shopping 一次購足 502
one-to-one marketing 一對一行銷 48
ongoing search 持續性收集 444
open-ended questionnaire 開放式問卷 38
operant conditioning 操作制約作用,操作條件作用 94
opinion 意見 66
opinion leader 意見領袖 376
opinion receivers 意見接收者 369
opponent-process theory of emotion 情緒相對歷程論 583
optimal-arousal-level theory 適度刺激論 572
optimum stimulation level 適宜刺激量 142
organization culture 組織文化 592
organizational buying decision making 組織購買決策 585
OSL＝optimum stimulation level
outer-directedness 外在導向 144
overpositioning 定位過度 77

P

parental yielding 父母讓步 420
peak experience 高峰經驗 149
people differentiation 人員差異 77
people meter 收視記錄器 211
perceive risk 風險覺察 445
perception 知覺 14,63,98,101
perceptual organization 知覺組織 114
perceptual sensitization 知覺敏感 111
perfection principle 完美原則 135
peripheral route 周邊途徑 164, 479
permissive parents 溺愛型父母,寬容型父母 419
person marketing 人物行銷 24
personal obesrvation 個人觀察法 37
personal sources 口碑來源 444
personal space 個人空間,個體空間 227
personal value 個人價值觀 231
personality 人格,個性 14,61,132
personality consistency 人格統合性 146
personality-trait theory 人格特質論 132
persuasive strategy 勸服策略 427
phased decision strategy 多階式法則 471
phychodrawing 心理描述法 136
physical attractiveness 外表吸引力 196
physiological need 生理需求 148
pictorial projection 圖片投射法 136
PII＝Product Involvement Inventory
pioneer 先驅者 336
place 通路 82
place marketing 地方行銷 24
planned impulse buying 計畫性衝動購買 505
planned purchases 計畫性購買 504
pleasure 愉悅感 506
pleasure principle 唯樂原則 135

popular culture 大衆文化,通俗文化 16,303
positive bias 正向誤差 535
positive group 正面團體 346
positive reinforcement 正強化 95
positive reinforcer 正強化物 95
positivism 實證主義,實證論 27
post-purchase dissonance 購買後失調 162,562
post-purchased decision making behavior 購買後決策行為 518
post-sale feedback 銷售後回饋 211
preoperational stage 前運思期 422
pre-purchase search 購買前收集 444
pre-sale feedback 銷售前回饋 210
price 價格 81
price reduction 折扣降價 510
primary data 主要資料 31
primary group 初級團體 346
principle approach 原則取向 75
private goods 私有品 353
proactive interference 順向干擾 126
probability of purchase 購買機率法 574
probability sampling 機率抽樣 39
problem recognition 問題認知 435,588
problem solving 問題解決 591
problem solving strategy 問題解決策略 426
procedural learning 程序學習 465
process of socialization 社會化歷程 291
product 商品,產品 4,80
product assortment 商品類別 511

product concept 產品觀念 10
product differentiation 產品差異 77
product involvement 產品涉入 166
Product Involvement Inventory 產品涉入量表 167
product line extensions 產品線延伸 92
product positioning 產品定位 51
product signal heuristic 產品訊號捷思 456
product symbol analysis 物品符號化分析 328
production concept 生產觀念 10
profane material 世俗產品 240
projection 投射 357
projective test 投射測驗 32
promotion 促銷,推廣 81
proportion of purchase 購買頻率法 574
proposition 命題 121
prospect theory 前景理論 457
prototypical method 拔得頭籌法 78
proximity 接近律 115
psychoanalytic theory 精神分析論 132
psychographic segmentation 心理統計區隔 60
psychological age 心理年齡 56,272
psychological and social motives 心理與社會動機論 157
psychological distance 心理距離 496
psychological golden section proportion 心理黃金比率 442
psychological heuristic 心理捷思 451,567
psychological pricing 心理價格,習

索引 **653**

慣價格　458
psychological reactance　心理抗衡，心理逆反　189
psychological time　心理時間　493
psychology　心理學　8
psychophysics　心理物理學　106
public goods　公開品　353
punishment　懲罰　97
purchase involvement　購買涉入　166
purchase situation　購買情境　17, 476
pure impulse buying　純衝動購買　505

Q

quality　品質　519

R

rank order scale　序級量表　39
rank-order of value　價值觀排序法　231
rational appeal　理性訴求　205
reactance theory　抗衡理論，逆反論　189
real self　真實我　151
reality principle　現實原則　135
recognition　再認　271
reference group　參照群體，參照團體　16, 345
rehearsal　復述，復習　120
Reilly's Law　萊立定律　495
reinforcer　強化物　95
related product　相關性產品　502
relationship marketing　關係行銷　18
relative expertise　購物權威性　424
religion　宗教　234
reminder impulse buying　提醒性衝動購買　505

repeat purchase　重復購買　569
repeated responsive behavior　重復性反應行為　569
repelling goal　迴避目標　161
repetition　重復　91
reporting bias　報導偏誤　196
repositioning method　重新定位法　79
representative heuristic　代表性捷思　453
reputation　名譽，聲望　290
research paradigm　研究典範　27
research report　研究報告　40
resonance　共鳴法則　210
resource　資源　76
response　反應　89
Restorff effect　孤立效果，萊斯托夫效應　126
retroactive interference　逆向干擾　126
reverse intergenerational influence　反向代間影響　423
rigid　僵化性　142
risky-shift phenomenon　冒險遷移現象　413
ritual　儀式　237
Rokeach Value Survey　羅基蓄價值量表　231
role overload　角色過度負荷　398
role strategy　角色策略　426
role-related product cluster　角色產品群　364
roommate family　室友家庭　393
rule strategy　規則策略　426
rumor　謠言　374

S

sacralization　神聖化　241
sacred being　神聖產品　240
safety need　安全需求　148
scale　量表　38

scarcity rarity model 稀有模式 315
schema 基模 121
screening system 過濾機制 330
script 腳本 123
second-order satisfaction 二次滿意 533
secondary data 次級資料 31
secondary group 次級團體 346
segment marketing 區隔行銷 47
selective attention 選擇性注意 111
selective perception 選擇性知覺 109
self 自我 150
self-actualization need 自我實現需求 149
self-concept 自我概念,自我觀念 14,150
self-confidence 自信 144
self-congruence 自我和諧 152
self-consciousness 自我敏感度,自我意識 143
self-defense model 自我防衛模式 316
self-designating method 自我認定法 381
self-esteem 自尊 151
self-esteem need 自尊需求 149
self-monitoring 自我監控,自我監督 143
self-orientation 自我取向 75
self-theory 自我論 150
selling concept 銷售觀念 10
semantic code 意碼 117
semantic differential scale 語意區別量表 38
semantic memory 語意記憶 120
semiotics 符號學,表徵學 140,313
sensation 感覺 101
sensorimotor stage 感覺運動期 422
sensory adaptation 感覺適應 111
sensory memory 感官記憶 117
sensory threshold 感覺閾限 106
sentence completion 句子完成法 137
sentiment connection 情感聯結 184
sequence of purchase 購買序列法 574
service 服務 5
service differentiation 服務差異 77
service organization 服務性組織 22
sex appeal 性訴求 208
sex difference 性別差異 257
sex role 性別角色 56,257
sharpening 突化,銳化作用 375
shifting erogenous zone 性感區遷移 319
shifting loyalty 轉移忠誠 71
shopping motives 逛街動機 484
short-term memory 短期記憶 117
similarity 相似律 115
similarity attractiveness 相似吸引力 199
simple additive rule 簡單加總法則 470
single parent Ⅰ 單親一期 405
single parent Ⅱ 單親二期 406
single parent empty nest 單親空巢期 407
single person 單身 393
single-parent family 單親家庭 405
situation attribution 情境歸因 526
situational framing 情境固著法 485
situational involvement 情境涉入

166
situational self 情境自我 485
small numbers heuristic 小樣本捷思 454
social benefit association 社會公益組織 22
social character 社會特性 144
social comparison 社會比較 199
social comparison theory 社會比較理論 361
social group 社交團體 348
social judgment theory 社會判斷論 186
social learning theory 社會學習論 96
social stratum 社會階層 286
societal marketing concept 社會行銷觀念 11,221
socio-economic status 社會經濟地位,社經地位 288
sociogram 社會測量圖,社會網圖 383
sociometric method 社會衡量法 382
solitary survivor stage 鰥寡閒適期 404
solution conflict 解決性衝突 425
source attractiveness 訊息源吸引度 196
source credibility 訊息源可信度 195
source expertise 訊息源專業性 195
source trustworthiness 訊息源信賴感 196
space perception 空間知覺 226
stability 穩定性 49
standard learning hierarchy 標準學習階層 179
state-dependent retrieval 情境關聯檢索 126

status 地位,身份 5
status approach 地位取向 75
status attractiveness 聲望吸引力 197
stem family 主幹家庭 392
stereotype 刻板印象 258
stimulus 刺激 89
stimulus adaptation 刺激適應化 316
stimulus ambiguity 刺激曖昧性 201
stimulus contrast 刺激對比 113
stimulus discrimination 刺激區辨,刺激辨別 93,95
stimulus generalization 刺激泛化,刺激類化 92,95
stimulus intensity 刺激強度 113
stimulus placement 刺激位置 112
stimulus size 刺激規模 113
STM＝short-term memory
storage 貯存 118
store atmospherics 商店氣氛 506
store shopping 店舖販賣 499
story completion 故事完成法 137
straight rebuy 直接重購 588
strong tie 強連結 370
subculture 次文化,亞文化 16,55,256
subjective time 主觀時間 493
subliminal persuasion 閾下刺激說服 108
substantiality 足量性 49
suggestion impulse buying 建議性衝動購買 505
super ego 超我 135
supplies 供應商 502
surrogate consumer 專業代理人 378
survey method 調查法 36
switcher 游離者 71
symbol 符號 235,313

symbolic group 象徵團體 348
symbolic innovation product 象徵性創新品 311
symbolic self-completion theory 自我完成象徵論 151
syncretic decision 共同決策 411

T

tachistoscope 瞬間顯影器 37
target audience 目標收訊者 193
target market 目標市場 45
target marketing 目標行銷 44,45
taste test 口味測試 105
TAT＝Thematic Apperception Test
technological innovation product 科技性創新品 311
techno-phobia consumer 科技恐慌症消費者 68
terminal value 目的價值 231
Thematic Apperception Test 主題統覺測驗 137
threshold 閾 106
time appropriation 時間適時性 491
time compression 時間壓縮法 103
total quality management 全面品質管理 519
TQM＝total quality management
trait personalization 屬性擬人化 209
traditional family life cycle 傳統家庭生命週期 400
trickle-across theory 泛流理論 318
trickle-down theory 順流理論 317
trickle-up theory 逆流理論 318
two-factor theory 二因子理論,雙因素論 203,523
two-sided message 雙面訊息 200
two-step flow 二階段流程 369
typical consumer 平凡消費者 199

U

UCR＝unconditioned response
UCS＝unconditioned stimulus
unawareness set 未知區 441
uncertainty avoidance 規避不確定性 242
unconditioned response 非制約反應,無條件反應 90
unconditioned stimulus 非制約刺激,無條件刺激 90
underestimation mechanism 價值低估理論 458
underpositioning 定位不足 77
undifferentiated 未分化 261
unintended audience 一般大眾 195
uniqueness motivation model 獨特性動機模式 316
unit connection 單位聯結 184
unplanned purchases 非計畫性購買 504
usage benefit 使用利益 72
usage rate 使用頻率,運用率 70
usage situation 使用情境 72,485
user status 使用者狀態 70

V

VALS 2＝value and life style II
value and life style II 價值-生活型態區隔 II 73
value system 價值體系,價值觀 227
variety-seeking purchase 多樣式搜尋購買 572
verbal message 語文訊息 192
verbal projection 語文投射法 137
vicarious learning 替代學習 96
visual code 形碼 117
vivid problem 外顯性問題 436

索引

voluntary attention 自願性注意 111

W

want 欲求 4, 61
weak tie 弱連結 370
Weber's law 韋伯定律 107
weight additive rule 加權加總法則, 複雜加總法則 470
wife-dominated decision 太太主導決策 411
word-of-mouth communication 口碑相傳, 口碑傳播 17, 365

X

X generation 新人類 276

Y

Y generation 新新人類 277
young childless couple 新婚築巢期 401
Yuppies 雅痞族 274

數字起頭名詞

80/20 principle 80/20定律 70, 573

國家圖書館出版品預行編目資料

消費者心理學：消費者行為的科學研究 / 徐達光著. --
初版. -- 臺北市：臺灣東華, 2003[民 92]
680 面；17x23 公分. -- (世紀心理學叢書之 19)
參考書目及索引

ISBN 978-957-483-217-0 (精裝)

1. 消費心理學

496.34　　　　　　　　　　　　　92014831

張春興主編
世紀心理學叢書 19

消費者心理學

著　　者	徐達光
發 行 人	陳錦煌
責任編輯	徐萬善　徐憶　李森奕
法律顧問	蕭雄淋律師
出 版 者	臺灣東華書局股份有限公司
地　　址	臺北市重慶南路一段一四七號三樓
電　　話	(02) 2311-4027
傳　　眞	(02) 2311-6615
劃撥帳號	00064813
網　　址	www.tunghua.com.tw
讀者服務	service@tunghua.com.tw
直營門市	臺北市重慶南路一段一四七號一樓
電　　話	(02) 2371-9320
出版日期	2003 年 9 月初版
	2019 年 8 月初版第十次印刷

ISBN　　978-957-483-217-0

版權所有　・　翻印必究